유튜브 선생님에게 배우는
유·선·배 정보통신기사 실기 합격노트

저자 직강 **무료 동영상 강의** 제공

빠른 합격을 위한 맞춤 학습 전략을
무료로 경험해 보세요.

| 혼자 하기 어려운 공부, 도움이 필요할 때 | 체계적인 커리큘럼으로 공부하고 싶을 때 | 온라인 강의를 무료로 듣고 싶을 때 |

손대호, 수.재.비 선생님의 쉽고 친절한 강의, 지금 바로 확인하세요!

YouTube 수재비 정보통신

2026 시대에듀 유선배 정보통신기사 실기 합격노트

Always with you

사람의 인연은 길에서 우연하게 만나거나 함께 살아가는 것만을 의미하지는 않습니다.
책을 펴내는 출판사와 그 책을 읽는 독자의 만남도 소중한 인연입니다.
시대에듀는 항상 독자의 마음을 헤아리기 위해 노력하고 있습니다. 늘 독자와 함께하겠습니다.

NAVER 카페
수재비 정보통신 Cafe ID:

※ 위 QR 코드에 연결된 카페에 가입 후, 도서 페이지에 있는 작성란에 Cafe ID를
  적고 사진을 찍어 올려주시면 새싹에서 일반멤버로 등업됩니다.

자격증·공무원·금융/보험·면허증·언어/외국어·검정고시/독학사·기업체/취업
이 시대의 모든 합격! 시대에듀에서 합격하세요!
www.youtube.com ➜ '수재비 정보통신' 검색 ➜ 구독

PREFACE 머리말

정보통신 산업은 초연결·초지능 사회를 구현하는 국가 기반 산업으로서, 기술 변화의 속도와 범위가 그 어느 때보다도 빠르고 넓습니다.

저는 LG CNS를 시작으로 현재 KT에 이르기까지, 유·무선 통신 분야에서 다양한 제안과 프로젝트 수행을 총괄하며 이러한 변화의 흐름을 현장에서 체감해왔습니다. 실무와 현장 중심의 경험은 단순한 기술 습득을 넘어, 통신 기술의 본질과 실용성을 고민하는 기반이 되어 주었습니다.

이러한 실무 경험을 바탕으로 출간한 『유선배 정보통신기사 필기 합격노트』는 정보통신 분야를 준비하는 수험생들과 대학생들, 그리고 현업에서 활동하시는 많은 분들께 실질적인 도움이 되었고, 예상보다 큰 성원을 받았습니다. 특히, 네이버 카페와 유튜브 강의를 통한 연계 학습은 이론을 보다 체계적이고 쉽게 이해하는 데 큰 역할을 했습니다.

이러한 독자 여러분의 뜨거운 관심과 요청에 힘입어, 이번에는 『정보통신기사 실기』 시험을 대비할 수 있는 맞춤형 실기 대비서를 집필하게 되었습니다. 본 도서는 정보통신 기술의 핵심 이론은 물론, 최근 실기 기출문제의 유형과 분석을 통해 실전에 바로 적용 가능한 내용으로 구성하였습니다. 단순한 문제풀이를 넘어, 실무 현장에서의 기술 이해도를 함께 높일 수 있도록 기획하였습니다.

이 책을 준비하며 항상 묵묵히 응원해 준 사랑하는 가족 선우, 준서, 민서에게 깊은 감사를 전합니다. 또한, 출간의 기회를 주시고 끝까지 함께 해주신 시대에듀 편집부 여러분께도 진심으로 감사드립니다.

이 책이 정보통신기사를 준비하시는 모든 분들에게 든든한 동반자가 되기를 바랍니다.

손대호/수.재.비 드림

네이버 Cafe cafe.naver.com/specialist1
Youtube www.youtube.com/@specialist1

"(Proverbs 4:13) I can do everything through him
who gives me strength."

시험안내

❖ 정확한 시험 일정 및 세부사항에 대해서는 시행처에서 반드시 확인하시기 바랍니다.

수행직무

정보통신 기술과 제반지식을 바탕으로 정보통신설비와 이에 기반한 정보시스템의 설계, 시공, 감리, 운용 및 유지보수 등의 업무를 수행하고, 융·복합 통신서비스를 제공하는 직무

응시자격 및 경력인정 기준

- 산업기사 취득 후 + 실무경력 1년
- 기능사 취득 후 + 실무경력 3년
- 동일 및 유사 직무분야의 다른 종목 기사 등급 이상의 자격 취득자
- 대졸(관련학과)
- 전문대졸(3년제/관련학과) 후 + 실무경력 1년
- 전문대졸(2년제/관련학과) 후 + 실무경력 2년
- 기술훈련과정 이수자(기사수준)
- 기술훈련과정 이수자(산업기사수준) 이수 후 + 실무경력 2년
- 실무경력 4년 등

세부응시자격

- 산업기사 등급 이상의 자격을 취득한 후 응시하려는 종목이 속하는 동일 및 유사 직무분야에서 1년 이상 실무에 종사한 사람
- 기능사 자격을 취득한 후 응시하려는 종목이 속하는 동일 및 유사 직무분야에서 3년 이상 실무에 종사한 사람
- 응시하려는 종목이 속하는 동일 및 유사 직무분야의 다른 종목의 기사 등급 이상의 자격을 취득한 사람
- 관련학과의 대학 졸업자 등 또는 졸업 예정자
- 3년제 전문대학 관련학과 졸업자 등으로서 졸업 후 응시하려는 종목이 속하는 동일 및 유사 직무분야에서 1년 이상 실무에 종사한 사람
- 2년제 전문대학 관련학과 졸업자 등으로서 졸업 후 응시하려는 종목이 속하는 동일 및 유사 직무분야에서 2년 이상 실무에 종사한 사람
- 동일 및 유사 직무분야의 기사 수준 기술훈련과정 이수자 또는 그 이수 예정자
- 동일 및 유사 직무분야의 산업기사 수준 기술훈련과정 이수자로서 이수 후 응시하려는 종목이 속하는 동일 및 유사 직무분야에서 2년 이상 실무에 종사한 사람
- 응시하려는 종목이 속하는 동일 및 유사 직무분야에서 4년 이상 실무에 종사한 사람
- 외국에서 동일한 종목에 해당하는 자격을 취득한 사람

응시료

필기	18,800원
실기	21,900원

우대정보

- 법령에서의 국가기술자격자 우대

국가기술자격 관련법	건설산업기본법에 의한 건설업 등록을 위한 기술인력(산업환경설비공사업)
	정보통신공사업법에 의한 정보통신공사업 등록을 위한 기술인력

- 채용 시 국가기술자격자 우대 : 국가기술자격법령에서 정한 자격증소지자가 당해분야 시험에 응시할 경우 가산비율(공무원임용 시험령 제31조 제2항 관련)

채용계급	가산비율
6 · 7급	5%
8 · 9급	5%

※ 가산대상 자격증이 2 이상 중복되는 경우에는 본인에게 유리한 것 하나만을 가산함
※ 매 과목 4할 이상 득점자에게만 가산
※ 가산 특전은 필기시험 시행 전일까지 취득한 자격증에 한함

시험방법

시험과목	정보통신 실무
출제유형(시험시간)	필답형(2시간 30분)
합격기준	100점을 만점으로 하여 60점 이상

시험일정(2025년 기준)

회차	실기시험 원서접수	실기시험	합격자 발표
제1회	03.17(월)~03.20(목)	04.12(토)~04.27(일)	05.09(금)
제2회	06.23(월)~06.26(목)	07.26(토)~08.10(일)	08.29(금)
제4회	10.20(월)~10.23(목)	11.15(토)~11.30(일)	12.19(금)

※ 시행지역 13개(필답형) : 서울(4), 경기(1), 부산(1), 인천(1), 대전(1), 광주(1), 대구(1), 전주(1), 원주(1), 제주(1)

이 책의 구성과 특징

기출 Summary를 간단하게

기출유형 및 출제예상 용어정리

A ~ C(기출유형 #1)

※ 하(下)는 향후 출제 가능이 매우 희박하다는 의미

약어	풀이 및 내용	비고
ADSL	Asymmetric Digital Subscriber Line	下
ACK	Acknowledge, 수신한 정보 메시지에 대한 긍정 응답	
AP	Access Point, 노트북이나 핸드폰 등의 단말이 무선 연결을 위한 접속점	BSS, ESS 참조
ATSC		

구분	ATSC 1.0	ATSC 3.0
전송방식	8VSB	OFDM
영상처리	MPEG-2	HEVC
음성 처리	Dolby AC-3	MPEG-H

약어	풀이 및 내용	비고
ARQ (자동반복요구) 종류	• Stop-and-Wait ARQ(정지대기), 한 번에 한 개의 프레임 전송 후 수신측 ACK/NAK를 대기 • Go-Back-N ARQ(연속적), 프레임 전송 후 오류 발생 시, 오류 발생 프레임부터 재전송 • Selective-Repeat(선택적), 프레임 전송 후 오류 발생 시, 오류 발생 프레임만 재전송 • Adaptive ARQ(적응적), 프레임 길이를 동적으로 변경	
ARP	Address Resolution Protocol, IP 주소를 알고 MAC 주소를 찾음	RARP와 구분
BcN	Broadband convergence Network	下
BPSK	Binary Phase Shift Keying, 2진 위상 천이변조	
Bluetooth	2.4[GHz] 사용, 10m 안팎의 근거리 무선통신기술	下
BSS	Basic Service Set, 무선장치들로 구성된 환경으로 가장 기본적인 구성단위(Topology)	ESS와 구분

▶ 가볍게 들고 다니면서 공부할 수 있도록 기출유형 및 출제예상 용어정리를 소책자에 담았습니다.

핵심기출유형문제로 실전 감각 익히기

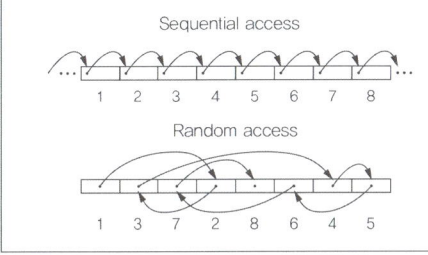

▶ 많은 문제를 푸는 것보다 중요한 것은 한 문제를 정확히 파악하고 이해하는 것입니다. 방대하게 느껴지는 내용에서 어떻게 학습해야 하는지, 시험에 어떤 문제들이 출제되는지 기출문제를 분석하여 핵심기출유형문제들만 수록하였습니다.

이 책의 구성과 특징

기출응용문제로 실력 파악하기

CHAPTER 13 평균 정보량(Entropy)과 정보율(Entropy율)

✅ 학습방법

평균 정보량이나 정보율은 사전에 경험이 없는 분들에게는 다소 생소할 수 있는 분야입니다. 정보통신기사에서는 자주 출제가 안 ~~충분히 숙지해서 시험에 대비하고 시간이~~

문제 ❶

아래 (가)~(라) 4개의 문자신호가 있고 각각의 발생확률이 아래와 같은 량(Self-referential expectation)을 구하시오. (4점) (기출응용)

[문제 ❶ 응용]

아래 기호의 자기 정보량(Self-referential expectation)을 구하고 오. (6점) (기출응용)

(가) $P(A) = \frac{1}{2}$ (나) $P(B) = \frac{1}{4}$ (다) $P(C) = \frac{1}{8}$ (라) $P(D) = \frac{1}{16}$

문제 ❶ 정답

(가) $P(A) = \log_2 \frac{1}{\frac{1}{2}} = 1[bit]$

(나) $P(B) = \log_2 \frac{1}{\frac{1}{4}} = 2[bit]$

(다) $P(C) = \log_2 \frac{1}{\frac{1}{8}} = 3[bit]$

(라) $P(D) = \log_2 \frac{1}{\frac{1}{16}} = 4[bit]$

▶ 핵심기출유형문제만으로 설명하기 부족했던 내용을 기출응용문제로 만들어 수록하였습니다. 새로운 문제들을 풀어 보며 학습한 실력을 확인해 보세요.

보충설명과 참조로 부족한 부분 채우기

문제 ❸

IP 주소 221.203.129.68인 경우 Subnet Mask가 255.255.192.0이다. 아래 질문에 답하시오. (5점)

(2019-1회) (기출응용)

① Subnet Mask를 이진수로 쓰시오.
② 네트워크 주소를 10진수로 쓰시오.
③ 사용 가능한 최대 호스트의 수를 쓰시오.
④ Subnet 시작 IP:
⑤ Subnet 종료(마지막) IP:

문제 ❸ 정답

① 11111111.11111111.11000000.00000000

용으로 14bit가 할당되어 32bit가 된다.

참조

서브넷 마스크를 비트 수로 표현하면 18bit가 되며

= 16,382

문제에서 IP 주소가 221.203.129.68이므로 세 번째 221.203.129를 기준으로 보면
④ Subnet 시작 IP: 221.203.128.0
⑤ Subnet 종료 IP: 221.203.191.255

되어 32bit가 된다.

보충설명

서브넷 마스크를 비트 수로 표현하면 18bit가 되며 호스트용으로
- 첫 번째 그룹 221.203.0.0~221.203.63.255
- 두 번째 그룹 221.203.64.0~221.203.127.255
- 세 번째 그룹 221.203.128.0~221.203.191.255
- 네 번째 그룹 221.203.192.0~221.203.255.255

1001011.10000001.01000100
1111111.11111111.11000000
1001011.10000001.01000000

▶ 문제의 정답만으로 넘어가기 부족한 부분들을 보충설명과 참조로 상세하게 설명하였습니다. 아는 내용은 더 완벽하게, 모르는 내용은 내 것으로 만들어 보세요.

2026 시대에듀 유선배 정보통신기사 실기 합격노트

이 책의 구성과 특징

최신기출문제로 최종 마무리

▶ 기출문제를 실제 시험처럼 풀어볼 수 있도록 문제와 정답 및 해설을 분리하여 총 10회분의 기출문제를 수록하였습니다. 2025년 기출문제 1회분도 수록하였으니 실전 감각을 익히고 최근 기출경향도 파악해 보세요.

이 책의 목차

정보통신 기출 Summary

S0-00 기출유형 및 출제예상 용어정리 — 2

PART 1 | 통신이론

S1-01 CHAPTER 01 PCM — 2
S1-02 CHAPTER 02 Shannon의 정리 — 17
S1-03 CHAPTER 03 HDLC — 21
S1-04 CHAPTER 04 프로토콜(Protocol) — 27
S1-05 CHAPTER 05 폴링, 셀렉션, 다중화, 다중화기 vs 집중화기 — 31
S1-06 CHAPTER 06 DTE & DCE — 44
S1-07 CHAPTER 07 ARQ & CRC — 51
S1-08 CHAPTER 08 교환방식 — 58
S1-09 CHAPTER 09 VoIP, 전화 교환기(Telephone Exchange) — 72
S1-10 CHAPTER 10 Line Coding — 78
S1-11 CHAPTER 11 bps와 Baud 계산문제 — 86
S1-12 CHAPTER 12 변조(Modulation) — 96
S1-13 CHAPTER 13 평균 정보량(Entropy)과 정보율(Entropy율) — 109

PART 2 | 정보통신공학

S2-01 CHAPTER 01 정보통신 개론 — 116
S2-02 CHAPTER 02 OSI 7 Layer — 129
S2-03 CHAPTER 03 IPv4 vs IPv6 — 142
S2-04 CHAPTER 04 IP Subnet Mask 계산 — 150
S2-05 CHAPTER 05 TCP/IP — 158
S2-06 CHAPTER 06 Router — 171
S2-07 CHAPTER 07 T1 vs E1 — 181
S2-08 CHAPTER 08 SNMP와 NMS — 185
S2-09 CHAPTER 09 UTP, 동축케이블 — 200
S2-10 CHAPTER 10 통신망 Topology — 204
S2-11 CHAPTER 11 유선(Wire) LAN — 210
S2-12 CHAPTER 12 무선(Wireless) LAN — 222
S2-13 CHAPTER 13 명령어(Command) 등 — 235
S2-14 CHAPTER 14 정보통신 기술 — 240
S2-15 CHAPTER 15 ATM — 252
S2-16 CHAPTER 16 네트워크 품질측정 — 260
S2-17 CHAPTER 17 가용성, MTBF, MTTR — 271
S2-18 CHAPTER 18 Hamming Code & Hamming Distance — 275
S2-19 CHAPTER 19 기타 계산문제 — 280

이 책의 목차

PART 3 | 무선, 이동, 위성통신

- S3-01　CHAPTER 01 무선통신 기본이론　292
- S3-02　CHAPTER 02 무선통신 회로 및 전기적 특성　299
- S3-03　CHAPTER 03 임피던스 정합(Impedance Matching)　323
- S3-04　CHAPTER 04 오실로스코프와 스펙트럼분석기　332
- S3-05　CHAPTER 05 이동통신 기본이론　348
- S3-06　CHAPTER 06 위성통신(Satellite Communications)　360

PART 4 | 보안 및 방송기술

- S4-01　CHAPTER 01 정보보안(Information Security)　366
- S4-02　CHAPTER 02 보안장비　374
- S4-03　CHAPTER 03 방송통신 서비스　384

PART 5 | 광통신

- S5-01　CHAPTER 01 광통신 기본이론　390
- S5-02　CHAPTER 02 광통신 계측기 및 측정　399
- S5-03　CHAPTER 03 광전송 기술(SDH, SONET, OTN 등)　406
- S5-04　CHAPTER 04 AON vs PON　410
- S5-05　CHAPTER 05 광통신 계산문제　417

PART 6 | 정보설비기준

- S6-01　CHAPTER 01 정보설비기준 용어　436
- S6-02　CHAPTER 02 정보통신공사　446
- S6-03　CHAPTER 03 정보통신 설계　468
- S6-04　CHAPTER 04 정보통신공사 감리　479
- S6-05　CHAPTER 05 정보통신공사의 공사비 계산　490
- S6-06　CHAPTER 06 접지(Ground Earth)　499
- S6-07　CHAPTER 07 접지시험 및 측정, 시공방법　510
- S6-08　CHAPTER 08 정보통신공사 문서 양식　523

PART 7 | 최신기출문제

- CHAPTER 01 2022년 제1회 실기시험　548
- CHAPTER 02 2022년 제2회 실기시험　560
- CHAPTER 03 2022년 제4회 실기시험　571
- CHAPTER 04 2023년 제1회 실기시험　583
- CHAPTER 05 2023년 제2회 실기시험　597
- CHAPTER 06 2023년 제4회 실기시험　608
- CHAPTER 07 2024년 제1회 실기시험　620
- CHAPTER 08 2024년 제2회 실기시험　631
- CHAPTER 09 2024년 제4회 실기시험　643
- CHAPTER 10 2025년 제1회 실기시험　655

PART 1
통신이론

CHAPTER 01   PCM
CHAPTER 02   Shannon의 정리
CHAPTER 03   HDLC
CHAPTER 04   프로토콜(Protocol)
CHAPTER 05   폴링, 셀렉션, 다중화, 다중화기 vs 집중화기
CHAPTER 06   DTE & DCE
CHAPTER 07   ARQ & CRC
CHAPTER 08   교환방식
CHAPTER 09   VoIP, 전화 교환기(Telephone Exchange)
CHAPTER 10   Line Coding
CHAPTER 11   bps와 Baud 계산문제
CHAPTER 12   변조(Modulation)
CHAPTER 13   평균 정보량(Entropy)과 정보율(Entropy율)

CHAPTER 01 PCM

✓ 학습방법

PCM은 정보통신에서 기본적이며 중요한 이론으로 학습을 통한 정확한 이해가 필요합니다. PCM 이후 DPCM이나 DM에서 ADM, ADPCM 등으로 발전하면서 각각의 변조 방식에 대한 장단점을 명확히 구분하기 위해 과거 기출문제를 최대한 정리하기 바랍니다.

문제 ❶

PCM에서 음성 기준 최고 주파수인 4[kHz]와 양자화 비트 수가 8[bit]일 때 1채널당 정보전송량과 24[ch] TDM 펄스 전송할 때 전송속도를 구하시오. (5점) (2013-2회)

▌문제❶ 정답 ▌

$f_s = 2f_m = 2 \times 4[kHz] = 8[kHz]$

1[Time Slot] = 8[kHz] × 8[bit] = 64[kbps], [8,000Hz × 8bit = 64kbps]

전체 24[ch]이므로 24[ch] × 64[kbps] + 8[kbps](프레임 동기 1bit의 속도) = 1.544[Mbps]

문제 ❷

PCM(Pulse Code Modulation)에서 최고 주파수가 4[kHz]인 경우 아래 사항을 답하시오. (4점)

(2015-2회)

1) 표본화(Sampling) 주파수:
2) 표본화(Sampling) 주기:

▌문제❷ 정답 ▌

1) $f_s = 2f_m = 2 \times 4[kHz] = 8[kHz]$

2) $T = \dfrac{1}{주파수(f)} = \dfrac{1}{8[kHz]} = 125[\mu sec]$

문제 ❸

표본화 주파수가 48[kHz]의 PCM 펄스에서 신호주파수가 8[kHz]인 경우의 표본화 펄스 수 N[개/주기(sec)]를 구하고, 재현 가능한 최대신호 주파수 f_m[kHz]를 구하시오. (4점) (2014-2회) (2014-4회)

1) 표본화 펄스 수:
2) 재생 가능한 최대신호 주파수:

문제 ❸ 정답

1) 표본화 펄스 수(N) = $\dfrac{\text{표본화주파수}(f_s)}{\text{신호주파수}(f_m)} = \dfrac{48[\text{kHz}]}{8[\text{kHz}]} = 6$[개/주기(sec)]

보충설명

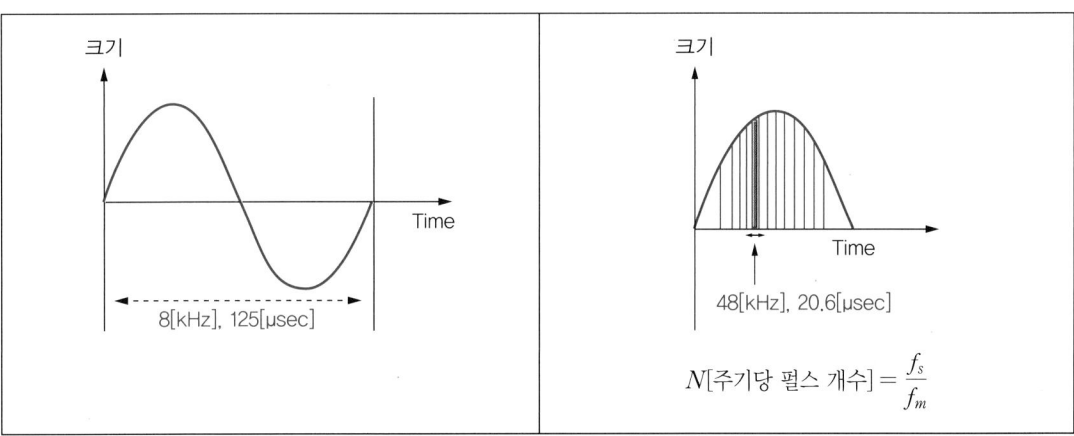

2) $f_s \geq 2f_m$을 만족해야 하므로 $48[\text{kHz}] \geq 2f_m$, f_m은 $24[\text{kHz}]$

보충설명

신호 주파수보다 더 높은 주파수로 Sampling 해야 한다. 신호 주파수 8[kHz]를 시간으로 표현하면 125[μsec]이고 표본화 주파수가 48[kHz]를 시간으로 표현하면 20.83[μsec]이다. 즉, 원신호 대비 좀 더 빠른 시간으로 Sampling 값을 추출한다는 의미가 된다.

문제 ④

아래 조건을 기준으로 다음 질문에 답하시오. (5점) ^(기출응용)

> 표본화 주파수(f_s) = 24[kHz]
> 신호 주파수(f) = 4[kHz]

1) 표본화 펄스 수 N(개/주기):

2) 최대신호 주파수(f_m)[kHz]:

│문제 ④ 정답├

1) 표본화 펄스 수 N(개/주기): $\dfrac{\text{표본화 주파수}}{\text{신호 주파수}} = \dfrac{24[\text{kHz}]}{4[\text{kHz}]} = 6$개

2) 구현 가능한 최대신호 주파수 f_m[kHz]이라 하면, 표본화 주파수(f_s) = 최대신호 주파수(f_m) × 2 = $2f_m$

   최대신호 주파수(f_m) = $\dfrac{24}{2} = 12$[kHz]

문제 ⑤

PCM 기준 전송 가능한 정보량(bit수)을 계산하시오. (6점) ^(2017-1회)

1) 최대 주파수: 15[kHz], Sampling 당 8[bit] 부호화

2) 최대 주파수: 30[kHz], Sampling 당 4[bit] 부호화

│문제 ⑤ 정답├

1) $f_s = 2f_m = 2 \times 15[\text{kHz}] = 30[\text{kHz}]$

   8[bit]로 양자화하므로 30[kHz] × 8[bit] = 240[kbps]로서 초당 240[kbit], 240,000[bit]

2) $f_s = 2f_m = 2 \times 30[\text{kHz}] = 60[\text{kHz}]$

   4[bit]로 양자화하므로 60[kHz] × 4[bit] = 240[kbps]로서 초당 240[kbit], 240,000[bit]

문제 ❻

PCM에서 최고 주파수 15[kHz]까지 녹음하기 위해서 1초에 몇 [bit]의 정보량을 기록해야 하는지 계산 과정과 답을 쓰시오. (단, Sampling 당 8bit 부호화한다) (5점) (2016-2회)(2018-2회)

문제 ❻ 정답

$f_s = 2f_m = 2 \times 15[\text{kHz}] = 30[\text{kHz}]$가 된다.
Sampling 주파수를 8[bit] 부호로 처리하므로 30[kHz] × 8[bit] = 240[kbps]가 된다(주파수는 시간에 반비례하므로). 즉, 초당 240,000[bit]를 전송할 수 있다.

문제 ❼

PCM 과정에서 필요한 정보를 취하기 위해 음성 또는 영상과 같은 연속적인 아날로그 신호를 불연속적인 디지털 신호로 바꾸는 과정이며, 원신호를 시간축상에서 일정한 주기로 추출하는 것으로 PCM 중 처음 진행하는 PAM(Pulse Amplitude Modulation)으로 변환하는 것을 무엇이라 하는가? (3점) (2022-2회)

문제 ❼ 정답

표본화(Sampling)

문제 ❽

다음 빈칸을 채우시오. (4점) (기출응용)

①	아날로그 신호에서 표본값인 PAM 신호를 추출하는 과정
②	표본화된 PAM 신호를 이산적인 값으로 변환하는 과정
③	양자화된 신호를 디지털 신호로 변환하는 과정
④	하나의 통신회선에 다수의 저속채널을 결합시켜 전송하는 방식

| 문제 ❽ 정답 |

① 표본화	아날로그 신호에서 표본값인 PAM 신호를 추출하는 과정
② 양자화	표본화된 PAM 신호를 이산적인 값으로 변환하는 과정
③ 부호화	양자화된 신호를 디지털 신호로 변환하는 과정
④ 다중화	하나의 통신회선에 다수의 저속채널을 결합시켜 전송하는 방식

문제 ❾

T1 반송 시스템을 통하여 음성신호를 PCM으로 전송할 때 아래 물음에 대해 설명하시오. (6점) (2020-2회)

1) 표본화:

2) 양자화:

3) 부호화:

4) 다중화:

| 문제 ❾ 정답 |

1) 연속적인 신호를 주기적인 신호 진폭의 크기로 표현하는 것
2) 표본화를 통해 얻은 PAM을 이산적인 값인 Digital로 변환시키는 것
3) 양자화가 끝난 신호를 1과 0의 Pulse의 조합으로 대응시키는 것
4) 하나의 단일 통신회선에 다중의 저속 채널을 함께 전송하는 것

보충설명

구분		내용
LPF	앞단 LPF	표본화 전에 아날로그 신호에 포함되어있는 고조파 성분을 제거한다.
	뒷단 LPF	복호화된 PCM으로부터 원래의 아날로그 신호를 찾아낸다.
표본화		연속적인 신호를 주기적인 신호 진폭의 크기로 표현하는 것으로 입력 파형에서 표본을 뽑아내는 것이다.
압축과 신장		Compression+Expanding. 큰 입력신호는 작게 하고, 작은 입력신호는 크게 양자화하고 수신측에서는 반대되는 특성을 제공한다.
양자화		표본화를 통해 얻은 PAM을 이산적인 값인 Digital로 변환시키는 것이다.
부호화		양자화가 끝난 신호를 1과 0의 Pulse의 조합으로 대응시키는 것이다.
재생중계기	개념	변형된 PCM 신호를 원형으로 재생하여 전달하는 장치이다.
	Reshaping	감쇠와 잡음에 의해 왜곡된 파형을 증폭기를 통해 $\frac{S}{N}$비를 개선시킨 것이다.
	Retiming	수신 파형으로부터 클록을 추출하여 파형의 위상을 재생시키는 것이다.
	Regenerating	재생된 Timing 파로 표본화해서 1과 0을 식별한 후 재생시키는 것이다.
복호화		수신된 PCM에서 PAM 신호를 찾아내는 것이다.

문제 ⑩

PCM 전송을 위해 A/D 변환을 위한 3단계와 광통신에서 신호전송을 위한 3R을 각각 쓰시오. (3점)

(2017-2회)

1) PCM 전송 3단계:

2) 광통신 신호전송 3R:

| 문제 ⑩ 정답 |

1) 표본화 → 양자화 → 부호화

2) Reshaping, Retiming, Regeneration

문제 ⑪

PCM 전송을 위해 사용하는 재생중계기의 핵심기능 3가지를 쓰고 설명하시오. (6점) (2023-2회)

문제 ⑪ 정답

Regenerating	주기적 형태 재생(식별재생, Regeneration)
Reshaping	진폭 형태 재생(등화 증폭)
Retiming	시간/위상 관계 재생

문제 ⑫

PCM(Pulse Code Modulation) 변환을 위한 양자화 과정에서 6[dB] 법칙에 대하여 설명하시오. (5점) (2010-2회)

문제 ⑫ 정답

비트 수가 1비트 증가할 때 신호대 잡음비가 6[dB]씩 증가한다.

보충설명

$\dfrac{S}{N_q} = 6n + 1.8 + 10\log(d)[\text{dB}]$ (n: bit 수, d: Oversampling 계수)

양자화 스텝 수(M) = $2^{비트수}$, (비트 수 = n)

즉, n비트로 양자화할 경우, 2^n개의 스텝(계단, 레벨)으로 신호를 구분할 수 있다. 예를 들어, 3비트라면 $8(=2^3)$개의 스텝, 8비트인 경우 $256(=2^8)$개의 스텝이 된다. 양자화 비트 수가 1개 증가할 때마다 신호대 양자화 잡음비는 6[dB]씩(4배씩) 좋아지는 것을 신호대 양자화 잡음비에서 알 수 있다. 수식에서 3[dB]의 차이는 두 배의 차이이므로 6[dB] 차이는 4배의 차이로서 6[dB] 법칙이라 한다.

문제 ⑬

시분할 방식의 스위치 회로망을 사용하는 디지털 교환기가 24채널 PCM 신호를 처리하는 경우 아래 전송속도, 샘플링 주파수, 표본화 주기를 쓰시오. (3점) (2010-1회)(2011-4회)

1) 전송속도:

2) 샘플링 주파수:

3) 표본화 주기:

문제 ⑬ 정답

1) $193[\text{bit}] \times 8,000[\text{Hz}] = 1.544[\text{Mbps}]$

2) $f_s = 2f_m = 2 \times 4[\text{kHz}] = 8[\text{kHz}]$

3) $T_s = \dfrac{1}{f_s} = \dfrac{1}{8,000} = 125[\mu\text{s}]$

문제 ⑭

아래 PCM - 24채널과 PCM - 32채널의 비교표를 완성하시오. (5점) (2022-1회)

구분	PCM – 24(T1, 북미)	PCM – 32(E1, 유럽)
압신기법	①	A-Law
표본화 주파수	8[kHz]	8[kHz]
전송속도	1.544[Mbps]	②
프레임당 비트 수	③	④
프레임당 통화로 수	24/24	⑤

문제 ⑭ 정답

① μ – Law

② 2.048[Mbps]

③ 193[bit]

④ 256[bit]

⑤ 32/32

문제 ⑮

PCM 전송 시 최고 주파수는 4[kHz]이고 양자화 비트 수가 8[bit]이고 24[ch]로 T1급 TDM 펄스 신호로 전송하고자 한다. 아래 질문에 답하시오. (4점) ^(기출응용)

1) 채널당 정보 전송량:

2) 전체 전송속도:

3) T1 기준 프레임당 [bit] 수:

문제 ⑮ 정답

1) 샘플링 주파수는 보내고자 하는 최고 주파수의 2배이므로($f_s = 2f_m$)
   $2 \times 4[kHz] = 8[kHz]$이며 양자화 비트 수가 8[bit]이므로 $8[kHz] \times 8[bit] = 64[kbps]$

2) 전체 전송속도: $64[kbps] \times 24[ch] + 8[kbps]$(프레임 동기 1bit의 속도) $= 1.544[Mbps]$

3) T1은 북미방식으로 $24[ch] \times 8[bit] + 1[bit]$(프레임 동기 bit) $= 193[bit]$

문제 ⑯

$X(t) = A\cos wt$ 정현파를 양자화 레벨이 8인 양자화기에 입력했을 때 신호대 잡음비(SNR)를 구하시오. (단, 양자화 잡음만 존재한다) (3점) ^(2011-4회)

문제 ⑯ 정답

$\dfrac{S}{N_q} = 6n + 1.8 + 10\log(d)[dB]$ (n: bit 수, d: Oversampling 계수)

위 문제에서 Oversampling에 대한 별도 언급이 없어서 $10\log(d)$는 무시 가능하다.

양자화 레벨이 8이므로 3[bit]를 의미한다.

$\dfrac{S}{N_q} = 6n + 1.8[dB] = 6 \times 3 + 1.8 = 19.8[dB]$

보충설명

- Oversampling 계수: d가 2배가 되면 3dB 더 좋아진다.
- Oversampling의 효과
  - 완만한 차단 특성 필터 사용 가능, 필터 통과 시 위상 편이 문제가 발생되지 않는다.
  - Oversampling으로 인해 좀 더 정교한 A/D 변환이 가능해져서 $\dfrac{S}{N_q}$가 좋아진다.
    (잡음(N_o)이 줄어들어 양자화 잡음(N_q) 감소 효과가 발생한다)

문제 ⓘ

PCM 과정에서 사용되는 적응형 양자화기에 대해 설명하고, 적응형 양자화기를 사용하는 대표적인 PCM 방식 2가지를 쓰시오. (4점) (2010-4회)

1) 적응형 양자화:

2) 양자화기를 사용하는 대표적 PCM 방식:

[유사문제]
PCM 과정에서 사용하는 적응형 양자화 방식을 설명하시오. (3점) (기출응용)

문제 ⓘ 정답

1) 입력신호 레벨에 따라 양자화 계단(Step)의 최대, 최소값이 시간적으로 변화하는 방식이다.
2) ADM, ADPCM

문제 ⓘ

아래 PCM 중 적응형 양자화 방식을 모두 선택하시오. (3점) (2023-1회)

[보기]
PCM, DPCM, ADPCM, DM, ADM

문제 ⓘ 정답

ADPCM(Adaptive Differential Pulse Code Modulation, 적응 차분 펄스 부호변조), ADM(Adaptive Delta Modulation, 적응형 델타 변조)

문제 ⑲

Mid−Rise와 Mid−Tread를 기반으로 아래 질문에 대해서 답하시오. (6점) (기출응용)

1) 어떠한 변조과정에서 발생하는가?
2) Mid − Rise와 Mid − Tread의 차이점을 설명하시오.

▌문제 ⑲ 정답 ▐

1) DM(Delta Modulation)
2) Mid − Rise는 Y축이 정수배 증가하면서 중앙상승효과가 있고 Mid − Tread는 X축이 정수배로 증가하면서 중앙 억제효과가 있어서 이를 통해 DM(Delta Modulation)의 문제점인 경사과부하 잡음과 입상 잡음을 줄일 수 있다.

보충설명

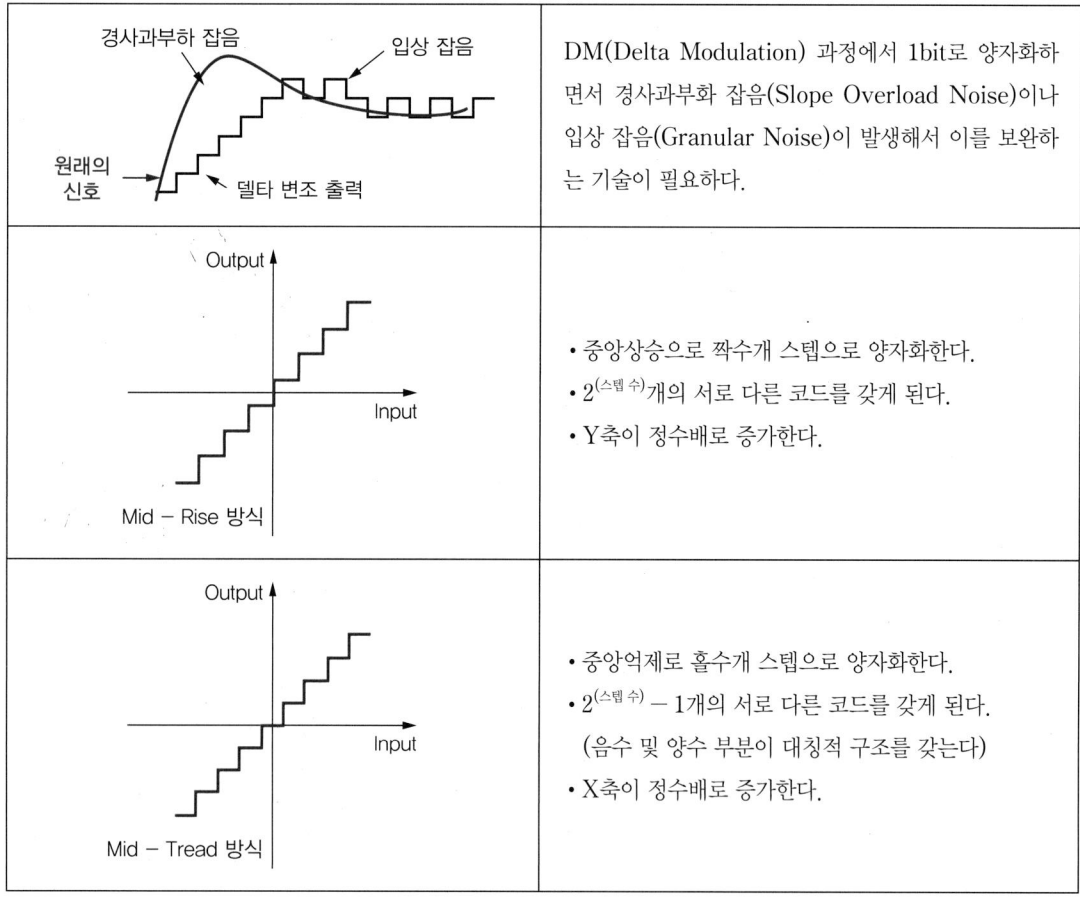

경사과부하 잡음 / 입상 잡음 / 원래의 신호 / 델타 변조 출력	DM(Delta Modulation) 과정에서 1bit로 양자화하면서 경사과부화 잡음(Slope Overload Noise)이나 입상 잡음(Granular Noise)이 발생해서 이를 보완하는 기술이 필요하다.
Mid − Rise 방식	• 중앙상승으로 짝수개 스텝으로 양자화한다. • $2^{(스텝\ 수)}$개의 서로 다른 코드를 갖게 된다. • Y축이 정수배로 증가한다.
Mid − Tread 방식	• 중앙억제로 홀수개 스텝으로 양자화한다. • $2^{(스텝\ 수)} - 1$개의 서로 다른 코드를 갖게 된다. (음수 및 양수 부분이 대칭적 구조를 갖는다) • X축이 정수배로 증가한다.

문제 ⑳

적응형 양자화기를 이용하는 PCM 전송 방식 두 가지를 쓰시오. (3점) ^(기출응용)

┃문제 ⑳ 정답 ┃

① ADPCM(Adaptive Differential Pulse Code Modulation, 적응 차분 펄스 부호변조)
② ADM(Adaptive Delta Modulation, 적응형 델타 변조)

문제 ㉑

아래 질문에 답하시오. (6점) ^(기출응용)

1) 적응형 양자화기에 대해 설명하시오.
2) 적응형 양자화기 방식 2가지를 쓰시오.

┃문제 ㉑ 정답 ┃

1) 입력신호 진폭에 따라 양자화 계단의 최댓값과 최솟값을 조절하는 방식이다.
2) ADM(Adaptive Delta Modulation), ADPCM(Adaptive Differential Pulse Code Modulation)

문제 ㉒

PCM 양자화 잡음의 원인과 이를 개선하는 방법 3가지를 서술하시오. (6점) (2011-2회)(2012-1회)

1) 원인:

2) 개선방법:

문제 ㉒ 정답

1) 아날로그 신호를 양자화된 신호로 구현하는 과정에서 생긴 오차이다.
2) 양자화 스텝 수 증가, 비선형 양자화, 압신기 사용

보충설명

PAM(Pulse Amplitude Modulation)이 갖는 원래의 진폭과 양자화 간격 사이에서의 오차로 인해 양자화 잡음이 존재한다. 즉, Analog 신호를 Digital 신호로 변환하면서 두 신호 간의 오차에 의한 잡음이다.

문제 ㉓

PCM 통신에서 양자화 잡음을 줄이는 방법 3가지를 서술하시오. (5점) (기출응용)

문제 ㉓ 정답

① 비선형 양자화를 한다.
② 압신기를 적용해서 스텝 간격을 조밀하게 한다.
③ 사용 비트 수를 늘린다(양자화 단계를 세밀하게(좁게) 한다).

문제 ㉔

양자화 잡음 중 아래 잡음에 대하여 설명하시오. (4점) (2011-1회)

1) Slope Overload Noise:
2) Granular Noise:

문제 ㉔ 정답

1) 경사과부하 잡음으로 아날로그 파형이 급격하게 변하는 경우 그 변화를 추적할 수 없을 때 경사과부하 잡음이 나타나는 현상이다.
2) 아날로그 파형이 완만하게 변화될 경우 나타나는 잡음현상이다.

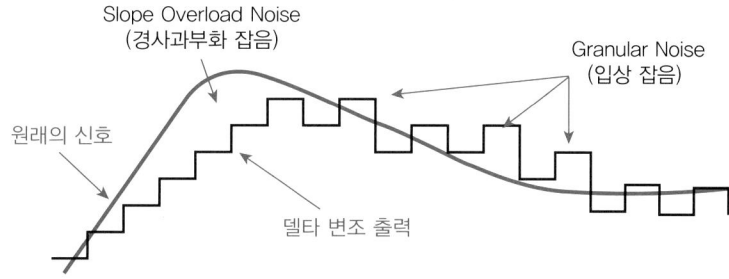

잡음 종류	잡음 내용	대응방안
Granular Noise (입상 잡음)	양자화 잡음이 완만하게 증가	양자화 Step을 작게 해서 양자화 잡음을 줄임
Slope Overload Noise (경사과부하 잡음)	양자와 잡음이 크게 증가	양자화 Step을 크게 해서 양자화 잡음을 줄임

보충설명

Slope Overload Noise(경사과부하 잡음)
- 신호가 급격하게 변화(가파른 기울기)하면 Δ 변화폭으로는 따라가지 못해 계단이 점점 벌어지며 왜곡이 발생한다.
- 해결방안
  - Δ 값을 크게 변경한다.
  - 적응형 Δ(Adaptive Delta Modulation)을 사용한다.
  - 샘플링 주파수를 증가시킨다.

Granular Noise(입상 잡음)
- 신호 변화가 거의 없거나 매우 느릴 때, Δ 변조는 계속 위아래로 미세하게 출렁이며 원래 신호 주위를 오가는 랜덤한 잡음을 생성한다.
- 해결방안
  - Δ 값을 작게 변경한다.
  - Δ 값을 신호 변화량에 따라 조절하는 적응형 Δ 변조(ADM)로 변경한다.

문제 ㉕

PCM(Pulse Code Modulation) 과정에서 적응형 양자화를 사용하는 이유와 적응형 양자화의 대표적인 방식 2가지를 쓰고 간단히 설명하시오. (6점) (2016-2회)

1) 적응형 양자화 사용 이유:

2) 적응형 양자화의 대표적인 방식 2가지 및 설명:

문제 ㉕ 정답

1) PCM에서 양자화 계단(Step)이 고정되어있는 단점을 보완하기 위해 사용하는 방식이다. 입력신호에 따라 양자화 계단(Step)의 최대/최소 레벨을 조절할 수 있다. 즉, 양자화 오차를 최소화하기 위해 양자화 계단의 크기를 조절하는 변조방식이다.

2) ① ADM(Adaptive Delta Modulation, 적응형 델타 변조)
   - Delta Modulation 한계를 극복한 방식이다.
   - 입력신호의 진폭에 따라 양자화기의 최소 및 최대레벨을 조절하여 성능을 향상시킨다.
   - 입력신호의 기울기가 급격하게 증가하거나 감소하면 양자화 계단의 크기를 증가시켜 Slope Overload 잡음을 감소시키고, 입력신호가 서서히 변화하거나 입력신호의 레벨이 전체적으로 감소하면 양자화 계단의 크기를 감소시켜 Granular 잡음을 감소시킨다.

   ② ADPCM(Adaptive Differential Pulse Code Modulation, 적응형 차분 펄스 부호변조)
   - PCM에서 대역폭 문제를 해결하기 위해 음성대역폭 축소에 대한 예측 부호화(Predictive Coding) 방식이 ADPCM 방식이다.
   - ADPCM 예측 부호화 방식의 기본원리는 음성신호가 상관성이 큰 특성을 이용하여 음성신호를 직접 양자화하지 않고, 과거의 음성신호의 Sample을 기준으로 다음에 들어올 신호의 크기를 예측하고 실제의 입력신호로부터 빼줌으로써 오차 신호를 발생시켜 이 오차 신호를 양자화해서 전송한다. 보통 오차 신호의 진폭은 입력 음성신호의 진폭에 비해 훨씬 더 작기 때문에 그만큼 양자화 레벨의 수도 감소되어 동일한 성능을 갖게 될 경우, 전송속도를 PCM에 비해 약 $\frac{1}{3}$ 정도로 감소시킬 수 있다(8비트 부호화 시 64kbps 속도, 3비트 부호화 시 24kbps).

보충설명

- ADM 방식: 양자화기의 스텝 크기를 적응적으로 변화시키는 적응 양자화 방법을 사용한다.
- DPCM: 예측기를 사용한 예측 부호화하는 방법이다.
- ADPCM: 적응 양자화와 예측 부호화 개념을 동시에 사용하는 것으로 음성신호에서 펄스 간 서로 상관성이 크며, PCM의 전송속도는 64[kbps]를 24[kbps]로 대역폭을 최소화해서 보내는 방식이다.

CHAPTER 02 Shannon의 정리

✓ 학습방법

Shannon의 정리는 Nyquest 정리와 함께 통신이론에서 가장 기본이 되는 공식입니다. 잡음(Noise)이 없는 환경과 잡음(Noise)이 있는 환경을 구분해서 공식을 적용해야 할 것이며, 문제에서 요구하는 단위나 수치(Kilo, Mega, Giga) 등에 대한 구분이 필요합니다.

문제 ❶

아래 질문의 통신용량(Capacity)을 구하시오. (6점) (기출응용)

1) 잡음이 전혀 없는 이상적인 채널에서 통신용량(C):
2) 잡음이 존재하는 현실적인 채널에서 통신용량(C):

| 문제 ❶ 정답 |

1) $C = 2B\log_2 M$ (B(Bandwidth)는 대역폭, M은 신호 레벨)
2) $C = B\log_2(1 + \dfrac{S}{N})$ (S(Signal)는 신호, N(Noise)은 잡음)

문제 ❷

잡음이 없는 20[kHz]의 대역폭을 이용해서 280[kbps]의 속도로 데이터를 전송한다. 전송 방식은 진폭과 위상을 동시에 변조하는 방식인 경우 이러한 방식으로 보내기 위한 진수 M과 통신 방식을 함께 기술하시오. (5점) (2016-2회)

| 문제 ❷ 정답 |

$C = 2B\log_2 M$이므로, 280[kbps] = $2B\log_2 M$ = 2×20[kHz]$\log_2 M$

$7 = \log_2 M$이므로 $M = 2^7 = 128$이다.

신호전송 시 위상(Phase)과 진폭(Amplitude)을 함께 전송하는 방식은 QAM이다.

진수를 추가하면 128QAM이다.

문제 ③

아래 질문에 답하시오. (8점) (2022-2회)

1) 잡음이 없는 20[MHz]의 대역폭을 이용해서 280,000[kbps]의 속도로 데이터를 전송하는 경우 신호 준위 개수 M을 구하시오.
2) 2[MHz] 대역폭을 갖는 채널의 신호대 잡음비가 63일 때 채널용량(C)를 구하시오.

┃문제 ③ 정답 ┃

1) $C = 2B\log_2 M$이고 단위를 일치시키기 위해 280,000[kbps]는 280[Mbps]이므로
   $280[\text{Mbps}] = 2B\log_2 M = 2 \times 20[\text{MHz}]\log_2 M$
   $7 = \log_2 M$이므로 $M = 2^7 = 128$이다. (★ 단위에 신경써야 합니다)

2) $C = B\log_2(1 + \dfrac{S}{N})$이므로
   $C = 2[\text{MHz}]\log_2(1 + 63) = 2[\text{MHz}]\log_2(2^6) = 12[\text{Mbps}]$

문제 ④

아래 질문에 답하시오. (6점) (기출응용)

신호대 잡음비($\dfrac{S}{N}$)가 100, 대역폭(BW)이 1,000[Hz]이다. 이와 같은 경우 채널의 전송용량(C)을 [kbps] 단위로 구하시오. (소수점 첫째 자리까지 쓰시오)

┃문제 ④ 정답 ┃

$C = B\log_2(1 + \dfrac{S}{N}) = 1,000\log_2(1 + 100) = 1,000\log_2(101)$
$\approx 6658.2 \approx 6658[\text{bps}] \approx 6.6[\text{kbps}]$

> **참조**

공학용 전자계산기가 없는 경우

$\log_2(101) = \dfrac{\log_{10}101}{\log_{10}2} = \dfrac{\log_{10}101}{\log_{10}2} = \dfrac{\log_{10}100}{0.3010} = \dfrac{2}{0.3010} \approx 6.6445$이므로
$1,000\log_2(101) \approx 6645.5 \approx 6.6[\text{kbps}]$

문제 ❺

아래 질문에 답하시오. (6점) (기출응용)

잡음이 없는 이상적인 환경에서 데이터전송 속도가 9,600[bps]이고 계위 M은 8인 경우 대역폭[Hz]을 구하시오.

▍문제 ❺ 정답 ▎

$C = 2B\log_2 M$에서 9,600[bps] = $2B\log_2 8$이므로 대역폭(B) = 1,600[Hz] (★ 단위에 주의한다. 질문은 [Hz]임을 명심할 것)

문제 ❻

잡음이 있는 환경에서 통신시스템의 대역폭이 3,400[Hz]이고 신호대 잡음비($\frac{S}{N}$)가 30[dB]일 때 채널의 전송용량을 구하시오. (5점) (2023-1회)

▍문제 ❻ 정답 ▎

잡음이 있는 환경이므로 $C = B\log_2(1 + \frac{S}{N})$ 공식을 기준으로 푼다.

[dB]값을 변환하기 위해서 30[dB] = $10\log_{10}\frac{S}{N}$이므로 $\frac{S}{N} = 1,000$이 된다.

$C = B\log_2(1 + \frac{S}{N}) = 3,400\log_2(1+1,000)$

$= 3,400 \times \frac{\log_{10}1001}{\log_{10}2} = 3,400 \times \frac{3.00043}{0.3010} = 33,935[\text{bps}]$

문제 ❼

잡음이 있는 환경에서 통신시스템의 대역폭이 3,100[Hz]이고 신호대 잡음비($\frac{S}{N}$)가 20[dB]일 때 채널용량을 구하시오. (단, 소수점을 버림하여 계산한다) (8점) (2023-2회)

│문제 ❼ 정답│

잡음이 있는 환경이므로 $C = B\log_2(1 + \frac{S}{N})$ 공식을 기준으로 푼다.

[dB]값을 변환하기 위해서 $20[\text{dB}] = 10\log_{10}\frac{S}{N}$이므로 $\frac{S}{N} = 100$이 된다.

$C = B\log_2(1 + \frac{S}{N}) = 3{,}100\log_2(1+100)$

$= 3{,}100 \times \frac{\log_{10}101}{\log_{10}2} = 3{,}100 \times \frac{2.00432}{0.3010} = 20{,}640.45[\text{bps}]$

소수점을 버리면 정답은 20,640[bps]이다.

CHAPTER 03
HDLC

✓ 학습방법

HDLC는 기본이론으로 과거에 출제된 기출문제를 충분히 숙지하면서 시험을 준비해야 합니다. 주로 HDLC의 프레임 구조나 세 가지 응답모드에 대해 정리해 두기 바랍니다. HDLC의 신규나 응용문제는 대부분 출제가 완료되어 기출문제 학습만으로 충분할 것입니다.

문제 ❶

HDLC(High level Data Link Control) 프레임 중 감시 프레임(S Frame)에서 사용되는 4개의 명령어를 쓰시오. (4점) (2010-4회) (2012-1회) (2014-2회)

문제 ❶ 정답

① 수신가능(RR)
② 수신불가(RNR)
③ 거부(REJ)
④ 선택적 거부(SREJ)

보충설명

수신가능(RR; Receive Ready), 수신불가(RNR; Receive Not Ready), 거부(REJ; Reject), 선택적 거부(SREJ; Selective Reject)

문제 ❷

아래는 제어필드 값에 의해 구분되는 HDLC 프레임이다. 빈칸을 채우시오. (4점) (기출응용)

(가)	사용자의 데이터를 전달하는 데 사용
감시프레임	(나)
(다)	데이터링크의 확립 및 해제 등에 사용

| 문제 ❷ 정답 |

(가) 정보프레임	사용자의 데이터를 전달하는 데 사용
감시프레임	(나) 오류제어 및 흐름제어를 위해 사용
(다) 비번호프레임	데이터링크의 확립 및 해제 등에 사용

문제 ❸

다음은 HDLC(High level Data Link Control)의 프레임 구성이다. 빈칸 (A)~(C)에 해당하는 내용을 쓰시오. (3점) (2014-1회)

플래그	주소부	제어부	정보부	(A)	플래그
01111110	(B)비트	8비트	임의의 비트	(C)비트	01111110

| 문제 ❸ 정답 |

(A) FCS(Frame Check Sequence)
(B) 8
(C) 16/32

문제 ④

HDLC(High level Data Link Control)의 프레임을 도시하시오. (6점) (2014-4회)

문제 ④ 정답

HDLC Header			Text	Trailer	
8bit	8bit(확장가능)	8bit	임의의 bit	16/32bit	8bit
Flag	주소부	제어부	정보부	FCS	Flag

문제 ⑤

HDLC 프레임에서 맨 앞의 01111110이 의미하는 것을 쓰시오. (4점) (2017-1회)

문제 ⑤ 정답

Frame의 시작이나 종료를 나타내는 패턴으로 프레임 동기를 위해 사용한다.

보충설명

구분	설명
Flag	프레임 개시 또는 종결을 나타내는 특유의 패턴(01111110 : 1이 6개 연속)이 있으며, 프레임 동기를 취하기 위해서 사용된다.
주소부	• 프레임 발신지나 목적지인 종국의 주소를 포함한다. • 명령 프레임일 때는 수신국소(종국)의 번지를 나타낸다. • 응답 프레임일 때는 송신국소(종국)의 번지를 나타낸다.
제어부	프레임 종류를 나타내며 흐름제어, 오류 제어를 한다.
정보필드	정보 메시지와 제어정보, 링크 관리정보를 넣는 부분으로 I 프레임 및 U 프레임에만 사용된다.
FCS 영역	• 오류 검출용으로 HDLC 프레임이 정확하게 상대국으로 전송되었는가를 확인한다. • 에러 검출용 16비트 코드로 CRC(Cyclic Redundancy Check)를 사용한다.

문제 ❻

HDLC(High level Data Link Control) 프레임에서 제어필드에 해당하는 것을 쓰고 설명하시오.
(6점) (2010-2회)

문제 ❻ 정답

① 정보 전송 형식(Information Frame): 사용자 데이터 전달(이진수 '0'부터 시작)
② 감시 형식(Supervision Frame): 오류제어 및 흐름제어를 위해 사용(이진수 '10'부터 시작)
③ 비번호제 형식(Unnumbered Frame): 데이터링크의 설정 및 해제를 위해 사용(이진수 '11'부터 시작)

보충설명

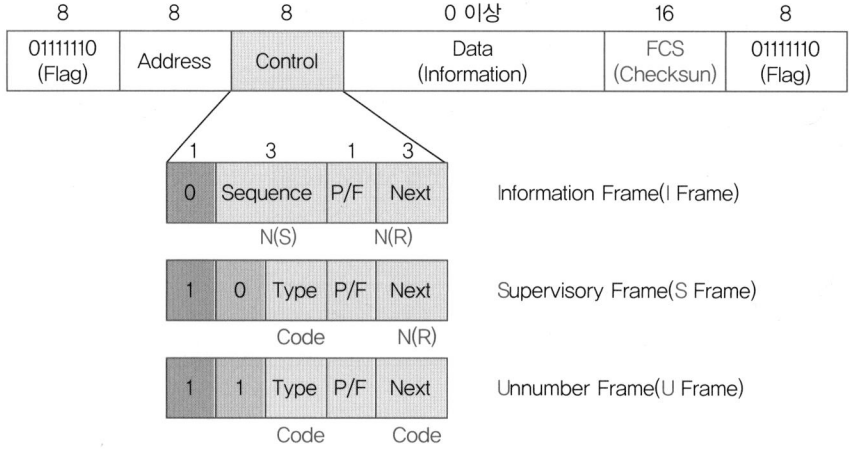

I-frame	• Information Frame • 사용자 정보와 제어정보를 포함한다. • 제어부가 '0'으로 시작하는 프레임으로 사용자 데이터를 전달하거나 피기백킹(Piggybacking) 기법을 통해 데이터에 대한 확인 응답을 보낼 때 사용한다. • 흐름제어와 오류제어를 위해 N(S)과 N(R)으로 부르는 두 개의 3비트열을 가지고 있다.

S-frame	• Supervisory Frame
	• 제어부가 '10'으로 시작하는 프레임으로 오류제어와 흐름제어를 위해 사용한다. 오직 제어정보만 포함되며 제어필드에는 N(R) 필드는 있으나 N(S) 필드는 포함되지 않는다. 감시 프레임(Supervisory Frame)은 송신 순서번호를 포함하고 에러 및 흐름제어를 한다.
	   - RR(Receiver Ready): 수신 준비
	   - RNR(Receiver Not Ready): 수신 미비
	   - REJ(Reject): 재전송 요구
	   - SREJ(Selective Reject): 선택적 재전송 요구

U-frame	• Unnumbered Frame • 제어부가 '11'로 시작하는 프레임으로 링크의 동작 모드 설정과 관리, 오류 회복을 수행하며 링크관리 정보를 포함하고 있다. N(S)이나 N(R) 필드가 없으며 사용자 데이터 교환이나 응답용이 아니다.

문제 ❼

HDLC(High level Data Link Control) 전송제어 절차에서 동작모드의 종류 3가지를 쓰시오. (3점)

(2010-2회)

문제 ❼ 정답

① 정규 응답모드(NRM; Normal Response Mode)
② 비동기 응답모드(ARM; Asynchronous Response Mode)
③ 비동기 평형 응답모드(ABM; Asynchronous Balanced Mode)

보충설명

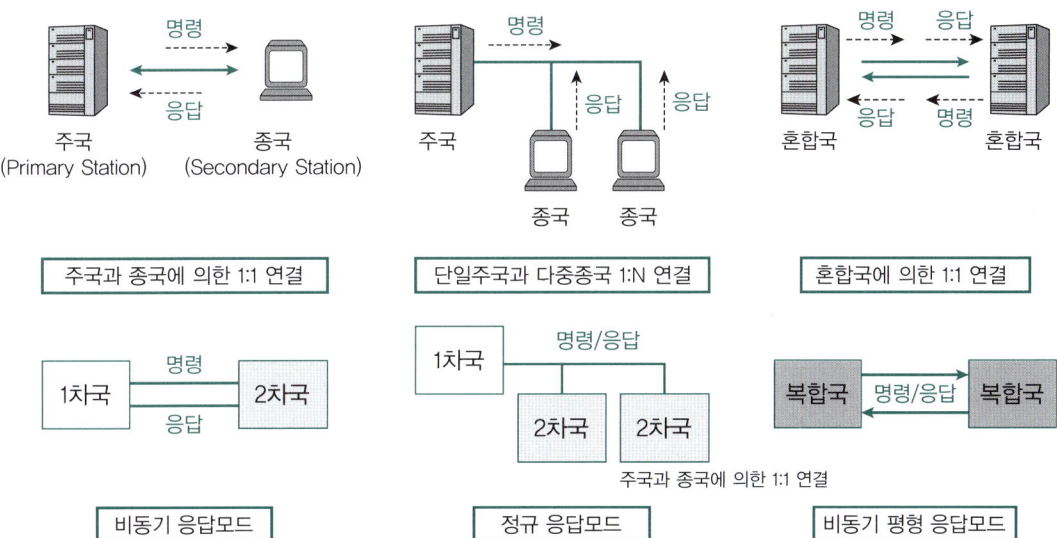

구분	구성	내용
ARM	비동기 응답모드 (Asynchronous Response Mode)	종국은 주국의 허가 없이도 송신이 가능하지만, 링크 설정이나 오류 복구 등의 제어기능은 주국만 한다.
NRM	정규 응답모드 (Normal Response Mode)	장치가 송신기 역할을 하고 다른 장치가 수신기 역할을 한다. 주국이 세션을 열고 종국들은 응답만 한다.
ABM	비동기 평형 응답모드 (Asynchronous Balanced Mode)	두 장치가 동일한 피어로 작동하며 통신한다. 각국이 주국이자 종국으로 서로 대등하다.

문제 ❽

아래는 Ethernet Frame 구조를 간단히 표현한 것이다. 각각의 질문에 답하시오. (9점) (기출응용)

①	SFD	Destination Address	Source Address	②	Data	③
	1[Byte]	6[Byte]	6[Byte]		46~1,500[Byte]	

1) ①, ②, ③ 중 Type의 위치, 용도 및 할당된 바이트 수:
2) ①, ②, ③ 중 CRC의 위치, 용도 및 할당된 바이트 수:
3) ①, ②, ③ 중 Preamble의 위치, 용도 및 할당된 바이트 수:

문제 ❽ 정답

1) 위치 ②, 상위계층의 프로토콜 표시, 2[Byte]
2) 위치 ③, 프레임의 오류 검출, 4[Byte]
3) 위치 ①, 비트 동기 또는 프레임 동기 등을 위하여 프레임의 맨 앞에 붙이는 영역, 7[Byte]

Preamble	SFD	Destination Address	Source Address	Type(Length)	Data	FCS(CRC)
7[Byte]	1[Byte]	6[Byte]	6[Byte]	2[Byte]	46~1,500[Byte]	4[Byte]

문제 ❾

HDLC 프로토콜로부터 X.25 인터페이스 표준기반의 패킷교환을 위해 개발된 비트 중심 프로토콜을 무엇이라 하는가? (3점) (기출응용)

문제 ❾ 정답

LAP − B(Link Access Procedure − Balanced)

CHAPTER 04 프로토콜(Protocol)

학습방법

외국인과 대화할 때 국가마다 언어가 다르듯이 이기종 장비나 제조사 간의 통신에도 서로 다른 규격에 대한 일정 규칙이 필요시됩니다. 프로토콜(Protocol)은 마치 언어의 규칙(약속)과 같은 것으로 통신을 위한 기본적인 약속으로 이해하기 바랍니다. 기존 기출문제를 충분히 숙지하면서 시험에 대비하기 바랍니다.

문제 ❶

다음 (　) 안에 알맞은 용어를 쓰시오. (3점) (2015-2회) (2020-1회)

> 프로토콜(Protocol)이란 데이터 통신에서 신뢰성 있고 효율적이고 안전하게 정보를 주고받기 위해서 정보의 송신측과 수신측 또는 네트워크 내에서 사전에 약속된 규약이나 규범을 의미한다. 이때 프로토콜(Protocol)을 구성하는 3대 요소는 (①), (②), (③)이다.

문제 ❶ 정답

① 구문
② 의미
③ 타이밍(Timing, 또는 순서, 또는 동기)

문제 ❷

프로토콜이란 데이터통신에서 신뢰성 있고 효율적이고 안전하게 정보를 주고받는 통신규약이다. 프로토콜을 구성하는 3가지 요소와 각각의 기능에 대해서 설명하시오. (6점) (2010 이전)

문제 ❷ 정답

① 구문(Syntax): 데이터 형식, 부호화, 신호레벨을 정의한다.
② 의미(Symantics): 전송제어, 오류수정 등에 관한 제어정보를 나타낸다.
③ 타이밍(Timing, 또는 순서, 또는 동기): 시스템 간에 메시지를 주고받는 방식으로 데이터 순서, 속도, 전송, 응답 시간 등이 포함된다.

문제 ❸

프로토콜을 구성하는 3가지 요소에 대해서 설명하시오. (6점) (기출응용)

구문(Syntax)	
의미(Symantics)	
타이밍(Timing)	

문제 ❸ 정답

구문(Syntax)	데이터 형식, 부호화 등을 규정(데이터가 어떻게 표현되는지)
의미(Symantics)	오류제어, 전송제어 등을 규정(예 특정 비트가 1이면 오류 발생)
타이밍(Timing)	속도조정, 데이터 순서제어 등을 규정(전송순서와 속도 등)

문제 ❹

통신에서 Protocol의 주요 기능 6가지를 쓰시오. (6점) (2021-4회)

문제 ❹ 정답

① 단편화
② 캡슐화
③ 동기화
④ 다중화
⑤ 연결제어
⑥ 흐름제어
⑦ 에러제어

문제 ❺

프로토콜의 주요 기능 5가지를 쓰고 각각의 기능을 설명하시오. (6점) (2013-1회) (2023-1회)

문제 ❺ 정답

① 분리와 재합성(Fragmentation and Reassembly)
　데이터 작은 패킷(Packet)이나 프레임으로 나누는 과정과 다시 재결합을 위해 모으는 기능
② 캡슐화(Encapsulation)
　계층별 이동 시 헤더(Header)를 부착하여 상위계층의 정보를 Data로 처리하는 기능
③ 연결제어(Connection Control)
　송·수신 간 연결 설정, 데이터 전송, 연결 해제 기능
④ 흐름제어(Flow Control)
　송·수신 간에 데이터의 양이 많은 경우 양측 간에 전송속도를 조절하는 기능
⑤ 오류제어(Error Control)
　전송 중 발생 가능한 오류를 검출하거나 복원하는 기능
⑥ 동기화(Synchronization)
　송·수신 간 전송 시작과 종료 수행 시 같은 상태를 유지하는 기능
⑦ 순서결정(Sequencing)
　송신데이터가 수신 시 보내진 데이터 순서대로 수신측에 전달하는 기능
⑧ 주소지정(Addressing)
　송·수신 주소를 표기해서 데이터를 전달하는 기능으로 IP나 MAC 주소를 부여함
⑨ 다중화(Multiplexing)
　하나의 통신회선을 통해 다수의 송신데이터가 동시에 회선을 공유해서 사용할 수 있는 기능

문제 ❻

아래는 프로토콜의 주요 기능 6가지이다. 관련 사항을 설명하시오. (6점) (기출응용)

주소지정	
오류제어	
캡슐화	
다중화	
동기화	
순서결정	

문제 ❻ 정답

주소지정	전송하는 데이터에 송신측과 수신측의 주소를 설정하는 기능
오류제어	전송된 데이터에 대한 오류검사 또는 재전송을 요구하는 기능
캡슐화	전송하는 데이터에 여러 가지 제어정보를 추가하는 기능
다중화	하나의 통신회선을 통해 다수가 동시에 사용할 수 있게 하는 기능
동기화	송신측과 수신측 상호 간의 여러 가지 상태를 일치시키는 기능
순서결정	송신측이 보낸 데이터의 단위 순서대로 수신측에 전달하는 기능

문제 ❼

통신에서 프로토콜의 기능 중 순서결정이 의미하는 것과 사용 목적을 서술하시오. (5점)

(2013-1회) (2015-4회) (2021-1회)

문제 ❼ 정답

순서결정이란 데이터를 전송할 때 전송 순서를 결정하는 것이다. 이를 통해 흐름제어와 오류제어를 하는 것으로 사용 목적은 Best Effort한 통신망에서 데이터의 순서를 유지하기 위함이다.

CHAPTER 05 폴링, 셀렉션, 다중화, 다중화기 vs 집중화기

학습방법

이번 CHAPTER는 통신이론에 기반한 것으로 각각의 개념별 상호 비교를 하면서 차이점을 이해해야 할 것입니다. 다중화기와 집중화기, 폴링과 셀렉션의 차이점을 각각 구분하고 기출문제 기반에 다양한 문제를 충분히 숙지하면서 시험에 대비하기 바랍니다.

문제 ❶

통신망의 전송 및 제어를 위한 아래 사항을 설명하시오. (8점) (2011-4회) (2018-1회) (2018-4회)

1) Polling:

2) Selection:

문제 ❶ 정답

1) 폴링(Polling)
   - 단말기 → 주 컴퓨터로 정보를 전송할 때 쓰인다. 즉, 주(Main) 컴퓨터에서 단말기로부터 데이터를 전송받을 때 사용된다(주국이 종속국에 송신할 데이터가 있는지 문의 후 수신).
   - "너, 보낼 데이터 있니?"라고 묻는 과정으로, 질문은 주 컴퓨터인 Master가 주도한다.

2) 셀렉션(Selection)
   - 주(Main) 컴퓨터 → 단말기로 데이터를 전달할 때 사용한다. 즉, 주 컴퓨터가 특정 단말을 선택하여 데이터를 전송할 경우 사용한다(주국이 종속국에 수신이 가능한지 문의 후 송신).
   - 주로 마스터인 주 컴퓨터가 슬레이브인 단말에게 데이터를 송신할 기회("지금 너한테 받을게")를 줄 때 "지금 너에게 데이터를 보낼게" 또는 "지금 네가 데이터를 보내"라고 능동적으로 지목하는 방식이다.

문제 ❷

폴링(Polling)은 터미널에게 전송할 데이터 유무를 묻는 과정인데, 이와 관련한 2가지 폴링 방식을 적고 각각 설명하시오. (6점) (2010 이전)

문제 ❷ 정답

① 롤 콜 폴링(Roll Call Polling) : 주국이 일정한 순서에 따라 각각의 종속국과 일대일로 통신한다.
② 허브 고 어헤드 폴링(Hub Go Ahead Polling) : 주국의 간섭없이 종속국 간 순차적으로 폴링 수행하면서 통신한다.

보충설명

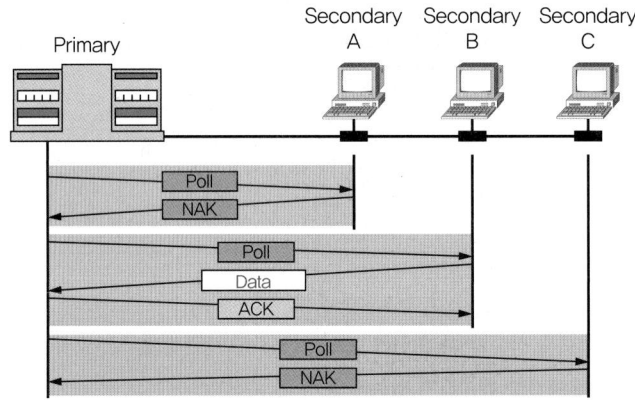

- 롤 콜 폴링(Roll Call Polling) : 주국이 일정한 순서에 따라 차례대로 각각의 종속국과 일대일로 폴링을 수행하는 방식이다. 즉, Polling 개념 그대로 모든 종국에게 순차적으로 데이터를 보낼 것이 있는지를 묻는 방식이다(주관을 주국이 한다). 주국이 일정한 순서에 따라 각각의 종속국과 일대일로 통신한다.
- 허브 고 어헤드 폴링(Hub Go Ahead Polling) : 간단히 줄여서 Hub Polling이라고도 한다. 주국의 간섭 없이 종속국 간 순차적으로 폴링을 수행하는 방식으로 롤 콜 폴링(Roll Call Polling)을 보완해 준다. 즉, 주국이 종국에게 데이터 송신을 일일이 묻는 게 아니고 종국 A가 보낼 게 없으면 종국 B에게 넘기고 종국 B도 보낼 게 없으면 종국 C에 넘기는 방식이다. 마치 토큰(Token)을 전달하는 개념으로 토큰(Token)이 있으면 데이터를 보낼 수 있는 개념이다. 이를 통해 Roll Call Polling 방식의 OverHead(과부하)를 줄일 수 있는 장점이 있다(주관을 종국이 한다). 주국의 간섭없이 종속국 간 순차적으로 폴링을 수행하면서 통신한다.

문제 ❸

전체 단말의 속도의 합을 A라 하고 고속 다중화 채널의 속도를 B라 할 때 다중화기와 집중화기의 관계를 괄호 안에 등호 또는 부등호로 나타내시오. (4점) (2014-1회) (2017-4회) (2018-1회)

다중화기	집중화기
A ( ) B	A ( ) B

[부등호 참조 : =, ≥, ≤ 등의 부등호로 표기할 것]

문제 ❸ 정답

다중화기	집중화기
A (=) B	A (≥) B

문제 ❹

아래는 다중화기와 집중화기를 비교한 것이다. 다음 (   ) 안을 채우시오. (5점) (2013-1회)

구분	다중화기	집중화기
입력회선수와 출력회선수	같음	입력회선이 큼
통신 방식	동기식	비동기식
전송지연	거의 없음	지연 있음
회선 활용	정적(Static)	동적(Dynamic)
버퍼	( )	( )
회선연결	( )	( )

문제 ❹ 정답

구분	다중화기	집중화기
입력회선수와 출력회선수	같음	입력회선이 큼
통신 방식	동기식	비동기식
전송지연	거의 없음	지연 있음
회선 활용	정적(Static)	동적(Dynamic)
버퍼	불필요	필요
회선연결	물리적	논리적

문제 ❺

다중화기와 집중화기의 차이점을 설명하시오. (6점) (기출응용)

문제 ❺ 정답

① 다중화기(Multiplexer): 하나의 통신회선에 다수의 저속회선을 결합해서 보내는 방식으로 집선회선의 속도는 저속회선의 합과 같다.
② 집중화기(Concentrator): 하나의 통신회선에 다수의 저속회선을 결합하는 방식으로 저속회선의 합은 고속회선 보다 크거나 같다.

보충설명

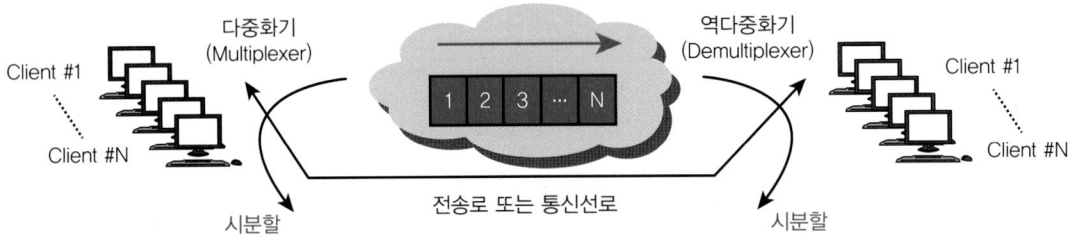

문제 ❻

아래는 다중화기와 집중화기를 비교한 것이다. 아래 빈칸을 채우시오. (5점) (기출응용)

구분	다중화 장비(Multiplexer)	집중화 장비(Concentrator)
버퍼		
회선		
전송지연		
방식		
회선수		

문제 ❻ 정답

구분	다중화 장비(Multiplexer)	집중화 장비(Concentrator)
버퍼	필요하지 않음	필요함
회선	정적(Static) 이용	동적(Dynamic) 이용
전송지연	거의 없음	있음
방식	동기식	비동기식
회선수	입력회선수 = 출력회선수	입력회선수 ≥ 출력회선수

문제 ❼

TDM(Time Division Multiplexer) 방식을 동기식과 비동기식으로 비교한 것이다. 아래 빈칸을 채우시오. (6점) (기출응용)

구분	동기식(Sychronous)	비동기식(Asynchronous)
슬롯 할당		
채널 할당		
전송 효율		

문제❼ 정답

구분	동기식(Synchronous)	비동기식(Asynchronous)
슬롯 할당	고정 할당	동적 할당
채널 할당	STDM(Synchronous TDM)	ATDM(Asynchronous TDM)
전송 효율	상대적 낮음	상대적 높음

보충설명

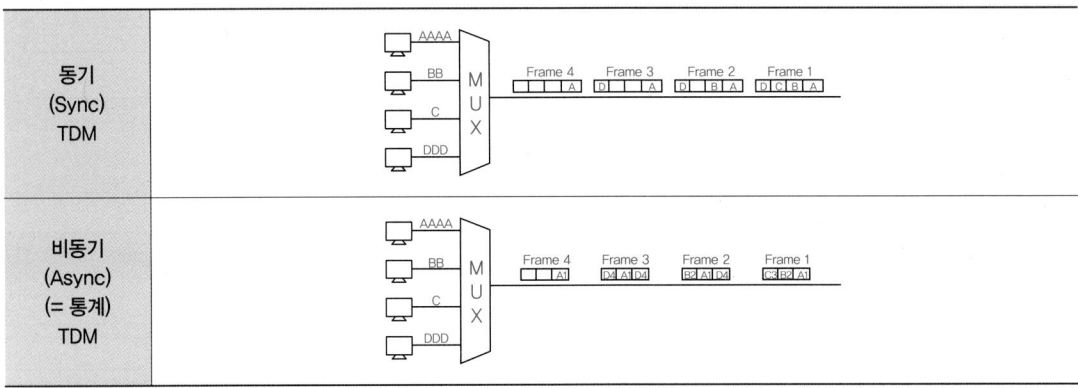

구분	Synchronous(동기) TDM	Statistical(통계) TDM
동작	각 입력 연결의 데이터 흐름을 단위로 분할하며 각 입력은 출력 시간 슬롯 하나를 차지한다.	슬롯은 동적으로 할당된다. 즉, 입력 라인이 데이터를 보낼 때만 출력 프레임에 슬롯이 제공된다.
슬롯 수	각 프레임의 슬롯 수는 입력 라인 수와 동일하다.	각 프레임의 슬롯 수는 입력 라인 수보다 적다.
버퍼링	버퍼링이 이루어지지 않으며, 일정 시간 간격마다 프레임이 보내진다. 데이터를 보낼지 여부와 상관없이 보낸다.	버퍼링이 수행되며, 출력 프레임의 버퍼에 데이터를 보내기 위한 내용이 포함된 입력만 슬롯을 제공한다.
주소 지정	동기화 및 입력, 출력 간의 미리 할당된 관계가 주소 역할을 한다.	통계적 TDM 슬롯에는 목적지의 데이터와 주소가 모두 포함된다.
동기화	각 프레임의 시작 부분에 동기화 비트를 사용한다.	동기화 비트를 사용하지 않는다.
용량	모든 입력이 데이터를 보낼 경우 최대 대역폭 이용률이 가능하다.	링크의 용량은 일반적으로 각 채널의 용량 합보다 적다.
데이터 분리	동기 TDM에서 수신측의 디멀티플렉서는 각 프레임을 분해하고 프레임 비트를 제거하며 데이터 단위를 추출한 다음 목적지 장치로 전달한다.	통계적 TDM에서 수신측 디멀티플렉서는 각 데이터 단위의 로컬 주소를 확인하여 프레임을 분해하고 추출한 데이터 단위를 목적지 장치로 전달한다.

문제 ❽

통신망에서 사용하는 STM(Synchronous Transfer Mode)과 ATM(Asynchronous Transfer Mode)에 대해 정의하고 차이점을 간단히 쓰시오. (6점) (2022-1회)

문제 ❽ 정답

① STM: 주기적인 프레임상의 고정된 타임슬롯 위치에 특정 채널을 호의 설정으로부터 해제 시까지 할당하는 방식으로 시간을 할당해서 동작한다.
② ATM: 전송해야 될 정보를 고정길이인 53byte의 패킷으로 나눈 Cell로 구성하고, 주기적으로 배열하여 모든 호들이 Cell 단위로 공유할 수 있도록 한다.
③ 차이점: STM은 동기식 전송 방식, ATM은 비동기식 전송 방식이다.

구분	ATM(비동기식)	STM(동기식)
신호 슬롯 할당	동적할당	정적할당
교환방식	Cell 기반 교환	시간분할 교환
다중화 방식	통계적 다중화	시분할 다중화
전송단위	Cell	Frame

보충설명

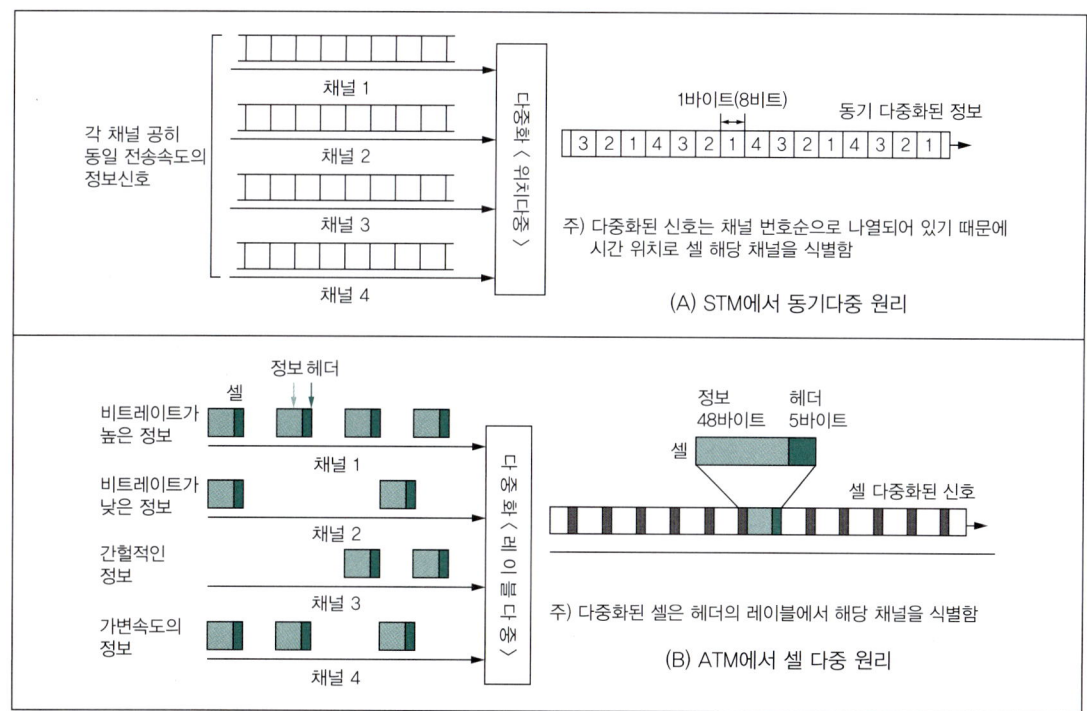

(A) STM에서 동기다중 원리

(B) ATM에서 셀 다중 원리

문제 ⑨

주파수분할 다중화(FDM) 방식과 시분할 다중화(TDM) 방식의 차이점을 비교한 것이다. 아래 보기에서 찾아 빈칸을 채우시오. (10점) (2014-2회)

[보기]
보호대역, 디지털 형태, 아날로그 형태, 동기식 및 비동기 방식,
비동기 방식, 동기방식, 보호시간, 복잡하다, 간단하다, 크다, 작다

구분	FDM	TDM
채널 간의 완충 대역 여부	(가)	(나)
회로 구성의 편리성(용이성)	(다)	(라)
망 구성방식	Multi-Point	Point to Point
누화 영향	(마)	(바)
다중화 방식	(사)	(아)
신호 형태	(자)	(차)
다중화기의 내부 속도	저속도, 1,200[bps] 이하	상대적 고속도, 9,600[bps]

문제 ⑨ 정답

(가) 보호대역, (나) 보호시간, (다) 간단하다, (라) 복잡하다, (마) 크다, (바) 작다, (사) 비동기 방식, (아) 동기식 및 비동기 방식, (자) 아날로그 형태, (차) 디지털 형태

보충설명

구분	FDM	TDM	CDM	WDM
자원	주파수	시간	부호	파장
적용	GSM	AMPS	CDMA	광통신
장점	동기를 위한 장치 불필요	채널 사용 효율 좋음, 송 수신기 구조 동일	동일 시간, 동 채널 사용, 부호 자원 무한대, 사용자 용량 증대	광수동소자로 분기 결합 가능, 대용량 전송 가능
단점	채널 사용 효율 낮음, 송수신기 구조 복잡	동기가 정확해야 함	송수신기 구조 복잡	광손실 보상 위한 광증폭기 필요

문제 ⑩

FDM(Frequency Division Multiplexing) 방식과 TDM(Time Division Multiplexing) 방식의 차이점을 비교한 것이다. 다음 보기에서 찾아 빈칸을 채우시오. (6점) ^(기출응용)

[보기]
아날로그, 디지털, 간단함, 복잡함, 크다, 작다,
동기식/비동기식 전송, 동기식 전송, 비동기식 전송, 멀티 포인트, 포인트 투 포인트

구분	FDM(주파수분할 다중화)	TDM(시분할 다중화)
채널 간 완충 대역	보호대역	보호시간
망 구성방식	(가)	(나)
데이터 전송 방식	(다)	동기식/비동기식 전송
다중화기 전송속도	저속	고속
누화잡음영향	크다	작다
신호의 형태	(라)	(마)
기술구현의 용이성	(바)	(사)

문제 ⑩ 정답

구분	FDM(주파수분할 다중화)	TDM(시분할 다중화)
채널 간 완충 대역	보호대역	보호시간
망 구성방식	(가) 멀티 포인트	(나) 포인트 투 포인트
데이터 전송 방식	(다) 비동기식 전송	동기식/비동기식 전송
다중화기 전송속도	저속	고속
누화잡음영향	크다	작다
신호의 형태	(라) 아날로그	(마) 디지털
기술구현의 용이성	(바) 간단함	(사) 복잡함

문제 ⑪

다중화 방식 중 OFDM(Orthogonal Frequency Division Multiplexing)과 FDM(Frequency-Division Multiplexing)의 차이점에 대해 설명하시오. (5점) (2010-4회)

문제 ⑪ 정답

① FDM(주파수분할 다중화) : 전송로상의 공통채널을 더욱 효율적으로 이용하기 위해 이용되는 주파수분할에 의한 다중화방식이다.

② OFDM(직교 주파수분할 다중화) : 고속의 송신신호를 다수의 직교(Orthogonal)하는 협대역 부반송파(Sub Carrier)로 다중화시키는 변조방식이다.

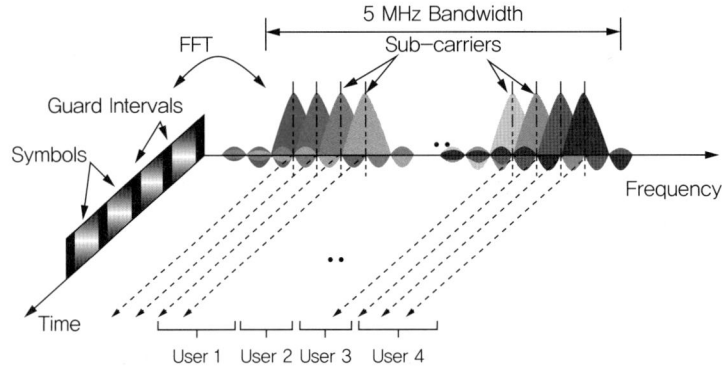

문제 ⑫

시분할 다중화기법(TDM, Time Division Multiplexing)에 대하여 설명하시오. (5점) (2022-4회)

문제 ⑫ 정답

시분할 다중화기법이란 전송로를 점유하는 시간을 분할하여 1개의 전송로에 여러 개의 가상 경로를 구성하는 통신 방식이다.

문제 ⑬

다음은 무엇에 대한 설명인지 관련 용어를 쓰시오. (3점) (2017-4회)

> 하나의 정보를 여러 개의 반송파(Subcarrier)로 분할하고, 분할된 반송파 간의 간격을 최소로 하기 위해 직교성을 부가하여 다중화시키는 변조기술이다.

문제 ⑬ 정답

OFDM(Orthogonal Frequency Division Multiplexing)

문제 ⓮

정보의 흐름에 기반한 3가지 통신 방식을 서술하시오. (3점) ^(기출응용)

문제 ⓮ 정답

① 단방향 통신 방식
② 반이중 통신 방식
③ 전이중 통신 방식

보충설명

통신 방식	설명
송신 → 수신	**단방향 통신(Simplex) 방식** • 송신과 수신 중 정보의 흐름이 한쪽 방향으로만 전송 • 일방통행적인 통신 방식 • 라디오나 TV가 대표적인 단방향 통신 방식
송신 ⇄ 수신	**반이중(Half-Duplex) 방식** • 송신과 수신의 통신선로가 하나의 전송로로 연결 • 한 방향으로만 데이터 전송 • 양측 모두 동시에 데이터를 전송할 수 없음 • 한 방향이 데이터를 전송하면 다른 쪽은 대기 • 워키토키와 같은 무전기
송신 ⇄ 수신	**전이중(Full-Duplex) 방식** • 양쪽 방향으로 정보를 동시에 송수신이 가능 • 많은 양의 정보를 송수신 가능 • 현재의 지배적인 통신 방식 • 휴대전화로 통화를 할 때 상대방의 목소리 들림

참조

• 정보의 흐름: 단방향, 반이중, 전이중 통신
• 정보의 단위: 직렬전송, 병렬전송
• 동기화 방식: 비동기식, 동기식

문제 ⑮

데이터 송수신을 단일 전송로를 통해 전이중(Full Duplex) 통신을 위한 주요 방식 3가지를 쓰고 설명하시오. (10점) (기출응용)

문제 ⑮ 정답

통신 방식	설명
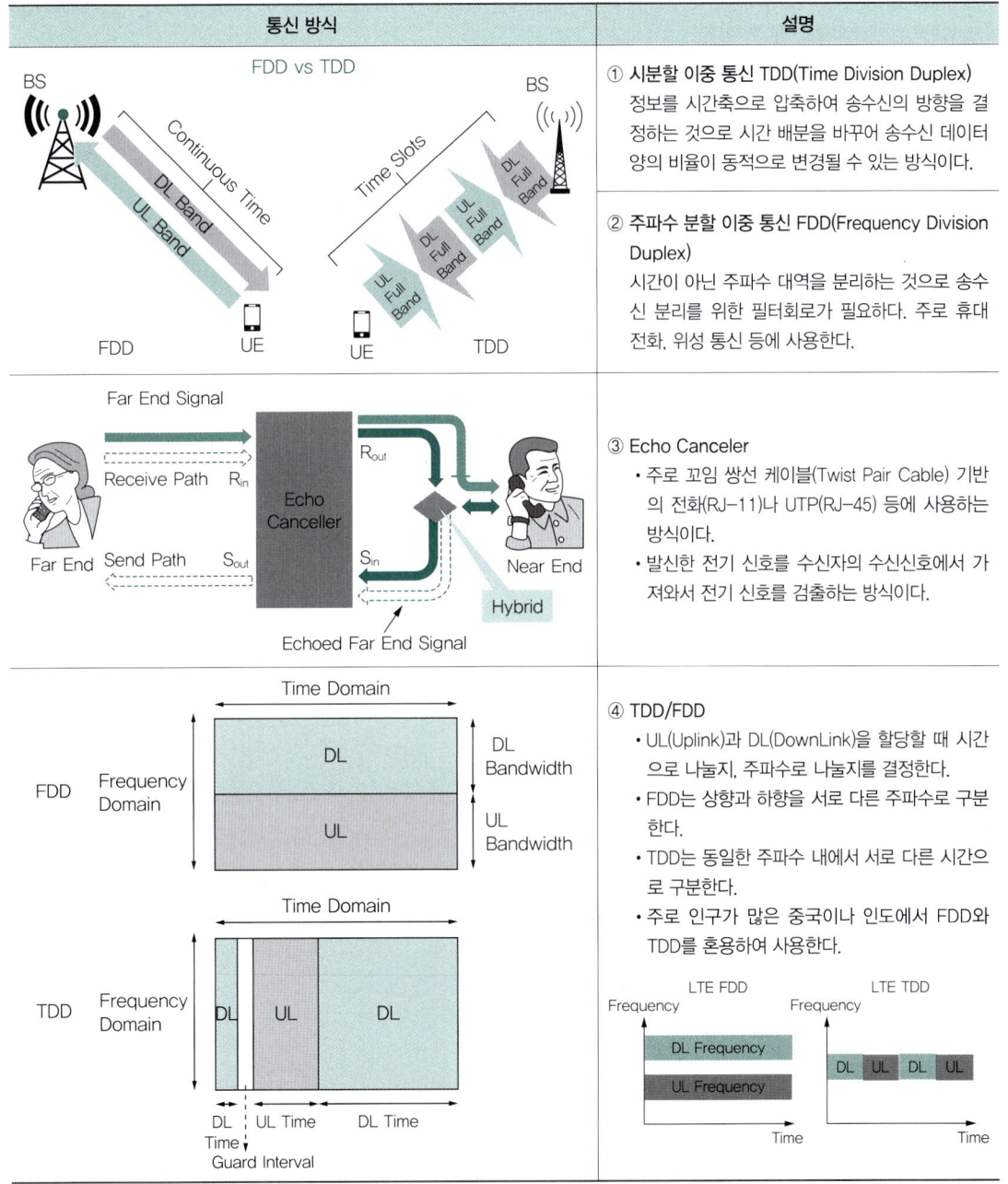	① 시분할 이중 통신 TDD(Time Division Duplex) 정보를 시간축으로 압축하여 송수신의 방향을 결정하는 것으로 시간 배분을 바꾸어 송수신 데이터 양의 비율이 동적으로 변경될 수 있는 방식이다.
	② 주파수 분할 이중 통신 FDD(Frequency Division Duplex) 시간이 아닌 주파수 대역을 분리하는 것으로 송수신 분리를 위한 필터회로가 필요하다. 주로 휴대전화, 위성 통신 등에 사용한다.
	③ Echo Canceler • 주로 꼬임 쌍선 케이블(Twist Pair Cable) 기반의 전화(RJ-11)나 UTP(RJ-45) 등에 사용하는 방식이다. • 발신한 전기 신호를 수신자의 수신신호에서 가져와서 전기 신호를 검출하는 방식이다.
	④ TDD/FDD • UL(Uplink)과 DL(DownLink)을 할당할 때 시간으로 나눌지, 주파수로 나눌지를 결정한다. • FDD는 상향과 하향을 서로 다른 주파수로 구분한다. • TDD는 동일한 주파수 내에서 서로 다른 시간으로 구분한다. • 주로 인구가 많은 중국이나 인도에서 FDD와 TDD를 혼용하여 사용한다.

CHAPTER 06 DTE & DCE

✅ 학습방법

DTE와 DCE는 과거 현장에 기반한 개념적인 문제로 최근에는 군이나 금융권 등의 대외계 지점 간의 연동 등 특수 환경에서만 사용하고 있습니다. 최근에는 대부분 IP망으로 변화하고 있으나 정보통신망의 기본적 구성으로 완전히 배제할 수 없는 항목이므로 기출문제 위주로의 개념 학습을 권장합니다.

문제 ❶

데이터 전송시스템에서 전송제어장치인 DCE(Data Circuit Equipment)의 기능에 대해서 서술하시오. (5점) (2014-1회) (2022-1회)

문제 ❶ 정답

신호 변환 장치라고도 한다. 회선의 상태에(Analog/Digital 전송 회선) 따라 실제적으로 데이터 전송을 담당하는 장치로 Analog 전송 회선일 경우 MODEM을 사용하고, Digital 전송 회선일 경우 DSU/CSU를 주로 사용한다.

보충설명

- DSU(Digital Service Unit): 64[kbps] 단위의 디지털 회선처리 장치로서 DTE(단말 장치)를 데이터 교환망에 접속하기 위한 장비이다(DSU는 종단에 위치하여 단극성(Unipolar) 신호를 쌍극성(Bipolar) 신호로 변환한다).
- CSU(Channel Service Unit): T1 또는 E1 트렁크를 수용할 수 있는 장비로서 각각의 트렁크를 받아서 속도에 맞게 나누어 속도를 분할하여 쓸 수 있다.

문제 ❷

통신망 구성을 위해 OSI-7계층을 기준으로 1계층의 물리계층에서 DCE와 DTE 간 인터페이스 역할에 대한 물리적 특징 4가지를 쓰시오. (4점) (2013-1회) (2016-1회) (2017-2회) (2023-2회)

문제 ❷ 정답

① 기능적 특성: 물리적인 역할 정의
② 기계적 특성: 물리적인 위치, 거리, 간격 등 정의
③ 전기적 특성: 전기신호의 송신, 수신 출력값 등 정의
④ 절차적 특성: 핀 배열, 신호방식 등 정의

문제 ❸

DTE(Data Terminal Equipment)의 주요 기능 4가지를 쓰시오. (4점) (2018-1회)

문제 ❸ 정답

① 입·출력기능: 사람이 식별 가능한 데이터(문자, 영상, 음성 등)를 통신 장비가 처리 가능한 이진 신호로 변환하거나 그 역기능을 수행한다.
② 입·출력 제어 기능: 입력신호를 검출하여 데이터를 입력하거나 출력 기능을 수행한다.
③ 송수신 제어 기능: 데이터의 송신이나 수신 기능을 담당한다.
④ 오류(에러)제어 기능: 데이터의 오류나 에러를 검출하고 송신과 수신을 제어하는 기능이다.

문제 ④

통신제어장치의 주요 기능 4가지(5가지)를 쓰시오. (4점) (2015-1회)(2018-4회)

문제 ④ 정답

① 다수의 통신회선과 중앙처리장치를 결합하는 전송제어 기능
② 중앙처리장치와 데이터의 송수신을 위한 흐름제어 기능
③ 통신회선의 감시 및 접속을 위한 회선제어 기능
④ 전송 오류의 검출 기능
⑤ 다중 전송제어 기능
⑥ 서로 다른 통신장비 간 통신을 위한 동기제어

문제 ⑤

데이터 전송시스템에서의 전송제어의 기능은 아래와 같다. 각각을 설명하시오. (5점) (기출응용)

입출력 제어	
동기제어	
오류제어	
회선제어	

문제 ⑤ 정답

입출력 제어	입출력을 위해 입출력 장치의 동작을 지시 또는 제어함
동기제어	둘 이상의 프로세스 상호 간 제어의 흐름을 정확하게 함
오류제어	전송할 때 발생하는 부호 오류를 검출하고 교정함
회선제어	CPU와 다수의 통신회선 간에 데이터의 상호전송을 제어함

보충설명

흐름제어	송신측과 수신측의 버퍼 크기 차이로 인해 생기는 데이터 처리 속도의 차이를 해결함
응답제어	수신 정보 확인 응답 메시지를 전송함
동기제어	통신회선의 전송속도와 중앙처리 장치의 처리속도 사이에서 타이밍이나 속도를 조정함
정보전송단위 제어	패킷 크기가 크면 분할, 분할한 패킷을 하나로 병합함
오류제어	데이터 전송 중 오류 검출 및 정정을 수행함
우선권제어	Priority에 의해 긴급정보 전송을 제어함
전송제어	통신의 시작과 종료를 제어함. 송신권 제어, 교환 및 송수신에 대한 분기를 제어함

문제 ❻

전송제어장치(TCU; Transmission Control Unit)의 구성요소 3가지를 서술하시오. (3점) (기출응용)

| 문제 ❻ 정답 |

① 입출력 제어부
② 회선 제어부
③ 회선 접속부

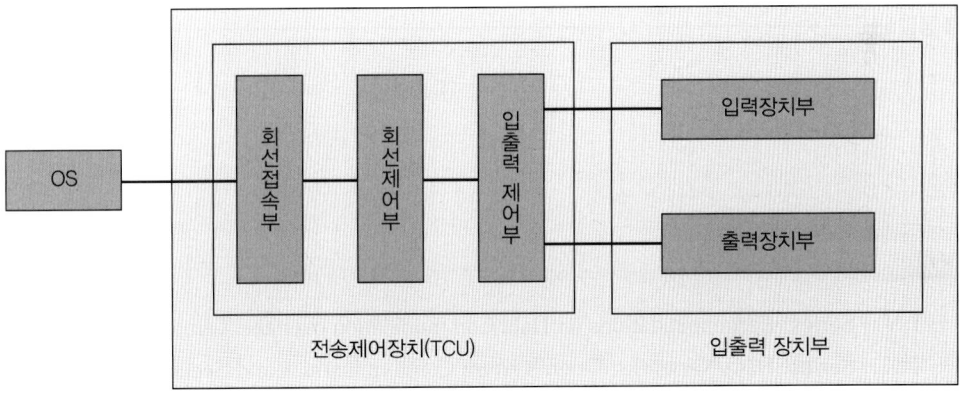

※ TCU는 위 그림에서와 같이 단말장치의 구성 안에 포함되어 있다.

문제 ❼

데이터 전송시스템에서 이루어지는 전송제어(TCU−Transmission Control Unit)의 특징 4가지를 쓰시오. (4점) (2020−1회)(2020−2회)

문제 ❼ 정답

① 입출력 제어: 입력장치와 출력장치의 동작을 지시하거나 제어한다.
② 회선제어(회선접속부): CPU와 다수의 통신회선 간에 데이터의 전송을 제어한다.
③ 동기제어: 두 개 이상의 프로세스 간에 동기 상태를 제어한다.
④ 오류제어: 전송 중 오류를 검출하고 수정한다.

문제 ❽

다음 괄호 안에 들어갈 알맞은 용어를 넣어 완성하시오. (4점) (2014−2회)

DTE−DCE 장치가 정상적으로 동작하려면 연결기의 모양, 전압, 타이밍, 통신회선의 종류 등 제반 조건이 잘 정합되어야 하며, 인터페이스 조건은 표준으로 정해 놓은 규약을 따라야 한다. DTE−DCE 인터페이스 규약은 (①) 권고에 정의되어 있고, 그 시리즈의 종류에는 (②), (③), (④) 인터페이스가 있다.

문제 ❽ 정답

① ITU − T
② V
③ X
④ I

보충설명

- ITU − T V − Series: Recommendations on Data Communication over the Telephone Network(전화망)
- ITU − T X − Series: Data Networks, Open System Communications and Security(데이터망)
- ITU − T I − Series: Integrated Services Digital Network(ISDN망)

문제 ⑨

가상회선 방식의 대표적인 예로서 공중데이터망인 PSDN(Packet Switched Data Network)에서 사용되며 DTE-DCE 간의 정의하는 ITU-T 표준 프로토콜은 무엇인가? (3점) (2018-2회)

문제 ⑨ 정답

X.25

문제 ⑩

아래의 빈칸을 채우시오. (4점) (기출응용)

(가)	디지털 데이터를 입/출력하기 위해 사용하는 단말장치
(나)	DTE와 전송로 사이에서 데이터의 전송을 담당하는 장치(모뎀, DSU, CSU 등)
(가)/(나) 관련 인터페이스 종류로 X / V / I 시리즈 인터페이스가 해당된다.	

문제 ⑩ 정답

(가) DTE
(나) DCE

문제 ⑪

다음 전송제어문자의 약어에 대한 원어를 쓰고 각각의 기능을 설명하시오. (12점) (기출응용)

문제	약어	설명
SOH		
ETX		
EOT		
ENQ		
ACK		
DLE		

문제 ⑪ 정답

문제	약어	설명
SOH	Start Of Heading	헤딩의 시작, 정보 메시지 헤더의 첫 번째 글자로 사용됨
ETX	End Of Text	본문의 종료
EOT	End Of Transmission	전송종료 및 데이터링크 해제로 데이터링크를 초기화함
ENQ	Enquiry	데이터링크 설정 및 응답 요청으로 상대국에 데이터링크의 설정 및 응답을 요구
ACK	Acknowledge	수신한 메시지에 대한 긍정적 응답
DLE	Data Link Escape	데이터 투명성을 위해 삽입하는 제어문자로서 뒤따르는 연속된 글자들의 의미를 바꾸기 위해 사용. 주로 보조적 전송제어기능을 제공함

보충설명

- STX(Start of Text): 본문의 개시 및 정보 메시지 헤더의 종료를 표시
- NAK(Negative Acknowledge): 수신한 정보 메시지에 대한 부정 응답
- SYN(Synchronous): 문자를 전송하지 않는 상태에서 동기를 취하거나 동기를 유지하기 위해 사용
- ETB(End of Transmission Block): 전송 블럭의 종료를 표시

CHAPTER 07 ARQ & CRC

✓ 학습방법

ARQ는 장애 시 송신측에서 데이터를 다시 보내는 방식이며, FEC는 오류가 발생하는 경우 수신측에서 수정하는 방식입니다. 두 방식의 장점을 결합한 H(Hybrid)-ARQ는 현재 이동통신망에서 사용하고 있는 기술로 기본적인 기술에 대한 학습과 응용문제에 대한 대비도 필요할 것입니다.

문제 ❶

ARQ(Automatic Repeat reQuest) 통신을 위한 3가지 방식에 대해 서술하시오. (5점) (2023-2회)

┃문제 ❶ 정답┃

① Stop and Wait(정지 - 대기) ARQ
② Continuous(연속적) ARQ
③ Adaptive(적응적) ARQ

문제 ❷

다음 질문에 대해 설명하시오. (6점) (기출응용)

1) 데이터 통신에서 대표적인 에러제어 방식 3가지:

2) ARQ 방식 3가지:

┃문제 ❷ 정답┃

1) Forward Error Correction(전진 에러 수정), ARQ(Automatic Repeat reQuest), 반송 및 연속방식
2) Start and Wait ARQ, Continuous ARQ, Adaptive ARQ

문제 ❸

데이터링크계층에서 데이터의 오류가 검출될 경우 재전송을 요청하는 자동반복요청(ARQ)의 4가지 종류를 적으시오. (4점) (2011-1회)

│문제 ❸ 정답│

① 정지 – 대기(Stop & Wait) ARQ
② Go – Back – N ARQ
③ 선택적(Selective) ARQ
④ 적응적(Adaptive) ARQ

문제 ❹

다음 오류검출코드의 다항식을 쓰시오. (6점) (2010-1회) (2011-4회) (2020-4회) (2024-4회)

1) CRC – 12:

2) CRC – 16:

3) CRC – 16 CCITT:

4) CRC – 16 IBM:

│문제 ❹ 정답│

1) CRC – 12 기준: $G(x) = X^{12} + X^{11} + X^3 + X^2 + X + 1$
2) CRC – 16 기준: $G(x) = X^{16} + X^{15} + X^2 + 1$
3) CRC – 16 CCITT(현재 ITU) 기준: $G(x) = X^{16} + X^{12} + X^5 + 1$(HDLC에서 사용함)
4) CRC – 16 IBM: $X^{16} + X^{12} + X^5 + 1$

※ CRC – 16(IBM = ANSI = CCITT)

문제 ❺

다음 원어를 쓰고 설명하시오. (5점) (2022-4회)

약어	원어	설명
FEC		
ARQ		

문제 ❺ 정답

약어	원어	설명
FEC	Forward Error Correction	전진 에러 수정, 순방향 오류 정정 방식이다.
ARQ	Automatic Repeat reQuest	오류 발생 시, 추가 데이터를 요청하여 오류 데이터와 추가 데이터를 비교하여 오류 유무를 점검하고 복구하는 방법이다.

문제 ❻

H(Hybrid)-ARQ 방식을 설명하시오. (5점) (기출응용)

문제 ❻ 정답

FEC(순방향 오류정정) 및 ARQ(검출 후 재전송 방식)를 결합한(Combining) 오류제어 방법이다.

보충설명 1

- FEC 방식: 송신기는 전송할 데이터를 2번 복사해서 정보 데이터와 추가 데이터를 함께 수신기로 전송한다. 전송 시 오류가 발생한 경우, 수신기는 오류 데이터와 복사된 데이터를 비교하여 자체적으로 오류 유무 및 발생위치를 파악 가능하며 오류를 정정할 수 있다.
- ARQ 방식: 데이터 송수신과정에서 에러가 발생할 수 있으며 수신기는 송신기에게 신호 오류 사실을 전달해서 데이터의 재전송을 요구한다. 수신기는 오류 정보와 정보 데이터를 비교함으로써, 오류를 분석하여 복구하는 방식이다.
- ARQ와 FEC의 비교: FEC는 ARQ보다 더 많은 bit들을 추가하기 때문에 수신기가 자체적으로 에러 정정이 가능하다.

FEC 방식	ARQ 방식
• 송신 신호에 오류정정 기능을 추가해서 수신단에서 에러를 정정함 • 주로 실시간 서비스에 활용 • 높은 정보처리율 • 신뢰성 다소 낮음	• 오류 검출 시 송신단에 재전송을 요청함 • Half-duplex/Full-duplex 방식 • 높은 신뢰성과 낮은 효율 • 비실시간 서비스에 활용

FEC의 높은 정보처리율과 ARQ의 높은 신뢰성을 결합한 Hybrid ARQ 방식을 사용한다.

보충설명 2

H-ARQ

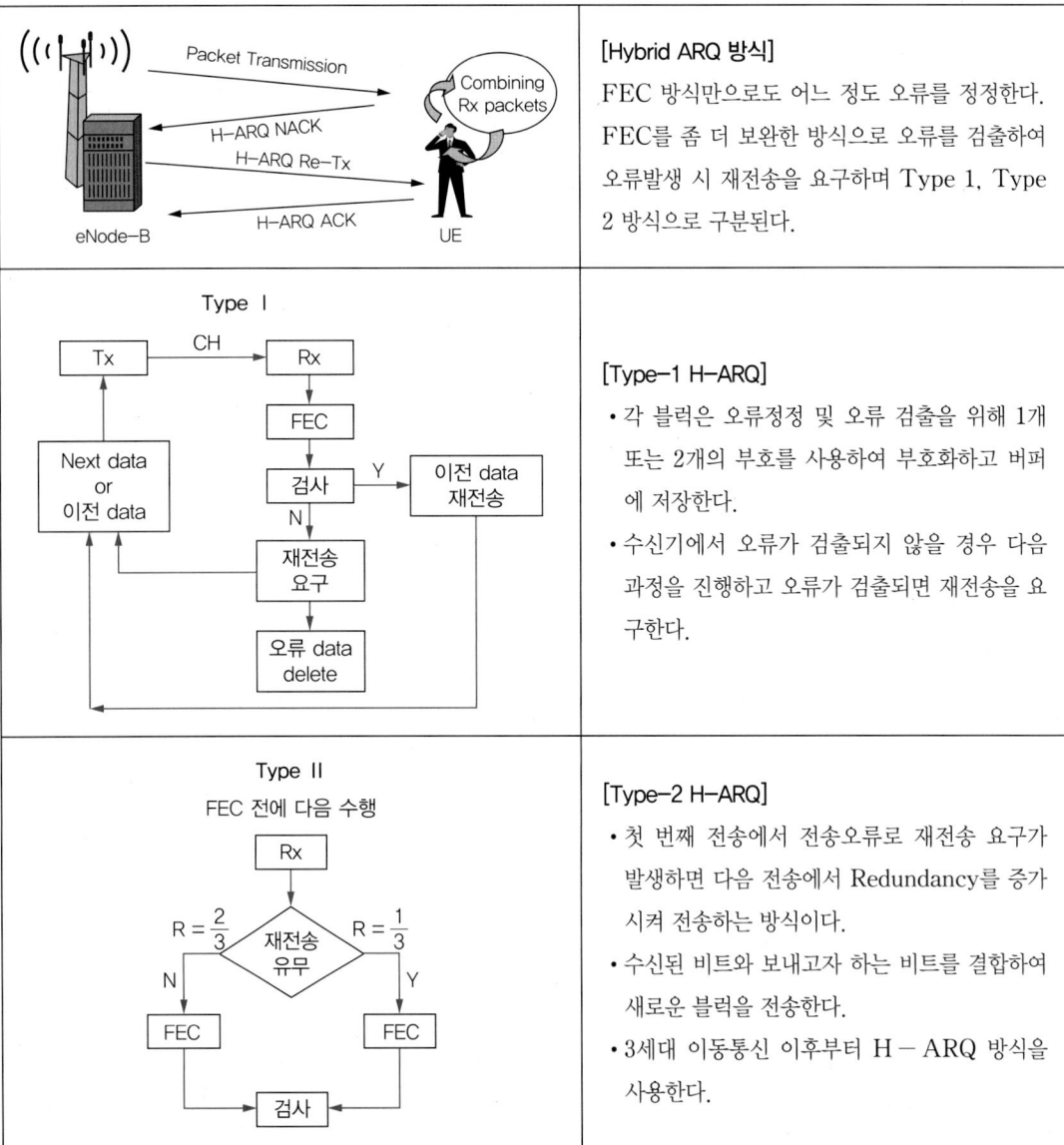

[Hybrid ARQ 방식]

FEC 방식만으로도 어느 정도 오류를 정정한다. FEC를 좀 더 보완한 방식으로 오류를 검출하여 오류발생 시 재전송을 요구하며 Type 1, Type 2 방식으로 구분된다.

[Type-1 H-ARQ]
• 각 블럭은 오류정정 및 오류 검출을 위해 1개 또는 2개의 부호를 사용하여 부호화하고 버퍼에 저장한다.
• 수신기에서 오류가 검출되지 않을 경우 다음 과정을 진행하고 오류가 검출되면 재전송을 요구한다.

[Type-2 H-ARQ]
• 첫 번째 전송에서 전송오류로 재전송 요구가 발생하면 다음 전송에서 Redundancy를 증가시켜 전송하는 방식이다.
• 수신된 비트와 보내고자 하는 비트를 결합하여 새로운 블럭을 전송한다.
• 3세대 이동통신 이후부터 H-ARQ 방식을 사용한다.

보충설명 3

Packet Combining 방식

수신된 정보블럭들을 결합하여 새로운 부호를 생성한 후 복호화하여 오류를 정정하고 검출하는 방식으로 아래 2가지 방식이 있다.
- Code Combining: 수신한 여러 개의 블럭을 서로 결합하는 방식이다.
- Diversity Combining: 수신단에 여러 개의 경로를 통해 셀이 전송되면 다른 경로의 수신된 셀을 조합하여 새로운 부호를 생성하여 복호화하는 방식이다.

문제 ❼

정보통신망에서 오류를 검출하는 방식 3가지를 쓰시오. (6점) (2019-4회) (2024-4회)

┃문제 ❼ 정답┃

해밍코드(Hamming Code), 패리티검사(Parity Check), CRC(Cyclic Redundancy Check) 방식, 정 마크(정 스페이스) 방식, 블록합체크(Block Sum Check), 군계수 체크방식

보충설명

- 해밍코드(Hamming Code)
해밍코드는 데이터 비트에 여러 개의 체크비트(패리티 비트)가 추가된 코드이다.

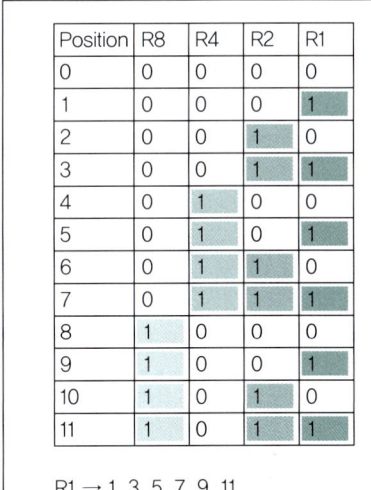

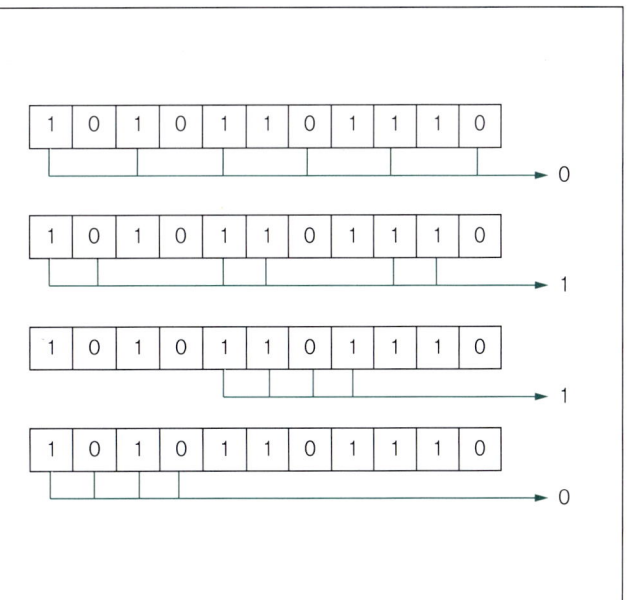

- 패리티검사(Parity Check)

  한 블록의 데이터 끝에 패리티 비트를 추가하여 에러를 검출하는 방식이다(단, 오류와 정정이 모두 가능한 해밍코드와 달리, 오류 검출만 가능하고 정정은 불가능하다). 비동기식 전송 방식에서 주로 사용하며, 짝수 개의 에러 검출은 불가능하다.

- CRC(Cyclic Redundancy Check) 방식

  동기식 전송에서 주로 사용하며, 다항식 코드(CRC 검사를 위해 미리 준비된 코드)를 사용해 오류를 검사하는 방식으로, 블록마다 검사용 코드(FCS)를 부가시켜 전송하는 방식이다.

- 군계수 체크방식

  전송되는 정보 비트열 중 '1'의 개수를 세어서 2진수로 변환한 다음 2진수 끝의 두 비트를 전송되는 정보 비트열에 추가하여 전송하는 방식이다.

- 정 마크(정 스페이스) 방식

  패리티검사가 자체적으로 이루어지는 방식으로, 2 out of 5 코드나 비퀴너리(Biquinary) 코드 등이 사용된다.

- 블록합체크(BSC; Block Sum Check)

  패리티검사의 단점을 보완한 2차원적 에러 검출 방식으로, 각 문자 블록에 수평 패리티와 수직 패리티를 적용시켜 검사하는 방법이다(패리티검사와 달리 짝수 개의 에러검출이 가능하다).

문제 ❽

아래 Ethernet Frame 구조 관련 질문에 답하시오. (6점) (2021-4회)

1) Ethernet Frame에서 Type의 용도와 할당된 Byte의 크기는? (3점)
2) CRC의 주요 기능과 할당된 Byte의 크기는? (3점)

문제 ❽ 정답

1) Type의 용도는 Length와 같은 의미이며 2[Byte] 또는 16[bit]가 할당되어 있다.
2) 프레임 전체의 오류 검사를 하며 4[Byte]가 할당되어 있다.

보충설명

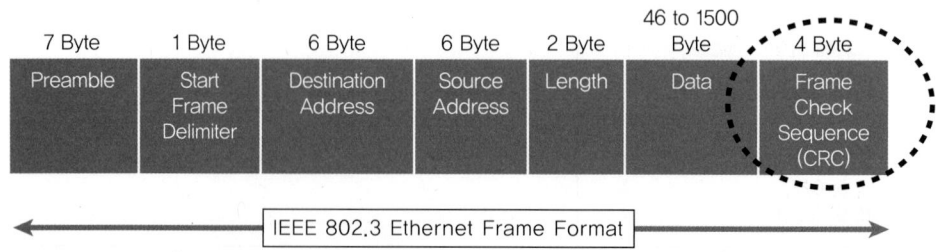

IEEE 802.3 Ethernet Frame Format

문제 ⑨

데이터통신 중 에러 검사를 위해 CRC를 사용하는 방식에 관한 사항이다. 입력신호가 "110011"일 때 CRC 방식에 의한 4[bit]의 검사 시퀀스(Check Sequence)를 구하시오. (단, 생성다항식 $G(x) = X^4 + X^3 + 1$ 이다) (8점) (2017-1회)

문제 ⑨ 정답

$G(x) = X^4 + X^3 + 1$

입력신호 = 110011 = $X^5 + X^4 + X + 1 = P(x)$로 메시지 다항식이 된다.

생성다항식	• CRC − 12 기준: $G(x) = X^{12} + X^{11} + X^3 + X^2 + X + 1$ • CRC − ITU 기준: $G(x) = X^{16} + X^{12} + X^5 + 1$ • CRC − 16 기준: $G(x) = X^{16} + X^{15} + X^2 + 1$
1단계 FCS 발생과정	• 메시지 다항식 $P(x)$를 FCS의 비트 수 만큼 오른쪽으로 이동한다. 이를 위해 생성다항식의 최고차항을 메시지 다항식 $P(x)$에 곱한다. • $P'(x) = P(x)$와 $G(x)$의 최고차항인 X^4를 곱해서 $P'(x) = (X^5 + X^4 + X + 1) \cdot X^4 = X^9 + X^8 + X^5 + X^4$가 된다. 이진수로 변환하면 1100110000이다.
| 2단계<br>$P'(x)$를 $G(x)$로 나눈다 | $\dfrac{X^9 + X^8 + X^5 + X^4}{X^4 + X^3 + 1} = \dfrac{1100110000}{11001}$ 을 계산하면<br><br>```
           100001
    11001 )1100110000
           11001
           ─────
              10001
              11001
              ─────
               1001    ◀---- FCS
```<br>몫이 100001이 되고 나머지가 1001이 된다. 여기서 1001이 FCS가 되는 것이다. FCS인 1001을 나머지인 $R(x)$라 한다. |
| 3단계
송신 데이터 결정 | 송신은 메시지 $P(x)$와 나머지 $R(x)$를 함께 보내서 $R(x)$가 FCS 역할을 해주는 것이다.
$T(x) = P'(x) + R(x) = 1100110000 + 1001 = 1100111001$이 된다. 즉, FCS bit는 생성다항식 $G(x)$보다 1[bit] 작은 값이 된다. |
| 4단계
수신측 오류 검증 | 수신측에서는 앞서 전송한 $T(x)$의 송신데이터를 $G(x)$의 생성다항식으로 나누고 나눈 값이 0이면 오류가 없는 것임을 알 수 있다. 생성 다항식 $G(x)$는 사전에 공유되어 있어야 한다. |

정리하면

1) 생성다항식 $G(x) = X^4 + X^3 + 1$이고 최고차항을 고려한 송신다항식 $T(x) = X^5 + X^4 + X + 1$이 된다.
2) 생성다항식 $G(x)$의 최고차항인 X^4을 곱한 다음 입력신호 $P(x)$대비 $P'(x)$를 구하게 되면
   $(X^5 + X^4 + X + 1) \cdot X^4 = X^9 + X^8 + X^5 + X^4$가 된다.
3) $P'(x)$를 $G(x)$로 나누면 나머지 $R(x)$는 1001이 되어 $R(x)$를 FCS로 활용하는 것이다.
4) 송신데이터 $T(X)$는 $P'(x)$에 $R(x)$를 FCS로 추가해 주면 $P'(x) + R(x)$가 되어
   $T(x) = P'(x) + R(x) = 1100110000 + 1001 = 1100111001$이 되는 것이다.
5) 수신단에서는 수신한 데이터에 생성다항식 $G(x)$로 나누어서 0이 되면 에러 없이 수신함을 확인하는 것이다.
```

CHAPTER 08 교환방식

✓ 학습방법

다양한 교환방식이 있어서 교환방식별 구분이 헷갈릴 수 있습니다. 기본적으로 "PM은 TS를 사용한다"를 암기하면 대부분의 문제가 해결됩니다. Packet 교환, Message 교환, Time(시분할), Space(공간분할)을 동일 평면에 두고 문제를 풀어야 헷갈리는 부분을 제거할 수 있을 것입니다.

문제 ❶

회선(Circuit) 교환망과 패킷(Packet) 교환망의 정의와 특징을 설명하시오. (6점) ^(2020-1회)

① 회선(Circuit) 교환:

② 패킷(Packet) 교환:

문제 ❶ 정답

① 데이터 전송 시 통신경로를 사전에 설정하고 보내는 방식이다. 많은 양의 정보를 연속적으로 보낼 때 우수한 방식이다.
② 축적 교환방식으로 메시지를 일정 크기로 분할하여 전송한다. 크게 데이터그램(Datagram) 방식과 가상회선(Virtual Circuit) 방식으로 구분된다.

보충설명

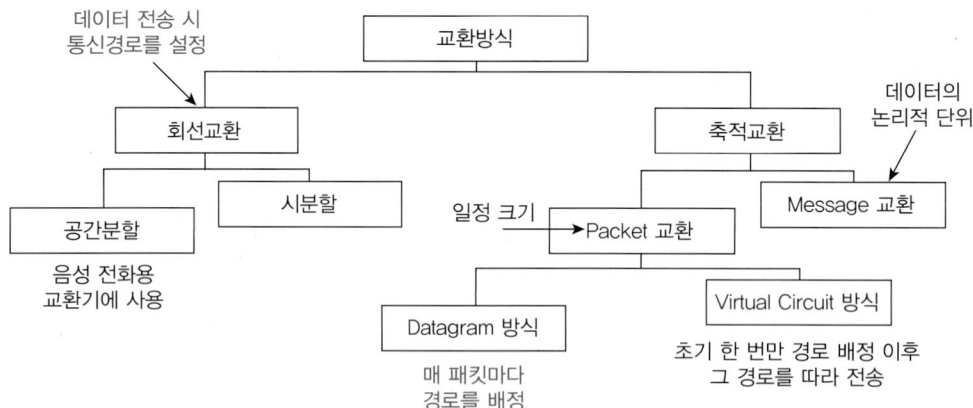

문제 ❷

교환방식 중 축적 교환방식 2가지를 쓰시오. (4점) ^(기출응용)

| 문제 ❷ 정답 |

① Packet 교환방식
② Message 교환방식

문제 ❸

다음은 패킷 교환방식에 대한 설명이다. (   ) 안의 용어를 쓰시오. (4점) ^{(2012-1회) (2020-1회)}

- 패킷을 전송 전에 논리적인 사전 경로를 구성해서 순차적으로 전달하는 방식을 (①) 방식이라 하며, 이러한 방식은 신뢰성 있는 통신이 가능하다.
- 각 패킷을 전송 전에 사전 경로 구성없이 독립적으로, 순서없이 전달하는 것을 (②) 방식이라 하며, 사전 경로구축 시간이 불필요하고 Deadlock 시에는 타 경로로 신속한 대응이 가능하다.

| 문제 ❸ 정답 |

① 가상회선(Virtual Circuit) (패킷 교환)방식
② 데이터그램(Datagram) (패킷 교환)방식

문제 ❹

X.25 기반의 공중 (패킷) 데이터 교환망(PSDN)에서 사용 가능한 패킷 교환방식 2가지를 쓰시오. (6점)
^{(2013-2회) (2014-4회) (2016-2회)}

| 문제 ❹ 정답 |

① 가상회선(Virtual Circuit) (패킷 교환)방식
② 데이터그램(Datagram) (패킷 교환)방식

문제 ❺

교환방식 중 초기 한 번의 경로배정 후 그 경로를 따라가는 방식이다. 반송파 프로토콜에서 데이터링크의 논리적인 회선으로 사용하는 전용회선의 용어를 쓰시오. (3점) (2022-4회)

문제 ❺ 정답

가상회선(Virtual Circuit) (패킷 교환)방식

문제 ❻

다음 ( ) 안의 용어를 적으시오. (3점) (2018-4차)

각 패킷을 전송하기 전에 사전경로 구성없이 독립적으로 순서 없이 전달하는 것을 ( ) 방식이라 한다. 이를 통해 사전 경로 구축 시간이 불필요하고 데드락(Deadlock) 발생 시에도 융통성이 있어서 신속한 대처가 가능하다.

문제 ❻ 정답

데이터그램(Datagram) (패킷 교환)방식

보충설명

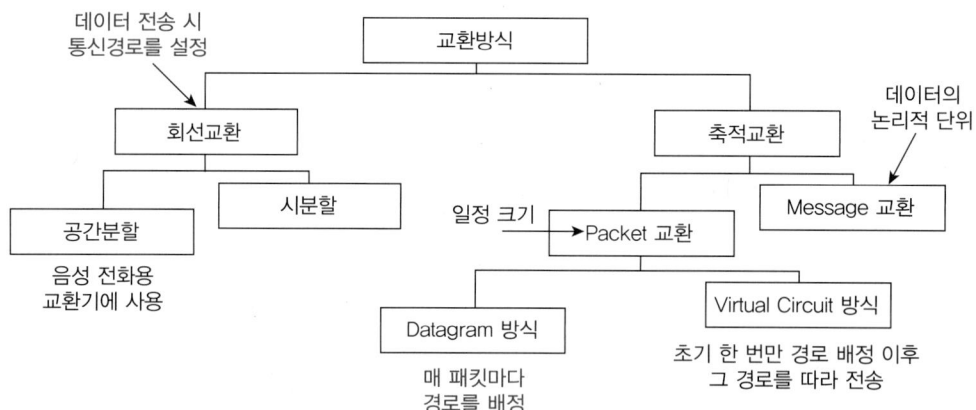

문제 ❼

패킷(공중 데이터) 교환망의 주요 기능 3가지를 쓰시오. (3점) (2016-1회)

문제 ❼ 정답

① 패킷(데이터) 교환기능, 패킷(데이터) 다중화 기능
② 패킷(데이터) 분해(분할) 조립 기능
③ 라우팅 기능, 최적의 경로설정

문제 ❽

다음 특징을 갖는 교환방식은 무엇인지 쓰시오. (4점) (2020-1회)

> 데이터를 몇 개의 패킷으로 쪼갠 후 각각의 패킷별로 독립적인 전달 경로를 선택하여 전송하는 방식이다. 각 패킷이 독립적으로 전달되기 때문에 미리 전달 경로를 설정할 필요가 없지만 송신 측에서 보내는 데이터 순서와 수신측에서 받는 데이터 순서가 다를 수 있다. 즉, 수신측에서 패킷 순서가 어긋날 수 있어서 수신측에서 수신제어를 한다. 목적지 단말이 부재중이라도 통신이 가능하고 짧은 데이터 전송에 효율적이다. 만약 일부 교환노드에 장애가 발생해도 다른 대체 경로를 이용해서 전송이 가능하다. 주로 인터넷의 IP(Internet Protocol)에서 사용하는 방식으로 패킷의 도착 순서가 다를 수 있다.

문제 ❽ 정답

데이터그램(Datagram) 교환방식

참조

UDP와 구분할 것, 위 문제는 교환방식의 문제임

문제 ❾

축적 교환방식의 종류 2가지를 쓰시오. (4점) (기출응용)

| 문제 ❾ 정답 |

① 메시지(Message) 교환방식
② 패킷(Packet) 교환방식

문제 ❿

패킷 교환망(PSDN, Packet Switched Data Network)의 기능 3가지를 쓰시오. (4점) (기출응용)

| 문제 ❿ 정답 |

① 패킷 교환
② 다중화
③ 조립, 분해

문제 ⓫

패킷 교환망에서 가능한 패킷 교환방식 2가지를 쓰시오. (4점) (기출응용)

| 문제 ⓫ 정답 |

① 데이터그램 방식
② 가상회선 방식

문제 ⑫

데이터 통신의 패킷망에서 트래픽을 제어한다. 트래픽 제어(Traffic Control)를 위한 방식 3가지를 쓰고 간단히 설명하시오. (6점) (2011-2회)

문제 ⑫ 정답

① 흐름제어(Flow Control) : 송신측이 수신측에서 처리할 수 있는 속도보다 더 빨리 데이터를 보내지 못하도록 제어한다.
② 과잉밀집제어(Congestion Control) : 정보량이 과다한 것을 감지하여 네트워크가 혼잡해지지 않게 조절한다.
③ 데드락방지(Deadlock Avoidence) : 송신측이 데이터 전송을 위해 수신측의 응답을 무한정 기다리지 않게 한다.

문제 ⑬

다음은 회선 접속을 위한 5단계이다. 아래 (가), (나), (다) 단계를 쓰시오. (3점) (2023-2회)

회선 접속 − (가) − (나) − (다) − 회선 절단

문제 ⑬ 정답

(가) 회선 설정(Circuit Establishment)
(나) 데이터 전송(Data Transer)
(다) 회선 해제(Circuit Disconnect)

문제 ⑭

네트워크의 정보전달은 기능 면에서 5단계로 구분된다. 다음 괄호 안에 들어갈 내용을 쓰시오. (6점)

(산업기사 2014−1회)

1단계: 회선 접속
2단계: (①   )
3단계: (②   )
4단계: 링크 해제
5단계: (③   )

문제 ⑭ 정답

① 회선설정(링크 확립)
② 데이터 전송(정보전달)
③ 회선해제(절단)

문제 ⑮

회선 교환방식의 논리적 연결 3단계를 서술하시오. (6점) (2023−1회)

1) 1단계:
2) 2단계:
3) 3단계:

문제 ⑮ 정답

1) 1단계: 회선 연결(Circuit Establishment)(또는 회선설정, 접속설정, 링크 확립 등)
2) 2단계: 데이터 전송(Data Transfer)
3) 3단계: 회선설정 해제(Circuit Disconnect)

문제 ⓰

아래 질문에 대해서 답하시오. (6점) (2011-2회) (2016-4회)

1) PAD(Packet Assembler/Disassembler)의 기능 등을 정의하는 디바이스(인터페이스) 규격:

2) 패킷형 터미널을 위한 DTE와 DCE 사이의 접속 규격:

3) PSDN에서 PAD를 접속하는 DTE와 DCE 간의 Interface 규정(패킷형 단말과 PAD 데이터 전송 인터페이스):

문제 ⓰ 정답

1) X.3
2) X.25
3) X.28

문제 ⓱

다음 물음에 답하시오. (4점) (2010-4회)

1) ITU-T에서 정의한 패킷망을 상호연결하기 위한 프로토콜(ITU-T 권고안 중 공중데이터 통신망의 프로토콜):

2) IEEE 802.6에서 정의한 표준으로 MAN(Metro Area Network) 구축에 표준화된 MAC 기반 다중접속 프로토콜:

문제 ⓱ 정답

1) X.75
2) DQDB(Distributed Queue Dual Bus)

보충설명

X.75
두 개의 패킷 교환 네트워크 사이의 인터페이스 규약으로, X.25 기반의 네트워크 간 데이터 전송을 위한 게이트웨이 연결 표준이다.

OSI 계층 X.75 적용 내용
- 1(물리)계층: X.21 인터페이스 또는 동등한 물리 회선
- 2(데이터링크)계층: LAPB 또는 LAPD(프레임 제어)
- 3(네트워크)계층: X.25 네트워크 계층과 유사한 기능, 가상 회선 관리 등 수행

문제 ⑱

아래 사항은 무엇에 대한 설명인가? (3점) (기출응용)

ITU – T에서 정의한 공중패킷망에서 패킷형 단말기를 위한 DTE와 DCE 사이의 접속규격이다.

문제 ⑱ 정답

X.25

문제 ⑲

DQDB(Distributed Queue Dual Bus) 프로토콜에 대해서 설명하시오. (5점) (기출응용)

문제 ⑲ 정답

IEEE 802.6의 표준규격으로 도시권통신망(MAN) 기술에 적용되는 다중 접속 프로토콜이다.

문제 ⑳

다음은 PAD(Packet Assembly Disassembly)와 관련한 X.Series이다. 각각의 항목에 대해서 설명하시오. (4점) (기출응용)

X.3	
X.25	
X.28	
X.29	

문제 ⑳ 정답

X.3	PDN에서 패킷을 분해 및 조립하는 디바이스 규격이다.
X.25	패킷전송을 위한 DTE와 DCE 사이의 접속규정. 가상회선 교환방식의 대표적인 예이다.
X.28	스테이션 안의 PDN에 연결하는 DTE/DCE 접속규격이다.
X.29	패킷형 DTE와 PAD 사이의 제어정보와 데이터 교환을 위한 절차이다.

문제 ㉑

다음은 CCITT X 시리즈 인터페이스이다. 아래 사항을 설명하시오. (10점) (2022-2회)

1) X.20:

2) X.21:

3) X.24:

4) X.25:

5) X.75:

문제 ㉑ 정답

아래는 공중데이터 네트워크에서 주로 사용한다.

1) X.20: 비동기전송을 위한 DTE와 DCE의 접속 규격
2) X.21: 동기전송을 위한 DTE와 DCE의 접속 규격
3) X.24: DTE와 DCE 사이의 인터체인지 회로에 대한 정의
4) X.25: 공중패킷망에서 패킷형 단말기를 위한 DTE와 DCE 사이의 접속 규격
5) X.75: 공중패킷망에서 네트워크 상호 간의 접속을 위한 노드 사이의 프로토콜

문제 ㉒

다음은 ITU-T X.Series 권고안에 관한 사항이다. 각각의 권고안 번호를 적으시오. (6점) (2011-1회)

1) 공중데이터 네트워크에서 비동기전송을 위한 DTE, DCE 간 접속 규격:

2) 공중데이터 네트워크에서 동기전송을 위한 DTE, DCE 간 접속 규격:

3) 공중데이터 네트워크에서 패킷형 단말을 위한 DTE, DCE 간 접속 규격:

문제 ㉒ 정답

1) X.20
2) X.21
3) X.25

문제 ㉓

다음은 PAD(Packet Assembly Disassembly)와 관련된 X.Series 3가지를 쓰고 각각의 기능을 설명하시오. (6점) (기출응용)

문제 ㉓ 정답

① X.3: PDN에서 Packet을 분해하고 조립하는 기능으로 문자형 비단말기를 제어하는 데 사용
② X.28: 스테이션(Station)인 문자형 비패킷 단말기와 PAD 간에 명령과 응답 규정
③ X.29: Packet형 단말기와 문자형 비패킷 단말기의 통신을 규정

보충설명

X.3	PAD가 문자형 비단말기를 제어하기 위해 사용되는 변수들에 대한 규정이다.
X.21	동기식 디지털 라인을 통한 시리얼 통신에 대한 ITU-T 표준으로써 X.21 프로토콜은 유럽과 일본에서 주로 사용된다.
X.25	패킷망에서 패킷형 단말기를 위한 DTE와 DCE 사이의 접속 규정이다.
X.28	문자형 비패킷 단말기와 PAD 간에 주고받는 명령과 응답에 대한 규정으로 공중 데이터 통신망에서 패킷의 조립/분해장치(PAD)를 엑세스하는 동기식 데이터 단말장치용 DTE/DCE 인터페이스에 대하여 ITU-T에서 권고한 표준이다.
X.29	패킷형 단말기와 문자형 비패킷 단말기의 통신 규정이다.
X.75	패킷망 상호 간의 접속을 위한 신호방식을 규정으로 PSDN(Public Switching Data Network, 패킷교환망) 사이에서 패킷을 교환하는 방법을 규정한다. 즉, X.25 망들 간의 상호연결을 규정하고 있다.

문제 ㉔

다음 설명하는 (가)와 (나)의 용어에 대한 명칭을 각각 쓰시오. (6점) (2024-4회)

(가) (　　)은/는 ITU-T에서 1970년대 중반에 도입한 이기종 통신용 인터페이스 사양이다. (　　)은/는 통신 사업자와 고객 장비 간의 통신을 위한 디지털 신호 인터페이스를 제공하는 수단으로 처음 도입되었다.
(나) (　　)은/는 근거리통신망(Local Area Network) 상에서 라우팅 및 스위칭 장비들을 WAN(Wide Area Network)과의 고속 회선과 서로 연결하는 데 주로 사용되는 단거리용 인터페이스이다.

문제 ㉔ 정답

(가) X.21
(나) HSSI(High Speed Serial Interface)

문제 ㉕

아래 제시하는 용어의 정의를 간단히 쓰시오. (6점) ^(기출응용)

전파지연	
전송시간	
노드지연	

문제 ㉕ 정답

전파지연	신호가 한 노드에서 다음 노드로 도달하는데 소요되는 시간
전송시간	데이터의 한 블록을 보내는데 소요되는 시간
노드지연	한 노드가 데이터를 교환할 때 필요한 처리를 수행하는데 소요되는 시간

문제 ㉖

회선교환망에서 메시지를 전송하기 전에 경과되는 시간에 대한 설명이다. 아래 물음에 답하시오. (6점)

(2021-2회)

1) 신호가 하나의 노드에서 다른 노드로 전송할 때 걸리는 시간:
2) DTE가 데이터의 한 Block을 보내는데 소요되는 시간:
3) 임의의 노드에서 데이터 교환 시 이를 처리하기 위해 소요되는 시간:

문제 ㉖ 정답

1) 전파지연(Propogation Delay)
2) 전송시간(Transmission Time)
3) 노드지연(Node Delay)

보충설명

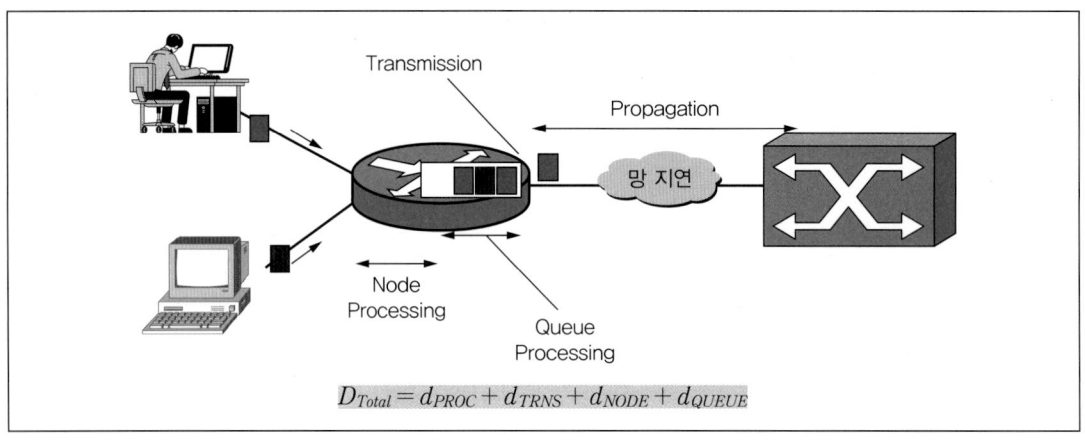

$$D_{Total} = d_{PROC} + d_{TRNS} + d_{NODE} + d_{QUEUE}$$

전송 지연 (Transmission Delay), d_{TRNS}		라우터가 패킷을 Link로 밀어내는 과정에서 발생하는 지연으로 패킷 사이즈가 커지거나, Link의 대역폭(Bandwidth)이 작을수록 걸리는 시간이 길어진다. 여기에 영향을 주는 것은 패킷의 크기와 링크 전송률(대역폭)이다. 패킷 길이(L), 링크전송율(d)이면 다음 식이 정의된다. $$d_{TRNS} = \frac{L}{d}$$
전파 지연 (Propagation Delay), d_{PROC}	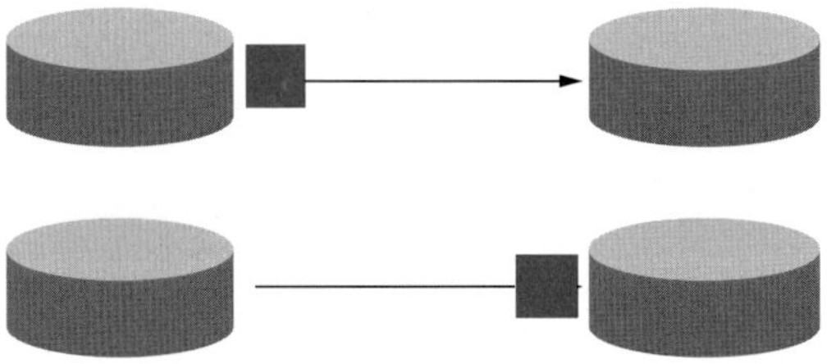	실제 Link를 타고 데이터가 전송될 때 발생하는 지연으로 통신선의 종류, 거리에도 영향을 받는다(광통신은 미비함). 물리적 길이(L), 빛의 속도($V = 3 \times 10^8$) 이면 다음 식이 정의된다. $$d_{PROC} = \frac{L}{3 \times 10^8}$$
노드 처리 지연 (Node Processing Delay), d_{NODE}		라우터에서 패킷 내 데이터의 에러를 체크하거나, 다음 경로를 결정하는데 걸리는 지연이다. Bit Error Check, 출력 링크 결정 등에 소요되는 시간이다.
큐 지연 (Queueing Delay), d_{QUEUE}		패킷이 큐에서 다른 패킷들의 작업이 끝나길 기다리는 시간으로 먼저 들어온 패킷이 처리될 때까지 기다려야 한다. 패킷 손실의 주요 원인이다(전송 전 기다리는 시간).

Propagation은 전파속도로, 패킷이 전선을 타고 이동하는 속도이다. 구리선과 광케이블을 비교해 보면, 광케이블이 데이터를 더 빠르게 전파한다. 이것은 광케이블이 전파속도가 더 빠르다고 볼 수 있다. 네트워크 지연은 하나의 데이터가 송신지에서 수신지까지 이동할 때 걸리는 시간을 의미한다.

문제 ㉗

통신속도가 1[Gbps]인 통신 네트워크에서 25[kbyte] 크기의 데이터를 전송하는 경우 아래 물음에 답하시오. (단, 송신지점에서 수신지점까지의 거리는 14,000[km], 두 지점 간의 전파속도는 2.8×10^8[m/sec]이다) **(10점)** (2023-2회)

1) 전파시간(Propagation Time):

2) 전송시간(Transmission Time):

문제 ㉗ 정답

1) 전파시간(Propagation Time)

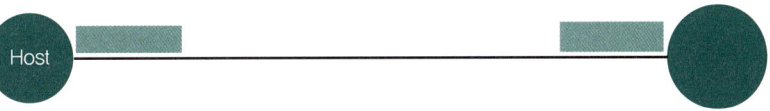

데이터가 송신지에서 수신지까지 전송하는데 걸리는 시간이다. $S = V \cdot T$ 기반하에 단위를 일치해서 풀면 아래와 같다.

$$시간(T) = \frac{S}{V} = \frac{14,000 \times 10^3}{2.8 \times 10^8} = 0.05[sec] = 50[msec]$$

2) 전송시간(Transmission Time)

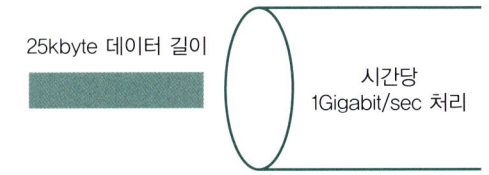

전송(Transmission)은 라우터나 통신장비가 패킷이나 블록을 Link로 밀어내는 과정에서 발생하는 시간이다.

$$시간(T) = \frac{S}{V} = \frac{25[kbyte]}{1[Gbps]} = \frac{25 \times 10^3 \times 8}{1 \times 10^9} = 0.002[sec] = 2[msec]$$

CHAPTER 09 VoIP, 전화 교환기(Telephone Exchange)

✓ 학습방법

교환기는 과거부터 현재까지 사용하는 기술로서 너무 깊게 들어가면 학습에 어려움이 있는 분야입니다. 기존 기출문제 범위 안에서 학습해야 하며 특히 공통선 신호방식(CCS; Common Channel Signaling)에 대한 이해가 필요합니다. 교환기 자체에 많은 기술이 포함되어 있어서 너무 깊은 학습보다는 전반적인 이해 위주의 학습을 권장합니다.

문제 ❶

교환기에서 입력측 하이웨이 상의 Time Slot 순서와 출력측의 순서를 바꾸기 위해 Time Switch하는 3가지 방법에 대해 기술하시오. (6점) (2021-4회)

▎문제 ❶ 정답 ▎

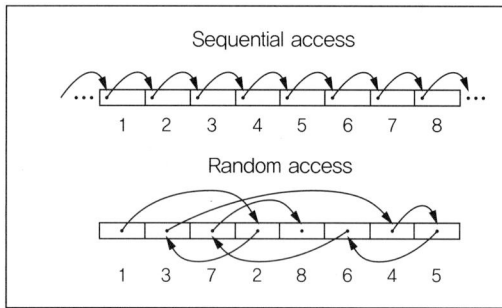

- SWRR(Sequential Write Random Read)
- RWRR(Random Write Random Read)
- RWSR(Random Write Sequential Read)

보충설명

교환기에서 일반적으로 시간 스위치는 SWRR(Sequential Write Random Read) 방식과 RWSR(Random Write Sequential Read) 방식이 사용되고 있다. SWRR 방식은 입력 TS(Time Switch)상의 데이터를 TS(Time Switch) 계수기의 제어에 따라 SM(Speech Memory)에 순차적으로 저장시키고, CM의 제어에 의해 SM(Speech Memory)에 저장된 데이터를 임의의 출력 TS(Time Switch)으로 출력시킨다. 즉, 입력 TS(Time Switch)가 순서 1.2.3. X에 따라 메모리에 단어별로 저장되도록 하는 것은 CM(Control Memory)을 이용하고 TS 계수기는 TS의 1의 데이터를 메모리의 1번지에, TS(Time Switch)의 2의 데이터를 2번지에, TS(Time Switch)의 X의 데이터를 X 번지에 각각 순차적으로 저장한다. 이때 CM(Control Memory)에 지정된 주소가 SM(Speech Memory)의 읽기 주소가 되며, 이들 정보는 호 처리 소프트웨어에 의해 제공된다.
SWRR과 RWSR 방식 외에도 RWRR(Random Write Random Read) 방식이라고 하는 다소 복잡한 시스템에서 사용되는 것이 있는데 입력 TS가 버퍼 메모리에 임의적으로 쓰여지고 또한 출력 TS도 버퍼 메모리에서 임의적으로 읽혀지는 것으로 하드웨어의 복잡성에 비하여 융통성 면에서는 별 이점이 없다. 시간 스위치의 용량이 증가하기 위해서는 교환기의 기본 Clock의 주파수가 높아야 하고 메모리의 액세스 시간이 빨라야 한다.

문제 ❷

각 물음에 답하시오. (5점) (2011-4회) (2016-1회)

1) NGN의 3가지 계층을 쓰시오.
2) NGN의 구성요소를 2가지 쓰시오.

문제 ❷ 정답

1) 서비스계층 다양한 응용서비스 제공), 제어계층(유무선통합 Soft Switch 플랫폼을 통한 제어), 전송계층(유무선통합 패킷망, 전달망에 대한 전달)
2) Soft Switch, Media Gateway, Access Media Gateway, Trunk Media Gateway, Residential Gateway

보충설명

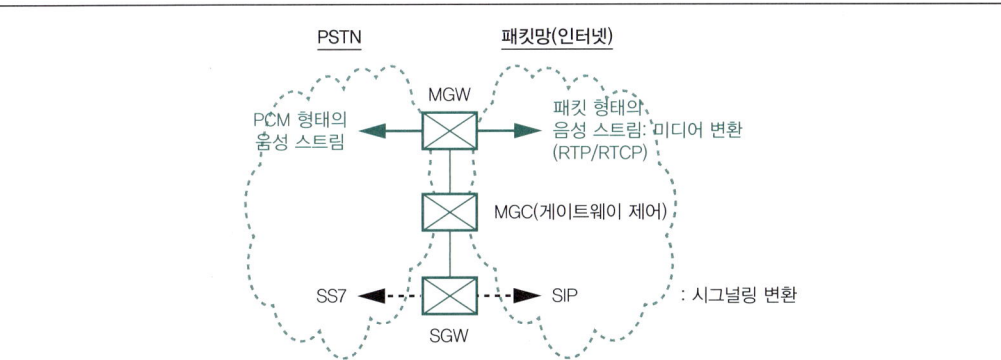

- Soft Switch: 소프트웨어 기반 스위칭 기술을 제공한다.
- Media Gateway: 회선교환 자원과 패킷 네트워크 사이에서 매체변환 기능을 제공한다.
- Access Media Gateway: 회선교환망과 패킷교환망 사이에 음성 미디어의 처리 및 변환을 수행하는 장치로서 인터넷에서 만들어진 패킷(IP 패킷 등)형태의 음성 신호를 공중전화망에서 사용되는 PCM 등의 형태로 변환하거나 그 반대의 변환을 한다.
- Trunk Media Gateway: 회선교환망(PSTN)과 패킷교환망을 접속 연결해 준다.
- Residential Gateway: 홈 네트워크를 구성할 경우 홈에서의 각종 통신망에 연결한다.

문제 ❸

통신망의 각 단말을 구성하는데 필요한 번호의 구성방법과 부여 방법을 번호계획이라 한다. 이와 관련된 번호 부여 방식 2가지를 서술하시오. (6점) ^(2021-2회)

▌문제 ❸ 정답 ▌

① 국내번호: 최대 13자리로 구성(통신망번호, 지역번호, 국번호, 가입자 번호)
② 국제번호: 최대 15자리로 구성(국제번호 포함)
③ 데이터망번호: 최대 14자리로 구성(통신망번호, 데이터 국번호, 가입자 단말 번호)

보충설명

전기통신번호관리세칙

제6조(전화망 번호체계) ① 전화망 번호의 구성은 다음 각 호와 같다.

1. 국제번호는 국가번호와 국내번호로 구성되며 그 자릿수는 최대 15자리를 초과하여 사용할 수 없다.
2. 국내번호의 구성요소 및 자릿수는 다음과 같으며, 전체 구성요소별 자릿수를 합하여 최대 13자리를 초과하여 사용할 수 없다.

구성요소	통신망번호	지역번호	가입자번호	
			국번호	가입자 개별번호
자릿수	2~4	1~2	1~6	4

제12조(데이터망 번호체계) ① 데이터망의 번호는 통신망번호와 데이터망내번호로 구성되며, 데이터망내번호는 데이터국번호와 가입자단말 번호로 구성된다.

② 제1항의 구성요소 및 자릿수는 다음과 같으며 전체 자릿수를 합하여 최대 14자리를 초과하여 사용할 수 없다.

통신망번호	데이터망내번호	
	데이터국번호	가입자 단말번호
4	3	4~7

문제 ④

번호 계획(Numbering Plan) 관련 아래 번호부여 방식에 대해서 설명하시오. (6점) (기출응용)

1) 개방 번호 방식(Open Numbering System):
2) 폐쇄 번호 방식(Closed Numbering System):

문제 ④ 정답

1) 한 국가 내에서 국내 번호길이가 일정하지 않은 방식이다. 전자식 교환방식에서 최종 디지트(Digit) 유무를 확인하기 위하여 일정 시간 대기하므로 접속지연시간(Post Dialing Delay)이 발생한다. 따라서 교환기의 신호장비가 증가하므로 비경제적이다.
2) 한 국가 내에서 국내 번호(시외지역번호 + 가입자번호)의 길이가 일정한 방식이다. 수신 디지트 수로서 번호 수신 여부를 인지하므로 일정시간 대기를 방지해서 즉시 Routing이 가능하여 교환 능률이 향상된다. 신호장비가 개방번호방식에 비해 적으므로 경제적이다.

보충설명

복합 번호 방식(General Numbering System)
폐쇄 번호 방식과 개방 번호 방식을 혼용하는 방식이다.

문제 ⑤

공통선 신호망에서 신호선(SP – Signaling Point 신호점) 간의 신호 정보전달을 중계해주는 패킷교환을 통해 입력된 신호 메시지를 판단해서 각각의 목적지별로 라우팅 및 분배기능을 수행하는 것을 (   )(이)라 한다. (3점) (2016-2회)

문제 ⑤ 정답

STP(Signaling Transfer Point)
신호망(공통선 신호망)에서 신호정보의 생성/처리는 하지 않고, 신호점 간에 신호 메시지의 전달, 중계(라우팅)하는 안정성 좋은 일종의 패킷교환을 하는 교환기이다.

문제 ❻

다음 ( ) 안에 알맞은 용어를 적으시오. (3점) (기출응용)

> ITU-T의 공통선 신호방식(No.6 방식 또는 No.7 방식)에서 신호 메시지의 중계, 교환을 하는 신호 중계국 또는 그 기능을 하는 것이다. 이것을 사용하여 구성한 신호망은 통화 회선과 신호 링크를 대응시키지 않는 비대응 모드로 운용되며, 각종 신호는 통화 회선을 갖는 교환국 이외의 ( )을/를 경유하여 전송되어 경제성/신뢰성을 향상시키고 있다. 또 ( )은/는 전화 신호 메시지의 표지 변환 및 신호 중계가 불가능할 때 그것을 다른 국으로 통지하는 기능이 있다. No.6, No.7 등의 공통선 신호방식에서 교환 제어용 신호 링크는 통화로 회선군과는 별도로 설치된다. 회선 수가 적은 국 간에서 독립한 신호 링크를 설정하는 것은 비경제적이므로 신호 링크를 우회 경로로 하여 타국과 공용할 때가 있다. 이 경우 신호를 중계하는 교환국을 ( )(이)라 한다.

│ 문제 ❻ 정답 │

신호 중계점(STP – Signaling Transfer Point)

문제 ❼

VoIP 관련 3가지 서비스를 적으시오. (6점) (2014-1회)

│ 문제 ❼ 정답 │

① PC 대 PC(PC to PC)
② PC 대 전화(PC to Phone)
③ 전화 대 전화(Phone to Phone)

문제 ❽

VoIP 서비스 제공 관련 아래 보기를 참조해서 표를 완성하시오. (6점) (기출응용)

[보기]
MGCP, MEGACO, TCP, UDP, Text, Binary, ITU-T, IETF

구분	H.323	SIP
표준화		
지원매체	A.V.D	A.V.D
인코딩		
프로토콜		

※ A.V.D(Audio Video Data)

문제 ❽ 정답

구분	H.323	SIP
표준화	ITU-T	IETF
지원매체	A.V.D	A.V.D
인코딩	Binary	Text
프로토콜	주로 TCP	주로 UDP

문제 ❾

VoIP에서 자주 사용하는 Protocol 3가지를 쓰시오. (3점) (기출응용)

문제 ❾ 정답

① H.323
② SIP
③ MGCP

보충설명

MGCP(Media Gateway Control Protocol)는 VoIP와 기존 통신 시스템(PSTN – Public Switched Telephone Network)의 신호 및 통화 제어를 위한 통신 프로토콜이다.

CHAPTER 10

Line Coding

학습방법

Line Coding은 서술형 방식의 문제 출제에 좋은 항목입니다. 문제 형태에 따라 난이도가 기초부터 고급까지 다양하게 출제될 수 있습니다. 기본 개념을 이해하고 좀 더 난이도 있는 B8ZS나 HDB3에 대한 이해를 바탕으로 고득점을 대비하기를 추천합니다.

문제 ❶

신호 bit 1010100에 대해서 복극 RZ(Return to Zero), 복극 NRZ(Non Return to Zero)의 파형을 그리시오. (4점) (2021-1회)

RZ 복극

1	0	1	0	1	0	0

NRZ 복극

1	0	1	0	1	0	0

문제 ❶ 정답

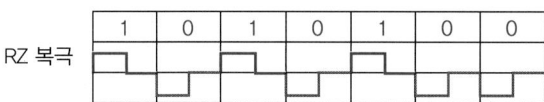

문제 ❷

이진수 0101000bit를 복극 RZ, 복극 NRZ의 파형을 그리고 내용을 설명하시오. (8점) (기출응용)

복극 RZ

0	1	0	1	0	0	0	1	1	0

복극 NRZ

0	1	0	1	0	0	0	1	1	0

문제 ❷ 정답

| 복극 RZ | 0 | 1 | 0 | 1 | 0 | 0 | 0 | 1 | 1 | 0 | 1에서 Plus(+)
0에서 Minus(−)
반주기 동안 0으로 복귀 |

또는 초기 설정에 따라 0에서 Plus(+), 1에서 Minus(−)로의 파형도 가능하다.

| 복극
NRZ
(NRZ-L) | 0 | 1 | 0 | 1 | 0 | 0 | 0 | 1 | 1 | 0 | 1에서 Plus(+)
0에서 Minus(−) |

문제 ❸

NRZ, RZ, Manchester 부호화 방식을 사용하여 부호화된 신호 중에서 수신측에서 송신측의 클럭 정보를 추출하는 데 가장 많이 이용하는 방식은 무엇인가? (2점) (2011-1회)

문제 ❸ 정답

Manchester(Coding) 방식

문제 ❹

아래에서 설명하는 전송부호 방식을 쓰시오. (3점) (2020-4회) (2022-1회)

- LAN에서 주로 사용하는 부호로서 대역폭을 많이 차지하며 직류 신호가 전송되지 않는다.
- 전송부호가 1인 경우 전단 $\frac{T}{2}$ 구간에 음(-, Negative)의 펄스로 나타내며 후단 $\frac{T}{2}$ 구간에는 양(+, Positive)의 펄스로 나타나며, 전송부호가 0인 경우엔 이와 반대로 전단 $\frac{T}{2}$ 구간에 양(+, Positive)의 펄스로 후단 $\frac{T}{2}$ 구간에는 음(-, Negative)의 펄스로 표현된다.

│문제 ❹ 정답│

Manchester(Coding) 방식

문제 ❺

다음 설명하는 전송부호 방식은 어떠한 방식인가? (3점) (기출응용)

하나의 비트가 전송될 때, 각 비트타임의 중앙에서 전압의 전이(Transition)가 발생하는게 특징이다. 수신자는 이렇게 전달된 신호만 보고 전송속도를 알아낼 수 있다. 이는 송신자와 수신자의 동기화를 쉽게 하며, 오류를 줄일 수 있다는 장점이 있다.
이 코드는 '1'과 '0'의 2진값 각각을 양(+)의 전압값과 부(-)의 전압값으로 변환하는 NRZ 방식(또는 그 반대의 NRZI 방식)으로 만들어진 신호를, 클록신호와 XOR 연산하여 만들어진다. 결과적으로 '0'은 High-Low로 표현되고, '1'은 Low-High로 표현되는(또는 그 반대의) 신호가 만들어진다. 동기화를 돕고 오류를 줄이는 장점이 있는 반면, NRZ나 NRZI로 만들어진 신호와 똑같은 정보를 보내기 위해 두 배의 대역폭을 사용해야 한다는 단점이 있다.

│문제 ❺ 정답│

Manchester(Coding) 방식

문제 ⑥

다음 설명하는 전송부호 방식은 어떠한 방식인가? (3점) (기출응용)

- 0의 값은 사용하지 않고 음(−)과 양(+)으로만 표현하는 방식이다.
- 하나의 펄스폭을 2개로 나누어 구성하는 방식이다.

문제 ⑥ 정답

Manchester(Coding) 방식

보충설명

기준신호	파형	설명
Biphase		0에서 반전, 1에서도 Return Zero 반전
맨체스터		1은 클럭이 위에서 아래로 0은 아래에서 위로 반복
차등 맨체스터		맨체스터와 같은 형태이나 1은 이전상태 유지 0은 이전 상태 반전

문제 ⑦

통신방식 중 Baseband와 Broadband 방식에 대해서 설명하시오. (6점) (2023-2회)

Baseband 방식	
Broadband 방식	

문제 ⑦ 정답

Baseband 방식	주로 구내 LAN 등에 사용하는 방식으로 Digital화된 정보나 Data를 변조 없이 그대로 전송하는 방법이다. 주로 Line Coding인 AMI, Manchester Coding 방식 등으로 처리하는 방식이다.
Broadband 방식	Digital화된 신호를 반송파(Carrier)인 주파수, 진폭, 위상 등을 변화시켜 전송하는 방식이다. 주로 Analog 무선 통신, CATV, xDSL 등에서 주로 활용되고 있다.

문제 ❽

기저대역 전송방식에서 전송(선로)부호가 가져야 할 조건 5가지를 쓰시오. (5점) ^(기출응용)

문제 ❽ 정답

① DC(직류) 성분이 없을 것
② 동기정보(0과 1을 구분)가 충분해야 함
③ 전송 대역폭이 작아야 함
④ 낮은 주파수 성분과 아주 높은 주파수 성분이 제한될 것
⑤ 만들기 쉽고 부호 열이 짧아야 함(길면 속도가 줄어들기 때문)
⑥ 전송부호 형태에 제한이 없어야 함(투명성)
⑦ 잡음에 강할 것
⑧ 타이밍 정보가 포함될 것
⑨ 전송 대역폭 압축
⑩ 전송 중 에러 검출 및 정정 가능
⑪ 전송부호의 코딩 효율이 양호할 것
⑫ 누화, ISI, 왜곡 등에 강한 특성

문제 ❾

다음 방식별 요구하는 Line Coding 방식을 그리시오. (10점) (기출응용)

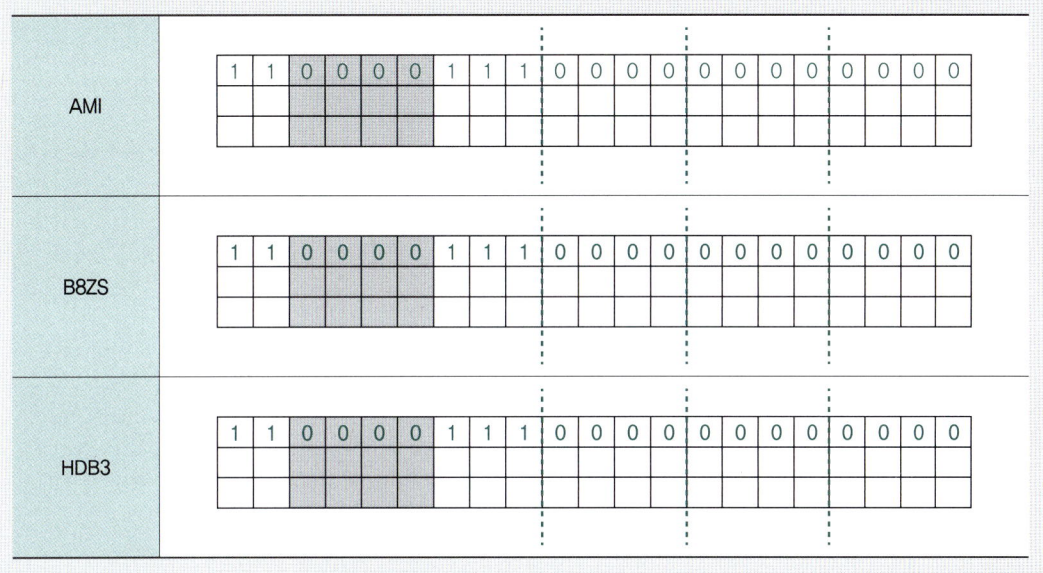

문제 ❾ 정답

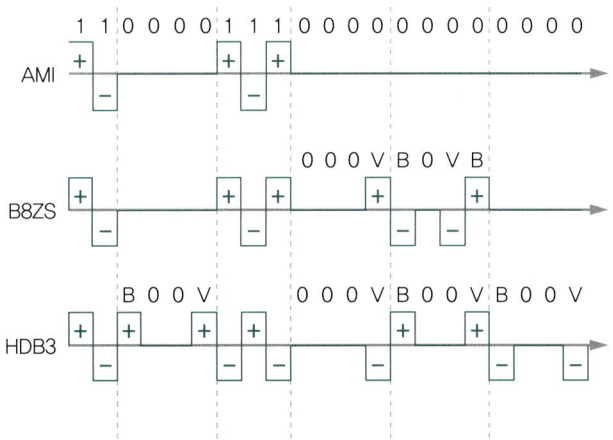

보충설명

- B8ZS(Bipolar with 8 Zero Substitution)

0이 연속해서 8개가 나오는 경우 뒤섞기를 한다. 만약 00000000인 디지털 데이터가 등장할 경우, 맨 처음 3개의 0은 그대로 쓴다. 그리고 나머지 5개의 0에 대해 VB0VB로 치환을 한다. 즉, 00000000이면 000VB0VB가 되는 것이다.

B는 valid Bipolar를 의미하여 원래의 양극화 방식대로 이전 부호에 대한 반전 부호를 표기하면 된다(+이면 −, −이면 +). V는 bipolar Violation을 의미하며, 양극화 방식을 위배한다. 즉, 이전 부호에 대한 반전 부호가 아닌 같은 부호로 표기하는 것이다(+이면 +, −이면 −).

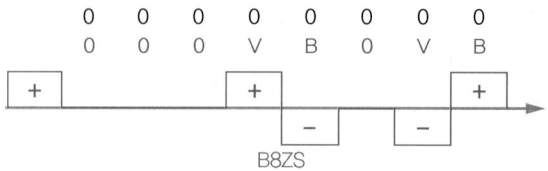

- HDB3(High − Density Bipolar 3 − zero)

위와 비슷하지만 0이 4개가 연속할 때 뒤섞기가 된다(유럽에서 쓰는 방식). 만약 0000이 들어오면 총 2가지 케이스로 나누어 뒤섞는다.

- 직전 대치 이후의 1이 홀수 개인 경우: 0000을 000V로 변경한다.
- 직전 대치 이후의 1이 짝수 개인 경우(0개도 포함): 0000을 B00V로 변경한다.

HDB3의 경우, 0이 연속해서 4번 나오는 구간을 찾는다.

- 첫 번째 구간의 경우 직전 대치가 없으므로, 앞의 1의 개수가 2개이므로 B00V로 뒤섞는다. 이전 부호가 (−)였으므로 (+)00(+)이 된다.
- 두 번째 연속 4개 구간은 직전의 대치 이후의 1의 개수가 3개이므로, 000V로 뒤섞는다. 이전 부호가 (−)였으므로 000(−)으로 바꿔준다.
- 세 번째 연속 4개 구간은 직전 대치 이후의 1의 개수가 없으므로, B00V로 뒤섞는다. 이전 부호가 (−)였으므로 (+)00(+)으로 대치한다.
- 마지막 연속 4개 구간은 직전 대치 이후의 1의 개수가 위와 마찬가지로 없기 때문에 B00V로 바꾼다. 이전의 부호가 (+)였기 때문에 (−)00(−)이 된다.

- 비교

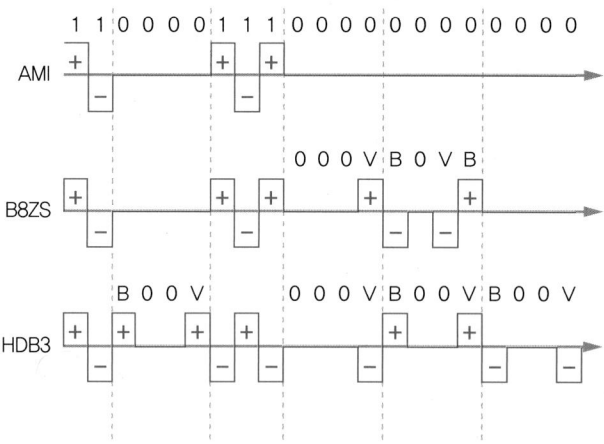

구분	B8ZS	HDB3
약어	Bipolar with 8 Zero Substitution	High-Density Bipolar 3-zero
처리 방식	8개의 연속된 0을 000VB0VB로 대치	• 000V(0이 아닌 펄스의 개수가 홀수일 때) • B00V(0이 아닌 펄스의 개수가 짝수일 때)
사용 국가	북미, 한국	유럽, 일본
예제	a. Previous level is positive. b. Previous level is negative.	First / Second / Third substitution
	• 연속 '0' 전에 양(Positive)인 경우: 000VB0VB • 연속 '0' 전에 음(Negative)인 경우: 000VB0VB → 동일 처리	• 연속 '0' 전에 짝수(Even)인 경우: B00V • 연속 '0' 전에 홀수(Odd)인 경우: 000V → 다르게 처리(단, 0은 짝수로 정의함)

CHAPTER 11 bps와 Baud 계산문제

✓ 학습방법

bps와 Baud는 정보통신기사 필기와 실기에서 자주 출제되는 분야입니다. Baud에 대한 개념을 이해하고 bps와의 상호 변환을 기출문제를 통해 충분히 학습할 것을 권장해 드립니다. 특히 '4상'이나 '8위상' 등의 용어가 다소 헷갈릴 수 있으니 아래 정리된 문제를 통해 다양한 문제에 적응하기 바랍니다.

문제 ❶

속도가 1,000[bps], 변조방식이 16QAM일 때 변조속도를 구하시오. (5점) (2023-2회)

문제 ❶ 정답

$[bps] = [Baud] \times \log_2 M$

16QAM은 2^4이므로 4bit로 처리가 가능하다.

$1,000[bps] = Baud \times 4$이므로 Baud 치환하면 250[Baud]이다.

보충설명

bps(bit per second)	초당 전송되는 비트 수, bps = 변조속도(Baud) × 변조 시 상태 변화 수($\log_2 M$)
변조속도(Baud)	1초에 전송하는 신호(Symbol) 단위의 수[Baud], 1초에 변하는 횟수 $Baud = \frac{1}{T}$ (T는 신호 요소의 시간), $T = \frac{1}{Baud}$, $Baud \times \log_2 M = [bps]$
데이터 전송속도	단위 시간당 전송하는 비트 수, 문자 수, 패킷 수
Bearer 속도	동기비트 + 데이터 + 상태 신호비트의 합

문제 ❷

4상 PSK 변조방식을 사용하는 시스템의 전송속도가 4,800[bps]일 때 변조속도[Baud]를 구하시오. (3점)

(2014-1회) (2016-4회) (2018-2회) (2020-4회)

| 문제 ❷ 정답 |

$[bps] = [Baud] \times \log_2 M$

$[bps] = 4,800 \times \log_2 16$

$\quad\quad = 19,200[bps]$

보충설명

변조방식별 비트 수(점의 개수가 많을수록 전송가능한 bit 수가 증가한다)

Modulation	Units	bits/Baud	Baud Rate	bit Rate
ASK, FSK, 2PSK	bit	1	N	N
4PSK, 4QAM	Dibit	2	N	2N
8PSK, 8QAM	Tribit	3	N	3N
16QAM	Quadbit	4	N	4N
32QAM	Pentabit	5	N	5N
64QAM	Hexabit	6	N	6N
128QAM	Septabit	7	N	7N
256QAM	Octabit	8	N	8N

문제 ❸

정보통신에서 단위 보오(Baud)가 쿼드비트(Quad bit)이고 Baud 속도가 4,800[Baud]일 경우 이 전송 선로상의 속도[bps]는 얼마인가? (4점) (2012-2회)

문제 ❸ 정답

쿼드비트(Quad bit) = 4[bit]이므로 1개의 Symbol이 4[bit]로 움직인다는 것이다(1 Symbol이 쿼드비트면 4이므로 $M = 16$을 의미한다).
즉, 진수 $M = 2^4$인 경우와 동일하다.
$[bps] = [Baud] \times \log_2 M$
$[bps] = 4,800[Baud] \times \log_2 2^4 = 19,200[bps]$

보충설명

변조방식별 심볼 및 레벨 수

변조방식	심볼당 비트	진폭 모호성	위상 모호성
BPSK	1	없음 / 1개 레벨	2개 레벨
QPSK	2	없음 / 1개 레벨	4개 레벨
8PSK	3	없음 / 1개 레벨	8개 레벨
2ASK/4PSK	3	2개 레벨	4개 레벨
4ASK/2PSK	3	4개 레벨	2개 레벨
8ASK	3	8개 레벨	없음 / 1개 레벨
16PSK	4	없음 / 1개 레벨	16개 레벨
16QAM	4	3개 레벨	12개 레벨
4ASK/4PSK	4	4개 레벨	4개 레벨
64QAM	6	9개 레벨	52개 레벨

문제 ④

변조속도가 4,800[Baud]인 128QAM 모뎀의 신호속도 [bps]를 구하시오. (5점) (2022-1회)

문제 ④ 정답

[bps] = [Baud] × $\log_2 M$

[bps] = 4,800[Baud] × $\log_2 128 (= 2^7)$ = 4,800 × 7[bps] = 33,600[bps]

문제 ❺

2,400[Baud] 속도이고 QPSK 변조일 때 신호속도를 구하시오. (5점) (2023-2회)

문제 ❺ 정답

[bps] = [Baud] × $\log_2 M$

$n = \log_2 M$에서 QPSK는 M이 4, $\log_2 4 = 2$이므로 2,400[Baud] × 2 = 4,800[bps]

문제 ❻

4상 위상 변조에서 Baud 속도는 2,400[Baud/sec]일 때 [bps]를 구하시오. (3점) (2017-1회)

문제 ❻ 정답

4상 위상에서 M이 4이므로 $\log_2 4 = 2$이다.

[bps] = [Baud] × $\log_2 M$

[bps] = 2,400 × $\log_2 4$ = 4,800[bps]

문제 ❼

데이터 통신에서 일반적으로 사용하는 통신속도 4가지를 서술하시오. (4점) ^(기출응용)

| 문제 ❼ 정답 |

① 데이터 신호속도
② 데이터 전송속도
③ 베어러 속도
④ 변조속도

문제 ❽

16위상 변조기를 4,800[Baud]로 전송하는 경우 속도를 [bps]로 나타내면 얼마인가? (3점)

(2015-4회) (2017-4회) (2018-1회)

| 문제 ❽ 정답 |

[bps] = [Baud] × $\log_2 M$

$n = \log_2 M$에서 M이 16이므로 $\log_2 16 = 4$, 4,800[Baud] × 4 = 19,200[bps]

보충설명

16위상 변조기에서 단위 신호당 bit는 4[bit]이다(4bit로 16개의 상황을 표현한다는 의미).

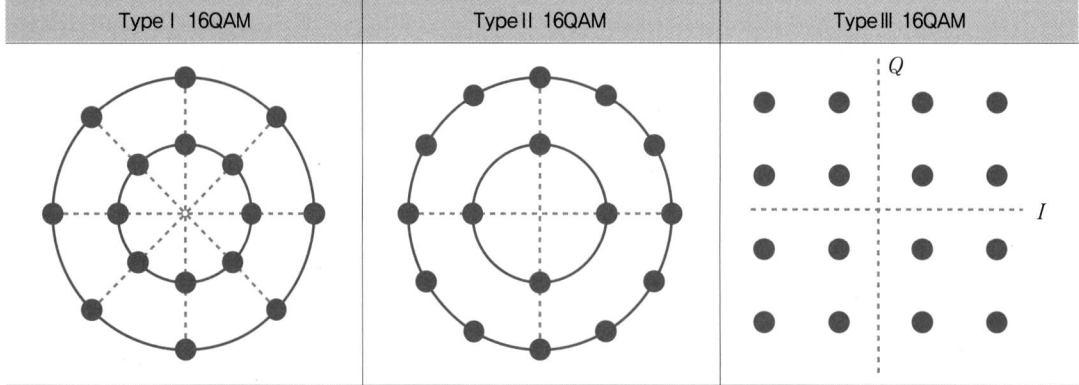

문제 ⑨

8위상 변조기를 9,600[Baud]로 전송하는 경우 속도를 [bps]로 나타내면 얼마인가? (3점) (기출응용)

문제 ⑨ 정답

[bps] = [Baud] × $\log_2 M$

$n = \log_2 M$에서 M이 $\log_2 8 = 3$이므로 9,600[Baud] × 3 = 28,800[bps]

보충설명

8위상 변조기에서 단위 신호당 bit는 3[bit]이다.

문제 ⑩

8위상 2진폭 변조 시 변조속도가 480[Baud]일 때 변조속도[bps]를 구하시오. (5점) (2016-1회)

문제 ⑩ 정답

[bps] = [Baud] × $\log_2 M$

8위상 2진폭 = $2^3 2^1$이므로 2^4

$n = \log_2 M$에서 M이 2^4, 즉 $\log_2 2^4 = 4$이므로 480[Baud] × 4 = 1,920[bps]

보충설명

16QAM용 기호 위치(I Ch와 Q Ch의 Polar 형태)

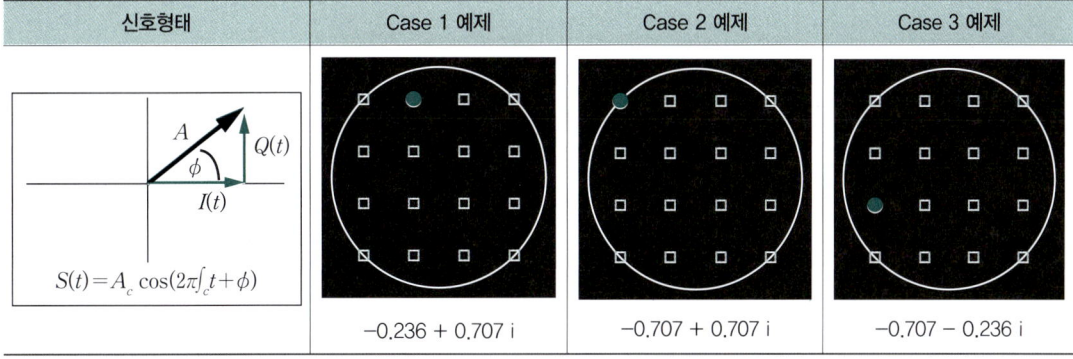

문제 ⑪

PSK에서 8개의 위상을 사용한다면 하나의 변조신호에 몇 bit를 전달할 수 있는가? (3점)

(2012-1회) (2012-2회) (2021-2회)

문제 ⑪ 정답

n[bps] = 변조속도(Baud) × 변조 시 상태 변화 수($\log_2 M$)
Baud를 무시하고 풀면, n[bps] = $\log_2 M$, $M = 2^n$이므로 $8 = 2^n$에서 $n = 3$[bit]
즉, 8상 PSK는 M이 8이므로 $\log_2 8 = 3$이어서 8위상 변조기에서 단위 신호당 bit는 3[bit]이다.

보충설명

8상(2^3)에 PSK(2^1)를 추가하지(2^4) 말고 8상 PSK(2^3)로 풀어야 한다.

문제 ⑫

8상 위상 변조 시스템에서 아래 물음에 답하시오. (6점) (2021-4회)

1) 한 번에 전송할 수 있는 bit 수는?
2) 전송속도가 2,400[Baud]인 경우 [bps]로 치환하면 얼마의 속도인가?

문제 ⑫ 정답

1) 8상은 M이 8이므로 $\log_2 8 = 3$이어서 8위상 변조기에서 단위 신호당 bit는 3[bit]이다.
2) [bps] = [Baud] × $\log_2 M$, 2,400[Baud] × 3 = 7,200[bps]

문제 ⑬

4상 PSK 변조파를 100(Msymbols/sec)로 전송할 때 정보비트 신호의 전송속도는? (3점) (2020 1회)

문제 ⑬ 정답

4상 PSK 변조파에서 M이 4이므로 $\log_2 4 = 2$
[bps] = [Baud] × $\log_2 M$이므로 문제를 적용하면
[bps] = [Symbol/sec] × $\log_2 M$ = 100M[Symbol/sec] × 2 = 200[Mbps]

문제 ⑭

데이터 변조속도가 1,200[Baud] 이고, 각 전압펄스 레벨이 0, 1, 2, 3, 4, 5, 6, 7의 값일 경우 Data 전송속도를 구하시오. (5점) (2010-1회)

1) 계산식:

2) 정답:

문제 ⑭ 정답

전송속도 즉, 데이터 신호속도 = 한 번에 전송하는 비트 수 × 변조속도

1) [bps] = [Baud] × $\log_2 M$ = $1,200 \times \log_2 8$ = 3,600[bps]
2) 3,600[bps]

문제 ⑮

16진 PSK와 QPSK의 Baud rate의 비 A와 B를 구하시오. (2점) (2011-2회)

[16진 PSK] : [QPSK] = A : B

문제 ⑮ 정답

16진 PSK에서 M이 16이면 $\log_2 16 = 4$이므로 단위 신호당 bit는 4[bit]이다.

QPSK에서 M이 4이므로 $\log_2 4 = 2$[bit]이다.

[bps] = [Baud] × $\log_2 M$이고 M의 값에 위해서 좌우되므로 16진 PSK : QPSK = 4:2 = 2:1이다.

∴ A = 2, B = 1

보충설명

구분	BPSK	QPSK	8PSK	16PSK	16QAM
성상도 (Constellation)	90도 180도 ── 0도 270도	$\pi/2$ π ── 0 $3\pi/2$	$3\pi/4$ $\pi/4$ $5\pi/4$ $7\pi/4$	Q / I	Q / I
비트 수	$k = 1$	$k = 2$	$k = 3$	$k = 4$	$k = 4$
상태 수	$M = 2$	$M = 4$	$M = 8$	$M = 16$	$M = 16$

문제 ⑯

8위상 2진폭 변조 시 변조속도가 4,800[Baud]일 때, 신호의 전송속도를 구하시오. (3점) (기출응용)

┃문제 ⑯ 정답┃

$2^3 \times 2^1 = 2^4$

$n[\text{bps}]$ = 변조속도(Baud) × 변조 시 상태 변화 수($\log_2 M$)

$n[\text{bps}] = 4,800[\text{Baud}] \times (\log_2 2^4) = 4,800 \times 4 = 19,200[\text{bps}]$

문제 ⑰

다음 사항에 대해 신호속도[bps]를 구하시오. (15점) (기출응용)

1) 8위상 2진폭 변조방식에서 1,200[Baud]의 변조속도를 가질 때 단위신호당 bit 수와 전송속도[bps]는? (5점)
2) 16위상 변조에서 변조속도 4,800[Baud]인 경우 신호 전송속도[bps]는? (5점)
3) 8위상 2진폭 변조방식에서 4,800[Baud]인 경우 전송속도[bps]는? (5점)

┃문제 ⑰ 정답┃

1) 8위상(2^3) × 2진폭(2^1) = 2^4이므로 단위 신호당 bit 수는 4[bit]

   $n[\text{bps}]$ = 변조속도(Baud) × 변조 시 상태 변화 수($\log_2 M$)

   $n[\text{bps}] = 1,200[\text{Baud}] \times \text{bit 수} = 1,200 \times (\log_2 2^4) = 4,800[\text{bps}]$

2) 8위상 = 2^4

   $n[\text{bps}]$ = 변조속도(Baud) × 변조 시 상태 변화 수($\log_2 M$)

   $n[\text{bps}] = 4,800[\text{Baud}] \times \text{bit 수} = 4,800 \times (\log_2 2^4) = 19,200[\text{bps}]$

3) 8위상(2^3) × 2진폭(2^1) = 2^4

   $n[\text{bps}]$ = 변조속도(Baud) × 변조 시 상태 변화 수($\log_2 M$)

   $n[\text{bps}] = 4,800[\text{Baud}] \times \text{bit 수} = 4,800 \times (\log_2 2^4) = 19,200[\text{bps}]$

보충설명

8위상은 8개의 신호 변화를 3[bit]로 표현 가능, 2진폭은 2개의 상태를 1[bit]로 표현 가능하므로 두 개를 합치면 4[bit]로 표현이 가능하다는 의미이다.

1[bit] = BPSK, 2[bit] = QPSK, 4[bit] = 16QAM, 6[bit] = 64QAM, 8[bit] = 256QAM

문제 ⓲

통신속도는 기본속도(bps, bit per sec)와 변조속도(Baud)가 있다. 1[bit]는 0이나 1의 신호를 가지면서 전송하기 위해서 주파수를 변조하는 1 또는 0을 나타내는 교류신호이다. 1[bit]의 데이터를 처리하는 데 2[ms]의 시간이 소요된다면 변조속도[Baud]를 구하시오. (5점) (2014-4회) (2020-4회)

문제 ⓲ 정답

$$\text{Baud} = \frac{1}{T} = \frac{1}{2[\text{ms}]} = \frac{1}{2 \times 10^{-3}[\text{sec}]} = 500[\text{Baud}]$$

보충설명

변조속도[Baud]	$\dfrac{\text{신호속도[bps]}}{\text{변조 시 상태 변화수}} = \dfrac{\text{신호속도[bps]}}{\log_2 M}$, $\text{Baud} = \dfrac{1}{T}$ (T는 신호의 시간), $T = \dfrac{1}{\text{Baud}}$
신호속도[bps]	$\text{Baud} \times \text{변조상태 변화수} = \text{Baud} \times \log_2 M$, M = 진수

CHAPTER 12 변조(Modulation)

✓ 학습방법

변조는 수학적 표현을 함께 학습해야 합니다. 이를 통해 성상도의 이해가 필요하며 기존 출제 문제의 완벽한 학습을 통해 향후 변경되어 나오는 다양한 응용문제를 대비해야 합니다. 이를 위해 기본적인 개념을 충분히 숙지할 것을 권장해 드립니다.

문제 ❶

변조의 필요성 3가지를 쓰시오. (3점) (2019-4회)

| 문제 ❶ 정답 |

손실의 보상	주파수가 올라갈수록 에너지가 많아진다. 낮은 주파수의 신호파를 반송파에 실어 전송하면 신호에너지가 증대되는 효과가 있다.
장비 제안 극복	파장은 주파수에 반비례하므로(파장 $\lambda = \dfrac{c}{f}$) 전송되는 파의 주파수가 높아지면 파장은 반대로 작아진다. 즉, 안테나의 길이를 줄일 수 있다.
전송신호를 정합	광대역의 전송신호를 전송매체의 대역폭에 맞게 조정할 수 있다.
잡음 억압	광대역 변조에 의한 유해잡음 성분을 억압한다.
다중화 기능	하나의 전송매체에 다수의 반송파를 사용하여 각각 변조하여 복수의 채널 구성이 가능하다.
반사	전자파의 반사를 용이하게 할 수 있다.
간섭제거	주파수가 높아지면 에너지가 많아져서 간섭 배제 능력이 우수해진다.

이 외에도 복사의 용이, 다중화 용이, 주파수 할당을 통한 신호 간 상호 간섭을 배제, 안테나 길이 감소 효과, 장거리 전송 가능, S/N 비를 개선, 각종 잡음이나 간섭 제거 등에 효과가 있다.

문제 ❷

신호 변조 과정에서 반송파가 누설되는 원인 3가지를 쓰시오. (5점) (2015-1회) (2017-2회) (2020-1회)

문제 ❷ 정답

① 전원, 전압의 변동
② 수정 발진기의 온도 변화
③ 부하의 변화에 따른 수정 발진기의 발진주파수 변동
④ 종단 증폭기의 과다 증폭으로 발진파(반송파) 누설

보충설명

- 반송파(Carrier Signal): 통신에서 정보의 전달을 위해 입력 신호를 변조한 전자기파(일반적으로 사인파)를 의미한다. 이러한 반송파는 일반적으로 입력 신호보다 훨씬 높은 주파수를 갖는다.
- 누설: 사전적 의미로 밖으로 새어나간다는 것으로 정보통신망법에서는 비밀을 타인에게 알려 주는 것이고 통신공학적 의미에서는 신호가 송신지에서 수신지로 전파해 가면서 신호가 빠지는(누락) 것을 의미한다.

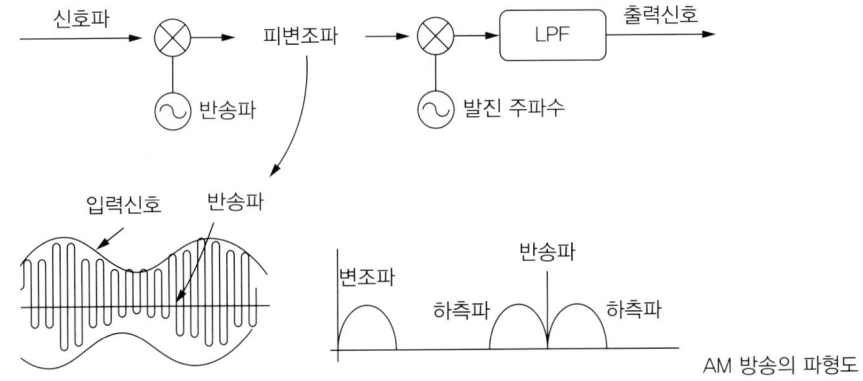

AM 방송의 파형도

- 반송파 누설(Carrier Leak): 송신단에 있어서의 변조기에서 전송로로 누설하는 반송파로서 반송파 억압 방식에서 누설 컨덕턴스에 의해 잔류하는 반송 주파수 성분, 또는 평형 변조기에서 회로의 불평형에 의해 반송파가 출력 선로에 누출하면서 선로에서의 잡음 발생 원인이 되기도 한다.

문제 ❸

QPSK 변조 시 디지털 데이터 00, 01, 10, 11에 대응하는 수식을 쓰고 성상도를 그리시오. (단 A(크기), t(시간), f_c(주파수)이다) (4점) (2016-4회)

디지털 데이터	QPSK 수식	성상도(Constellation)
00	$A\cos(2\pi f_c t)$	
01	$A\cos(2\pi f_c t + \frac{\pi}{2})$	
10	$A\cos(2\pi f_c t + \pi)$	
11	$A\cos(2\pi f_c t + \frac{3\pi}{2})$	

▌문제 ❸ 정답 ▌

디지털 데이터	QPSK 수식	성상도 정답 Case 1	성상도 정답 Case 2
00	$A\cos(2\pi f_c t)$		
01	$A\cos(2\pi f_c t + \frac{\pi}{2})$		
10	$A\cos(2\pi f_c t + \pi)$		
11	$A\cos(2\pi f_c t + \frac{3\pi}{2})$		

보충설명

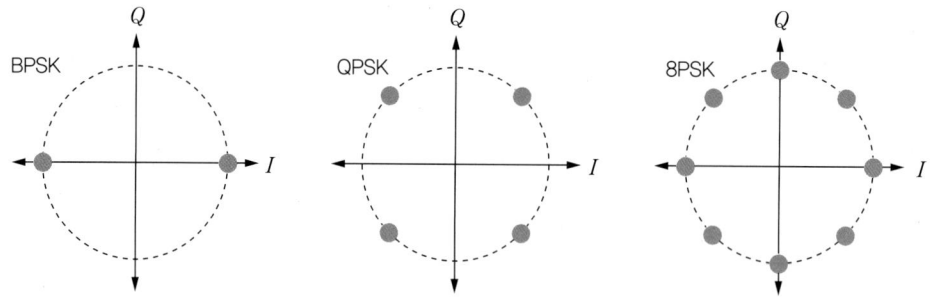

문제 ❹

아래 수식을 참조해서 어떤 디지털 변조 방식인지 쓰시오. (4점) (2016-1회)

디지털 변조 방식에서 비트 1과 0에 대하여 다음과 같은 변조신호를 생성하는 방식은 무엇인지 쓰시오. (4점)

(2020-4회)

0	$A\sin(2\pi f_c t)$
1	$A\sin(2\pi f_c t + \pi)$

문제 ❹ 정답

BPSK(Binary Phase Shift Keying) 또는 PSK(Phase Shift Keying)

보충설명

1과 0에 대해서 180°의 위상 차가 형성되는 방식이다.

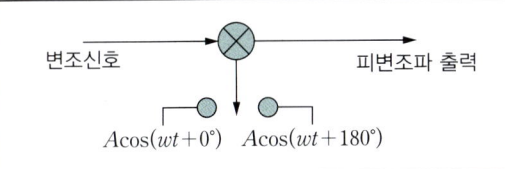

- PSK는 디지털 신호에 대해서 반송파의 위상을 각각 다르게 전송하는 변조방식이다.
- M진 PSK라 하며 2진, 4진, 8진 PSK 등이 있다.

2진 PSK는 BPSK(Binary PSK)와 동일한 의미가 된다.

문제 ❺

아래 수식을 참조해서 BPSK 수식을 완성하고 데이터 신호 10011010에 대해서 BPSK 방식으로 Analog와 Digital 신호를 그리시오. (8점) (기출응용)

> **[보기]**
> A(크기), t(시간), f_c(주파수), cos 함수, π

디지털 데이터	BPSK 수식	1 0 0 1 1 0 1 0
0		[Analog 신호]
1		[Digital 신호]

문제 ❺ 정답

디지털 데이터	BPSK 수식	1 0 0 1 1 0 1 0
0	$A\cos(2\pi f_c t)$	[Analog 신호]
1	$A\cos(2\pi f_c t + \pi)$	[Digital 신호]

문제 ❻

아래 파형을 보고 어떤 종류의 변조 방식인지를 쓰시오. (7점) ^(기출응용)

구분	변조 방식
(성상도: 4개 점, 각 사분면에 1개씩)	(가)
(성상도: 16개 점, 4×4 배열)	(나)
(성상도: 64개 점, 8×8 배열)	(다)

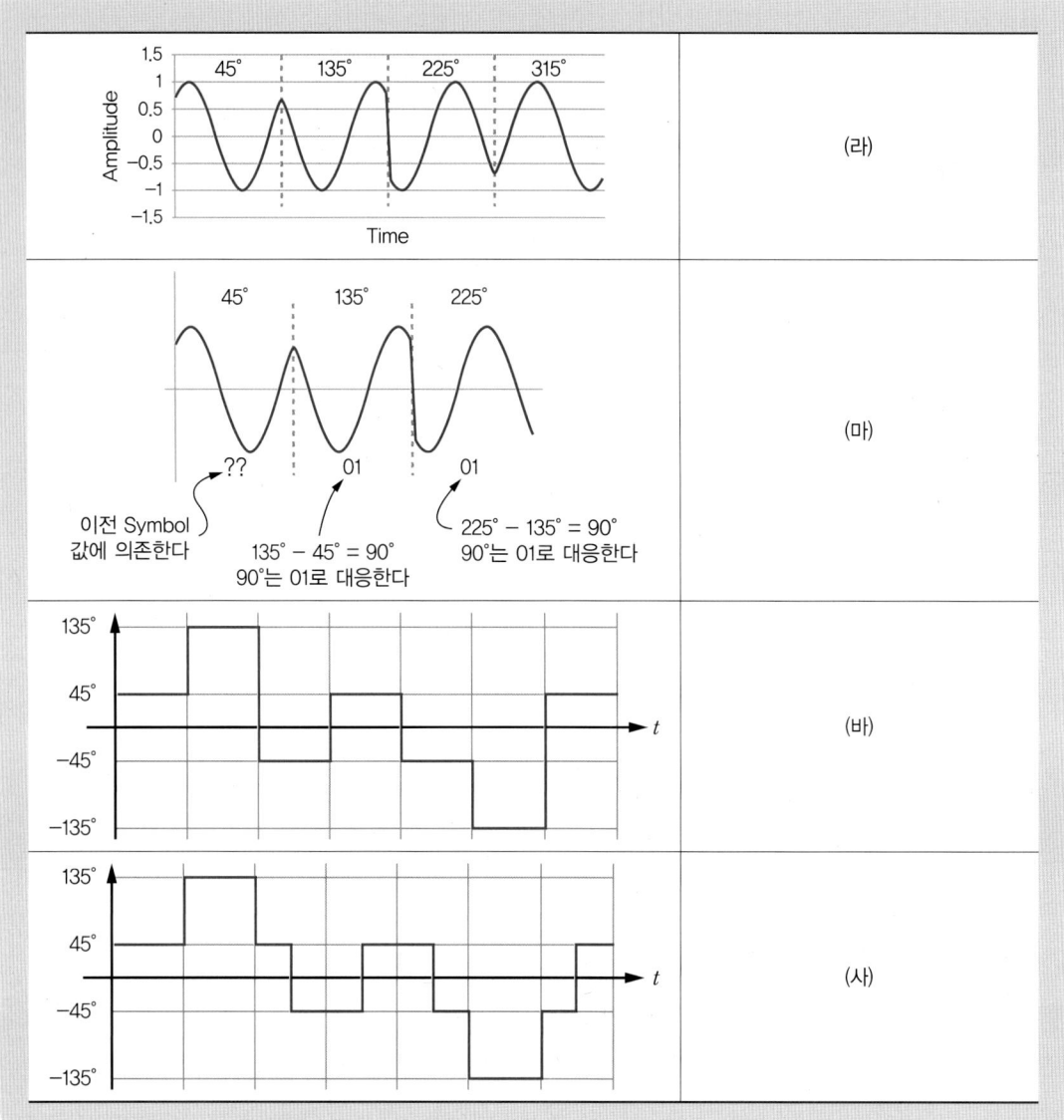

문제 ❻ 정답

(가) QPSK(Quadrature Phase Shift Keying)

(나) 16QAM(Quadrature Amplitude Modulation)

(다) 64QAM(Quadrature Amplitude Modulation)

(라) QPSK(Quadrature Phase Shift Keying)

(마) DQPSK(Differential Quadrature Phase Shift Keying): 차동 QPSK는 이전 심볼에 상대적인 특정 위상 편이를 생성하여 데이터를 인코딩한다.

(바) QPSK(Quadrature Phase Shift Keying): 180° 위상차가 존재할 수 있다.

(사) OQPSK(Offset Quadrature Phase Shift Keying): 위상차를 최소화하기 위해 90°까지의 위상차이만 허용한다.

문제 ❼

아래 사항을 참조해서 어떤 종류의 디지털 변조 방식인지 쓰시오. (3점) (기출응용)

$$A\cos(\omega t)$$
$$A\cos(\omega t + \pi)$$

A: 진폭(Amplitude), $\omega = 2\pi f_c$ (π: 위상, f_c: 주파수)
$A\cos(\omega t) = 1$, $A\cos(\omega t + \pi) = 0$

❙ 문제 ❼ 정답 ❙

BPSK(Binary Phase Shift Keying)

BPSK	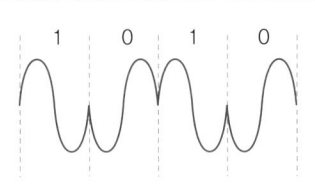	위상 변화를 180°만큼 변화해서 2개의 디지털 심볼을 전송하는 방식	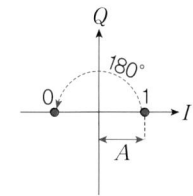

문제 ❽

아래 사항을 참조해서 어떤 종류의 디지털 변조 방식을 설명하는지 쓰시오. (3점) (기출응용)

$$I(t)\cos(2\pi ft) + Q(t)\sin(2\pi ft)$$

A: 진폭(Amplitude), $\omega = 2\pi f_c$ (π: 위상, f_c: 주파수)
$A\cos(\omega t) = 1$, $A\cos(\omega t + \pi) = 0$

❙ 문제 ❽ 정답 ❙

QPSK(Quadrature Phase Shift Keying, 직교 위상천이 변조)

QPSK	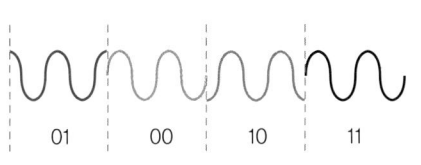	위상 변화를 90°만큼 주어서 4개의 디지털 심볼을 전송하는 방식	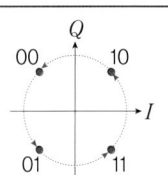

문제 ❾

다음 보기를 사용해서 QPSK의 디지털 변조방식을 수식으로 표현하시오. (4점) (기출응용)

> **[보기]**
> A: 진폭(Amplitude), π: 위상, f_c: 주파(수), t: 시간

① 00:

② 01:

③ 10:

④ 11:

문제 ❾ 정답

① 00: $A\cos(2\pi f_c t)$

② 01: $A\cos(2\pi f_c t + \frac{1}{2}\pi)$

③ 10: $A\cos(2\pi f_c t + \pi)$

④ 11: $A\cos(2\pi f_c t + \frac{3}{2}\pi)$

보충설명

구분	파형		성상도
BPSK	(파형: 1 0 1 0)	위상 변화를 180°만큼 변화해서 2개의 디지털 심볼을 전송하는 방식	(성상도: 180°, 0, 1, I, A, Q)
QPSK	(파형: 01 00 10 11)	위상 변화를 90°만큼 주어서 4개의 디지털 심볼을 전송하는 방식	(성상도: 00, 10, 01, 11, I, Q)
QAM	(파형)	반송파의 진폭과 위상을 동시에 변조하는 방식으로 위상과 크기를 함께 전송함	16QAM

문제 ⑩

HDSL(High-bit-rate Digital Subscriber Line)이나 SDSL(Symmetric Digital Subscriber Line)로 선로를 부호화하여 전송하는 경우 (　　) 전송방법을 사용한다. 이것은 2[bit] 4단계로 진폭 변조하는 방식이다. (　　) 안에 들어갈 용어를 쓰시오. (3점) (2014-1회)

문제 ⑩ 정답

2B1Q(2 Binary 1 Quartenary)

보충설명

2B1Q 동작 및 비교

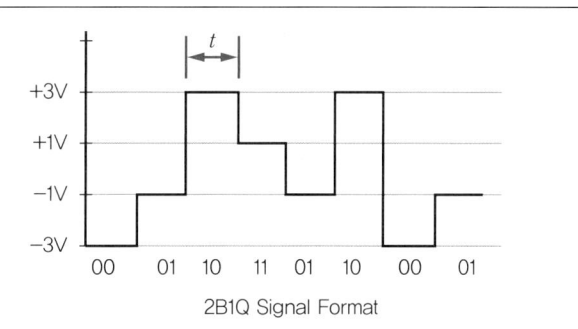

이진수 입력	2B1Q 출력
00	-3V
01	-1V
10	+3V
11	+1V

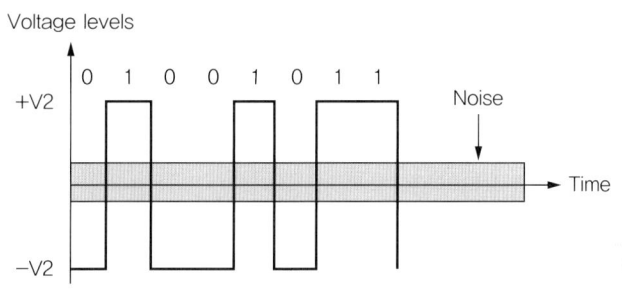

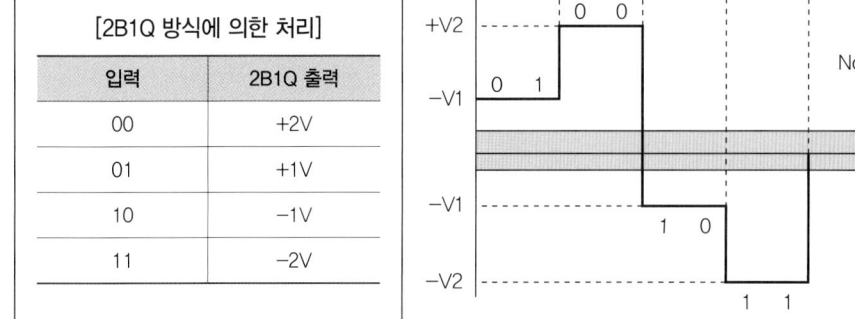

[2B1Q 방식에 의한 처리]

입력	2B1Q 출력
00	+2V
01	+1V
10	-1V
11	-2V

00/01(앞의 0은 Plus Volt, 뒤의 0은 +V2 뒤의 1은 V1), 10/11(앞의 1은 Mibus Volt, 뒤의 0은 -V1 뒤의 1은 -V2)

문제 ⑪

다음 ( ) 안에 들어갈 적당한 용어를 적으시오. (3점) (2020-2회) (2022-2회)

HDLC, SDLC, CSU 등 송수신 속도가 대칭인 전송장비에 사용되는 선로부호화 기술로 ( )은/는 한 번에 2비트의 값을 4단계의 진폭으로 구현하여 전송하는 방식이다. 즉, 중복성이 없는 4레벨 펄스 진폭 변조 방식으로, 2비트를 하나의 4진 기호로 매핑한다.

문제 ⑪ 정답

2B1Q(2 Binary 1 Quartenary)

보충설명

2B1Q(2 Binary 1 Quartenary)

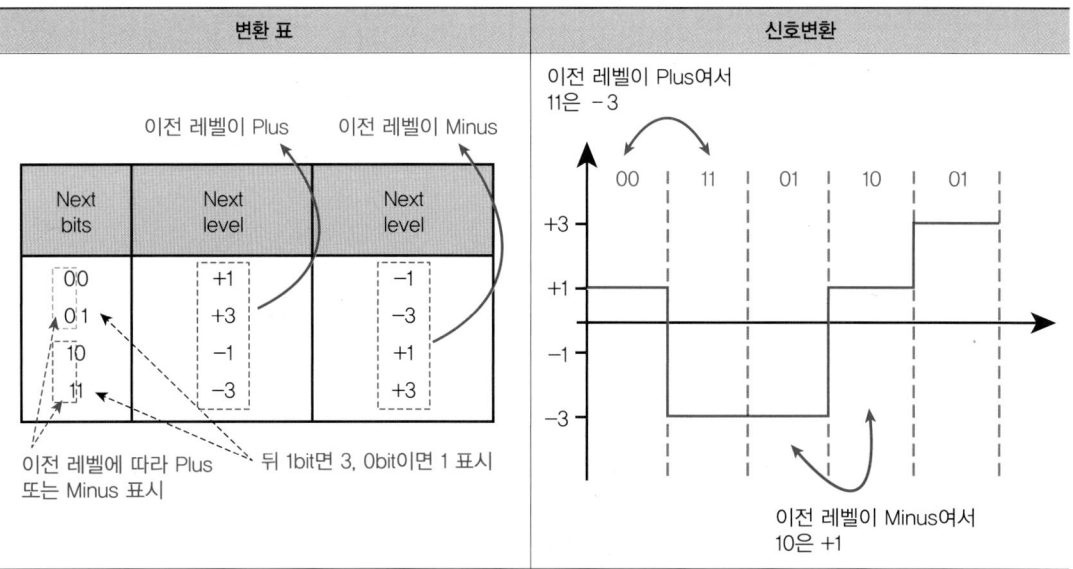

- 2진 데이터 4개(00, 01, 11, 10)를 1개의 4진 심볼(-3, -1, +1, +3)로 변환하는 선로부호화 방식이다.
- 첫째 비트는 극성을, 둘째 비트는 심볼의 크기를 의미한다.
- 첫째 비트가 1이면 +(Plus), 0이면 -(Minus), 둘째 비트 진폭이 1이면 1, 0이면 0(위 표는 진폭이 3이면 1, 1이면 0이 된다)이 된다.

문제 ⑫

반송파의 진폭과 위상을 상호 변환하여 신호를 얻는 변조 방식으로 고속 데이터 전송에 매우 좋고 통신회선의 잡음과 위상에 대해 우수한 특성이 있는 변조 방식은 무엇인가? (4점) (2013-4회)

문제 ⑫ 정답

QAM(Quadrature Amplitude Modulation, 직교 진폭 변조)

문제 ⑬

제한된 전송 대역을 이용한 데이터 전송 효율을 향상시키기 위해서 위상편이 변조와 진폭 편이 변조를 합쳐서 사용하는 방식으로 간섭 및 페이딩에서 낮은 에러율을 가지는 변조 방식은 무엇인가? (3점)

(2017-4회) (2020-4회)

문제 ⑬ 정답

QAM(Quadrature Amplitude Modulation, 직교 진폭 변조)

문제 ⑭

ASK와 PSK를 혼합한 디지털 변조 방식을 쓰시오. (3점) (2023-4회)

문제 ⑭ 정답

QAM(Quadrature Amplitude Modulation, 직교 진폭 변조)
QAM = PSK + ASK

문제 ⑮

QAM에 대해 설명하시오. (3점) (기출응용)

문제 ⑮ 정답

QAM(Quadrature Amplitude Modulation)은 직교 진폭 변조 방식으로 PSK(Phase Shift Keying)와 ASK(Amplitude Shift Keying) 방식이 혼합된 변조 방식이다.

보충설명

Analog 신호는 진폭 변조를 하는 것에 비해서 디지털신호인 QAM 변조는 직폭 변조와 위상 변조를 동시에 수행해서 더 많은 데이터를 실어서 보낼 수 있다. QAM의 종류는 QPSK, 16QAM, 32QAM, 64QAM, 256QAM이 있으며 256QAM을 주로 사용한다.

CHAPTER 13 평균 정보량(Entropy)과 정보율(Entropy율)

학습방법

평균 정보량이나 정보율은 사전에 경험이 없는 분들에게는 다소 생소할 수 있는 분야입니다. 정보통신기사에서는 자주 출제가 안 되고 있고 이론적 이해와 공식의 암기 없이는 풀지 못하는 분야입니다. 아래 기출문제를 충분히 숙지해서 시험에 대비하고 시간이 부족한 분들은 생략하시기 바랍니다.

문제 ❶

아래 (가)~(라) 4개의 문자신호가 있고 각각의 발생확률이 아래와 같은 경우 (가)~(라) 기호의 자기 정보량(Self-referential expectation)을 구하시오. (4점) (기출응용)

[문제 ❶ 응용]
아래 기호의 자기 정보량을 구하고 발생확률이 가장 적은 것을 고르시오. (6점) (기출응용)

$$(가)\ P(A) = \frac{1}{2} \quad (나)\ P(B) = \frac{1}{4} \quad (다)\ P(C) = \frac{1}{8} \quad (라)\ P(D) = \frac{1}{16}$$

문제 ❶ 정답

(가) $P(A) = \log_2 \frac{1}{\frac{1}{2}} = 1[\text{bit}]$

(나) $P(B) = \log_2 \frac{1}{\frac{1}{4}} = 2[\text{bit}]$

(다) $P(C) = \log_2 \frac{1}{\frac{1}{8}} = 3[\text{bit}]$

(라) $P(D) = \log_2 \frac{1}{\frac{1}{16}} = 4[\text{bit}]$

[문제❶ 응용 정답]

정보량이 많다는 것은 발생확률이 적다는 것을 의미한다. 즉, 불확실한 정보가 되는 것이다.

이 문제에서 (라) $P(D) = \frac{1}{16}$은 4[bit]의 정보량을 가지므로 다른 것보다 정보량이 많아서 불확실성이 높아져서 발생확률이 가장 낮아지는 불확실한 정보가 되는 것이다.

보충설명

자기 정보량

발생한 확률이 있는 임의의 Symbol에서 정보가 발생하였을 경우 Symbol 정보의 발생 사실을 인지하여 얻을 수 있는 정보량이다.

$$P(i) = \log_2 \frac{1}{P(i)} = -\log_2 P(i)$$

문제 ❷

4개의 문자(Symbol) 중 하나를 전송하는 정보원이 있다. 각각의 문자 확률이 아래와 같을 경우 한 문자(Symbol)에 대한 평균 정보량을 구하시오. (4점) (기출응용)

$$P(A) = \frac{1}{2}, \ P(B) = \frac{1}{4}, \ P(C) = \frac{1}{8}, \ P(D) = \frac{1}{16}$$

┃문제 ❷ 정답┃

$$H(X) = \frac{1}{2}\log_2 \frac{1}{\frac{1}{2}} + \frac{1}{4}\log_2 \frac{1}{\frac{1}{4}} + \frac{1}{8}\log_2 \frac{1}{\frac{1}{8}} + \frac{1}{16}\log_2 \frac{1}{\frac{1}{16}}$$

$$= \frac{1}{2} + \frac{1}{4}(2) + \frac{1}{8}(3) + \frac{1}{16}(4) = \frac{8+8+6+4}{16} = 1.5[\text{bit/Symbol}]$$

보충설명

평균 정보량

엔트로피를 정리하면, 사건 p에 대한 확률분포를 p_i라고 할 때 엔트로피 $H(p)$는 아래와 같이 표현할 수 있다. 모든 확률분포에 $p_i \log p_i$를 취하고 다 더한 후에 Minus($-$)를 붙이면 된다.

$$H(p) = \sum_i p_i \log \frac{1}{p_i} = -\sum_i p_i \log \pi$$

문제 ❸

정보량은 확률함수와의 관계도이다. 정보원의 확률이 $\frac{1}{2}, \frac{1}{4}, \frac{1}{4}$ 로 각각 주어질 때 정보량을 구하시오. (3점)

(2019-4회)

문제 ❸ 정답

$$\frac{1}{2}\log_2\frac{1}{\frac{1}{2}} + \frac{1}{4}\log_2\frac{1}{\frac{1}{4}} + \frac{1}{4}\log_2\frac{1}{\frac{1}{4}} = \frac{1}{2} + \frac{1}{2} + \frac{1}{2} = \frac{3}{2} = 1.5[\text{bit}]$$

문제 ❹

확률 $\frac{1}{2}, \frac{1}{4}, \frac{1}{4}, \frac{1}{8}$ 일 때 정보량을 구하시오. (3점) (기출응용)

문제 ❹ 정답

$$\frac{1}{2}\log_2\frac{1}{\frac{1}{2}} + \frac{1}{4}\log_2\frac{1}{\frac{1}{4}} + \frac{1}{4}\log_2\frac{1}{\frac{1}{4}} + \frac{1}{8}\log_2\frac{1}{\frac{1}{8}} = \frac{1}{2} + \frac{1}{2} + \frac{1}{2} + \frac{3}{8} = \frac{4+4+4+3}{8} = 1.875[\text{bit}]$$

정보량	수식
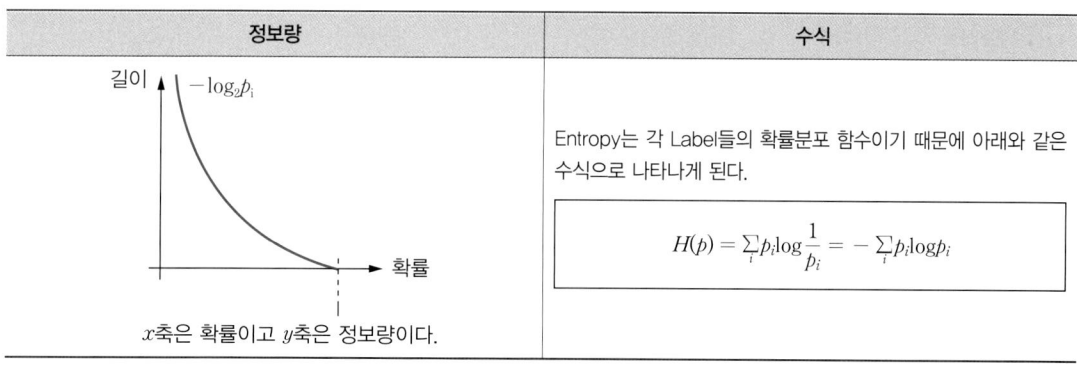 x축은 확률이고 y축은 정보량이다.	Entropy는 각 Label들의 확률분포 함수이기 때문에 아래와 같은 수식으로 나타나게 된다. $$H(p) = \sum_i p_i \log\frac{1}{p_i} = -\sum_i p_i \log p_i$$

문제 ❺

다음과 같이 발생확률이 $A = \frac{1}{2}$, $B = \frac{1}{4}$, $C = \frac{1}{4}$, $D = \frac{1}{16}$ 일 때 아래 질문에 답하시오. (단, 4개 중 하나를 1[sec]마다 보낸다) (8점) ^(기출응용)

1) 각 문자의 평균 정보량(Entropy):

문자	확률	정보량
A	$\frac{1}{2}$	
B	$\frac{1}{4}$	
C	$\frac{1}{4}$	
D	$\frac{1}{16}$	

2) 평균 정보량(Entropy):
3) 정보율(Entropy율):

문제 ❺ 정답

1) A = 1, B = 2, C = 2, D = 4

문자	확률	정보량
A	$\frac{1}{2}$	$I_1 = 10\log_2(\frac{1}{p_1}) = \log_2(\frac{1}{\frac{1}{2}}) = 1[\text{bit}]$
B	$\frac{1}{4}$	$I_2 = 10\log_2(\frac{1}{p_2}) = \log_2(\frac{1}{\frac{1}{4}}) = 2[\text{bit}]$
C	$\frac{1}{4}$	$I_3 = 10\log_2(\frac{1}{p_3}) = \log_2(\frac{1}{\frac{1}{8}}) = 2[\text{bit}]$
D	$\frac{1}{16}$	$I_4 = 10\log_2(\frac{1}{p_4}) = \log_2(\frac{1}{\frac{1}{16}}) = 4[\text{bit}]$

2) $\frac{1}{2} + \frac{1}{4} \times 2 + \frac{1}{4} \times 2 + \frac{1}{16} \times 4 = \frac{2+2+2+1}{4} = 1.75[\text{bit/Symbol}]$

3) Symbol의 속도와 Entropy를 곱하면 된다. 평균 지속시간이 1[sec] 이므로 1[sec]마디 전송하는 것으로 초당 1개의 Symbol을 보내는 것이다. 즉, 1[Symbol/sec] × 1.75[bit/Symbol] = 1.75[bps]가 된다.

문제 ❻

다음과 같은 문자 메시지(Symbol, 신호) A, B, C, D, E에 대한 발생확률이 $A = \frac{1}{2}$, $B = \frac{1}{4}$, $C = \frac{1}{8}$, $D = \frac{1}{16}$, $E = \frac{1}{16}$일 때 아래 질문에 답하시오. (단, 조건은 Symbol, 평균 지속시간을 1[msec]로 하고 평균 정보량, 정보율은 단위를 포함해서 답안을 쓰시오) (8점) (2023-1회)(기출응용)

1) 각 문자의 평균 정보량(Entropy):

문자	확률	정보량
A	$\frac{1}{2}$	
B	$\frac{1}{4}$	
C	$\frac{1}{8}$	
D	$\frac{1}{16}$	
E	$\frac{1}{16}$	

2) A~E 중 발생확률이 가장 큰 것과 가장 작은 것은:
3) 평균 정보량(Entropy):
4) 정보율(Entropy율):

| 문제 ❻ 정답 |

1) A = 1, B = 2, C = 3, D = 4, E = 4

문자	확률	정보량
A	$\frac{1}{2}$	$I_1 = 10\log_2(\frac{1}{p_1}) = \log_2(\frac{1}{\frac{1}{2}}) = 1[\text{bit}]$
B	$\frac{1}{4}$	$I_2 = 10\log_2(\frac{1}{p_2}) = \log_2(\frac{1}{\frac{1}{4}}) = 2[\text{bit}]$
C	$\frac{1}{8}$	$I_3 = 10\log_2(\frac{1}{p_3}) = \log_2(\frac{1}{\frac{1}{8}}) = 3[\text{bit}]$
D	$\frac{1}{16}$	$I_4 = 10\log_2(\frac{1}{p_4}) = \log_2(\frac{1}{\frac{1}{16}}) = 4[\text{bit}]$
E	$\frac{1}{16}$	$I_5 = 10\log_2(\frac{1}{p_5}) = \log_2(\frac{1}{\frac{1}{16}}) = 4[\text{bit}]$

2) 발생확률이 가장 큰 것은 A(1[bit]), 가장 작은 것은 D(4[bit])와 E(4[bit])이다.

3) $H(X) = -\sum_{i=1}^{n} p(x_i)\log_2 p(x_i)$

$$H(X) = \frac{1}{2}\log_2\frac{1}{\frac{1}{2}} + \frac{1}{4}\log_2\frac{1}{\frac{1}{4}} + \frac{1}{8}\log_2\frac{1}{\frac{1}{8}} + \frac{1}{16}\log_2\frac{1}{\frac{1}{16}} + \frac{1}{16}\log_2\frac{1}{\frac{1}{16}}$$

$$= \frac{1}{2} + \frac{1}{4}(2) + \frac{1}{8}(3) + \frac{1}{16}(4) + \frac{1}{16}(4) = \frac{8+8+6+4+4}{16} = \frac{30}{16} = 1.875[\text{bit/Symbol}]$$

4) 정보율(Entropy율): 정보율(Entropy율)은 평균정보량의 전송속도로서 Symbol의 속도와 Entropy를 곱하면 된다. 평균 지속시간이 1[msec]이므로 1[msec]마다 전송하는 것으로 초당 1,000개의 Symbol을 보내는 것이다. 즉, 1,000[Symbol/sec] × 1.875[bit/Symbol] = 1,875[bps]가 된다.

PART 2
정보통신공학

CHAPTER 01   정보통신 개론
CHAPTER 02   OSI 7 Layer
CHAPTER 03   IPv4 vs IPv6
CHAPTER 04   IP Subnet Mask 계산
CHAPTER 05   TCP/IP
CHAPTER 06   Router
CHAPTER 07   T1 vs E1
CHAPTER 08   SNMP와 NMS
CHAPTER 09   UTP, 동축케이블
CHAPTER 10   통신망 Topology
CHAPTER 11   유선(Wire) LAN
CHAPTER 12   무선(Wireless) LAN
CHAPTER 13   명령어(Command) 등
CHAPTER 14   정보통신 기술
CHAPTER 15   ATM
CHAPTER 16   네트워크 품질측정
CHAPTER 17   가용성, MTBF, MTTR
CHAPTER 18   Hamming Code & Hamming Distance
CHAPTER 19   기타 계산문제

CHAPTER 01 정보통신 개론

학습방법

정보통신관련 용어에 대한 문제는 자주 출제됩니다. 아래 정리한 기출 출제 용어를 완전히 학습하고 최근 기술동향까지 정리하는 것을 추천 드립니다. 최근 동향은 신문이나 정보통신 관련 정기 간행물을 참조해야 합니다. 수.재.비 Cafe의 '신문, 학술지, 통신기술 동향'을 참조해서 공부하기 바랍니다.

문제 ❶

인터넷에서 사용자가 입력하는 URL(Uniform Resource Locator) 기반의 도메인(Domain) 주소를 IP 주소로 변환해 주는 역할을 하는 시스템(서버)을 무엇이라 하는가? (3점) (2024-1회)

문제 ❶ 정답

DNS 서버, Domain Name System Server

문제 ❷

다음 괄호 안에 들어갈 통신용어를 적으시오. (4점) (2012-2회) (2013-2회) (2022-1회)

(①) 프로토콜은 IP 주소를 물리주소로 변환하는 프로토콜이고, 이의 반대 기능을 수행하는 것은 (②) 프로토콜이다.

문제 ❷ 정답

① ARP(Address Resolution Protocol)
② RARP(Reverse ARP)

문제 ❸

상대방의 MAC(Media Access Control) 주소를 알고 IP(Internet Protocol) 주소는 모르는 경우 사용하는 Protocol은 무엇인가? (3점) (2023-2회)

| 문제 ❸ 정답 |

RARP(Reverse Address Resolution Protocol)

보충설명

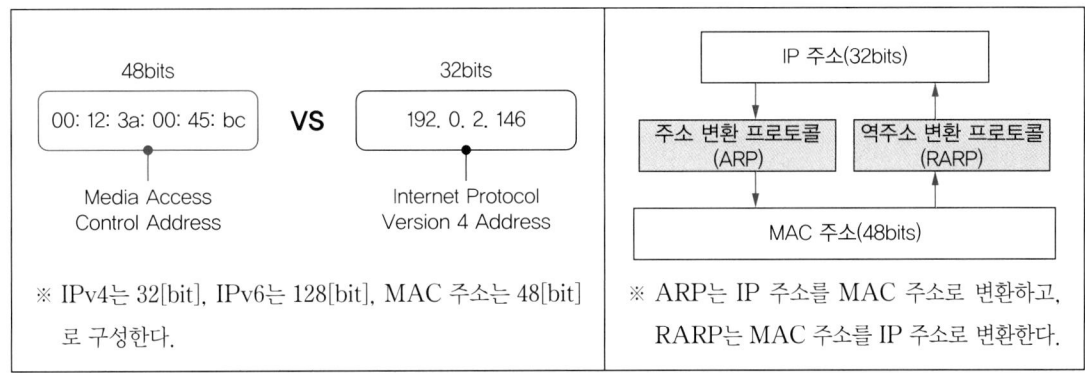

※ IPv4는 32[bit], IPv6는 128[bit], MAC 주소는 48[bit]로 구성한다.

※ ARP는 IP 주소를 MAC 주소로 변환하고, RARP는 MAC 주소를 IP 주소로 변환한다.

문제 ❹

호스트 IP 주소를 호스트와 연결된 MAC 주소로 변환하기 위해 사용하는 프로토콜과 반대로 IP 주소를 MAC 주소로 변환하는 프로토콜 명칭을 각각 쓰시오. (5점) (2019-4회)

| 문제 ❹ 정답 |

① ARP
② RARP

문제 ❺

다음 용어에 대한 정의를 설명하시오. (6점) (2021-4회)

1) 신호감쇠(Signal Attenuation):
2) 지연왜곡(Delay Distortion):
3) 잡음(Noise):

문제 ❺ 정답

1) 매체의 저항으로 인한 에너지 손실로 다양한 요인에 의해 신호 전력이 약화되는 현상
2) 신호가 만들어지는 각 주파수 전파속도의 지연 차이에 따른 신호 모양 변화
3) 신호를 교란하는 외부 에너지로서 원하는 신호의 전송이나 처리를 방해하는 원치 않는 신호(파형)

보충설명

신호전송 중에는 다양한 장애(신호감쇠 + 지연왜곡 + 잡음)가 존재하며 수신신호는 원신호 대비 변경될 수 있다.

구분	송신신호	수신신호	설명
신호 감쇠			감쇠는 에너지가 적어져서 크기가 감소하는 것으로 증폭기로 신호를 키운다.
지연 왜곡			원 신호의 모양이나 형태가 찌그러지는 것이다.
잡음			보내고자 하는 신호에 원치 않는 신호 성분이 추가되는 것으로 다양한 잡음이 존재한다.

문제 ❻

다음 괄호 안에 들어갈 숫자를 적으시오. (4점) (기출응용)

ARP는 (①)[bit] IP 주소를 (②)[bit]의 물리적 네트워크 주소로 변환하기 위하여 사용하는 프로토콜이다.

문제 ❻ 정답

① 32

② 48

문제 ❼

다음 정보통신 관련 용어를 설명하시오. (10점) (2017-4회) (2022-4회)

프로토콜	
논리채널	
전용회선	
데이터링크	
반송파	

문제 ❼ 정답

프로토콜	• 컴퓨터 간 정보를 교환할 때 통신방법에 관한 규약 • 컴퓨터 내부나 컴퓨터 간에 데이터의 교환방식을 정의하는 규칙 체계 • 기기 간 통신은 교환되는 데이터의 형식에 대해 상호 합의가 필요하며 이런 형식을 정의하는 규칙의 집합
논리채널	데이터 송·수신 장치 간에 확립되는 논리적인 통신회선. 하나의 물리적인 선로를 통하여 다수의 상대방과 통신할 수 있는 여러 개의 채널을 구성하는 각각의 채널
전용회선	일반회선(불특정 사용자 공유)과 달리 특정 사용자 또는 기업에게 전용으로 할당되는 통신회선으로, 본점과 지점 간 케이블을 직접 연결함으로써 속도, 보안성이 우수
데이터링크	• 데이터 송수신 시스템 간에 정보의 전송을 위한 통신회선 • 디지털 데이터(디지털 정보)의 송·수신(데이터 통신)을 위해 사용하는 통신회선
반송파	• 보내고자 하는 신호를 장거리 전송 위해 높은 주파수에 실어서 보내는 변조 과정 • 통신에서 정보의 전달을 위해 사용하는 고주파 • 정보의 전달을 위해 입력 신호를 변조한 전자기파로서 입력 신호보다 훨씬 높은 주파수(고주파)를 가짐

문제 ❽

다음 정보통신 용어의 약어 및 관련 개념을 중심으로 서술하시오. (6점) (2019-2회)

1) DMB:
2) RFID:
3) BcN:

문제 ❽ 정답

1) DMB(Digital Multimedia Broadcasting)
   이동통신과 방송이 결합된 형태의 방송서비스로서 휴대폰이나 PDA에서 다채널 멀티미디어 방송을 시청할 수 있다.
2) RFID(Radio Frequency IDentification)
   무선 주파수를 이용해서 극소형칩에 상품정보를 저장하고 안테나를 달아 무선으로 데이터를 송신하는 장치이다.
3) BcN(Broadband Convergence Network)
   인터넷망, 유선통신망, 이동통신망, 방송망 등을 하나로 통합한 차세대 통합 네트워크를 통칭한다.

문제 ❾

다음 정보통신 관련 약어의 영어 원문을 쓰시오. (4점) (2015-1회) (2016-4회) (2017-2회)

1) FWHM:
2) IoT:

문제 ❾ 정답

1) FWHM: Full Width at Half Maximum(반치(전)폭)

보충설명

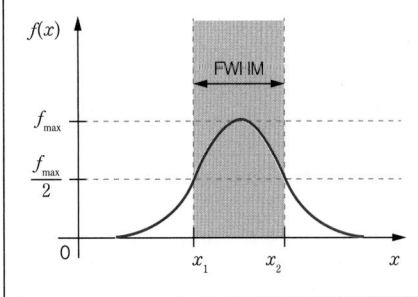

주파수 응답을 나타내는 스펙트럼선의 폭이나 펄스폭을 첨두값의 $\frac{1}{2}$ 위치에서 값으로 나타낸 것으로 Spectrum에 대한 첨두값의 절반인 지점에서의 폭이다. 반치(전)폭은 어떤 함수의 폭을 나타내는 용어로서, 그 함수의 최댓값의 절반이 되는 두 독립변수 값들의 차이로 정의된다. 반치(전)폭은 신호처리에서 펄스의 지속시간, 통신에서 사용되는 신호의 대역폭 등을 표현하는 데 주로 사용된다.

2) IoT: Internet of Things(사물 인터넷)

보충설명

각종 사물에 센서와 통신 기능을 내장하여 인터넷에 연결하는 기술로서 무선 통신을 통해 각종 사물을 연결하는 기술을 의미한다. 여기서 사물이란 가전제품, 모바일 장비, 웨어러블 디바이스 등 다양한 임베디드 시스템이 된다.

문제 ⑩

NAT(Network Address Translation)의 기능에 대해 설명하시오. (5점) (기출응용)

문제 ⑩ 정답

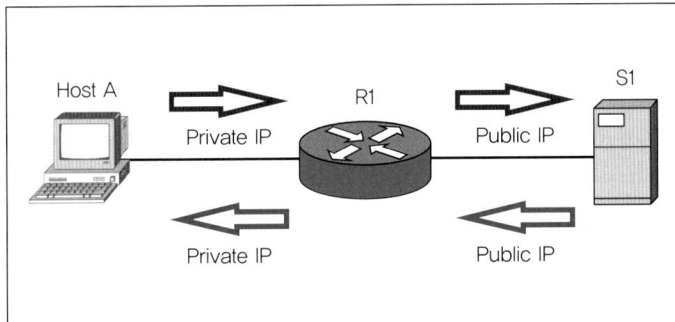

IPv4에서 IP 수량의 부족에 의한 사용도 있지만 실제적으로는 내부망과 외부망을 분리시켜서 보안을 강화하기 위한 용도로도 사용한다. 즉, NAT는 라우터(Router) 등의 장비를 사용하여 다수의 사설 IP 주소를 공인 IP 주소로 변환하는 기술이다.

보충설명

사설 IP 대역
- A Class: 10.0.0.0~10.255.255.255
- B Class: 172.16.0.0~172.31.255.255
- C Class: 192.168.0.0~192.168.255.255

문제 ⑪

다음은 무엇에 대한 설명인가? (3점) (기출응용)

W3(WWW) 상에서 정보를 주고받을 수 있는 프로토콜이다. 주로 HTML 문서를 주고받는 데에 쓰인다. Client가 서버에게 전송하는 요청 메시지와 서버가 Client에게 확인(Confirm)하는 응답 메시지가 있다. 주로 TCP를 사용하고 HTTP/3부터는 UDP를 사용하며, 80번 포트를 사용한다. 1996년 버전 1.0, 그리고 1999년 버전 1.1이 각각 발표되었다.

| 문제 ⑪ 정답 |

HTTP(Hyper Text Transfer Protocol)

문제 ⑫

다음은 무엇에 대한 설명인가? (3점) (기출응용)

(   )은/는 어느 정도의 가입자를 집합시킨 수요 밀집 지역까지 광케이블화되는 수준을 말하며, 일반적으로 가입자 근처에 ONU(Optical Network Unit)를 설치하고 ONU로부터 가입자까지는 기존의 동선을 사용한다. 음성서비스뿐만 아니라 ISDN 및 VOD(Video On Demand) 서비스와 같은 고속 서비스가 포함된다.

| 문제 ⑫ 정답 |

FTTC(Fiber To The Curb)

문제 ⓭

다음은 무엇에 대한 설명인가? (3점) (기출응용)

> 이것은 20번, 21번 포트를 사용하는데 두 개의 포트가 열리는 방법이 다르다.
> 처음에 (　) 클라이언트가 21번을 통해서 (　) 서버에 접속을 하면 제어와 관련된 세션이 열리게 된다. 다음으로 데이터를 전송하기 위해서 거꾸로 (　) 서버에서 (　) Client로 서버의 20번 포트를 사용하여 클라이언트에 접속하게 된다. 따라서 일반적으로 방화벽 설정이 서버로 들어오는 포트에 대해서 제어를 하고 나가는 포트에 대해서 제어를 하지 않기 때문에 21번으로 들어오는 포트만 설정하여도 (　)가 접속되게 된다.

문제 ⓭ 정답

FTP(File Transfer Protocol)

문제 ⓮

부가가치 통신망(VAN)의 네트워크계층과 통신처리계층의 기능을 적으시오. (5점) (2021-2회)

문제 ⓮ 정답

① 네트워크계층: 통신망에 연결된 사용자 간에 데이터(정보)를 연결(전송)해 주는 기능으로 패킷 교환방식을 이용하여 사용자들을 서로 연결시킨다.
② 통신(정보)처리계층: 교환기능과 변환기능을 이용해서 서로 다른 시간대에 통신이 가능하도록 서비스를 제공한다.

문제 ⓯

VAN(Value Added Network)에 대해서 간단히 설명하시오. (5점) (기출응용)

문제 ⓯ 정답

기존 통신망을 활용해서 정보의 전송 및 축적 등 부가적인 서비스를 제공하는 통신망으로 주로 카드사의 결제 인증 등에 사용된다.

문제 ⓰

VAN(Value Added Network)의 정의와 광의의 VAN 계층구조 4가지를 서술하시오. (10점) (2019-2회)

1) VAN 정의:
2) 광의의 VAN 계층구조 4가지:

문제 ⓰ 정답

1) 회선을 직접 보유하거나 통신사업자의 회선을 차용(대여)하여 단순한 통신이 아닌 정보의 축적, 가공, 변환처리 등의 부가가치를 부여한 음성 또는 데이터 정보를 제공하는 서비스이다.
2) 정보처리계층, 통신(정보)처리계층, 네트워크계층, 기본통신계층(전송계층)

보충설명

VAN의 주요 기능

구분	계층	내용
전송기능	기본통신계층	사용자가 단순히 정보를 전송할 수 있도록 물리적 회선을 제공하는 VAN의 가장 기본적인 기능이다.
교환기능	네트워크계층	가입된 사용자들을 서로 연결시켜 사용자 간의 정보전송이 가능하도록 제공하는 서비스이며 패킷 교환방식을 이용한다.
통신처리기능	통신처리계층	축적 교환기능과 변환기능을 이용하여 서로 다른 기종 간에 또는 다른 시간대에 통신이 가능하도록 제공하는 서비스이다.
정보처리기능	정보처리계층	온라인 실시간 처리, 원격 일괄 처리, 시분할 시스템 등을 이용하여 급여 관리, 판매관리 데이터베이스 구축, 정보 검색, 소프트웨어 개발 등의 응용 소프트웨어를 처리하는 기능이다.

문제 ⓱

아래 설명하고 있는 내용에 대한 알맞은 용어를 쓰시오. (3점) (2019-2회)

> 1956년 창설된 CCITT의 새로운 명칭으로 전화 전송과 전화교환, 잡음 등에 관하여 표준을 권고하는 통신 프로토콜을 재정하는 기관이다.

문제 ⓱ 정답

ITU-T(International Telecommunication Union Telecommunication standardization sector)

문제 ⑱

다음 괄호 안에 들어갈 알맞은 용어를 쓰시오. (5점) (2013-4회) (2015-1회) (2017-4회) (2023-4회)

자신에게 연결되어 있는 소규모 회선 또는 네트워크로부터 데이터를 모아 고속의 대용량으로 전송할 수 있는 대규모 전송 회선 및 통신망을 지칭하여 (   )(이)라 한다. 즉, 소규모의 LAN 등 데이터망으로부터 생성되는 트래픽을 운반하기 위해 WAN의 주요 교환 노드를 직접 연결하는 고속의 전용회선을 의미한다.

문제 ⑱ 정답

백본(Backbone), 백본망(Backbone Network), 기간망(전달망)

문제 ⑲

다음 아래의 내용이 설명하는 용어는 무엇인가? (5점) (2015-1회)

연결되어 있는 소형 회선들로부터 데이터를 수집해 빠르게 전송할 수 있는 대규모 전송회선을 말한다. 근거리통신망(LAN)에서 광역통신망(MAN)으로 연결하는 하나의 회선 또는 여러 회선의 모음이다. 또는 근거리통신망 내에서는 거리를 효율적으로 늘리기 위한 회선을 말하기도 한다(예를 들어 빌딩 간을 연결하는 회선 등). 인터넷이나 다른 광역통신망에서의 (   )은/는 장거리 접속을 위해 연결되어 있는 근거리 및 지역망 선로들의 모음이다. 각 접속점들은 네트워크 노드 또는 전송 데이터 교환 스위치라고 부른다. 즉, 트래픽을 운반하기 위해 WAN에서 주요 교환노드를 직접 연결하는 고속의 전용회선을 의미한다.

문제 ⑲ 정답

백본(Backbone), 백본망(Backbone Network), 기간망(전달망)

문제 ⑳

다음 ( )에 들어갈 알맞은 용어를 쓰시오. (4점) (2020-4회)

(①): 하나의 네트워크 세그먼트 안에서 크기를 확장하기 위해 사용하는 장비
(②): 네트워크 세그먼트 간을 연결하여 전체 네트워크 크기를 확장하는 장비

문제 ⑳ 정답

① 브릿지(Bridge)
② 라우터(Router)

보충설명

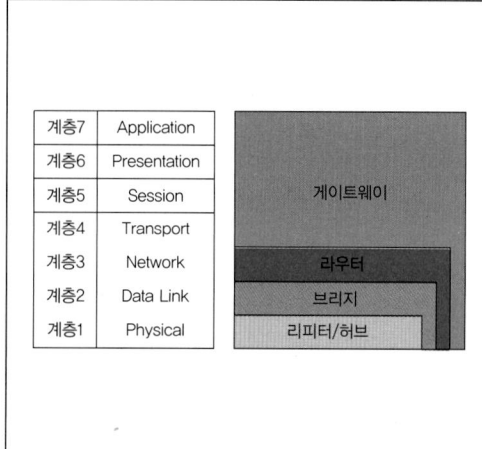
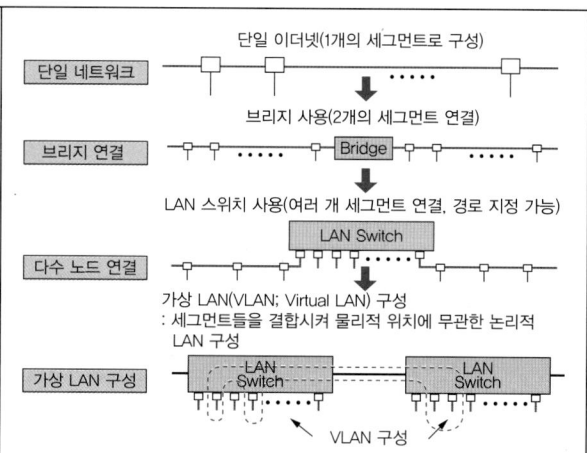

문제 ㉑

다음 ( ) 안에 들어갈 용어를 쓰시오. (4점) (2024-4회)

네트워크 장비에서 전송 거리를 확장하는 장비로 주로 물리계층에서 동작하며, 약해진 전송신호를 증폭/재생해 주는 장치는 (①)이고 네트워크 세그먼트 간에 경로를 설정하는 장비로 서로 다른 네트워크를 중계해 주는 장치는 (②)이다.

문제 ㉑ 정답

① 리피터(Repeater)
② 라우터(Router)

문제 ㉒

데이터 전송에서 '데이터 투명성'에 대해 기술하고, 이를 위하여 사용되는 '0' 비트 삽입법에 대해 설명하시오.
(8점) (2013-4회)

문제 ㉒ 정답

전송되는 데이터가 수신측에서도 내용의 변경없이 상대 가입자 단말기에도 원본 그대로 전달되는 것을 데이터의 투명성이라 한다. 정보부(Information Field)에 플래그(Flag "01111110") 비트 패턴이 발생 시 데이터의 투명성이 저하되므로 이를 방지하기 위해 "1"이 연속해서 5번 이상 발생 시 5번째와 6번째 비트 사이에 "0"을 삽입해 송신하고 수신측에서는 "0"을 제거하는 방법을 '0' 비트 삽입(삭제)법 또는 Bit Stuffing 기법이라 한다.

보충설명

비트스터핑(Bit Stuffing)

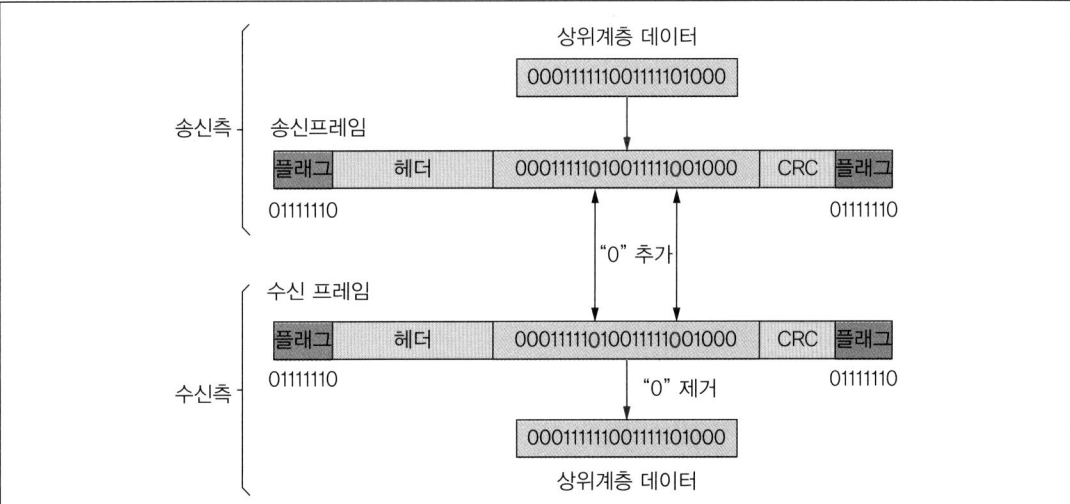

데이터를 실은 프레임들의 경계를 구분하기 위해 특정한 비트(bit) 배열(Preamble)을 갖는 플래그 바이트(01111110)라 불리는 경계를 나타내는 바이트를 사용한다. 만일 실제 데이터 내부에 동일한 비트 배열이 있게 되는 경우를 방지하기 위해 의도적으로 5개의 1을 보내면서 다음 비트에 0을 삽입하는 비트 채우기(Bit Stuffing)를 하며, 이를 통해 데이터 전송의 안정성을 보장해서 데이터의 투명성(확실한 데이터)이 강화된다.

문제 ㉓

아래 질문에 대해 설명하시오. (4점) (기출응용)

| 데이터 투명성 | |
| 0 비트 삽입법 | |

문제 ㉓ 정답

| 데이터 투명성 | 전송한 데이터가 변경 없이 목표 단말기에 그대로 전달되는 것이다. |
| 0 비트 삽입법 | 데이터에 '1' 비트가 연속적으로 5번 입력되면, 다음 6번째에는 강제로 '0' 비트를 삽입하여 전송하는 방식이다. |

문제 ㉔

아래 사항을 설명하시오. (5점) (기출응용)

1) Bit Stuffing:
2) Byte Stuffing:

문제 ㉔ 정답

1) 데이터를 실은 프레임들의 경계를 구분하기 위해 특정한 비트 배열(Preamble)을 갖는 플래그 바이트(01111110)라 불리는 경계를 나타내는 바이트를 사용한다. 실제 데이터 내부에 동일한 비트 배열이 있게 되는 경우를 방지하기 위해 의도적으로 5개의 1을 보내면서 다음 비트에 0을 삽입하는 비트 채우기(Bit Stuffing)를 한다. 이를 통해 데이터통신의 오류를 줄이기 위해 사용하는 것이다.

2) ASCII 코드 중에 DLE, STX 및 DLE, ETX라는 특정 문자들을 사용한다. 이를 통해 실제 데이터 몸체에서도 동일 문자가 나오는 것을 방지한다. 송신측에서 우연히 나타나는 DLE 문자 바로 직전에 여분의 DLE(extra DLE)를 삽입하게 되는데 이를 바이트 스터핑(Byte Stuffing)이라고 한다.

CHAPTER 02 OSI 7 Layer

> **학습방법**
>
> OSI 7 Layer는 정보통신 분야에서 가장 기본적인 이론입니다. 각 계층별 기능과 역할을 충분히 이해해야 시험에서 기본적인 점수를 확보할 수 있으며 이를 통해 난이도 있는 문제에서 점수를 못 받는 경우를 대비해야 할 것입니다. OSI 7 Layer 문제를 모두 맞출 수 있도록 학습에 만전을 기하기 바랍니다.

문제 ❶

다음은 어느 계층에 속하는지 쓰시오. (2점) (2018-1회)

SMTP, POP3	(①)계층
Login, Logout	(②)계층

문제 ❶ 정답

① 7(Application)
② 5(Session)
※ SMTP: Simple Mail Transfer Protocol

문제 ❷

OSI 7 Layer 중 어디에 해당되는지 각각의 계층을 쓰시오. (6점) (2016-4회)

전자우편 및 파일전송과 같은 사용자 서비스	①
기계적 전기적 기능적 인터페이스	②
로그인 및 로그아웃	③

문제 ❷ 정답

① 응용계층
② 물리계층
③ 세션계층

문제 ❸

다음은 OSI 7 모델 기준 어느 계층에 해당되는지 각각의 계층을 쓰시오. (6점) (2015-4회)

데이터 전송에서 경로 설정 기능	①
프레임 제어 기능	②
데이터 압축 및 암호화 기능	③

I 문제 ❸ 정답 I

① 네트워크계층
② 데이터링크계층
③ 표현계층

문제 ❹

다음은 OSI 7 모델 기준 어느 계층에 해당되는지 각각의 계층을 쓰시오. (6점) (기출응용)

기계적 전기적 기능적 특성 정의	①
로그인 및 로그아웃, 동기화 기능 수행	②
전자우편 및 파일전송 서비스 지원	③

I 문제 ❹ 정답 I

① 물리계층
② 세션계층
③ 응용계층

문제 ❺

OSI 7 Layer에서 표현계층의 주요 기능 4가지를 서술하시오. (4점) (2021-1회)

┃문제 ❺ 정답┃

① 데이터 압축 및 압축 해제
② 데이터 암호화 및 복호화
③ 코드변환
④ 데이터 포맷(형식) 방법 정의 및 변환

문제 ❻

정보통신망의 3대 동작 기능을 쓰시오. (3점) (기출응용)

┃문제 ❻ 정답┃

① 전달기능: 음성이나 데이터의 전송 기능
② 신호기능: 접속 설정 및 제어 관련 정보 교환 기능
③ 제어기능: 단말과 교환 설비 간 연결에 필요한 제어를 하는 기능

문제 ❼

OSI 7 Layer에서 중계 시스템이 가져야 할 기능 3가지를 쓰시오. (3점) (2019-1회) (2020-4회)

OSI 7 Layer에서 중계 시스템과 관련된 계층 3가지를 쓰시오. (3점) (기출응용)

문제 ❼ 정답

물리계층, 데이터링크계층, 네트워크계층

보충설명

압축(Compression)
통신에서 압축은 데이터 압축과 대역 압축을 총칭한다. 데이터 압축에는 손실압축과 무손실압축이 있고 대역 압축은 아날로그 신호에 포함된 불필요한 성분을 제거하여 신호의 전송에 필요한 주파수 대역을 감축하는 것이다. 데이터 압축과 대역 압축은 다른 개념이지만 일반적으로 통합해서 사용한다.

문제 ❽

아래 빈칸을 채우시오. (4점) (기출응용)

구분	계층	기능 설명	단위	프로토콜	
1	물리	⑤	①	RS-232C	
2	데이터링크	오류제어 및 흐름제어 기능	②	MAC/LLC	HDLC/FDDI
3	네트워크	⑥	③	IP/ARP/RARP/ICMP/IGMP	
4	전송	단말간 투명한 데이터 전송	④	TCP/UDP	
5	세션	⑦	HTTP, FTP, DNS, DHCP	login/logout	
6	표현	⑧		Code 변환	
7	응용	전자우편 및 파일전송 등		SNMP/SMTP/FTP/HTTP	

문제 ❽ 정답

① bit, ② Frame, ③ Packet, ④ Message, ⑤ 기계적/기능적/전기적 특성, ⑥ 데이터 전송에서 경로설정 기능, ⑦ 로그인/아웃, 동기화 기능, ⑧ 데이터 압축/암호화, 코드/포맷 변환

문제 ❾

OSI 중 물리계층의 특성 4가지를 쓰고 각각의 특성을 설명하시오. (4점) (기출응용)

│ 문제 ❾ 정답 │

① 기계적 특성: 시스템과 주변 장치를 연결하기 위해 정의한 규정
　　예 핀 연결의 규격 정의
② 전기적 특성: 상호 접속 규격 중에서 전기적 규격을 정의
　　예 DTE와 DCE 사이 커넥터에 흐르는 신호의 전압레벨, 전압변동, 잡음 등 정의
③ 기능적 특성: 상호 접속 규격 중에서 상호 교환회로의 규격을 정의
　　예 DTE와 DCE 사이를 연결하는 각 핀에 의미를 부여
④ 절차적 특성: 데이터를 전송하려고 사건의 흐름 순서를 규정
　　예 물리적 연결의 활성화와 비활성화, 동작 종료의 절차 규정

문제 ❿

프로토콜계층 구성은 네트워크 아키텍쳐에 따라 상위계층과 하위계층으로 구분한다. 상위계층과 하위계층을 나누어 쓰시오. (4점) (2015-2회)

1) 상위계층:

2) 하위계층:

│ 문제 ❿ 정답 │

1) 상위계층: Layer 7 ~ Layer 4
2) 하위계층: Layer 3 ~ Layer 1

보충설명

Layer	용어	주요 기능	동작 예
7	어플리케이션(Application)	서비스 제공	파일 전송, 이메일, 웹
6	프레젠테이션(Presentation)	데이터 표시 및 변환 처리	암호화, 압축
5	세션(Session)	통신 세션 관리	세션 설정, 유지, 종료
4	전송(Transport)	안정적 데이터 전송 보장	오류 복구, 흐름 제어
3	네트워크(Network)	다른 네트워크 간 라우팅	어드레싱, 라우팅
2	데이터링크(Datalink)	신뢰할 수 있는 링크 구축 및 유지	오류 감지, 흐름 제어
1	물리(Physical)	물리적 전송 처리	전기, 기계, 물리적 매체

문제 ⑪

아래 설명은 무엇에 대한 설명인지 각각 내용을 쓰시오. (4점) (2017-1회)

① OSI 모델의 계층으로 서로 다른 호스트에서 실행되는 애플리케이션 간의 통신 세션을 관리하고 유지한다. 즉, 연결을 생성(Created), 유지(Establish), 종료(Close)를 관리하는 층으로 연결 방식에는 한쪽만 전달이 가능한 단방향, 무전기와 같이 한쪽이 연락을 할 때는 상대방이 연락을 할 수 없는 반이중, 전화와 같이 동시에 전달이 가능한 전이중 방식 등이 있다.

② 송신자와 수신자 사이의 데이터 전송 속도를 관리하여 수신자가 과도한 부담을 겪지 않고 수신 데이터를 처리할 수 있도록 하는 데 사용되는 메커니즘이다. 주로 수신 장치 또는 네트워크 세그먼트가 송신자보다 느린 속도로 작동하는 시나리오에서 사용된다.

문제 ⑪ 정답

① 세션계층(Session Layer, 5계층)

② 흐름제어(Flow Control)

문제 ⑫

다음 해당하는 계층을 적고 아래 질문에 대해 설명하시오. (6점) (2018-4회)

1) OSI 7계층 중에서 데이터의 암호화, 압축 등이 이루어지는 계층:

2) 압축의 목적:

3) 손실압축과 무손실 압축의 차이점을 설명하시오.

문제 ⑫ 정답

1) 표현계층

2) 데이터 압축은 파일이나 통신 메시지와 같은 데이터 집합의 기억 영역을 절감하거나 전송 시간을 단축하기 위해 데이터를 좀 더 적은 수의 비트를 사용하여 부호화하는 것이다. 즉, 보내고자 하는 데이터에 중복된 비트열 또는 패턴을 삭제하고 좀 더 적은 수의 비트로 부호화하는 것이다. 중복된 비트열 또는 패턴을 복원하면 원래의 데이터가 복원된다(요약: 전송시간 단축, 저장공간 최소화).

3) 압축방법에는 무손실압축방법과 손실압축방법이 있다. 문장이나 부호 데이터, 수치 데이터 등의 압축에는 무손실압축방법을 사용하고 영상이나 음성 압축에는 손실압축방법을 사용한다. 즉, 손실압축방법은 데이터 복원 시 압축 전 데이터와 다르나 무손실압축방법은 데이터 복원 시 압축 전의 데이터를 그대로 복원할 수 있다.

문제 ⑬

아래 설명은 무엇에 대한 것인지 쓰시오. (4점) (기출응용)

> 계층화된 구조(Layered Architecture)로 모여 있는 프로토콜들의 집합을 말한다. 계층을 나누는 목적은 매우 복잡한 네트워크에서 프로토콜들의 역할을 분담하기 위해서이다. 이를 통해 이기종 통신장비 간에 데이터 전송에 대한 규약을 설정해서 체계적으로 관리할 수 있는 장점이 있다.

│ 문제 ⑬ 정답 ├

프로토콜 스택(Protocol Stack)

보충설명

질문의 종류에 따라서 '인터넷 프로토콜 스택'이나 'TCP/IP 프로토콜 스택', 'OSI 프로토콜 스택'도 답이 될 수 있다. 기본적으로 프로토콜 스택(Protocol Stack)을 쓰면 문제가 다소 틀려도 대응이 될 것이다.

문제 ⑭

통신 프로토콜의 기능 중 캡슐화에 대한 다음 물음에 답하시오. (5점) (2015-1회)

1) 캡슐화(Encapsulation)에 대하여 간단히 설명하시오.
2) 캡슐화는 3가지 정보가 들어 있는 헤더를 포함한다. 3가지 정보를 쓰시오.

│ 문제 ⑭ 정답 ├

1) 상위계층에서 전달받은 PDU(Packet Data Unit)에 자기 해당 계층의 기능이 수행되도록 각종 제어정보(PCI; Protocol Control Information)를 덧붙이는 기능이다. 즉, (N + 1)PDU + (N)PCI → (N)PDU로서 상위계층에서 하위계층으로 내려가면서 헤더를 붙이는 과정이다.
2) 사용되는 프로토콜 제어정보: 발송지, 목적지 등의 주소정보(MAC 주소, IP 주소, Port 주소), 전송 에러 검출을 위한 에러제어정보(FCS; Frame Check Sequence), 메시지에 대한 순서를 위한 흐름제어정보, 그 밖에 프로토콜의 기능(명령 또는 응답)을 구현하기 위한 각종 제어정보를 포함한다.

문제 ⓕ

캡슐화 헤더에 포함되는 3가지 정보에 대해서 서술하시오. (3점) (기출응용)

문제 ⓕ 정답

① 주소정보
② 오류제어정보
③ 흐름제어정보
④ 각종제어정보

문제 ⓖ

캡슐화에 대해 간단히 설명하시오. (3점) (기출응용)

문제 ⓖ 정답

상위계층에서 하위계층으로 내려가면서 통신에 필요한 여러 정보를 추가하는 것이다(Port 번호, IP 주소, MAC 주소 등이 추가된다).

문제 ⑰

OSI 서비스 프리미티브(Service Primitive) 4가지를 쓰시오. (4점) ^(기출응용)

문제 ⑰ 정답

① 요구(요청)
② 지시(표시)
③ 응답
④ 확인

보충설명

요구(요청) (Request)	요청 프리미티브는 네트워크 엔티티에 서비스를 요청하는 데 사용된다. 여기에는 수행할 서비스와 전송해야 하는 데이터를 설명하는 매개 변수가 포함된다.
지시(표시) (Indication)	지시 프리미티브는 데이터 도착 또는 오류 상태와 같은 발생한 이벤트를 서비스 사용자에게 알리는 데 사용된다.
응답 (Response)	응답 프리미티브는 요청 프리미티브에 응답하기 위해 사용된다. 여기에는 서비스 사용자에게 반환해야 하는 모든 데이터가 포함된다.
확인 (Confirm)	확인 프리미티브는 요청된 동작이 완료되었음을 서비스 사용자에게 통지하기 위해 사용된다. 모든 상태 정보 또는 작업 결과를 포함할 수 있다.

문제 ⑱

아래 사항에 대해서 간단히 설명하시오. (6점) ^(기출응용)

1) IEEE 802.2:
2) IEEE 802.4:
3) IEEE 802.5:

문제 ⑱ 정답

1) IEEE 802.2: LLC(Logic Link Control) – 논리적 Link 설정/해제 담당
2) IEEE 802.4: Token Bus Working Group
3) IEEE 802.5: Token Ring Working Group(IBM이 주도)

문제 ⑲

OSI 7에서 전송계층(Transport) 프로토콜의 클래스 0~4의 특징을 구분해서 쓰시오. (8점) ^(기출응용)

Class 0	
Class 1	
Class 2	
Class 3	
Class 4	

문제 ⑲ 정답

Class 0	다중화 기능, 심플클래스로 기본기능 제공
Class 1	장애 회복 기능(오류복구 기능 제공)
Class 2	Class 0에 다중화 기능 부가
Class 3	Class 1에 다중화 기능 부가
Class 4	오류 탐지/복구 기능, 다중화 기능 제공

문제 ⑳

다음은 LAN(Local Area Network) 프로토콜 구조를 나타낸다. ①에 들어갈 계층명 및 해당 계층의 기능을 설명하시오. (4점) ^(2014-2회)

LLC(Logical Link Control)
①
Physical

1) ①의 명칭:

2) ①의 기능:

문제 ⑳ 정답

1) MAC(Media Access Control)

2) 경쟁의 제어(동시 사용에 대한 충돌 제어), 전송로의 이상 여부 검출(원어를 풀어서 '매체에 대한 접근 제어'라고 쓰면 무난한 답이 된다)

문제 ㉑

아래 설명하고 있는 것은 어느 계층에 대한 것인가? (6점) ^(기출응용)

> 자료 전송 프로토콜의 하부 계층이며 7개 계층의 OSI 모델에 규정된 데이터링크계층의 일부이다. 매체접근제어는 유선(전기 또는 광학) 또는 무선 전송 매체와의 상호 작용을 담당하는 하드웨어를 제어하는 계층이다.

문제 ㉑ 정답

매체접근제어(Media Access Control, MAC)계층

문제 ㉒

다음 아래 사항을 비교 설명하시오. (6점) ^(기출응용)

MAC(Media Access Control)	
LLC(Logical Link Control)	

문제 ㉒ 정답

MAC(Media Access Control)	다수의 단말들이 하나의 전송매체 공유 시 매체사용에 대한 단말 간 경쟁 제어
LLC(Logical Link Control)	LAN/WAN에서의 데이터링크계층 기능 수행(오류제어, 흐름제어 등)

문제 ㉓

다음 사항에 대해 답하시오. (5점) (2023-4회)

1) 물리계층과 LLC 계층 사이에 있는 계층에 대해 쓰시오. (2점)
2) 물리계층과 LLC 계층 사이에 있는 계층의 역할에 대해 서술하시오. (3점)

문제 ㉓ 정답

1) MAC 계층
2) 전송매체에 대한 접속 기능(Media Access Control 기능), IEEE 802.3은 MAC 계층에서 CSMA/CD 방식으로 전송매체의 접속을 제어(Control)한다.

문제 ㉔

인터네트워킹을 위한 대표적인 장비의 종류 4가지를 서술하시오. (4점) (기출응용)

문제 ㉔ 정답

리피터, 브리지, 라우터, 게이트웨이

보충설명

OSI 참조 모델		
번호	계층 이름	계층의 역할 및 기능
7	응용계층	사용자에게 실제 통신 응용서비스를 제공
6	프레젠테이션 계층	응용계층의 데이터 표현 형태와 구조에 관한 일치를 제공
5	세션계층	통신 당사자 간의 대화 제어 기능을 제공
4	트랜스포트 계층	통신 양단 간에 신뢰성 있는 통신을 보장
3	네트워크계층	네트워크를 거쳐 원하는 목적지까지의 연결성 제공
2	데이터링크 계층	인접한 스테이션 간의 신뢰성 있는 통신을 보장
1	물리계층	물리적 회선을 통한 데이터 스트림의 송수신 기능 제공

인터네트워킹 장비

응용계층		응용계층
프레젠테이션계층	게이트웨이	프레젠테이션계층
세션계층		세션계층
트랜스포트계층		트랜스포트계층
네트워크계층	라우터	네트워크계층
데이터링크계층	브리지	데이터링크계층
물리계층	리피터	물리계층

문제 ㉕

인터네트워킹(Inter-networking)에 사용되는 장치 4가지를 적고 간단히 설명하시오. (8점) (2012-2회)

①	
②	
③	
④	

문제 ㉕ 정답

① 리피터	물리계층에서 동작. 약해진 전송신호를 증폭/재생해 주는 장치
② 브리지	데이터링크계층에서 동작. 두 개의 LAN이 상호접속할 수 있도록 연결해 주는 장치
③ 라우터	네트워크계층에서 동작. 서로 다른 기종 네트워크를 중계해 주는 장치
④ 게이트웨이	전송계층 이상에서 동작. 서로 다른 프로토콜을 가진 네트워크를 연결해 주는 장치

보충설명

- 리피터(Repeater): OSI 계층모델의 물리계층에서 동작하며 단순히 동일 망의 한쪽편에서 다른편으로 패킷성 신호를 복제·재생하여 전달하는 역할을 하는 장치이다.
- 브리지(Bridge): OSI 7 Layer에서 데이터링크계층(Layer 2)에서 동작하며, 프레임을 다른망에 복제시키는 역할을 하는 장비이다.
- 라우터(Router): 각기 독립적으로 구성된 네트워크를 연결해 주는 장치이다.
- 게이트웨이(Gateway): 프로토콜을 달리하는 두 개의 네트워크(망) 간에 또는 두 망의 통신계층 간에 이종 프로토콜의 변환기능을 수행하는 장치이다.

CHAPTER 03 IPv4 vs IPv6

✓ 학습방법

IP(Internet Protocol)는 TCP(Transmission Control Protocol)와 함께 인터넷에서 기본이 되는 구성입니다. IPv4 서비스의 한계와 IP의 부족에 따른 IPv6 도입의 필요성을 이해하고 IPv4에서 IPv6으로의 천이 방법까지 학습해야 합니다. IPv6의 128bit 체계와 IPv4의 32bit에 대한 이해를 통해서 시험에 대비하기 바랍니다.

문제 ❶

IPv6 관련 다음 사항을 서술하시오. (8점) (2021-4회)

1) 주소 자동 지정 방법 두 가지를 쓰시오.
2) IPv4와 연동 방법 세 가지를 쓰시오.

문제 ❶ 정답

1) Stateful (Address) Auto Configuration, Stateless (Address) Auto Configuration
2) 이중스택(Dual Stack), 터널링(Tunneling), IPv4/IPv6 변환(Translation)

보충설명

- 상태 보존형 주소 자동설정(Stateful Address Auto Configuration): DHCPv6 서버 활용
- 상태 비보존형 주소 자동설정(Stateless Address Auto Configuration, SLAAC): DHCPv6 서버 도움 없이도 주소설정이 가능함

문제 ❷

IPv6 자동할당 구현 방법 2가지와 IPv4와 IPv6의 연동방법 3가지를 쓰시오. (8점) (2019-1회)

1) IPv6 자동할당 구현 방법:

2) IPv4와 IPv6의 연동방법:

┃문제 ❷ 정답 ┃

1) Stateful (Address) Auto Configuration(상태 보존형 주소 자동설정), Stateless (Address) Auto Configuration (SLAAC, 상태 비보존형 주소 자동설정)
2) 이중스택(Dual Stack), 터널링(Tunneling), IPv4/IPv6 변환(Translation)

보충설명

- IPv4에서 IPv6 연동 방법

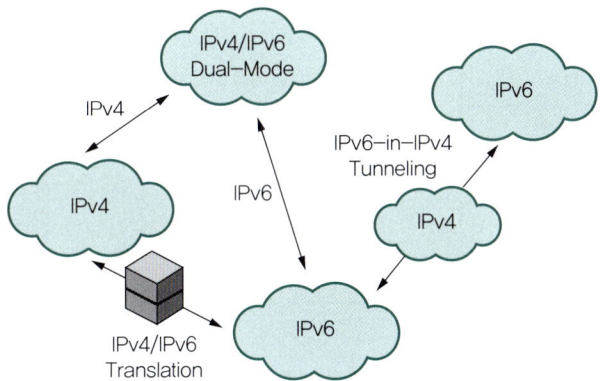

라우팅은 IP 대역이 다른 경우에 경로를 찾기 위한 것이며, IPv4에서 IPv6으로의 전환을 위해서는 아래 사항이 필요하다.

관점	전환방법	설명
호스트/라우터	이중스택 (Dual Stack)	IPv4와 IPv6을 함께 사용
네트워크	터널링 (Tunneling)	IPv4와 IPv6을 망간 터널링 기술로 연결
GateWay	변환기 (Translation)	IPv4에서 IPv6으로의 변환

- Dual Stack(이중스택)

- Address Translation(주소변환)

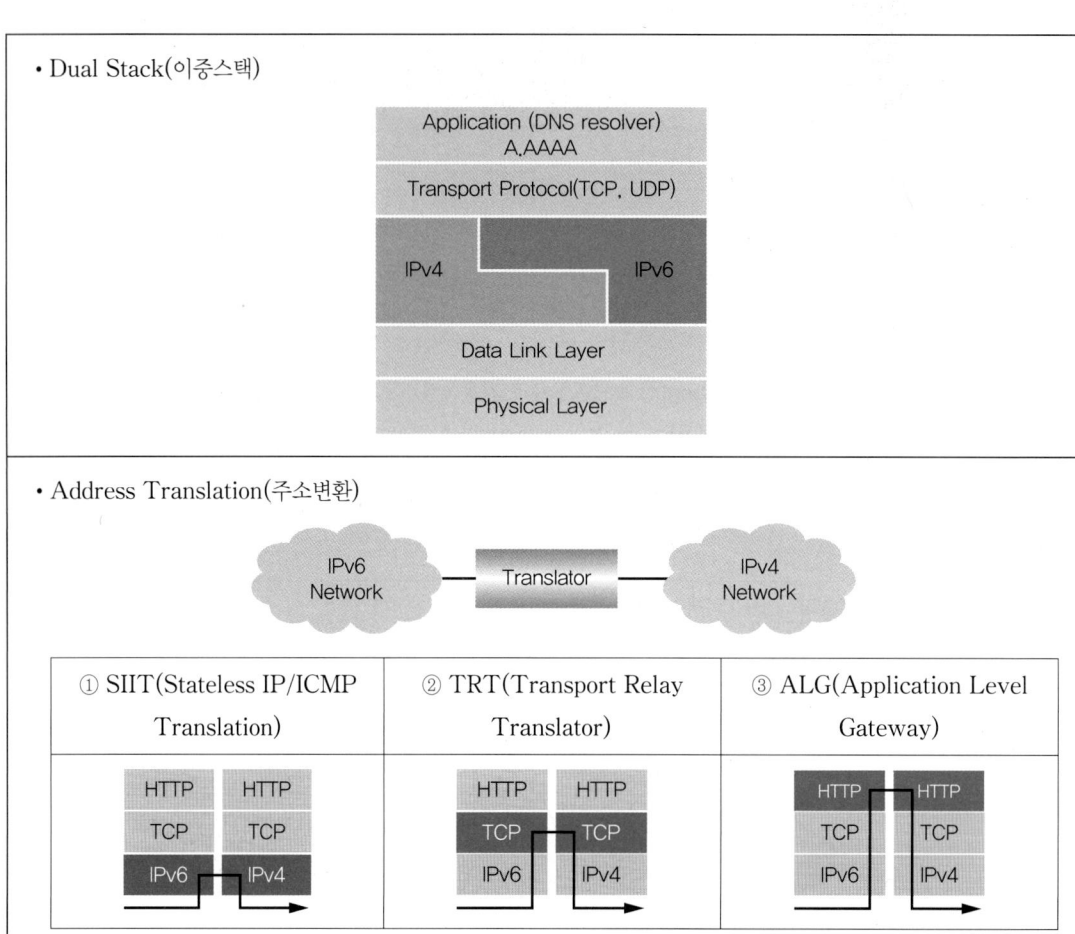

문제 ❸

TCP/IP 네트워크 계층에서 IPv4의 특징 5가지(4가지)를 서술하시오. (5점) (2013-2회) (2015-4회)

문제 ❸ 정답

① 32bit 주소길이(43억 개 지원)
② Unicast, Multicast, Broadcast 주소 유형 지원
③ IP는 Class A, B, C, D, E 등 5개의 Class가 있음(주로 A, B, C Class가 사용됨)
④ 보안에 취약함
⑤ 헤더 체크섬(CheckSum)을 통해 IP 생성 삭제 시 헤더 비트를 검사
⑥ IP Flag를 지원
⑦ TOS(Type of Service)를 지원

문제 ❹

IPv6의 주요 특징 6가지를 쓰시오. (6점) (2013-1회)

문제 ❹ 정답

① 128bit 주소길이(43억 × 43억 × 43억 × 43억 개)
② IPv4 대비 QoS(Quality of Service) 기능이 향상됨
③ 이동성(Mobility) 지원
④ 강화된 보안 기능(인증과 비밀성)
⑤ Unicast, Multicast, Anycast 주소지원(Broadcast 삭제함)
⑥ 호스트 주소 자동 지정 지능
⑦ 헤더 체크섬(CheckSum) 필드 없음
⑧ 효율적인 라우팅 지원

문제 ❺

IPv4의 주요 문제점 5가지를 쓰시오. (5점) (기출응용)

문제 ❺ 정답

① 32bit 주소 한계
② 헤더 구조 복잡
③ A, B, C, D, E 클래스 제한 및 IP 부족
④ QoS(Quality of Service) 보장 한계
⑤ 불필요한 Broadcast

문제 ❻

IPv6에서 지원하는 3가지의 주소형태를 적고 각각 설명하시오. (3점) (2011-2회) (2019-2회)

문제 ❻ 정답

① Unicast Address: 1대 1 방식(1:1), 단일 노드에서 데이터(정보)를 전송한다는 의미로 하나의 송신지에서 단일 수신자에게 데이터를 전송한다.
② Multicast Address: 1대 다방식(1:N), 하나의 송신자가 동시에 여러 수신자에게 전달하는 기술로서 송신지에서 동시에 선택된 특정 그룹의 여러 수신자에게 데이터를 전송한다.
③ Anycast Address: 1대 가장 가까운 1(One-to-nearest One) 방식, 클라이언트가 Anycast 주소로 패킷을 보내면, 라우팅 프로토콜이 네트워크 경로상에서 가장 가까운(네트워크 hop 수가 가장 적거나, 지연이 가장 낮은) 서버로 패킷을 전달한다.

문제 ❼

IPv4와 IPv6을 비교 설명하시오. (6점) (2015-2회) (2017-2회)

문제 ❼ 정답

IPv4는 32bit를 기준으로 43억 개의 IP를 지원한다. 초기에는 IP의 부족이 없었으나 인터넷의 발달로 IP가 부족해서 NAT(Network Address Translation) 등을 통한 공인 IP와 사설 IP를 혼용해서 사용하고 있다.

반면에 IPv6은 IPv4의 한계를 극복하기 위해 약 43억 × 43억 × 43억 × 43억 개의 IP로 구성되어 있다. 기존 IPv4의 Broadcast 대신 Anycast를 도입해서 Unicast, Multicast 방식과 함께 사용하고 있다(추가로 문제 ❽의 IPv4와 IPv6의 비교표를 참조해서 답안 보완 필요).

문제 ❽

IPv4와 IPv6을 비교한 것이다. 빈칸 안에 알맞은 내용을 쓰시오. (8점) (기출응용)

비교	IPv4	IPv6
주소구성	수동 및 DHCP 구성 지원	자동 구성(번호 할당 지원)
종단 간 연결 무결성	미지원	지원
주소공간	①	②
보안기능	응용프로그램에 따라 다름	IPSec은 IPv6 프로토콜에 내장됨
주소길이	③	④
주소표현	10진수	16진수
패킷 흐름 식별(Flow Label)	⑤	⑥
체크섬 필드	유효함	사용 불가
메시지 전송 방식	Broadcast	Multicast, Anycast
암호화 및 인증	미지원	지원
헤더포멧	⑦	⑧

| 문제 ❽ 정답 |

① 43억 개
② 43억 × 43억 × 43억 × 43억 개
③ 32bit(4Byte)
④ 128bit(16Byte)
⑤ 사용 불가
⑥ 가능
⑦ 복잡함
⑧ 단순함

문제 ❾

다음은 IPv4와 IPv6을 비교한 것이다. 빈칸 안에 알맞은 용어를 쓰시오. (6점) ^(기출응용)

구분	IPv4	IPv6
주소길이	①	②
QoS	미흡한 QoS	향상된 QoS
헤더 체크섬 필드	있음	없음
보안기능	취약한 보안기능	강화된 보안기능
주소유형	③	④
기타	⑤	⑥

| 문제 ❾ 정답 |

① 32bit(= 8bit 4개)
② 128bit(= 16bit 8개)
③ 유니/멀티/브로드캐스트
④ 유니/멀티/애니캐스트
⑤ 43억 개로 IP 한계
⑥ 효율적인 이동성(Mobility) 지원

문제 ⑩

다음 아래 사항을 정의해서 설명하시오. (8점) (2018-2회) (2020-4회)

Unicast	
Multicast	
Anycast	
Broadcast	

문제 ⑩ 정답

Unicast	1개의 송신노드가 1개의 수신노드에만 정보를 전송하는 방식	
Multicast	1개의 송신노드가 1개 이상의 특정 수신노드에 정보를 전송하는 방식	
Anycast	1개의 송신노드가 수신노드 중 가장 근접한 노드에 정보를 전송하는 방식	
Broadcast	1개의 송신노드가 구역 내 전체 수신노드에 정보를 모두 전송하는 방식	

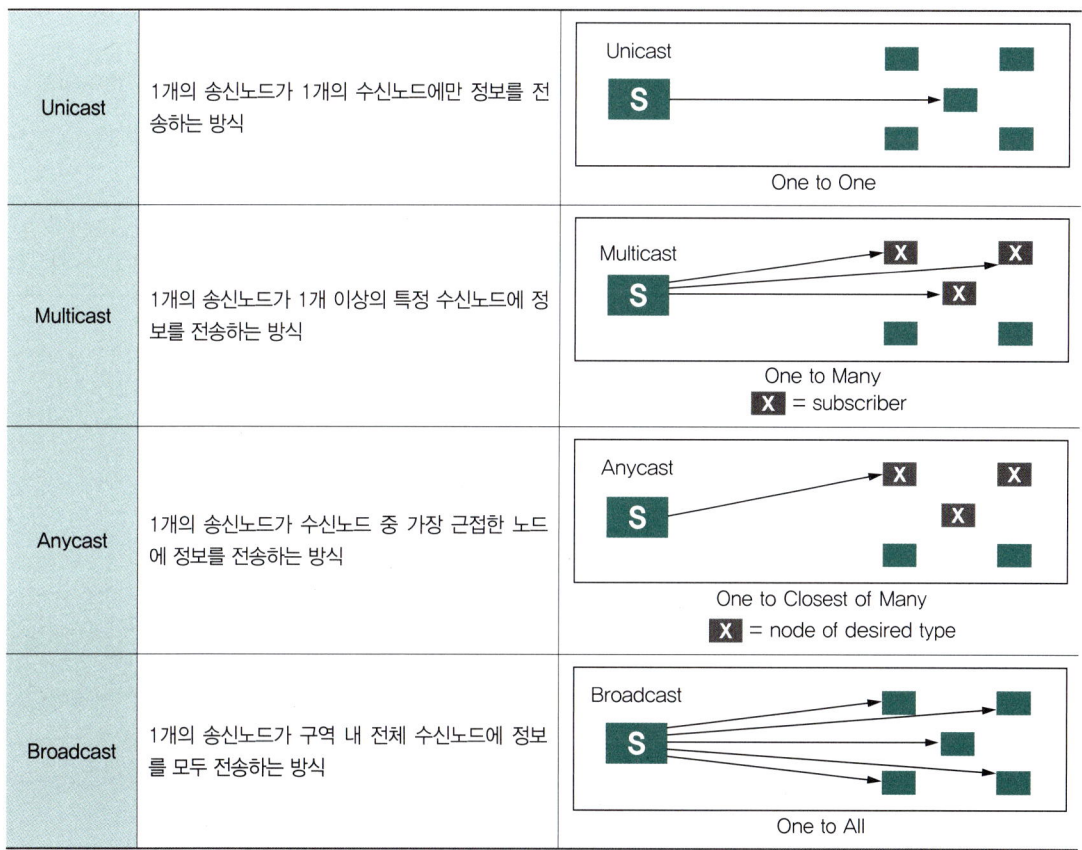

CHAPTER 04 IP Subnet Mask 계산

> **학습방법**
>
> Subnet Mask 계산은 꼭 정답을 맞추어야 할 분야 중 하나입니다. 기본적인 Subnet 이론을 숙지하고 다양한 응용문제를 풀어서 시험에 대비하기 바랍니다. 아래 기출문제를 충분히 인지하면 향후 응용문제에 대한 대응이 가능할 것입니다.

문제 ❶

IP 주소가 45.123.21.8이고 Subnet Mask가 255.192.0.0이다. 다음에 물음에 답하시오. (4점)

(2011-2회) (2024-1회)

1) 주소 Class를 쓰시오.
2) Subnet의 네트워크 주소를 쓰시오.

문제 ❶ 정답

45.123.21.8	00101101.	01111011.	00010101.	00000000
255.192.0.0	11111111.	11000000.	00000000.	00000000
	00101101.	01000000.	00000000.	00000000
	45.	**64.**	**0.**	**0**

1) A Class
2) 45.64.0.0

> **보충설명**

- 45로 시작하므로 A Class이다.
- Subnet Mask 255.192.0.0에서 192는 11000000이므로 앞에 이진수 11을 기반으로 4개의 Subnet이 형성된다.
- 4개의 Subnet 구성은 아래와 같다.
  - 첫 번째 Subnet: 45.0.0.0 ~ 45.63.255.255
  - 두 번째 Subnet: 45.64.0.0 ~ 45.127.255.255
  - 세 번째 Subnet: 45.128.0.0 ~ 45.191.255.255
  - 네 번째 Subnet: 45.192.0.0 ~ 45.255.255.255

문제에서 IP 45.123.21.8은 두 번째 Subnet에 해당하므로 네트워크는 45.64.0.0이며 Broadcast는 45.127.255.255가 된다.

보충설명

IP 주소	221.203.129.68	11011101.11001011.10000001.01000100
Subnet Mask	255.255.255.192	11111111.11111111.11111111.11000000
네트워크 주소(AND 연산)	221.203.129.64	11011101.11001011.10000001.01000000

문제 ❷

다음 IP 주소의 Class를 적으시오. (5점) (2020-1회)

10001101.10001100.11111110.11101111	(①)
11001101.10001100.11111110.11101111	(②)
165.132.124.65	(③)
210.150.165.140	(④)
65.80.158.57	(⑤)

| 문제 ❷ 정답 |

① B Class
② C Class
③ B Class
④ C Class
⑤ A Class

보충설명 1

- 10001101.10001100.11111110.11101111 → 141.140.254.239
- 11001101.10001100.11111110.11101111 → 205.140.254.239

보충설명 2

IP 구분	Class별 범위		A7~A1 용지
	구분	첫 번째 Byte	
	A Class	0~127	
	B Class	128~191	
	C Class	192~223	
	D Class	224~239	
	E Class	240~255	

문제 ❸

IP 주소 221.203.129.68인 경우 Subnet Mask가 255.255.192.0이다. 아래 질문에 답하시오. (5점)

(2019-1회)(기출응용)

1) Subnet Mask를 이진수로 쓰시오.
2) 네트워크 주소를 10진수로 쓰시오.
3) 사용 가능한 최대 호스트의 수를 쓰시오.
4) Subnet 시작 IP:
5) Subnet 종료(마지막) IP:

문제 ❸ 정답

1) 11111111.11111111.11000000.00000000
2) 네트워크 주소: 221.203.128.0
3) 사용 가능한 최대 호스트의 수: $2^{14} - 2 = 16,384 - 2 = 16,382$
(문제에서 IP 주소가 221.203.129.68이므로 세 번째 221.203.129를 기준으로 보면)
4) Subnet 시작 IP: 221.203.128.0
5) Subnet 종료 IP: 221.203.191.255

보충설명

서브넷 마스크를 비트 수로 표현하면 18bit가 되며 호스트용으로 14bit가 할당되어 32bit가 된다.
- 첫 번째 그룹 221.203.0.0~221.203.63.255
- 두 번째 그룹 221.203.64.0~221.203.127.255
- 세 번째 그룹 221.203.128.0~221.203.191.255
- 네 번째 그룹 221.203.192.0~221.203.255.255

IP 주소	221.203.129.68	11011101.11001011.10000001.01000100
Subnet Mask	255.255.255.192	11111111.11111111.11111111.11000000
네트워크 주소(AND 연산)	221.203.129.64	11011101.11001011.10000001.01000000

문제 ❹

다음과 같은 조건에서 아래 질문에 답하시오. (6점) (2021-4회) (기출응용)

> IP 주소: 165.243.10.54, Subnet Mask: 255.255.255.0

1) Subnet Mask를 이진수 bit로 쓰시오.
2) 네트워크 주소를 10진수로 쓰시오.
3) 사용 가능한 최대 호스트의 수를 쓰시오.
4) Subnet 시작 IP:
5) Subnet 종료(마지막) IP:

문제 ❹ 정답

1) 11111111.11111111.11111111.00000000
2) 네트워크 주소: 165.243.10.0
3) 사용 가능한 최대 호스트의 수: $2^8 - 2 = 254$
4) Subnet 시작 IP: 165.243.10.0
5) Subnet 종료 IP: 165.243.10.255

참조

서브넷 마스크를 비트 수로 표현하면 24bit가 되며 호스트용으로 8bit가 할당되어 32bit가 된다.

보충설명

Subnet Mask가 255.255.255.0이므로 0번부터 255번까지 IP를 사용한다. 165.243.10.0번은 네트워크 주소, 165.243.10.255는 Broadcast 주소로서 이 두 주소를 제외하면 165.243.10.1~165.243.10.254까지 총 254개의 IP 주소를 사용할 수 있다.

문제 ❺

IP 주소 23.56.7.91일 때 주소 Class와 네트워크 주소를 쓰시오. (6점) (2017-1회)

1) Class:

2) 네트워크 주소:

문제 ❺ 정답

1) A

2) 23.0.0.0

문제 ❻

다음 괄호 안에 알맞은 말을 넣어 완성하시오. (3점) (2012-2회) (2014-4회) (2017-2회)

IP 주소(Address) 체계에서 C 클래스는 네트워크 주소(Network Address)를 나타내는 첫 번째 바이트의 첫 번째, 두 번째, 세 번째 비트가 각각 (①), (②), (③)인 주소이다.
네트워크 주소는 192.0.0.0~223.255.255.255이고 호스트는 0~255개까지이며 0과 255는 제외하고 사용한다.

문제 ❻ 정답

① 1

② 1

③ 0

> 보충설명

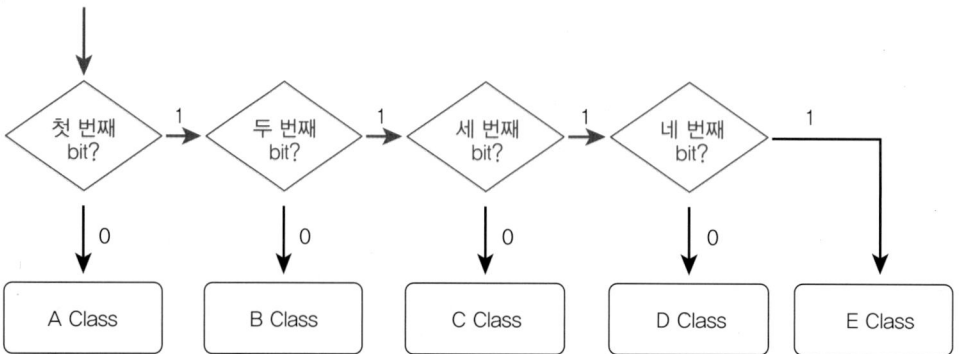

C Class	C Class는 110으로 시작한다. 2진수로 표현하면 110x xxxx. xxxx xxxx. xxxx xxxx. xxxx xxxx이며 이를 10진수로 표현할 경우 IP 범위는 192.0.0.0~223.255.255.255까지이고 네트워크 범위는 110x xxxx. xxxx xxxx. xxxx xxxx에서 x들이 가질 수 있는 경우의 수이다(x가 21개이므로 2^{21}개). 호스트 주소 범위는 xxxx xxxx에서 x들이 가질 수 있는 경우의 수 2^8-2이다(-2는 A나 B Class의 개념과 같이 네트워크 주소, 브로드캐스트 주소 사용으로 인해 호스트 주소에서 제외한다).	
	2진수(N 네트워크, H 호스트)	네트워크 시작 번호(개수)
	110N NNNN. NNNN NNNN. NNNN NNNN. HHHH HHHH(110 시작, N 네트워크 bit 21개, H 호스트 bit 8개)	192.0.0~223.255.255 시작(2^{21}개)
	110 시작, 네트워크: 21bit, 호스트: 8bit 호스트 범위(개수): 2^8-2(-2는 네트워크 주소와 브로드캐스트 주소를 제외함)	

문제 ❼

다음과 같이 IP 주소가 주어졌을 때 질문에 답하시오. (6점) ^(기출응용)

> A IP: 192.168.100.0, MASK: 255.255.255.248
> B IP: 192.168.100.11, MASK: 255.255.255.248

1) A와 B IP의 IP Class를 쓰시오.
2) A와 B의 IP는 다른 네트워크 대역이다. 그 이유를 설명하시오.
3) 다른 네트워크 대역을 동일 네트워크 대역으로 하기 위한 최적의 Subnet Mask를 쓰시오.

문제 ❼ 정답

1) A IP: C Class, B IP: C Class
2) 서브넷 마스크가 255.255.255.248이므로 네트워크 IP는 192.168.100.0, 호스트 IP는 192.168.100.1~192.168.100.6, Broadcast IP는 192.168.100.7이다(첫 번째 네트워크 기준). 즉, 동일 네트워크 범위는 192.168.100.1~192.168.100.7까지이므로 192.168.100.11은 네트워크가 다르다.
3) 같은 네트워크를 위해 255.255.255.0이면 같은 네트워크 범위이다. 그러나 범위가 너무 넓어서 최적의 Subnet Mask는 IP가 1~11이 포함될 수 있게 하는 255.255.255.240이 최적의 Subnet이 된다.

> 보충설명

- Subnet Mask가 255.255.255.248이면 0~7까지 8개의 IP 수용으로 192.168.100.11은 수용 불가
- Subnet Mask가 255.255.255.240이면 0~15까지 16개의 IP 수용으로 192.168.100.11은 수용 가능

구분	첫 번째 Network	두 번째 Network	세 번째 Network	네 번째 Network
IP 범위	192.168.100.0~ 192.168.100.15	192.168.100.16~ 192.168.100.31	192.168.100.32~ 192.168.100.47	192.168.100.48~ 192.168.100.65
Network IP	192.168.100.0	192.168.100.16	192.168.100.32	192.168.100.48
Broadcast IP	192.168.100.15	192.168.100.31	192.168.100.47	192.168.100.65

문제 ❽

다음은 IPv4 주소 체계에 대한 분류이다. (가)~(바)에 알맞은 용어를 넣어 완성하시오. (3점) (기출응용)

구분	Class 구분 시작 비트	주소대역
A 클래스	0	0.0.0.0~127.255.255.255
B 클래스	(가)	(나)
C 클래스	(다)	(라)
D 클래스	(마)	(바)
E 클래스	11111	240.0.0.0~255.255.255.255

| 문제 ❽ 정답 |

구분	Class 구분 시작 비트	주소대역
A 클래스	0	0.0.0.0~127.255.255.255
B 클래스	(가) 10	(나) 128.0.0.0~191.255.255.255
C 클래스	(다) 110	(라) 192.0.0.0~223.255.255.255
D 클래스	(마) 1110	(바) 224.0.0.0~239.255.255.255
E 클래스	11111	240.0.0.0~255.255.255.255

문제 ❾

IPv4 주소 기반에서 C Class로 사용하는 IP의 주소 범위를 쓰시오. (4점) (2024-2회)

[예시: 0.0.0.0~255.255.255.255]

문제 ❾ 정답

IPv4 C Class 주소범위: 192.0.0.0~223.255.255.255

보충설명

IP 구분	Class별 범위	
	구분	첫 번째 Byte
	A Class	0~127
	B Class	128~191
	C Class	192~223
	D Class	224~239
	E Class	240~255

CHAPTER 05 TCP/IP

✓ 학습방법

TCP(Transmission Control Protocol)는 UDP(User Datagram Protocol)와 비교해야 하며, TCP와 UDP의 Header 구조에 대한 이해가 필요합니다. TCP는 연결지향(Connection-Oriented)이므로 Header 구조가 UDP보다 복잡하지만 기능이 많습니다. 최근에 TCP와 UDP의 장점을 결합한 QUIC(Quick UDP Internet Connections) Protocol이 대두되고 있어 폭넓은 학습이 요구됩니다.

문제 ❶

다음 항목에 대해 해당 OSI 7계층 RM(Reference Model)으로 구분하여 해당 계층을 쓰시오. (8점)

(2016-1회) (2023-4회)

항목	계층
TCP, UDP	①
RS-232C	②
HDLC	③
IP	④

┃문제 ❶ 정답 ┃

① 4계층
② 1계층
③ 2계층
④ 3계층

보충설명

OSI 7 Layer Model	TCP/IP Model
Application Layer	Application Layer
Presentation Layer	
Session Layer	
Transport Layer	Transport Layer (공통)
Network Layer	Internet Layer
Datalink Layer	Network Interface (N/W Access Layer)
Physical Layer	

문제 ❷

다음 각각의 질문에 답을 적으시오. (8점) (2018-2회)

1) TCP/IP 모델에서 TCP가 동작하는 계층은?
2) OSI 7 모델에서 데이터링크계층의 단위는?
3) TCP의 주요 기능 3가지를 적으시오.
4) IP의 주요 특징 3가지를 적으시오.

▍문제 ❷ 정답 ▍

1) 전송계층
2) Frame(프레임)
3) 연결지향(Connection-Oriented), 신뢰성 보장 흐름제어, 혼잡제어, 오류 감시 및 복구
4) 비연결성, 비신뢰성, 패킷(Packet) 단위 처리, 패킷(Packet) 분해 조립

문제 ❸

TCP/IP 4계층 중 인터넷계층에서 사용하는 프로토콜 4가지를 쓰시오. (4점) (기출응용)

▍문제 ❸ 정답 ▍

IP, ICMP, ARP, RARP

보충설명

용어풀이
- IP(Internet Protocol)
- ICMP(Internet Control Message Protocol)
- ARP(Address Resolution Protocol)
- RARP(Reverse Address Resolution Protocol)

문제 ❹

다음 아래 질문에 답하시오. (6점) (기출응용)

1) 네트워크계층에서 사용하는 데이터의 단위는?
2) 데이터링크계층에서 사용하는 데이터의 단위는?
3) TCP 전송(Transport)계층에서 사용하는 데이터의 단위는?

문제 ❹ 정답

1) 패킷(Packet)
2) 프레임(Frame)
3) 세그먼트(Segment)

보충설명

계층	OSI 7 Layer	Keyword	NW 장비	보안장비	TCP/IP 계층	Cloud Computing	
7	Application Layer 응용계층	사용자 접근, 각종 Application 프로그램 HTTP, SMTP, FTP, Telent, CMP	웹 방화벽, 보안 스위치	IPS DDos WAF	Application 응용계층 WWW – HTTP, DNS, DHCP Email – SMTP, POP/IMAP 파일전송 – FTP, TFTP 원격접속 – Telnet, SNMP SIP, CMP	Application	SaaS
6	Presentation Layer 표현계층	데이터 표준화, 암호화, 압축 코드변환 MPEG, JPEG					
5	Session Layer 세션계층	세션관리, 동기화, 통신방식 결정 씬, SSH, NetBios	TCP: Segment UDP: Datagram			Platform	PaaS
4	Transport Layer 전송계층	연결지향, 신뢰성, 다중화, 오류제어, 흐름제어 TCP, UDP, SSL, SCTP, MPTCP Multiplexing/Dermultiplexing, Segmentation	게이트웨이 (Gateway)	UTM FW	Transport 전송계층 TCP, UDP, SCTP	MiddleWare	
3	Network Layer 네트워크계층	IP, 경로설정, 주소지정 IP, ICMP, ARP, RARP, IGMP, X.25 Packet	라우터 (Router)		Internet 인터넷계층(IP 계층) IP, ICMP, ARP, RARP, ICMP IGMP, IPSec, X.25, SNMP	Network	IaaS
2	Datalink Layer 데이터링크계층	MAC, Framing, 오류제어, 흐름제어, 순서제어 HDLC, SOLC, PPP, L2TP Frame	브릿지(Bridge), 스위치(Switch) 허브	IP 관리기	Host-to-Network 네트워크접속계층 MAC 주소 기반 스위칭 CSMA/CD, MAC, LAN, 위성통신	Server	
1	Physical Layer 물리계층	물자적 연결, 전기신호 Ethernet, RS232C, RS485 bit	리피터(Repeater), 케이블(Cable), 허브(Hub)	망 분리	토큰링, Bluetooth, WIFI	Storage	

문제 ❺

인터넷 표준 프로토콜이라 할 수 있으며 다른 기종 컴퓨터 간의 데이터 전송을 위해 규약을 체계적으로 관리 및 정리한 것을 무엇이라 하는가? (3점) (2019-2회)

문제 ❺ 정답

TCP/IP

문제 ❻

TCP/IP 계층을 하위계층부터 순서대로 4가지를 쓰시오. (단, 물리계층은 제외한다) (4점) (2018-4회)(2023-1회)

문제 ❻ 정답

① 네트워크접속(NIC)계층
② 인터넷(IP)계층
③ 전송(TCP/UDP)계층
④ 응용(Application)계층

문제 ❼

TCP/IP는 Network Interface Layer, Internet Layer, (   ), Application Layer로 나뉜다. (3점)

(기출응용)

문제 ❼ 정답

Transport Layer

문제 ⑧

TCP와 IP가 OSI 7 Layer 중 어느 계층에 속하는지 각각 쓰시오. (4점) (2017-4회)

| 문제 ⑧ 정답 |

TCP 4계층, IP 3계층

문제 ⑨

TCP/IP 네트워크계층에서 IPv4의 특징 5가지를 쓰시오. (5점) (2018-4회)

| 문제 ⑨ 정답 |

① 클래스 구조(A~E클래스)
② 32bit 주소길이
③ 네트워크 ID와 헤더구조 복잡
④ 호스트 ID 구분
⑤ Unicast/Multicast/Broadcast 주소 사용

문제 ⑩

다음은 무엇에 대한 설명인지 쓰시오. (3점) (2012-2회) (2017-4회) (2018-1회)

> 비연결 데이터그램 전달서비스를 제공하는 프로토콜로서 메시지를 세그먼트로 나누지 않고 블록의 형태로 전송하여 재전송이나 흐름 제어를 위한 피드백을 제공하지 않는다.

| 문제 ⑩ 정답 |

UDP(User Datagram Protocol)

문제 ⑪

다음 괄호 안에 들어갈 통신용어를 적으시오. (3점) (2016-2회) (2019-2회)

( )은/는 비연결형 서비스를 지원하는 전송계층 프로토콜로 인터넷상에서 서로 정보를 주고받을 때 정보를 보낸다는 신호나 받는다는 신호 절차를 거치지 않고, 보내는 쪽에서 일방적으로 데이터를 전달하는 통신 프로토콜이다.

( )은/는 인터넷에서 정보를 주고받을 때, 한쪽에서 일방적으로 보내는 방식의 통신 프로토콜(무관계 서비스)이다. 안정성 면에서는 떨어지지만, 속도는 TCP보다 훨씬 빠르다는 특징을 가지고 있다.

| 문제 ⑪ 정답 |

UDP(User Datagram Protocol)

문제 ⑫

TCP/IP 프로토콜에서 비연결형 프로토콜로서 산발적으로 발생하는 정보의 전송에 적합하고, 메시지를 블록의 형태로 전송하는 트랜스포트계층에 해당하는 프로토콜을 적으시오. (3점) (2010-4회)

| 문제 ⑫ 정답 |

UDP(User Datagram Protocol)

보충설명

TCP	데이터의 분실, 중복, 순서가 뒤바뀜 등을 자동으로 보정하여 송·수신 데이터의 정확한 전달을 할 수 있도록 지원해준다.
UDP	IP가 제공하는 간단한 IP 상위계층의 프로토콜이다. TCP와는 다르게 에러가 날 수도 있고, 재전송이나 순서가 뒤바뀔 수도 있어서 이와 같은 경우, 어플리케이션에서 별도로 처리한다.

문제 ⑬

다음 TCP/IP 프로토콜에 관한 설명이다. 아래 질문에 대한 답을 약어와 원어로 풀어 쓰시오. (8점)

(2010-1회) (2019-2회)

1) 웹서비스를 이용하기 위한 프로토콜:
2) 전자우편을 전송하기 위한 프로토콜:
3) 인터넷에서 네트워크 관리를 위한 프로토콜:
4) 파일(File)이나 파일의 일부를 전송하는 프로토콜:

문제 ⑬ 정답

1) HTTP(Hyper Text Transfer Protocol)
2) SMTP(Simple Mail Transfer Protocol)
3) SNMP(Simple Network Management Protocol)
4) FTP(File Transfer Protocol)

문제 ⑭

다음 괄호 안에 들어갈 알맞은 용어를 답란에 쓰시오. (4점) (2013-4회)

(   )은/는 TCP/IP 상위계층 응용 프로토콜의 하나로서, 컴퓨터 간에 전자우편(e-mail)을 전송하기 위한 프로토콜이며 OSI의 메시지 통신처리시스템에 대응하는 것으로 널리 알려져 있다.

문제 ⑭ 정답

SMTP(Simple Message Transfer Protocol)

문제 ⓑ

TCP/IP와 OSI 7계층 구조를 비교하여 빈칸에 알맞은 것을 적으시오. (6점)

(2012-1회) (2016-2회) (2016-4회) (2019-4회)

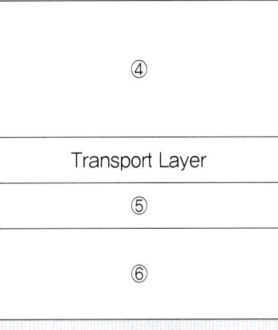

┃ 문제 ⓑ 정답 ┃

① 프레젠테이션계층(Presentation layer)

② 전송계층(Transport layer)

③ 네트워크계층(Network layer)

④ 응용계층(Application layer)

⑤ 인터넷계층(Internet layer)

⑥ Network Interface 계층

문제 ⑯

다음 (   ) 안에 들어갈 알맞은 용어를 쓰시오. (4점) (2018-6회)

> 인터넷을 통해 이메일 메시지를 보내고 받는 데 사용되는 통신 프로토콜이다. 메일 서버 및 기타 메시지 전송 에이전트(MTA)는 (   )을/를 사용하여 메일 메시지를 보내고, 받고, 중계하는 것으로 컴퓨터 간에 전자우편 전송을 위한 프로토콜이다.

| 문제 ⑯ 정답 |

SMTP(Simple Message Transfer Protocol)

보충설명

SMTPS(간이 전자우편 전송 프로토콜 보안)

전송계층 보안을 사용하여 SMTP를 보호하는 방법으로 통신 파트너에 대한 인증, 데이터 무결성 및 기밀성을 제공하기 위한 것이다. SSL(보안 소켓 계층) 또는 TLS(전송계층 보안)를 사용하여 보안 연결을 설정함으로써 이메일 전송의 기밀성 및 무결성을 보장한다. 클라이언트와 서버는 애플리케이션 계층에서 일반 SMTP를 사용하며 연결은 SSL 또는 TLS로 보호된다.

문제 ⑰

ISO에서 규정한 OSI 7계층에서 다음 사항에 관한 프로토콜은 어떤 계층에 속하는지 쓰시오. (4점)

(2014-4회)

1) TCP/UDP:
2) IP:

| 문제 ⑰ 정답 |

1) 전송계층(트랜스포트계층)
2) 네트워크계층

문제 ⓲

TCP(Transmission Control Protocol)와 UDP(User Datagram Protocol)를 설명하시오. (6점)

(2010-1회)

TCP	
UDP	

문제 ⓲ 정답

TCP	연결지향 프로토콜로서 데이터의 분실, 수정, 뒤바뀜 등을 자동으로 보정하고 신뢰성 통신을 지원한다.
UDP	비연결지향(Connectionless) 프로토콜로서 재전송 순서가 바뀔 수 있고 비신뢰성 통신이다.

보충설명

TCP(연결형)	UDP(비연결형)
메시지 형태로 보내기 위해 IP와 함께 사용함	데이터를 데이터그램 단위로 처리하는 프로토콜
• 연결지향방식으로 패킷 교환방식을 사용(가상회선방식이 아님) • 3 way handshaking 통해 연결 설정, 4 way handshaking을 통해 해제 • 흐름 제어 및 혼잡 제어 • 높은 신뢰성을 보장 • UDP보다 속도가 느림 • 전이중(Full-Duplex), 점대점(Point to Point) 방식	• 비연결형 서비스 • 데이터그램 방식을 제공 • 정보를 보내거나 받는다는 신호절차를 거치지 않음 • UDP 헤더의 CheckSum 필드를 통해 최소한의 오류만 검출 • 신뢰성이 낮음 • TCP보다 속도가 빠름

문제 ⑲

다음은 TCP/IP의 전송계층에 대한 2개의 주요 프로토콜 특성에 대한 비교이다. 아래 빈칸에 들어갈 알맞은 용어를 쓰시오. (6점) (2014-1회)

구분	TCP (Transmission Control Protocol)	UDP (User Datagram Protocol)
서비스		
수신순서		
오류제어 · 흐름제어		

문제 ⑲ 정답

구분	TCP (Transmission Control Protocol)	UDP (User Datagram Protocol)
서비스	연결형 서비스	비연결형 서비스
수신순서	송신 순서와 일치	송신 순서와 불일치
오류제어 · 흐름제어	필요	불필요

문제 ⑳

아래는 TCP와 UDP의 주요 특징을 비교한 것이다. 아래 표의 빈칸을 채우시오. (8점) (기출응용)

구분	TCP	UDP
연결방식		
전송순서		
수신 여부 확인		
통신방식		
신뢰성		
속도		
패킷 도착 순서		
흐름제어, 순서제어		

문제 ⑳ 정답

구분	TCP	UDP
연결방식	연결형 서비스 (패킷 교환방식)	비연결형 서비스 (데이터그램 방식)
전송순서	전송순서 보장	순서 바뀔 수 있음
수신 여부 확인	수신 여부 확인함	수신 여부 확인 안 함
통신방식	1:1	1:1, 1:N(멀티캐스트), N:N(브로드캐스트)
신뢰성	높음	낮음
속도	느림	빠름
패킷 도착 순서	전송순서와 같음 (순서 보장함)	전송순서와 다름 (순서 보장 안 함)
흐름제어, 순서제어	지원	미지원

문제 ㉑

TCP/IP 프로토콜 상에서 다중화(Multiplex)와 역다중화(Demultiplex)를 지원하기 위해서 IP 계층과 전송계층에서 지원하는 역할은 각각 무엇인가? (4점) (기출응용)

1) IP 계층:

2) 전송계층:

문제 ㉑ 정답

1) IP 계층
   - Identification(16bit): IP 패킷 생성 시 식별번호를 알려준다.
   - Fragment Offset: IP 패킷이 단편화되는 경우 단편화에 대한 8Byte 증분을 표시한다.
2) 전송계층: 발신지 포트 주소와 목적지 포트 주소를 표시한다.

문제 ㉒

다음은 TCP/UDP/IP에 대한 비교이다. 아래 빈칸에 들어갈 알맞은 용어를 쓰시오. (9점) (기출응용)

구분	TCP	UDP	IP
신뢰성			
연결성			
기능(특징)			

문제 ㉒ 정답

구분	TCP	UDP	IP
신뢰성	신뢰성 보장	신뢰성 낮음	비신뢰성
연결성	연결지향	비연결성	비연결성
기능(특징)	흐름제어	고속	패킷 분할/병합

CHAPTER 06 Router

학습방법

Router는 네트워크 현장에서 핵심인 장비입니다. Routing Protocol을 기본적으로 학습하고 각 Protocol의 차이점과 현장 실무에서의 사용 등에 대한 이해가 필요합니다. 최근에는 WireShark를 통한 Packet을 Capture한 내용의 문제도 증가하고 있어서 Routing Protocol에 대한 전반적인 용어를 학습해야 할 것입니다.

문제 ❶

인터넷에서 사용되는 라우터(Router)의 기본 기능 3가지를 쓰시오. (6점) (2014-4회)

문제 ❶ 정답

① 최적의 경로설정
② 부하분산
③ 패킷 스위칭

보충설명

라우터(Router)

라우터는 OSI 7 Layer를 기준으로 Layer 3계층에 속하는 장비로서 출발지에서 목적지까지 데이터(패킷)를 어떤 경로로 전송할 것인지 결정하는 역할을 한다. 라우터는 크게 Path Determination(경로 결정)과 Switching 기능을 한다. 아래는 라우터의 주요 기능이다.

라우터의 주요 구성	(LAN 1 - Switch 0 - PC 1, PC 2, Network 192.168.1.0/24 / A-B Router 1 192.168.1.1/24 LAN 1의 GW / 10.10.10.1 - 10.10.10.2 Serial 구간 / C-D Router 2 192.168.2.1/24 LAN 2의 GW / LAN 2 - Switch 1 - PC 3, PC 4, Network 192.168.2.0/24)
라우터 역할	• IP Address Translation(주소 번역) • Path Determination(최적 경로 결정), 즉 Best Path(경로) 결정 • (Packet 기반) Switching(스위칭) • 패킷 기반 부하 분산(Load Balancing) 및 패킷 기반 정보 전달 • 장애 발생 시 Rerouting(경로 재설정) • 최적의 경로설정 • Routing Table 관리 • 서로 다른 Network의 Interworking(서로 다른 통신망 연결)

문제 ❷

인터넷 라우팅 프로토콜 중 도메인 간 라우팅 프로토콜과 도메인 내 라우팅 프로토콜의 종류를 각각 2개씩 적으시오. (4점) (2010-2회)

1) 도메인 간 라우팅 프로토콜:

2) 도메인 내 라우팅 프로토콜:

| 문제 ❷ 정답 |

1) BGP(Border Gateway Protocol), EGP(Exterior Gateway Protocol)
2) RIP(Routing Information Protocol), OSPF(Open Shortest Path First)

문제 ❸

ACL(Access Control List)에 대해 간단히 설명하시오. (3점) (기출응용)

| 문제 ❸ 정답 |

① ACL은 트래픽 필터링과 방화벽을 구축하는 데 가장 중요한 요소이다. 주로 허가되지 않은 이용자가 라우터나 네트워크의 특정 자원에 접근하려고 하는 것을 차단한다.
② 외부와 내부로 분류된 통신망에서 허가받은 접근(IP나 Port 기반 등) 제어를 위해 장비나 통신망에서 접근(Access)이 허가된 주체나 허가받은 접근 종류들이 기록된 목록(List)이다. 주로 통신망 내에 Router나 Firewall에서 설정해서 외부에서 들어오는 데이터에 대한 검증을 수행하는 역할을 한다.

보충설명

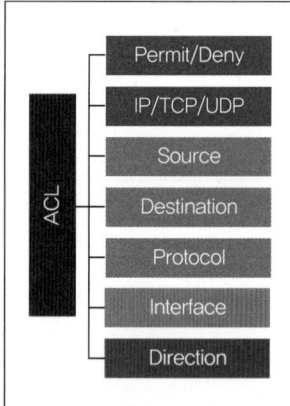

- ACL을 라우터의 인터페이스에 적용함으로써 특정 패킷에 대한 필터링이 가능하고 발신지 주소, 목적지 주소, TCP/UDP 포트 번호 같은 사항들을 기반으로 허가(Allow)와 거부(Deny)를 할 수 있다. 보안측면에서 ACL은 방화벽을 구축하는 데 있어서 가장 중요한 요소이며 트래픽 필터링(Traffic Filtering)의 기능을 한다.
- 허가(Permit)되지 않은 이용자가 라우터나 네트워크에 접근하려고 하는 것을 차단하고 출발지 주소(Source Address), 목적지 주소(Destination Address), 포트 번호(Port Number), 프로토콜(Protocol)로 특정 패킷을 필터링할 수 있고 허가 및 거부할 수 있다.

문제 ❹

아래에서 설명하는 라우팅 프로토콜은? (4점) (2015-4회)

관리자가 일일이 경로를 지정하지 않아도 알아서 패킷이 경로를 찾아나가는 다이내믹 라우팅 프로토콜(Dynamic Routing Protocol)의 방식으로 링크 상태를 확인하여 최단 경로를 찾는 알고리즘을 통해 확인된 최단 경로를 바탕으로 패킷을 전달해 주는 라우팅 프로토콜이다.

문제 ❹ 정답

OSPF(Open Shortest Path First)

보충설명

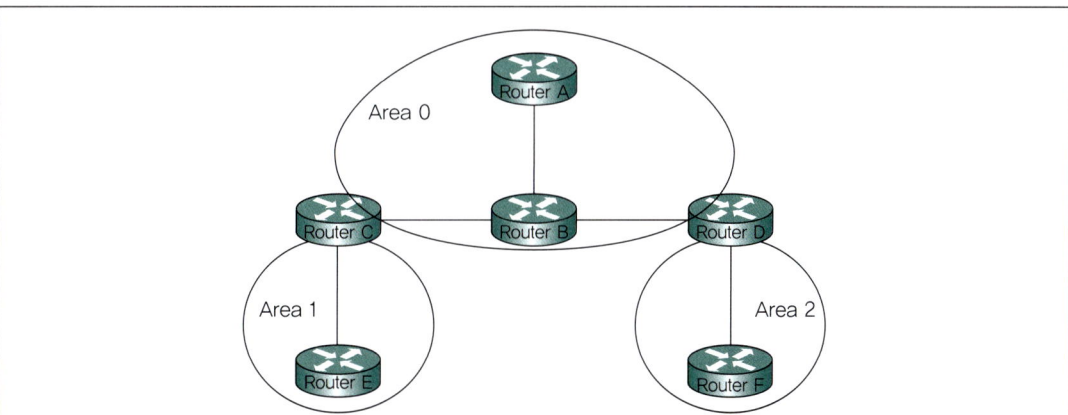

OSPF 라우팅 프로토콜은 다른 라우터들에게 전체 네트워크 구성을 파악하기 위하여 필요한 정보들을 광고하는 링크 상태 라우팅 프로토콜이다. 프로토콜 번호 89번을 사용하여 전송하는 표준 프로토콜로써 가장 많이 사용되는 IGP(Interior Gateway Protocol)이다. OSPF는 Area 단위로 라우팅을 동작시킨다. 따라서 설정을 통해 각각의 에어리어에서만 네트워크 변화를 조정할 수 있어 대규모의 네트워크에서도 안정된 운영이 가능하다.

문제 ❺

아래는 어떠한 라우팅 프로토콜을 설명하는지 쓰시오. (3점) (기출응용)

- 최소 Hop Count를 파악하여 라우팅하는 프로토콜이다.
- 거리와 방향으로 길을 찾아가는 Distance Vector Dynamic Protocol이다.
- 최단 거리 즉, Hop Count가 적은 경로를 택하여 라우팅하는 프로토콜로 Routing Table에 인접 라우터 정보를 저장하여 경로를 결정한다.
- 최대 Hop Count는 15 Hop으로 거리가 짧기 때문에 IGP로 많이 이용하는 프로토콜이다.
- 라우터의 메모리를 적게 사용하며, 30초마다 라우팅 정보를 업데이트한다.
- Hop Count가 낮을수록 좋은 경로, 소규모 네트워크에서 간편하게 구성 가능하다.
- 직접 연결되어 있는 라우터는 Hop으로 계산하지 않고 30초 주기로 Default Routing을 업데이트하여 인접 라우터로 정보를 전송한다.

| 문제 ❺ 정답 |

RIP(Routing Information Protocol)

문제 ❻

다음 메시지 창에서 라우터가 사용하는 데이터링크의 프로토콜은 무엇인가? (4점) (기출응용)

```
6 11.911000 10.10.12.2 224.0.0.9 RIPv2 126 Response
⊞ Frame 6: 126 bytes on wire (1008 bits), 126 bytes captured (1008 bits)
⊞ Ethernet II, Src: ca:02:0c:90:00:1c (ca:02:0c:90:00:1c), Dst: IPv4mcast_00:00:09 (01:00:5e:00:00:09)
⊞ Internet Protocol Version 4, Src: 10.10.12.2 (10.10.12.2), Dst: 224.0.0.9 (224.0.0.9)
⊞ User Datagram Protocol, Src Port: router (520), Dst Port: router (520)
⊟ Routing Information Protocol
    Command: Response (2)
    Version: RIPv2 (2)
  ⊟ Authentication: Keyed Message Digest
      Authentication type: Keyed Message Digest (3)
      Digest Offset: 64
      Key ID: 1
      Auth Data Len: 20
      Seq num: 14
      Zero Padding
    ⊟ Authentication Data Trailer
        Authentication Data: da 56 ef 8c 6c 43 f7 dc a4 48 4a f6 9b 5c bd d7
  ⊞ IP Address: 10.10.0.0, Metric: 1
  ⊞ IP Address: 10.10.23.0, Metric: 1
```

| 문제 ❻ 정답 |

RIPv2

문제 ❼

다음 메시지를 보고 라우터가 사용하는 데이터링크의 프로토콜은 무엇인가? (4점) (2021-2회)

```
Router#show interfaces serial 0/0/0
Serial0/0/0 is administratively down, line protocol is down (disabled)
  Hardware is HD64570
  MTU 1500 bytes, BW 1544 Kbit, DLY 20000 usec,
  reliability 255/255, txload 1/255, rxload 1/255
  Encapsulation HDLC, loopback not set, keepalive set (10 sec)
  Last input never, output never, output hang never
  Last clearing of "show interface" counters never
```

문제 ❼ 정답

HDLC(High level Data Link Control)

보충설명

아래 명령어 show interface serial 0/0/0은 0/0/0 Interface에 대한 상태를 보는 명령어이다.

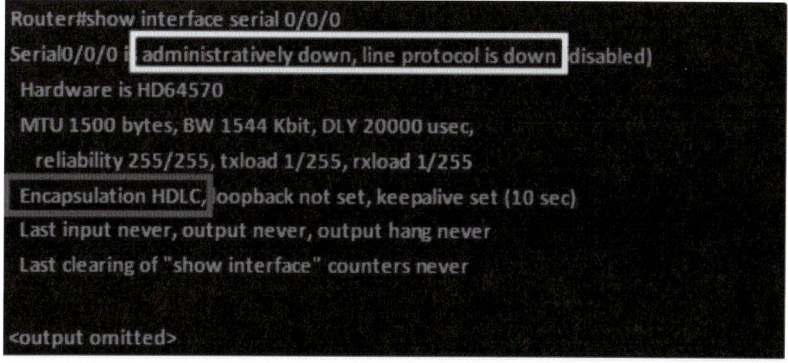

문제 ⑧

다음 그림은 MPLS 통신망의 구성도이다. 아래 (가)와 (나)에 들어갈 용어를 쓰시오. (5점) (2021-2회)

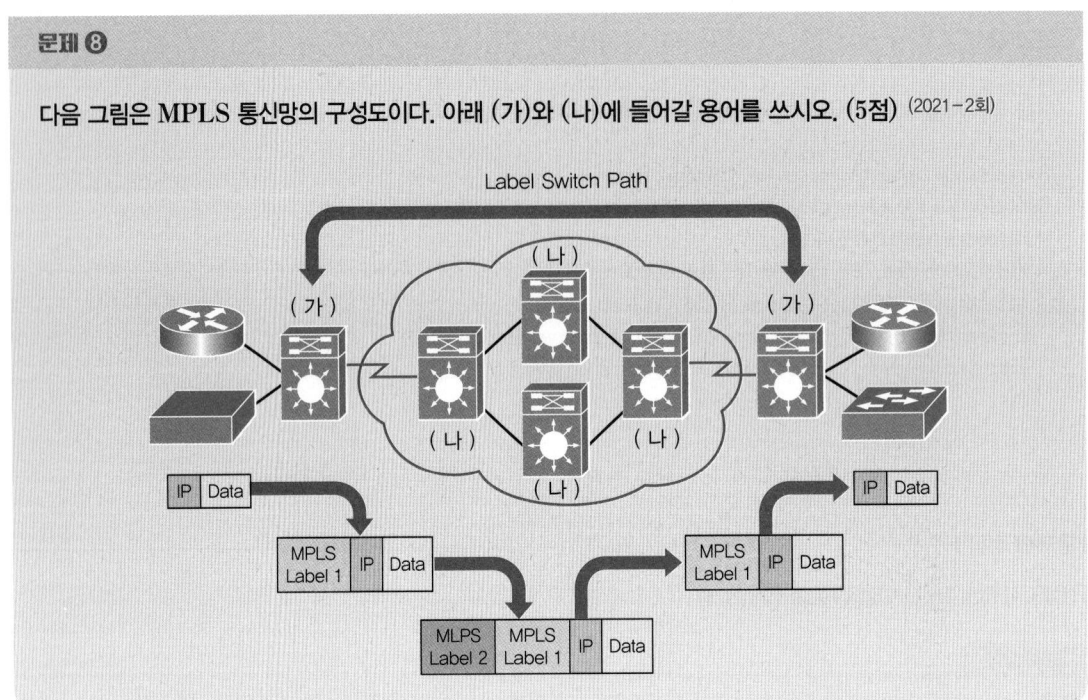

문제 ⑧ 정답

(가) LER(Label Edge Router), (나) LSR(Label Switched Router)

보충설명

MPLS는 Label Switched Router(LSR)을 구동하여 처리하는 Protocol이다. Label Switching라는 것은 데이터 전송이 아닌 데이터에 Label을 추가해서 Layer 2 기반에서 바로 스위칭 하는 방법이다. MPLS 스위칭은 목적지까지 가기 위한 경로를 라우팅 테이블에서 참조하지 않고 Label 값을 이용해서 Layer 2에서 스위칭하는 방식이다.
여기서 IP Forwarding Table과 구별되는 MPLS Forwarding Table을 가지고 있어 MPLS 전달 결정은 L3(IP 등)의 결정과 다를 수 있다. 주요 동작 및 기능은 아래와 같다.
- LER(Label Edge Router): 들어오는 패킷에 Label를 추가한다. 목적지 네트워크의 LER 라우터는 패킷에 추가된 Label를 삭제한 후 일반 IP 패킷을 목적지로 전송하는 것을 보장한다.
- LSR(Label Switch Router): Label이 추가된 패킷을 목적지로 전송한다.
- LDP(Label Distribution Protocol): 각각의 라우터 자신들이 갖고 있는 Label 정보를 이웃 라우터와 교환하며, 서로 알고 있는 Label 정보를 확인하고, LSP 경로를 생성하는 프로토콜이다.

즉, 라우터들은 라우팅 정보를 교환하여 라우팅 테이블을 생성하듯이, 자신의 Label 정보를 교환하여 최종적으로 목적지로 가기 위한 Label 테이블을 생성한다. LDP는 OSPF가 Advertisment할 때 메시지에 같이 실어서 보낸다. 즉, ID를 할당하고 ID를 교체하는 작업이 LDP가 하는 것이다. LDP는 이웃 라우터를 찾기 위해 UDP를 사용하지만, 이후 TCP 전송 프로토콜을 사용한다(TCP Port 646).

문제 ⑨

다음 (   )에 들어갈 용어를 적으시오. (3점) (2021-1회)

(①) 정보 프로토콜은 UDP/IP 상에서 동작하는 라우팅 프로토콜이다. RIP는 경유할 가능성이 있는 라우터를 (②) 수로 수치화하여, DVA라는 (③) 알고리즘으로 인접 호스트와의 경로를 동적으로 교환하는 일이다. 패킷이 목적 네트워크 주소에 도착할 때까지의 최단 경로를 결정한다.

문제 ⑨ 정답

① 라우팅(Routing)
② 홉(Hop)
③ 거리벡터

문제 ⑩

다음 보기를 참조해서 빈칸을 채우시오. (3점) (2013-2회) (2022-4회)

[보기]
Hop(홉), 링크, 거리벡터, 라우팅(Routing), 시간 · 스패닝트리, MAC, IP, 주파수

RIP(Routing Information Protocol)는 (①)을/를 이용하는 대표적인 라우팅 프로토콜로 (①)(이)라는 것은 (②)수를 모아놓은 정보를 근거로 (③) 테이블을 작성하는 것이다.

문제 ⑩ 정답

① 거리벡터
② Hop
③ 라우팅(Routing)

문제 ⑪

RIP 통신방식은 거리벡터와 Hop 기반 라우팅을 한다. 동적 라우팅과 정적 라우팅의 차이점을 설명하시오. (3점) (기출응용)

구분	동적 라우팅(Dynamic Routing)	정적 라우팅(Static Routing)
개념		
장점		
단점		

문제 ⑪ 정답

구분	동적 라우팅(Dynamic Routing)	정적 라우팅(Static Routing)
개념	네트워크의 현재 구성에 맞게 최적의 경로를 찾아서 데이터를 전달하는 방식이다. 따라서, End to End 간 통신에 손상이 발생하더라도 선택 가능한 다른 경로가 있다면 경로 변경으로 시스템의 내결함성을 가질 수 있다.	네트워크 관리자가 라우팅 테이블에 정책을 추가하여 수동으로 구성하는 방법이다. 동적 라우팅(Dynamic Routing)과는 다르게 네트워크 구성이 변경되어도 정적 라우팅(Static Routing)으로 정책이 반영된 경로는 변경되지 않는다.
장점	• 네트워크 관리자의 라우팅 정책 유지를 위한 작업이 필요 없다. • 네트워크 구성과 상황에 맞게 최적의 경로를 선택할 수 있다. • 종단 간 경로 손실이 발생해도 예비 경로가 있어 장애 대응이 가능하다.	• 수동 정책으로 라우터 CPU에 오버헤드가 없어진다. • 관리자가 라우팅 동작을 모두 제어할 수 있어 보안은 더욱 강화된다.
단점	통신망 내에서 다른 장비들과 통신하기 위해 정적 라우팅(Static Routing)에 비해 더 많은 대역폭 소비가 발생한다.	• 네트워크가 클수록 작업량이 많아진다. • 라우팅 정보가 수동으로 되어 있어 관리자 실수에 의한 장애 발생이 가능하다. • 장애 발생 시 관리자가 경로를 재구성할 때까지 사용할 수 없다.

참조

Routing Protocol 종류

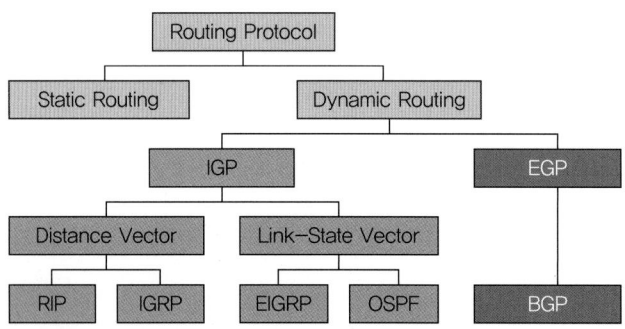

문제 ⑫

다음 괄호 안에 알맞은 것은? (6점) (2020-1회)

- (①): 네트워크에서 경로를 의미한다. 서로 다른 네트워크 간 데이터를 전송하고 전송한 데이터를 받는 경로이다.
- (②): 통신망(네트워크)에서 이 장비를 활용해서 1개의 인터넷 회신을 여러 개의 네트워크가 사용할 수 있도록 쪼개주는 것으로, 통신망에서 최적의 경로를 찾거나 중계해 주는 역할을 하는 장치(장비)이다.
- (③): 종단 간에 경로를 찾기 위한 방법으로 RIP, OSPF, BGP 등의 프로토콜이 있으며 통신망의 상황에 따른 최적의 프로토콜을 적용하여 사용한다.

문제 ⑫ 정답

① 라우트(Route)
② 라우터(Router)
③ 라우팅(Routing)

보충설명

라우팅(Routing)	IP 주소를 이용해 목적지까지 경로를 찾는 과정
라우터(Router)	라우팅 테이블에 의해 라우팅을 수행하는 장치(장비)
라우트(Route)	네트워크에서의 경로(길)

문제 ⑬

RIP(Routing Information Protocol)에 대해서 설명하시오. (5점) (기출응용)

문제 ⑬ 정답

RIP는 거리벡터 기반으로 Hop 수 정보를 바탕으로 동적 라우팅 테이블을 작성한다.

보충설명

동적(Dynamic) Routing

Static Routing은 운용자가 미리 경로를 설정해 둔 것이고 동적인 네트워크 상황에 따라 경로를 바꾼다. 정적 라우팅은 최종 목적지까지 경로를 직접 설정하여 통신을 한다. 그러나 동적 라우팅은 라우터에 경로를 설정하는 것이 아닌 각각의 라우터가 자신의 정보를 다른 라우터에게 '광고(Advertising)'하도록 하여 직접적인 경로 설정 없이 목적지까지 도달할 수 있도록 하는 것이다. 즉, '광고(Advertising)'의 의미는 자신의 네트워크 정보를 다른 Router에게 알리는 행동이다.

Route Type	Administrative Distance
Connected	0
Static	1
EIGRP Summary Route	5
EBGP	20
EIGRP(Internal)	90
IGRP	100
OSPF	110
IS-IS	115
RIP	120
EIGRP(External)	170
iBGP	200
Unreachable	255

광고를 통해 라우터가 자신의 정보를 남에게 알리면 다른 라우터들은 경로를 직접적으로 설정하지 않아도 해당 라우터의 정보를 수신할 수 있을 것이다. 이를 통해서 관리자가 일일이 경로를 지정하지 않아도 라우팅 경로를 찾아갈 수 있다.

이를 위해 AD(Administrative Distance)는 라우팅 프로토콜의 신뢰성을 정의한다. 각 라우팅 프로토콜은 AD(Administrative Distance) 값의 도움을 받아 가장 신뢰할 수 있는 것부터(신뢰할 수 있는) 순서대로 우선순위가 지정된다.

CHAPTER 07
T1 vs E1

✓ 학습방법

T1과 E1은 과거부터 현재까지도 사용하는 기술입니다. 과거 고속전송 기술로 취급되었으나 최근 인터넷 속도의 증가로 저속으로 인식되어 군부대나 공공시설 등의 전용회선에서 주요하게 사용하고 있습니다. 특히 E1의 경우 음성교환기에서 PRI(Primary Rate Interface) 신호 처리에 사용하며 통신의 기본이 되는 중요한 개념으로 아래 기출문제를 꼭 이해해야 합니다.

문제 ❶

PCM-24채널과 PCM-32채널의 비교표를 완성하시오. (10점) ^(기출응용)

구분	북미 방식(PCM-24)	유럽 방식(PCM-32)
전송속도	1.544[Mbps]	2.048[Mbps]
표본화 주파수	8[kHz]	8[kHz]
프레임당 비트 수	(가)	(나)
프레임당 채널 수	24	32
통화로수	24	(다)
압신법칙	μ-LAW	(라)
멀티프레임	12개의 프레임	(마)의 프레임

문제 ❶ 정답

구분	북미 방식(PCM-24)	유럽 방식(PCM-32)
전송속도	1.544[Mbps]	2.048[Mbps]
표본화 주파수	8[kHz]	8[kHz]
프레임당 비트 수	(가) 193비트	(나) 256비트
프레임당 채널 수	24	32
통화로수	24	(다) 30
압신법칙	μ-LAW	(라) A-LAW
멀티프레임	12개의 프레임	(마) 16개의 프레임

문제 ❷

PCM-24채널(북미 방식)과 PCM-32채널(유럽 방식)의 비교표를 완성하시오. (12점)

(2013-1회) (2016-1회) (2020-2회)

구분	E1 방식(유럽)	T1 방식(북미)
주파수 대역	300~3,400Hz	300~3,400Hz
표본화 주파수	(가)	(나)
bit 수/채널당	8	8
Time Slot 수/프레임당	(다)	(라)
음성채널수/프레임당	(마)	(바)
전송속도	(사)	(아)
채널당 전송속도	64[kbps]	56[kbps]
부호화법칙	(자)	(차)
압축특성	13절선	15절선
특징	유럽 방식, 신호채널을 별도로 사용, 채널당 64[kbps] (8bit × 8K)	북미 방식 기준, 채널당 56[kbps] (7bit × 8K)
동기용 CH	1(0번 CH)	0
신호용 CH	16(16번 CH)	0
선로부호	HDB3	AMI, B8ZS
멀티프레임 수	16	12
프레임당 비트 수	(카)	(하)

문제 ❷ 정답

구분	E1 방식(유럽)	T1 방식(북미)
주파수 대역	300~3,400Hz	300~3,400Hz
표본화 주파수	(가) 8,000Hz	(나) 8,000Hz
bit 수/채널당	8	8
Time Slot 수/프레임당	(다) 32	(라) 24
음성채널수/프레임당	(마) 30	(바) 24
전송속도	(사) 2.048[Mbps]	(아) 1.544[Mbps]
채널당 전송속도	64[kbps]	56[kbps]
부호화법칙	(자) A-Law(A=87.6)	(차) μ-Law(μ=255)
압축특성	13절선	15절선

특징	유럽 방식, 신호채널을 별도로 사용, 채널당 64[kbps] (8bit × 8K)	북미 방식 기준, 채널당 56[kbps] (7bit × 8K)
동기용 CH	1(0번 CH)	0
신호용 CH	16(16번 CH)	0
선로부호	HDB3	AMI, B8ZS
멀티프레임 수	16	12
프레임당 비트 수	(카) 256	(하) 193

문제 ❸

북미(T1 계열) 방식의 멀티프레임 구성과 유럽(E1 계열) 방식의 멀티프레임(Multi-Frame) 구성을 비교 설명하시오. (6점) (2022-1회)

구분	유럽 방식(E1)	북미 방식(T1)
Multiframe당 Frame 수		
Frame당 채널 수		
Frame당 비트 수		

문제 ❸ 정답

구분	유럽 방식(E1)	북미 방식(T1)
Multiframe당 Frame 수	16개	12개
Frame당 채널 수	32Ch	24Ch
Frame당 비트 수	256bit	193bit

문제 ❹

북미(T1 계열) 방식의 멀티프레임(Multi-Frame)과 유럽(E1 계열) 방식의 멀티프레임(Multi-Frame)을 그리고 방식별로 비교 설명하시오. (8점) ^(기출응용)

문제 ❹ 정답

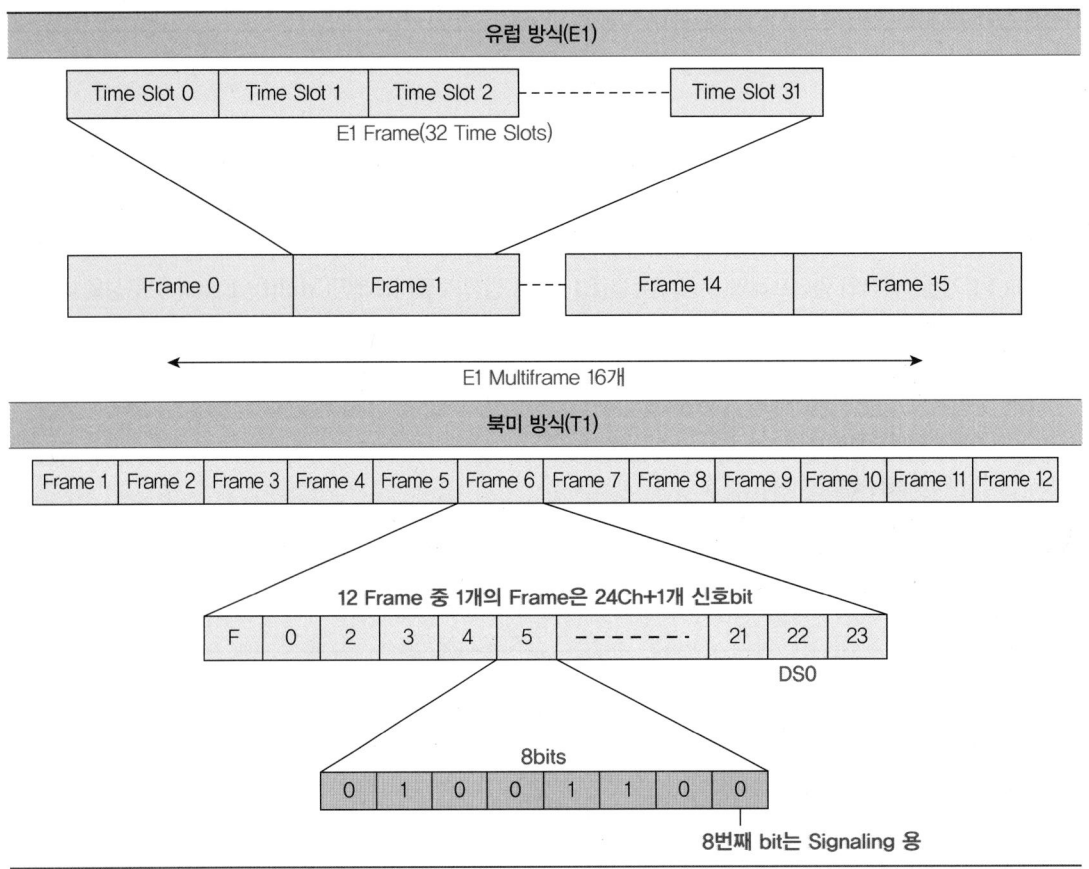

CHAPTER 08 SNMP와 NMS

학습방법

NMS는 통신망 관제에서 중요한 요소입니다. EMS들이 모여서 NMS를 구성하고 통신망을 관제합니다. NMS와 CMIP(Common Management Information Protocol)의 차이점을 이해하고 전체적인 망관제의 구성에 대한 개념을 잡아야 합니다. 이를 위해 EMS를 관리하기 위한 SNMP 기술이 필요하고 전체 망을 NMS로 관제합니다. 이보다 큰 개념이 CMIP라 할 수 있습니다.

문제 ❶

다음 아래 질문의 (   ) 안에 들어갈 용어 및 원어를 쓰시오. (3점) (2015-2회)(2024-1회)

(   )은/는 IP 네트워크에서 통신망에 위치한 장치들로부터 정보를 수집 및 관리하는 것으로 메시지를 Manager-Agent 기반으로 동작하는 프로토콜이다. IETF에서 표준화했으며 UDP/IP 상에서 동작하는 비교적 단순한 형태의 메시지 교환형의 네트워크 관리 프로토콜로서 라우터나 허브 등 네트워크 기기의 정보를 망관리 시스템에 보내는 데 사용되는 통신규약이다.

문제 ❶ 정답

SNMP(Simple Network Management Protocol)

문제 ❷

NMS의 주요 기능 5개를 쓰고 관련 기능을 설명하시오. (5점) (기출응용)

①	
②	
③	
④	
⑤	

문제 ❷ 정답

① 계정관리(Account)	서비스 사용 및 통계 관리
② 구성관리(Configuration)	네트워크와 구성요소의 환경설정 및 관리
③ 보안관리(Security)	네트워크 접속 권한 검사 및 할당
④ 성능관리(Performance)	네트워크 시스템 성능 감시 및 제어
⑤ 장애관리(Fault)	네트워크 장애 알림 및 이력 관리

보충설명

NMS 구성도 및 구성요소

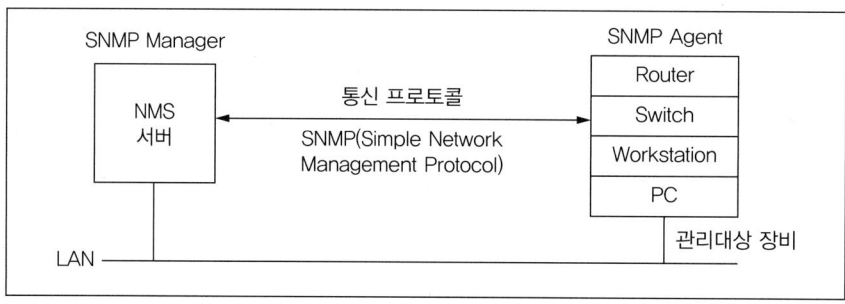

Manager	관리정보의 수신 저장, Agent 관리 기능
Agent	Manager를 제외한 모든 시스템(PC, 워크스테이션 및 네트워크 장비 등) 설치
Protocol	SNMP 통신 Protocol: Manager와 Agent의 관리 정보 교환을 위한 통신수단
MIB	• Management Information Base • Manager와 Agent 간 정보교환수단, 디렉터리형태의 계층구조

문제 ❸

다음은 네트워크 관리 구성 모델에서 Manager의 프로토콜 구조이다. (가)~(바)에 해당하는 요소를 보기에서 찾아 완성하시오. (6점) (2012-2회) (2016-1회) (2019-4회)

[보기]
SNMP, IP, UDP, Physical, MAC, SNMP 응용프로세스

SNMP
| (가) |
| (나) |
| (다) |
| (라) |
| (마) |
| (바) |

문제 ❸ 정답

(가) SNMP 응용프로세스

(나) SNMP

(다) UDP

(라) IP

(마) MAC

(바) Physical

문제 ④

다음은 SNMP 계층구조이다. 빈칸의 내용 (가), (나), (다)를 완성하시오. (3점) (2010 이전)

SNMP 응용프로세스
(가)
(나)
LLC
(다)
Physical

문제 ④ 정답

(가) UDP
(나) IP
(다) MAC

보충설명

SNMP가 사용하는 포트 번호는 서비스 관련 161번 포트, SNMP Trapd(Tram Daemon) 서비스는 162번 포트를 사용한다. 특히 SNMP는 TCP가 아닌 UDP를 사용해서 네트워크 내의 장비의 상태 관리를 지원한다.

문제 ⑤

망관리 시스템인 NMS를 구성하는 주요 요소 3가지를 쓰고 각각의 기능을 설명하시오. (6점) (2020-2회)

문제 ⑤ 정답

① Manager(Management Station): 전체 통신망을 관리하는 Application의 총체로서 전체적인 데이터의 분석과 오류 및 성능 등을 감시한다.
② Agent: NMS인 Manager에 의해 관리는 당하는 객체로서 Router, Switch나 전송장비 등 관리받는 객체로서 SNMP Agent라 한다.
③ MIB(Management Information Base): 관리정보기반으로서 관리되는 장비에 대한 정보를 제공하는 계층적 구조를 의미한다.

문제 ❻

다음은 SNMP의 명령어이다. 해당 항목의 빈칸을 알맞게 채우시오. (6점) (2023-1회)

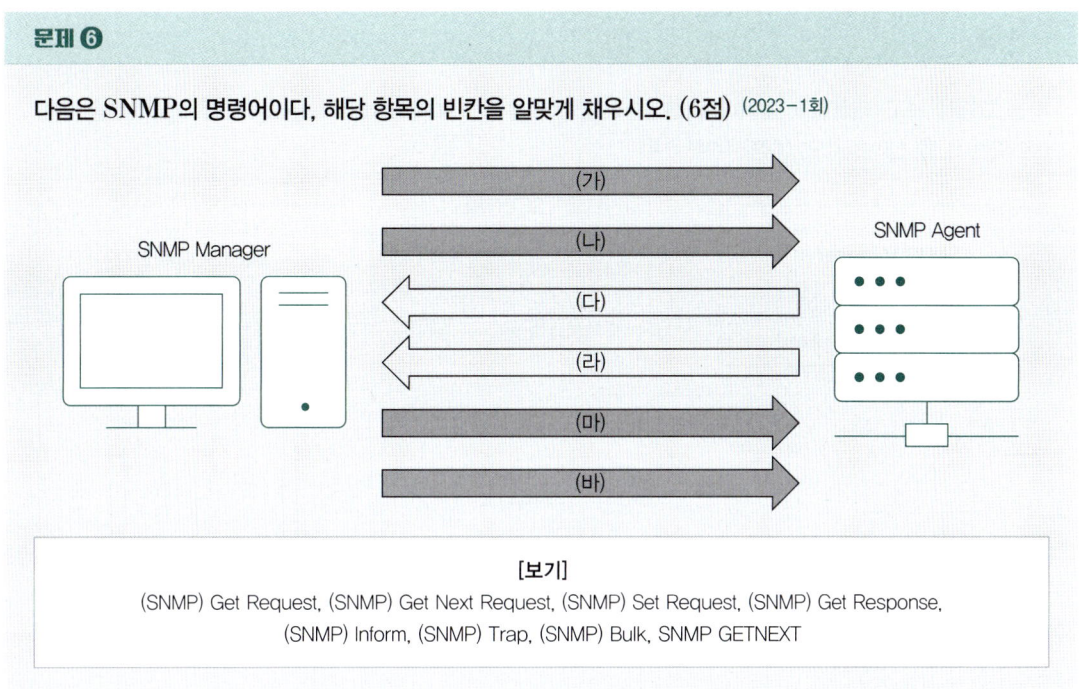

[보기]
(SNMP) Get Request, (SNMP) Get Next Request, (SNMP) Set Request, (SNMP) Get Response,
(SNMP) Inform, (SNMP) Trap, (SNMP) Bulk, SNMP GETNEXT

문제 ❻ 정답

(가) (SNMP) Get Request
(나) (SNMP) Set Request
(다) (SNMP) Trap
(라) (SNMP) Inform
(마) SNMP GETNEXT
(바) (SNMP) Bulk

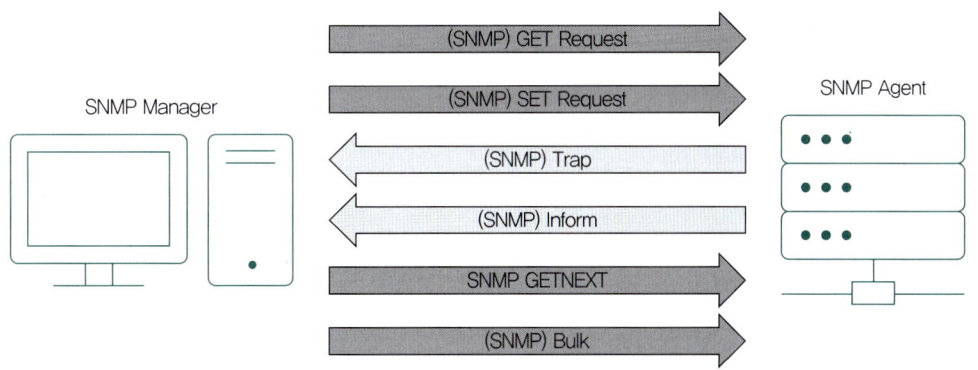

문제 ❼

다음 그림을 보고 네트워크 동작에 대한 관리 명령어 중에서 Request, Response, Trap의 전송 방향 (A 또는 B)을 선택하시오. (6점) (2024-1회)

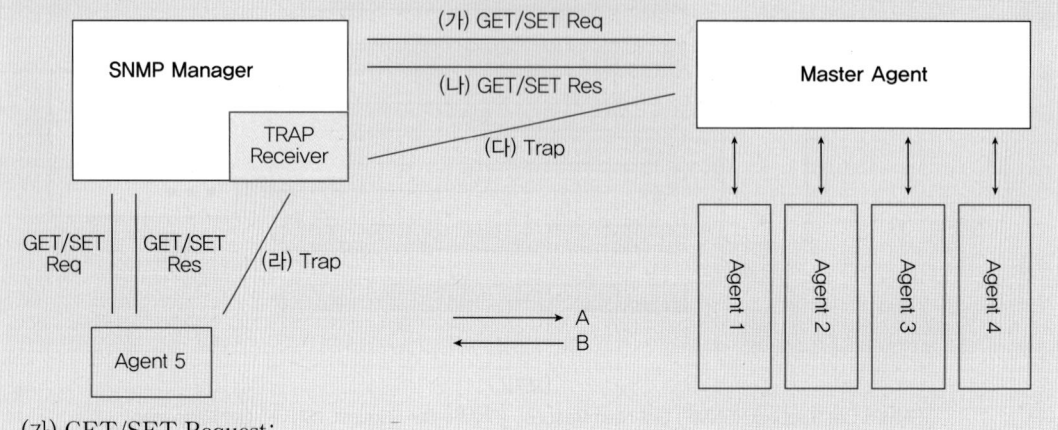

(가) GET/SET Request:
(나) GET/SET Response:
(다) Trap:
(라) Trap:

│ 문제 ❼ 정답 │

(가) GET/SET Request: A
(나) GET/SET Response: B
(다) Trap: B
(라) Trap: A

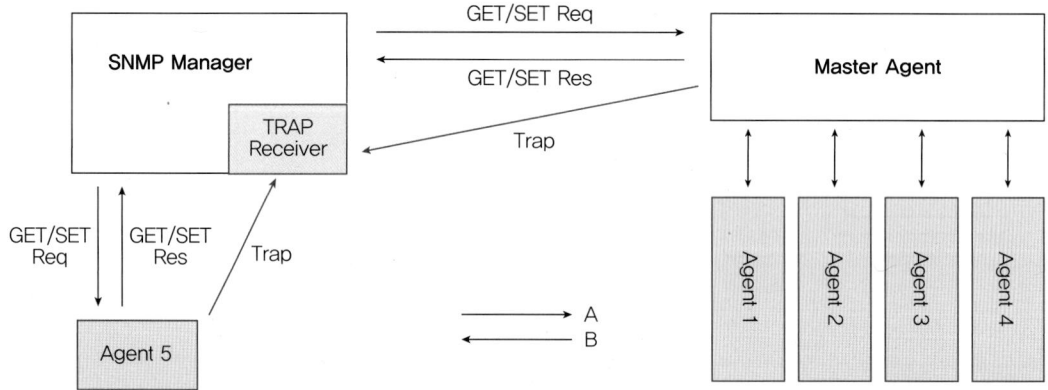

> 보충설명

SNMP 관리자 (Manager)	SNMP 관리자는 SNMP 에이전트에 대한 요청을 시작하고 응답을 수신할 수 있다. 또한 에이전트로부터 원하지 않는 통지를 수신할 수도 있다.
SNMP 에이전트 (Agent)	SNMP 관리자의 요청에 응답하고 요청되지 않은 알림을 SNMP 관리자에게 전송할 수 있다. 에이전트는 네트워크 장치에서 실행되는 프로그램으로, 성능 데이터나 오류 로그와 같은 장치에 대한 데이터를 수집한다.
MIB (Management Information Base)	MIB는 SNMP를 통해 액세스할 수 있는 데이터의 구조를 설명하는 계층형 데이터베이스이다. 이를 통해 관리할 수 있는 개체와 이들 간의 관계를 정의한다.
SMI	Structure of Management Information(SMI)은 SNMP에서 관리정보 베이스(MIB)의 형식과 규칙을 정의하는 표준이다.
PDU	Protocol Data Units(PDUs), PDU는 SNMP 에이전트와 매니저 간에 교환되는 데이터의 단위이다.

문제 ❽

TCP/IP 상에서 동작하는 IETF(Internet Engineering Task Force) 망관리 프로토콜의 약어와 원어를 각각 쓰시오. (5점) (2014-2회) (2021-2회)

1) 약어:

2) 원어:

| 문제 ❽ 정답 |

1) SNMP
2) Simple Network Management Protocol

> 보충설명

SNMP는 TCP/IP 네트워크 관리 프로토콜이다. TCP/IP 기반 네트워크상의 각 호스트에서 정기적으로 여러 가지 정보를 자동적으로 수집하여 네트워크를 관리하기 위한 프로토콜이다.

문제 ⑨

다음 괄호 안에 알맞은 용어를 넣어 완성하시오. (3점) (2015-2회)

( )은/는 UDP 포트 응용서비스로서 IP 네트워크상의 장치로부터 정보를 수집 및 관리하며, 또한 정보를 수정하여 장치의 동작을 변경하는 데에 사용되는 인터넷 표준 프로토콜이다. ( )을/를 지원하는 대표적인 장치에는 라우터, 스위치, 서버, 워크스테이션, 프린터, 모뎀 랙 등이 포함된다.

| 문제 ⑨ 정답 |

SNMP

문제 ⑩

다음 괄호 안에 알맞은 프로토콜을 쓰시오. (3점) (2018-4회)

( )은/는 네트워크 자원(서버, 라우터, 스위치)을 제어 감시하는 기능을 말한다. ( ) 기반에서 관리를 위한 Application 계층의 프로토콜을 의미하며, 관리 대상과 관리 시스템 간 Management Information을 주고받기 위한 규정이다.

| 문제 ⑩ 정답 |

SNMP

문제 ⑪

다음 괄호 안에 알맞은 말을 넣어 완성하시오. (3점) (2022-1회)

( )은/는 LAN 세그먼트 및 단위 노드에 대한 모니터링과 분석이 가능하고 ( ) 프로토콜을 사용하여 통신망 상태나 Traffic 모니터링을 지원한다.

| 문제 ⑪ 정답 |

SNMP

문제 ⑫

정보통신 네트워크가 대형화 및 복잡화되면서 네트워크 관리의 중요성이 증가하고 있다. 아래 빈칸을 채우시오. (4점) (2023-1회)

통신망을 구성하는 기능요소 또는 개별장비를 (①)(이)라 한다. 여러 장비로부터 정보를 수집, 제어, 관리 등을 통해 네트워크 운송을 지원하는 시스템을 (②)(이)라 한다. 네트워크 운영지원 및 시스템 총괄 감시/관리 시스템을 (③)(이)라 한다.

문제 ⑫ 정답

① NE(Network Element)
② EMS(Element Management System)
③ NMS(Network Management System)

문제 ⑬

해당 괄호에 들어갈 용어(약어)를 각각 쓰시오. (3점) (2014-2회)

정보통신 네트워크가 대형화, 복잡화, 이기종화가 되어가면서 네트워크 관리의 중요성이 증가하고 있다. 정보통신망을 구성하는 기능 요소 또는 개별 장비를 (①)로부터 각종 정보를 수집, 제어, 관리 등을 통해 네트워크 시스템 운용 및 지원하는 시스템을 (②)(이)라 한다. 이런 네트워크 운영지원 시스템을 총괄적으로 감시, 관리하는 시스템을 (③)(이)라 한다.

문제 ⑬ 정답

① NE(Network Element)
② EMS(Element Management System)
③ NMS(Network Management System)

문제 ⑭

NMS(Network Management System)에 대해 설명하시오. (3점) (2020-4회)

문제 ⑭ 정답

여러 장비로부터 정보를 수집, 제어, 관리 등을 통해 네트워크 운송을 지원하는 시스템을 EMS라 한다. 네트워크 운영 지원 및 시스템 총괄 감시/관리 시스템을 NMS라 하며 주로 구성관리, 장애관리, 성능관리, 보안관리, 계정관리를 수행한다.

보충설명

- NE(Network Element): 통신망 구성하는 기능 요소나 개별 장비
- EMS(Element Management System): 장비의 정보를 수집, 제어, 관리하는 시스템
- NMS(Network Management System): 네트워크의 총괄적 감시 및 관리하는 시스템

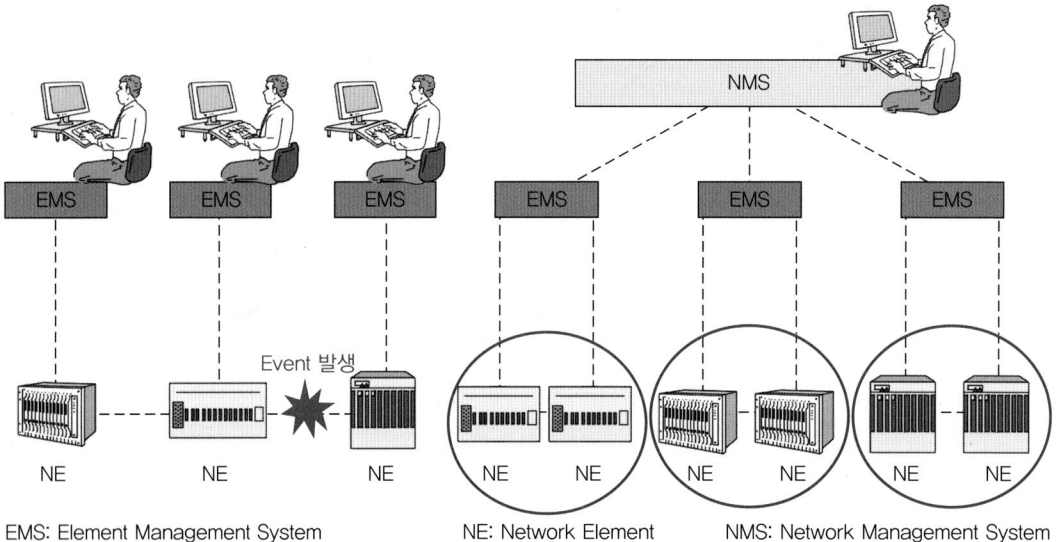

EMS: Element Management System   NE: Network Element   NMS: Network Management System

문제 ⑮

NMS(Network Management System)의 5대 주요 기능에 대해서 서술하시오. (5점)

(2016-1회) (2022-2회)

문제 ⑮ 정답

① 구성관리
② 장애관리
③ 성능관리
④ 보안관리
⑤ 계정관리

보충설명

- 구성관리: 네트워크 구성요소의 환경설정 및 관리
- 장애관리: 네트워크 장애 알림 및 이력 관리
- 성능관리: 네트워크 시스템 성능 감시 및 제어
- 보안관리: 네트워크 접속권한 검사 및 할당
- 계정관리: 사용자의 계정 등급별 접근 권한을 차등 부여

문제 ⑯

TMN(Telecommunication Management Network)은 전기통신망과 통신 서비스를 체계적으로 관리하기 위한 망관리 구조이다. TMN을 위한 망관리의 5대 주요 기능 중 4가지를 서술하시오. (8점) (2024-1회)

문제 ⑯ 정답

① 구성관리
② 장애관리
③ 성능관리
④ 보안관리
⑤ 계정관리

보충설명

F, C, A, P, S Management

F(Fault), C(Configuration), A(Accounting), P(Performance), S(Security)

문제 ⑰

정보통신 네트워크가 대형화 및 복잡화되어가면서 네트워크 관리의 중요성이 증가하고 있다. 네트워크에 연결되어 있는 수많은 구성요소로부터 각종 정보를 수집, 제어 관리 등을 통해 네트워크 운용을 지원하는 시스템을 망관리 시스템이라고 한다. 이러한 망관리 시스템이 수행하는 주요 기능 5가지를 쓰고 간단히 설명하시오. (10점) (2013-4회)

문제 ⑰ 정답

① 계정관리 : 서비스 사용자의 ID와 Password를 관리하며 계정별 접근 권한에 차등을 두어 관리
   예 Read Only 또는 설정 가능 등
② 구성관리 : 네트워크 구성요소의 환경설정 및 관리
   예 시스템 구성요소의 위치와 상호 동작에 관한 정보, 시스템 장애 발생 시 이에 대한 원인 규명의 필수 요소
③ 보안관리 : 네트워크 접속권한 검사 및 할당
   예 보안문제, 개인정보 유출 등의 안전보호를 위한 통신망 관리는 중요한 기능 중 하나
④ 성능관리 : 네트워크 시스템 성능 감시 및 제어
   예 시스템의 용량 및 성능의 한계 수준을 정량적으로 파악하거나 미리 예고하여 과잉 설비를 줄이고, 필요한 시스템 성능을 얻기 위해 정량적으로 판단
⑤ 장애관리 : 네트워크 장애 알림 및 이력 관리
   예 시스템이 비정상적으로 동작할 경우 원인 규명 작업을 지원, 가동 중인 시스템의 오동작 발생 시 긴급 복구

문제 ⑱

아래 사항에 대해 설명하시오. (3점) (기출응용)

① NE(Network Element)	
② EMS(Element Management System)	
③ NMS(Network Management System)	

문제 ⑱ 정답

① 통신망을 구성하는 기능요소 또는 개별장비
② 단일 장비로부터 정보를 수집/제어/관리하는 시스템
③ 네트워크 운영지원 및 관련장비들 총괄로 감시/관리하는 통합 시스템

문제 ⑲

NMS 구성을 위한 아래 사항에 대해 설명하시오. (3점) (기출응용)

① 관리국 (Management Station)	
② 관리정보 베이스 (MIB, Management Information Base)	
③ 에이전트 (Agent)	

문제 ⑲ 정답

① 데이터분석 및 오류복구 수행 관리 애플리케이션의 집합
② 관리하는 장비의 정보를 체계화 제공하는 계층적 구조
③ 관리국에 의해 관리되는 장비(라우터 등)

문제 ⑳

정보통신망의 유지 보수 및 관리를 위해 통신망에서 중앙관리를 위한 5대 기능을 작성하시오. (5점)

(2021-1회)

문제 ⑳ 정답

① 구성관리
② 장애관리
③ 성능관리
④ 보안관리
⑤ 계정관리

보충설명

F, C, A, P, S Management
F(Fault), C(Configuration), A(Accounting), P(Performance), S(Security)

문제 ㉑

OSI(Open System Interconnection) 프로토콜 스택에서 동작하는 대규모 통신망 관리를 위한 통신망 관리 프로토콜을 쓰시오. (5점) (2024-2회)

문제 ㉑ 정답

CMIP(Common Management Information Protocol), 공통관리 정보 프로토콜

보충설명 1

- CMIP는 OSI 7 Layer 기반에서 동작하고 TCP를 사용하며 ISO 단체에서 표준화했다.
- SNMP는 TCP/IP 기반에서 동작하는 Protocol로서 UDP를 사용하고 IEEE에서 규정한다.
- NMS(Network Management System)는 통신 네트워크 관리(APSCF – Account, Performance, Security, Configuration, Fault 중심)에 중점을 두고 있다.

구분	SNMP	CMIP
Protocol 그룹	TCP/IP	OSI 7 Layer
목표	Simplicity(단순)	Flexibility(유연)
데이터 교환	데이터그램 내에 명령(Command)과 응답(Response) 활용	ROSE(Remote Operations Service Element) 이용 장비 연결 관리
사용 예	NMS 관리	TMS 관리

보충설명 2

RMON(Remote Network Monitoring)

RMON은 SNMP의 확장형태로, 네트워크 곳곳에 설치되어 있는 장비로부터 오가는 트래픽을 분석하고 감시할 수 있다. RMON MIB(Management Information Base)는 RFC 1757에 정의되어 있으며, SNMP management station과 RMON monitoring agent의 상호작용에 관해 기술되어 있다.

Protocol Analyzers와 RMON probe들은 모니터 되는 LAN의 패킷 데이터를 수집함으로써 RMON 에이전트의 향상된 모니터링 기능을 제공한다. Probe는 SNMP를 통해 수집된 데이터를 NMS 장비에 보낸다. 또한, NMS 장비는 NetScout Managers, Optivity LAN, HP Openview 같은 응용 프로그램을 이용하여 수집된 데이터를 가공처리하여, 완성된 리포트 형태로 보여준다.

문제 ㉒

통신망 관리를 위한 망관리 시스템의 주요 구성인 MIB(Management Information Base)에 대해 설명하시오. (6점) (2024-2회)

문제 ㉒ 정답

NMS는 SNMP(Simple Network Management Protocol)을 이용하여 네트워크상의 관리대상 장비들과 통신함으로써 관리대상 장비의 MIB(Management Information Base) 정보를 모을 수 있다. 즉, MIB은 망관리 자원 정보를 구조화하고 각각의 정보를 Object로 하여 계층적으로 구성된 정보의 집합이다.

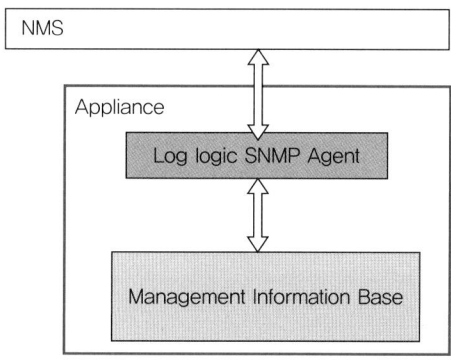

CHAPTER 09 UTP, 동축케이블

학습방법

UTP(Unshielded Twisted Pair) Cable은 FTP(Foiled Twisted Pair)에서 STP(Shielded Twisted Pair)로 발전하고 있습니다. 또한 Cat.5/5e를 넘어서 Cat.6나 Cat.7까지 준비해야 향후 시험에 대비할 수 있습니다. 주로 거리, 대역폭, 케이블별 특성을 분류해서 정리하고 각각의 대역폭과 속도를 정리해서 시험에 대비하기 바랍니다.

문제 ❶

다음 (   ) 안의 알맞은 용어를 쓰시오. (3점) (2019-2회)

UTP는 동축케이블과 비교해서 (   )가 없으므로 전기적 이상 신호와 전자기 장애 등에 열악한 특성을 가진다. 미국이나 캐나다는 이 문제를 크게 고려하지 않지만, 유럽의 경우 전자기 장애의 유해성 논란으로 적절한 (   )가 필요하다고 한다. 또한, 외부로부터 보호를 위한 (   )가 없어서 햇빛 및 습기에 약하여 실외 사용이 불가능하다.

문제 ❶ 정답

차폐(또는 쉴드(Shield))

문제 ❷

다음 (   ) 안에 들어갈 알맞은 답을 쓰시오. (3점) (2023-4회)

> 구내 정보통신망 구축을 위해 LAN 공사를 하는 경우 TTA 기준에 의거해서 EIA-568A 또는 EIA-568B 형태의 케이블을 아래와 같이 구성하려 한다. 수평 케이블과 장비 코드, 통신 인출구/커넥터, 선택적 변환 접속점, 층 장비실 교차 접속 등을 감안하여 (①)과 (②)의 거리를 쓰시오.

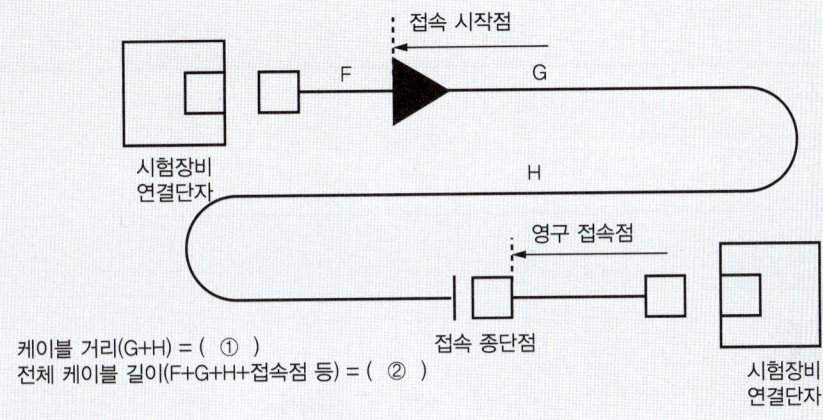

문제 ❷ 정답

① 90m

② 100m(UTP 기준 최대 100m 가능, 실제 적용은 90m 기준 시공)

보충설명

UTP 케이블의 특성상 사용 거리는 최대 100m로 제한된다.
(일반적으로 수평 선로 구간은 90m 이내로 설치하고 접속점 등을 감안하여 최대 100m를 확보한다)

문제 ❸

다음 보기는 허브(Hub)와 허브(Hub)를 연결하는 Cross Cable에 대한 EIA-568A/B의 규격이다. 아래 빈칸에 적합한 케이블의 색을 보기에서 찾아 쓰시오. (8점) (2014-2회) (2019-1회)

[보기]
갈색, 녹색(연두색), 주황색(등색), 청색, 흰녹색, 흰주황색, 흰청색, 흰갈색

EIA-568A

케이블 번호	1	2	3	4	5	6	7	8
케이블 선 색	(가)	(나)	(다)	청색	흰청색	(라)	흰갈색	갈색

EIA-568B

케이블 번호	1	2	3	4	5	6	7	8
케이블 선 색	(마)	(바)	(사)	청색	흰청색	(아)	흰갈색	갈색

문제 ❸ 정답

(가) 흰주황색, (나) 주황색, (다) 흰녹색, (라) 녹색, (마) 흰녹색, (바) 녹색, (사) 흰주황색, (아) 주황색

보충설명

Cross 케이블: 1, 2, 3, 6번 케이블을 서로 교차시킨다.

위치	1	2	3	4	5	6	7	8
EIA-568A (송신)	White Green	Green	White Orange	Blue	White Blue	Orange	White Brown	Brown
EIA-568A (수신)	White Orange	Orange	White Green	Blue	White Blue	Green	White Brown	Brown

위치	1	2	3	4	5	6	7	8
EIA-568B (송신)	White Orange	Orange	White Green	Blue	White Blue	Green	White Brown	Brown
EIA-568B (수신)	White Green	Green	White Orange	Blue	White Blue	Orange	White Brown	Brown

문제 ❹

EIA-568A TYPE와 EIA-568B TYPE의 케이블에 대해 아래 빈칸의 색상을 넣으시오. (4점)

(기출응용)

EIA-568A

흰색 녹색	녹색	흰색 주황색	(다)	흰색 파랑색	주황색	(라)	갈색

EIA-568B

흰색 주황색	(가)	흰색 녹색	파랑색	(나)	녹색	회색 갈색	갈색

문제 ❹ 정답

EIA 568-A에서 (다) 파랑색, (라) 흰색 갈색(암기: GOB밤 46)

흰색 녹색	녹색	흰색 주황색	파랑색	흰색 파랑색	주황색	흰색 갈색	갈색

EIA 568-B에서 (가) 녹색, (나) 흰색 파랑색(암기: OBG밤 35)

흰색 주황색	녹색	흰색 녹색	파랑색	흰색 파랑색	녹색	회색 갈색	갈색

CHAPTER 10 통신망 Topology

학습방법

통신망 Topology는 Mesh에 대한 개념과 계산을 완벽히 이해한 후 망의 생존성 강화를 위한 이중화 방법, 현장에서 많이 사용하고 있는 Single Ring, Dual Ring에 대한 이해를 기반으로 시험에 대비하기 바랍니다. Ring 기술은 광통신에 기반한 것이며 일반적인 Ethernet 환경에서는 RPR(Resilient Packet Ring) 기술을 적용했으나 현재는 사용하지 않고 있습니다.

문제 ❶

정보통신망에서 Topology를 구성하는 5가지 방식을 쓰시오. (5점) (기출응용)

정보통신망에서 Topology를 구성하는 4가지 방식을 쓰고 Mesh망의 회선경로 산정공식을 적으시오. (단, n은 노드 수이다) (5점) (2017-4회) (2021-2회)

문제 ❶ 정답

Mesh망 회선경로 $= \dfrac{n(n-1)}{2}$

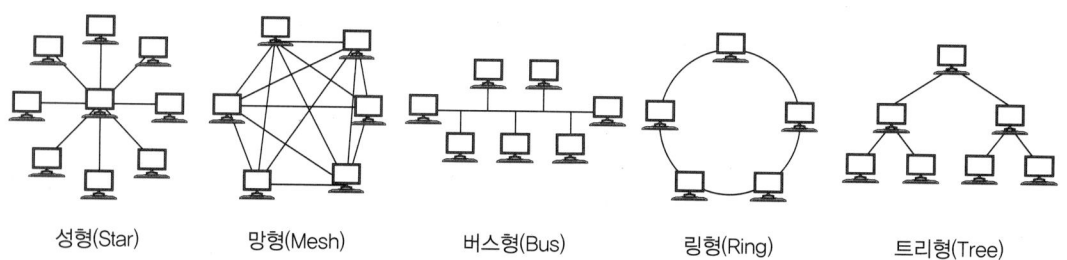

성형(Star)   망형(Mesh)   버스형(Bus)   링형(Ring)   트리형(Tree)

문제 ❷

통신망에 노드가 6개 있다는 가정하에 다음 질문에 답하시오. (8점) (2023-1회)

1) 메시망(Mesh Topology)으로 구성 시 전체 회선수와 전체 포트수를 쓰시오. (2점)
2) 링 망(Ring Topology) 기준 회선수와 포트수를 쓰시오. (2점)
3) 링 망(Ring Topology) 기준 단일링의 문제점을 개선하기 위한 방법과 이를 개선할 경우 장점을 쓰시오. (4점)

│문제 ❷ 정답 │

1) 회선수: 전체 15회선, 포트수: 전체 30포트

> **보충설명**

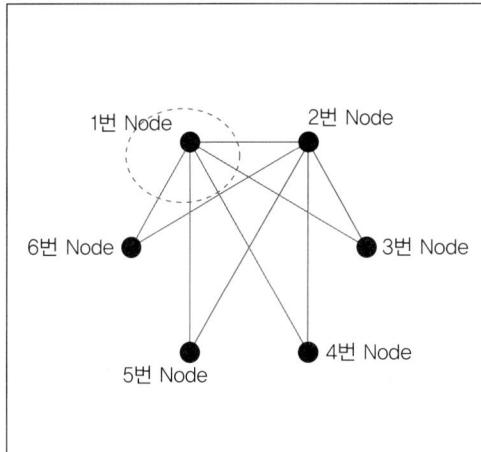

- Link(회선수) 계산

  1번 Node 기준 5개 Link 형성, 2번 Node는 기준 1번 구성 이외에 4개의 Link가 필요하고, 3번은 3개, 2번은 2개, 1번 Node는 1의 Link가 필요하다.

  이것을 공식으로 표현하면 $\dfrac{n(n-1)}{2}$ 이다.

  $\therefore \dfrac{n(n-1)}{2} = \dfrac{6(6-1)}{2} = 15$회선

- Port 계산

  각각의 노드당 5개의 Port가 필요하고 총 6개의 Node가 있으므로 5Port × 6Node = 30Port가 필요하다.

2) 회선수: 6회선, 포트수: 12, 각 노드당 각각 2개의 Port

> **보충설명**

단일 Ring 구성	이중(Double) Ring 구성
6번 회선, 1번 Node, 1번 회선, 6번 Node, 2번 Node, 5번 회선, 1 Ring, 2번 회선, 5번 Node, 3번 Node, 4번 회선, 4번 Node, 3번 회선	1번 Node, 6번 Node, 2번 Node, 2 Ring (Double Ring), 5번 Node, 3번 Node, 4번 Node

※ 문제가 이중링(Double Ring)인 경우

회선수: 6회선 × 2 = 12회선, 포트수: 12 × 2 = 24Port, 각 노드당 각각 4개의 Port이다.

3) 이중링(Double Ring) 구현

- 장점: Fail-Over, 50[msec] 이내 절체, 신뢰성 제공
- 이중링 구성 시, 회선수: 12회선, 포트수: 24, 각 노드당 각각 4개의 Port 필요하며 안정성은 우수해지지만 투자비가 증가하여 경제성은 나빠진다.

CHAPTER 10 │ 통신망 Topology

문제 ❸

다음은 무엇에 대한 설명인가? (3점) (기출응용)

공유 통신 경로를 통해 연결된 클라이언트의 집합을 가리키는 네트워크 구조이다. 한 스테이션이 신호를 전송할 때 그 신호들은 단일 전송 구간을 따라 양방향으로 이동한다. 모든 신호는 전체 네트워크에서 양방향으로 전파되는데, 네트워크상의 모든 장치는 같은 신호를 받게 되며, 클라이언트에 설치된 소프트웨어는 각 클라이언트가 본인에게 지정된 메시지만을 수신할 수 있도록 한다. 이 구조는 네트워크에서 가장 보편적인 이더넷 위상구조로서 노드의 추가나 삭제가 용이한 네트워크 접속 형태를 가지고 있다.

│문제 ❸ 정답│

버스(Bus), Bus Topology

문제 ❹

일반적으로 LAN 구성형태에서 주로 쓰는 통신방식으로 모든 단말들이 각각 독립성을 유지하면서 공통회선을 통해 통신하는 방식으로, 하나의 노드에 장애가 발생해도 다른 노드에는 영향을 미치지 않는 대표적인 통신 방식을 쓰시오. (3점) (2018-2회)

│문제 ❸ 정답│

버스(Bus), Bus Topology

문제 ❺

통신망 구성을 위한 Bus Topology의 주요 장점 3가지를 쓰시오. (3점) (기출응용)

│문제 ❺ 정답│

① LAN 구성에 용이하다.
② 단말장치의 독립적 운용이 가능하다.
③ 한 노드 고장 시 다른 노드에 영향을 주지 않는다.
④ 현재 LAN 방식에서 검증되어 사용 중이다.

문제 ❻

메시형 Topology에서 노드가 60개일 경우 회선수를 계산하시오. (3점) (2022-4회)

문제 ❻ 정답

$$\frac{n(n-1)}{2} = \frac{60(60-1)}{2} = 1,770 \text{회선}$$

문제 ❼

그물형(Mesh) 망에서 노드가 100개일 경우 회선수를 계산하시오. (3점) (2015-4회) (2019-2회)

문제 ❼ 정답

$$\frac{n(n-1)}{2} = \frac{100(100-1)}{2} = 4,950 \text{회선}$$

문제 ❽

네트워크 통신망의 구조가 망형(Mesh)인 경우 노드가 120개일 때, 필요한 회선수를 계산하시오. (4점)

(2011-1회)

문제 ❽ 정답

$$\frac{n(n-1)}{2} = \frac{120(120-1)}{2} = 7,140 \text{회선}$$

문제 ⑨

만약 20대의 교환기를 완전 그물형(Full Mesh)으로 연결한다고 할 때, 소요되는 전체 링크(Link) 수를 구하시오. (3점) (2014-2회)

┃문제 ⑨ 정답┃

$$\frac{n(n-1)}{2} = \frac{20(20-1)}{2} = 190 링크$$

문제 ⑩

통신망 구성을 위해 네트워크 내에서 아래와 같이 100개의 노드를 Full Mesh로 구성하려 한다. 아래 질문에 답하시오. (8점) (2023-4회)

1) 관련 공식:

2) 수식 계산:

3) 그물형(Full Mesh) 방식의 장점:

4) 그물형(Full Mesh) 방식의 단점:

┃문제 ⑩ 정답┃

1) $\dfrac{n(n-1)}{2}$

2) $\dfrac{100(100-1)}{2} = 4,950$

3) Network(망)이 장애 대비 안정적으로 운용이 가능하다(안정성 향상).

4) 초기 통신망 구축을 위한 설비 투자비가 높다(경제성 부족).

문제 ⑪

통신망 구성을 위한 아래 Network Topology에 대한 주요 장점과 단점을 쓰시오. (10점) (기출응용)

구분	장점	단점
링형		
성형		
망형		
트리형		
버스형		

문제 ⑪ 정답

구분	장점	단점
링형	노드 증가 시 신호감소 적음	노드의 추가/삭제 등의 변경이 어려움
성형	장애 발견 및 수리가 용이	중앙시스템 장애 시 모든 N/W에 영향
망형	장애발생 시 다른 회선으로 대체 가능	설치비용이 비쌈
트리형	케이블 구성 간단, 관리/확장 용이	특정 노드 트래픽 집중 시 통신속도 저하
버스형	설치비용 저렴하고 구축 간단	주선로 장애 시 모든 N/W에 영향

CHAPTER 11 유선(Wire) LAN

학습방법

유선 LAN은 무선 LAN과 함께 CAMA/CD와 CSMA/CA를 함께 정리해 두어야 합니다. Shared LAN은 과거 Hub 기능으로 최근 장비는 대부분 Switch로 사용하고 있어 Switched LAN 방식이라 할 수 있습니다. 과거의 흐름과 현재의 동향을 파악해서 시험에 대비하기 바랍니다.

문제 ❶

아래 내용의 주요 특징을 간단히 서술하시오. (6점) (기출응용)

1) CDMA/CD:

2) CDMA/CA:

문제 ❶ 정답

1) Ethernet(유선)에서 사용하는 전송 Protocol(802.3)로서 통신량이 많으면 충돌이 증가하여 전송지연이 발생할 가능성이 높아진다.
2) WLAN(무선)에서 사용하는 전송 Protocol(802.11)로서 충돌 회피 기술을 사용한다.

보충설명

Token Ring 대비 CSMA/CD 장단점

CMMA/CD 장점	• 충돌방지, 고장 발생 시 다른 노드에 영향이 없다. • CSMA/CD는 충돌이 발생할 수 있으나 Token 방식은 별도 Token 사용으로 충돌을 사전에 방지한다. • Token의 부여로 데이터 전송에 대한 순위를 사전에 정의가 가능하다(Priority 부여). • CSMA/CD는 경쟁 방식으로 균등 분배가 불가능하나 Token 방식은 자원의 균등 분배가 가능하다. • Token 방식은 트래픽이 많을 때에도 충돌 없이 안정적으로 작동이 가능하다.
CMMA/CD 단점	• 데이터양이 많아지면 충돌 확률이 높아진다. • CSMA/CD 대비 토큰이 분실 가능성이 있다. • CSMA/CD 대비 노드가 증가할수록 성능이 떨어질 수 있다. • 전송데이터 율이 낮은 경우 전송로가 낭비될 수 있다. • 보내고자 하는 노드가 Token을 받을 때까지 계속 기다려야 한다. • Token을 점유한 노드가 사용 중에는 Token이 점유되므로 대기 노드는 송신대기 시간이 길어질 수 있다.

문제 ❷

다음은 CSMA/CD와 CSMA/CA의 비교이다. 빈칸을 채우시오. (4점) (기출응용)

구분	CSMA/CD	CSMA/CA
정의	(가)	무선 LAN 전송 프로토콜
규격(표준)	(나)	(다)
충돌 시	(라)	충돌 회피를 통한 오류제어 용이
특징	• 통신량 높다. (↑) • 채널이용률 낮다. (↓)	• 스테이션 증가한다. (↑) • 전송효율이 낮다. (↓)

문제 ❷ 정답

구분	CSMA/CD	CSMA/CA
정의	(가) 유선(이더넷) 전송 프로토콜	무선 LAN 전송 프로토콜
규격(표준)	(나) IEEE 802.3	(다) IEEE 802.11
충돌 시	(라) 일정 시간 후 재전송	충돌 회피를 통한 오류제어 용이
특징	• 통신량 높다. (↑) • 채널이용률 낮다. (↓)	• 스테이션 증가한다. (↑) • 전송효율이 낮다. (↓)

보충설명

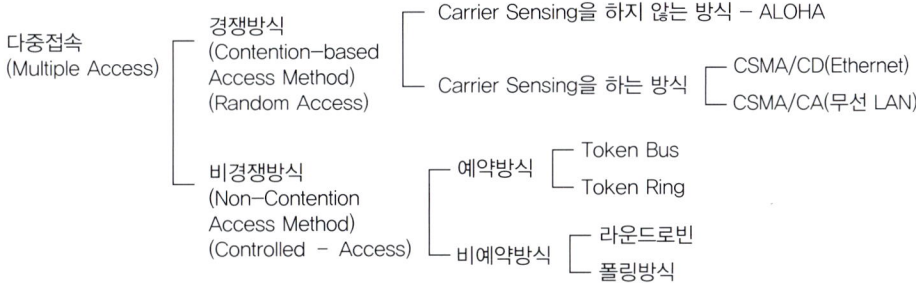

- **CSMA/CD**: 송신 전에 전송매체가 비어 있는지 확인하고(Carrier Sense), 비어 있으면 신호를 전송하고(Multiple Access), 전송 후에 충돌이 있는지 확인(Collision Detection)하는 방식이다. CSMA 방식에서 단말이 증가하는 경우 동시에 전송(충돌)할 확률이 높아지는 문제점을 개선한 방식이다. 유선 Ethernet LAN에 적용되는 방식으로 주로 버스형, 트리형 LAN에서 사용한다.
- **CSMA/CA**: 충돌 회피 방식으로 무선랜에서 MAC(Media Access Control) 프로토콜인 DCF(Distributed Coordination Function)는 CSMA/CA를 사용해서 동등한 우선순위를 가지고 경쟁하면서 매체를 공유하는 방식이다. CSMA/CA는 CSMA/CD의 변형(발전)으로 무선환경에서 사용하는 Media Access 방법(알고리즘)이다. CSMA/CA에서는 ACK 프레임을 사용하며 DCF(Distributed Coordination Function)를 통해 개별적인 노드가 경쟁에 의해 무선 채널을 획득하도록 하는 방식이다.

문제 ❸

Token 방식은 (①)형 망 구조에서 주로 사용하는 방식이고 CSMA/CD는 유선에서 (②)형 구조에 주로 사용한다. (5점) ^(기출응용)

문제 ❸ 정답

① Ring
② Bus

문제 ❹

통신망에서 토큰(Token) Ring 구성을 위해 Token을 사용한다. Token 방식의 장점 3가지와 단점 2가지를 쓰시오. (5점) (2022-2회)

토큰(Token)을 이용한 Token Passing 방식의 장점과 단점을 각각 서술하시오. (5점) (기출응용)

CSMA/CD 방식과 비교해서 Token Passing 방식의 장점과 단점을 각각 서술하시오. (5점) (2016-2회)

문제 ❹ 정답

Token 방식의 장점	Token 방식의 단점
• 채널 제어를 통해서 노드 간 충돌발생이 없다. • 트래픽이 많을 때에도 안정적으로 동작한다. • 단말(Station)에서 고장 발생할 경우 다른 단말(Station)로 우회하여 통신이 가능하다. • 노드 내에서 우선순위 부여가 가능하다. • 채널의 사용권한을 균일하게 배분할 수 있다.	• 기술구현의 복잡성이 있다. • 토큰 분실 가능성이 있다. • 노드가 증가할수록 성능이 떨어진다. • 노드 내에서 송신대기 시간이 필요하다. • 전송할 것이 없을 때에는 전송로가 낭비된다.

보충설명 1

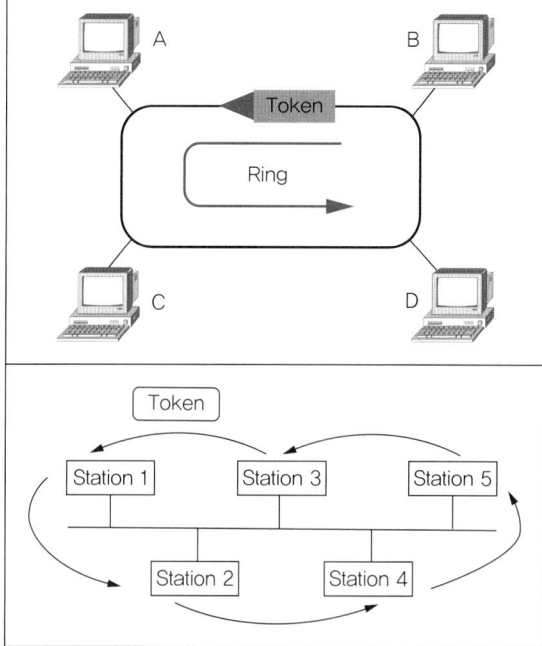

Token Passing 방식
CSMA/CD 대비 토큰(Token)이라는 제어 프레임을 사용해서 원형 Ring(물리적 또는 논리적)을 돌면서 순차적으로 지나간다. 이때 전송할 데이터가 있는 노드는 채널을 통해 데이터를 전송하는 방식이다.

Token Passing Bus 방식(IEEE 802.4)
노드들이 물리적으로는 Bus 형태이지만 논리적으로는 Ring형 구조이다. 토큰(Token)은 링을 한쪽 방향으로 순회하면서 동작한다.

보충설명 2

CSMA/CD와 Token Passing의 비교

구분	CSMA/CD	Token Passing
주요 사용	일반 LAN 구성(비실시간 일부 충돌 가능)	과거 공장 자동화 구성(실시간 무장애 우선)
성능	평상시 무장애나 노드 증가 시 충돌 확률 증가	충돌 가능성이 없음
구성방식	간단	복잡
장애영향	단일 노드 장애	시스템 전체 장애 확대
적용	Bus형 구성	Ring형 구성

문제 ❺

매체접속제어(Media Access Control)방식 중 CSMA/CD(Carrier Sense Multiple Access/Collision Detection) 방식과 비교해서 토큰패싱(Token Passing) 방식의 장점 3가지와 단점 2가지를 서술하시오. (5점) (2024-4회)

문제 ❺ 정답

장점	• (경쟁방식이 아니므로) 노드 간에 데이터 충돌이 없다. • 네트워크 내에서 모든 노드는 균등한 전송기회를 갖는다. • Token을 사용해서 우선순위 부여가 가능하다. • Token 사용에 따른 데이터 전송시간 측정(예측)이 가능하다.
단점	• 노드 증가 시 효율이 떨어진다(전송로 낭비). • 토큰 사용에 따른 토큰 분실 가능성이 있다. • 토큰 수신 대기 시간동안 채널이 낭비된다(전송데이터가 없을 때는 전송로 낭비). • Token 사용을 위한 대기시간이 증가될 수 있다. • 장애 검출과 복구가 CSMA/CD 대비 어렵다(CSMA/CD 대비 시스템이 복잡하다).

문제 ❻

아래 비교 사항을 참조해서 빈칸을 채우시오. (4점) (기출응용)

구분	Shared LAN	Switched LAN
구성	(가)	스위치 기반의 LAN 구성
전송	(나)	지정된 목적지로만 프레임 전송
특징	네트워크 토폴로지 구현 용이	(다)

문제 ❻ 정답

(가) 공유매체 기반의 LAN 구성

(나) 모든 단말로 프레임이 전송됨

(다) 각 단말에 전용(Dedicated) 방식 지원

문제 ❼

LAN을 분류할 때 프레임 교환 방식에 따라 Shared LAN과 Switched LAN으로 구분할 때의 특징을 각각 3가지씩 쓰시오. (6점) (2014-1회) (2016-2회) (2020-1회)

1) Shared LAN(Media Shared LAN, 공유 LAN) 특징:
2) Switched LAN 특징:

문제 ❼ 정답

1) Shared LAN(Media shared LAN, 공유 LAN)
   ① 공유매체 기반: 단말(노드)에서 동일한 전송 미디어(매체)를 사용해서 데이터를 전송하는 방식이다.
   ② 모든 단말(노드)에 Broadcast 방식으로 프레임을 전송한다. 중계장치는 Hub와 같이 동작하여 모든 단말이 전송 대역폭을 공유하기 때문에 연결하는 단말(노드, PC)수가 많아지면 전체 속도가 지연된다.
   ③ 초기 Bus형 LAN 형태의 한계: 이더넷(Ethernet)에서 데이터가 늘어나면 충돌(Collision)이 많아지는 것으로 Shared LAN은 과거 Dummy HUB 장비로 사용하다가 단종되어 아래 Switch 방식으로 대체되고 있다.

2) Switched LAN
   ① 스위칭 기반: 노드(단말)들이 스위치의 특정한 링크(또는 Port)에 의해 연결되어 데이터를 전송하는 방식이다.
   ② 목적지로만 프레임 전송(Forwarding): 스위치된(Switched) 각 연결 노드마다 각각의 가상 네트워크 경로를 설정해서 전용의 데이터를 전송(Forwarding)함으로 충돌을 최소화한다.
   ③ 전용(Dedicted)방식: 하나의 데이터 통신 선로를 여러 대의 컴퓨터에서 공유하는 것이 아니라 각각의 개별 전용 통신선로가 배정되는 것처럼 동작하는 것이다. 이 같은 특성으로 인해 Switched LAN은 연결 노드가 늘어나더라도 전체적인 네트워크 속도가 저하되는 일이 없이 효율적인 전송을 보장할 수 있다(현재 Switch 장비로 발전함).

문제 ❽

네트워크를 확장하기 위해 사용되는 장치 2가지를 쓰시오. (4점) (기출응용)

문제 ❽ 정답

① 스위치
② 라우터

문제 ❾

아래 리피터, 브리지, 라우터, 게이트웨이의 사용 목적을 쓰시오. (8점) (2022-1회)

리피터(Repeater)	
브리지(Bridge)	
라우터(Router)	
게이트웨이(Gateway)	

문제 ❾ 정답

리피터(Repeater)	물리계층에서 거리한계를 극복하기 위해 신호를 증폭하는 장치
브리지(Bridge)	데이터링크계층에서 프레임 단위로 전송하는 장치
라우터(Router)	네트워크계층에서 LAN을 인터넷과 같은 더 넓은 네트워크를 연결
게이트웨이(Gateway)	전송계층에서 서로 다른 통신망, 프로토콜을 사용하는 네트워크 간의 통신을 가능하게 하는 것으로 다른 네트워크로 들어가는 관문(입구)을 의미

보충설명

인터네트워킹(Inter-Networking) 장비 비교

장비명	특징	단점
리피터	• OSI 7 Layer 중 1계층 Physical Layer에 해당 • Segment의 길이를 연장 • Retiming, Reshaping, Regeneration 기능을 수행 • 데이터를 모든 LAN Station에 전달	• 에러를 확인하지 않음 • Filtering 기능이 없어서 한쪽 LAN의 모든 데이터를 다른 LAN으로 전달
브리지	• OSI 7 Layer 1~2계층에 해당 • MAC(Media Access Control) Frame 처리 • 다른 Type의 LAN 연결 가능 • Learn, Filtering, Forwarding 기능 수행 • Forwarding은 목적 MAC Address가 다른 경우 수행	• Broadcast Traffic은 무조건 전달 • 대규모의 Network를 Bridge로 연결하면 Traffic 문제가 발생 • Router 필요성의 대두
라우터	• OSI 7 Layer 3계층에 해당 • Router의 주된 기능은 Data Packet의 Routing임 • 목적지 Network 주소를 읽어 해당 목적지로 전송하는 기능을 의미함 • Bridge의 기능도 수행하는 Router가 등장 • 2계층의 MAC Address가 아닌 3계층의 Network Address를 처리 • Routing 알고리즘에 의한 Routing Table 관리	• 서로 상이한 프로토콜 간의 변환은 불가능(예 TCP/IP ⇔ X.25 망간) • Gateway 등장의 필요성 대두
게이트 웨이	• OSI 7 Layer 기준 3계층 이상에서 동작 • Router와 Gateway가 혼용되어 사용되기도 함 • 물리적 망구조에 독립된 서비스를 제공(물리적 개념의 Network 장비가 아님) • 서로 상이한 프로토콜 간의 변환, 메시지 포맷 등의 변환을 수행함 • 과거 물리적 장비 개념에서 최근 기능적 개념으로 이기종 네트워크 또는 프로토콜 간 연결/변환 기능을 함	• 프로토콜 변환 시 시간 소요됨 • 설정이 복잡함 • 주요 공격지점이 될 수 있음

문제 ⑩

매체접근제어(MAC) 방식 중 경쟁방식과 비경쟁방식으로 구분하여 보기에서 골라 쓰시오. (6점)

(2016-1회) (2023-1회)

> [보기]
> Token Ring, ALOHA, Token Bus, CDMA/CD, CSMA/CA

1) 경쟁방식:

2) 비경쟁방식:

│ 문제 ⑩ 정답 │

1) ALOHA, CDMA/CD, CSMA/CA
2) Token Ring, Token Bus

문제 ⑪

LAN에서 사용하는 MAC(Media Access Control)을 경쟁방식과 비경쟁방식으로 구분해서 관련 프로토콜을 2개씩 쓰시오. (4점) (2010-1회)

1) 경쟁 MAC 방식 2가지:

2) 비경쟁 MAC 방식 2가지:

│ 문제 ⑪ 정답 │

1) ALOHA, CSMA, CSMA/CD
2) Token(Passing) Bus, Token Ring

문제 ⑫

다음 (   ) 안에 들어갈 용어를 적으시오. (3점) (2019-1회) (2019-2회)

(   )은/는 미국규격협회에서 1987년에 표준화된 LAN이고, 100Mbps의 전송속도를 제공하며, 2개의 링으로 구성된다. 2개의 카운터 회전 링을 사용하여 이중링 구조이며, 외부링은 1차 링, 내부링을 2차 링으로 부른다. 2개의 링이 모두 작동되며, 노드는 미리 정해진 규칙에 따라 2개 중 1개로 전송한다. 전송매체는 광케이블을 사용하므로 링 구조로 되어있다. 2[km] 떨어진 단말기 사이에서 작동할 수 있다.

문제 ⑫ 정답

FDDI(Fiber Distributed Data Interface)

보충설명

FDDI는 ANSI 표준으로 IEEE의 802 계열과 구분된다. FDDI는 광섬유이고, IEEE 802.5는 동축 기반 Token Ring이다. 또한 DQDB(Dual Queue Dual Bus)는 IEEE 802.6 계열로 과거 동축에서 광기술로 발전하였으며, FDDI가 이중링(Dual Ring) 구조인 반면 DQDB는 이중 버스(Dual Bus) 구조이다.

문제 ⑬

다음 질문에 답하시오. (4점) (2016-1회) (2020-4회)

1) FDDI(Fiber Distributed Data Interface)는 OSI 7 Layer를 기준으로 어느 계층에서 동작하는가?
2) FDDI에서 2차 링을 구성하는 경우 주요 목적은 무엇인가?

문제 ⑬ 정답

1) 데이터링크계층
2) 주 회선(Primary) 장애 시 예비회선(Secondary)은 Dual Ring을 구성해서 1차 링에서 장애가 발생하는 경우 2차 링으로 전환하기 위한 백업용으로 사용하는 역할을 한다.

문제 ⑭

L2 스위치 기능 동작을 위하여 다음 항목에 적합한 용어를 서술하시오. (6점)

(2013-2회) (2014-1회) (2023-2회) (2024-1회)

- (①)은/는 출발지 주소가 MAC Table에 없으면 MAC 주소와 Port를 저장하는 기능이다.
- (②)은/는 목적지 주소를 모를 때(MAC Table에 없으면) 전체 포트에 전파하는 기능이다.
- (③)은/는 일정 시간이 지나면 MAC Table의 주소를 삭제하는 기능이다.

문제 ⑭ 정답

① Learning
② Flooding
③ Aging

보충설명

Learning	배운다. 누가 옆에 있는지 알기 위함이다.
Flooding	뿌린다. 어디에 보낼지 모르면 일단 다 보낸다.
Forwarding	전달한다. 해당 포트(목적지)로 전달한다.
Filtering	막는다. 해당 여부를 확인/검사한다.
Aging	시간이 간다. 일정시간 데이터 프레임이 없으면 테이블에서 삭제한다.

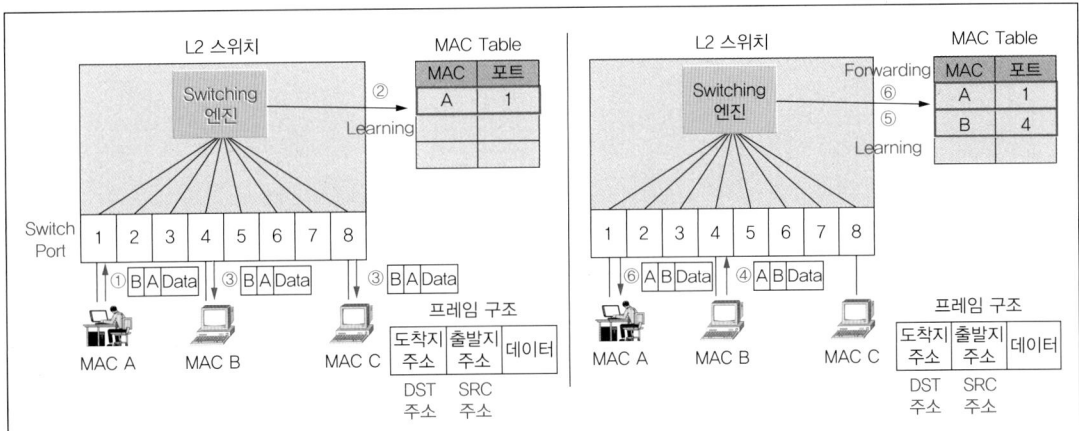

① 1번 포트에 연결된 PC 1(MAC 주소 A)에서 스위치 포트의 MAC 주소 B로 프레임을 전송한다.
② 출발지 MAC 주소와 포트 번호(A, 1)를 스위치의 MAC Table에 저장(Learnig)한다.
③ 목적지 MAC 주소 B가 MAC Table에 없으므로 전체 포트에 전송(Flooding)한다.
④ PC 2(MAC 주소 B)에서 MAC 주소 A로 프레임을 전송한다.
⑤ 출발지 MAC 주소와 포트 번호(B, 4)를 MAC Table에 저장(Learnig)한다.
⑥ 목적지 MAC 주소 A가 MAC Table에 있으므로 저장된 포트(1번)로만 전달한다(Forwarding).

문제 ⑮

통신망에서 Backup이란 어떠한 의미인지 간단히 서술하시오. (5점) (2021-2회)

| 문제 ⑮ 정답 |

유선망이나 무선(이동통신)망에서 장애가 발생할 경우 다른 통신사나 이중화된 통신장비(네트워크에 연결 포함)들이 현재의 서비스(인터넷 등)가 끊기지 않고 지속적인 서비스를 보장하는 것이다.

문제 ⑯

통신망 Backup을 구성하기 전에 고려해야 할 사항 3가지를 적으시오. (5점) (기출응용)

| 문제 ⑯ 정답 |

① 통신망 백업 방식(장비 이중화 또는 국사 이중화)
② 광케이블 이중화 구성방식(Point to Point, Ring, Mesh망 구성)
③ 장애발생 시 정체 시간
④ 이중화 구성을 위한 예비품 확보 및 보관 장소 등

문제 ⑰

근거리통신망(LAN) 구축 시 검토해야 할 기술적인 고려사항 4가지를 적으시오. (4점) (2019-1회)

┃문제 ⑰ 정답┃

① 토폴로지
② 전송매체
③ Protocol 결정
④ 전송속도
⑤ 전송방법
⑥ 전송시스템

보충설명

- Network Topology 결정: Point to Point(PtP), 버스형, Ring형, Mesh형 등
- 전송 매체 결정: UTP, STP, 광케이블(Single Mode, Multi Mode)
- 사용 Protocol 결정: Host와 Server의 통신방식 등
- 전송속도 결정: 10Mbps, 100Mbps, 1Gbps 등
- 전송방법: 무선(WLAN), 유선 방식
- 시스템 선정: 네트워크(Hub, Switch 선정 후 LAN 외부 연결 Router 등)

CHAPTER 12 무선(Wireless) LAN

학습방법

무선 LAN은 실생활에서 많이 사용하는 기술로서 802.11b/g/a/n에서 ax와 be로 지속 발전하고 있습니다. 과거 기술보다 802.11n 이후의 신기술에 중점을 두어 학습하기를 권장합니다. 특히 주파수 대역 및 DIFS(Distributed Inter Frame Space)와 SIFS(Short Inter Frame Space) 등에 대한 개념을 이해하면서 802.11 관련 세부 규격을 정리하기 바랍니다.

문제 ❶

무선랜 규약인 IEEE 802.11에서 주요 프레임의 종류 3가지를 쓰시오. (3점) (2013-1회)(2020-2회)

무선 LAN(IEEE 802.11)에서 프레임의 종류 3가지를 쓰시오. (3점) (2011-4회)

문제 ❶ 정답

① 관리 프레임
② 제어 프레임
③ 데이터 프레임

보충설명

- (IEEE 802.11) 관리 프레임(Management Frame)(유형 Type: 10)
- (IEEE 802.11) 제어 프레임(Control Frame)(유형 Type: 01)
- (IEEE 802.11) 데이터 프레임(Data Frame)(유형 Type: 00)

문제 ❷

WiFi 구성을 위한 IEEE 802.11a와 IEEE 802.11g에서 주로 사용하는 변조기술 명칭과 기술방식에 대해 설명하시오. (5점) (2021-2회)

문제 ❷ 정답

OFDM(Orthogonal Frequency Division Multiplexing)
하나의 정보를 여러 개의 반송파(Subcarrier)로 분할하고, 분할된 반송파 간의 간격을 최소로 하기 위해 직교성을 부가하여 다중화시키는 변조기술이다.

문제 ❸

다음 (   )에 들어갈 적당한 용어를 쓰시오. (6점) (2016-1회)

(   )을/를 사용하면 여러 액세스 포인트를 연결할 수 있다. (   )을/를 사용하면 연결된 액세스 포인트가 무선 연결을 통해 서로 통신할 수 있다. 이 기능을 사용하면 로밍하는 클라이언트가 원활히 동작할 수 있도록 함으로써 여러 무선 네트워크를 더 쉽게 관리할 수 있을 뿐만 아니라 네트워크를 연결하는 데 필요한 케이블의 양도 줄일 수 있다.

│ 문제 ❸ 정답 │

WDS(Wireless Distribution System)

보충설명 1

WDS는 무선망(WLAN)에서 AP(Access Point) 간 연결이 끊긴 경우 이를 확장해 주는 역할을 한다.

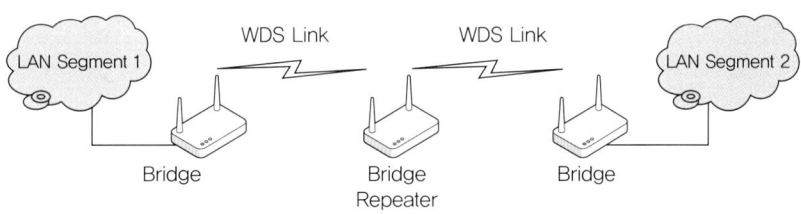

보충설명 2

802.3(유선)과 802.11(무선) 프레임 구조 차이

구분	프레임 구조									설명
802.3 (유선)	DA(수신주소) 6	SA(발신주소) 6	Len/Type 2	Data 45~1500		Padding	CRC 4바이트			IEEE 802.3, CSMA/CD 기반의 MAC 부계층 프레임
802.11 (무선)	Frame Control 2	Duration 2	주소1 6	주소2 6	주소3 6	Sequence Frame 2	주소4 6	Frame body 0~2312	FCS 4바이트	IEEE 802.11, CSMA/CA 기반의 MAC 부계층의 일반적인 프레임

유선 LAN은 거의 동일한 Frame 유형을 사용하지만 무선 LAN은 상황에 따라 프레임 유형이 변경된다.

문제 ④

IEEE 802.11는 무엇에 대한 표준 규격인가? (5점) (기출응용)

│ 문제 ④ 정답 │

무선 LAN(Wireless LAN)

문제 ⑤

아래 IEEE 802 계열에 대해서 간단히 정의하시오. (6점) (2017-1회)

IEEE 802.3	
IEEE 802.4	
IEEE 802.5	
IEEE 802.6	
IEEE 802.7	
IEEE 802.11	

│ 문제 ⑤ 정답 │

IEEE 802.3	CSMA/CD(Carrier Sense Multiple Access/Collision Detection), Ethernet 경쟁 방식인 CSMA/CD 방식을 기초로 하는 LAN 표준들을 총칭한다.
IEEE 802.4	토큰 버스(Token Bus), '버스형의 토폴로지'에 '토큰 제어 방식'의 매체접근제어가 결합된 형태의 규격이다.
IEEE 802.5	토큰 링 방식에 대한 표준이다.
IEEE 802.6	DQDB(Distributed Queue Dual Bus), 도시와 같은 공중영역(MAN-Metropolitan Area Network) 또는 한 기관에서 분산된 LAN을 상호 연결하여 사설망을 구성하거나 공중망에 연결시키는 기능을 한다.
IEEE 802.7	Broadband LAN, 광역 통신망을 담당하는 표준이다(동축케이블).
IEEE 802.11	무선 LAN 방식에 대한 표준이다.

보충설명

- IEEE 802.1: 상위 계층 인터페이스(HLI) 및 MAC 브리지 LAN 간 네트워크 연결 표준안
- IEEE 802.2: LLC(Logical Link Control), 주로, 여러 다양한 매체접속제어 방식 간의 차이를 보완해 주는 역할

문제 ❻

WLAN(Wireless LAN)에서 2.4[GHz]나 5[GHz] 주파수 대역을 지원하는 WiFi 중 60[GHz] 대역에서 최대 7[Gbps]의 속도를 지원하는 802.11ad 무선 표준 규격을 무엇이라 하는가? (5점) (2017-1회)

| 문제❻ 정답 |

WiGig(Wireless Gigabit)

보충설명

WiGig

Wireless Gigabit Alliance가 주도하여 개발한 초고속 근거리 무선통신 규격으로, 디지털 영상 서비스의 디바이스 간 근거리 전송에 최적화된 기술이다. WiGig는 기존의 WiFi 대역(2.4/5GHz)과 60GHz 대역에서 기존의 WiFi(802.11n)보다 10배 이상 빠른 1~7Gbps의 전송속도를 제공한다. 2013년 1월, IEEE에서 60GHz 대역에서 작동하는 가정용 근거리 대용량 데이터 전송 기술인 WiGig WiFi 후속 기술인 802.11ad로 승인하였다.

문제 ❼

IEEE 802.11에서 제기하고 있는 무선 매체 접근제어(MAC) 방식은 무엇인가? (4점) (2011-1회)

| 문제❼ 정답 |

CSMA/CA(Carrier-Sense Multiple Access with Collision Avoidance)

문제 ⑧

CSMA/CA에서 IFS(Inter Frame Space)의 3가지 종류를 쓰고, 그중에서 우선순위별로 부등호(>)를 사용하여 표기하시오. (5점) (2014-2회)

∥ 문제 ⑧ 정답 ∥

SIFS > PIFS > DIFS > EIFS

보충설명 1

무선 LAN 프레임 간 간격(IFS, Inter Frame Space)

한정된 자원을 공유하기 위한 무선 매체에 대해 여러 무선단말들이 동시 접근할 경우 충돌 회피를 위해 사용하는 것이다. 상호 충돌 방지를 위해 바로 데이터를 송출하지 않고, 일정 시간 대기하는 접근연기(Access Defer) 시간간격을 둠으로써 상호 충돌을 방지한다.

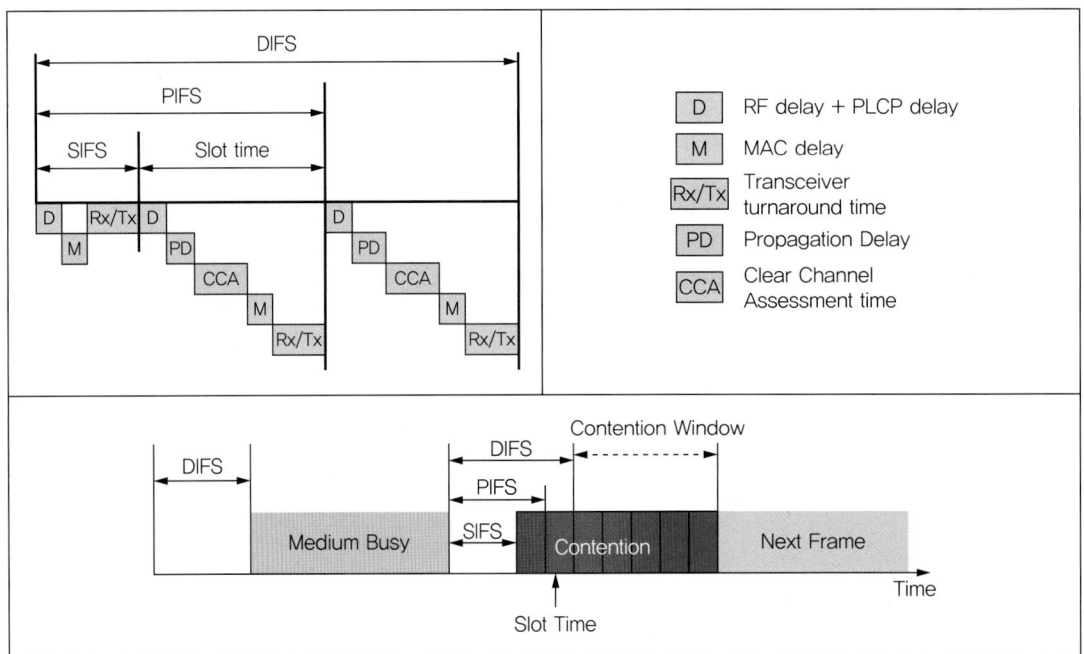

보충설명 2

무선 LAN IFS 종류

- SIFS(Short Inter Frame Space)

  가장 짧은 대기지연 시간으로 우선순위가 가장 높다. RTS 프레임, CTS 프레임, ACK 프레임, Fragment된 연속 프레임 등에 사용되며 데이터 패킷의 확인 응답 및 폴링 응답 등과 같은 짧은 제어 프레임에 주로 사용된다. CTS(Clear To Send)와 ACK(Acknowledge) 프레임을 전송하기 전에 기다리는 시간으로 CTS와 ACK 프레임은 전송 매체가 유휴한 상태로부터 SIFS 동안 기다린 후에 전송하여야 한다.

- PIFS(Point Inter Frame Space)

  PCF(Point Coordination Function)로 동작할 때 AP(Access Point)가 다른 단말기보다 우선적으로 매체 접근 권한을 얻기 위해서 사용된다. SIFS와 슬롯 시간을 합친 시간에 의해 결정된다.

- DCF(Distributed Coordination Function)

  공정 경쟁을 담당하는 것으로 최근에 이 기능은 EDCA(Extended Distributed Coordination Access)가 담당한다. PCF(Point Coordination Function)는 공정 경쟁을 하는 DCF와는 달리, PIFS를 사용하여 AP가 미디어를 통제하는 방식이다. AP가 돌아가면서 미디어를 사용할 것인지 하나씩 물어본다.

  일반적으로 PCF는 꺼놓으며, DCF(지금은 EDCA)를 더 많이 사용한다. 즉, 매 패킷을 보낼 때마다 AP와 패킷이 똑같은 공정 경쟁을 펼치고, 이긴 미디어를 사용한다.

- DIFS(Distributed Inter Frame Space)

  DCF로 동작하는 모든 단말기들이 데이터와 관리 프레임을 전송할 때에 사용되고 PCF 기반의 전송보다 낮은 순위를 가지고 있으며, PIFS와 슬롯 시간을 합한 값이다. 적어도 DIFS 동안 매체가 IDLE한 상태 이후에 매체 접근을 시도하게 된다.

- EIFS(Extended Inter Frame Space)

  DCF 기반의 단말기에서 프레임 전송에 오류가 발생할 때에 수신 단말기에게 ACK 프레임을 보낼 수 있는 충분한 시간을 주기 위해서 사용된다. 하나의 송신 단말기가 DIFS 기간 이후에 데이터를 전송하면 수신 단말기는 SIFS 기간을 기다린 후에 ACK 신호를 송신 단말기에 보낸다. ACK 신호가 보내진 후에 무선 매체는 DIFS 기간 동안 유휴상태로 유지되다가 Contention Window가 새로 시작된다.

보충설명 3

동작 원리

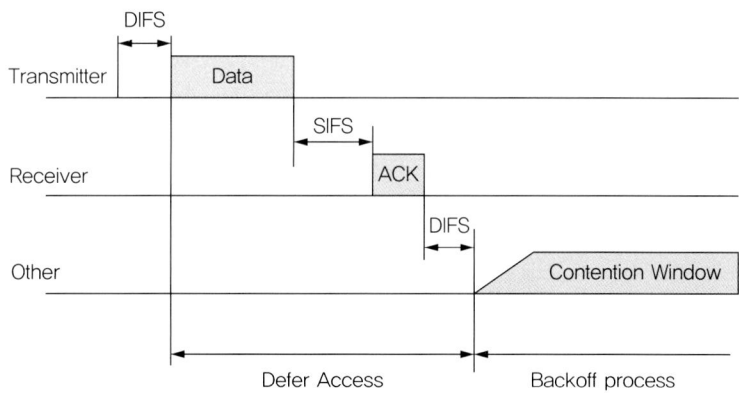

DCF의 데이터 송수신 절차

- 송신 무선단말은 지속적으로 캐리어 센스(Carrier Sense)를 하며, 경우에 따라 SIFS/DIFS/EIFS 동안 비어있으면 송신한다.
- 캐리어 충돌이 검출(Collision Detection)되면, 자원이 IDLE(비어 있는) 상태가 될 때까지 기다린다.
- 비어 있는 상태에서 추가적으로 랜덤하게 정한 시간만큼 대기한다(Backoff).
- 이후에도 IDLE(비어 있는) 상태가 지속적으로 확인되면 데이터를 송신한다.

문제 ❾

다음은 무선랜에 대한 주요 내역이다. 빈칸을 채우시오. (4점) (기출응용)

프로토콜	최대속도	대역폭	주파수
(가)	54[Mbps]	20[MHz]	2.4[GHz]
802.11n	600[Mbps]	20/40[MHz]	(나)
802.11ac	2.6[Gbps]	20/40/80/160[MHz]	(다)
802.11ax	(라)	20/40/80/160[MHz]	2.4[GHz]/5[GHz]

문제 ❾ 정답

(가) 802.11g

(나) 2.4[GHz]/5[GHz]

(다) 5[GHz]

(라) 10[Gbps]

보충설명

WiFi 표준	IEEE 표준	최대속도	주파수(GHz)	대역폭(MHz)	특징
–	IEEE 802.11	2[Mbps]	2.4	20	최초 표준
WiFi 1	IEEE 802.11b	11[Mbps]	2.4	20	저속
WiFi 2	IEEE 802.11a	54[Mbps]	5	20	전파 간섭 낮음
WiFi 3	IEEE 802.11g	54[Mbps]	2.4	20	전파 간섭 높음
WiFi 4	IEEE 802.11n	600[Mbps]	2.4/5	20/40	다중 안테나 기술과 채널 본딩 지원
WiFi 5	IEEE 802.11ac	2.6[Gbps]	5	20/40/80/160	기가비트 무선랜 지원
WiFi 6	IEEE 802.11ax	10[Gbps]	2.4/5	20/40/80/160	10기가 무선랜 지원
WiFi 7	IEEE 802.11be	30[Gbps]	2.4/5/6	20/40/80/160/320	초저지연, 전이중통신

802.11b는 DSSS 방식이고 나머지는 대부분 OFDM 방식으로 전송한다.

문제 ⑩

다음 IEEE.802.11 표준에 해당하는 명칭을 쓰시오. (4점) (2022-2회)

1) 무선 LAN 주파수(2.4GHz)에서, 최대 54[Mbps]의 전송속도가 가능하며 2003년 6월에 승인된 표준이다. 변조 방식은 주로 DSSS/OFDM을 사용한다.

2) 2.4[GHz], 5[GHz] 두 대역 모두에서 MIMO 기술을 이용하여, 최대 600[Mbps]까지 고속 전송이 가능한 무선랜 표준이다.

문제 ⑩ 정답

1) 802.11g
2) 802.11n

보충설명

802.11 표준별 특징

구분	802.11	802.11b	802.11a	802.11g	802.11n	802.11ac
최대 속도	2[Mbps]	11[Mbps]	54[Mbps]	54[Mbps]	600[Mbps]	2.6[Gbps]
전송 방식	DSSS/FHSS	HR-DSSS	OFDM	DSSS/OFDM	OFDM	OFDM
변조 방식	-	DSSS/CCK	64QAM	64QAM	64QAM	256QAM
공간 스트림 수	1	1	1	1	4	3/4/8(AP)
최대 안테나 수	1×1 SISO	1×1 SISO	1×1 SISO	1×1 SISO	4×4 MIMO	8×8 MIMO
주파수 대역	2.4[GHz]	2.4[GHz]	5[GHz]	2.4[GHz]	2.4/5[GHz]	5[GHz]
채널 대역폭	20[MHz]	20[MHz]	20[MHz]	20[MHz]	20/40[MHz]	20/40/80/160[MHz]

문제 ⑪

다음 (　)에 들어갈 용어를 적으시오. (3점) (2021-2회)

(　)은/는 단말기가 연결된 기지국의 서비스 공간에서 다른 기지국의 서비스 공간으로 이동할 때, 단말기가 다른 기지국의 서비스 공간에 할당한 통화 채널에 동조하여 서비스가 연결되는 기능을 일컫는다.

문제 ⑩ 정답

핸드오버(Handover) 또는 핸드오프(Handoff)

문제 ⑫

아래 내용은 무엇에 대한 설명인지 쓰시오. (3점) (2015-4회)

하나의 정보를 여러 개의 반송파(Subcarrier)로 분할하고, 분할된 반송파 간의 간격을 최소로 하기 위해 직교성을 부가하여 다중화시키는 변조기술로서 이동통신에서 주파수 효율성이 좋아 사용하며 고속 무선 LAN의 표준인 802.11a/n에서 채택한 전송방식이다.

문제 ⑫ 정답

OFDM(Orthogonal Frequency Division Multiplexing)

보충설명

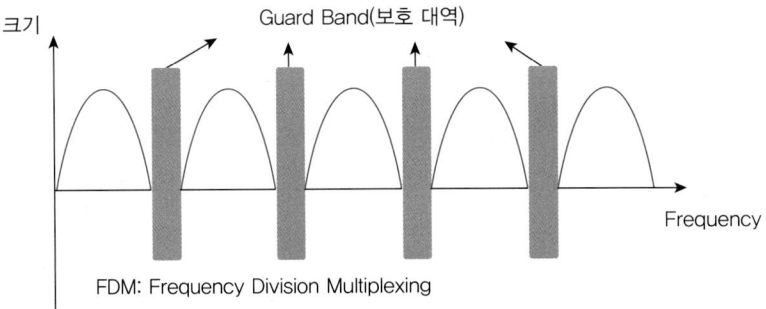

FDM: Frequency Division Multiplexing

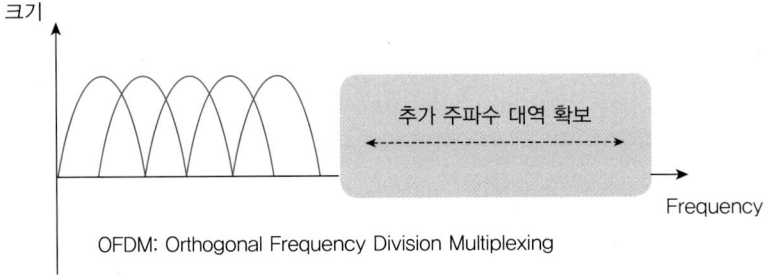

OFDM: Orthogonal Frequency Division Multiplexing

문제 ⑬

다음은 무선랜 중 IEEE 802.11의 주요 특징이다. 빈칸을 채우시오. (8점) (기출응용)

구분(802.11)	대역폭(MHz)	주파수(GHz)	전송속도(Mbps)	전송방식
a	20	5	54	(나)
b	20	2.4	11	(다)
g	20	2.4	54	(라)
n	20/40	(가)	600	OFDM
(마)	20/40/80/160	5	1G	OFDM

문제 ⑬ 정답

(가) 2.4/5, (나) OFDM, (다) DSSS, (라) OFDM, (마) ac

문제 ⑭

아래 표는 무선랜(Wireless LAN) 규격인 802.11에 기준한 표이다. 아래 (가), (나), (다)에 들어갈 적당한 용어를 쓰시오. (6점) (2024-4회)

구분	주파수 대역	최대 전송속도
(가)	5[GHz]	54[Mbps]
802.11g	(나)	(다)

문제 ⑭ 정답

(가) 802.11a, (나) 2.4[GHz], (다) 54[Mbps]

문제 ⑮

무선랜(Wirelss LAN)에서 ESS와 BSS에 대해서 설명하시오. (6점) (2011-2회)

문제 ⑮ 정답

구성	설명
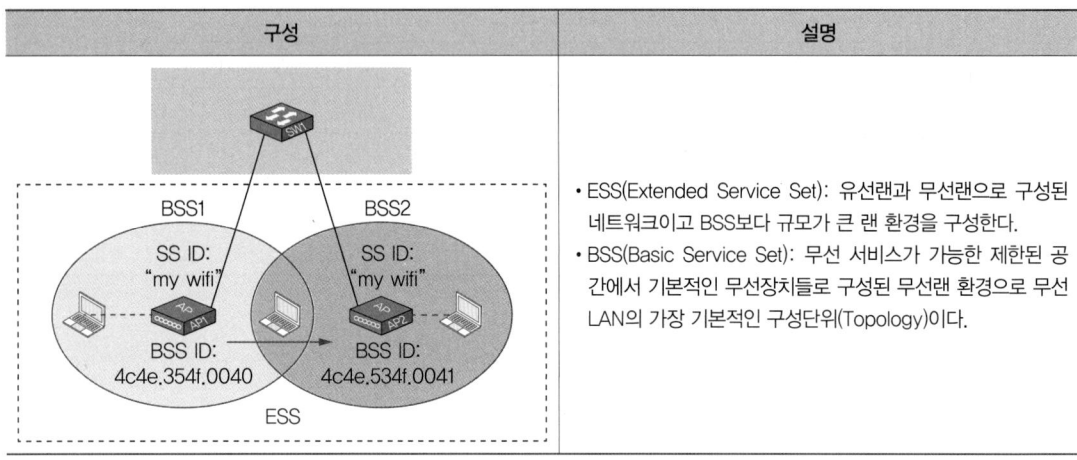	• ESS(Extended Service Set): 유선랜과 무선랜으로 구성된 네트워크이고 BSS보다 규모가 큰 랜 환경을 구성한다. • BSS(Basic Service Set): 무선 서비스가 가능한 제한된 공간에서 기본적인 무선장치들로 구성된 무선랜 환경으로 무선 LAN의 가장 기본적인 구성단위(Topology)이다.

문제 ⑯

WiFi 구성을 위한 IEEE 802.11a와 IEEE 802.11g에서 주로 사용하는 변조기술의 명칭과 기술방식에 대해 설명하시오. (5점) (2021-2회)

1) 변조기술 명칭(2점):
2) 기술방식 설명(3점):

문제 ⑯ 정답

1) OFDM, 직교 주파수 분할 다중 방식(Orthogonal Frequency Division Multiplexing)
2) 하나의 정보(Carrier)를 여러 개의 반송파(Subcarrier)로 분할하고, 분할된 반송파 간의 간격을 최소로 하기 위해 직교(Orthogonal)성을 부가하여 다중화시키는 변조기술이다.

문제 ⑰

아래 무선랜(WLAN) 구성을 보고 (가), (나), (다)에 들어갈 용어를 쓰고 설명하시오. (3점) (2017-4회)

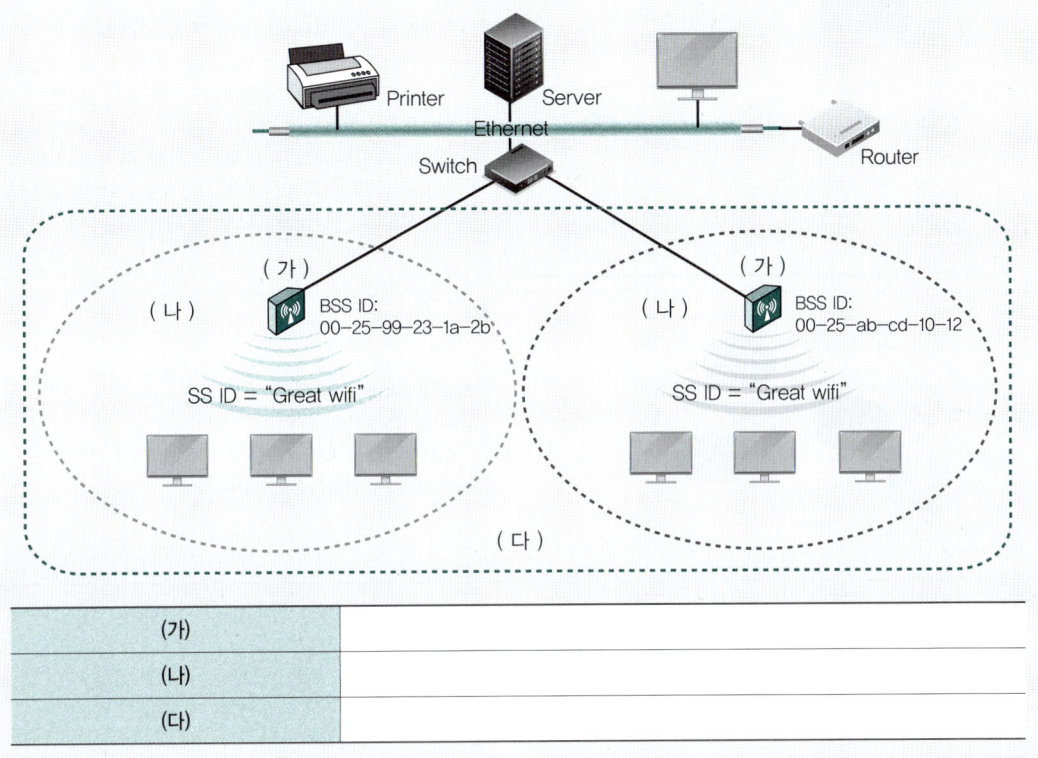

(가)	
(나)	
(다)	

문제 ⑰ 정답

(가) AP(Access Point)	노트북이나 핸드폰 등의 단말이 무선 연결을 위한 접속점
(나) BSS(Basic Service Set)	무선 LAN의 구성에서 기본적인 Topology. 하나의 AP와 여러 단말로 구성됨
(다) ESS(Extended Service Set)	무선 LAN에서 AP를 모아둔 논리적인 집합으로 여러 BSS들로 구성됨. 즉, 유선랜과 무선랜으로 구성된 네트워크이고 BSS보다 규모가 큰 랜 환경을 구성함

보충설명

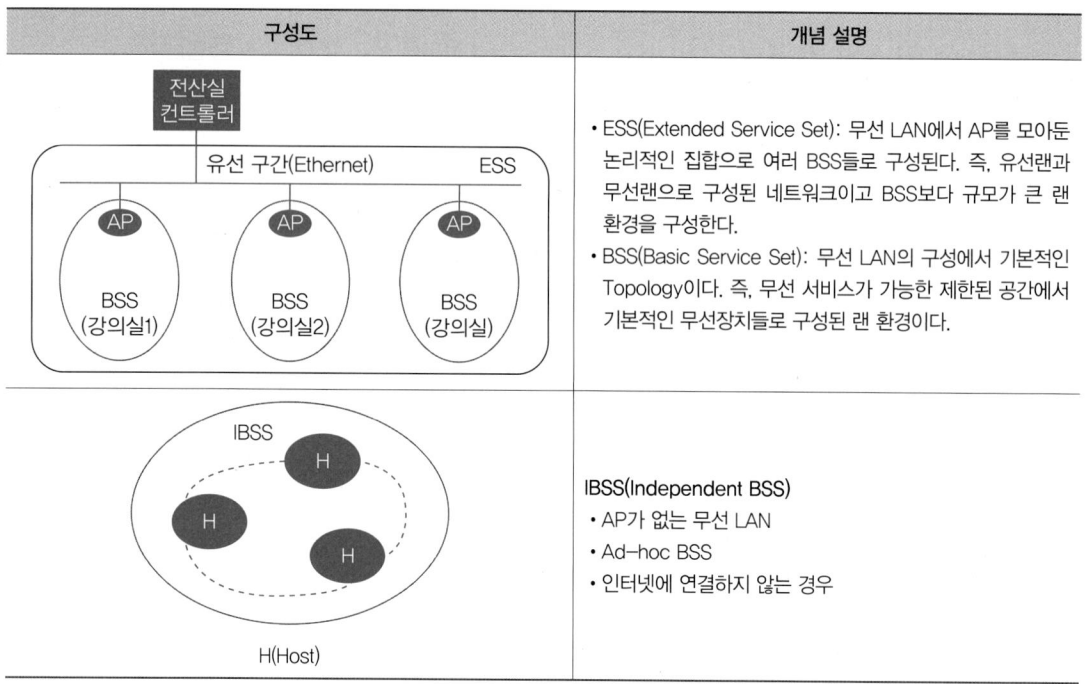

문제 ⑱

무선(Wireless) LAN 규약인 IEEE 802.11에서 사용하는 단말 간에 충돌 회피를 위한 MAC 계층의 프로토콜을 쓰시오. (4점) (2024-2회)

문제 ⑱ 정답

CSMA/CA(Carrier Sense Mulitple Access/Collision Avoidance)

보충설명

- 유선: 802.3(CSMA/CD 사용)
- 무선: 802.11(CSMA/CA 사용)

CHAPTER 13 명령어(Command) 등

학습방법

Window나 Unix(Linux)의 명령어 문제는 신규 문제로 출제 비중이 점점 증가하고 있습니다. 주요 명령어 및 명령어 후 결과값에 대한 내용을 기출문제 위주로 1차 학습하고 시간적 여유가 되는 분들은 자주 사용하는 명령어를 별도로 학습하여 시험에 대비하기 바랍니다.

문제 ❶

다음 (   ) 안에 들어갈 용어를 적으시오. (3점) (2019-1회) (2019-2회) (기출응용)

[Case 1]

TCP/IP 프로토콜 통계, 로컬 컴퓨터와 원격 컴퓨터에 대한 NetBIOS 이름 테이블에서 NetBIOS를 표시 및 NetBIOS 이름을 캐시하는 명령어를 (   )이라 한다.

[Case 2]

DHCP 환경에서 특정 IP가 어떤 컴퓨터에 할당되었는지 알 수 있다. 한 IP에서 과대한 트래픽을 발생하고 있을 경우 (   ) -a x.x.x.x 명령을 통해 해당 컴퓨터의 맥 주소와 Netbios를 확인할 수 있다. 식별 가능한 정보를 이용해서 도메인이 연결되어 있다면 (   ) 명령어로 쉽게 해당 사용자를 찾을 수 있다.

[Case 3]

Window의 Command 창에서 IPv4의 컴퓨터 이름을 찾거나 IP가 충돌할 경우 어디서 충돌이 나는지를 알아내는 명령어이다.

문제 ❶ 정답

nbtstat

문제 ❷

다음은 무엇에 대한 설명인가? (3점) (2015-1회)

[Case 1]

NetBIOS over TCP/IP를 사용하는 프로토콜로서 스테이션(단말이나 PC 등)의 프로토콜 사용 현황이나 TCP/IP 연결상태를 검사하기 위한 명령어이다. 주로 IP 충돌이나 같은 IP를 다른 단말에 사용하고 있는 경우 이 명령을 통해 IP를 어디서 사용하고 있는지를 알아낼 수 있다.

[Case 2]

TCP/IP의 NetBIOS를 지원하는 프로토콜 주소 IP나 컴퓨터 이름을 알고자 할 때 많이 사용하며 IP 충돌의 발생하는 경우, 누가 같은 IP를 사용하고 있는지 알아낼 수 있는 명령어는?

문제 ❷ 정답

nbtstat

보충설명

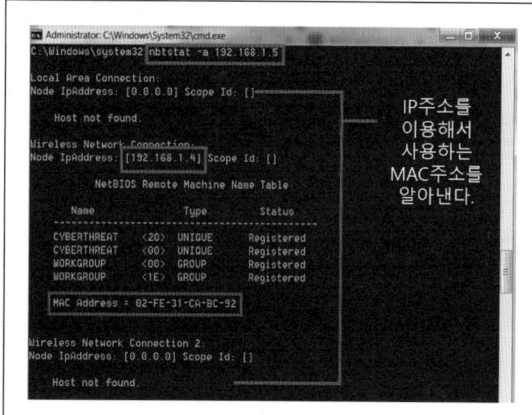

IP주소를 이용해서 사용하는 MAC주소를 알아낸다.

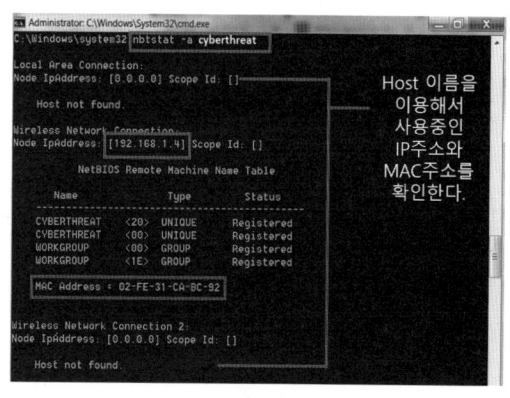

Host 이름을 이용해서 사용중인 IP주소와 MAC주소를 확인한다.

문제 ❸

다음 Command(명령어)에 대해 어떤 동작을 하는지 설명하시오. (9점) (2023-4회)

1) netstat:

2) ping:

3) route print:

▍문제 ❸ 정답 ▍

1) 프로토콜별 네트워크 상태, 라우팅 테이블, 인터페이스 상태 등 확인
2) 해당 IP별 네트워크 연결상태 확인
3) 라우팅 테이블의 Route별 네트워크 마스크, 인터페이스 등 확인

보충설명

netstat 명령어	route print 명령어

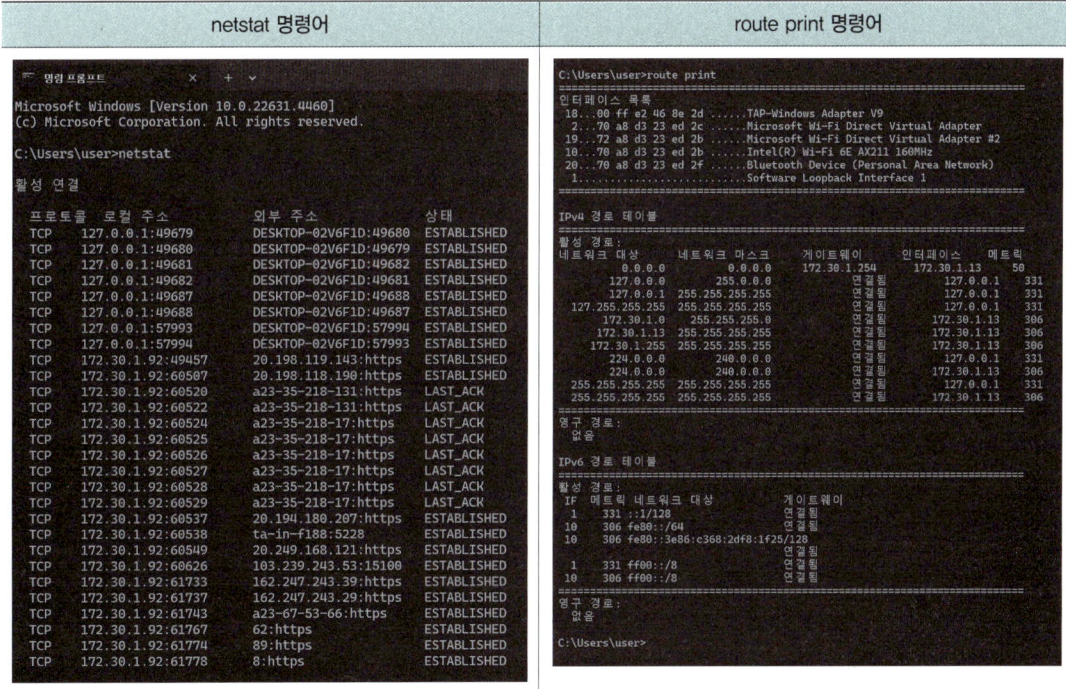

문제 ④

다음 설명에 알맞은 용어를 쓰시오. (4점) (기출응용)

① TCP/IP 환경에서 상대 호스트의 작동 여부 및 응답시간을 측정하는 유틸리티 프로그램
② ICMP 에코 패킷을 대상 컴퓨터로 보내 대상 컴퓨터까지의 경로를 확인하는 유틸리티 프로그램

문제 ④ 정답

① ping
② tracert(Window) 또는 traceroute(Linux)

문제 ❺

다음 무엇에 대한 설명인지 각각 쓰시오. (4점) (2024-2회)

① TCP/IP 통신망에서 특정한 호스트가 도달할 수 있는지의 동작 여부나 응답시간이 얼마나 걸리는지 확인하기 위한 테스트를 할 때 사용하는 ICMP 유틸리티 프로그램 명령어로서 ICMP(Internet Control Message Protocol) 에코 요청을 다른 호스트/장치에 보낸 후 대상 목적지에 도달할 수 있으면 응답 메시지가 반환된다. 응답시간이 빠르면 대기 시간이 줄어든다고 볼 수 있다.
② 목적지까지 경로를 추적위한 유틸리티 프로그램 명령어로서 지정된 호스트에 도달할 때까지 통과하는 경로의 정보와 각 경로에서의 지연 시간을 추적하는 명령이다. 쉽게 경로 추적 툴이라고 볼 수 있으며 주로 ICMP을 사용한다.

문제 ❺ 정답

① ping
② tracert(윈도우), traceroute(리눅스, 유닉스)

문제 ❻

ICMP Protocol에 대해서 다음 (　　) 안의 내용을 쓰시오. (3점) (2021-4회)

- 컴퓨터 네트워크 상태를 점검, 진단하는 명령어이다. (①)을 보내는 대상 컴퓨터를 향해 일정 크기의 패킷(Packet, 네트워크 최소 전송 단위)을 보낸 후 ICMP echo request 대상 컴퓨터가 이에 (①)에 대해 응답하는 메시지(ICMP echo reply)를 보내면 이를 수신, 분석하여 대상 컴퓨터가 작동하는지, 또는 대상 컴퓨터까지 도달하는 네트워크 상태는 어떠한지를 알 수 있다.
- (②)는 네트워크 연결 상태를 구체적으로 파악하는 데 사용되는 진단 도구이다. (①)이 단순히 목적지 IP 주소의 통신 가능 여부를 확인하는 수준이라면, (②)는 패킷이 출발지에서 목적지까지 이동하는 길목 하나 하나를 확인할 수 있다.

▎문제 ❻ 정답 ▎

① ping

② tracert 또는 traceroute

보충설명

- ipconfig: 네트워크 정보 확인
- arp: ARP에서 사용하는 IP 주소를 물리적 주소로 변환/수정
- nslookup: 특정 사이트의 IP 주소 검색
- ping: 인터넷 등의 통신 상태를 점검
- nbtstat: NBT(NetBIOS over TCP/IP)를 사용하여 프로토콜 통계와 현재 TCP/IP 연결을 표시(즉, 특정 IP를 통해 누구의 컴퓨터 인지를 확인할 때)
- tracert: 네트워크 경로 추적
- netstat: 네트워크 연결 현황
- finger: 핑거 서비스를 실행하는 지정된 시스템의 사용자에 대한 정보를 표시
- ftp: FTP 서버 서비스를 실행하는 컴퓨터로, 또는 그 컴퓨터로 파일을 전송
- hostname: 현재 호스트의 이름을 출력
- route: 네트워크 라우팅 테이블을 조작

CHAPTER 14 정보통신 기술

✅ 학습방법

정보통신 기술 관련 최신기술이나 기술 동향을 묻는 문제들이 종종 출제됩니다. 특히 약어를 풀어 쓰거나 반대로 묻는 용어에 대한 기술적 세부 내용을 풀어야 합니다. 혹여 일부분만 알더라도 최대한 많은 내용을 적으셔서 높은 점수를 확보할 수 있도록 사전에 충분한 연습이 필요합니다.

문제 ❶

블루투스(Bluetooth)란 무엇인지 간단히 서술하시오. (3점) (2014-1회)

┃문제 ❶ 정답 ┃

ISM(Industrial Scientific and Medical) 주파수인 2.4GHz 대역을 사용해서 근거리(10m)에서 데이터나 음성 등을 주고받을 수 있는 WPAN(802.15.1) 기술로 저전력(10mW)를 사용해서 장시간 통신을 하는 기술이다.

보충설명

ISM 주파수 대표적 활용 예

전자레인지(2.45GHz), WiFi(2.4/5.8GHz), Bluetooth(2.4GHz), RFID(13.56MHz, 915MHz), 무선조종, 의료기기, 레이더 등

문제 ❷

아래 내용은 무엇에 대한 설명인가? (3점) (기출응용)

주파수: 2.4[GHz]
전송방식: 주파수 Hopping
① Piconet: 여러 개의 장치가 (   )나 기타 비슷한 기술을 이용해서 하나의 망을 구성하는 것으로 8개의 지국으로 구성할 수 있다. 8개의 지국 중 하나는 Primary(Master)라고 하고 나머지는 Secondaries(Slave)라고 한다. 즉, 1:7까지 연결 가능하다.
② Scatternet: 피코넷의 집합으로 피코넷의 Secondaries 중 하나가 다른 피코넷의 Primary가 될 수 있다. 거리는 10~100m 이내이며 무선 Ad-Hoc 네트워크 방식(WiFi(WLAN)는 AP 방식)으로 연결된다.

▌문제 ❷ 정답 ▌

Bluetooth(블루투스)

보충설명

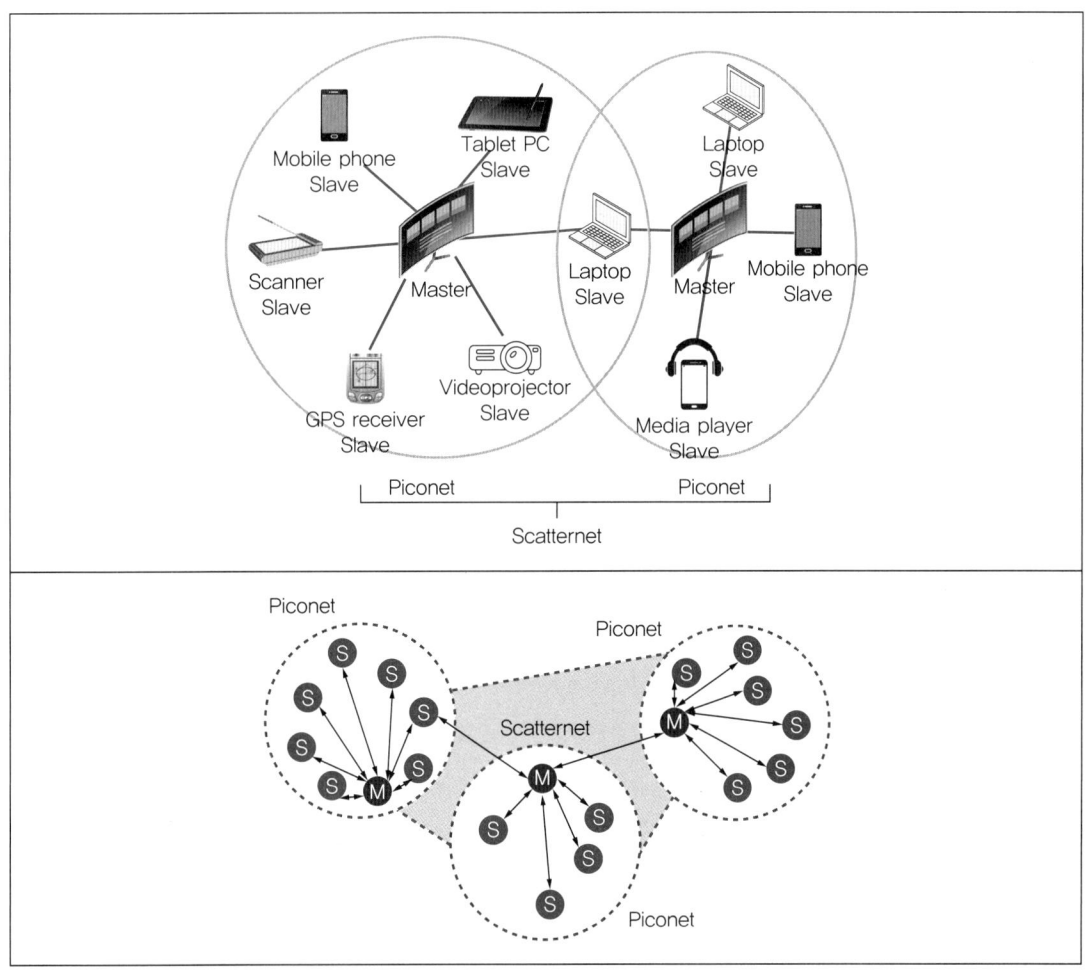

문제 ❸

지능형 교통체계인 ITS를 구축하기 위한 무선통신 기술 2가지를 적으시오. (4점) (2020-2회)

Ⅰ 문제 ❸ 정답 Ⅰ

DSRC, WAVE, C-V2X, eV2X

보충설명

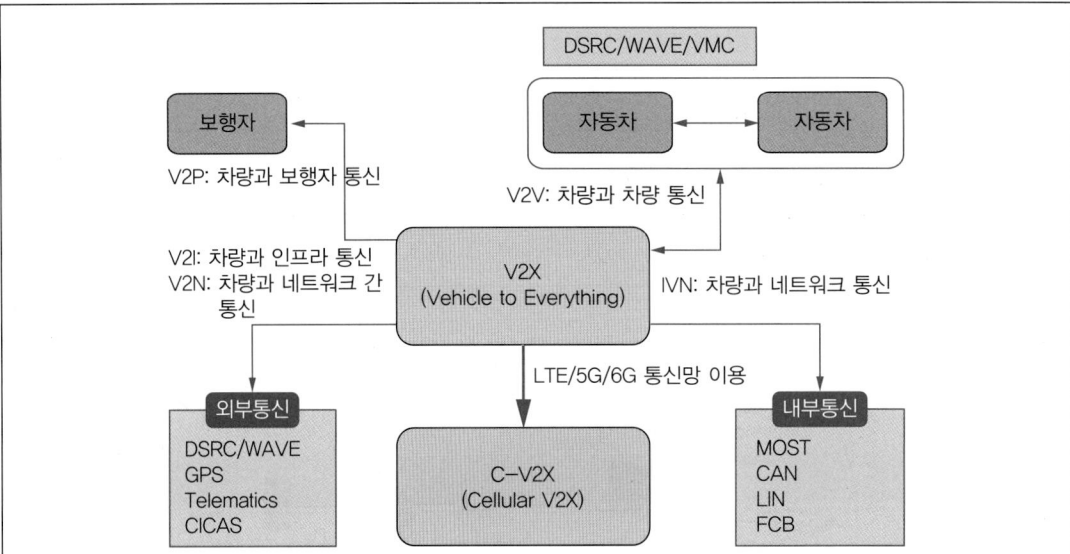

- DSRC(Dedicated Short Range Communication): 5.9GHz 주파수 대역에서 작동하며, 통신 반경은 수 미터에서 수십 미터 사이다. 도로변 노변장치(RSE)와 차량 탑재 장치(OBE) 사이에서 양방향으로 고속의 데이터 송수신이 가능하다.
- WAVE(Wireless Access in Vehicular Environment): 노변, 차량 간 통신 등을 통해 공공의 안전 및 개인통신을 지원하는 중·단거리 무선 데이터 통신이다. 주로 차량 간 통신(V2) 나인 프라 간 통신(V2I)에 활용된다.
- C-V2X(Cellular V2X): 셀룰러 기반 차량·사물통신이다.
- eV2X(enhanced V2X): 스마트카의 자율주행을 실현하기 위해 고도 주행, 센서 확장 기반 저지연/고신뢰 차량 통신 기술이다.

※ C-ITS에서 C는 Cooperative(협력)를 의미한다.

문제 ❹

다음은 무엇에 대한 설명인가? (3점) (기출응용)

클라이언트가 자신을 통해서 다른 네트워크 서비스에 간접적으로 접속할 수 있게 해주는 컴퓨터 시스템이나 응용 프로그램을 가리킨다. 서버와 클라이언트 사이에 중계기로 중간에 대리로 통신을 수행하는 것을 의미하며 그 중계 기능을 하는 것이다.

문제 ❹ 정답

Proxy Server(프록시 서버)

보충설명

프록시 서버는 클라이언트가 자신을 통해서 다른 네트워크 서비스에 간접적으로 접속할 수 있게 해주는 컴퓨터 시스템이다.

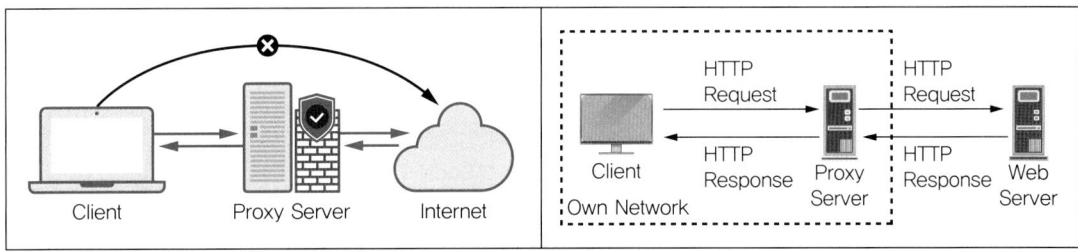

문제 ❺

Home Network를 구성하는 기술 중에서 전력선 통신 기술의 단점 3가지를 쓰시오. (3점) (2012-1회)

홈네트워크를 PLC(Power Line Communication)로 구성할 경우 단점 3가지를 쓰시오. (3점) (2017-2회)

┃문제 ❺ 정답 ┃

① 감쇠(Attenuation)
② 왜곡(Distortion)
③ 잡음(Noise)
④ 표준화 부재

보충설명

전력선 통신(PLC; Power Line Communication) 기술의 장단점

장점	• 별도의 통신선로 불필요(저렴한 설치비용) • 설치가 용이 • 콘센트를 이용하여 간편하게 접근 가능 • 다양한 응용시장과 연계한 네트워크 가능
단점	• 제한된 전송 전력 • 높은 부하 간섭과 잡음 • 가변하는 신호감쇠 임피던스 특성 • 주파수 선택적 특성 • 표준화 부재 • 국가마다 다른 전력 계통 구성 상이함

문제 ❻

아래 사항에 대해서 답하시오. (5점) (2021-2회)

1) USB의 원어를 쓰시오.
2) USB 사용에서 장점과 단점을 쓰시오.

장점	
단점	

문제 ❻ 정답

1) Universal Serial Bus
2) 장단점

장점	• Plug and Play(자동 설정 및 동작) 기능이 있어서 쉽게 사용 가능하다. • Hot Swapping 기능을 지원해서 사용 및 조작이 용이하다.
단점	• USB Controller의 기능은 한정되어 있어 하나의 컨트롤러에 다수 장비(Device) 연결이 불가능하다. • 다수 장치를 연결할 경우 전송 속도가 느려질 수 있다.

문제 ❼

정보통신망을 구성하기 위한 3대 주요 기능에 대해서 서술하시오. (3점) (2018-1회)

문제 ❼ 정답

① 신호기능: 전기통신망에 접속하기 위한 설정, 제어, 관리 기능
② 전달기능: 데이터나 음성(Voice) 등의 정보를 전송하거나 교환하는 기능
③ 제어기능: 교환설비와 단말기 등 통신망에서 상호 접속에 필요한 수단을 제공하는 기능

문제 ❽

다음은 정보통신망을 구성하기 위한 3대 동작 기능에 대한 설명이다. 아래 알맞은 용어를 쓰시오. (3점)

(기출응용)

문제	동작 기능
(①)기능	보내고자 하는 데이터 등의 정보를 전송하거나 교환하는 기능으로 요구되는 정보 신호 또는 전력을 전송 매체를 통해 공간의 한 점에서 다른 점으로 전달하는 기능을 의미한다.
(②)기능	통신회선을 통하여 주 컴퓨터와 단말 간 또는 주 컴퓨터 상호 간에 데이터를 전달할 때 데이터의 송수신이 원활하게 이루어지도록 하기 위한 기능으로 네트워크 접속에 대한 제어(Control)를 담당한다.
(③)기능	컴퓨터나 단말장치의 데이터를 통신회선에 적합하게 변경하거나, 그 반대의 기능을 수행하는 것으로 다양한 형태의 정보(음성, 데이터, 화상 등)에 대한 접속의 설정과 제어 및 관리하는 기능이다.

문제 ❽ 정답

① 전달
② 제어
③ 신호

보충설명

정보통신시스템의 3대 구성 요소	단말장치, 전송장치, 컴퓨터
정보통신망의 3대 구성 요소	단말장치, 전송장치, 교환장치
데이터통신시스템의 3대 구성 요소	단말장치, 전송장치, 통신제어장치
정보전송시스템의 3대 구성 요소	단말장치, 데이터전송회선, 통신제어장치
정보통신망의 3대 동작 기능	전달기능, 신호기능, 제어기능

문제 ⑨

데이터 통신에 사용하는 주요 통신 속도 4가지를 쓰고 설명하시오. (4점) (2019-1회)

문제 ⑨ 정답

① 변조속도: 초당 신호 변화나 상태 변화를 나타내는 속도(Baud)
② 전송속도: 데이터 회선을 통해 보내는 문자나 블록 수(블록/sec, 문자/sec)
③ 신호속도: 초당 전송하는 비트 수(bps)
④ 베어러속도: 데이터 신호의 동기신호, 상태신호 등에 대한 속도(bps)

문제 ⑩

유선계 홈네트워크 전송 기술의 종류 3가지를 쓰시오. (3점) (2011-4회) (2012-1회)

문제 ⑩ 정답

Home PNA, PLC, IEEE 1394, Ethernet

문제 ⑪

무선계 홈네트워크 기술의 종류 3가지를 쓰시오. (3점) (기출응용)

문제 ⑪ 정답

UWB, WiFi, Zigbee, Z-wave, IoT

문제 ⑫

홈네트워크를 구성하는 네트워크 주요 기술 4가지를 서술하시오. (8점) (2010-1회)(2023-4회)

| 문제 ⑫ 정답 |

① 유선기술: Ethernet, PLC(Power Line Communication), Home PNA(Phoneline Networking Alliance), RS – 485, HDMI 등
② 무선기술: WiFi(802.11 계열), WPAN(Wireless Personal Area Network) 계열(802.15.x), Zigbee, Z-wave, UWB(Ultra Wideband), USB(Universal Serial Bus) 등
※ 무선과 유선기술을 임의로 적으면 된다.

문제 ⑬

정보통신망에서 통신망 네트워크의 백업에 대해서 아래 질문에 답하시오. (6점) (기출응용)
1) 네트워크 백업이란 무엇인지 서술하시오.
2) 네트워크 백업 구성 시 주요 고려 사항 3가지를 쓰시오.

| 문제 ⑬ 정답 |

1) 네트워크 장애 대비 이중화를 하는 것으로 하나의 경로나 장비가 장애가 발생하는 경우 우회 경로나 장비로 서비스를 지속적으로 유지해 주는 것이다.
2) 통신망 경로 이중화 여부, 장비 단위 또는 카드나 포트 단위 선택, 백업(Standby) 전환 시 절체 시간

보충설명

컴퓨터 시스템에서의 백업은 하드디스크 개념인 경우 데이터를 별도 외장 하드나 테이프 등에 저장하는 것이다. 이를 위해 백업받은 저장 공간을 확인해야 하고 백업의 주기나 시기를 결정해야 한다. 하드디스크 관점에서 RAID 기술을 적용한다. 위 문제는 네트워크 관련 백업과 컴퓨터나 서버의 하드디스크 Backup을 구분해서 이해해야 한다.

문제 ⓐ

시스템 백업에서 아래 사항을 정의하시오. (6점) (기출응용)

1) Cold Backup:
2) Hot Backup:
3) Warm Backup:

문제 ⓐ 정답

1) 시스템 종료 후 백업
2) 시스템 종료하지 않고 백업
3) 위 두 가지 혼합으로 시스템은 종료하지 않으나 외부 사용자가 내부 시스템을 변경하지 못함

보충설명 1

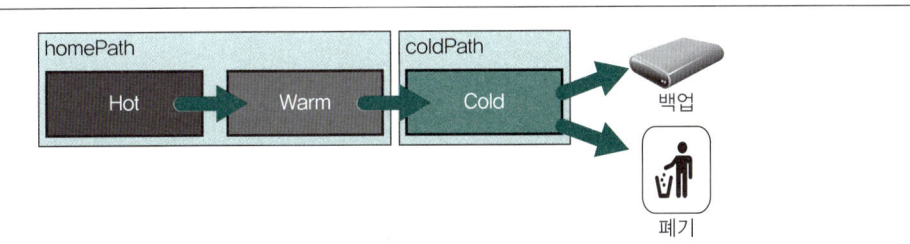

- Cold Backup: 데이터베이스를 종료시킨 후 전체 파일을 백업받는 것으로 Shutdown은 정상적인 Shutdown 이어야 한다.
- Hot Backup: 데이터베이스를 종료시키지 않고 파일을 백업받는 것으로 Tablespace 단위로 백업을 수행한다.

보충설명 2

Tablespace

데이터베이스에서 데이터를 저장하는 논리적 저장 단위이다. 테이블, 인덱스, 뷰 등 데이터 객체들이 저장되는 논리적인 컨테이너로 내부적으로는 하나 이상의 데이터 파일로 구성된다.

문제 ⑮

DR(Disaster Recovery) 복구 수준별 분류에 대해 아래 사항을 설명하시오. (6점) (기출응용)

1) Hot Site:
2) Warm Site:
3) Cold Site:
4) Mirror Site:

문제 ⑮ 정답

1) Hot Site: 주 센터와 백업센터 간에 데이터망 이중화(수 시간 내 대체, 높은 비용)
2) Warm Site: 주기적 데이터 백업, 로컬이나 원격지의 백업 데이터를 보관(실시간성 미지원)
3) Cold Site: 특정 시점에 백업하는 방식(느린 복구, 낮은 비용)
4) Mirror Site: 주 센터와 백업센터 데이터를 실시간 동기화하는 방식(빠른 복구, 높은 비용)

보충설명

재해 상황 발생 시 주 시스템과 백업시스템의 거리도 중요하다. 보통 50km 이내가 일반적이며 너무 가까이 DR센터를 두면 재해 발생 시 두 시스템 모두 중단될 가능성이 커지므로 적절한 배치가 필요하다. 해외의 경우 이를 위해 두 시스템의 물리적 거리를 100km 이상으로 떨어뜨리는 경우도 있다.

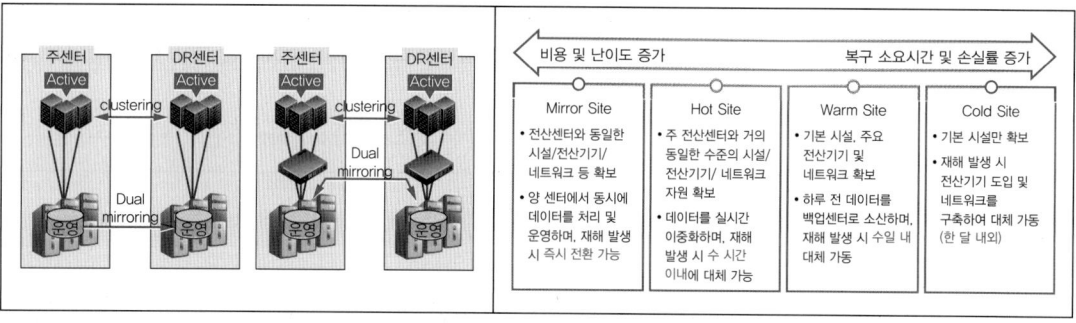

- Mirror Site: 주요 서비스 시스템과 동일한 시설과 기기와 네트워크를 미러링으로 구축하여, 두 시스템을 클러스터링해 동시에 운영하는 방식이다(Active-Active 실시간 동시 서비스).
- Hot Site: 주 서비스와 동일한 시설과 네트워크 자원을 확보하여 데이터를 실시간으로 이중화하여 운영한다. 주 센터와 동일한 수준의 정보기술 자원을 대기상태(Standby)로 원격지의 사이트에 보유하면서(Active-Standby) 동기적(Synchronous) 또는 비동기적(Asynchronous) 방식의 실시간 Mirroring을 통하여 데이터를 최신의 상태(Up-to-date)로 유지한다.
- Warm Site: 기본 시설과 주요 전산기기와 네트워크 시스템을 확보하지만, 실시간으로 운영하지는 않는다.
- Cold Site: 기본 시설만 확보하여 두고 재해가 발생할 경우 전산기기를 도입하고 네트워크를 구축하는 것부터 시작한다. 복구 속도는 한 달 내외로 느리지만 미리 네트워크 구축이나 서버를 마련할 필요가 없다는 면에서 가장 비용은 저렴하게 소요된다.

문제 ⓑ

다음 아래 (　) 안에 들어갈 용어를 쓰시오. (4점) (2010-4회)

WPAN에서 802.15.1를 기반으로 근거리 무선통신 규격 중 반경 10~100[m] 안에서 컴퓨터, 프린터, 휴대폰, PDA 등 정보통신 기기는 물론 각종 디지털 가전제품 간의 통신에 물리적인 케이블 없이 무선으로 고속의 데이터를 주고 받을 수 있는 기술은 (　①　)이며 (　②　)은/는 소형, 저전력 디지털 라디오를 이용하여 Personal 통신망 구성을 위한 표준 기술이다. 초당 250[kbps]의 전송 속도를 가지며, 블루투스보다 단순하고 저렴한 기술을 목표로 한다.
(　③　)은/는 IEEE.802.15.4를 기반으로 만들어진 저속의 무선네트워크인 (　②　)에서 사용되는 디바이스로 특정한 목적의 노드 비용을 줄이기 위하여 많은 부분을 간소화하여 최소한의 일부 기능만 제공한다.

문제 ⓑ 정답

① Bluetooth
② Zigbee
③ 축소기능기기(RFD; Reduced Function Device)

보충설명

Zigbee 기기의 구분

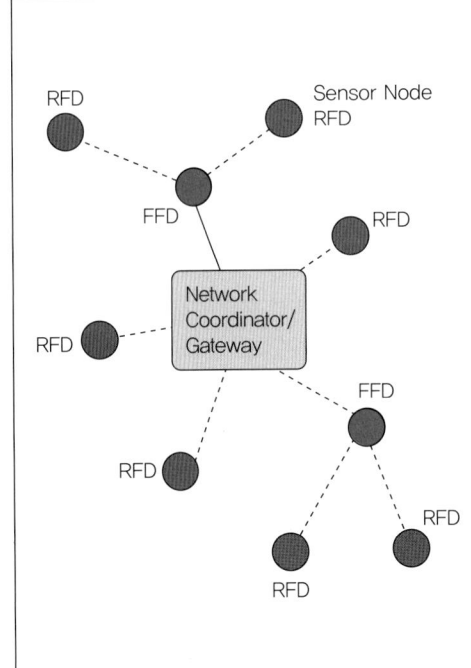

Zigbee 기기는 성능에 따라 전기능기기(FFD), 축소기능기기(RFD) 두 가지로 구분된다.

FFD(Full Function Device)	코디네이터, 라우터, 종단기기
RFD(Reduced Function Device)	종단기기

- 전기능기기(FFD)는 Zigbee 코디네이터, Zigbee 라우터, Zigbee 종단기기 중에 어떤 기기로도 사용될 수 있어서 Star형, Peer to Peer형, Cluster-tree 네트워크 형태를 모두 지원한다. 코디네이터는 각각의 네트워크마다 하나씩 존재하고 네트워크를 형성하는 기초가 된다. Zigbee 라우터는 FFD이고, 멀티 홉(Multi-Hop) 라우팅 메시지를 전달하는 역할을 한다.
- 축소기능기기(RFD)는 Zigbee 종단기기로 동작되며 Star 망으로 제한, PAN 코디네이터 또는 라우터 역할은 할 수 없고 아주 간단한 기능이 구현되어 있어서 제한된 프로토콜 기능을 지원한다.

CHAPTER 15

ATM

✓ 학습방법

ATM 기술은 2000년 전후로 사용하다가 현재는 현장에서 사라진 기술입니다. 그러므로 주요 Key Word만 정리하고 너무 깊게 학습하지 않는 것을 권고합니다. 향후 지속적으로 출제에서 제외될 것으로 예상됩니다.

문제 ❶

STM(Synchronous Transfer Mode)과 ATM(Asynchronous Transfer Mode)의 차이점을 간단히 설명하시오. (4점) (2016-4회) (2017-2회) (2019-1회)

1) STM 약어 및 의미:

2) ATM 약어 및 의미:

3) STM과 ATM의 차이점:

4) 아래 (   ) 안을 채우시오.

구분	ATM(비동기식)	STM(동기식)
신호 슬롯 할당	동적할당	정적할당
교환방식	(①) 기반 교환	(②) 분할 교환
다중화 방식	(③) 다중화	(④) 다중화
입출력 속도	입력 ≥ 출력	입력 = 출력
전송단위	(⑤)	(⑥)

┃문제 ❶ 정답┃

1) STM(Synchronous Transfer Mode): 주기적인 프레임상의 고정된 타임슬롯 위치에 특정 채널을 호의 설정부터 해제까지 할당하는 방식으로 시간을 할당해서 동작한다.

2) ATM(Asynchronous Transfer Mode): 전송해야 할 정보를 고정길이인 53byte의 패킷으로 나눈 Cell로 구성하고, 주기적으로 배열하여 모든 호들이 Cell 단위로 공유할 수 있도록 한다.

3) STM은 동기식 전송방식이며, ATM은 비동기식 전송방식이다.

4)

구분	ATM(비동기식)	STM(동기식)
신호 슬롯 할당	동적할당	정적할당
교환방식	(① Cell) 기반 교환	(② 시간) 분할 교환
다중화 방식	(③ 통계적) 다중화	(④ 시간 분할) 다중화
입출력 속도	입력 ≥ 출력	입력 = 출력
전송단위	(⑤ Cell)	(⑥ Frame)

보충설명

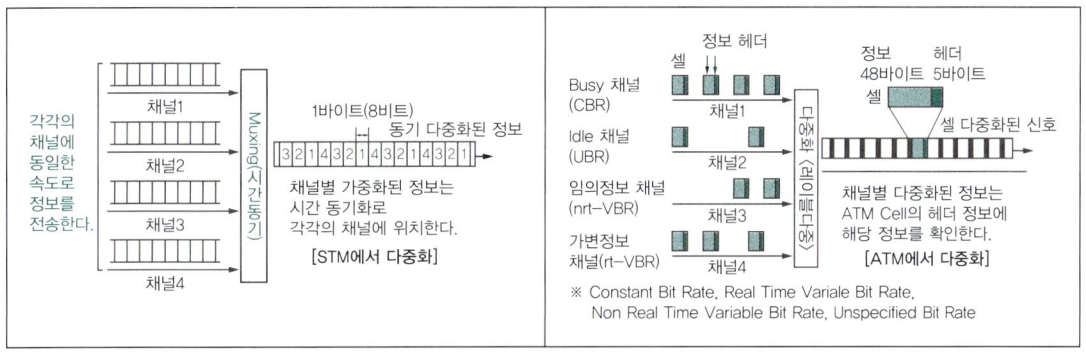

문제 ❷

다음은 ATM과 STM을 비교한 표이다. 빈칸에 알맞은 용어를 쓰시오. (8점) (기출응용)

구분	ATM	STM
기술	B-ISDN 관련 기술	N-ISDN 관련 기술
다중화 방식	비동기식	동기식
전송단위	①	②
전송지연	③	일정한 전송지연
통계적 다중화	④	⑤
전송시스템	ATM 장비	PDH, SDH/Sonet 광장비

문제 ❷ 정답

① 셀(Cell), ② 프레임(Frame), ③ 가변적 전송지연, ④ 가능, ⑤ 불가능

문제 ❸

ATM에서 AAL(ATM Adaptation Layer)은 아래와 같이 크게 4개로 구분된다. 아래 (   ) 안에 들어갈 사항에 대해서 답하시오. (4점) (2017-2회)

구분	내용
(①)	가변적 속도로 데이터 패킷 전송을 제공
(②)	가상회선 또는 데이터그램 전송과 같은 패킷교환방식 지원
(③)	고속의 데이터 전송에 적합하며 오버헤드를 줄임. 순서제어/오류제어 필요 없음
(④)	고정된 속도로 비디오 및 음성과 같은 데이터의 전송을 지원

문제 ❸ 정답

① AAL 2, ② AAL 3/4, ③ AAL 5, ④ AAL 1

보충설명

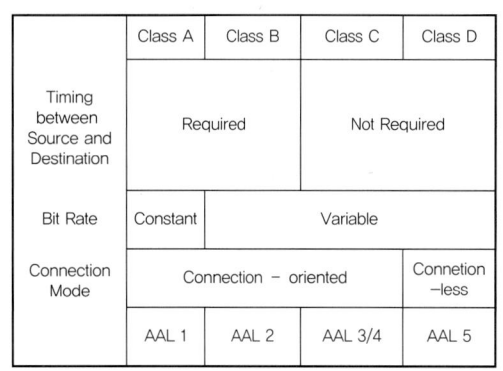

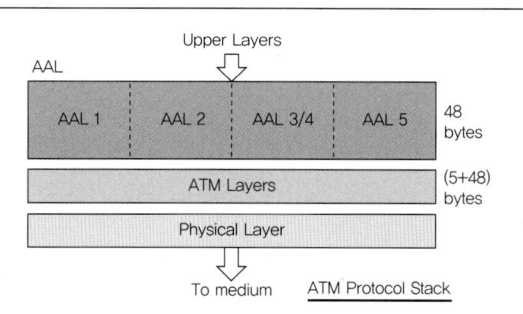

구분	Class A	Class B	Class C	Class D
송수신 타이밍 관계	필요	필요	불필요	불필요
비트율	일정	가변	가변	가변
연결성	연결 지향적	연결 지향적	연결 지향적	비연결적
AAL 구분	Type 1 (AAL 1)	Type 2 (AAL 2)	Type 3/4, Type 5 (AAL 3/4, AAL 5)	Type 3/4 (AAL 3/4)

문제 ❹

다음 아래 사항에 답하시오. (4점) (2016-2회)

> ISDN(Integrated Service Digital Network)은 종합 정보 통신망으로 기존의 공중전화망 인프라에서 고속의 디지털 통신을 하기 위한 통신 규약이다. ISDN에는 BRI(Base Rate Interface)와 PRI(Primiary Rate Interface)가 있는데, BRI의 경우 2개의 (①)과 1개의 (②)을 사용한다. (①)은 데이터 전송을 담당하며 (②)은 제어정보나 시그널 전송 등에 사용된다.

| 문제 ❹ 정답 |

① B 채널(64kbps)
② D 채널(16kbps)

문제 ❺

B-ISDN/ATM 물리계층에서 전송 프레임을 만들고, ATM 셀들을 프레임에 실어 보낼 수 있게 하며, 전송 프레임으로부터 ATM 셀들을 추출하는 기능을 수행하는 부계층은 무엇인가? (4점) (2011-1회)

| 문제 ❺ 정답 |

전송 수렴 부계층(TC Sublayer, Transmission Convergence Sublayer)

문제 ❻

ATM Cell의 구조를 그리고 각 필드의 길이를 쓰시오. (3점) (2016-4회) (2017-1회) (2017-4회)

ATM 셀(Cell)의 구조를 나타내고, 각 필드의 길이를 쓰시오. (4점) (2012-2회) (2015-4회) (2019-1회)

헤더	(①)Byte
페이로드	(②)Byte

│문제 ❻ 정답│

① 5
② 48

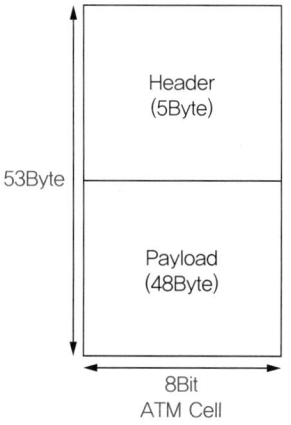

ATM Cell

문제 ❼

ATM에서 사용하는 QoS 파라미터 3가지를 쓰시오. (3점) (2011-1회)

│문제 ❼ 정답│

① CLR(Cell Loss Ratio) 셀 손실률
② 최대 셀 전송 지연(Maximum Cell Transfer Delay, Max CTD)
③ 셀 지연변이(Cell Delay Variation, Peak-to-peak CDV)

문제 ❽

ATM에 관한 아래 물음에 답하시오. (7점) (2010-2회) (2018-1회)

1) ATM 참조 모델의 3가지 평면을 적으시오.
2) AAL에서 서비스 클래스를 지원하기 위한 AAL Type 4가지를 적으시오.

문제 ❽ 정답

1) 사용자평면(User Plane), 제어평면(Control Plane), 관리평면(Management Plane)
2) AAL 1, AAL 2, AAL 3/4, AAL 5

보충설명

AAL Type

AAL 1	고정된 속도로 비디오 및 음성과 같은 데이터의 전송을 지원
AAL 2	가변적 속도로 데이터 패킷 전송을 제공
AAL 3/4	가상회선 또는 데이터그램 전송과 같은 패킷교환방식 지원
AAL 5	고속의 데이터 전송에 적합하며 오버헤드를 줄임. 순서제어/오류제어 필요 없음

문제 ⑨

B-ISDN의 ATM Protocol Reference Model은 계층(Layer)과 평면(Plan)의 구조로 되어 있다. 3개의 평면은 각각 무엇인가? (3점) (2011-2회)

문제 ⑨ 정답

① 사용자(User) 평면
② 제어(Control) 평면
③ 관리(Management) 평면

보충설명

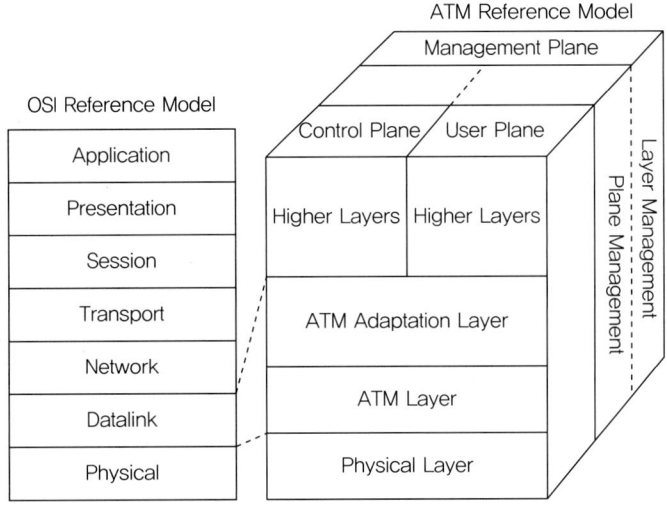

문제 ⑩

B-ISDN의 ATM 참조 모델 하위계층 3가지를 쓰시오. (6점) ^(기출응용)

문제 ⑩ 정답

① ATM 적응계층
② ATM 계층
③ 물리계층

문제 ⑪

다음은 ATM 참조 모델의 3가지 평면(Plane)이다. 각각의 내용을 설명하시오. (8점) ^(기출응용)

① 사용자 평면	
② 제어 평면	
③ 관리 평면	

문제 ⑪ 정답

① 사용자 평면	사용자의 정보를 전송하는 기능을 수행
② 제어 평면	호출설정, 연결제어 등의 기능을 수행
③ 관리 평면	계층관리와 평면관리의 2가지 기능을 수행

CHAPTER 16 네트워크 품질측정

✅ 학습방법

통신망의 정상 운용을 확인하거나 점검을 위해 계측기를 사용해서 망을 점검합니다. 이를 위해 과거에는 Network Analyzer 기반의 문제가 출제되었으나 최근에는 WireShark 기반의 문제로 확대되고 있습니다. 기출문제를 꼼꼼히 확인하고 CHAPTER 06 Router에서 언급한 WireShark와 함께 학습해야 하며 가능하면 PC에 WireShark Program을 설치해서 사용해 보기를 권장합니다.

문제 ❶

프로토콜 분석기에서 BERT(Bit Error Ratio Test)의 시험을 진행한다. 송신단 신호발생기를 사용하고 수신단에서 프로토콜 분석기를 사용할 때 주요 모드 3가지에 대한 종류와 의미를 쓰시오. (6점) (2022-2회)

▮ 문제 ❶ 정답 ▮

① Continue: 연속 측정
② R-bit: 지정한 유효 수신비트까지 측정
③ Run-time: 지정한 측정시간까지 측정

문제 ❷

네트워크 분석기는 무선 주파수(RF) 디바이스 엔지니어링에 중요한 역할을 한다. 네트워크 분석기는 초기에는 S-Parameter만 측정했으나 점점 고도로 통합되고 발전하여 응답 주파수 특성을 주파수 영역에서 측정하고 분석·테스트하는 장비이다. 네트워크 분석기의 주요 측정항목 4가지를 쓰시오. (4점) (기출응용)

▮ 문제 ❷ 정답 ▮

반사손실(특성), 정재파비(VSWR, Voltage Standing Wave Ratio), 임피던스 특성, 삽입손실, 이득, 전송 특성 측정

※ 프로토콜 분석기와 Network 분석기의 차이점 확인 필요

문제 ❸

표준적인 신호발생기 조건 3가지를 쓰시오(표준신호 발생기 구비조건 3가지를 쓰시오). (3점) ^(기출응용)

문제 ❸ 정답

① 교정된 정확도가 큰 주파수와 전압을 발생할 것
② 광범위한 주파수를 안정적이며 지속적으로 출력할 수 있을 것(안정적 주파수 발생)
③ 출력 레벨이 가변 가능하고 넓은 주파수 범위에 걸쳐 발진 주파수가 가변 가능할 것
④ 변조 왜곡이 적어야 하며 출력 신호의 변조도가 정확히 조정될 것
⑤ 차폐를 완벽히 지원할 것(전자파 누설이 발생되지 않을 것)

보충설명

신호발생기는 신호를 복제하여 디지털 변조가 적용된 고속 시리얼 데이터 또는 RF 신호를 생성하는 다양한 응용 분야에 사용한다. 신호 발생기는 주로 아날로그 또는 디지털 신호의 이상적이거나 왜곡된 신호, 표준 또는 사용자 정의 신호를 거의 무제한으로 생성할 수 있다. 이를 통해 수신기 테스트 및 고속 시리얼 데이터 파형의 직접 합성부터 임의 함수 발생기, 아날로그 및 디지털 애플리케이션용 RF 신호 발생기 등에 사용되고 있다.

문제 ❹

다음 설명하는 용어를 쓰시오. (3점) (2016-2회) (2019-2회)

> 주로 하드웨어적인 문제가 아닌 네트워크상의 프레임을 점검하는 것으로 네트워크상에서 흐르는 데이터 프레임을 캡처하고 디코딩하여 분석하며 LAN의 병목현상, 응용프로그램 오류, 프로토콜 설정 오류, 네트워크 카드의 충돌 등을 분석하는 장비이다.

문제 ❹ 정답

프로토콜 분석기

문제 ❺

다음 아래 들어갈 용어를 적으시오. (5점) (2013-4회)(2020-2회)

( )은/는 IT 관리 및 보안 부서가 네트워크 트래픽을 캡처하고, 캡처한 데이터를 분석해 네트워크 트래픽 또는 발생 가능한 악의적 활동과 관련된 문제를 식별할 수 있게 해주는 도구이다. 이를 통해 통신망에 흐르는 데이터 프레임을 캡처하고 디코딩하여 분석하며 LAN의 병목현상, 응용프로그램 실행오류, 프로토콜 설정 오류, 네트워크 카드의 충돌오류 등을 분석하는 장비이다.

문제 ❺ 정답

프로토콜 분석기

문제 ❻

프로토콜 분석기의 주요 기능 3가지를 쓰시오. (6점) (2021-1회)(2022-4회)(2023-2회)

문제 ❻ 정답

① BER(Bit Error Test) 시험
② 데이터 Capture 및 저장
③ 회선 성능(Performance)측정
④ Jitter 측정
⑤ 네트워크 모니터링
⑥ Capture된 Protocol Decoding(분석)

> 보충설명

프로토콜 분석기와 네트워크 분석 비교

항목	프로토콜 분석기	네트워크 분석기
분석 대상	패킷 수준의 데이터, 프로토콜 동작으로 네트워크를 지나는 패킷을 캡처하고, 프로토콜별로 해석·분석하는 도구	RF(무선 주파수) 회로나 전기 네트워크의 특성(주로 S-파라미터 등)을 측정하는 계측기
사용 목적	네트워크 트래픽 분석, 문제 진단, 보안 분석, 트러블슈팅	회로, 안테나, 필터 등 전기적 특성 (반사, 전송, 임피던스 등) 측정 및 분석
주요 기능	패킷 캡처, 프로토콜 디코딩, 오류 식별 실시간 모니터링, 트래픽 통계, 문제 진단	신호 송수신, S-파라미터 측정, 임피던스/삽입손실/반사손실 측정
측정 대상	데이터 패킷, 프로토콜 계층 (OSI 2~7계층)	전기적 신호, S-파라미터, 임피던스, 반사/전송 특성
적용 분야	IT 네트워크, 인터넷, 데이터 통신, 보안	RF/마이크로파 회로, 통신 장비, 전자부품, 안테나 등등
예시	Wireshark, tcpdump, Sniffer	PRTG, NetFlow, Anritsu 등

- 프로토콜 분석기는 네트워크 트래픽(데이터 패킷, 프로토콜 계층)을 분석하는 IT/네트워크용 도구
- 네트워크 분석기는 RF/전자 회로의 전기적 특성(주로 S – 파라미터 등)을 측정하는 계측기

문제 ❼

네트워크에서 패킷을 캡처해서 상세하게 분석하는 소프트웨어나 하드웨어 단독 장비를 프로토콜 분석기라 한다. 프로토콜 분석기의 주요 기능 3가지를 쓰시오. (6점) ^(2024-2회)

문제 ❼ 정답

① 데이터 패킷 캡처 및 저장기능(Data Packet Frame Capture & Saving)
② 데이터 패킷 디코딩 및 분석/변환(Data Packet Frame Decoding & Analysis/Transaction)
③ 네트워크 모니터링 및 분석(Network Monitoring & Audit)
④ 장애처리 및 관련 자료 수집
⑤ Traffic 분석 및 통계 자료 작성
⑥ Protocol 유형 분류 및 분석
⑦ 네트워크 연계 구성 파악 및 성능, 에러 등에 대한 정보 제공
⑧ 응용프로그램 오류 분석
⑨ 프로그램 설정 오류 분석
⑩ 네트워크 카드 충돌 분석

문제 ⑧

데이터 전송회선의 품질의 척도로 사용되는 것으로 데이터 전송의 정확도를 나타내는 3가지 오류율을 쓰고, 이 중 디지털 방식에서 통신품질의 평가척도로 사용하는 것을 쓰시오. (8점)

(2014-1회) (2016-4회) (2022-1회) (2024-1회)

| 문제 ⑧ 정답 |

데이터 전송의 정확도를 나타내는 3가지는 BER, FER, CER이다. 이 중 디지털 방식에서 통신품질의 평가척도로 사용하는 것은 BER이다.

> **보충설명**
> - BER(Bit Error Rate): 전송 총 비트 중 오류 비트 수의 비율
> - FER(Frame Error Rate): 데이터 네트워크에서 프레임 단위로 전송될 때 총전송 프레임 수에 대한 오류 발생 비율
> - BLER(BLock Error Rate): 디지털 회로에서 전송된 총 블록 수에 대한 오류 블록 수의 비율
> - CER(Character Error Rate): 문자나 음성의 오류율

문제 ⑨

통신품질의 오류율을 측정하는 3가지 형태와 원어를 쓰시오. (3점) (기출응용)

| 문제 ⑨ 정답 |

BER(Bit Error Rate), FER(Frame Error Rate), BLER(BLock Error Rate), CER(Character Error Rate)

문제 ⑩

네트워크 구축 후 가입자 통신망의 원활한 통신을 확인하기 위해 통신망을 최초로 구축한 곳에서 통신소나 헤드엔드를 통해 최초로 통신망을 사용하기 전 회선을 테스트하여 성능을 확인하는 것을 무엇이라 하는가? (4점) (2024-1회)

| 문제 ⑩ 정답 |

개통시험, 회선개통시험

문제 ⑪

정보통신망(시스템)의 신뢰도를 향상시키기 위한 주요 방법 4가지를 쓰시오. (8점) (2024-2회)

문제 ⑪ 정답

대분류	내용	비고
이원화 구성	국사 이원화 구성	동일 통신사
	통신사 이원화 구성	다른 통신사
	통신센터의 이원화 구성	동일/다른 통신사
생존성 강화구성	Full Mesh형 망 설계	동일 통신사
	전송로의 경로 최적화(다원화) 구성	
	자동복구형 Ring(망) 구성(UPSR, BLSR 등 자동 복구망 구성)	
	우회경로 확보	
통신망 관리강화	네트워크관리시스템(NMS, Network Management System) 구축 및 Monitoring	
	AI 기반 NMS 도입으로 장애 사전예측	
	통신망 과부하나 장애 발생 시 문자나 알람 등으로 운용자에게 통보하는 기능	
기타 기능	장애 대비 예비품 사전확보, 회선의 분산 수용을 위한 사전 설계반영	
	사전에 하드웨어 고장 점검 및 소프트웨어 진단	
	방화벽 등 보안 기능 강화	

문제 ⑫

계측기(측정기)는 크게 Digital 방식과 Analog 방식이 있다. Analog 계측기와 비교했을 때 Digital 측정기(계측기)의 장점 5가지를 서술하시오. (5점) (2015-4회)(2021-4회)

문제 ⑫ 정답

① 측정용이
② 낮은 측정 오차(높은 정확도)
③ 넓은 동작 범위
④ 데이터 후처리 가능(처리 기능 우수함)
⑤ 데이터 처리 일관성 및 간편성(취급과 사용의 편리함)
⑥ 높은 신뢰도
⑦ 우수한 분해능력 등

문제 ⑬

정보통신시스템의 신뢰도를 향상시키기 위한 5가지(3가지) 방법을 쓰시오. (5점) (기출응용)

통신망의 신뢰도를 확인하기 위해 고려되어야 할 사항 3가지를 쓰시오. (6점) (2014-2회) (2015-1회) (2024-1회)

문제 ⑬ 정답

① 신뢰성(Reliability) 향상: 통신망의 정상적 동작 여부로 장애 발생에도 지속 서비스 가능 정도
② 가용성(Availability) 향상: 통신망이 안정적으로 운용이 가능하도록 가동률지표인 MTBF(Mean Time Between Failure), MTTR(Mean Time Between Repair) 등을 통한 통신망을 지속 점검함
③ 보전성(Serviceability): 사용 중에 장애가 발생하여도 이를 위한 복구의 간편성으로 통신 트래픽의 분산이나 장비의 이중화, 통신 국사의 이중화 구성 등 장애 시 자동복구 기능
④ 망 관리강화: NMS를 통한 A, P, S, C, F 관리 기능을 강화(Accounting, Performance, Security, Configuration, Fault)
⑤ 통신망 구성을 안정적으로 설계(Dual Ring이나 Mesh Topology, 장비, 경로 이원화 구성 적용)
⑥ 장애 시 Down Time을 최소화하기 위해 DR 경로 확보
⑦ 외부 공격에 대비하기 위한 가용성, 무결성, 기밀성 확보
⑧ 내/외부 보안 강화를 위한 IDS, IPS, Firewall 외에 Honey Pot이나 APT 공격 대응 방안 수립

참조

이 외에 정답이 될 수 있는 사항
① 장애 검출
② 오류 정정
③ 오류 시 재시행
④ 확장성 설계
⑤ 장애처리 및 재구성 강화
⑥ 시스템 복구
⑦ 빠른 진단
⑧ 유지보수

문제 ⑭

Client가 traceroute(리눅스 기준)의 명령어를 사용한다는 것은 해당 라우터로부터 ICMP Time Exceeded 메시지를 받으면 (   ) 값이 '0'에 도달했다는 의미로 경로를 추적 및 확인하는 것이다. (5점) ^(2023-4회)

문제 ⑭ 정답

TTL(Time To Live)

보충설명 1

traceroute

리눅스 환경에서 쓰이는 명령어로 UDP로 Packet을 전송하지만 －T Option을 사용하여 TCP로 전송할 수 있다. traceroute 100.100.100.100 －T처럼 －T 옵션을 사용하게 되면 TCP 프로토콜을 사용한다. TTL을 하나씩 증가시키는 것은 UDP나 ICMP 프로토콜을 이용하는 것과 동일하고 TCP Flag는 SYN 플래그를 사용하여 응답 여부를 기록하는 것이다.

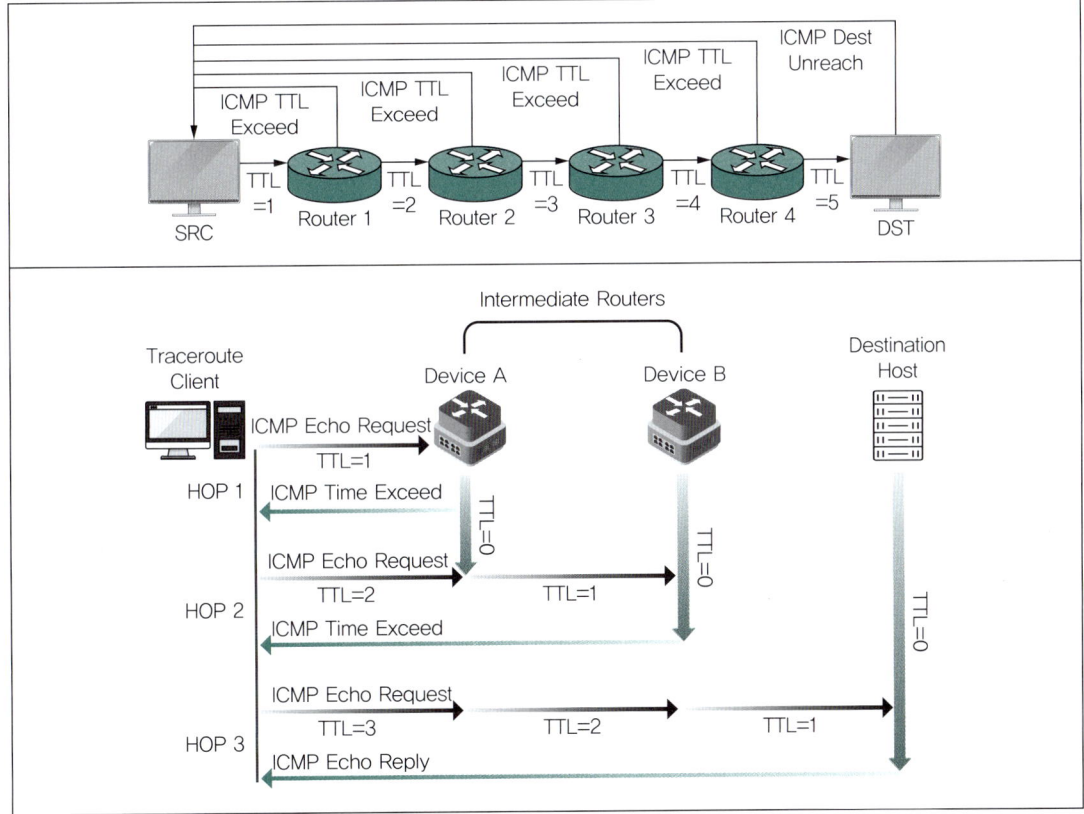

보충설명 2

TCP 패킷으로 경로 추적은 traceroute －T(대문자)를 사용하고, 패킷의 TOS 값을 지정하고 싶을 때는 traceroute －t(소문자)를 사용한다.

문제 ⑮

인터넷 프로토콜 중 ICMP(Internet Control Message Protocol) 에러 메시지 기능 3가지를 쓰고 설명하시오. (3점) (기출응용)

문제 ⑮ 정답

① Destination Unreacheable 에러 메시지: 도달할 수 없는 목적지에 계속하여 패킷을 보내지 않도록 송신측에 주의를 주는 역할을 하는 에러 메시지
② Source Quench 에러 메시지: 폭주가 발생한 상황을 송신측에 알려서 송신측이 전송을 잠시 중단하거나 전송률을 줄이는 등의 조치를 취하도록 알리는 역할을 하는 에러 메시지
③ Redirect 에러 메시지: 송신측으로부터 패킷을 수신받은 라우터가 특정 목적지로 가는 더 짧은 경로가 있음을 알리고자 할 때 사용하는 에러 메시지

보충설명

Time Exceeded 에러 메시지
- Time to Live Exceeded in Transit: 목적지 시스템에 도달하기 이전에 생존시간(TTL; Time To Live)값이 0에 도달됨을 나타내는 에러 메시지
- Fragment Reassembly Time Exceeded: traceroute가 중간에 거치는 라우터들을 확인할 때 사용하는 에러 메시지
- Parameter Problem 에러 메시지: IP 헤더 부분에서 매개변수 등에 오류를 발견했을 경우에 송신측에 통보하는 에러 메시지

문제 ⑯

인터넷에서 품질측정을 위한 주요 4가지 요소를 쓰시오. (4점) (2021-2회)

문제 ⑯ 정답

Download 속도, Upload 속도, 지연 시간, 손실률(BER; Bit Error Rate), 접속 성공률

문제 ⓱

인터넷에서 속도를 측정하기 위한 주요 품질 측정요소 4가지를 쓰시오. (4점) (기출응용)

문제 ⓱ 정답

Download 속도, Upload 속도, 지연 시간, 손실률(BER; Bit Error Rate), 접속 성공률

참조

문제 ⓰과 ⓱은 문제가 다르지만, 답을 통일해야 합니다.

문제 ⓲

다음은 네트워크 분석기인 와이어샤크로 네트워크의 상태를 수집한 결과이다. 아래 결과를 보고 송신측 MAC 주소와 수신측 MAC 주소를 각각 적으시오. (6점) (2015-1회)

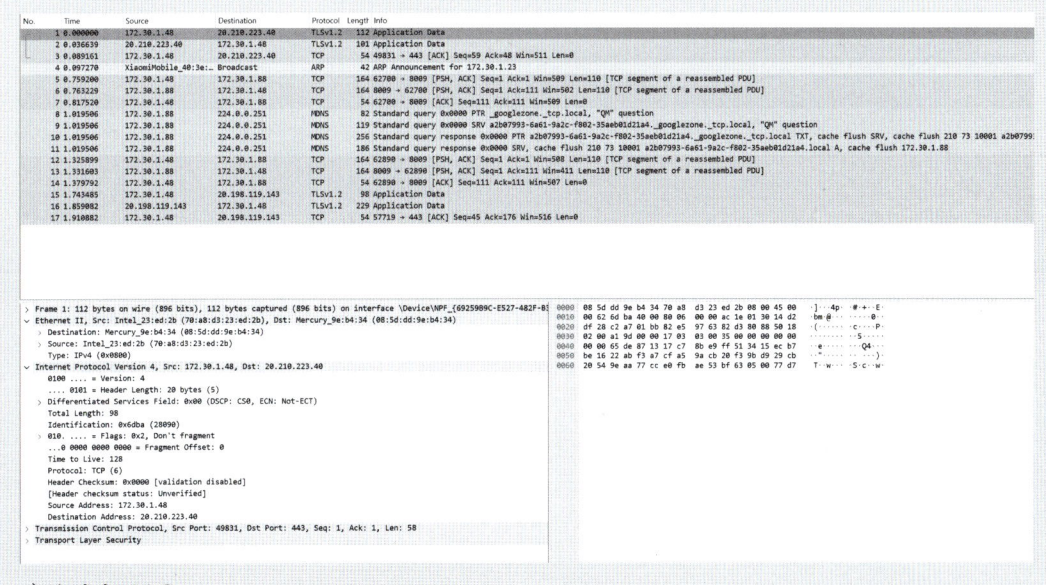

1) 송신지 MAC:

2) 수신지 MAC:

문제 ⓲ 정답

1) 70:a8:d3:23:ed:2b

2) 08:5d:dd:9e:b4:34

문제 ⑲

다음은 와이어샤크를 이용한 ARP 명령어 패킷분석 결과이다. 아래 물음에 답하시오. (6점) (2023-1회)

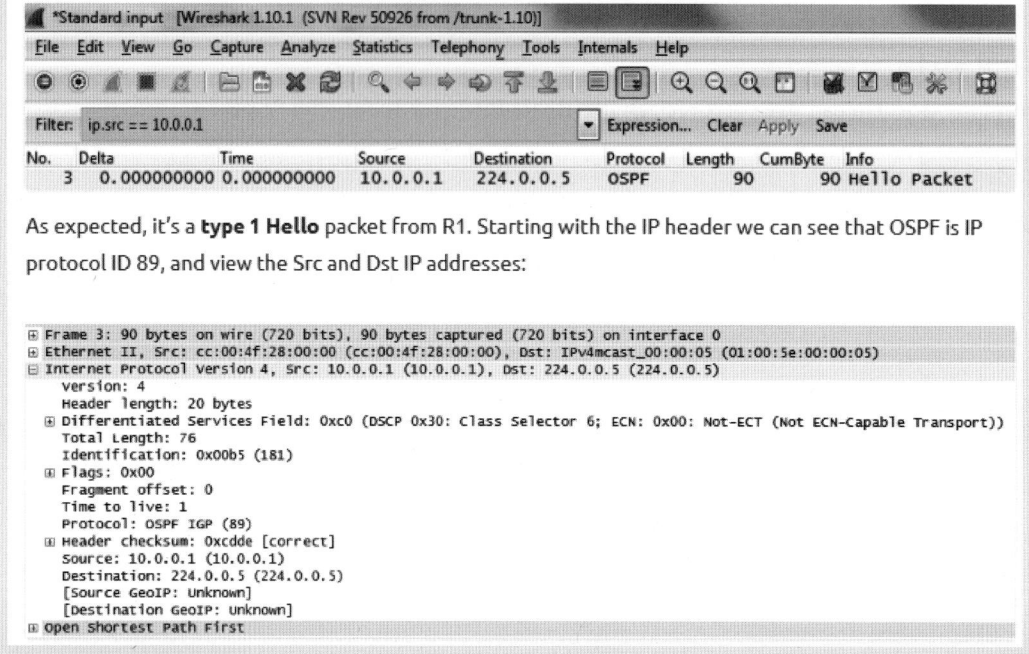

1) Source MAC 주소는?

2) 라우팅 프로토콜은?

│ 문제 ⑲ 정답 │

1) cc:00:4f:28:00:00

2) OSPF(Open Shortest Path First)

CHAPTER 17 가용성, MTBF, MTTR

> **학습방법**
>
> 가동률이나 MTBF, MTTR은 정보통신 장비의 운용 측면에서 매우 중요한 요소입니다. 각각의 개념과 공식을 숙지해야 시험에 대비할 수 있으며 특히 기존에 출제되었던 문제를 충분히 풀어보면 향후 유사 문제가 출제될 경우 좋은 성과를 거둘 수 있을 것입니다.

문제 ❶

가동률이 0.92 평균고장간격시간이 23시간일 때 평균수리시간을 구하시오. (5점) (2010-2회)

가동률이 0.92인 정보통신시스템에서 MTBF가 23시간일 경우 MTTR을 구하시오. (5점)

(2019-1회) (2022-1회)

문제 ❶ 정답

가용성(A) = $\dfrac{\text{MTBF}}{\text{MTBF} + \text{MTTR}}$ = $\dfrac{\text{평균고장간격}}{\text{평균고장간격} + \text{평균수리시간}}$ = $\dfrac{23}{23 + \text{MTTR}}$ = 0.92이므로

$23 = 0.92(24 + \text{MTTR})$, MTTR = 2가 되어 2시간이 된다.

> **문제 ❷**
>
> 데이터 통신 시스템의 신뢰성을 나타내는 다음 용어에 대하여 설명하시오. (10점) (2014-2회) (2016-4회) (2020-2회)
>
> 1) MTBF(Mean Time Between Failure):
> 2) MTTR(Mean Time To Repair):
> 3) MTTF(Mean Time To Failure):
> 4) 가동률 공식:

문제 ❷ 정답

1) MTBF(Mean Time Between Failure): 장비의 고장 발생부터 다음 고장 발생까지의 평균시간으로 길수록 우수하다.

$$\text{MTBF} = \text{MTTF} - \text{MTTR}$$

2) MTTR(Mean Time To Repair): 평균수리시간으로 평균적으로 걸리는 수리시간이다. 고장이 일어난 시점부터 수리가 완료될 때까지 평균시간이며 짧을수록 좋다.

$$\text{MTTR} = \frac{\text{총고장시간}}{\text{고장건수}} = \frac{\text{전체고장시간}}{\text{고장건수}}$$

3) MTTF(Mean Time To Failure): 사용 시작부터 고장발생까지의 가동시간이다. 고장나기 전까지 시간들의 평균으로 길수록 좋다.

$$\text{MTTF} = \frac{\text{총가동시간}}{\text{고장건수}}$$

4) 가동률 공식: 가용성(A) = $\dfrac{\text{MTBF}}{\text{MTBF} + \text{MTTR}}$

보충설명

- MTBF(Meantime Between Failure): 평균고장간격으로 고장에서 다음 고장까지의 시간이다.
- MTTR(Mean Time To Repair): 평균수리시간으로 고장 복구를 위한 시간이다.
- MTTF(Mean Time To Failure): 평균고장시간으로 장비의 정상 가동 시간이다.
- 가용성(A) = $\dfrac{\text{MTBF}}{\text{MTBF} + \text{MTTR}} \times 100\%$

문제 ❸

통신망의 신뢰도를 확인하기 위해 고려되어야 할 사항 3가지를 쓰시오. (6점) (2024-1회)

문제 ❸ 정답

① 신뢰성(Reliability): 통신망의 정상적 동작 여부로 장애 발생에도 지속 서비스 가능 정도로서 원래 조건대로 동작이 잘되는지를 나타내는 척도이다.
② 가용성(Availability): 통신망이 안정적으로 운용 가능한 가동률로서 MTBF(Mean Time Between Failure), MTTR(Mean Time To Repair) 등으로 점검한다.
③ 보전성(Serviceability): 사용 중에 장애가 발생하여도 이를 위한 복구의 간편성으로 통신 트래픽의 분산이나 장비의 이중화, 통신 국사의 이중화 구성 등 장애 시 자동복구 기능이다.

참조

이외에 이중화, 자동복구, 절체 시간, 정상 가동률, NMS를 통한 통신망 장애 관리 등 다양한 답이 나올 수 있다.

문제 ❹

정보통신망 시스템 운용 관점에서 가동률을 간단히 설명하시오. (5점) (2015-2회)

문제 ❹ 정답

가동률 또는 가용성은 아래 수식으로 구한다.

$$\text{가용성(A)} = \frac{\text{MTBF}}{\text{MTBF} + \text{MTTR}} = \frac{\text{평균고장간격}}{\text{평균고장간격} + \text{평균수리시간}}$$

정보통신망 관점에서 가동률이란 시스템의 고장발생에서부터 다음 고장 발생까지 걸리는 시간이다. 즉, 정보통신 시스템이 임의의 운용 가능 시간 동안 실제 동작하는 비율을 구하는 것으로 주어진 시간이나 기간 내에서 실제로 가동을 성공적으로 수행하는 지표라 할 수 있다.

문제 ❺

평균고장간격 99시간, 평균수리시간 1시간일 때 장비 2개가 직렬로 연결된 경우 이러한 직렬 시스템의 가동률을 구하시오. (5점) (2011-4회) (2016-1회)

| 문제 ❺ 정답 |

$$\text{가용성}(A) = \frac{\text{MTBF}}{\text{MTBF} + \text{MTTR}} = \frac{\text{평균고장간격}}{\text{평균고장간격} + \text{평균수리시간}} = \frac{99}{99+1} = 0.99$$

장치 두 대가 직렬로 연결되어 있으므로 $0.99 \times 0.99 = 0.98$이다.

문제 ❻

평균고장간격 98시간, 평균수리시간 2시간인 장비 2대가 직렬로 연결되어 있다. 이때 가동률을 구하시오. (5점)

(기출응용)

| 문제 ❻ 정답 |

$$\text{가용성}(A) = \frac{\text{MTBF}}{\text{MTBF} + \text{MTTR}} = \frac{\text{평균고장간격}}{\text{평균고장간격} + \text{평균수리시간}} = \frac{98}{98+2} = 0.98$$

장치 두 대가 직렬로 연결되어 있으므로 $0.98 \times 0.98 = 0.9604$이다.

CHAPTER 18
Hamming Code & Hamming Distance

학습방법

해밍 코드는 해밍 거리(Distance)와 함께 정리해 두어야 합니다. 특히 아래 정리된 기출문제를 충분히 숙지해 두면 다양한 응용문제에 대비할 수 있으며 문제 난이도가 높은 경우 고득점이 가능한 장점이 있으나 일부 Parity 검사 등에서 실수를 할 수 있어서 답안지 제출 전까지 충분한 검산이 필요합니다.

문제 ❶

다음 아래 사항을 참조해서 해밍 코드(Hamming Code)의 성립 조건을 완성하시오. (3점)

(2010-2회) (기출응용)

[보기]
d(데이터 비트 수), P(Parity bit 수)

문제 ❶ 정답

$2^P \geq d + P + 1$ (d: data bit, P: Parity bit)

문제 ❷

송신측에서 수신측으로 우수 Parity를 가진 Hamming 코드가 전송되어 수신할 경우 아래 물음에 답하시오. (8점) (2016-4회) (2018-2회) (2021-1회)

정보 bit 번호	1	2	3	4	5	6	7	8	9
Hamming Code	0	0	1	0	1	0	0	0	0

1) 수신코드에서 Parity bit는 몇 bit가 포함되는가?
2) 만약 오류가 발생하였다면 몇 번째에서 발생한 오류인가?

문제 ❷ 정답

1) $2^P \geq d + P + 1$, d: data bit, P(Parity bit)이므로

$P=3$인 경우	$8 \geq d + P + 1 = 10$이므로 불만족한다.
$P=4$인 경우	$16 \geq d + P + 1 = 10$으로 만족한다.

Parity bit는 총 4개를 사용함을 알 수 있다.

2)

정보 bit 번호		1	2	3	4	5	6	7	8	9
Hamming Code		0	0	1	0	1	0	0	0	0
Parity bit	P_1 점검	P_1		1		1		0		0
	P_2 점검		P_2	1			0	0		
	P_3 점검				P_3	1	0	0		
	P_4 점검								P_4	0

P_1 1, 3, 5, 7, 9 짝수 Parity: $P_1$1100, $P_1 = 0$

P_2 2, 3, 6, 7 짝수 Parity: $P_2$100, $P_2 = 1$

P_3 4, 5, 6, 7 짝수 Parity: $P_3$100, $P_3 = 1$

P_4 8, 9 짝수 Parity: $P_4$0, $P_4 = 0$

그러므로 $P_4P_3P_2P_1 = 0110$이 된다. 이것을 10진수로 변환하는 6이 되어 여섯 번째가 오류임을 알 수 있다.

여섯 번째 정보 bit 0을 1로 수정해야한다.

문제 ❸

아래는 송신측에서 우수(짝수) 패리티를 가진 해밍 코드가 전송되어 수신된 상태이다. 이런 경우 아래 물음에 답하시오. (8점) (기출응용)

정보 bit 번호	1	2	3	4	5	6	7	8	9	10
Hamming Code	0	0	1	0	1	0	0	0	0	0

1) 수신 코드에서 Parity bit는 몇 개인가?
2) 수신 bit에서 1bit Error가 발생하는 경우 몇 번째에서 발생하는 오류인가?
3) 송신측에서 보낸 원래의 정보 비트(즉, 에러가 수정된 원본)를 10진수로 변환하시오.

문제 ❸ 정답

1) $2^P \geq d + P + 1$, d: data bit, P(Parity bit)이므로

P=3인 경우	$8 \geq d + P + 1 = 11$이므로 불만족한다.
P=4인 경우	$16 \geq d + P + 1 = 11$으로 만족한다.

Parity bit는 총 4개를 사용함을 알 수 있다.

Parity bit는 2^n이 (0, 1, 2, 4, 8, 16, … 번째에 위치하므로)

P_1은 $2^0 = 1$, 첫 번째에 위치해서 1, 3, 5, 7, 9의 해밍 코드를 검사한다.

P_2은 $2^1 = 2$, 두 번째에 위치해서 2, 3, 6, 7로 두 개의 bit씩 모아 그룹으로 해밍 코드를 검사한다.

P_3은 $2^2 = 4$, 네 번째에 위치해서 4, 5, 6, 7로 네 개의 bit씩 모아 그룹으로 해밍 코드를 검사한다.

P_4는 $2^3 = 8$, 여덟 번째에 위치해서 8, 9, 10, 11, 12, 13, 14, 15로 여덟 개의 bit씩 모아 그룹으로 해밍 코드를 검사한다.

2)

정보 bit 번호		1	2	3	4	5	6	7	8	9	10
Hamming Code		0	0	1	0	1	0	0	0	0	0
Parity bit	P_1 점검	P_1		1		1		0		0	
	P_2 점검		P_2	1			0	0			0
	P_3 점검				P_3	1	0	0			
	P_4 점검								P_4	0	0

P_1 1, 3, 5, 7, 9 짝수 Parity: $P_1$1100, $P_1 = 0$

P_2 2, 3, 6, 7, 9, 10 짝수 Parity: $P_2$1000, $P_2 = 1$

P_3 4, 5, 6, 7 짝수 Parity: $P_3$100, $P_3 = 1$

P_4 8, 9, 10 짝수 Parity: $P_4$00, $P_4 = 0$

그러므로 $P_4P_3P_2P_1 = 0110$이 된다. 이것을 10진수로 변환하는 6이 되어 여섯 번째가 오류임을 알 수 있다.
여섯 번째 정보 bit 0을 1로 수정해야 한다.

3)

정보 bit 번호	1	2	3	4	5	6	7	8	9	10
Hamming Code	0	0	1	0	1	0	0	0	0	0

위 6인 여섯 번째를 수정한 것을 반영하면

정보 bit 번호	1	2	3	4	5	6	7	8	9	10
Hamming Code	P_1	P_2	1	P_3	1	1	0	P_4	0	0

Parity bit를 제외하고 정보 bit를 나열하면 아래와 같다.

$(111000) = 2^5 + 2^4 + 2^3 = 32 + 16 + 8 = 56$이 된다.

문제 ④

아래와 같이 A와 B 데이터 bit값에 대한 해밍 거리(Hamming Distance)를 구하시오. (5점)

[Case 1] (2018-2회)

정보 bit 번호	Data	해밍 거리(Hamming Distance)
A	111101	
B	101011	

[Case 2] (2020-4회)

A = 101011
B = 111101인 경우 해밍 거리 $d(A, B)$를 구하시오.

문제 ④ 정답

[Case 1]

정보 bit 번호	Data	해밍 거리(Hamming Distance)
A	111101	해밍 거리는 같은 길이의 두 줄 사이의 차이를 측정하는 데 사용되는 것으로 두 문자열의 해당 요소가 다른 위치의 수로 정의된다. 그러므로 해밍 거리는 3이다.
B	101011	

[Case 2]

정보 bit 번호	Data	해밍 거리(Hamming Distance)
A	101011	A와 B의 문자열 중 틀린 부분은 세 군데이므로 해밍 거리 $d(A, B)=3$이다.
B	111101	

문제 ⑤

수신 부호의 최소 해밍 거리 $d_{min} = 5$인 경우 아래 질문에 답하시오. (8점) (2020-1회) (2024-4회)

1) 검출 가능한 최대 오류 개수를 구하시오.
2) 정정 가능한 최대 오류 개수를 계산식과 함께 쓰시오.

문제 ⑤ 정답

1) 검출 가능한 최대 오류 개수는 해밍 거리에서 1을 뺀 값이다.
   $T(\text{Total}) = d_{min} - 1$이므로 $5 - 1 = 4$가 된다.

2) 해밍 거리가 짝수인 경우 정정할 수 있는 오류 개수는 $\dfrac{d_{min} - 2}{2}$,
   해밍 거리가 홀수인 경우 $\dfrac{d_{min} - 1}{2}$이다. 위 문제는 $d_{min} = 5$이므로 $\dfrac{5 - 1}{2} = 2$이다.

참조

해밍 거리가 많을수록(클수록) 오류를 검출하고 정정할 수 있는 능력이 커지는 것이다.

CHAPTER 19 기타 계산문제

학습방법

최근 정보통신기사 실기 시험에서 다양한 계산문제를 요구하고 있습니다. 계산이 필요한 문제는 시험 현장에서 다른 문제들을 충분히 풀고 난 후 시간을 갖고 계산 문제를 접근하는 것을 추천합니다. 기본적인 단위(bps, Symbol, Block)에 대한 정확한 이해를 기반으로 문제에서 요구하는 답안을 도출해야 할 것입니다.

문제 ❶

BER(Bit Error Rate)이 5×10^{-5}인 전송회선에서 2,400[bps]의 전송속도로 10분 동안 데이터를 전송하는 경우 최대 블록 에러율을 구하시오. (단, 한 블록의 크기는 511[bit]이고 소수점 이하는 버린다) (8점)

(2013-4회) (2016-2회) (2021-2회) (2024-2회)

문제 ❶ 정답

1) 총 전송 비트 수 = 2,400[bps] × 600[sec](10분은 600sec) = 1,440,000[bit]

2) 총 블록 수 = $\dfrac{\text{전체 전송 비트 수}}{\text{한개 블록의 크기}} = \dfrac{1,440,000[\text{bit}]}{511} = 2,818.003913 = 2,819[\text{Block}]$

   2,818[Block]이 넘어가므로 2,819[Block]로 계산되어야 한다.

3) 총 에러 비트 수 = 총 전송 비트 수 × 비트 에러율
   = $1,440,000[\text{bit}] \times 5 \times 10^{-5} = 72[\text{bit}]$

   즉, 전체 1,440,000[bit]를 보내는 경우 72[bit]에 Error가 발생한다는 의미이다.

4) 최대 블록 에러율은 매 블록마다 하나의 에러 비트가 있는 경우로, 전송된 블록 수(2,819Block) 당 에러가 발생된 블록 수(Block)의 비이다.

   즉, $\dfrac{\text{총 에러 비트 수}}{\text{전체 블록 수}} = \dfrac{72[\text{bit}]}{2,819[\text{Block}]} = 0.02554 = 2.55 \times 10^{-2}$

참조

최소 블록 에러율

72개의 비트 에러가 연집 형태로 발생된 경우로서, 전송된 총 블록 수(2,819Block)당 한 개의 에러 블록 수(1Block)의 비이다($BER_{Min} = \dfrac{1}{2819}$).

문제 ❷

BER(Bit Error Rate)이 5×10^{-5}인 통신회선에서 2,400[bps] 전송속도로 1시간 동안 데이터를 전송하는 경우 아래 질문에 답하시오. (단, 한 블록의 크기는 511[bit]로 구성된다) (5점) (기출응용)

1) 총 에러발생 비트 수[bit]:

2) 최대 블록 에러율:

3) 최소 블록 에러율:

문제 ❷ 정답

$$BER = \frac{\text{에러발생 비트 수}}{\text{전송한 전체 비트 수}} = \frac{\text{에러발생 비트 수[bit]}}{2,400[bit] \times 60분(3,600sec)} = 5 \times 10^{-5}$$

총 전송 비트 수 = 2,400[bps] × 3,600[sec](1시간 60분은 3,600sec) = 8,640,000[bit]

$$\text{총 블록 수} = \frac{\text{전체 전송 비트 수}}{\text{한 블록의 크기}} = \frac{8,640,000[bit]}{511} = 16,908.0234 = 16,909[\text{Block}]$$

16,908[Block]이 넘어가므로 16,909[Block]으로 계산되어야 한다.

1) 총 에러 비트 수 = 총 전송 비트 수 × 비트 에러율
   = 8,640,000[bit] × 5×10^{-5} = 432[bit]

   즉, 전체 8,640,000[bit]를 보내는 경우 432[bit]에 Error가 발생한다는 의미이다.

2) 최대 블록 에러율은 매 블록마다 하나의 에러 비트가 있는 경우로, 전송된 블록 수(16,909Block)당 에러가 발생된 블록 수(Block)의 비이다.

$$\text{최대 블록 에러율} = \frac{\text{오류블록 수(432Block)}}{\text{총 전송블록 수[16,909]}} = \frac{\text{총 에러 비트 수}}{\text{전체 블록 수}} = \frac{432[bit]}{16,909[\text{Block}]} = 2.55 \times 10^{-2}$$

3) 최소 블록 에러율은 1개 블록이 511[bit]로 구성되므로

$$\text{전체 블록 수} = \frac{\text{전체 전송 비트 수}(2,400bps \times 60분(3,600sec))}{\text{블록}(511bit)} \approx 16,909[\text{Block}]$$

최소 블록 에러는 432[bit] 에러가 하나의 블록에 모두 집중되는 경우이므로

$$\text{최소 블록 에러율} = \frac{\text{오류블록 수(1Block)}}{\text{총 전송블록 수[16,909]}} = 5.91 \times 10^{-5}$$

문제 ❸

인터넷에서 크기가 10[MByte]인 MP3 파일을 다운로드 받을 경우, 사용 중인 인터넷 회선의 다운로드 속도가 2[Mbps]이다. MP3 파일을 모두 다운받는데 소요되는 시간[sec]을 구하시오. (4점) (2014-4회)

문제 ❸ 정답

$$\frac{\text{전체 파일 크기[bit]}}{\text{속도[bit/sec]}} = \frac{10 \times 2^{20}[\text{M}] \times 8[\text{bit}]}{2 \times 2^{20}[\text{bit/sec}]} = 40[\text{sec}]$$

문제 ❹

PCM 회선의 회선 성능 시험을 실시하였다. 200,000[bit]를 전송하였더니 10비트에 오류가 발생하였다면 이 회선의 BER(Bit Error Rate)은 얼마인가? (3점) (2014-1회) (2018-1회)

문제 ❹ 정답

$$\text{BER} = \frac{\text{에러발생 비트 수}}{\text{전송한 전체 비트 수}} = \frac{10[\text{bit}]}{200,000[\text{bit}]} = 5 \times 10^{-5}$$

문제 ❺

전송된 데이터가 100,000[bit]이고, 이 중에 에러가 10[bit] 발생할 경우 BER(Bit Error Rate)을 구하시오. (단, 소수점 이하를 기재한다) (6점) (2024-4회)

문제 ❺ 정답

$$\text{BER} = \frac{\text{에러발생 비트 수}}{\text{전송한 전체 비트 수}} = \frac{10[\text{bit}]}{100,000[\text{bit}]} = 10^{-4} = 0.0001$$

문제 ❻

BER가 10^{-8} 승인 전송시스템에서 10[Mbps] 전송 1시간 동안의 최대 에러 비트 수는? (5점)

(2015-4회) (2017-2회) (2020-4회)

문제 ❻ 정답

BER = 10^{-8}

초당 전송 데이터 = 10[Mbps] = 10×10^6이고 이것을 1시간(60분, 3,600초) 동안 전송하므로

전체 전송 데이터 = 10[Mbps] × 3,600 = $3,600 \times 10^7$이다.

전체 전송 데이터에 BER 10^{-8}을 곱하면 최대 오류 비트 수를 구할 수 있다.

∴ $3,600 \times 10^7 \times 10^{-8} = 360$[bit]

문제 ❼

전송길이가 1,000[km]인 전송로에 신호전파 속도가 2×10^6일 때 전파 지연시간을 구하시오. (3점)

(2013-1회)

문제 ❼ 정답

$s = vt$(거리 = 속도 × 시간)

시간 = $\dfrac{거리(s)}{속도(v)}$에서 거리(s) = 1,000[km] = 10^6[m]이다. 속도(v) = 2×10^6이므로

시간 = $\dfrac{거리(s)}{속도(v)} = \dfrac{10^6[m]}{2 \times 10^6[m/sec]} = 0.5$[sec]

위 문제는 계산문제이며 실제 전파속도는 3×10^8이 된다.

문제 ⑧

전송 케이블이 1,000[km]인 전송선로에서 전파속도가 200,000[km/sec]인 경우 소요되는 전파 시간을 구하시오. (3점) (2020-2회)

문제 ⑧ 정답

$s = vt$(거리 = 속도 × 시간)

시간 $= \dfrac{거리(s)}{속도(v)}$ 에서 거리$(s) = 1,000$[km] $= 10^6$[m]이다. 속도$(v) = 2 \times 10^5$이므로

시간 $= \dfrac{거리(s)}{속도(v)} = \dfrac{10^6[m]}{2 \times 10^8[m/sec]} = 0.005[sec] = 5[msec]$

$200,000$[km/sec] $= 2 \times 10^8$[m/sec]로 계산한다. (★ 단위 조심)

문제 ⑨

길이가 2,500[m]인 10Base5 케이블이 있다. 만약이 굵은 이더넷 케이블에서 전파속도가 200,000,000[m/s]이라면 네트워크 송신 장비에서 수신 장비에 이르기까지 데이터 [bit]가 전파되는 시간을 구하시오. (단, 송수신 장비의 전파 지연 시간의 합은 10[μs]이다) (3점) (2019-4회)

문제 ⑨ 정답

송신 장비에서 수신 장비까지 전파 시간 $= \dfrac{거리(s)}{속도(v)} = \dfrac{2,500[m]}{200,000,000[m/sec]} = 0.0000125[sec] = 12.5[μs]$

송수신 장비의 전파지연시간은 10[μs]이므로

전체 전파시간 = 송신 장비에서 수신 장비까지 전파 시간 + 전파지연시간
$= 12.5[μs] + 10[μs] = 22.5[μs]$

문제 ⑩

0.16초 동안에 256개의 순차적인 12bit Data Word가 블록을 전송하고자 한다. 다음 질문에 각각 답하시오. (소수점 이하는 버림) (6점) (2013-2회)

1) 1개 워드(Word) 지속시간 (2점)
2) 1bit 지속시간 (2점)
3) 전송속도 (2점)

문제 ⑩ 정답

1) 1개 워드 지속시간

$$\frac{0.16[\text{sec}]}{256\text{개}} = 0.000625[\text{sec}] = 0.625[\text{msec}] = 625[\mu\text{sec}]$$

2) 1bit 지속시간

$$\frac{625[\mu\text{sec}]}{12\text{개}} = 52.0833 = 52[\mu\text{sec}]$$

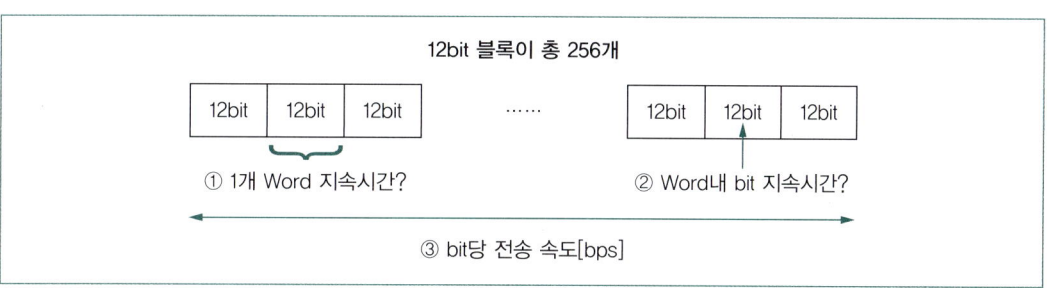

3) 전송속도 $\propto \frac{1}{\text{시간}(t)}$, $\frac{1}{52[\mu\text{sec}]} = 19,230[\text{bps}]$

※ k(kilo)=10^3, m(mile)=10^3, c(centi)=10^{-2}, μ(micro)=10^{-6}, n(nano)=10^{-9}

문제 ⑪

다음 제시되는 조건을 기반으로 아래 질문에 답하시오. (5점) (2021−1회)

- 문자를 구성하는 ASCII 코드가 1000001인 7[bit]이다.
- 위 문자를 전송할 경우 Parity bit는 1[bit]이다.
- 위 문자를 전송할 경우 시작 1[bit], 중지 1[bit]를 사용한다.
- 4,800[bps]의 전송속도로 비동기 전송한다.

1) 코드효율:

2) 전송효율:

3) 유효전송속도:

문제 ⑪ 정답

1) 코드효율 $= \dfrac{\text{정보비트(I)}}{\text{정보비트} + \text{Parity bit}(= \text{전체 bit})} = \dfrac{7[\text{bit}]}{7[\text{bit}] + 1[\text{bit}]} \times 100[\%] = 87.5\%$

2) 전송효율 $= \dfrac{\text{정보비트(I)} + \text{Parity bit(1)}}{\text{시작비트} + \text{정보비트} + \text{Parity bit}(= \text{전체 bit}) + \text{정지비트}}$

$= \dfrac{7+1}{1+(7+1)+1} = 80[\%]$

3) 유효전송속도 = 제어신호와 관련된 Overhead를 제외한 정보 bit만으로 구성된 신호의 속도이다.

4,800[bps]의 속도로 신호가 전송되므로 시스템 전체 효율 = 코드효율 × 전송효율이다.

유효속도 = 신호속도 × (코드 효율 × 전송효율) = 4,800bps × (0.875 × 0.8) = 3,360[bps]

보충설명

유효속도 = 4,800bps × 전송효율(80%)

= 4,800bps × 0.7(패리티 비트 뺀 순수 7bit이므로)

= 3,360[bps]

문제 ⑫

알파벳 26개가 있다. 2진 코드를 이용해서 표현하고자 하는 경우 필요한 bit 수를 구하고 10진 코드를 사용할 때와의 효율성을 비교하시오. (10점) (2022-4회)

문제 ⑫ 정답

알파벳 26개이므로 이진수로 만족하기 위한 bit 수는 2^N에서 N은 최소 5가 되어야 한다.
$N=4$이면 16, $N=5$이면 32이므로 필요한 bit 수는 5[bit]이다.
이진시스템을 사용하는 경우 10진 코드에 비해서 효율성이 향상될 수 있다.

문제 ⑬

다음은 컴퓨터의 5대 장치에 대한 내역이다. 다음 질문에 답하시오. (6점) (2021-4회)

[보기]
제어장치, 입력장치, 기억장치, (①), 출력장치

1) ①에 알맞은 내용을 쓰시오.
2) 기억장치에서 8개의 bit로 저장되었을 때 양의 정수를 나타내는 값인 경우 10진수로 몇 개까지 표현이 가능한가?

문제 ⑬ 정답

1) 연산장치
2) 8[bit]이므로 2^8까지 표현이 가능하다. 즉, 0~255개의 표현이 가능하다. 여기서 양의 값이란 전제가 있으므로 255가 정답이다.

문제 ⑭

아래 조건의 정보통신시스템에서 다음 자료를 동기전송하는 경우 전송효율을 구하시오. (5점) (2015-2회)

[조건 1] 순수 송신 정보 비트 수: 3,200[bit]

[조건 2] 동기용 정보 비트 수: 32[bit]

| 문제 ⑭ 정답 |

전체 전송되는 비트 수 = 순수 송신 정보 비트 수 + 동기용 정보 비트 수
$$= 3,200[bit] + 32[bit] = 3,232[bit]$$

$$코드효율 = \frac{유효\ 정보\ 비트\ 수}{전체\ 전송\ 비트\ 수} = \frac{3,200[bit]}{3,232[bit]} \times 100[\%] = 99[\%]$$

문제 ⑮

다음 질문에 답하시오. (6점) (기출응용)

1) 10[kbps]의 속도로 10,000[bit] 블록을 전송할 경우 소요되는 시간은?

2) 1[Mbps]의 속도로 10,000[bit] 블록을 전송할 경우 소요되는 시간은?

3) 1[Gbps]의 속도로 10,000[bit] 블록을 전송할 경우 소요되는 시간은?

| 문제 ⑮ 정답 |

1) $\dfrac{10,000[bit]}{10 \times 1[kbps]} = \dfrac{10,000[bit]}{10 \times 10^3 [\frac{bit}{sec}]} = 1[sec]$

2) $\dfrac{10,000[bit]}{10 \times 1[Mbps]} = \dfrac{10,000[bit]}{10 \times 10^6 [\frac{bit}{sec}]} = 10^{-3}[sec] = 1[msec]$

3) $\dfrac{10,000[bit]}{10 \times 1[Gbps]} = \dfrac{10,000[bit]}{10 \times 10^9 [\frac{bit}{sec}]} = 10^{-6}[sec] = 1[\mu sec]$

※ $ms = 10^{-3}$, $\mu(micro) = 10^{-6}$, $n(nano) = 10^{-9}$

문제 ⓰

10단 Shift Register에 의한 PN(의사잡음) 부호 발생기의 최장 부호어 길이를 구하시오. (단, 시퀀스가 모두 '0'인 경우는 제외한다) (2013-4회)

1) 계산과정:

2) 정답:

문제 ⓰ 정답

n개의 Shift Register는 $2^n - 1$개의 최대 길이를 갖는다.

1) $m = 2^n - 1 = 2^{10} - 1$ ($m = 2^n - 1$, m: 최장 부호어의 길이, n: Shift Register의 단수)

2) 1,023

보충설명

만약 4 bit Shift Register 1, 1, 0, 1을 input으로 받았고, 각 플립플롭에 저장된 값이 0, 1, 0, 1이라면, 레지스터는 다음과 같은 연산을 수행한다.

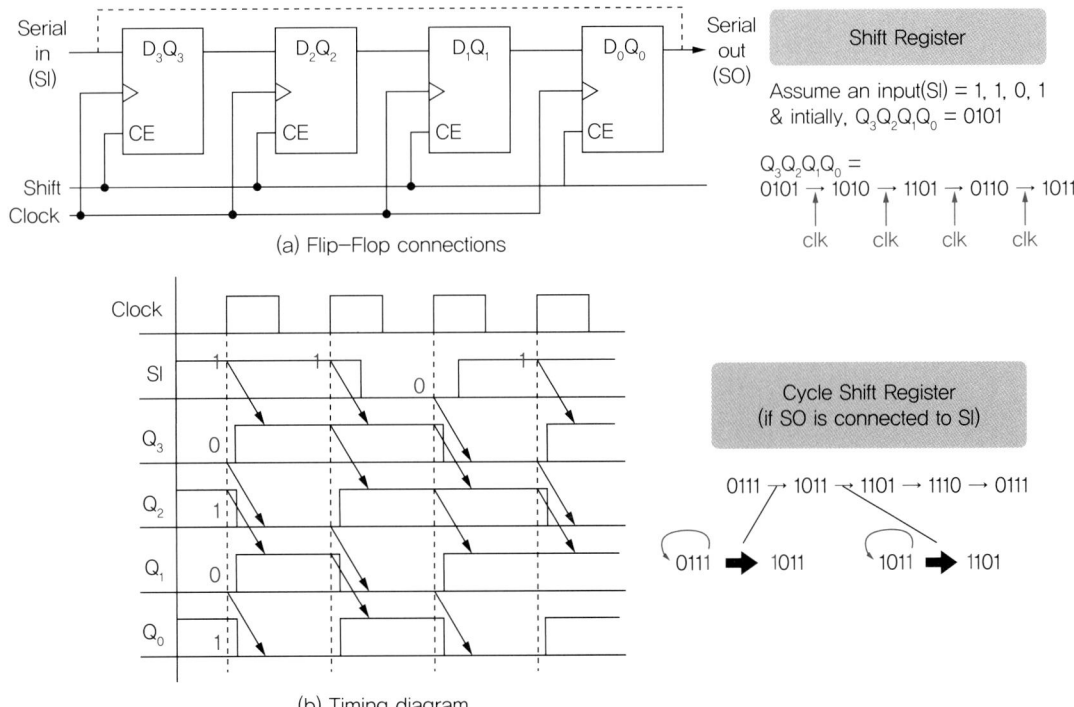

(a) Flip-Flop connections

(b) Timing diagram

즉, 4bit Shift Register는 0000 ~ 1111까지 총 16개의 상태를 만든다. 여기서 0000을 제외하면 $m = 2^n - 1$이 된다. 그러므로 n개의 Shift Register는 $2^n - 1$개의 최대 길이를 갖는다.

문제 ⑰

아래 조건에 대한 질문에 답하시오. (5점) (기출응용)

- 주파수: 1[kHz]
- 동일한 두 신호는 90° 위상차

위와 같은 조건에서 몇 초의 시간 차이가 발생하는가?

문제 ⑰ 정답

시간 $= \dfrac{1}{\text{주파수}(f)}$ 이며 90° 위상차는 $\dfrac{1}{4}$ 만큼 앞서거나 뒤처지는 것이므로

$\dfrac{1}{1[\text{kHz}]} \times \dfrac{1}{4} = 2.5 \times 10^{-4}[\text{sec}]$의 시간 차이가 발생한다.

PART 3
무선, 이동, 위성통신

CHAPTER 01 무선통신 기본이론
CHAPTER 02 무선통신 회로 및 전기적 특성
CHAPTER 03 임피던스 정합
 (Impedance Matching)
CHAPTER 04 오실로스코프와 스펙트럼분석기
CHAPTER 05 이동통신 기본이론
CHAPTER 06 위성통신
 (Satellite Communications)

CHAPTER 01 무선통신 기본이론

✅ 학습방법

무선통신과목은 무선설비기사에 포함된 내용으로 너무 깊게 들어가지 말고 기출문제 위주로의 접근이 필요합니다. 무선통신에서 기본적으로 요구하는 주파수나 파장에 기반한 안테나 높이, 잡음지수 등에 대한 기출위주의 학습을 통해 시험에 대비하기 바랍니다.

문제 ❶

다음 통신시스템에서 전체 시스템의 종합잡음지수(Noise Figure)를 관계식으로 표시하시오. (단, 초단잡음지수(NF_1), 장비잡음지수($NF_1 \sim NF_4$), 증폭도($G_1 \sim G_3$)인 장비를 직렬 4단 연결한다) (5점)

(2010−1회) (2011−2회) (2015−1회)

문제 ❶ 정답

$$종합잡음지수(NF) = NF_1 + \frac{NF_2 - 1}{G_1} + \frac{NF_3 - 1}{G_1 G_2} + \frac{NF_4 - 1}{G_1 G_2 G_3}$$

문제 ❷

다음 그림에서 종합잡음지수(Noise Figure)를 수식으로 쓰시오. (5점) (2010−4회) (2018−4회)

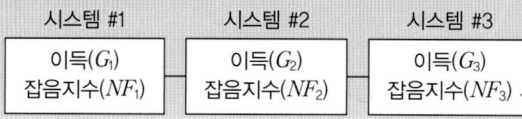

문제 ❷ 정답

$$종합잡음지수(NF) = NF_1 + \frac{NF_2 - 1}{G_1} + \frac{NF_3 - 1}{G_1 G_2}$$

> 보충설명

종합잡음지수$(NF) = NF_1 + \dfrac{NF_2 - 1}{G_1} + \dfrac{NF_3 - 1}{G_1 G_2} + \cdots + \dfrac{NF_N - 1}{G_1 G_2 \cdots G_{N-1}}$

임의의 시스템의 입력측 $(\dfrac{S}{N})_i$대 출력측 $(\dfrac{S}{N})_o$으로 정의하며 $NF = \dfrac{(\dfrac{S}{N})_i}{(\dfrac{S}{N})_o} = \dfrac{S_i N_0}{S_0 N_i}$

문제 ❸

유무선 전송 중 서비스 성능을 저하시키는 주요 장애 요인에 대해 3가지를 쓰시오. (3점) (2017-2회)

문제 ❸ 정답

① 잡음
② 신호감쇠
③ 지연왜곡

문제 ❹

다음은 전송 손상(장애)에 대한 것이다. 아래 사항을 설명하시오. (6점) (2021-4회)

① 잡음	
② 신호감쇠	
③ 지연왜곡	

문제 ❹ 정답

① 잡음	전송로에서 전송신호에 혼입되는 불필요한 신호
② 신호감쇠	거리가 멀어질수록 전송신호의 세기가 약해지는 현상
③ 지연왜곡	여러 주파수 간 전파속도 차이로 전송신호가 일그러지는 현상

문제 ❺

통신신호에서 전송품질을 저하시키는 주요 요인인 내부잡음과 외부잡음 2가지를 쓰시오. (6점) ^(기출응용)

1) 내부 잡음:
2) 외부 잡음:

❙ 문제 ❺ 정답 ❙

1) 내부 잡음: 열, 백색, 충격, 플리커, 위상 잡음 등
2) 외부 잡음: 자연, 인공, 대기, 태양 잡음 등

보충설명 1

- **잡음**: 전송 도중에 추가된 불필요한 신호로서 원래의 신호를 손상하거나 왜곡시키는 역할을 한다. 잡음은 수신 시스템 회로의 오동작을 발생시키거나 원래 신호를 사용할 수 없도록 하기 때문에 시스템의 효율을 저하시킨다. 잡음의 종류에는 열 잡음(Thermal Noise)과 누화(Crosstalk), 상호 변조 잡음(Intermodulation Noise), 충격 잡음(Impulse Noise) 등이 있다.
- **신호감쇠**: 신호가 전송 매체를 통해 전송되면서 거리가 멀어질수록 원 신호의 진폭이 감소하는 현상이다. 신호의 세기는 전송 매체를 통과하는 거리에 따라 점점 약해지기 때문에 수신기가 신호를 해석할 수 있는 범위 내로 케이블의 길이를 제한한다.
- **지연왜곡(Delay Distortion)**: 일반적으로 주파수의 가변적 속도에 의해 생기는 왜곡 현상이다. 대역 제한적(Band Limited) 신호는 중심의 주파수 부근에는 전송 속도가 빠르며 양쪽 끝으로 감에 따라 전송 속도가 떨어지기 때문에 신호의 여러 주파수 성분들이 서로 다른 시간에 수신기에 도착하여 지연왜곡 현상이 발생한다. 즉, 여러 주파수 간에 전파 속도의 차이로 인해서 보내고자 하는 전송 신호가 찌그러지는 현상이다.

보충설명 2

- **열 잡음(Thermal Noise)**: 전자의 열 교란으로 인한 것으로 전체 대역에 걸쳐서 고르게 분포되므로, 백색 잡음(White Noise)이라고도 한다.
  - 1[Hz]의 주파수 대역폭에서 존재하는 열잡음(N_0) = kT(W/Hz)
  - N_0: 1[Hz]의 대역폭 당 잡음 전력 밀도
  - k: Boltzmann 상수 = 1.38×10^{-23}[J/K]
  - T: Kelvin으로 나타낸 온도(절대온도)
  - 주파수 대역폭 B[Hz]에 존재하는 열잡음 = $N_0 kTB$(W)
- **유도 잡음**: 회로의 배선이나 상품 상호 간의 정전유도, 자기유도 또는 전자유도에 의하여 서로 다른 회로에 간섭을 하여 생기는 잡음으로 부품의 배치나 배선의 부적절로 인한 어스불량에 의하여 일어난다.
- **충격성 잡음(Impulse Noise)**: 비연속적이고 불규칙적인 진폭을 가지며 짧은 순간 동안 다소 큰 세기로 발생하는 잡음이다. 충격잡음은 디지털 데이터 전송에서 주요 오류의 원인이 된다.

보충설명 3

- 시스템 내부 잡음

열 잡음 (Thermal Noise)	• 가장 일반적인 잡음이다. • 저항성 소자에서 전자의 열적 불규칙 운동에 의해 발생한다. • 통신이론에서 잡음을 모델링하는 데 주로 사용한다. • 모든 전송매체/통신설비에서 발생한다.
백색 잡음(White Noise) 또는 랜덤 잡음(Random Noise)	• 기준 모델로 삼는 잡음이다. • 모든 주파수 성분을 다 포함해서 백색이라 하며 가상적인 잡음이다. • 백색 잡음에 가장 근사적인 실제 잡음으로 열 잡음이다.
충격 잡음 (Shot Noise)	• 채널 상에서 규정된 한계 레벨을 초과하는 순간의 충격 잡음 파형이다. • 음극에서의 전자의 무작위 방출에서 기인한다. • 비연속적이고 불규칙적인 진폭을 가지며 다소 큰 세기로 발생하는 잡음이다. • 디지털 데이터 전송 시에 주요 잡음 발생 요인이다.
플리커 잡음 (핑크 잡음)	• 백색 잡음과 달리 주파수가 높아짐에 따라 점차 세기가 작아지는 잡음이다. • 1/f 잡음이라고도 하며, 그 크기가 주파수에 반비례하고, 낮은 주파수일수록 크다.
양자화 잡음	• 양자화 오차는 A/D 변환 과정 중 표본화 직후 양자화 시에 나타나는 오차이다. • 양자화 오차가 최종적으로 신호 복원 시 잡음/왜곡과 같은 효과를 주게 된다.
위상 잡음 (Phase Noise)	기준 주파수(발진 주파수, 반송파 주파수 등) 근방에서 계속적으로 변하게 되는 위상 편차 잡음이다.
누화 (Crosstalk)	한 접속로(채널)의 신호가 다른 접속로(채널)에 전자기적으로 결합(Coupling)되어 영향을 미치는 현상이다.
상호 변조 잡음 (Intermodulation Noise)	2개 이상의 주파수가 혼합되어, 그들 주파수 외에 그 기본파와 고조파와의 간섭으로 이것의 합과 차로 인한 여러 가지 새로운 주파수가 생기는 비선형 왜곡 현상이다.
험 잡음 (Hum Noise)	전기선으로부터 접지선을 타고 혼입되는 잡음(60Hz)이다.

- 시스템 외부 잡음
  - 인공 잡음/공전 잡음(Man – made Noise) : 불꽃 방전, 코로나 방전, 글로우 방전 등
  - 자연 잡음(Natural Noise) : 자연 현상에 의해 발생(대기 잡음, 태양 잡음 등)

문제 ❻

통신 신호의 전송 품질을 저하시키는 잡음의 종류 3가지를 서술하시오. (3점) (2021-1회)

문제 ❻ 정답

열 잡음, 유도 잡음, 충격성 잡음

문제 ❼

VHF(Very High Frequency) 대역의 주파수를 쓰고 파장 범위의 계산과정을 서술하시오. (8점) (2024-1회)

1) 계산식:

2) 정답:

문제 ❼ 정답

1) VHF 대역: 30~300[MHz]

$$30[\text{MHz}] \text{ 주파수의 파장}(\lambda) = \frac{c}{f} = \frac{3 \times 10^8 [\text{m/s}]}{30 \times 10^6 [\text{Hz}]} = 10[\text{m}]$$

$$300[\text{MHz}] \text{ 주파수의 파장}(\lambda) = \frac{c}{f} = \frac{3 \times 10^8 [\text{m/s}]}{300 \times 10^6 [\text{Hz}]} = 1[\text{m}]$$

2) 1~10[m]

참조

주파수 대역별 주요 서비스

약어	원어	주파수 범위	파장범위	주요 용도
ELF	Extremely Low Frequency	3~30[Hz]	100,000~10,000km	잠수함 통신
SLF	Super Low Frequency	30~300[Hz]	10,000~1,000km	잠수함 통신
ULF	Ultra Low Frequency	300~3000[Hz]	1,000~100km	잠수함 통신, 지하광산 간 통신
VLF	Very Low Frequency	3~30[kHz]	100~10km	항행, 소나(수중탐지)
LF	Low Frequency	30~300[kHz]	10~1km	항행, 무선 비콘
MF	Medium Frequency	300~3000[kHz]	1km~100m	중파방송, 해상통신, 방향탐지
HF	High Frequency	3~30[MHz]	100~10m	단파통신, 생활무선
VHF	Very High Frequency	30~300[MHz]	10~1m	TV, FM, 경찰 및 이동통신, 공항 이착륙 군통신
UHF	Ultra High Frequency	300~3000[MHz]	1m~10cm	레이더, TV, 항행
SHF	Super High Frequency	3~30[GHz]	10~1cm	레이더, 위성통신, 방송
EHF	Extremely High Frequency	30~300[GHz]	1cm~1mm	레이더, 군통신, 우주통신

3[Hz] 미만, 파장 100,000km 이상은 인공 및 자연의 전자기파 잡음으로 분류된다.

문제 ❽

주파수가 200[MHz]이고 주파수에 대한 수신 안테나가 4분의 람다($\frac{\lambda}{4}$)를 사용하는 경우의 안테나 길이를 구하시오. (5점) ^{(2015-4회)(2022-1회)}

문제 ❽ 정답

파장(λ) = $\frac{c}{f} = \frac{3 \times 10^8}{200[\text{MHz}]} = \frac{3 \times 10^8 [\text{m/s}]}{200 \times 10^6 [\text{Hz}]} = 1.5[\text{m}]$

$\frac{\lambda}{4}$ 안테나를 사용하므로 $\frac{1.5}{4} = 0.375[\text{m}]$

문제 ❾

전자기파 장해(EMI) 시험항목 3가지를 쓰시오. (3점) ^(2019-1회)

문제 ❾ 정답

① CE(Conducted Emission) 전도장해: 전력선이나 신호선을 따라 전달되는 전자기 방출
② RE(Radiated Emission) 방사장해: 전도성 이외의 발생원으로부터 공간으로 전파되는 신호 또는 방해파
③ 불연속 전도장해
④ 잡음전력
⑤ 자기유도전류

> 보충설명

- 전자파 환경

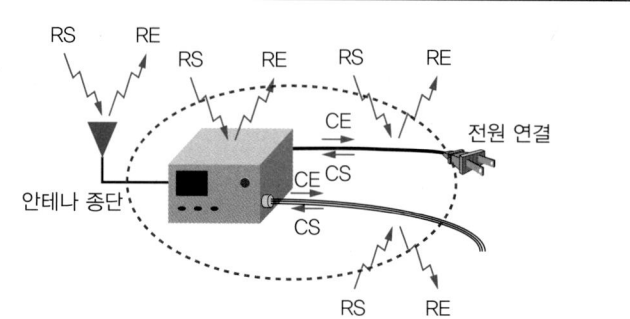

- EMC: EMI, EMS 등을 전체 통칭하는 전자파 등에 대한 환경성능
- EMI: 방출, 다른 기기에 미치는 전자파 영향 확인
- EMS: 내성, 다른 기기의 전자파로부터 받는 영향 확인
- C: 전도성(Cable 등의 도체로 전파됨, 150kHz~30MHz)
- R: 방사성(공기로 전파됨, 30MHz~1GHz)
- E: 방출(외부로 내보냄)
- S: 내성(외부로부터 받음)

- 전자파 세부 구성

구분	대항목	중항목
EMC (Electromagnetic Compatibility)	전자파 적합성이라는 의미는 외부에서 발생하여 유입되는 전자파에 대한 내성과 외부로 발생하는 전자파의 최소화에 대한 내용이다.	
EMI (Electromagnetic Interference)	기기의 전자파 방출(Emission)에 대한 시험으로 기기가 동작하는 중에 발생되는 전자파가 방사, 전도의 경로를 통해 다른 기기의 성능에 영향을 줄 수 있는가를 나타낸다.	
	CE (Conducted Emission)	150[kHz]~80[MHz]에서 신호선, 전원선 등의 전도성 매질을 통하여 전달되는 전자파 측정이다.
	RE (Radiated Emission)	80[MHz]~1[GHz]에서 공기 중으로 방사되어 전달되는 전자파 측정이다.
EMS (Electromagnetic Susceptibility)	기기의 전자파 내성(Immunity)에 대한 시험으로 전자파 장해 환경에서 기기가 성능을 유지할 수 있는가에 대한 내용이다.	
	CS (Conducted Susceptibility)	전도 내성, 150[kHz]~80[MHz]에서 신호선, 전원선 등의 전도성 매질을 통하여 외부에서 유입되는 전자파에 대한 내성 측정이다.
	RS (Radiated Susceptibility)	방사 방출, 80[MHz]~1[GHz]에서 외부로부터 공기 중으로 유입되는 전자파에 대한 내성 측정이다.

CHAPTER 02 무선통신 회로 및 전기적 특성

> **학습방법**
>
> 무선통신의 기본은 주파수이며 실생활에서는 AM이나 FM 라디오일 것입니다. FM의 기본 신호식을 이해하고 첨두전력과 정류회로를 기반으로 다양한 응용문제에 대비해야 합니다. 본 CHAPTER는 너무 깊게 들어가면 무선설비기사 영역과 충돌할 수 있어 아래 최소한의 기출문제 정도만 학습하기를 권장합니다.

문제 ❶

다음 FM 신호를 전송할 때 필요한 대역폭[Hz]을 구하시오. (3점) (2017-2회)

$$V(t) = 10\cos(2 \times 10^7 \pi t + 20\sin 1000\pi t)$$

문제 ❶ 정답

$m_f = \dfrac{\triangle f}{f_s} = 20 (V(t) = 10\cos(2 \times 10^7\pi t + 20sin1000\pi t$에서 유도)

위 문제 $V(t)$에서 10은 파형의 최대치, -10은 파형의 최소치이다.

$2 \times 10^7 \pi t = 2\pi f_c t = w_c (f_c$는 반송파 주파수)

$1,000\pi t = 2\pi f_s t (f_s$는 신호파 주파수)

$W_c = 2\pi f_c t$이므로,

반송파$(f_c) = \dfrac{W_e}{2\pi} = \dfrac{2 \times 10^7 \pi}{2\pi} = 10^7$[Hz]

신호파$(f_s) = \dfrac{W_s}{2\pi} = \dfrac{1000\pi}{2\pi} = 500$[Hz]

$\therefore$ BW(대역폭) $= 2(f_s + \triangle f_c) = 2f_s(1 + m_f)$
$= 2 \times 500(1 + 20) = 21,000$[Hz] $= 21$[kHz]

> 보충설명

FM 신호의 기본식은 아래와 같다.

$$V_{FM}(t) = V_c \cos(w_c t + m_f \sin w_s t), \ w_c = 2\pi f_c, \ 변조지수(m_f) = \frac{\triangle f}{f_s}$$
$$V_{FM}(t) = V_c \cos(2\pi f_c t + m_f \sin w_s t)$$

- 변조지수: 최대 주파수 편이($\triangle f$)와 신호주파수(f_s)의 비이다.
- 반송파: $V_c \cos w_c t$, 신호파: $V_s \sin w_c t$
- 주파수 변조지수(m_f): 최대 주파수 편이를 변조 신호주파수로 나눈 값이다($\frac{\triangle f}{f_s}$).
- 최대 주파수 편이(주파수 편이의 최대값): $\triangle f = (m_f) \times f_m$

문제 ❷

FM 피변조파의 전압이 $V(t) = 10\cos(7 \times 10^8 t + 3\sin 1500t)$일 때 다음 질문에 답하시오. (8점) (2010-2회)

1) 반송파의 주파수(f_c):
2) 신호파의 주파수(f_s):
3) 변조지수:
4) 최대 주파수 편이:

｜문제 ❷ 정답 ｜

위 문제에서 $V(t) = V_c \cos(w_c t + m_f \sin w_s t)$가 기본식이다.

$7 \times 10^8 \pi t = 2\pi f_c t = w_c$($f_c$는 반송파 주파수)

$3 = m_f$

$1,500\pi t = 2\pi f_s t$(f_s는 신호파 주파수)

1) 반송파의 주파수(f_c) = $w_c = 2\pi f_c t$이므로, 반송파(f_c) = $\frac{w_e}{2\pi} = \frac{7 \times 10^8 \pi}{2\pi} = 111,408,406 = 111$[MHz]

2) 신호파의 주파수(f_s) = $\frac{1,500}{2\pi} = 238.73$[Hz]

3) 변조지수(m_f): 3 [$V(t) = 10\cos(7 \times 10^8 t + 3\sin 1500t)$]

4) 주파수 변조지수(m_f) = $\frac{\triangle f}{f_s}$

   $\triangle f = (m_f) \times f_m = 3 \times 238.73$[Hz] = 716.19[Hz]

문제 ❸

노이즈를 제거하기 위한 노이즈 부품에 대해서 쓰시오. (5점) (2020-1회)

PCB(Printed Circuit Board)에서 노이즈를 제거하는 부품을 쓰시오. (5점) (2015-2회)

문제 ❸ 정답

콘덴서, 인덕터, (공통모드 - Common Mode) 초크코일(Choke Coil), 다이오드(Diode), 바리스터(Varistor), 포토 커플러(Photo Coupler), Noise Filter

문제 ❹

주파수가 1,000[Hz], 위상이 $\frac{\pi}{4}$, 진폭이 2[V]인 Sin파(정현파) 함수를 수학식으로 표현하시오. (3점)

(2015-2회)

문제 ❹ 정답

정현파 $= V_m \sin(2\pi ft + \theta)$ 이므로 (진폭 V_m, 각 속도 $w = 2\pi ft$, 위상 θ)

문제에서 $V_m = 2[V]$, $f = 1,000[Hz]$, $\theta = \frac{\pi}{4}$ 를 각각 대입해서 쓰면 아래와 같다.

$f(t) = 2\sin(2000\pi t + \frac{\pi}{4})[V]$

문제 ❺

보내고자 하는 신호의 잡음을 제거하기 위해 잡음 주파수를 분리 또는 감소시키기 위한 대책 방안 2가지를 쓰시오. (3점) (기출응용)

문제 ❺ 정답

콘덴서, 인덕터, (공통모드 - Common Mode) 초크코일(Choke Coil), 다이오드(Diode), 바리스터(Varistor), 포토 커플러(Photo Coupler), Noise Filter 등을 사용해서 잡음을 제거한다.
(★ 몇 개 쓰라는 제한이 없는 경우 위 예의 2~3개 정도 나열함을 권장)

문제 ❻

다음은 Noise를 제거하기 위한 방법이다. 해당하는 부품을 적으시오. (3점) ^(기출응용)

신호와 노이즈의 (주파수 차이)를 이용하여 노이즈 제거/감소	(가)
신호와 노이즈의 (전송모드 차이)를 이용하여 노이즈 제거/감소	(나)
신호와 노이즈의 (전위 차이)를 이용하여 노이즈 제거/감소	(다)

문제 ❻ 정답

(가) 콘덴서/인덕터, (나) 공통모드 초크 코일/포토 커플러, (다) Varistor/다이오드

보충설명 1

- 콘덴서: 노이즈 대책에 있어서 핵심적인 역할을 하는 부품이다. "전기를 잠깐 저장한다"는 특성을 노이즈 대책에 적극 활용하고 있는 것으로 대부분의 보드를 보면 전원회로에서부터 Chip 주변까지 콘덴서 코일, 콘덴서, 저항, 휴즈 및 연결단자 등의 부품들을 적용하여 제품에 노이즈를 제거하고 있다.
- Varistor(바리스터): 바리스터가 기판(PCB)에서 하는 역할은 외부의 이상 과전압 또는 낙뢰로부터 기판 내의 다른 부품들의 파손 및 고장으로부터 보호하는 역할을 한다.

보충설명 2

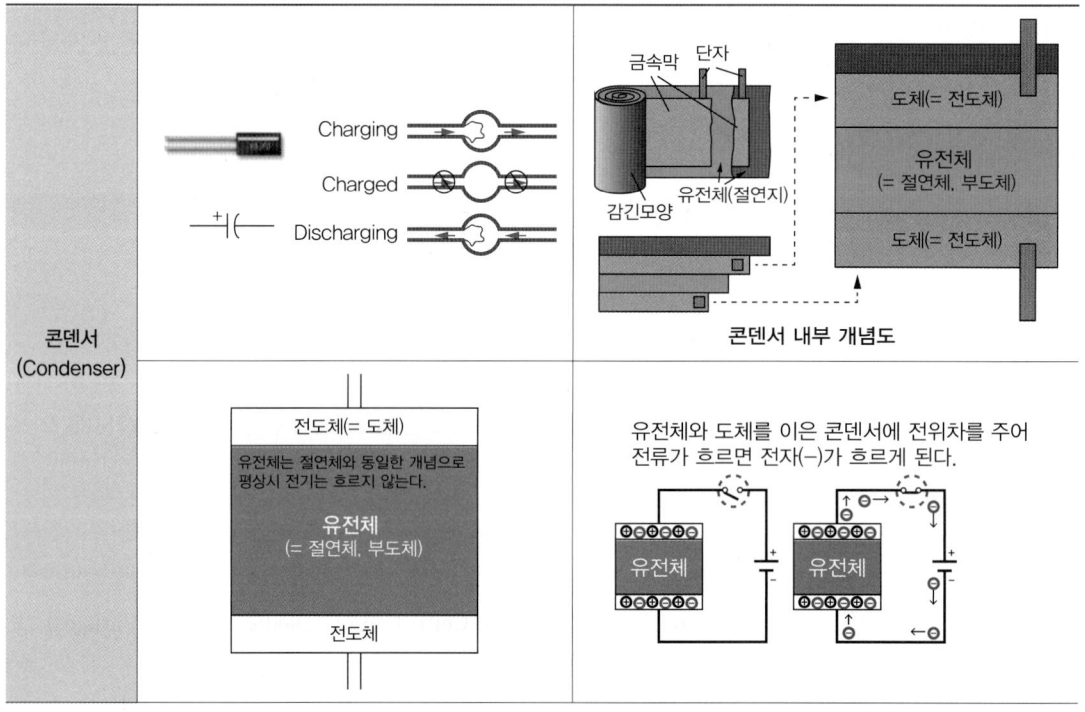

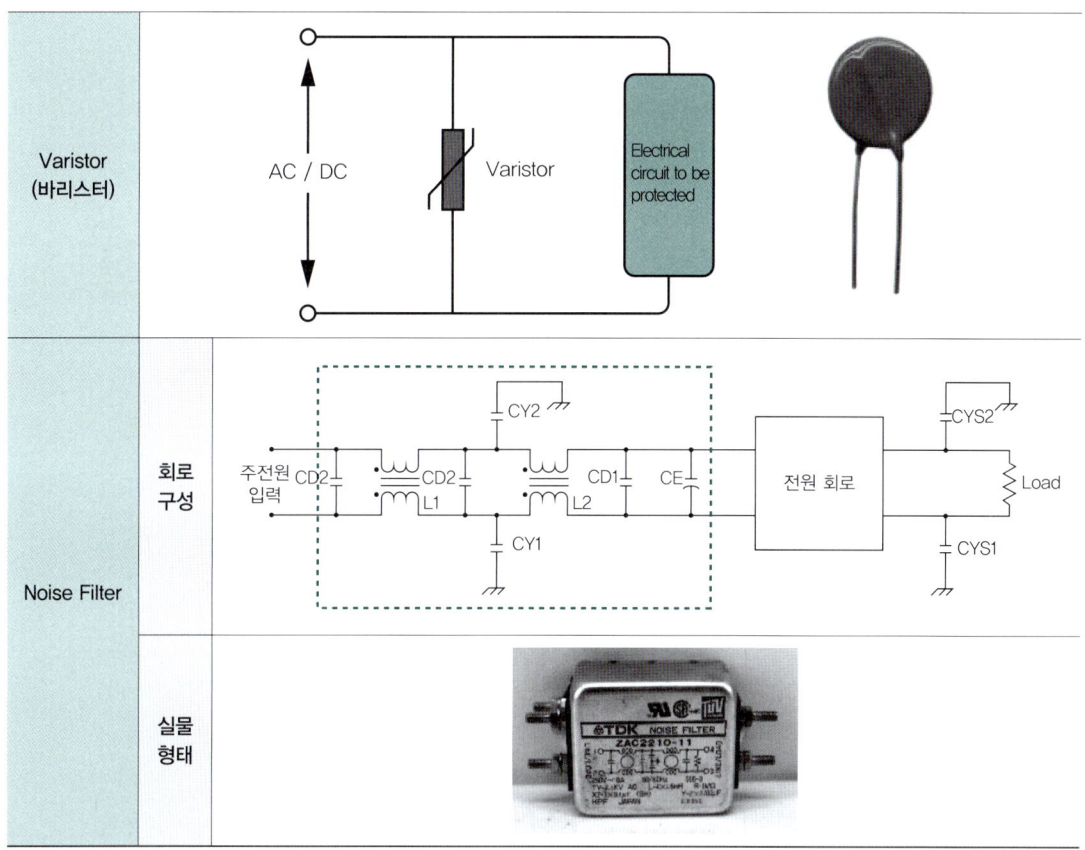

문제 ❼

다음 보기를 기반으로 출력 전력(Watt)을 계산하시오. (5점) (2017-4회)

[보기]
직류전압: 2[kV], 직류전류: 400[mA], 효율: 50[%]

문제 ❼ 정답

출력전력(P) = 직류전압(V) × 직류전류(I) × 효율$(\%)$

출력전력(P) = 2[kV] × 400[mA] × 50(%)

$\qquad = 2{,}000\,V \times 0.5 = 400[\text{Watt}]$

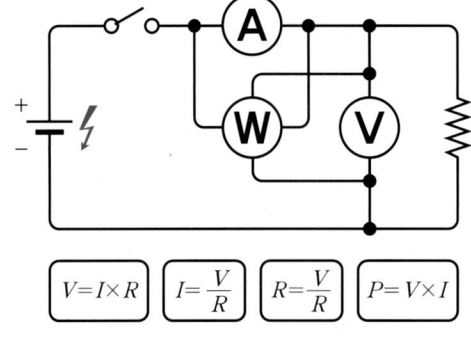

문제 ❽

다음 회로를 보고 답하시오. (5점) (2017-4회) (2018-1회) (2019-4회)

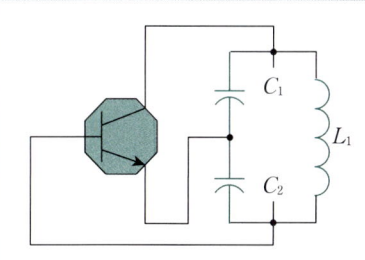

1) 위 회로는 무슨 발진회로인가?
2) $L = 3[\text{mH}]$, $C_1 = C_2 = C$이고 35[kHz]로 발진하기 위한 C값은?

문제 ❽ 정답

1) 콜피츠 발진회로(Colpitts Oscillator)(캐패시터(C)는 직렬, 인덕터(L)는 병렬 연결)
2) C_1 용량값 계산

$$f = \frac{1}{2\pi\sqrt{LC}} = \frac{1}{2\pi\sqrt{L(\frac{1}{C_1} + \frac{1}{C_2})}}[\text{Hz}] = \frac{1}{2\pi\sqrt{L(\frac{C_1}{C_1} + \frac{C_2}{C_2})}} = \frac{1}{2\pi\sqrt{L(\frac{C_1^2}{2C_1})}} = \frac{1}{2\pi\sqrt{L(\frac{C}{2})}}$$

$$35[\text{kHz}] = \frac{1}{2\pi\sqrt{3[\text{mH}](\frac{C_1}{2})}} = \frac{1}{2\pi\sqrt{3 \times 10^{-3} \times (\frac{C}{2})}}$$ 이므로 양변을 제곱해서 풀면

$C_1 = C_2 = 0.013766 \times 10^{-6}[\text{F}] = 0.0137[\mu\text{F}] = 13.7 \times 10^{-9}[\text{F}] = 13.7[\text{nF}]$

보충설명

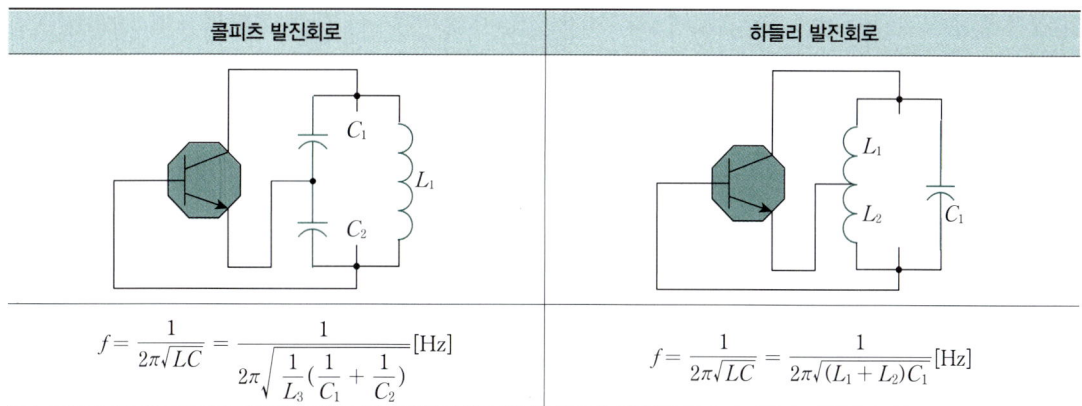

콜피츠 발진회로	하들리 발진회로
$f = \frac{1}{2\pi\sqrt{LC}} = \frac{1}{2\pi\sqrt{\frac{1}{L_3}(\frac{1}{C_1} + \frac{1}{C_2})}}[\text{Hz}]$	$f = \frac{1}{2\pi\sqrt{LC}} = \frac{1}{2\pi\sqrt{(L_1 + L_2)C_1}}[\text{Hz}]$

문제 ❾

아래 정류회로를 보고 질문에 답하시오. (6점) (2019-2회)

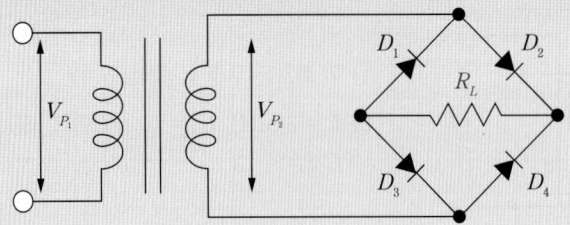

1) 위 회로의 명칭을 쓰시오.
2) (−)반주기 동안 도통되는 다이오드는?
3) (+)반주기 동안 도통되는 다이오드는?

문제 ❾ 정답

1) 브리지 전파 정류회로
2) D_1, D_4
3) D_2, D_3

보충설명

- 반파정류기(Half Wave Rectifier)

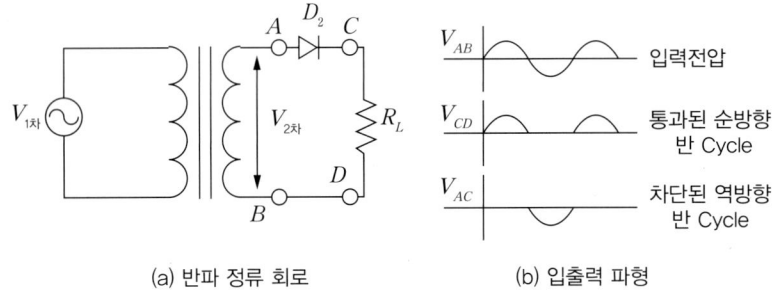

(a) 반파 정류 회로   (b) 입출력 파형

- 동작 결과

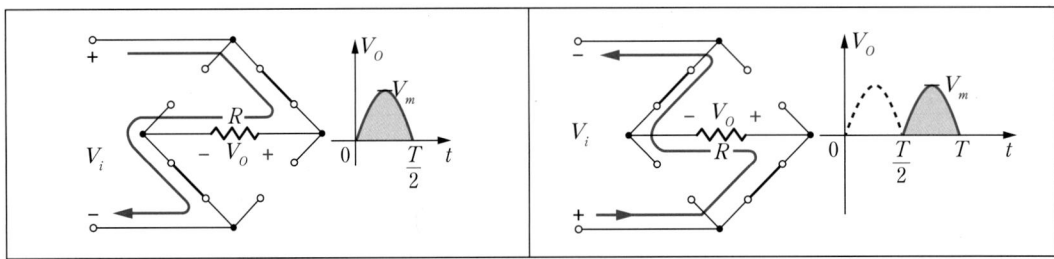

문제 ⑩

아래 정류회로를 보고 답하시오. (6점) ^(기출응용)

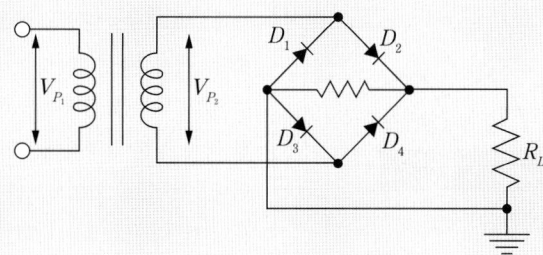

1) 위 회로의 명칭을 쓰시오.
2) (−)반주기 동안 도통되는 다이오드는?
3) (+)반주기 동안 도통되는 다이오드는?

문제 ⑩ 정답

1) 브리지 전파 정류회로, 2) D_1, D_4, 3) D_2, D_3

보충설명

• 동작 결과

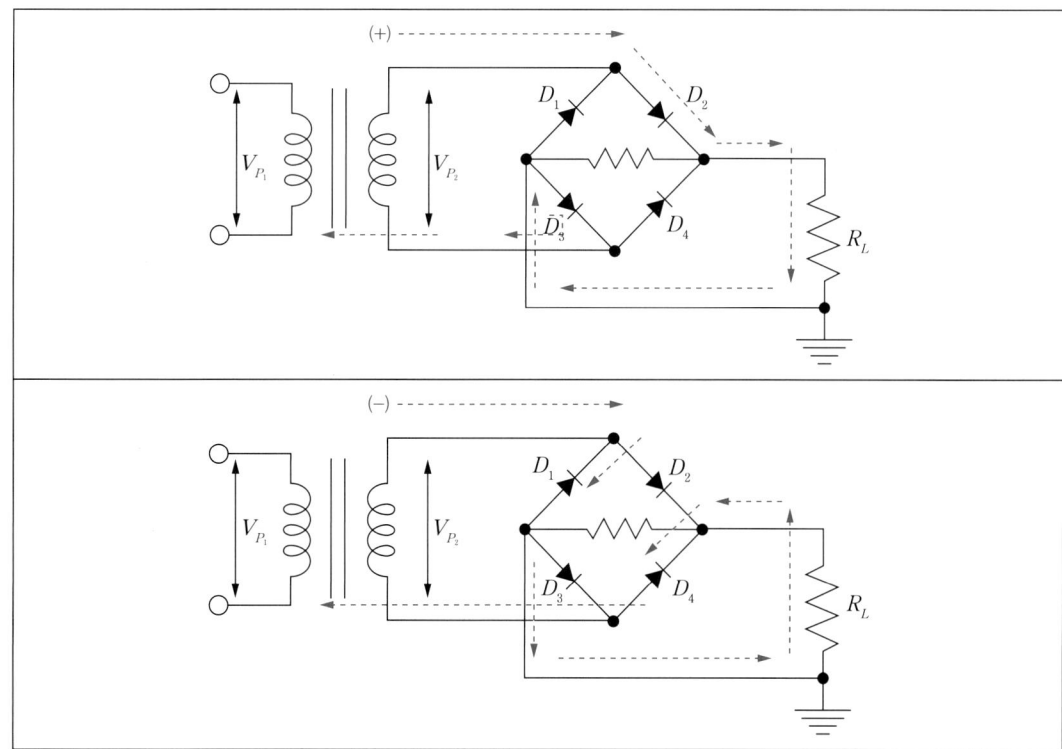

- 브리지 정류기(Bridge Rectifier)

4개의 다이오드가 필요하며, (＋)와 (－) 어느 싸이클에서 2개의 다이오드에서 전력 소비가 있을 때 부하 전압이 2개의 다이오드에서 전압강하가 발생한다.

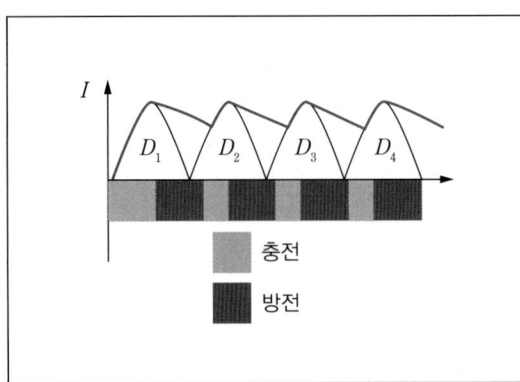

캐패시터의 충·방전을 이용해서 평활회로를 만들어 준다. 캐퍼시터는 빠른 속도로 충전과 방전을 반복할 수 있어 맥류를 평평하게 해주는 역할을 하나, 완벽한 직류 성분이 부족해서 정전압회로를 추가하는 것이다. 이외에도 다이오드를 여러 개 사용하는 방법으로 전파 배전압 정류회로(Diode 2개), 3배 전압 정류회로(Diode 3개), 4배 전압 정류회로(Diode 4개) 등을 사용해서 직류성분을 최대한 얻어 낼 수 있다.

- 전파정류회로와 반파정류회로의 차이점

구분	전파정류	반파정류
회로 구성		
입력전압 파형		
정류 후 전압 파형		
정류 평활 후 전압 파형		

문제 ⓫

다음 ( ) 안에 알맞은 용어를 쓰시오. (3점) (2016-4회)

> 평활회로는 캐패시터(Capacitor)와 인덕터(Inductor)를 사용한 ( )필터로 동작하며, 직류 출력전압을 평탄하게 하는 역할을 하는 회로이다.

문제 ⓫ 정답

저역통과(Low Pass)

보충설명

평활회로

정류회로의 출력 부분에 콘덴서를 병렬로 연결하는 것이다. 이렇게 연결하는 이유는 정류회로를 통해 직류 성분을 얻을 수 있는데 이때 좀 더 평평한(직류다운 모양) 출력 결과를 얻기 위함이다.

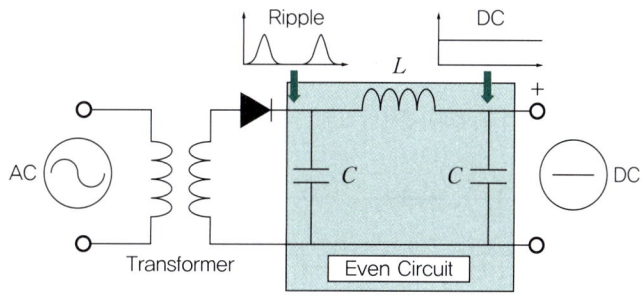

문제 ⑫

아래 전원회로는 교류 입력단에서 직류 부하단까지를 나타내는 구성이다. 보기를 참조해서 알맞은 용어를 쓰시오. (4점) (2021-2회)

[보기]
정전압회로, 변압기, 평활회로, 정류회로

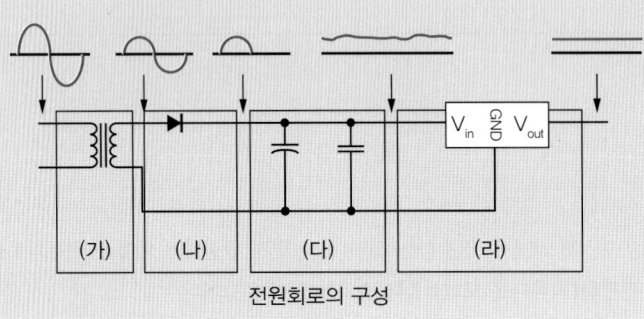

전원회로의 구성

문제 ⑫ 정답

(가) 변압기, (나) 정류회로, (다) 평활회로, (라) 정전압회로

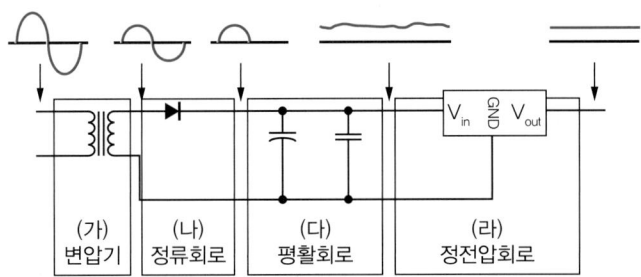

보충설명

변압기 (Transformer)	교류 전기의 전압(V)을 바꿔 주는 장치. 현장에서 도란스, 영문으로 트랜스포머이다. 가정에서 220V를 받아서 12V나 22V로 변환해서 사용하는 것이다.
정류회로 (Rectification Circuits)	교류를 직류로 바꾸는 회로이다. 정류회로에 교류전압을 입력하면 출력이 직류전압으로 바뀌는데, 이 다이오드(Diodes)를 통해 간단히 구성할 수 있다.
평활회로 (Smoothing Circuit)	교류(AC)를 직류(DC)로 바꾸는 여러 과정 가운데 맥류를 완전한 직류로 바꾸어주는 전원공급장치이다.
정전압회로 (Basic Electronic Circuit)	부하에 흐르는 전류가 변화하더라도 부하 양단 전압을 일정하게 유지해주는 회로이다. 정전압을 구성하는 방법에는 Zener 다이오드 또는 트랜지스터를 사용하거나, 정전압 Regulator I.C를 사용하는 방법 등이 있다.

문제 ⑬

아래 코올라쉬 브리지(Kohlrausch Bridge) 회로에서 R_x의 값을 구하시오. (5점) (2021-1회)

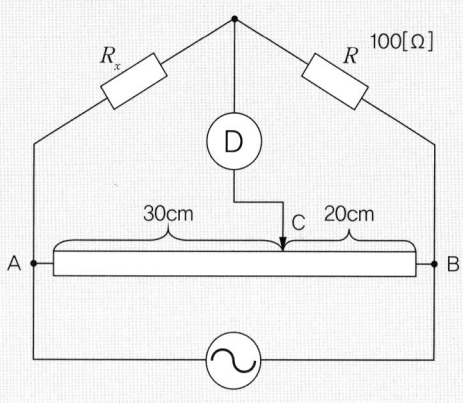

문제 ⑬ 정답

코올라쉬 브리지(Kohlrausch Bridge) 회로는 서로 마주보는 값을 곱하면 되므로

$100[\Omega] \times 30\text{cm} = R_x \times 20\text{cm}$

$\therefore R_x = 150[\Omega]$

문제 ⓐ

아래 그림과 같이 노드 A, B, C 3개소의 접지저항을 코올라쉬 브리지(Kohlrausch Bridge)로 측정하였더니 A와 B 간 저항은 5[Ω], B와 C 간 저항은 7[Ω], C와 A 간 저항 6[Ω]일 경우 노드 A(R_a), B(R_b) C(R_c)의 접지저항을 구하시오. (6점) (기출응용)

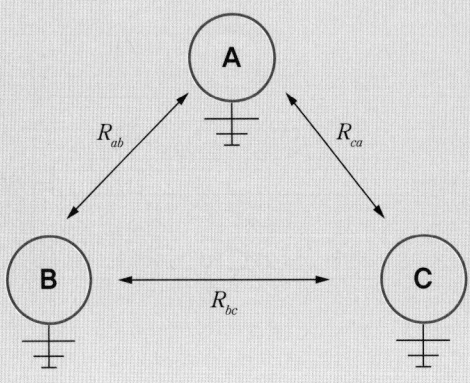

문제 ⓐ 정답

코올라쉬 브리지(Kohlrausch Bridge) 방법에 의한 저항측정은 아래와 같다.

$R_a = \frac{1}{2}(R_{ab} - R_{bc} + R_{ca})[\Omega] = \frac{1}{2}(5 - 7 + 6) = 2[\Omega]$

$R_b = \frac{1}{2}(R_{ab} + R_{bc} - R_{ca})[\Omega] = \frac{1}{2}(5 + 7 - 6) = 3[\Omega]$

$R_c = \frac{1}{2}(-R_{ab} + R_{bc} + R_{ca})[\Omega] = \frac{1}{2}(-5 + 7 + 6) = 4[\Omega]$

문제 ⓑ

아래 구성의 평활회로에서 맥동률을 최소화하는 방법 3가지를 쓰시오. (3점) (2018-4회)

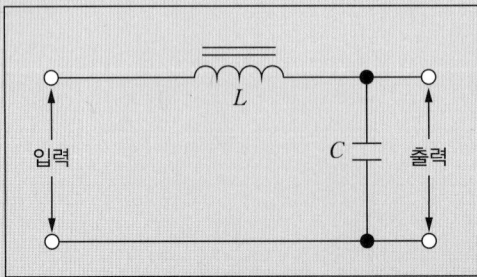

｜문제 ⑮ 정답 ｜

① L(인덕터)을 크게 한다.
② C(캐패시터)를 크게 한다.
③ 교류입력 주파수를 크게 한다.
④ 출력에 부하저항(R_L)이 연결된 경우 부하저항(R_L)을 크게 한다.

보충설명

맥동률이란 직류 전압의 맥동의 비율을 나타내는 것으로, 리플(Ripple) 전압과 직류 평균 전압과의 비를 백분율로 나타낸 것이다.

- 리플률(맥동률, Ripple Factor)
  정류된 출력에 포함된 교류분, 즉 맥동률의 정도를 나타낸 것으로 리플이란 직류 성분을 중심으로 변화하는 신호로서, 충전과 방전으로 인한 출력전압의 변동이다.
  ※ RC 회로의 시정수(τ)=RC가 커지면 캐패시터 방전은 훨씬 적어질 것이므로, 리플 함유율이 작아진다. 반파 정류보다는 전파 정류 능력을 갖는 브리지 정류회로를 사용함으로써 리플 함유율을 줄일 수 있다. 교류(AC)를 직류(DC)로 정류하는 과정은 스위칭 소자에 의존하는데 이 스위칭 소자의 비선형성으로 인해 고조파가 형성되며 이 고조파를 충분히 억제하지 못해 나타나는 출력 직류의 규칙적 잡음 요소를 리플(Ripple)이라 한다.

  리플률이란 정류된 직류(전압)속에 포함되어 있는 교류성분의 정도를 나타내는 것으로 맥동률(양)의 정도를 나타낸 것이다.

- 리플률을 감소시키는 방법
  - 초크 코일의 교류적인 리액턴스(Reactance)를 크게 한다.
  - 레귤레이터 IC 등을 이용해 정전압으로 전압을 안정화 시켜주는 장치를 이용한다.
  - 콘덴서 입력형 평활회로의 리플률(γ)로 $\dfrac{1}{2\sqrt{3}fCR_L}$, 입력전원의 주파수($f$), 콘덴서의 용량($C$), 부하저항($R_L$)이 클수록 리플률이 작아진다.

- 초크 입력형 평활회로
  LC Filter를 이용한 인덕터 입력형 필터 또는 유도성 평활 회로이다. 부하저항에 직렬로 초크 코일을 넣어 맥동률이 적게 한다.

  LC Filter의 맥동률(γ) = $\dfrac{\sqrt{2}}{3(2\omega L)(2\omega C)}$ 로서 L과 C를 크게 할수록 출력측의 맥동함유율이 작아진다. 즉, 부하전류 변화에 대하여 전압변동이 적다.

문제 ⓰

정류회로의 특성을 나타내는 파라미터 세 가지를 쓰시오. (3점) (2020−1회)

문제 ⓰ 정답

① 최대역전압(PIV ; Peak Inverse Voltage)
② 맥동률
③ 전압변동률
④ 정류효율

보충설명 1

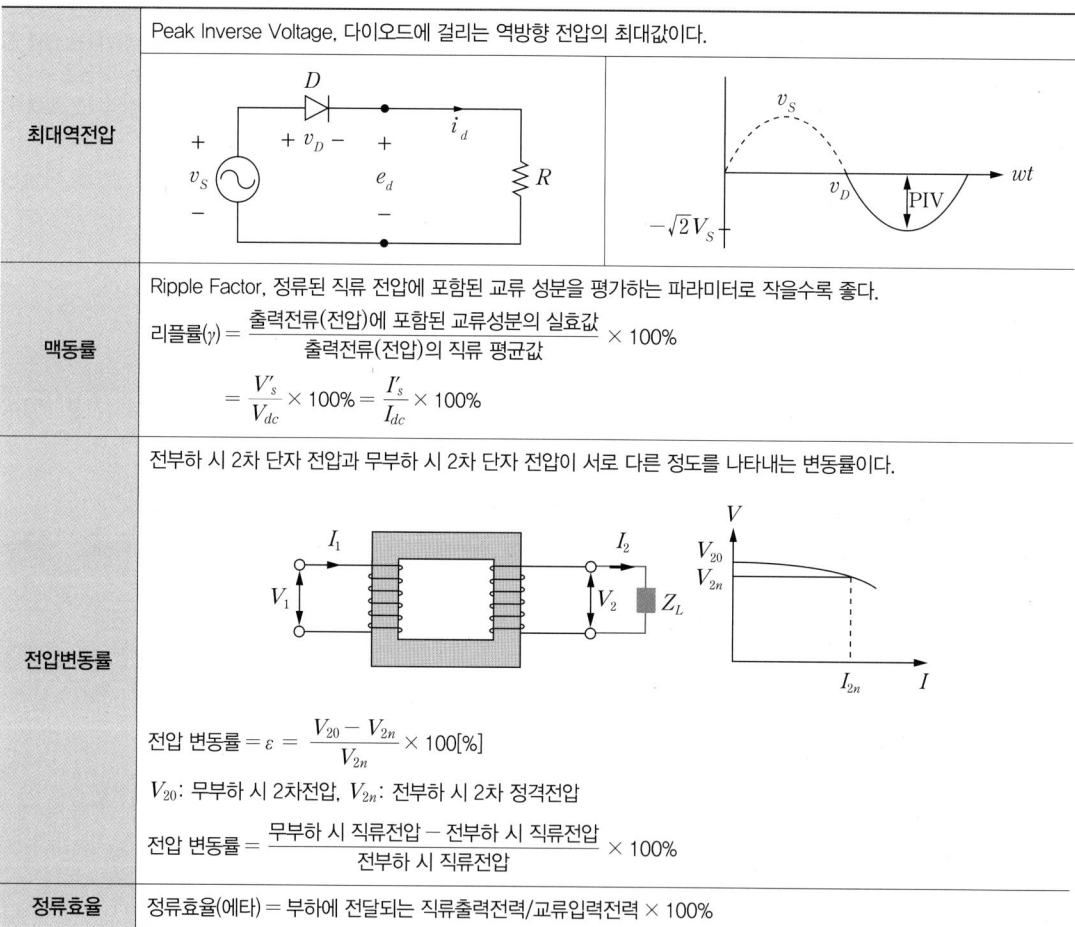

최대역전압	Peak Inverse Voltage, 다이오드에 걸리는 역방향 전압의 최대값이다.
맥동률	Ripple Factor, 정류된 직류 전압에 포함된 교류 성분을 평가하는 파라미터로 작을수록 좋다. 리플률$(\gamma) = \dfrac{\text{출력전류(전압)에 포함된 교류성분의 실효값}}{\text{출력전류(전압)의 직류 평균값}} \times 100\%$ $= \dfrac{V'_s}{V_{dc}} \times 100\% = \dfrac{I'_s}{I_{dc}} \times 100\%$
전압변동률	전부하 시 2차 단자 전압과 무부하 시 2차 단자 전압이 서로 다른 정도를 나타내는 변동률이다. 전압 변동률 $= \varepsilon = \dfrac{V_{20} - V_{2n}}{V_{2n}} \times 100[\%]$ V_{20}: 무부하 시 2차전압, V_{2n}: 전부하 시 2차 정격전압 전압 변동률 $= \dfrac{\text{무부하 시 직류전압} - \text{전부하 시 직류전압}}{\text{전부하 시 직류전압}} \times 100\%$
정류효율	정류효율(에타) = 부하에 전달되는 직류출력전력/교류입력전력 × 100%

보충설명 2

rms

root mean square로 제곱해서 평균을 취한 후에 루트를 씌운다는 의미이다. rms는 수식에 관계된 약자이고 원래는 Effective Value(실효값, 유효값)라고 한다. 즉, 얼마만큼 효율을 갖느냐는 것으로 교류에서 전류가 sin 함수로 나오는데 이것을 한 주기인 0에서 T까지 적분하면 0이 된다. 그래서 전류와 전압의 Effective Value을 사용하며 전압이나 전류값에 제곱을 한 후, 한 주기 동안을 적분한 뒤 T로 나누고 루트를 씌운다.

문제 ⑰

정전압 회로에서 전기적인 특성을 타나내는 파라미터 3가지를 쓰시오. (3점) (2021-1회)

문제 ⑰ 정답

전압변동률, 부하변동률, 대기전류, 맥동 제거율 등

보충설명

정전압 회로

부하에 흐르는 전류가 변화하더라도 부하 양단 전압을 일정하게 유지해주는 회로이다. 정전압을 구성하는 방법에는 Zener 다이오드 또는 트랜지스터를 사용하거나, 정전압 Regulator I.C를 사용하는 방법 등이 있다.

구분	방식
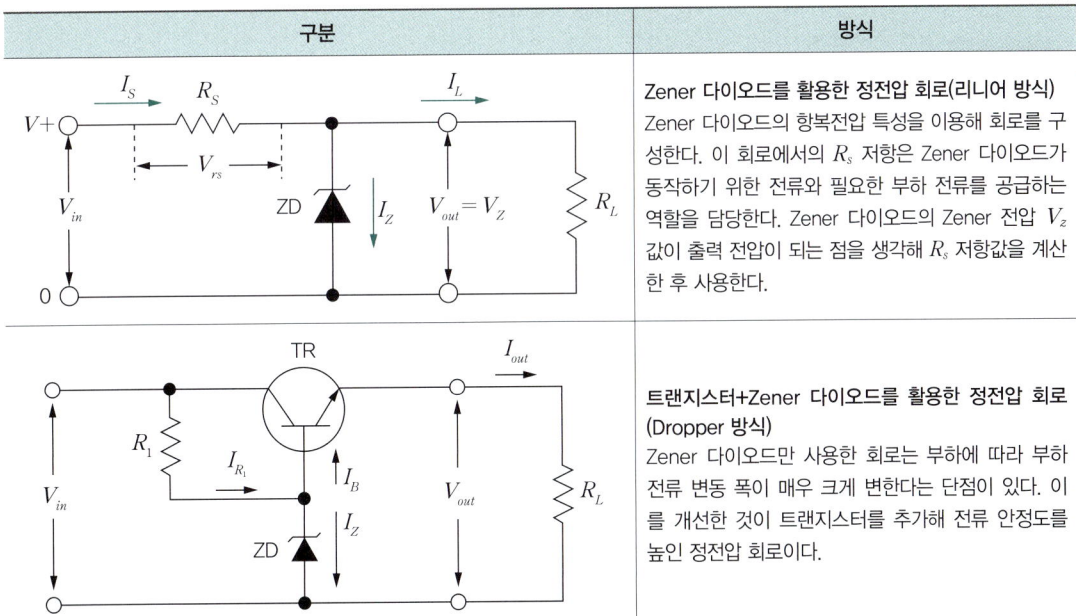	**Zener 다이오드를 활용한 정전압 회로(리니어 방식)** Zener 다이오드의 항복전압 특성을 이용해 회로를 구성한다. 이 회로에서의 R_s 저항은 Zener 다이오드가 동작하기 위한 전류와 필요한 부하 전류를 공급하는 역할을 담당한다. Zener 다이오드의 Zener 전압 V_z 값이 출력 전압이 되는 점을 생각해 R_s 저항값을 계산한 후 사용한다.
	트랜지스터+Zener 다이오드를 활용한 정전압 회로 (Dropper 방식) Zener 다이오드만 사용한 회로는 부하에 따라 부하 전류 변동 폭이 매우 크게 변한다는 단점이 있다. 이를 개선한 것이 트랜지스터를 추가해 전류 안정도를 높인 정전압 회로이다.

문제 ⑱

정전압 전원회로에서 무부하 시 직류 출력전압이 15[V]이고 전부하 시 직류 출력전압이 14.5[V]이었다. 이때 전압변동률을 구하시오. (5점) (2020-4회)

문제 ⑱ 정답

$$전압변동률 = \frac{무부하\ 시\ 직류전압\ -\ 전부하\ 시\ 직류전압}{전부하\ 시\ 직류전압} \times 100\% = \frac{15-14.5}{14.5} \times 100\% = 3.45\%$$

문제 ⑲

정류회로에서 직류전압이 24[V]이고 리플 전압의 실효값이 1.2[V]일 경우 리플률을 구하시오. (5점)

(2022-2회)

문제 ⑲ 정답

$$리플률(\gamma) = \frac{출력전류(전압)에\ 포함된\ 교류성분의\ 실효값}{출력전류(전압)의\ 직류\ 평균값} \times 100\%$$

$$= \frac{1.2[V]}{24[V]} \times 100\% = 5[\%]$$

보충설명

$$리플률(\gamma) = \frac{출력전류(전압)에\ 포함된\ 교류성분의\ 실효값}{출력전류(전압)의\ 직류\ 평균값} \times 100\%$$

$$= \frac{V'_s}{V_{dc}} \times 100\% = \frac{I'_s}{I_{dc}} \times 100\%$$

문제 ⑳

효율이 50[%]이고 양극의 직류전압이 4[kV]이고 양극의 직류전류가 200[mA]인 경우 출력되는 전력을 구하시오. (5점) (기출응용)

문제 ⑳ 정답

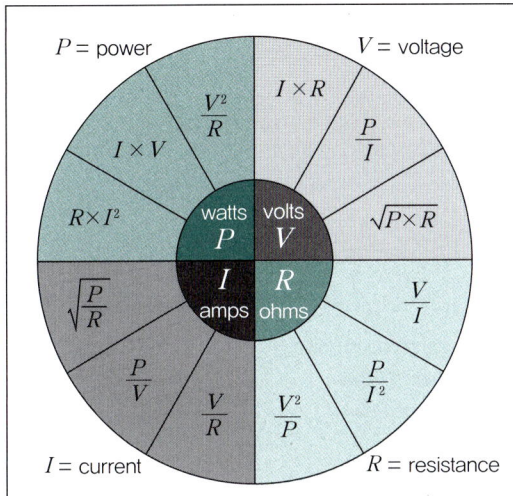

전력(P) = IV에서 효율을 반영하면
$P = 4[\text{kV}] \times 200[\text{mA}] \times 50[\%] = 400[\text{W}]$

참조

$[\text{kV}] = 1,000[\text{V}]$
$[\text{mA}] = 0.001[\text{A}]$
서로 상쇄되어 계산이 용이하다.

문제 ㉑

첨두전력 200[kW], 평균전력 120[W]인 측정 장비에서 펄스 반복 주파수가 1[kHz]일 때 펄스폭을 구하시오. (5점) (2011-2회) (2022-1회)

문제 ㉑ 정답

주파수와 시간은 반비례 한다. 주파수가 1[kHz] 이므로 시간으로 변환하면 1[ms]가 된다.

$$\text{펄스폭} = \frac{\text{펄스반복주기} \times \text{평균전력}}{\text{첨두전력}} = \frac{1[\text{ms}] \times 120[\text{W}]}{200[\text{kW}]} = 0.6[\mu\text{sec}]$$

문제 ㉒

첨두전력 200[W], 평균전력 120[W]인 측정 장비에서 펄스 반복 주파수가 1[kHz]일 때 펄스폭을 구하시오.
(3점) (기출응용)

문제 ㉒ 정답

$$펄스폭 = \frac{펄스반복주기 \times 평균전력}{첨두전력} = \frac{1[\text{ms}] \times 120[\text{W}]}{200[\text{W}]} = 0.6[\text{msec}]$$

보충설명

평균전력과 첨두전력

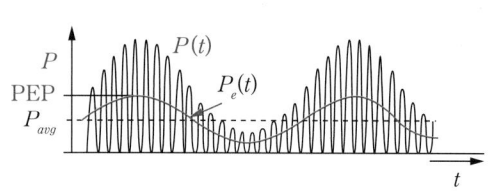

- $P(t)$: Instantaneous Power
- $P_e(t)$: Envelop Power
- P_{avg}: Average Power

- 평균전력(Average Power) = 유효전력[W] ↔ 무효전력[VAR] – Volt Ampere Reactive
  - 충분히 긴 시간 동안 시간 평균된 전력
- 첨두포락선전력(Peak Envelope Power, PEP)
  - 변조 포락선이 최고 첨두에 있는 1주기 동안에 평균된 전력
  - 때로는, PEP를 그냥 첨두전력(Peak Power)이라고도 함

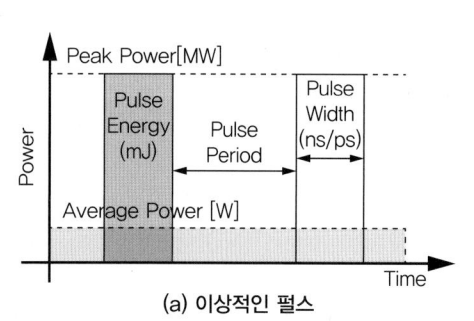

(a) 이상적인 펄스

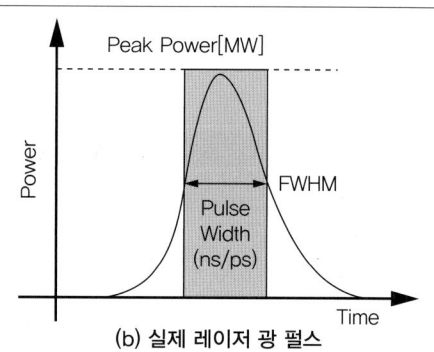

(b) 실제 레이저 광 펄스

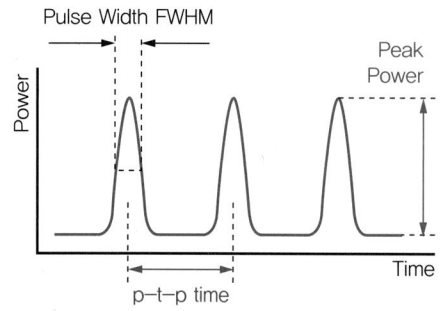

- FWHM(Full Width at Half Maximum): 반치전폭, 스펙트럼에 대한 첨두값의 절반인 지점에서의 폭
- 무효전력(VAR; Volt Ampere Reactive): 부하와 전원이 다니지만 실제로는 아무 일도 하지 않는 전력

문제 ㉓

다음 그림을 보고 콘덴서 용량을 계산하시오. (5점) (2014-2회) (2017-4회) (2021-4회)

콘덴서	문제	정답
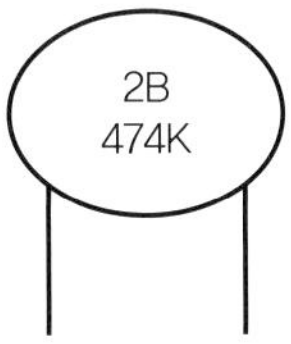 2B 474K	[문제 ㉓-1] 1) 용량: 2) 정격전압: 3) 허용오차:	
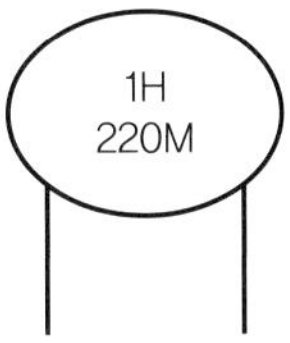 1H 220M	[문제 ㉓-2] 1) 용량: 2) 정전전압: 3) 허용오차:	
1H220M	[문제 ㉓-3] 1) 용량: 2) 정전전압: 3) 허용오차:	
32M	[문제 ㉓-4] 1) 용량: 2) 정전전압: 3) 허용오차:	

▌문제 ㉓ 정답 ▐

[문제 ㉓-1 정답]

1) 용량: $47 \times 10^4 = 0.47 \mu F$, 2) 정격전압(2B): 125[V], 3) 허용오차: $\pm 10\%$(K 기준)

[문제 ㉓-2 정답]

1) 용량: $22 \times 10^0 = 22pF$, 2) 정전전압(1H): 50[V], 3) 허용오차: $\pm 20\%$(M 기준)

[문제 ㉓-3 정답]

1) 용량: $22 \times 10^0 = 22pF$, 2) 정전전압: 50[V], 기본값(별도 제시 없음), 3) 허용오차(M): $\pm 20\%$(M 기준)

[문제 ㉓-4 정답]

1) 용량: $32 \times 10^0 = 32pF$, 2) 정전전압: 50[V], 기본값(별도 제시 없음), 3) 허용오차(M): $\pm 20\%$(M 기준)

보충설명

- 허용오차

문자	B	C	D	F	G	J	K	M	N	V	X	Z	P
허용오차[%]	±0.1	±0.25	±0.5	±1	±2	±5	±10	±20	±30	+20 −10	+40 −20	+80 −20	+100 0
[pF]	±0.1	±0.5	±0.5	±1	±2	–	–	–	–	–	–	–	–

- 오차

F	J	K	M
±1%	±5%	±10%	±20%

- 정격전압

1A	2A	2A	1B	2B	3B	1E	1H
10[V]	100[V]	1000[V]	12.5[V]	125[V]	1250[V]	25[V]	50[V]

- 콘덴서 용량 판별법(세라믹 & 마일러 콘덴서)

Case #1 콘덴서 용량	Case #2 콘덴서 용량
• $104 = 10^4 = 100,000[pF] = 0.1[\mu F]$ • $103 = 10^3 = 10,000[pF] = 0.01[\mu F]$ • $102 = 10^2 = 1,000[pF] = 0.001[\mu F]$ • $101 = 10^1 = 100[pF] = 0.0001[\mu F]$	• $224 = 22 \times 10^4[pF] = 0.22[\mu F]$ • $223 = 22 \times 10^3[pF] = 0.022[\mu F]$ • $222 = 22 \times 10^2[pF] = 0.0022[\mu F]$ • $221 = 22 \times 10^1[pF] = 220[pF]$ • $22 = 22 \times 10^0[pF] = 22[pF]$

- Symbol 별 단위값

Symbol	Name	Factor	Symbol	Name	Factor
Y	yotta	10^{24}	y	yokto	10^{-24}
Z	zetta	10^{21}	z	zepto	10^{-21}
E	exa	10^{18}	a	atto	10^{-18}
P	peta	10^{15}	f	femto	10^{-15}
T	tera	10^{12}	p	pico	10^{-12}
G	giga	10^{9}	n	nano	10^{-9}
M	mega	10^{6}	μ	micro	10^{-6}
k	kilo	10^{3}	m	milli	10^{-3}
h	hecto	10^{2}	c	centi	10^{-2}
da	deka	10^{1}	d	deci	10^{-1}

※ k(kilo) = 10^3, m(mile) = 10^3, c(centi) = 10^{-2}, μ(micro) = 10^{-6}, n(nano) = 10^{-9}, p(pico) = 10^{-12}

문제 ㉔

AC Level Meter에 대해서 아래 질문에 답하시오. (10점) (기출응용)

1) 0[dBm]은 전기통신에서 사용되는 전력의 절대측정 단위이다. 0[dBm]은 600[Ω]의 부하에 (①)[mW] 전력을 소비할 때 부하 양단에 전압이 (②)[V_rms]에 해당한다. (2점)

2) 0[dBm]의 의미는 전류 (①)[mA]가 흐르거나, 전압 (②)[V]가 걸리면 전력 (③)[mW]가 되어 0[dBm]이 되는 것이다. (2점)

3) 5[Watt]를 [dBm]으로 변환하시오. (소수점 셋째 자리 반올림) (3점)

4) Level Meter의 의미를 전압, 전류 측면에서 설명하시오. (3점)

│ 문제㉔ 정답 │

1) ① 1, ② 0.775

2) ① 1.291, ② 0.775, ③ 1

3) $X[dBm] = 10\log_{10}\dfrac{5[W]}{1[mW]} = 10\log_{10}5 + 10\log_{10}10^3 = 10\log_{10}\dfrac{10}{2} + 30 = 10 - \log 10^2 + 30 = 40 - 3.010$

$= 36.99[dBm]$

4) Level Meter는 전류 1.291[mA]가 흐르거나 전압 0.775[V]가 걸리면 1[mW]되어 0[dBm]이 되는 것이다. 이를 통해 600[Ω]계 전압계에서 Level Meter로 사용한다.

보충설명

$0[dBm] = 10\log_{10}$이므로 $P = 1[mW]$이다.

$P = VI = I^2 R = \dfrac{V^2}{R}$, $I = \dfrac{V}{R}$, $V = \sqrt{RP}$이므로 $0[dBm] = 1[mW]$, $R = 600[\Omega]$을 대입하면

$V = \sqrt{RP} = \sqrt{600 \times 10^{-3}} = 0.775[V]$, $I = \dfrac{V}{R} = \dfrac{0.775}{600} = 1.291[mA]$

또는 $I = \sqrt{\dfrac{P}{R}} = \sqrt{\dfrac{1[mW]}{600[\Omega]}} = 1.291[mA]$

구분	유선(임피던스 600Ω)	무선(임피던스 50Ω)
공급 전원	1.55[V]	0.4772[V]
전류	1.291[mA]	4.472[mA]
출력 저항	600[Ω]	50[Ω]
저항 전압	0.775[V]	0.2236[V]
회로도	배터리 내부저항 600[Ω], 전원공급 1.55[V], 저항전압 0.775[V], 부하저항 600[Ω], 전류흐름(1.291mA) $P = IV = 1.291[mA] \times 1.775[V] = 1[mW]$	배터리 내부저항 50[Ω], 전원공급 0.4772[V], 저항전압 0.2236[V], 부하저항 50[Ω], 전류흐름(4.472mA) $P = IV = 4.472[mA] \times 0.2236[V] = 1[mW]$

CHAPTER 03 임피던스 정합 (Impedance Matching)

✓ 학습방법

"임피던스를 정합한다"는 것은 "서로 다른 매체를 결합시킨다"는 의미로서 매체 간에 정합(일치)시키는 것이 중요하며 "얼마나 잘 정합되었는가?"를 판단하는 수치 또한 필요합니다. 시험에 대비하기 위해 반사계수와 정재파비에 대한 개념과 공식의 정확한 이해와 암기를 병행하면서 다음의 기출문제를 풀어보는 것을 권장합니다.

문제 ❶

75[Ω]의 동축케이블과 200[Ω]의 동축케이블을 서로 연결하면 연결지점에서 신호는 어떻게 되는가? (3점)

(2020-4회)

문제 ❶ 정답

① Ghost Effect 현상이 발생한다.
② Impedance가 Unmatching(임피던스 부정합)이 발생하게 된다.
③ TV인 경우 화면의 찌그러짐, 기타 신호의 경우 불일치가 발생한다.
④ Camera/Television Ghosting: 카메라나 텔레비전 등의 이미지가 겹쳐서 표시되는 현상이다.

문제 ❷

서울, 인천 간에 포설된 세심 동축케이블의 특성 임피던스를 측정하였더니 개방 임피던스는 25[Ω]이고 단락 임피던스는 100[Ω]이었다. 이 케이블의 특성 임피던스(Z_o)는 얼마인가? (5점) (2014-1회) (2016-1회) (2018-1회)

1) 계산과정:

2) 정답:

문제 ❷ 정답

1) $Z_o = \sqrt{개방\ 임피던스 \times 단락\ 임피던스} = \sqrt{Z_1 Z_2} = \sqrt{25[\Omega] \times 100[\Omega]} = 50[\Omega]$

2) 50[Ω]

문제 ❸

동축케이블에서 특성 임피던스(Z_o)를 측정한 결과 50[Ω]이었다. 개방 임피던스는 100[Ω]인 경우 단락 임피이던스를 구하시오. (5점) (2016-1회)

1) 계산과정:

2) 정답:

┃문제 ❸ 정답┃

1) $Z_o = \sqrt{개방\ 임피던스 \times 단락\ 임피던스} = \sqrt{단락임피던스 \times 100[\Omega]} = 50[\Omega]$

2) 25[Ω]

문제 ❹

특성 임피던스 50[Ω]인 케이블과 75[Ω]인 케이블에 접속하였을 때 아래 질문에 답하시오. (6점)

(2017-2회) (2018-2회) (2023-1회)

1) 반사계수(Γ):

2) VSWR:

3) 반사전력 대 입사전력(%) (반사전력은 입사전력의 몇 %인가?)

┃문제 ❹ 정답┃

1) 반사계수(Γ) $= |\dfrac{Z_l - Z_o}{Z_l + Z_o}| = \dfrac{부하\ 임피던스 - 특성\ 임피던스}{부하\ 임피던스 + 특성\ 임피던스} = \dfrac{75[\Omega] - 50[\Omega]}{75[\Omega] + 50[\Omega]} = 0.2$

2) VSWR = 정재파비(S) $= \dfrac{1 + |\Gamma|}{1 - |\Gamma|} = \dfrac{1 + |반사계수|}{1 - |반사계수|} = \dfrac{1 + |0.2|}{1 - |0.2|} = 1.5$

3) 반사전력 대 입사전력(%)

반사계수(Γ) $= \sqrt{\dfrac{반사전력}{입사전력}} = 0.2, \dfrac{반사전력}{입사전력} = 0.04 = \dfrac{4}{100}$ 이므로 4[%]이다.

참조

반사전력은 입사전력(P_i), 반사전력(P_r), 투과전력(P_t) = $P_i(1 - \Gamma^2)$을 계산하여 풀거나

반사계수 $= \sqrt{\dfrac{P_r(반사전력)}{P_i(입사전력)}} =$ 반사계수(Γ)식의 양변을 제곱하여 푼다.

두 번째 식을 사용하여 계산하면, $\dfrac{P_r}{P_i} = (0.2)^2 = 0.04$ 에서 $P_r = 0.04 P_i \times 100\% = 4 P_i [\%]$ 이다.

문제 ❺

특성 임피던스 50[Ω]인 케이블과 75[Ω]인 케이블에 접속하였을 때 동축케이블의 접속에서 임피던스 50[Ω]용(D 타입) 케이블과 임피던스 75[Ω]용(C 타입)을 직접 접속할 시 반사계수와 VSWR을 구하고 이때의 반사전력은 입사전력의 몇 [%]가 되는가? (7점) (2014-1회)

문제 ❺ 정답

① 반사계수(Γ) = $|\frac{Z_l - Z_o}{Z_l + Z_o}|$ = $\frac{부하 임피던스 - 특성 임피던스}{부하 임피던스 + 특성 임피던스}$ = $\frac{75[\Omega] - 50[\Omega]}{75[\Omega] + 50[\Omega]}$ = 0.2

② VSWR = 정재파비(S) = $\frac{1 + |\Gamma|}{1 - |\Gamma|}$ = $\frac{1 + |반사계수|}{1 - |반사계수|}$ = $\frac{1 + |0.2|}{1 - |0.2|}$ = 1.5

③ 반사전력 대 입사전력(%)

반사계수(Γ) = $\sqrt{\frac{반사전력}{입사전력}}$ = 0.2, $\frac{반사전력}{입사전력}$ = 0.04 = $\frac{4}{100}$ 이므로 4[%]

문제 ❻

장비의 입사전력이 8[W]이고, 정재파비(S)가 1.5인 경우 반사(파)전력을 구하시오. (5점) (기출응용)

문제 ❻ 정답

VSWR = 정재파비(S) = $\frac{1 + |\Gamma|}{1 - |\Gamma|}$ = $\frac{1 + |반사계수|}{1 - |반사계수|}$ = 1.5이므로 치환해서 풀면

1 + 반사계수(Γ) = 1.5 − 1.5(반사계수(Γ)),

2.5 반사계수(Γ) = 0.5이므로 반사계수(Γ) = 0.2가 된다.

또한 반사전력을 구하기 위해서 반사계수(Γ) = $\sqrt{\frac{반사전력}{입사전력}}$,

0.2를 대입하고 양변을 제곱해서 풀면 0.04 = $\frac{반사전력}{입사전력}$ = $\frac{반사전력}{8[W]}$ 이므로

반사전력 = 0.32[W]가 된다.

문제 ❼

정재파비가 1.5일 때 반사계수를 구하시오. (5점) (2016-2회)

문제 ❼ 정답

$\text{VSWR} = 정재파비(S) = \dfrac{1+|\Gamma|}{1-|\Gamma|} = \dfrac{1+|반사계수|}{1-|반사계수|} = 1.5$ 이므로 치환해서 풀면

$1 + 반사계수(\Gamma) = 1.5 - 1.5(반사계수(\Gamma))$,

$2.5\ 반사계수(\Gamma) = 0.5$ 이므로 반사계수$(\Gamma) = 0.2$ 가 된다.

문제 ❽

구축된 안테나에서 사용전검사에서 요구되는 정재파비가 1.5인 경우, 방향성 결합기를 이용하여 진행파 전력 측정을 하였더니 16[W]이다. 이 경우 반사파 전력은 몇 [W]인가? (6점) (2019-2회)

문제 ❽ 정답

$\text{VSWR} = 정재파비(S) = \dfrac{1+|\Gamma|}{1-|\Gamma|} = \dfrac{1+|반사계수|}{1-|반사계수|} = 1.5$ 이므로 치환해서 풀면

$1 + 반사계수(\Gamma) = 1.5 - 1.5(반사계수(\Gamma))$,

$2.5\ 반사계수(\Gamma) = 0.5$ 이므로 반사계수$(\Gamma) = 0.2$ 가 된다.

또한 반사전력을 구하기 위해서 반사계수$(\Gamma) = \sqrt{\dfrac{반사전력}{입사전력}}$,

0.2를 대입하고 양변을 제곱해서 풀면 $0.04 = \dfrac{반사전력}{입사전력} = \dfrac{반사전력}{16[W]}$ 이므로

반사전력 $= 0.64[W]$ 가 된다.

문제 ⑨

방향성 결합기를 이용하여 안테나의 진행파 전력을 측정하였더니 16[W]였다. 정재파비(VSWR)가 1.5가 되기 위해서는 반사파 전력은 몇 [W]가 되어야 하는가? (6점) (2014-2회) (2015-2회)

문제 ⑨ 정답

$VSWR = 정재파비(S) = \dfrac{1+|\Gamma|}{1-|\Gamma|} = \dfrac{1+|반사계수|}{1-|반사계수|} = 1.5$ 이므로 치환해서 풀면

$1 + 반사계수(\Gamma) = 1.5 - 1.5(반사계수(\Gamma))$,
$2.5\,반사계수(\Gamma) = 0.5$ 이므로 반사계수$(\Gamma) = 0.2$가 된다.

또한 반사전력을 구하기 위해서 반사계수$(\Gamma) = \sqrt{\dfrac{반사전력}{입사전력}} = \dfrac{S(정재파비) - 1}{S(정재파비) + 1}$,

0.2를 대입하고 양변을 제곱해서 풀면 $0.04 = \dfrac{반사전력}{입사전력} = \dfrac{반사전력}{16[W]}$ 이므로

반사전력 = 0.64[W]가 된다.

문제 ⑩

스팩트럼 분석기와 함께 RF 엔지니어링 영역의 필수 장비 중의 하나인 Network Analyzer(네트워크 분석기)는 이미 알고 있는 기준 신호를 고주파 시스템 회로에 인가하여 응답 특성을 주파수 측면에서 분석하는 장비이다. Network Analyzer의 주요 기능을 4가지 쓰시오. (4점) (2020-1회)

문제 ⑩ 정답

VSWR, 반사손실, 삽입손실, 이득, S Parameter, 입출력 임피던스, 복사패턴, Time delay

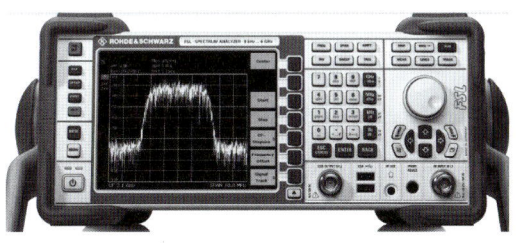

문제 ⑪

아래는 VSWR(정재파비)를 측정한 파형이다. Point 2에서 주파수가 2.59939927[GHz]인 지점의 반사계수를 수하시오. (단, 소수점 둘째 자리에서 반올림한다) (5점) (기출응용)

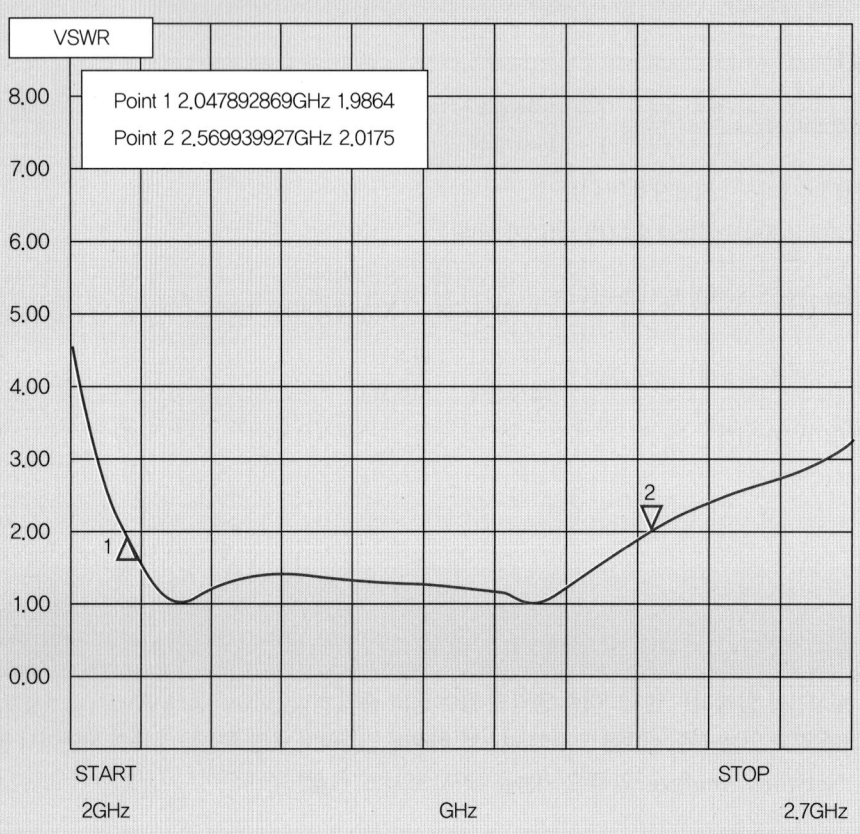

문제 ⑪ 정답

1번에서 반사계수를 구하면 VSWR = 2.047802879

$$반사계수(\Gamma) = \frac{2.047902879 - 1}{2.047902879 + 1} \approx 0.3438$$

문제 ⑫

다음 질문에 답하시오. (5점) (기출응용)

Point β에서 주파수가 2.6[GHz]이고 VSWR(정재파비)는 2.0175이다. 이런 경우의 반사계수를 구하시오.
(단, 반올림은 소수점 둘째 자리까지 표기한다)

문제 ⑫ 정답

$$\text{VSWR} = 정재파비(S) = \frac{1+|\Gamma|}{1-|\Gamma|} = \frac{1+|반사계수|}{1-|반사계수|} \approx 2.0175 이므로$$

$1 + 반사계수(\Gamma) = 2.0175(1 - (반사계수(\Gamma)))$

$반사계수(\Gamma) = \dfrac{1.0175}{3.0175} = 0.337 \approx 0.34$

참고

Point의 제시에서 정재파비는 반사계수와의 관계가 중요하다. 그림이나 도표에 현혹되어 "문제가 어렵다" 생각하지 말고 공식에 충실해서 답을 찾아가야 한다.

문제 ⑬

아래는 수신기의 안테나 LNA(Low Noise Amplitude)에 대한 임피던스 정합을 나타낸다. 아래 정재파비를 참조해서 Part 1지점(916MHz)에서의 반사계수를 계산하시오. (5점) ^(2018-4회)

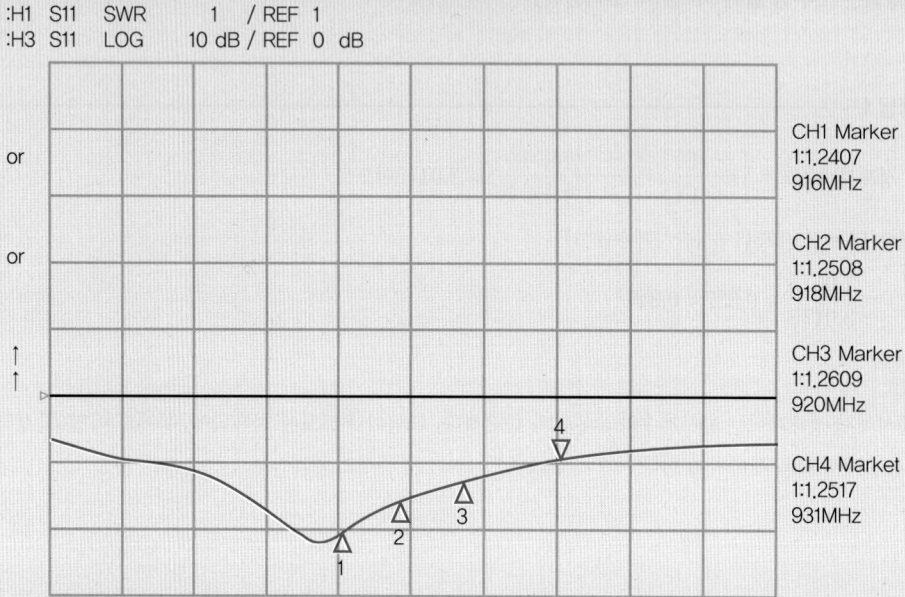

문제 ⑬ 정답

$$\text{VSWR} = \text{정재파비}(S) = \frac{1+|\Gamma|}{1-|\Gamma|} = \frac{1+|반사계수|}{1-|반사계수|} \approx 1.2407 \text{이므로}$$

$1 + 반사계수(\Gamma) = 1.2407(1 - (반사계수(\Gamma)))$

$반사계수(\Gamma) = \dfrac{0.2407}{2.2407} = 0.10742 \approx 0.107$

문제 ⓮

VSWR이 1에 가깝다는 것에 대한 주요 의미 두 가지를 쓰시오. (5점) (기출응용)

┃문제 ⓮ 정답┃

① VSWR이 1에 가까울수록 이상적인 안테나의 정합이다.
② 반사파가 최소화되어 안테나 입력 전력이 안테나에 그대로 전달된다는 의미이다.
③ VSWR이 1에 가깝다고 해서 공기 중에 잘 전파되는 것은 아니다. 실제 안테나의 복사전력을 측정할 필요가 있다.
④ 안테나 선정에 있어 VSWR이 1에 까까운 것을 선정하면 전력을 잘 송출한다는 의미이다.

참조

VSWR과 S-파라미터

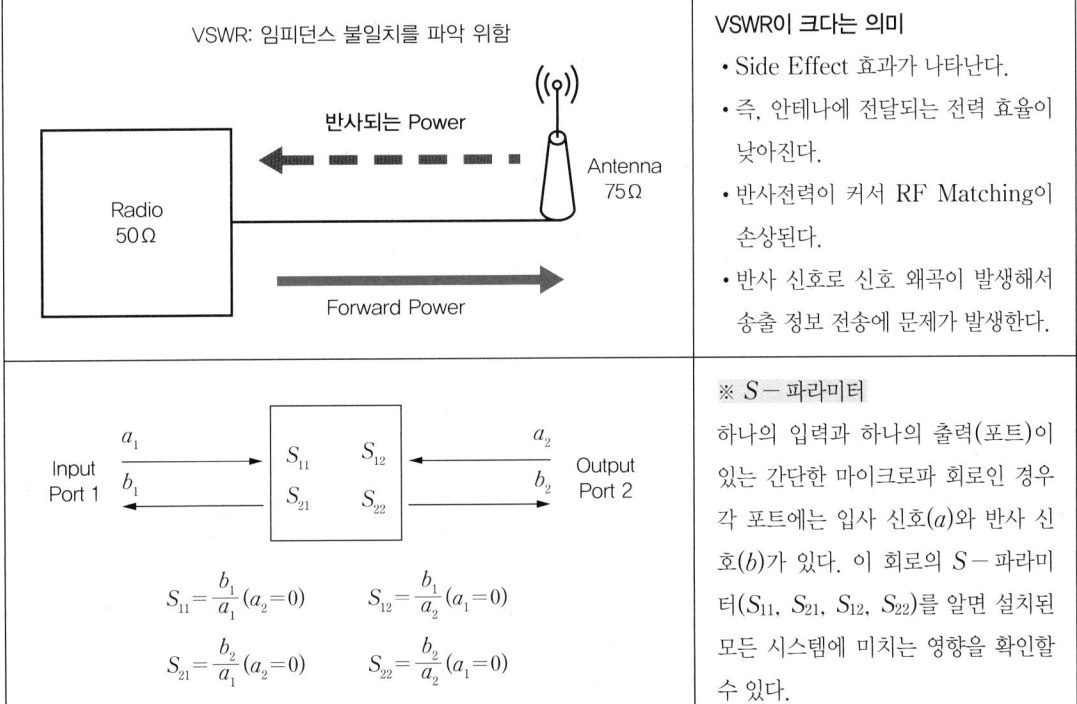

CHAPTER 03 | 임피던스 정합 (Impedance Matching)

CHAPTER 04 오실로스코프와 스펙트럼분석기

학습방법

오실로스코프는 기본적인 계측장비로서 현재까지 많이 사용하고 있습니다. 그러나 오실로스코프에 대한 사전 실습이 없는 경우 이해도가 낮을 수 있습니다. 주파수와 시간의 반비례 관계를 기반으로 오실로스코프의 파형을 분석할 수 있도록 기출문제 위주의 학습을 권장 드립니다.

문제 ❶

오실로스코프의 주요 용도 4가지를 쓰시오. (4점) (2018-1회)

문제 ❶ 정답

왜곡, 주파수, 대역폭, SNR(Signal Noise Ratio)

문제 ❷

스펙트럼분석기(Spectrum Analyzer)의 주요 용도 4가지를 쓰시오. (4점) (기출응용)

문제 ❷ 정답

왜곡, 주파수, 대역폭, SNR(Signal Noise Ratio)
※ 주파수 왜곡 측정, 대역폭 측정, 주파수 측정, 신호대 잡음비 측정(SNR측정)

문제 ❸

프로토콜 분석기(Protocol Analyzer)의 주요 용도 3가지를 쓰시오. (3점) (기출응용)

문제 ❸ 정답

LAN 병목현상, 응용프로그램 실행오류, 프로토콜 설정 오류 등 분석

문제 ❹

오실로스코프 주요 측정 버튼 2가지를 쓰시오. (4점) (2020-4회)

문제❹ 정답

① Volt/Div(수직 눈금, 전압 조정/전압 크기 측정)
② Time/Div(수평 눈금, 시간 조정/시간 크기 측정)

문제 ❺

오실로스코프의 장비 동작과 관련해서 아래 사항에 대한 용도 및 질문에 맞는 답을 쓰시오. (6점) (2020-4회)

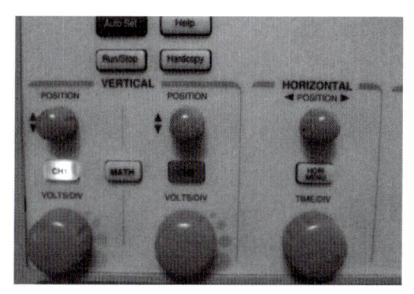

1) TIME/DIV:
2) VOLTS/DIV:
3) 주요 측정항목 4가지:

문제❺ 정답

1) 오실로스코프의 수평(Horizontal, 좌, 우) 눈금을 사용해서 신호 주기를 시간 간격으로 조정하고 측정하기 위한 단자이다.
2) 오실로스코프의 수직(Vertical, 위, 아래) 눈금을 사용해서 신호 전압 크기를 조정하고 측정하기 위한 단자이다.
3) 전압(크기)측정, 주기(시간) 측정, 주파수 측정, 주파수와 위상 비교(리샤쥬 측정)

보충설명

리샤쥬 도형법에 의한 위상 측정

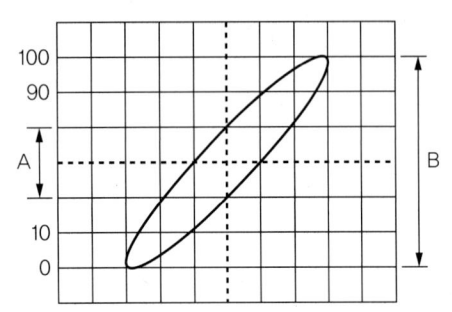
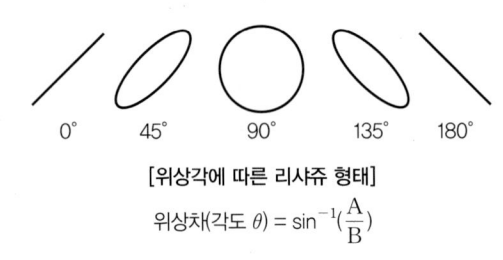

[위상각에 따른 리샤쥬 형태]

위상차(각도 θ) = $\sin^{-1}(\dfrac{A}{B})$

- Vertical 부분
  - 채널 − 1, 채널 − 2 각각에 "POSITION"과 "VOLTS/DIV"를 조절하는 부분이 있다.
  - "POSITION": 현재 Dispaly된 해당 채널의 파형을 화면상에서 위, 아래로 이동시키는 데 사용한다.
  - "VOLTS/DIV": 오실로스코프의 수직축은 8칸으로 구분되어 있는데 칸당 전압 크기(Scale)를 조절하는 데 사용한다.
- Horizontal 부분
  - "POSITION": Display된 파형을 화면상에서 좌, 우로 이동시키는 데 사용한다. 특히, Trigger 모드에서 Trigger 시점을 제어하는 데 사용된다.
  - "TIME/DIV": 오실로스코프 수평축(시간축)의 칸(Division)당 시간 Scale을 조절하는 데 사용한다.

문제 ❻

다음은 오실로스코프 파형이다. 보기를 참고하여 (가)~(다)에 알맞은 말을 쓰시오. (6점) (기출응용)

> [보기]
> 타이밍 지터, 사용 가능 신호(스윙), 클럭주기, Distortion, 감도(Sensitivity), Noise Margin

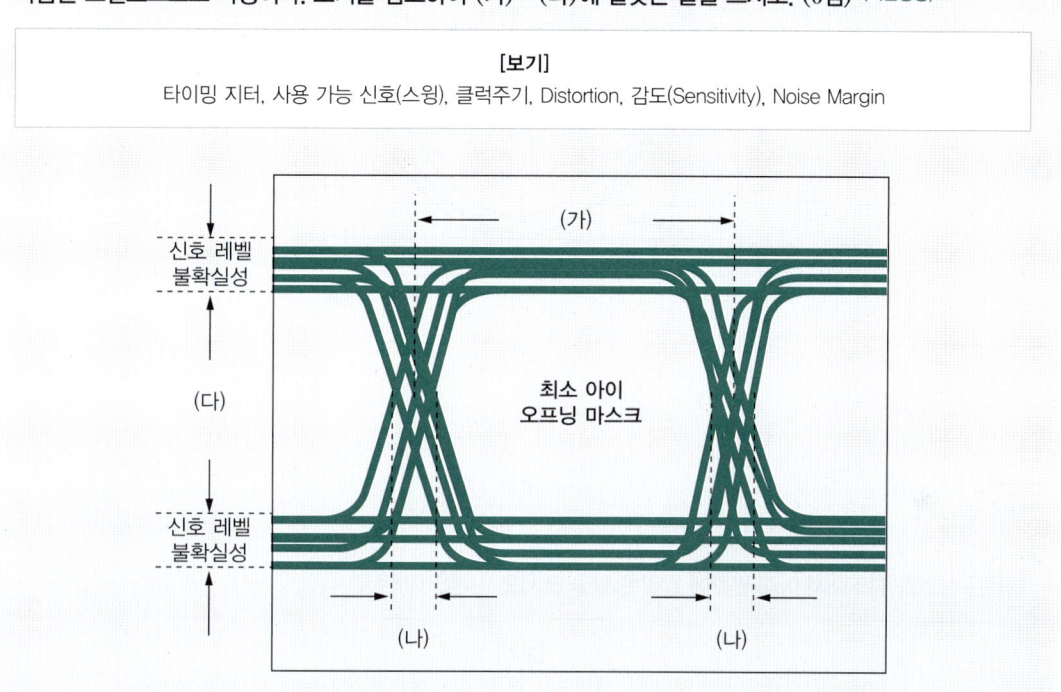

문제 ❻ 정답

(가) 클럭주기, (나) 타이밍 지터(Timing Jitter), (다) 사용 가능 신호(스윙)

보충설명

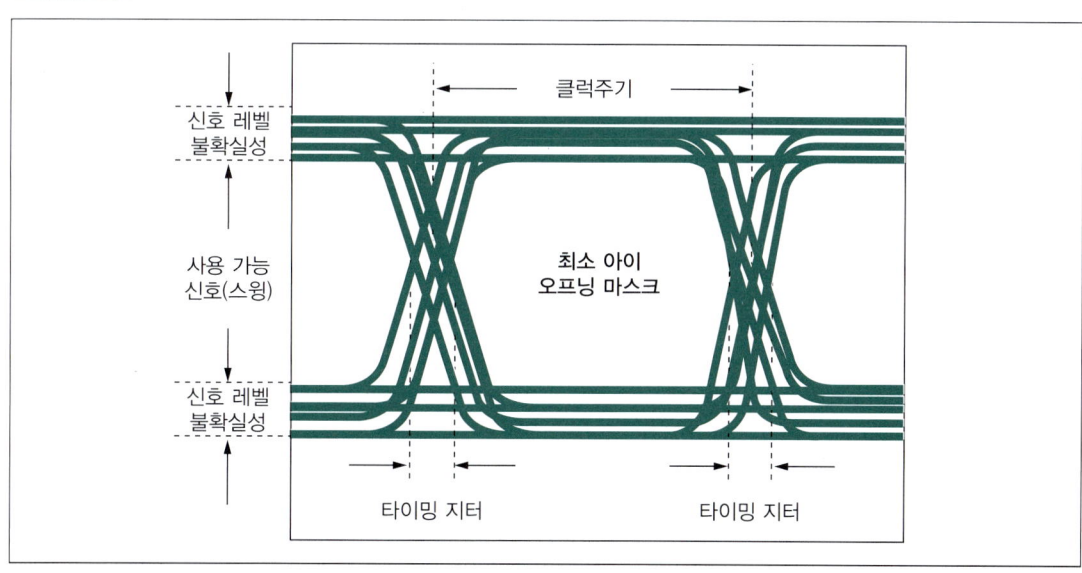

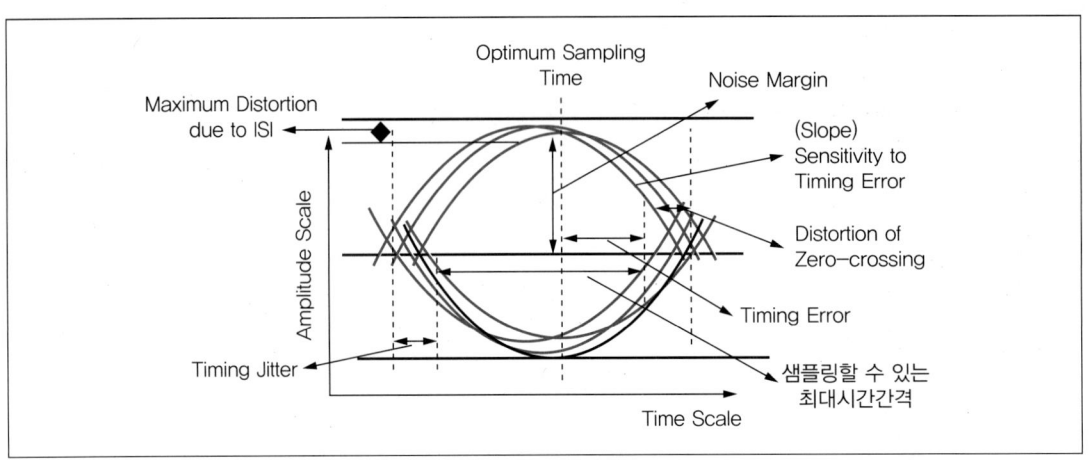

문제 ❼

다음은 보기를 참조해서 아래 빈칸에 알맞은 말을 쓰시오. (6점) (기출응용)

[보기]
Timing Jitter, 사용 가능 신호(스윙), 클럭주기, 왜곡(Distortion), 감도(Sensitivity), Noise Margin

(가)	눈패턴의 최상단과 최하단의 폭으로 폭이 좁을수록 좋다.
(나)	아이패턴의 기울기를 통해 시간오차에 대한 민감도를 측정하는 것으로 기울기가 클수록 좋다.
(다)	눈 열림의 높이로 높이가 높을수록 좋다.
(라)	파형이 오르고 내림이 교차되는 부분을 측정하는 것으로 좁을수록 좋다.

문제 ❼ 정답

(가) 왜곡(Distortion)

(나) 감도(Sensitivity)

(다) Noise Margin

(라) Timing Jitter

문제 ❽

다음과 같이 오실로스코프를 이용하여 측정할 때, 측정 가능 항목 3가지를 서술하시오. (3점)

(2021-4회) (2023-1회)

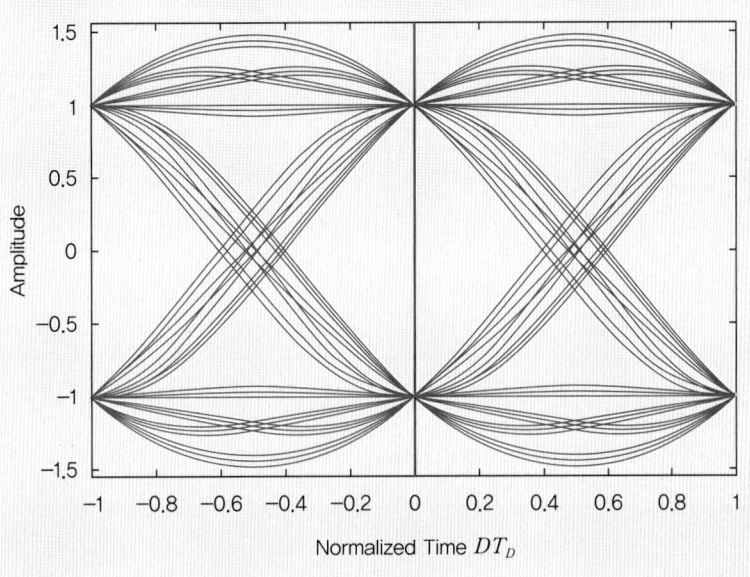

▎문제 ❽ 정답 ▎

① 심벌 간 간섭(ISI)
② Sampling Time
③ Sensitivity to Timing Error
④ 잡음의 여유도(Noise Margin)
⑤ Maximum Distortion
⑥ 타이밍 지터(Timing Jitter)
⑦ 눈열림의 폭(Opening Width)
⑧ 왜곡(Distortion)

문제 ❾

오실로스코프의 용도에 대하여 4가지를 쓰시오. (4점) (2012-2회) (2020-1회)

오실로스코프의 주요 측정 기능 5가지를 쓰시오. (5점) (기출응용)

▌문제 ❾ 정답 ▌

① 주기측정
② 위상측정
③ 전압측정
④ 변조도 측정
⑤ 주파수 측정
⑥ 진폭 측정

문제 ❿

아이패턴에서 눈 열림 최상위와 최하위 간격을 무엇이라 하는가? (6점) (2023-2회)

▌문제 ❿ 정답 ▌

잡음의 여유도(Noise Margin)

보충설명

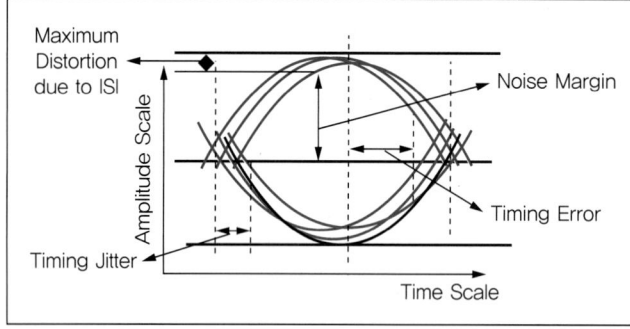

- 눈을 뜬 상하의 폭: 잡음의 여유도
- 눈을 뜬 좌우의 폭: ISI(Inter Symbol Interference: 심벌 간 간섭) 간섭 없이 신호를 표본화함
- 눈이 감기는 율: 시스템 감도
- 눈이 완전 감김: ISI가 아주 심함

문제 ⑪

오실로스코프에서 측정된 아이패턴 요소 3가지를 쓰시오. (3점) ^(기출응용)

문제 ⑪ 정답

① Noise Margin
② Timing Jitter
③ Sensitivity to Timing Error

문제 ⑫

다음은 함수발생기와 오실로스코프를 연결하여 함수발생기의 출력 파형을 오실로스코프로 확인하였을 때, 오실로스코프의 출력 파형이 아래와 같다면 제시된 측정치를 구하시오. (단, 오실로스코프의 cm당 수직 감도 2V, cm당 수평 감도 10μs이다) (6점) ^(2014-1회)

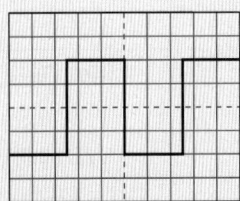

1) 첨두치 전압(Peak to Peak Voltage)[V] :
2) 주기[μs] :
3) 주파수[kHz] :

문제 ⑫ 정답

1) $V_{PP}[V]$ = 수직 감도 × 상하 간격[cm] = 2[V] × 4[cm] = $8 V_{PP}$
2) T = 수평 감도 × 1주기당 좌우 간격 = 5 × 10[us] = 50[μs]
3) $f[Hz] = \dfrac{1}{T} = 1/50[\mu s] = 20[kHz]$

문제 ⑬

아래 질문에 답하시오. (6점) (기출응용)

파형
(파형 그래프)

문제	
[문제 ⑬-1] T/D: 0.2[ms] V/D: 0.5[V]인 경우 1) 전압: 2) 주파수:	[문제 ⑬-2] T/D: 5[μs] V/D: 2[V]인 경우 1) 전압: 2) 주파수:
[문제 ⑬-3] T/D: 0.25[ms] V/D: 0.25[V]인 경우 1) 진폭: 2) 실효값: 3) 주파수:	[문제 ⑬-4] T/D: 0.5[ms] V/D: 0.5[V]인 경우 1) V_{PP}: 2) 실효값: 3) 주파수:

문제 ⑬ 정답

[문제 ⑬-1 정답]

1) 전압: 4칸 × 0.5[V] = 2 V_{PP}

2) 주파수: $\dfrac{1}{0.2[\text{ms}] \times 4} = \dfrac{1}{0.8[\text{ms}]} = 1.25[\text{kHz}]$

[문제 ⑬-2 정답]

1) 전압: 4칸 × 2[V] = 8 V_{PP}

2) 주파수: $\dfrac{1}{0.5[\mu\text{s}] \times 4} = \dfrac{1}{2[\mu\text{s}]} = 50[\text{kHz}]$

[문제⓭-3 정답]

1) 진폭: 0.25[V] × 2칸 = 0.5[V]

2) 실효값: 0.5[V], 구형파의 실효값은 파형의 Peak값과 동일하다.

3) 주파수: $\dfrac{1}{0.25[\text{ms}] \times 4} = \dfrac{1}{1[\text{ms}]} = 100[\text{kHz}]$

[문제⓭-4 정답]

1) V_{PP}: 0.5[V] × 4칸 = 2[V]

2) 실효값: 2[V], 구형파의 실효값은 파형의 Peak값과 동일하다.

3) 주파수: $\dfrac{1}{0.5[\text{ms}] \times 4} = \dfrac{1}{2[\text{ms}]} = 0.5[\text{kHz}]$

문제 ⓮

다음은 오실로스코프로 확인하였을 때 출력 파형이 아래와 같다면 제시된 측정치를 구하시오. (단, 오실로스코프의 cm당 수직 감도는 2v/Div, 수평 감도는 5㎲/Div이다) (6점) (2014-2회)

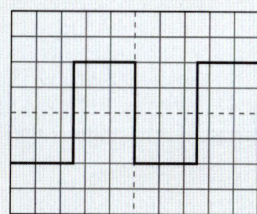

1) 진폭:

2) 실효값:

3) 주파수[kHz]:

문제 ⓮ 정답

1) $V_{PP}[\text{V}]$ = 수직 감도 × 상하 간격[cm] = 2[V] × 4[cm] = $8 V_{PP}$

2) 구형파의 실효값(V) = V_m이다. 즉, 실효값은 4[V]이다.

3) $f[\text{Hz}] = \dfrac{1}{T} = \dfrac{1}{5[\text{cm}] \times 5[\mu\text{sec/cm}]} = \dfrac{1}{25[\mu\text{sec}]} = 40[\text{kHz}]$

문제 ⑮

다음 오실로스코프의 파형이다. 아래 질문에 답하시오. (6점) (기출응용)

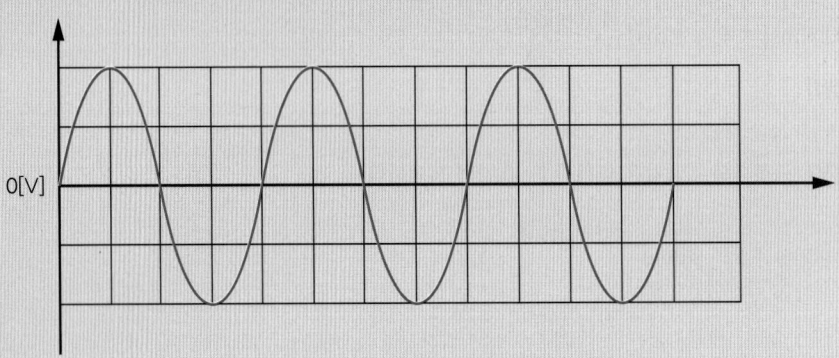

[문제 ⑮-1]
오실로스코프의 Volt/Div = 2[V], Time/Div = 10[μs]이다. (4점) (2015-2회)

1) V_{PP}:

2) 주기[μs]:

3) 주파수[kHz]:

4) 첨두치(Peak Value):

[문제 ⑮-2]
오실로스코프의 Volt/Div = 1[V], Time/Div = 5[μs]이다. (4점) (기출응용)

1) V_{PP}:

2) 주기[μs]:

3) 주파수[kHz]:

4) 첨두치(Peak Value):

| 문제⑮ 정답 |

[문제⑮-1 정답]

1) V_{PP}(Peak to Peak Voltage) = 2[V] × 4칸 = 8 V_{PP}

2) 주기[μs]: 10[μs] × 4 = 40[μs]

3) 주파수[kHz]: $\dfrac{1}{주기} = \dfrac{1}{40[μs]} = 25,000[Hz] = 25[kHz]$

4) 첨두치(Peak Value): 4[V]

[문제⑮-2 정답]

1) V_{PP}(Peak to Peak Voltage) = 1[V] × 4칸 = 4 V_{PP}

2) 주기[μs]: 5[μs] × 4 = 20[μs]

3) 주파수[kHz]: $\dfrac{1}{주기} = \dfrac{1}{20[μs]} = 0.05 × 10^6[Hz] = 50[kHz]$

4) 첨두치(Peak Value): 2[V]

보충설명

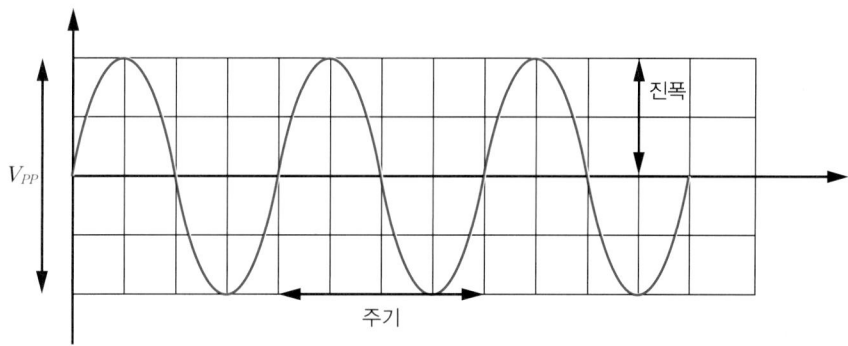

문제 ⓰

다음 오실로스코프의 파형이다. 아래 질문에 답하시오. (6점) ^(기출응용)

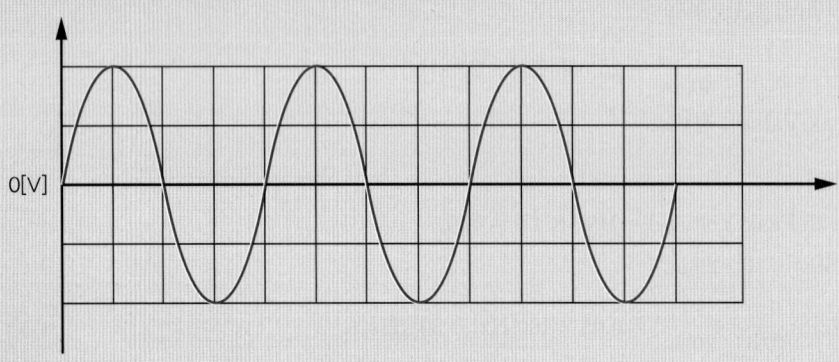

[문제 ⓰-1]

오실로스코프의 Volt/Div = 0.2[V], Time/Div = 5[μs]이다.

1) V_{PP}(Peak to Peak Voltage):

2) 주기[μs]:

3) 주파수 [kHz]:

4) 첨두치(Peak Value):

[문제 ⓰-2]

오실로스코프의 Volt/Div = 0.5[V], Time/Div = 0.5[μs]이다.

1) V_{PP}(Peak to Peak Voltage):

2) 주기[μs]:

3) 주파수[kHz]:

4) 첨두치(Peak Value):

문제 ⓰ 정답

[문제 ⓰-1 정답]

1) $V_{PP} = 0.2[V] \times 4칸(수직) = 0.8 V_{PP}$

2) 주기[μs]: $5[μs] \times 4칸(수평) = 20[μs]$

3) 주파수 [kHz]: $\dfrac{1}{주기} = \dfrac{1}{20[μs]} = 50,000[Hz] = 50[kHz]$

4) 첨두치(Peak Value): $0.4[V] (0.2[V] \times 2칸)$

[문제⓰-2 정답]
1) $V_{PP} = 0.5[V] \times 4칸(수직) = 2\,V_{PP}$
2) 주기[μs]: $0.5[μs] \times 4 = 2[μs]$
3) 주파수[kHz]: $\dfrac{1}{주기} = \dfrac{1}{2[μs]} = 0.5 \times 10^6[Hz] = 500[kHz]$
4) 첨두치(Peak Value): $1[V] (0.5[V] \times 2칸)$

문제 ⓱

다음은 오실로스코프 화면이다. 아래 질문에 답하시오. (단, Volt/Div: 2V, Time/Div: 10μs이다) (10점)

(2013-4회) (2015-2회)

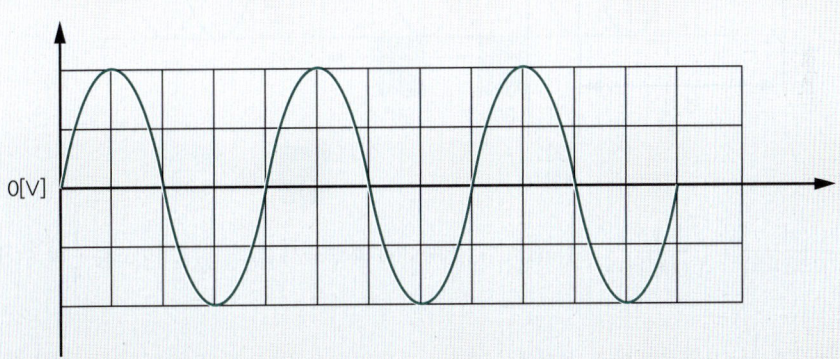

1) V_{PP}(Peak to Peak Voltage):
2) 실효전압(V_{rms}):
3) 주기(Period):
4) 주파수(f):

문제 ⓱ 정답

1) 피크 − 피크 전압(V_{PP}): 첨두치 = 파형의 최대치 ∼ 최소치까지 측정한다.
  $2[V] \times 4칸 = 8[V]$
2) 실효전압(V_{rms}): $\dfrac{V_m}{\sqrt{2}} = \dfrac{8}{\sqrt{2}} = 4\sqrt{2}$
3) 주기: $10[μs] \times 4칸 = 40[μsec]$
4) 주파수(f): $\dfrac{1}{주기} = \dfrac{1}{4 \times 10^{-5}[μs]} = 25[kHz]$

문제 ⑱

두 파형의 전압을 오실로스코프로 측정하였더니 90°의 위상차가 있었다. 이와 같은 경우 시간적으로 몇 초의 차이인지 쓰시오. (단, 두 파형 전압의 주파수는 1,000Hz이다) (3점) (2016-2회) (2018-4회)

문제 ⑱ 정답

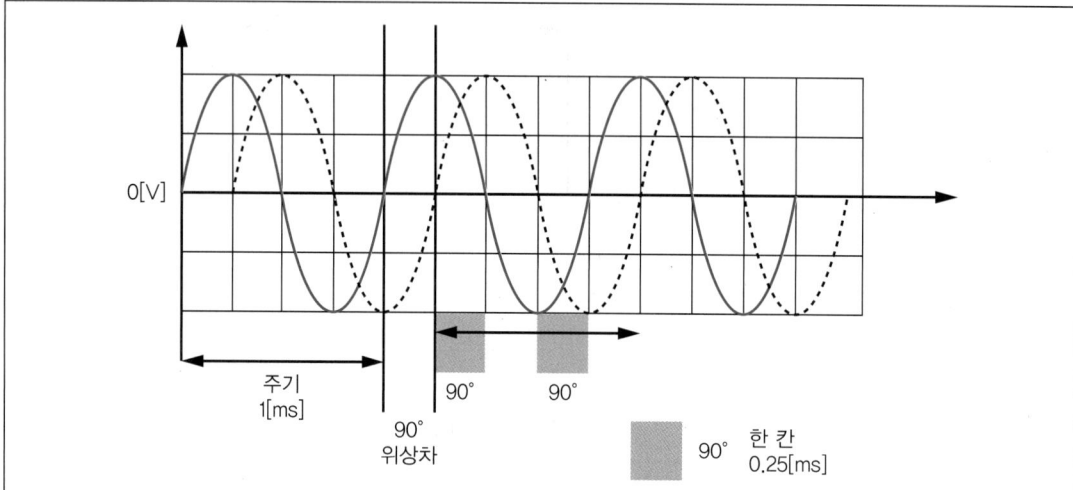

주기(T) = $\frac{1}{f(\text{주파수})}$ = $\frac{1}{1,000[\text{Hz}]}$ = 1[ms]이다. 전체 360°의 중에서 90°의 위상차이므로 $\frac{1}{4}$의 주기가 지연되는 것이다.

그러므로 1[ms] × $\frac{1}{4}$ = 0.25[ms]이고, 문제에서 "초(sec)" 단위를 요구하므로 25×10^{-5}[sec]이다.

문제 ⑲

표준 신호 발생기(Standard Signal Generator)의 구비 조건 3가지를 쓰시오. (6점) (2015-4회)

문제 ⑲ 정답

① 넓은 범위 주파수(주파수 가변 범위가 넓어야 함)
② 발진 주파수 안정도 양호(주변 온도, 습도 등에 영향을 받지 않아야 함)
③ 출력레벨 정확도(불필요한 출력이 없어야 함)
④ 변조의 정확도(변조도가 자유롭게 조절되어야 함)
⑤ 완전 차폐(내부가 외부 전자기장으로부터 영향을 받지 않아야 함)

보충설명

표준 신호 발생기는 교정된 정확도가 큰 주파수와 전압을 발생하는 장치로서 일반적으로 수신기 등의 시험에 쓰인다. 광범위한 주파수를 발생하는 것과 특정의 주파수를 발생하는 것, 출력 신호가 변조되는 것 등이 있다.

표준 신호 발생기(Standard Signal Generator)

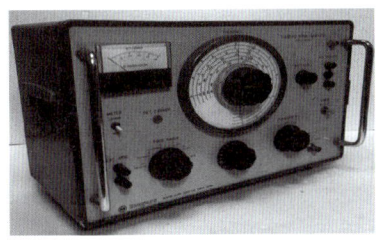

교정된 정확도가 큰 주파수와 전압을 발생하는 장치. 일반적으로 수신기 등의 시험에 쓰인다. 광범위한 주파수를 발생하는 것과 특정의 주파수를 발생하는 것, 출력 신호가 변조되는 것 등이 있다.

- Model: MSG-221C, Meguro Denpa Sokki K.K. Tokyo Japan
- Frequency Range
  A: 100~250Kc / B: 200~600Kc / C: 500~1400Kc / D: 1.4~4Mc /
  E: 4~11Mc / F: 11~30Mc
- Attenuator
  − A(20 Step): 0 ~ 20dB
  − B(5 Step): 0 / 20 / 40 / 60 / 80dB
- Output=A+B
- 0dB=1uV, Z=50ohm
- Open Circuit Voltage
- Mod Selector
- 1000 Hz / 400 Hz / Exit / Mod Level Volume
- Meter(% Modulation): Carrier / MOD
- Set Carrier Volume

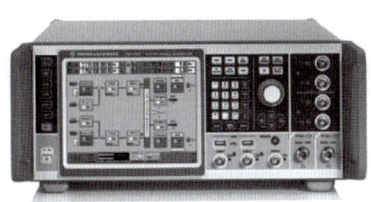

- 주파수 범위: 100kHz to 3 / 6 / 13 / 20 / 32 / 40GHz
- 레벨 범위: −145dBm to 30dBm
- IQ Mod. 대역폭: Up to 160MHz or 2GHz(ext.BB)
- Fading: 2x2, 4x2, 2x4, 3x3, 4x4, 8x2 …
- SSB Phase Noise: −139dBc

CHAPTER 05 이동통신 기본이론

✓ 학습방법

이동통신 분야는 Fading과 함께 기본이론과 신기술이 복합적으로 출제될 수 있는 분야입니다. 문제에서 핸드오프(Handoff)는 동기식, 핸드오버(Handover)는 비동기식 방식으로 동일한 문제입니다. 이동통신 분야는 범위가 너무 넓을 수 있어서 과거 기술은 기출문제로 확인하고 현재와 신기술은 전자신문 등을 이용한 Key Word 위주의 접근을 추천합니다.

문제 ❶

이동통신에서 사용되는 핸드오프(Handoff)의 기능에 대해 설명하시오. (5점) (2011-4회)

문제 ❶ 정답

이동통신 가입자가 특정 이동(무선)통신구역에서 다른 이동(무선)통신구역으로 이동할 때 통화 채널을 자동으로 전환시켜 통화를 끊어지지 않게 해주는 기술이다.

문제 ❷

이동통신에서 가입자가 기지국 간에 이동하면서 통화 끊김없이 연속적으로 통화를 유지하는 Handover의 기술 3가지를 적으시오. (6점) (2011-1회)

문제 ❷ 정답

① Softer Handover
② Soft Handover
③ Hard Handover

문제 ❸

이동통신에서 사용하는 아래 기술을 비교 설명하시오. (6점) ^(기출응용)

① Softer Handover:

② Soft Handover:

③ Hard Handover:

문제❸ 정답

① Softer Handover	동일한 기지국 내에서 다른 섹터 간 핸드오프이다.
② Soft Handover	인접 기지국 2개를 동시에 운용하는 것으로 최종은 1개의 채널이 천천히 끊긴다.
③ Hard Handover	현재 사용 중인 채널을 끊고 바로 다른 채널을 연결하는 것으로 FDMA에서 TDMA 등으로 통신방식이 완전히 바뀌는 것이다.

문제 ❹

이동통신에서 사용하는 기술로 사용자의 위치를 기록하는 (①) 서버와 방문자의 위치를 저장하는 (②) 서버가 무엇인지 각각 쓰시오. (4점) ^(2015-4회)

문제❹ 정답

① 홈 위치 등록기(HLR, Home Location Register): 가입자의 번호, 위치, 부가서비스 등 가입자의 정보를 보관하는 데이터베이스이다.

② 가입자(방문자) 위치 등록기(VLR, Visitor Location Register)

보충설명

- HLR

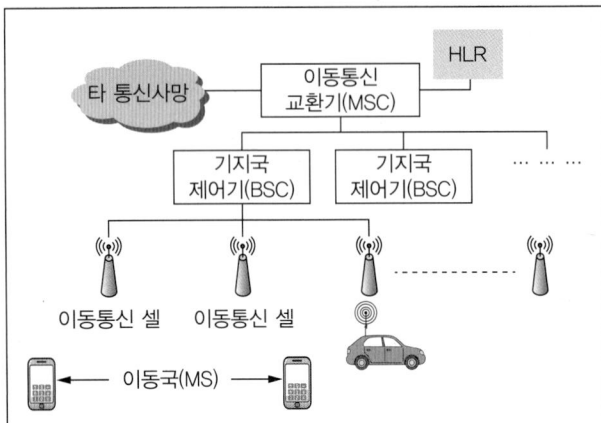

HLR은 가입자 정보, 위치 정보, 번호, 과금 정보 등을 보관하고 관리하는 Database 서버이다. 주요 역할로는 단말기 정보, 서비스 가입 정보, 위치 정보 등의 정보를 저장하고 가입자의 위치 정보를 이용하여 가입자의 이동성(Mobility)을 보장하며 착신 가입자의 호출 기능을 지원한다.

- VLR

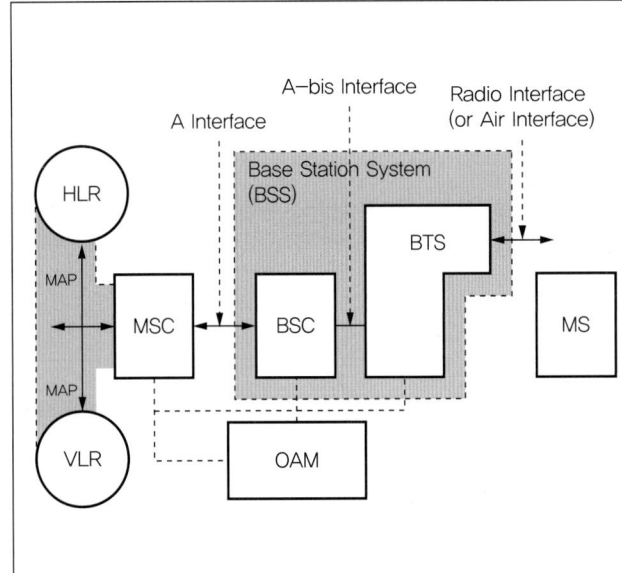

교환기 영역에서 임시로 단말기를 관리하기 위해 임시번호를 부여하여 가입자를 관리하는 데이터베이스로서 가입자 번호, 단말기 번호, Rooting 번호 등을 관리한다. 주요 역할로서 가입자가 현재 이동해 있는 MSC(Mobile Switching Center) 영역의 가입자 정보를 일시적으로 관리하는 것으로 Handoff 처리, 위치 등록 및 삭제, 단말기 탐색, 가입자 추적 등을 한다. 특히 임시번호(TMSI; Temporary Mobile Subscriber Identity)를 부여하여 단말기가 발신 전화 시 HLR을 이용하지 않으므로 통화량을 감소시키는 효과가 있다.

참조

Handoff는 미국식으로 IEEE, CDMA 등에서 사용하고, Handover는 유럽을 중심으로 3GPP나, ITU, ETSI 등에서 사용하는 용어이다.

문제 ❺

대역확산 통신방식인 DSSS(Direct Sequence Spread Spectrum)에서 처리이득(PG-Processing Gain)에 대해 설명하시오. (5점) (2011-2회)

문제 ❺ 정답

확산이득(Processing Gain)

대역확산 방식에서 시스템의 특성을 표현하기 위한 파라미터로서 확산이득은 데이터 신호의 대역이 확산코드에 의해서 얼마나 넓게 확산되었는지를 나타내는 것이다. DS(Direct Spectrum)는 대역확산방식에서 원래 데이터 신호의 대역이 확산코드(Spreading Code)에 의해서 얼마나 넓게 확산될 수 있는지를 나타내는 파라미터이다.

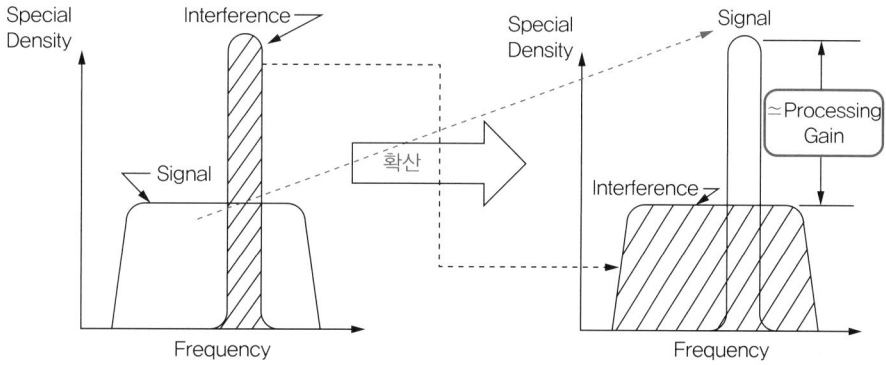

문제 ❻

기지국에서 무선통신의 용량을 높이기 위한 스마트 안테나 기술로 기지국과 단말기에 여러 안테나를 사용하여 안테나 수에 비례해서 통신 용량을 높인 기술을 무엇이라 하는가? (5점) (2023-2회)

문제 ❻ 정답

MIMO(Multiple Input Multiple Output)

> 보충설명

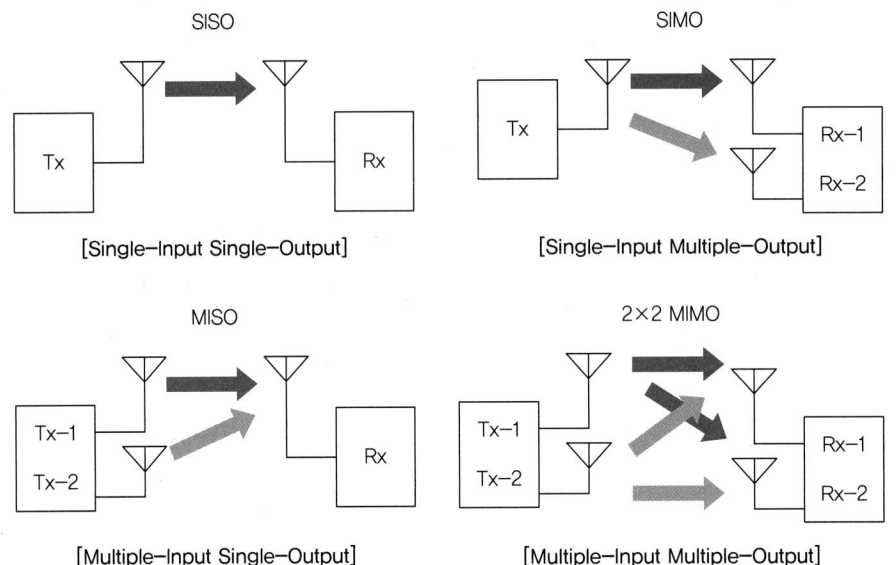

> 문제 ❼

이동통신 시스템에서 제한된 주파수 자원을 효율적으로 사용하기 위한 다원접속 방법 3가지를 쓰시오. (3점)

(2010-2회)

| 문제 ❼ 정답 |

① FDMA(Frequency Division Multiple Access): 주파수 분할 다중접속
② TDMA(Time Division Multiple Access): 시간 분할 다중접속
③ CDMA(Code Division Multiple Access): 코드 분할 다중접속

> 참조

아래와 같은 답안 작성도 가능하다.
① 부호분할에 따른 다원접속(CDMA)
② 주파수분할에 의한 다원접속(FDMA)
③ 시분할에 의한 다원접속(TDMA)

문제 ❽

CDMA의 채널구조는 크게 기지국에서 이동국으로 순방향 채널과 반대의 역방향 채널로 구분할 수 있다. 순방향 채널 종류 3가지와 역방향 채널의 종류 2가지를 쓰시오. (5점) (2011-1회)

| 문제 ❽ 정답 |

① 순방향 채널: 기지국에서 단말 방향
- 파일럿(Pilot) 채널
- 동기(Synch) 채널
- 호출(Paging) 채널
- (순방향) 통화(Traffic) 채널

② 역방향 채널: 단말에서 기지국 방향
- 액세스(Access) 채널
- 역방향 통화(Traffic) 채널

보충설명

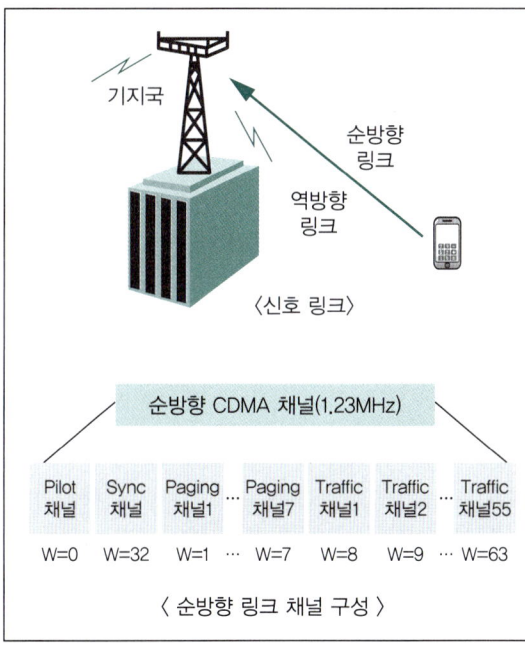

〈 순방향 링크 채널 구성 〉

순방향 링크(Forward Link)

순방향 채널은 기지국에서 단말기 방향으로의 전송되는 신호채널로서 다음과 같이 구성된다(1 + 1 + 7 + 24 + 31 = 64채널).

- 파일럿 채널(Pilot Channel): 1채널(W0)
- 동기 채널(Sync Channel): 1채널(W32)
- 호출 채널(Paging Channel): 1~7채널(W1~W7)
- 통화 채널(Traffic Channel): 61~55채널 (W8~W31, W33~W63)

문제 ⑨

CDMA의 순방향 채널 4개, 역방향 채널 2개를 쓰시오. (6점) (2013-4회)

1) 순방향 채널:
2) 역방향 채널:

문제 ⑨ 정답

1) 파일럿(Pilot) 채널, 동기(Synch) 채널, 호출(Paging) 채널, (순방향) 통화(Traffic) 채널
2) 액세스(Access) 채널, (역방향) 통화(Traffic) 채널

참조

역방향 채널은 이동 단말기 → 기지국으로 통신이 이루어진다.

보충설명

- Pilot Channel: 이동국이 이동 통신망에 접속할 때, 수신되는 신호 중 가장 큰 신호를 선택하여 동기를 맞출 수 있도록 함으로써 인접한 기지국을 찾을 수 있도록 하기 위한 채널이다.
- Sync Channel: 1,200[bps] 속도로 기지국의 여러 가지 파라미터 정보를 이동국에 전송하며, 데이터를 변조과정을 거친 후 Walsh 32를 사용하여 확산시켜 전송한다. 동기채널에 실린 정보는 프로토콜 정보, 시스템 ID, 망 ID, 파일럿 채널 PN offset 번호, long code 상태, 시스템 시간 및 이와 관련된 정보, 페이징 채널 속도, 주파수 채널 번호 등이 포함된다.
- Paging Channel: 서비스 영역 내 이동국에게 부가정보, 특정 이동국에 대한 페이징, 명령 그리고 채널 할당 등의 메시지를 전달하는 채널이다. 9,600[bps]과 4,800[bps] 2가지 전송속도가 있으며 전송속도 정보는 동기채널을 통해서 전달한다.
- 통화채널: 음성 통화가 이루어지는 채널이다.

문제 ⑩

이동통신에서 사용하는 PN(Pseudo Random Noise Sequence, 의사 잡음 코드) 부호가 가지는 주요 특성 4가지를 쓰시오. (4점) (기출응용)

문제 ⑩ 정답

(예리한) 자기 상관특성, 런(Run) 특성, 천이(Shift) 특성, 평형(Balance) 특성, 발생의 용이성, 동기화 용이성

보충설명

- 자기 상관 특성(Autocorrelation Property): 1은 1로 0은 −1로 치환하면 출력부호(1 1 1 −1 1 −1 −1)로 Walsh Code를 완성할 수 있다.
- 이전(천이) 가산 특성(Shift and Add Property): PN 부호의 본래 계열과 이전 계열을 Modular 연산하면 출력 칩은 PN 부호의 본래 계열을 지연시킨 결과가 된다(Shift 효과).
- 런 특성(Run Property): Shift Register의 개수가 r인 경우 연속해서 '1'이 r번 반복되는 경우 1번 발생, 연속해서 '0'이 r−1번 반복되는 경우 1번 발생하는 것으로 랜덤 잡음과 유사하나 재생이 가능한 특성이다.
- 평형 특성(Balance Property): 0과 1이 균형적으로 존재하는 특성이다.
- 발생의 용이성: PN 발생기에서 Sequence를 쉽게 발생할 수 있어야 한다.
- 동기화 용이성: 단말기에서 초기 동기화를 통한 빠른 설정이 가능하다.

문제 ⑪

다음 (   ) 안에 들어갈 적당한 용어를 쓰시오. (3점) (2020−2회)

> (   )의 원인은 고층 건물, 철탑 등과 같은 인공 구조물에 의한 다중 경로를 통한 반사파이며, 특성은 대도시 지역의 이동통신 환경에서 발생하는 대표적인 페이딩이다.

문제 ⑪ 정답

Short Term Fading

문제 ⑫

변복조기(MODEM)의 송신부에서 스크램블의 역할에 대해 설명하시오. (4점) (2010-2회)

문제 ⑫ 정답

데이터의 패턴을 랜덤하게 하여 수신측에서 동기를 잃지 않도록 하는 것으로, 신호의 스펙트럼이 채널의 대역폭 내에 가능한 한 넓게 분포하도록 함으로써 수신측에서 등화기가 최적의 상태를 유지하도록 한다.

보충설명

스크램블(Scramble/Scrambler)

- 데이터 패턴(Data Pattern)을 랜덤하게 하거나, 비트 천이(Bit Transition)의 수를 적절하게 유지할 수 있도록 해서 수신측에서 동기(Clock Recovery)를 잃지 않도록 한다.
- 전송로 대역폭 내에 신호의 스펙트럼이 넓게 분포되도록 해서 수신측 등화기가 최적의 상태를 유지할 수 있도록 하는 기능/장치를 의미한다.

스크램블 (Scramble/Scrambler)	의미	어지럽게 뒤섞이는 것으로, 연속적인 오류에 대응하기 위한 것이다.
	전송 분야	전송로 대역폭 내에 신호의 스펙트럼을 넓게 분포하게 하여 잡음에 강하고 수신측 등화기가 최적의 상태를 유지하도록 하는 기능이나 장치를 의미한다.
Scrambling Code	개념	주로 CDMA 방식에서 서로 다른 기지국이나 이동단말을 구분하려는 용도로 사용하는 코드이다.
	상향링크	한 셀 내에서 서로 다른 이동국(단말)을 구분한다.
	하향링크	기지국 셀/섹터 등을 구분한다.
명칭	동기식 CDMA 방식	PN 코드라고 하며, m-sequence를 사용한다.
	비동기식 CDMA 방식	스크램블링 코드라고 하며, Gold sequence(Gold 코드)를 사용한다.

문제 ⑬

이동통신에서 발생하는 아래 현상에 대해서 설명하시오. (8점) (2018-4회) (기출응용)

1) 페이딩(Fading)의 원인:
2) 느린 페이딩(Slow Fading):
3) 빠른 페이딩(Fast Fading):
4) 라이시안 페이딩(Rician Fading):

문제 ⑬ 정답

1) 전파가 다양해진 전송 경로로 전달되어 신호 간에 서로 간섭이 발생하여 진폭, 위상이 불규칙해져서 수신감도가 변경되는 것이다.
2) 시외 환경 등에서 긴 시간 동안(Long Term) 전파 환경에 의해 수신 신호의 세기 및 위상이 느리게 변화하는 현상이다.
3) 도심 등에서 짧은 시간 동안(Short Term) 전파 환경에 의해 수신 신호의 세기나 위상이 빠르게 변화하는 현상이다.
4) 직접파와 반사파가 동시에 존재할 때 발생하는 현상이다.

보충설명

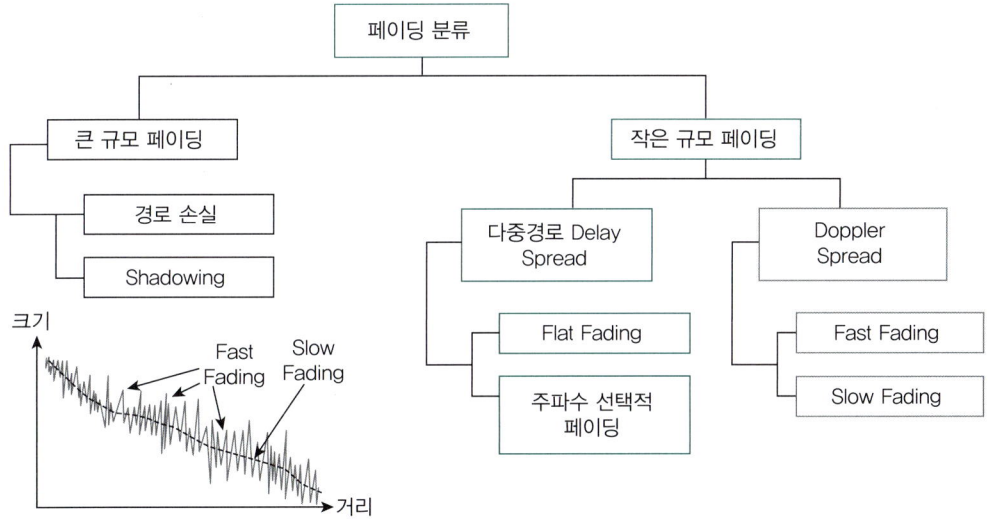

빠른 페이딩	Fast Fading/Short-Term Fading, 다중경로 전파에 의함, 고층건물, 철탑 등 인공구조물에 의해 발생한다.
느린 페이딩	Slow Fading/Long-Term Fading, 거리에 따른 신호감쇠, 산, 언덕 등 지형의 굴곡에 의해 발생한다.
혼합 페이딩	Rician Fading, 반사파와 직접파가 동시에 존재한다.

문제 ⑭

이동통신에서 사용하는 안테나의 전기적 특성 3가지를 쓰시오. (3점) ^(기출응용)

문제 ⑭ 정답

① 특성 임피던스
② 지향성
③ (안테나) 이득
④ 안테나 방사특성
⑤ 빔폭

문제 ⑮

이동통신에서 사용하는 안테나의 전기적인 특성에 대하여 아래 3가지를 설명하시오. (6점) ^(2015-1회)

① 특성 임피던스	
② 지향성	
③ 이득	

문제 ⑮ 정답

① 특성 임피던스	안테나 선마다 가지는 고유의 특성이다. TV나 PC 등 대부분 50[Ω]을 쓰는 경우가 일반적이다.
② 지향성	안테나의 방사패턴(전계패턴)이 특정 방향의 안테나 이득을 나타내는 지표로서 방향 집중성에만 관련되는 비이다.
③ 이득	지향성에 안테나 효율을 고려한 종합성능지수이다. 등방성 안테나(Isotropic Antenna) 기준 절대이득(dBi)과 상대이득(dBd, d = Dipole)으로 구분된다.

보충설명

안테나의 특성

임피던스는 전류의 흐름을 방해하는 정도를 나타내는 물리량이다. 동축 케이블, 그리고 안테나 모두 각각의 임피던스 값을 가지고 있다. 여기서 임피던스값이 일치할 때 가장 효과적으로 전파가 전달된다. 보통 동축 케이블의 임피던스는 50[Ω]으로 고정되어서 생산된다. 그러나 안테나의 임피던스는 50[Ω]이 아닌 경우가 많다. 그러므로 안테나의 임피던스가 50[Ω]에 가깝도록 조정을 해주어야 하며, 이러한 조정을 MATCHING이라고 한다. SWR(Standing Wave Ratio)은(는) 이 임피던스가 일치한 정도를 나타내는 값이다.

SWR은 1 이상의 값을 가지며 SWR이 1에 가까우면 더욱 효과적으로 전파를 보낼 수 있다. 안테나에 일정한 출력이 보내져도 안테나의 성능에 따라 더 높은 출력의 전파를 보낸 것과 같은 효과가 발생하게 되는데, 이러한 효과를 나타내는 것을 이득이라고 하며, 단위는 dB이다. 이득이 높은 안테나를 사용하면 작은 출력으로도 멀리 있는 무선국과 효과적인 교신을 할 수 있다. 안테나가 특정한 방향으로 전파를 더 많이 보내는 성질을 지향성이라고 한다. 지향성이 있는 안테나를 지향성 안테나라고 하며, 지향성이 없이 모든 방향으로 동일하게 전파를 보내는 안테나를 무지향성 안테나라고 한다. 안테나는 전파를 입체적으로 보내지만 입체적인 지향성은 생각하기 어려우므로 편의상 수평면에서의 지향성과 수직면에서의 지향성을 생각한다. 안테나의 용도에 따라 지향성이 있는 안테나를 사용하거나 지향성이 없는 안테나를 사용한다.

보충설명

특성 임피던스는 선마다 고유 특성이 있어서 특성 임피던스라 하고 일반적으로 50[Ω]을 많이 사용한다.

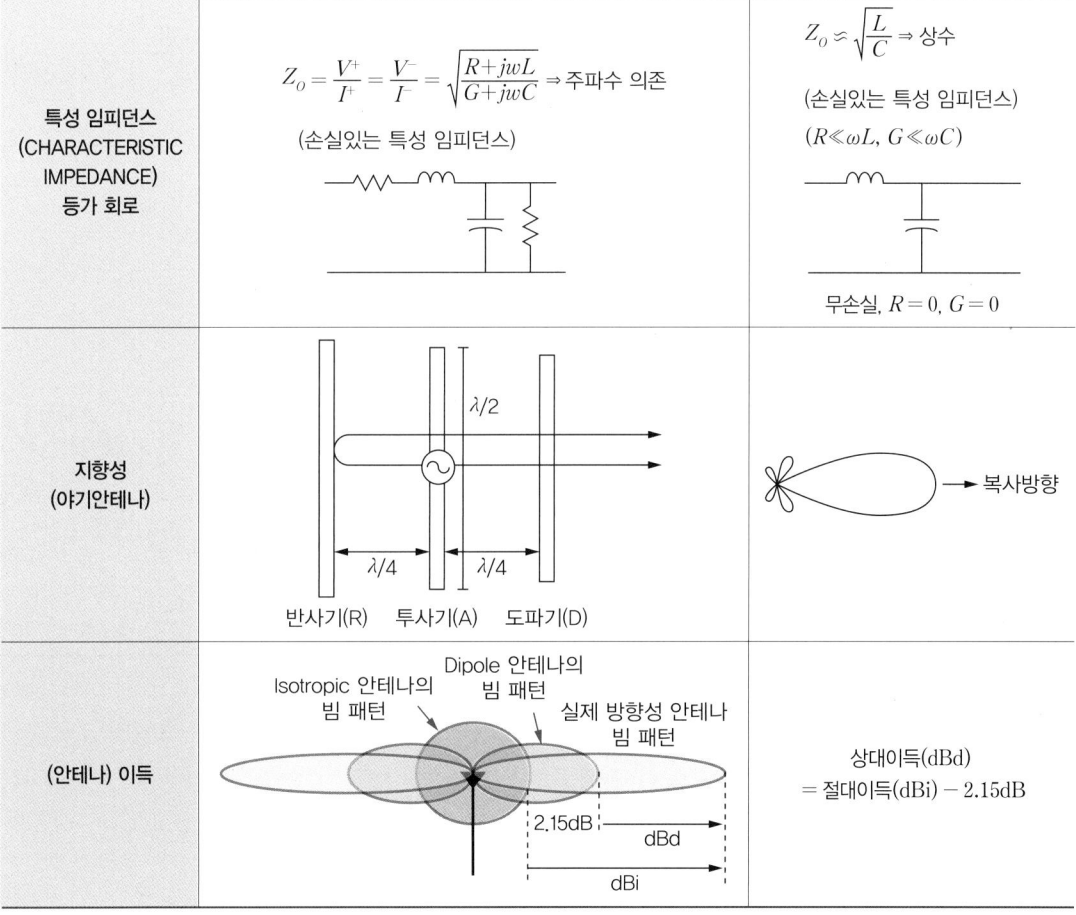

CHAPTER 06 위성통신(Satellite Communications)

✓ 학습방법

무선통신과 더불어 위성통신은 정보통신의 최소한의 범위에 대한 학습이 필요합니다. 이를 위해 아래 기출문제를 충분히 학습해야 하며, 특히 위성 궤도별 분류 및 위성 자원(회선) 할당방식에 대한 구분을 명확히 함으로써 실제 시험에 대비하기 바랍니다.

문제 ❶

위성통신에서의 통신 방식에 따라 분류할 경우 3가지 방식을 쓰시오. (3점) (2010-1회) (2018-2회)

| 문제 ❶ 정답 |

① 임의(랜덤)위성(Random Satellite)
② 위상위성(Phased Satellite)
③ 정지위성(Stationary Satellite)

문제 ❷

위성통신에서의 위성통신 궤도 조건에 따른 분류방식 3가지를 쓰시오. (3점) (기출응용)

| 문제 ❷ 정답 |

① 저궤도 위성(LEO)
② 중궤도 위성(MEO)
③ 정지궤도 위성(GEO)

> 보충설명

구분	LEO	MEO	GEO
고도	300~2,000km	20,000~35,786km	35,786km
공전주기	85~127분(11.3~17번)	127~1,440분	1,440분(24시간)
Coverage	0.5~2%(위성 많음)	20~34%	34%
특징	위성 수명 짧다(~5년), 지연도 짧다(편도 1~6.7ms), 고속 통신(1~2Gbps)	저속통신 (L 밴드 이용)	위성수명이 길고 지연도 길다 (편도 120ms).
서비스 예	Iridium, Starlink, 기상위성(우리별)	GPS 활용	방송, 통신, 군사, 기상(천리안)

> 문제 ❸
>
> 국내 무궁화 위성 3호기 통신용 중계기에서 사용하고 있는 주파수 밴드(Band) 2가지를 쓰시오. (4점)
>
> (2011-1회)

| 문제 ❸ 정답 |

Ku-band, Ka-band

> 보충설명 1

위성통신 주파수 대역(GHz 영역)

- 각각의 위성은 2가지 다른 대역으로 송·수신 가능

> ① Uplink: 지구 → 위성 전송   ② Downlink: 위성 → 지구 전송

- 위성 주파수 대역

Band	Downlink	Uplink
C-band	3.7~4.2[GHz]	5.925~6.425[GHz]
Ku-band	11.7~12.2[GHz]	14.000~14.500[GHz]
Ka-band	17.7~21.0[GHz]	27.500~31.000[GHz]

보충설명 2

무선, 위성통신 주파수 대역

구분	2차 세계대전 군사용	IEEE 분류 (레이더 분야)	기타 관용적 구분
HF(단파)		3~30[MHz]	
VHF(초단파)		30~300[MHz]	
UHF(극초단파)		300~1000[MHz]	
L-band	390~1550[MHz]	1~2[GHz]	
S-band	1550~3900[MHz]	2~4[GHz]	
C-band	3.9~6.2[GHz]	4~8[GHz]	3~8[GHz]
X-band	6.2~12.9[GHz]	8~12[GHz]	8~10[GHz]
Ku-band	12.9~18[GHz]	12~18[GHz]	10~18[GHz]
K-band	18~26.5[GHz]	18~27[GHz]	
Ka-band	26.5~40[GHz]	27~40[GHz]	
V-band		40~75[GHz]	
W-band		75~110[GHz]	
밀리미터파		110~300[GHz]	

- 다중궤도 = GEO + LEO + MEO
- 스타링크에서 국내 위성통신 주파수 대역인 Ku 대역에 대한 사용을 신청했으며 이 대역은 현재 무궁화 위성에서 사용 중이어서 향후 전파 혼신이나 간섭이 발생할 수 있으므로 이에 대한 대책이 필요하다.
- 무선통신에서 주파수는 HF(3~30MHz)부터 Ku-band, K-band, Ka-band(12.5~40GHz), Milimeter Wave 등을 사용하며 위성통신용 주파수는 주로 Ka-band, Ku-band, C-band, L-band 등을 사용하고, 일반적으로 상업 위성용은 C-band를 많이 사용한다.

문제 ❹

위성통신에서 사용하는 다원접속 방식을 회선 할당 방식 측면에서 3가지를 쓰고 설명하시오. (5점)

(2010-4회) (2012-1회) (2013-2회) (2020-1회)

문제 ❹ 정답

① 사전(고정)할당방식(PAMA; Pre Assignment Multiple Access): 자원을 고정할당하는 방식으로 고정된 주파수 또는 시간 Slot을 특별한 변경이 없는 한 한 쌍의 지구국에 사전에 할당해 주는 접속방식이다.
② 요구할당방식(DAMA; Demend Assignment Multiple Access): 예약방식으로 사용하지 않는 Slot을 비워둠으로써 원하는 다른 지구국이 활용할 수 있도록 한다.
③ 임의(경쟁)할당방식(RAMA; Random Assignment Multiple Access): 경쟁방식으로 전송정보가 발생한 즉시 임의의 미사용 Slot을 사용하는 방식이다.

문제 ❺

아래 위성통신에서 사용되는 회선할당(AMA; Assignment Multiple Access) 방식에 대해 서술하시오. (6점) (기출응용)

① 사전할당방식(PAMA)	
② 임의할당방식(RAMA)	
③ 요구할당방식(DAMA)	

문제 ❺ 정답

① 사전할당방식(PAMA)	고정슬롯을 사전에 할당하여 사용하는 방식
② 임의할당방식(RAMA)	전송정보 발생 시 임의슬롯으로 송신하는 방식
③ 요구할당방식(DAMA)	미사용슬롯을 원하는 시간에 사용하는 방식

보충설명

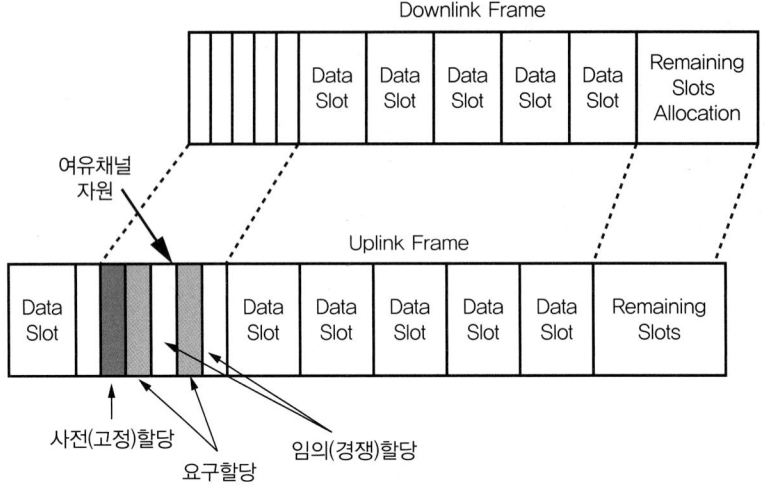

위성할당방식 비교

구분	사전(고정)할당방식	요구할당방식	임의(경쟁)할당방식
채널할당방식	고정방식	예약방식	경쟁방식
채널효율	낮다	높다	낮다
지연시간	낮다	낮다	지연이 매우 적다
충돌 가능성	없음	없음	매우 높다
용도	사용자 적을 때	사용자 많을 때 확실한 데이터 전송 시	Packet 망
장점	지구국 간단	채널 효율 우수	지구국 부하 작음
단점	확장성 떨어짐	고가의 지구국	사용자 동시 제어 불가능

PART 4
보안 및 방송기술

CHAPTER 01 정보 보안
(Information Security)

CHAPTER 02 보안장비

CHAPTER 03 방송통신 서비스

CHAPTER 01 정보 보안 (Information Security)

학습방법

정보통신에서 보안 파트는 보안기사와 겹치는 분야입니다. 출제 범위는 너무 넓고 학습 범위가 광범위하므로 공부에 어려움이 많을 것입니다. 일단 아래 출제된 기출문제를 충분히 숙지하는 것을 권장드리며, 신규 문제에 대해서는 전자신문 등을 통한 간접 경험을 추천드립니다. 보안 분야는 너무 깊이 들어가지 말고 출제 빈도가 높은 다른 CHAPTER를 먼저 학습하고 시간이 남을 때 추가로 학습하는 것을 권고드립니다.

문제 ❶

다음 질문에 답하시오. (6점) (2021-2회) (기출응용)

1) XSS(Cross Site Scripting) 공격이란 무엇인지 쓰시오.
2) Web 보안 위협 중 XSS(Cross Site Scripting) 공격을 방어하기 위한 방안 2가지를 쓰시오.

문제 ❶ 정답

1) 악의적인 스크립트에 의해 Web 페이지가 깨지거나 다른 사용자의 사용을 방해하는 공격
2) 스크립트 코드에 사용되는 특수문자에 대한 정밀 필터링, HTML 포맷 입력 불능 처리(입력값 제한, 입력값 치환, Script 영역 출력 제한, 별도 Filter 사용 등)

보충설명

XSS 취약점을 근본적으로 제거하기 위해서는 스크립트 등 해킹에 사용될 수 있는 코딩에 사용되는 입력 및 출력값에 대해서 검증하고 무효화시켜야 한다. 입력값에 대한 유효성 검사는 가능하면 데이터가 입력되기 전에 입력 데이터에 대한 길이, 문자, 형식 및 사업적 규칙 유효성을 검사해야 한다.

문제 ❷

정보보호 관리체계에서 인증심사에 대해서 서술하시오. (5점) (2023-2회)

문제 ❷ 정답

① ISMS(Information Security Management System), 정보보호 관리체계 인증
  정보보호를 위한 일련의 조치와 활동이 인증기준에 적합함을 한국인터넷진흥원 또는 인증기관이 증명하는 제도이다.
② ISMS – P(Information Security Management System – Personal information), 정보보호 및 개인정보보호 관리체계 인증

문제 ❸

아래의 내용에 대해서 설명하시오. (8점) (2021-1회)

1) 대칭키 암호화 방식:
2) 공개키 암호화 방식:

문제 ❸ 정답

1) 암호화와 복호화에 사용하는 키가 동일한 방식이다.
2) 암호화와 복호화에 사용하는 키가 다른 방식이다.

문제 ❹

다음은 대칭키와 비대칭키의 암호화 방식을 비교한 것이다. 빈칸을 채우시오. (8점) (기출응용)

구분	대칭키	비대칭키
키 관계	암호화 키 = 복호화 키 (같은 키 사용)	암호화 키 ≠ 복호화 키 (두 개의 다른 키 사용)
암호화 키 공개	비공개(비밀키)	공개(공개키)
복호화 키 공개	비공개(비밀키)	비공개(개인키)
비밀키 전송	필요	불필요
키 길이	(가)	(나)
인증	(다)	(라)
암복화 속도	(마)	(바)
경제성	(사)	(아)
효율성	높다	낮다
안정성	낮다	높다
전자서명	복잡(사용 안 함)	간단(대칭키 대비)
주 용도	고용량 데이터 암호화(기밀성)	키 교환 및 분배, 인증, 부인방지

문제 ❹ 정답

구분	대칭키	비대칭키
키 관계	암호화 키 = 복호화 키 (같은 키 사용)	암호화 키 ≠ 복호화 키 (두 개의 다른 키 사용)
암호화 키 공개	비공개(비밀키)	공개(공개키)
복호화 키 공개	비공개(비밀키)	비공개(개인키)
비밀키 전송	필요	불필요
키 길이	(가) 짧다	(나) 길다
인증	(다) 곤란하다(어렵다)	(라) 용이하다
암복화 속도	(마) 빠르다	(바) 느리다
경제성	(사) 높다	(아) 낮다
효율성	높다	낮다
안정성	낮다	높다
전자서명	복잡(사용 안 함)	간단(대칭키 대비)
주 용도	고용량 데이터 암호화(기밀성)	키 교환 및 분배, 인증, 부인방지

> 보충설명

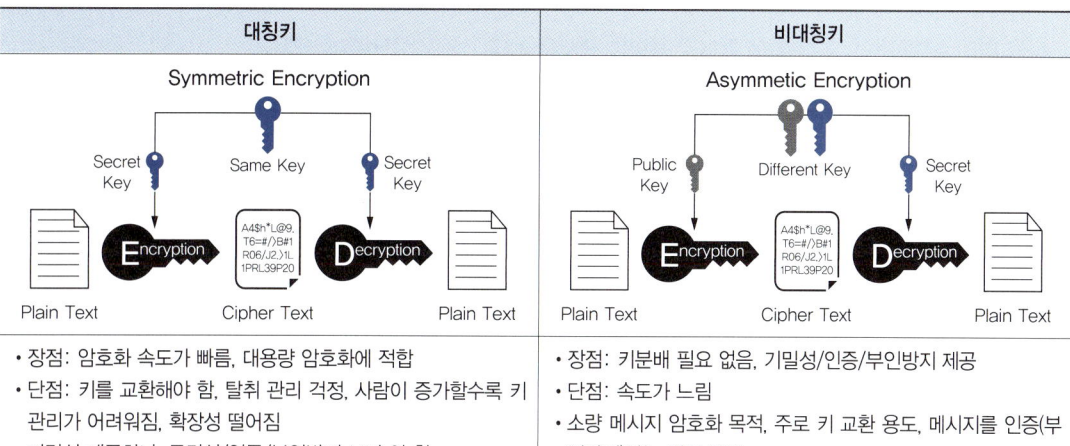

- Diffie Hellman: 최초의 공개키 알고리즘, 위조에 취약
- RSA(Revest – Shamir – Adleman): 대표적 공개키 알고리즘
- DSA(Digital Signature Algorithm): 전자서명 알고리즘 표준
- ECC(Ellipic Curve Cryptography): 짧은 키, 높은 암호로 PDA, 스마트폰 등에 사용

문제 ❺

다음은 전자서명법에서 무엇에 대해 정의된 법적 용어인가? (3점) (2015-1회) (2019-2회)

> "생존하는 개인에 관한 정보로서 성명, 주민등록번호 등에 의하여 특정한 개인을 알아볼 수 있는 부호·문자·음성·음향 및 영상 등의 정보(해당 정보만으로는 특정 개인을 알아볼 수 없어도 다른 정보와 쉽게 결합하여 알아볼 수 있는 경우에는 그 정보를 포함한다)를 말한다."

문제 ❺ 정답

개인정보

> 보충설명

전자서명법 제2조(정의)

1. "전자문서"라 함은 정보처리시스템에 의하여 전자적 형태로 작성되어 송신 또는 수신되거나 저장된 정보를 말한다.
13. "개인정보"란 생존하는 개인에 관한 정보로서 성명, 주민등록번호 등에 의하여 특정한 개인을 알아볼 수 있는 부호·문자·음성·음향 및 영상 등의 정보(해당 정보만으로는 특정 개인을 알아볼 수 없어도 다른 정보와 쉽게 결합하여 알아볼 수 있는 경우에는 그 정보를 포함한다)를 말한다. (★ 현행법 기준 삭제된 조항으로 과거 정의 참고용)

문제 ❻

다음 아래 설명하는 (   ) 안에 들어갈 용어를 쓰시오. (3점) (2017-2회) (2014-4회)

"가입자"라 함은 (   )기관으로부터 전자서명생성정보를 인증받은 자를 말한다.

┃문제 ❻ 정답┃

공인인증

문제 ❼

다음 설명하는 것에 대한 내용을 쓰시오. (3점) (2021-4회)

(   )은/는 응용프로그램의 리소스를 소진하려는 시도로 네트워크 서비스를 중단시킴으로써 웹사이트 및 서버를 공격한다. 공격자는 비정상 트래픽으로 특정 사이트의 트래픽(Traffic)을 넘치게 하여 웹사이트 기능을 저하하거나 오프라인 상태로 만든다.

┃문제 ❼ 정답┃

DDoS(Distributed Denial of Service)

문제 ❽

아래 사항을 참조해서 다음 질문에 답하시오. (3점) (기출응용)

해커의 악성코드에 감염된 PC를 좀비 PC라고 하며, (   )공격에는 좀비 PC가 사용되어 원격으로 조종당해 공격 대상자를 공격하게 된다. 이렇게 특정 대상에 동시에 접속시킴으로써 단시간 내에 과부하를 일으켜 서버나 네트워크 대역이 감당할 수 없을 만큼 많은 트래픽을 순간적으로 일으켜 웹사이트 등을 마비시켜 사용자들의 사이트 접근 및 이용을 차단하는 방식으로 자료 유출이나 삭제 등을 목표로 하지는 않는다.

┃문제 ❽ 정답┃

DDoS(Distributed Denial of Service)

문제 ⑨

DDoS(Distributed Denial of Service)란 무엇인지 설명하시오. (4점) (기출응용)

| 문제 ⑨ 정답 |

여러 대의 좀비 PC를 원격조정(공격)하여 트래픽을 순간적으로 일으켜서 서버나 특정 PC 그룹을 마비시키는 공격이다.

문제 ⑩

TCP 연결설정 과정에서 SYN 플러딩 공격에 대해 설명하시오. (4점) (2010-2회)(2011-4회)

| 문제 ⑩ 정답 |

공격자가 서버로 다수의 SYN 패킷을 전송할 경우 Victim 서버의 백로그 큐(Back log Queue)를 가득 채워(Syn의 응답이 꽉 차서) 서비스 장애로 이어지는 공격이다.

보충설명

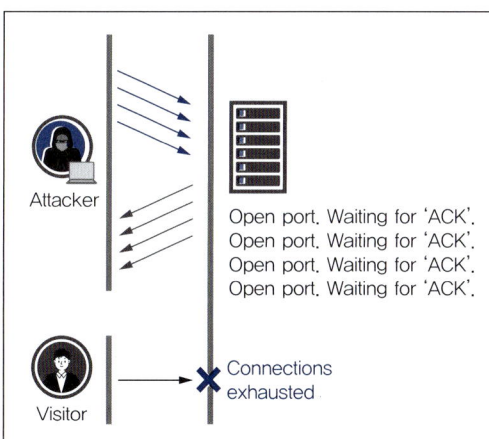

1) Syn 플러딩 공격은 TCP의 초기 연결 과정인 TCP 3 way Handshaking을 이용한다.
2) Syn 패킷을 요청하여 서버로 하여금 ACK 및 SYN 패킷을 보내게 한다.
3) 이때 보내는 주소가 무의미한 주소이므로 서버는 대기 상태에 있게 된다.
4) 이러한 요청 패킷이 무수히 들어오면 서버의 대기 큐(Backlog Queue)가 가득 채워져서 서비스 거부(장애) 상태에 들어가게 되는 공격이다.

문제 ⓫

다음 보기는 정보보호 관리체계에 대한 '정보통신망 이용촉진 및 정보보호 등에 관한 법률' 일부 조항이다. ( ) 안에 들어갈 단어를 쓰시오. (3점) (기출응용)

[보기]
과학기술정보통신부장관은 정보통신망의 안정성·신뢰성 확보를 위하여 ( )·( )·( ) 보호조치를 포함한 종합적 관리체계를 수립·운영하고 있는 자에 대하여 제4항에 따른 기준에 적합한지에 관하여 인증을 할 수 있다(제4항은 정보보호 및 개인정보보호 관리체계 인증 등에 관한 고시임).

문제 ⓫ 정답

물리적, 관리적, 기술적

보충설명

기술적 보호대책	접근통제, 암호화, 백업시스템 등이 포함된다.
관리적 보호대책	보안계획, 결재·승인 절차, 관리대장 작성, 절차적 보안 등이 있다.
물리적 보호대책	재해대비·대책, 출입통제 등이 해당된다.

문제 ⑫

다음 중 괄호 안에 들어갈 단어를 쓰시오. (3점) ^(기출응용)

> 정보보호는 정보자산을 공개, 노출, 변경, 파괴, 지체, 재난 등의 위협으로부터 보호하여 정보의 (   ), (   ), (   ) 을/를 확보하는 것이다.

문제 ⑫ 정답

기밀성, 무결성, 가용성

보충설명

	가용성 (Availability)	"정보가 사용 가능해야 한다"는 것으로 중요한 정보를 사용하지 못 할 경우 심각한 피해를 입을 수 있어 인가된 자에 의해서 사용이 가능해야 한다는 것이다.
	기밀성 (Confidentiality)	기밀성은 통신하는 당사자만이 아는 비밀을 의미하며, 이를 통해 인가(Authorization)된 당사자에 의해서만 접근하는 것을 보장하는 것이다.
	무결성 (Integrity)	인가된 당사자에 의해서 인가된 방법으로만 변경 가능한 것으로 자산의 완전성과 정확성을 보장하는 것이다.

CHAPTER 02 보안장비

학습방법

통신망에서 보안 기술 적용을 위해 IPSec을 이용한 VPN을 Software나 별도 장비로 구현할 수 있습니다. 이 외에 Firewall, IDS, IPS 또는 모든 기능이 통합된 UTM 등으로 통신망의 보안을 강화합니다. 각각의 기능과 역할을 이해한 후 응용해서 나오는 시험문제에 대비하기 바랍니다.

문제 ❶

아래 질문에 대해서 설명하시오. (6점) (2022-4회)

1) VPN 약어의 원어를 쓰시오. (2점)
2) VPN 구현을 위해 OSI 7 Layer 기준 어느 계층에서 어떠한 기술로 구현하는가? (2점)
3) 보안의 3요소를 쓰고 VPN은 보안의 3요소 중 어떠한 요소로 구현할 수 있는가? (2점)

문제 ❶ 정답

1) Virtual Private Network
2) Network Layer(Layer 3), IPSec 기술을 통한 VPN을 구성한다.
3) 보안의 3요소는 기밀성, 무결성, 가용성이다. 이 중 기밀성과 무결성이 구현된다.

문제 ❷

VPN(Virtual Private Network)의 주요 기능 4가지를 서술하시오. (4점) (2012-2회)

문제 ❷ 정답

① 암호화
② 터널링
③ (사용자) 인증
④ (가상) 사설망 서비스
⑤ 확장성(이동성) 제공 및 보안강화

문제 ❸

인터넷에서 무결성, 인증, 기밀성을 지원하기 위해 VPN(Virtual Private Network)에서 사용하는 주요 보안 프로토콜을 쓰시오. (5점) (2022-2회)

문제 ❸ 정답

IPSec(Internet Protocol Security)

보충설명

IPSec은 네트워크에서의 안전한 연결을 설정하기 위한 통신 프로토콜이다. 인터넷 프로토콜(IP)은 데이터가 인터넷에서 전송되는 방식을 결정하는 공통 표준이며 보안을 강화하기 위한 IPSec은 암호화와 인증을 추가하여 프로토콜을 더욱 안전하게 만든다. TCP/IP 5계층에서 보안 관련된 프로토콜은 많이 존재하며 대표적인 예는 아래와 같다.

- Application Layer: HTTPS, SSH, PGP, S/MIME
- Transport Layer: SSL/TLS
- Network Layer: IPSec, VPN
- Datalink Layer: L2TP

문제 ❹

정보보안 통합솔루션으로 하나의 장비에 여러 보안솔루션 기능을 통합적으로 제공하고, 다양하고 복잡한 보안 위협에 대응할 수 있고, 관리 편의성과 비용절감이 가능한 보안시스템을 (　　)(이)라 한다. (5점)

(2022-1회) (2023-4회)

문제 ❹ 정답

UTM(Unified Thread Management)

문제 ❺

IDS(Intrusion Detection System)에서 NIDS와 HIDS 방식을 비교 설명하시오. (6점) (2022-4회)

네트워크 기반(NIDS)	호스트 기반(HIDS)

▎문제 ❺ 정답 ▎

네트워크 기반(NIDS)	호스트 기반(HIDS)
• 설치 용이(구축비용 저렴) • 네트워크를 통해 침입여부 판단 • 관리 용이함 • Promiscuous Mode에서 동작	• 네트워크 환경과 무관 • 호스트 시스템 기반 자료를 침입 탐지에 사용함 • 다양한 OS(Operation System) 지원 필요

보충설명

NIDS와 HIDS 방식의 장단점

구분	네트워크 기반(NIDS)	호스트 기반(HIDS)
장점	• 네트워크 세그먼트당 하나의 감지기만 설치하면 되므로 설치 용이 • 네트워크를 통해 전송되는 정보(패킷 헤더, 데이터 및 트래픽 양, 응용프로그램 로그)를 분석하여 침입여부 판단 • NIDS는 감지기가 Promiscuous Mode에서 동작하는 네트워크 인터페이스에 설치됨 • 운영체제에 독립적 운용 및 관리 용이 • 네트워크 기반 다양한 유형 침입 탐지 • 네트워크 개별 실행으로 서버의 성능 저하 없음	• 서버에 직접 설치하므로 네트워크 환경과 무관 • 호스트 시스템으로부터 생성되고 수집된 감사 자료(시스템 이벤트)를 침입 탐지에 사용하는 시스템 • 암호화 및 스위칭 환경에 적합 • 추가적인 하드웨어가 필요 없음 • 트로이목마, 백도어 등 내부 사용자에 의한 공격 탐지 가능 • 자체로 암호화 및 패킷분석 가능 • 호스트에서 수행하는 세부 사항에 대한 탐지 가능
단점	• 암호화 패킷 분석 불가능 • 고속 네트워크 환경에서 패킷 손실율이 많아 탐지율이 저하됨 • 호스트에서 수행하는 세부 사항 탐지가 불가능 • 오탐율이 상대적으로 높음	• 다양한 OS 지원의 한계가 있음 • DoS 공격에 의한 IDS 무력화 가능 • 상대적으로 구현이 어려움 • 호스트 성능에 의존적이며 리소스 사용으로 서버 부하 발생

문제 ⑥

통신망 보안을 위해 사용하는 IPS에 대한 질문에 답하시오. (9점) (2022-2회) (기출응용)

1) IPS 원어를 쓰시오.
2) IPS 탐지 방법 3가지를 쓰시오.
3) IPS 탐지 종류 2가지를 쓰시오.

문제 ⑥ 정답

1) Intrusion Prevention System
2) 시그니처 기반 탐지, 이상 징후 기반 탐지, 정책 기반 탐지
3) 네트워크 기반 침입 방지 시스템(NIPS), 호스트 기반 침입 방지 시스템(HIPS), 네트워크 행동 분석(NBA), 무선 침입 방지 시스템(WIPS)

보충설명

IPS 탐지방법	• 시그니처 기반 탐지: 네트워크 패킷을 분석하여 공격 시그니처(특정 위협과 관련된 고유한 특성 또는 행동)를 찾아내는 방법이다. 패킷이 시그니처 중 하나와 일치하는 것을 트리거하면 IPS가 조치를 취한다. 새로운 사이버 공격이 출현하고 기존 공격이 진화함에 따라 시그니처 데이터베이스는 새로운 위협 인텔리전스로 정기적으로 업데이트되어야 한다. • 이상 징후 기반 탐지: 인공 지능과 머신 러닝을 사용하여 정상적인 네트워크 활동의 기준 모델을 생성하고 지속적으로 개선한다. 네트워크 활동을 비교하여 평소보다 더 많은 대역폭을 사용하는 프로세스나 일반적으로 닫혀 있는 포트를 여는 장치와 같은 편차를 발견하면 조치를 취한다. • 정책 기반 탐지: 보안 팀에서 설정한 보안 정책을 기반으로 보안 정책을 위반하는 행위를 탐지할 때마다 해당 시도를 차단한다.
IPS 탐지종류	• 네트워크 기반 침입 방지 시스템(NIPS): 네트워크를 통해 디바이스로 향하는 인바운드 및 아웃바운드 트래픽을 모니터링하여 개별 패킷에 의심스러운 활동이 있는지 검사한다. 중요한 데이터 센터나 디바이스와 같은 주요 자산과 주고받는 트래픽을 모니터링하기 위해 네트워크 내부에 NIPS를 배치할 수도 있다. • 호스트 기반 침입 방지 시스템(HIPS): 노트북이나 서버와 같은 특정 엔드포인트에 설치되며 해당 장치와 주고받는 트래픽만 모니터링한다. HIPS는 추가 보안을 추가하기 위해 NIPS와 함께 사용한다. • 네트워크 행동 분석(NBA): 소스 및 대상 IP 주소, 사용된 포트, 전송된 패킷 수 등 통신 세션에 대한 상위 수준의 세부 정보에 중점을 둔다. • 무선 침입 방지 시스템(WIPS): 무선 네트워크 프로토콜을 모니터링하여 회사의 Wi-Fi에 액세스하는 승인되지 않은 사용자 및 장치와 같은 의심스러운 활동이 있는지 확인한다.

참조

IPS는 실내 측위기술인 Indoor Positioning System이 있어 구분하여 학습해야 한다.

문제 ❼

통신망 네트워크 내에서 다음과 같이 방화벽을 설정하려 한다. ( ) 안에 알맞은 내용을 넣으시오. (6점)

(2024-1회)

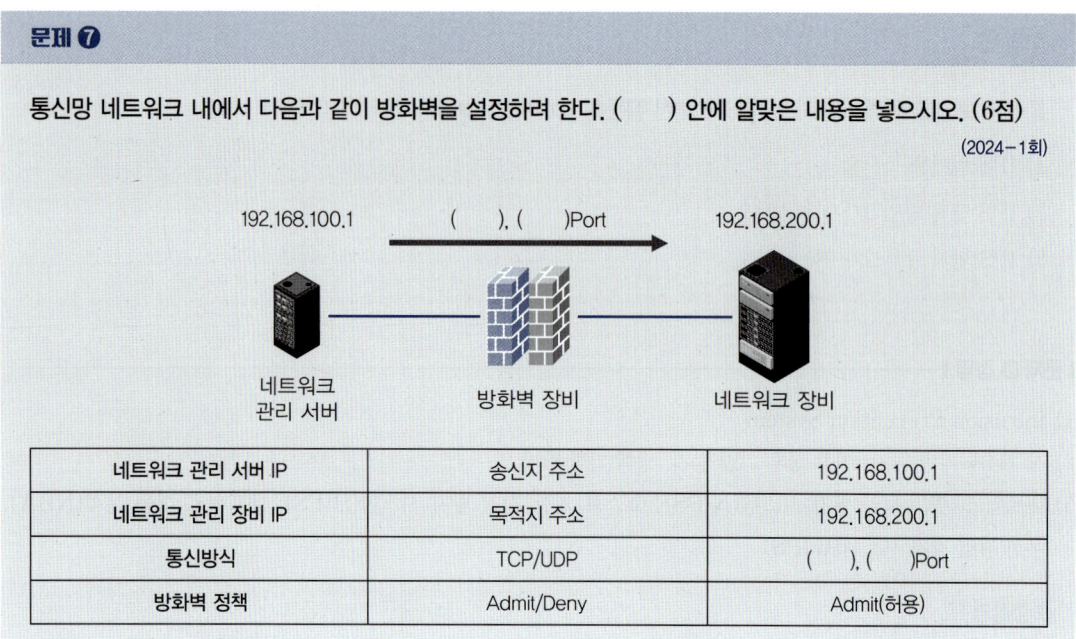

네트워크 관리 서버 IP	송신지 주소	192.168.100.1
네트워크 관리 장비 IP	목적지 주소	192.168.200.1
통신방식	TCP/UDP	( ), ( )Port
방화벽 정책	Admit/Deny	Admit(허용)

문제 ❼ 정답

161, 162

문제 ❽

방화벽의 주요 기능 3가지를 서술하시오. (6점) (기출응용)

문제 ❽ 정답

① 접근제어
② 로깅(Logging)
③ 인증 기능

참조

아래와 같은 답안 작성도 가능하다.
① 접근 통제(Access Control)
② 인증(Authentication)
③ 감사 및 로그 기능(Auditing/Logging)
④ 프라이버시 보호(Privacy Protection)

보충설명

- **방화벽이란**

  방화벽은 원하지 않는 트래픽으로부터 네트워크를 보호하는 네트워크 보안 솔루션이다. 방화벽은 사전 프로그래밍된 일련의 규칙에 따라 들어오는 악성코드를 차단한다. 이러한 규칙은 네트워크 내의 사용자가 특정 사이트 및 프로그램에 액세스하는 것을 방지할 수도 있다.

- **방화벽의 기능**

기능	설명
접근 통제 (Access Control)	특정 호스트를 제외하고 허용된 서비스 이외에, 외부에서 내부 네트워크에 접속하는 것을 패킷 필터링(Packet Filtering), 프록시(Proxy) 방식 등으로 접근을 통제하는 기능이다.
인증 (Authentication)	• 메시지 인증: VPN과 같은 신뢰할 수 있는 통신선을 통해 전송되는 메시지 신뢰성을 보장한다. • 사용자 인증: 방화벽을 지나가는 트래픽에 대한 사용자가 누군지에 대해 증명하는 기능이다. • 클라이언트 인증: 특수한 경우에 접속을 요구하는 호스트에 대해 인가된 호스트인지 확인한다.
감사 및 로그 기능 (Auditing/Logging)	정책 설정 및 변경, 관리자 접근, 네트워크 트래픽 허용 또는 차단과 관련한 사항 등 접속 정보를 로그(log)로 남기며 이러한 로그를 확인하는 기능이다.
프라이버시 보호 (Privacy Protection)	이중 DNS(Dual Domain Name System), 프록시(Proxy) 기능, NAT 기능 등을 제공함으로써 내부 네트워크와 외부 네트워크 간의 중개자 역할을 함으로써 내부 네트워크의 정보 유출을 방지한다.
서비스 통제 (Service Control)	안전하지 못하거나 위험성이 존재하는 서비스를 필터링함으로써 내부 네트워크의 호스트가 가지고 있는 취약점을 감소시킨다.
데이터 암호화 (Data Encryption)	방화벽에서 다른 방화벽까지 전송되는 데이터를 암호화하여 보내는 것으로, 보통 VPN의 기능을 이용한다.

- **방화벽의 한계**

  - 악성 소프트웨어 침투 방어에 대한 한계

    일반적으로 방화벽은 패킷의 IP 주소와 포트 번호로 접근 제어를 하므로, 바이러스, 웜(Warm), XSS 코드와 같이 문서 또는 프로그램 내부에 포함된 악성 소프트웨어를 탐지하여 방어하는 데에는 한계점을 지닌다. 일반적으로 방화벽은 2개의 서로 다른 네트워크 사이에 존재함으로써 높은 트래픽을 처리해야 하므로, 중간에서 오버헤드를 감수하면서 데이터의 내용까지 검사한다면 네트워크 대역폭이나 처리율(Throughput)에는 큰 손실을 가져올 수 있다.

  - 악의적인 내부 사용자의 공격에 대한 한계

    내부 사용자가 방화벽을 통과하는 외부 통신 유입이 아닌 내부 사내망(동일 그룹 등)을 이용하여 공격한다는 것은 방화벽을 우회하여 내부 네트워크로 접속하는 것과 같은 것으로, 내부 사용자가 악성 바이러스에 감염된 USB를 사용하거나 내부 사용자의 악의적 의도의 접근은 방화벽으로 차단하는 데 한계가 있다.

  - 신규 악성 공격에 대한 한계(Zero Day Attack)

    방화벽은 예측된 접속에 대한 규칙을 세우고 이에 대해서만 방어를 하는 것으로 신규 형태의 공격에 바로 대처하는 것은 기술적 한계가 있다.

문제 ❾

종합 보안시스템의 영문 약어와 역할을 쓰시오. (5점) (2019-1회)

문제 ❾ 정답

UTM(Unified Threat Management)
다양한 보안솔루션(IDS, IPS, Firewall, VPN 등)을 하나의 장비인 UTM에서 통합 위협 관리를 제공하는 것이다.

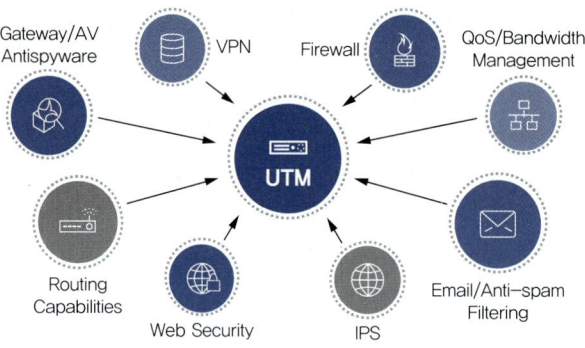

문제 ❿

IDS, IPS, Firewall 장비 등이 하나의 통합장비로 제공되는 장비를 쓰시오. (3점) (기출응용)

문제 ❿ 정답

UTM(Unified Threat Management)

문제 ⑪

ESM(Enterprise Security Management)에 대해서 설명하시오. (5점) (기출응용)

문제 ⑪ 정답

기업 내 각종 보안제품의 인터페이스를 표준화하며, 각종 이벤트를 수집, 관리, 분석, 통보, 대응을 통한 중앙통합관리, 침입 종합대응, 통합 모니터링 목적의 지능형 통합 보안 관리 시스템이다. ESM은 SNMP/Syslog를 통해 각종 장비의 에이전트에서 기준정보인 MIB(Management Information Base) 파일을 받아 등록하고 사전에 인증된 분류 정보를 통해 Event 정보를 수신한다.

보충설명

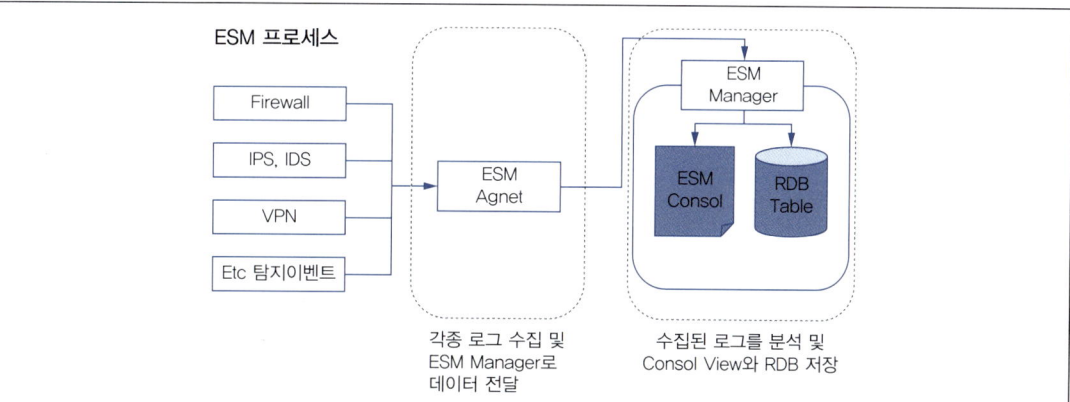

ESM은 ESM Agent, ESM Manager, ESM Console로 구성되며 ESM Agent는 각종 보안 솔루션의 로그를 수집하는 역할과 실시간으로 로그를 수집하여 정규 표현식으로 변환 후 ESM Manager에게 전달하는 기능을 한다. ESM Manager는 ESM Agent로부터 전달받은 로그를 저장하고 위험분석, 상관성 분석, 추론 탐지 등을 분석하고 SSL을 통하여 ESM Console로 명령을 전달한다. ESM Console는 모든 보안 정보를 모니터링하며 침입 발생 시 명령을 ESM Manager에게 전달, 침입에 대한 알람 발생과 통합 보안관제 화면을 제공하는 기능을 한다.

문제 ⑫

다음 (　) 안에 들어갈 용어를 쓰시오. (4점) (2024-2회)

> Unix나 Linux 기반의 방화벽(Firewall)에서 구성하는 것으로 외부(Outbounding)로 전송되는 패킷은 허용하고 내부(Inbounding)로 전송되는 패킷은 차단(Deny)하는 Zone에 대한 정책을 (　) Zone이라 한다.

문제 ⑫ 정답

Drop

보충설명

Drop Zone은 수신되는 모든 패킷을 무시하고 응답도 하지 않기 때문에 외부에서는 내부 네트워크가 존재하지 않는 것처럼 보이나, 내부에서 외부로 나가는 트래픽은 허용된다. 내부에서 외부로 나가는 것(Trust)은 의미가 없다.

개념도	동작 설명		
Inbound-Outbound Firewall (Internal Network ← Inbound Traffic / Outbound Traffic → Public Networks Internet)	구분	Inbound	Outbound
	방향	외부에서 서버 내부로 들어온다.	내부 서버에서 외부로 나간다.
	Window 방화벽 설정	모든 접속 차단	모든 접속 허용
	연결	Client → 서버	서버 → Client

아래는 다양한 Zone에 대한 설명이다.

Public	기본적인 최소한의 허용만 사용하는 규칙으로 공개 영역에서 사용하기 위해 선택되어 들어오는 연결만 허용된다.
Block	들어오는 패킷 연결(Inbound)을 모두 거부하는 규칙(ICMP는 허용)이다. IPv4의 경우 icmp-host-prohibited 메시지, IPv6의 경우 icmp6-adm-prohibited 메시지로 거부된다. 이 시스템에서 시작된 네트워크 연결만 가능하다.
Drop	들어오는 패킷(Inbound)을 모두 거부하는 규칙으로 들어오는 연결을 응답 없이 삭제한다.
DMZ	DMZ 인터페이스에 적용하는 규칙으로 외부 비무장 지대에 있는 컴퓨터로, 내부 네트워크에 제한적인 접근을 허용하며 공개적으로 접근 가능하다. 선택되어 들어오는 연결만 허용한다.
Trusted	모든 통신을 허용하는 규칙이다.
Internal	내부 네트워크 인터페이스를 설정하는 규칙이다.
External	외부 네트워크에서 사용하기 위해 마스커레이딩(Masquerade-NAT 기능)이 활성화로 선택되어 들어오는 연결만 허용한다.
Work	동일 회사 내 내부 네트워크를 위해 사용되는 규칙으로 작업 영역의 컴퓨터를 위해 선택되어 들어오는 연결만 허용한다.
Home	홈 영역에서 사용하기 위해 선택되어 들어오는 연결만 허용한다.
Internal	내부 네트워크 기기 접근을 위해 선택되어 들어오는 연결만 허용한다.
Trusted	모든 네트워크 연결을 허용한다.

문제 ⑬

다음 ( ) 안에 공통으로 들어갈 용어를 쓰시오. (4점) (2024-4회)

( )은/는 외부 네트워크와 내부 네트워크 사이에서 외부 네트워크 서비스를 제공하면서 내부 네트워크를 보호하는 서브넷, 즉 외부에 오픈된 서버영역을 말한다. ( )의 앞뒤로 방화벽이 설치된다. 하나는 내부 네트워크와 다른 하나는 외부 네트워크와 연결되는 것으로 인터넷에서 방화벽의 내부와 외부의 완충 역할을 하는 구간이다.

문제 ⑬ 정답

DMZ(DeMilitarized Zone)

보충설명

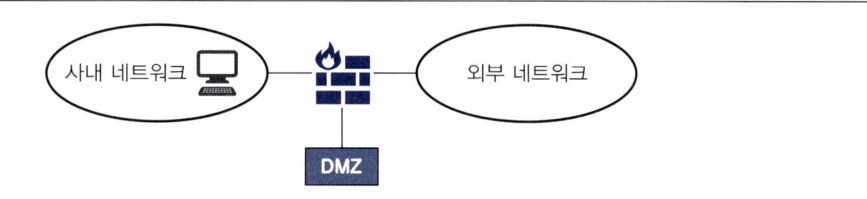

DMZ 구간은 사내 네트워크와 외부 네트워크의 분계점으로 데이터의 입출력 제어를 한다. 방화벽은 사내 네트워크, 외부 네트워크, DMZ의 3가지 경계를 가진다.

CHAPTER 03 방송통신 서비스

학습방법

최근 방송통신기술은 HDTV와 UHDTV뿐만 아니라 통신사 기반의 IPTV를 넘어서 OTT(Over The Top)로 발전하고 있습니다. 방송통신의 기본 기술과 인터넷 기반의 IPTV 방식에 대한 차이를 이해하고 OTT 사업자와 통신사 간의 망 이용 대가에 대한 이슈 등에 대한 이해도 필요할 것입니다.

문제 ❶

케이블 TV 또는 IPTV 시스템에서 서비스 수신 자격을 갖춘 가입자에게만 서비스를 제공하기 위한 목적으로, 주기적으로 키를 생성하여 가입자에게 전달하는 기능을 수행하는 것을 무엇이라 하는가? (4점)

(2011-1회) (2019-2회)

문제 ❶ 정답

CAS(Conditional Access System)

보충설명

수신 제한 시스템(Conditional Access System)
케이블 및 위성, IPTV 서비스 등 가입자가 계약한 방송 상품과 요금 체계에 따라 시청료를 지불하는 가입자에게 특정 방송 채널을 시청할 수 있는 권한을 부여받아 스크램블(암호화) 신호로 해독하여 접근을 제어하는 가입자용 암호화 보안 시스템이다.

문제 ❷

ATSC 디지털방송에서 사용하는 아래의 압축방식은 무엇인가? (4점) (2010-1회) (2020-1회)

1) 비디오 압축방식:

2) 오디오 압축방식:

문제 ❷ 정답

1) MPEG-2
2) AC-3

문제 ❸

국내 디지털 지상파 방송의 표준에 관련한 다음 질문에 답하시오. (6점) ^(기출응용)

1) 채널별 대역폭	
2) 전송방식	
3) 음성 압축방식	
4) 영상 압축방식	
5) Carrier 방식	

┃ 문제 ❸ 정답 ┃

1) 채널별 대역폭	6[MHz]
2) 전송방식	8VSB
3) 음성 압축방식	Dolby AC-3
4) 영상 압축방식	MPEG-2
5) Carrier 방식	Single Carrier

문제 ❹

다음 문장의 괄호 안에 들어갈 알맞은 용어를 쓰시오. (4점) ^(2014-4회)

OSI 7계층 중 표현 계층의 데이터 압축방법은 정보의 손실 유무에 따라 (①)방식과 (②)방식으로 구분된다.

┃ 문제 ❹ 정답 ┃

① 손실 압축
② 무손실 압축

문제 ❺

다음 압축방식에 대해 설명하시오. (8점) (기출응용)

1) 손실 압축:

2) RLE(Run Length Encoding)/RLC(Run Length Coding):

3) 허프만 부호화(압축):

문제 ❺ 정답

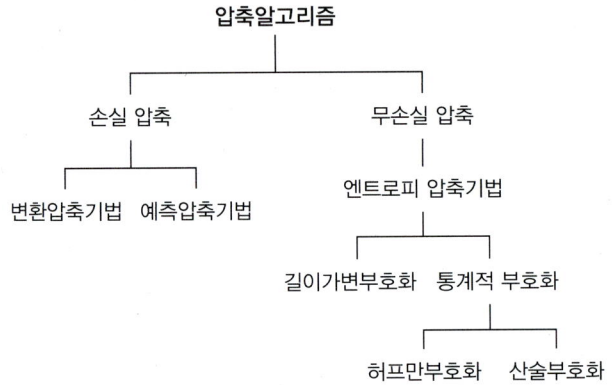

1) 손실 압축: 압축을 풀었을 때 데이터 손실이 발생한다.

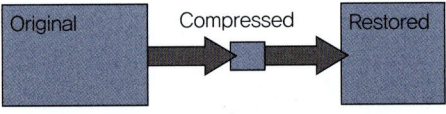

2) RLE(Run Length Encoding)/RLC(Run Length Coding) 가변길이 압축: 연속해서 나타내는 값으로 표현한다.

3) 허프만 부호화(압축): 모든 기호를 빈도수에 따라 나열한다.

GOGOXXXXYYYYZZZZVVVVVVVV
허프만 이전 코드

G	O	X	Y	Z	V
2	2	4	4	4	8

문자 출현 빈도

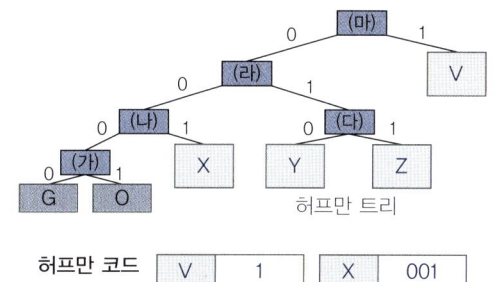
허프만 트리

허프만 코드

V	1		X	001
Z	011		O	0001
Y	010		G	0000

문자	빈도	허프만 부호
V	33.3%	1
Z	16.6%	011
Y	16.6%	010
X	16.6%	001
O	0.83%	0001
G	0.83%	0000
평균 부호길이		3[bit]

6개 문자 표현에 18[bit]가 필요하므로 평균 3[bit]이며, 하나의 문자가 8[bit] × 6 = 48[bit] 대비 18[bit]로 표현되므로 압축율은 $\frac{48}{18} = 2.67$이 된다.

V	Z	Y	X	O	G	48[bit]
1	011	010	001	0001	0000	18[bit]

문제 ❻

국내 디지털 지상파 방송의 표준을 쓰시오. (3점) (기출응용)

문제 ❻ 정답

ATSC(Advanced Television Systems Committee)

문제 ❼

다음 괄호 안에 들어갈 알맞은 내용을 적으시오. (4점) (기출응용)

> 지상파 DMB에서 한 채널의 대역폭은 6[MHz]이고, 이를 기반으로 (①)개의 블록에 기반한 (②)[MHz]의 대역폭으로 구성된다.

문제 ❼ 정답

① 3

② 1.5

보충설명

채널 대역폭은 1.536[MHz]이고 이것을 3개의 지상파 DMB 사업자에게 분배하였다. 즉, 1.536[MHz]/3 ≈ 1.5[MHz]

DMB 방식은 크게 지상파 DMB(T − DMB)와 위성DMB(S − DMB)로 구분된다. 지상파 DMB는 VHF 채널의 주파수 174~216[MHz]를 이용해서 MPEG − 4 Part 10(H.264)의 비디오 방식과 MPEG − 4 Part 3(BSAC) 또는 H2 AAC V2의 오디오 방식을 사용한다.

위성 DMB(S − DMB)는 인공위성의 전파를 이용하는 방식으로 사용되다가 Smart Phone의 보급이 확대되면서 서비스 사용자가 크게 감소하여 2012년 8월 31일 서비스가 종료되었다.

유튜브 선생님에게 배우는
유선오빠

PART 5
광통신

CHAPTER 01 광통신 기본이론
CHAPTER 02 광통신 계측기 및 측정
CHAPTER 03 광전송 기술
　　　　　　　(SDH, SONET, OTN 등)
CHAPTER 04 AON vs PON
CHAPTER 05 광통신 계산문제

CHAPTER 01 광통신 기본이론

> **✓ 학습방법**
>
> 광통신 기본이론은 시험에서 자주 출제되는 분야입니다. 광통신은 기술의 성숙도가 높아 신규 문제보다 기존에 출제된 문제를 충분히 숙지한다면 시험에 높은 점수를 받을 수 있습니다. 신규 문제 응용보다 기본에 충실한 학습을 권장 드립니다.

문제 ❶

광섬유 케이블에 대해서 답하시오. (8점) (2016-1회) (2021-1회)

1) 광통신에서 광신호의 전송은 어떠한 이론적 법칙에 의해서 광신호가 전파해 나가는 것인가? (광전송과 관련된 법칙은 무엇인가?)
2) 발광소자 2가지를 쓰시오.
3) 수광소자 2가지를 쓰시오.
4) 재료분산과 구조분산이 서로 상쇄되어 분산 값이 0이 되는 파장 대역은?

문제 ❶ 정답

1) 스넬의 법칙(Snell's Law)
2) LD(Laser Diode), LED(Light Emitting Diode)
3) PD(Photo Diode), APD(Avalanche Photo Diode)
4) 1,310[nm](0분산 파장 대역)

문제 ❷

광통신 시스템에서 사용하는 대표적인 수광소자 2가지를 쓰시오. (4점) (2010-4회) (2019-4회)

광전송 시스템에서 수광소자로서 전광변환장치 역할을 하는 것 2가지를 쓰시오. (4점) (2021-4회)

문제 ❷ 정답

PD(Photo Diode), APD(Avalanche Photo Diode), PIN – PD(PIN Photo Diode)

문제 ❸

FTTH 전송망에서 발광소자로 사용하는 소자 2가지를 쓰시오. (4점) (2013-2회)

문제 ❸ 정답

LD(Laser Diode), LED(Light Emitting Diode)

문제 ❹

국내의 FT – 3C 광전송 방식에 대해 다음 물음에 답하시오. (4점) (2010-1회)

1) 전송 속도:

2) 사용 파장대:

3) 발광소자 2개:

4) 수광소자 2개:

문제 ❹ 정답

1) 90.764[Mbps]

2) 1,300[nm] 대역

3) LD(Lazer Diode), LED(Light Emitting Diode)

4) APD, PD(또는 PIN – PD)

(★ 단종된 장비로 향후 미출제 예상됨)

문제 ❺

광섬유 전송 특성 3가지를 쓰시오. (3점) (2017-1회)

문제 ❺ 정답

① 구리선보다 전송속도가 빠르다.

② 대용량 전송이 가능하다.

③ 구리선보다 가격이 싸고 수명이 더 길다.

④ 장거리 전송이 가능하다.

※ 다음 문제 장단점 참조해서 추가 답변 가능

문제 ❻

광섬유의 단점 3가지를 쓰시오. (3점) (2015-2회)

| 문제 ❻ 정답 |

① 광케이블이 구부러질 경우(매크로 또는 마이크로 밴딩) 광 손실이 발생할 수 있다.
② 광 절단이나 고장 시 별도 복구를 위한 장비가 필요하다(광 고장 복구의 어려움).
③ 최근 광케이블 해킹 기술이 발달하고 있어 양자암호화 기술과 함께 사용해야 보안이 더욱 강화될 수 있다(QKD, PQC 양자통신 기술 별도 학습 필요).
④ 진동에 영향을 받을 수 있다.
⑤ 별도 광소자가 필요하다(OEO나 OE 변환, O(Optical), E(Electrical)).
⑥ 장거리 전송 시 중계기 설계(설치)가 필요하다.

문제 ❼

광섬유 케이블을 이용하는 통신의 장점 3가지를 쓰시오. (3점) (기출응용)

| 문제 ❼ 정답 |

① 전송 대역폭이 넓어서 광대역 전송이 가능하다(광대역성).
② 보안성이 우수하다(보안성).
③ 가격이 저렴하다(경제성).
④ 부피가 작고 가볍다(세심 경량).
⑤ 전자기적 유도를 받지 않는다(무유도성).
⑥ 해킹이 상대적으로 불가능하다(보안성).
⑦ 장거리 전송이 가능하다(저손실성).
⑧ 자원이 풍부하다(경제성).

문제 ❽

다음은 광케이블 연결에 대한 내용이다. 광섬유 절단 순서를 차례대로 나열하시오. (8점) (2022-1회)

> (가) 광섬유를 절단한다.
> (나) 광섬유 절단기를 청소한다.
> (다) 광섬유 코팅(피복)을 제거한다.
> (라) 알코올로 광섬유를 청소한다.

문제 ❽ 정답

(다) – (라) – (가) – (나)

보충설명 1

광섬유 절단 순서

① 광섬유 코팅(피복)을 제거한다.
② 알코올로 광섬유를 청소한다(제거 후 이물질 등이 있을 수 있음).
③ 광섬유를 절단한다.
④ 광섬유 절단기를 청소한다.

절단한 광섬유를 다시 연결하기 위해 광 융착을 해야 하며 상대측 광섬유 연결을 위해 위 ①~④를 반복한 후 상호 광케이블을 융착기를 이용해서 융착 접속하는 것이다.

보충설명 2

광 융착 순서

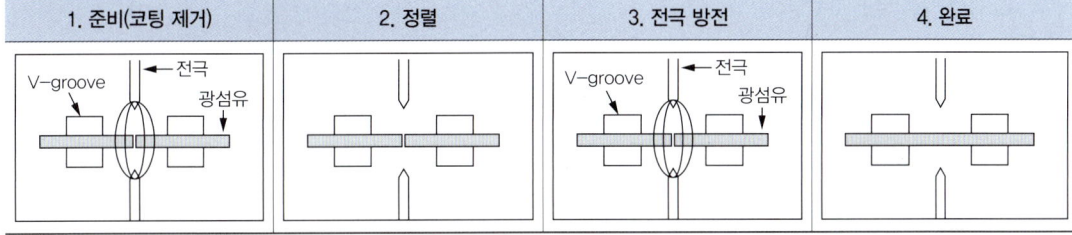

문제 ❾

아래 광섬유에 대한 설명을 참조해서 전송모드 2가지를 쓰시오. (4점) (2023-2회)

> 광섬유는 그 재료구성이나 제조방법, 굴절률 분포나 전파모드에 따라 분류된다. 석영계 광섬유는 계단형 굴절률(SI형), 언덕형 굴절률(GI형)은 (①) 광섬유이다. 그리고 (②) 광섬유가 제품화되어 현장에서 많이 사용되고 있으며, 코어의 굴절률 분포, 코어 지름, 코어와 클래딩의 비굴절률 차가 다르다. 각 광섬유는 코어 내에 있어서 광의 전반사 모양이 다르고, 광섬유모드에 따라 전송대역에 큰 차이가 있다.

문제 ❾ 정답

① 다중모드(Multi Mode)
② 단일모드(Single Mode)

문제 ❿

다음 질문에 답하시오. (4점) (기출응용)

[Case 1]
석영계 광섬유는 (①), (②)의 다중모드 광섬유모드가 있다.

[Case 2]
광섬유는 전파모드에 따라 단일모드(Single Mode)와 다중모드(Multi Mode)로 구분되며 다중모드는 (①), (②)로 구분된다.

문제 ❿ 정답

① 계단형 굴절률(SI형 − Step Index)
② 언덕형 굴절률(GI형 − Graded Index)

문제 ⓫

광섬유 케이블에서 발생하는 자체 손실 3가지는 무엇인가? (3점) (2010-1회) (2021-4회)

1) 내부요인:

2) 외부요인:

문제 ⓫ 정답

1) 흡수손실(Absorption Loss), 산란손실(Scattering Loss), 구조불완전 손실(광케이블 자체 손실은 내부요인에 의한 손실로 풀어야 함)

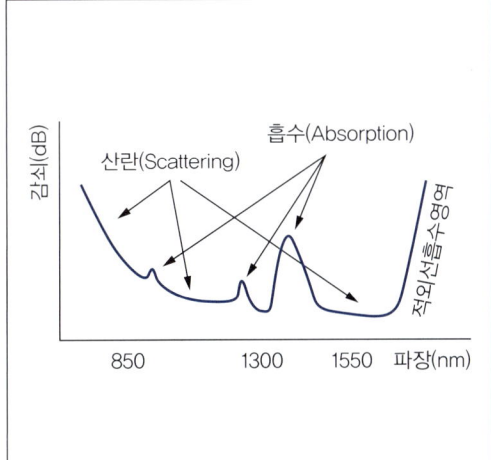

- 흡수손실: 빛 에너지 일부가 열에너지로 변환된 손실이다.
  - 진성손실(Intrinsic Loss): 재료(Silica) 고유의 흡수손실이다.
  - 불순물손실(Impurity Loss/Extrinsic Loss): 재료의 불순물 정도에 기인한다.
- 산란손실: 직진하는 빛이 여러 갈래로 흩어진다. 주로 재료의 불균질성에 유발한다. 주로 Rayleigh 산란손실 영향이 크며 1,550nm에서 손실이 최소화된다.
- 구조불완전 손실: 광케이블 내부 구조의 불완전성에 의한 손실이다.

2) 구부림손실(Microbanding/Macrobanding), 접속손실, 불균질 접속손실

문제 ⓬

광섬유에서 발생하는 손실의 유형 3가지를 적으시오. (3점) (2019-1회) (2019-4회)

문제 ⓬ 정답

① 재료손실(흡수손실, 산란손실)

② 구조불완전에 의한 손실

③ 구부림에 의한 손실

문제 ⓭

다음 용어에 대하여 설명하시오. (6점) (2015-1회)

1) 마이크로 밴딩 손실:

2) 매크로 밴딩 손실:

문제 ⓭ 정답

1) 마이크로 밴딩(Micro – Bending) 손실(광섬유의 미세한 구부러짐 또는 변형)은 광섬유의 측면에 불균일한 압력이 가해져 코아와 클래드의 경계면의 요철에 의해 방사모드가 생겨 발생하는 손실이다.

2) 매크로 밴딩(Macro – Bending) 손실(상대적으로 큰 구부러짐)은 광섬유의 굴곡으로 인해 광 코어와 클래드에 입사한 광의 각도가 임계각보다 크게 되어 광이 클래드로 누설되어 발생하는 손실로서 허용곡률 반경 이내로 무리하게 구부림으로 인해 발생한다.

보충설명

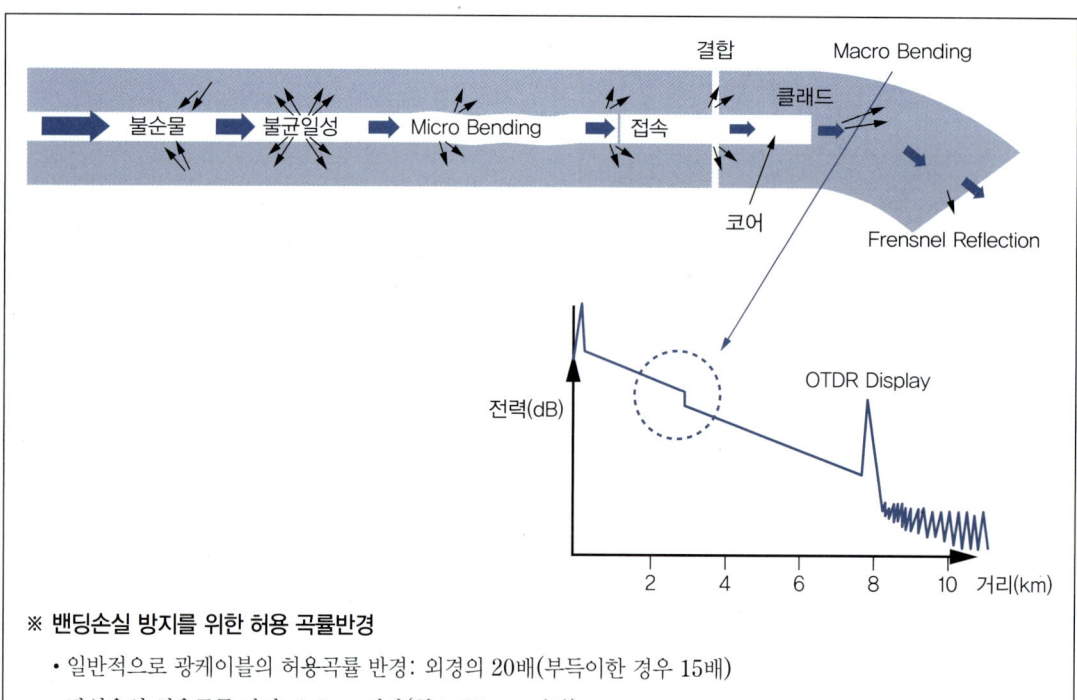

※ 밴딩손실 방지를 위한 허용 곡률반경
- 일반적으로 광케이블의 허용곡률 반경: 외경의 20배(부득이한 경우 15배)
- 광섬유의 허용곡률 반경: 3.8cm 이상(최소 25mm 이상)

문제 ⓴

광섬유의 기본 성질을 나타내는 광학적 파라미터 4가지를 적으시오. (4점) (2021-1회)

문제 ⓴ 정답

① 개구수
② 수광각
③ 정규화주파수
④ 비굴절률차
(★ 암기: 개, 수, 정, 비)

문제 ⓯

광섬유의 전송 특성 중 분산의 종류 3가지를 적으시오. (3점) (2011-1회)

문제 ⓯ 정답

① 재료분산
② 모드분산
③ 구조분산

문제 ⑯

다음 아래 내용을 채우시오. (3점) (기출응용)

광통신에서 광섬유의 파장대인 1,300[nm] 부근에서는 (①)보다 광섬유에서 감쇠가 심하므로, 영분산점을 (①) 대역으로 이동시킨 광섬유가 사용되는데 이러한 광케이블을 (②) 또는 (③)라고 한다.

문제 ⑯ 정답

① 1,550[nm]

② DSF(Dispersion Shifted Fiber)

③ NZ – DSF(Non Zero Dispersion Shifted Fiber)

보충설명

영분산점은 단일모드광섬유(SMF)에서 색분산 영향을 줄이는 데에 많이 활용된다.

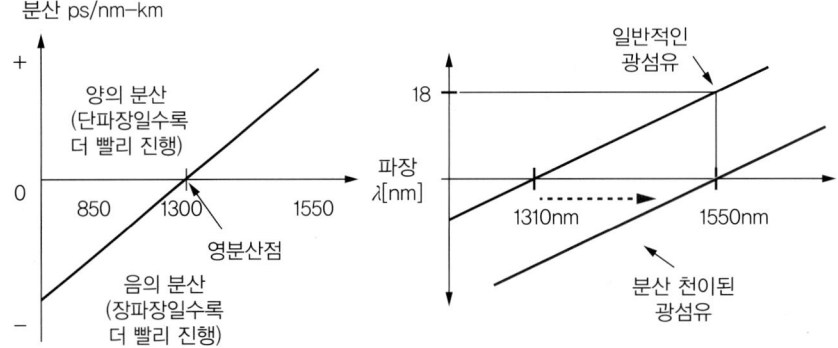

CHAPTER 02 광통신 계측기 및 측정

학습방법

광통신 계측기는 현장에서 많이 사용하는 장비이며 특히 OTDR에 대한 충분한 이해가 필요합니다. OTDR의 용도와 사용(측정) 방법을 해당 CHAPTER의 기출문제를 기반으로 학습하고 OTDR의 출력 파형에 대한 이해를 기반으로 시험에 대비하기 바랍니다.

문제 ❶

광케이블 측정장비 OTDR에 대해서 아래 질문에 답하시오. (10점) (2015-1회) (2016-1회) (2022-2회) (2023-4회)

1) OTDR 원어를 쓰시오. (2점)
2) OTDR의 측정용도 4가지를 쓰시오. (4점)
3) 광섬유 케이블의 접속지점에 대한 결과를 측정하는 방법 2가지를 쓰시오. (4점)

문제 ❶ 정답

1) Optical Time Domain Reflector(광펄스 측정기, 시간영역 광반사 측정기)
2) OTDR의 주요 용도는 광섬유의 손실 접속점까지의 거리와 접속손실 및 접속점으로부터 반사된 광섬유가 파손된 경우의 파손지점까지의 거리나 고장점 등을 측정하는 장비이다.
   ① 광(섬유)케이블에 대한 케이블 전송손실인 감쇠 정도(Single Mode: 0.3~0.4dB/km)
   ② 단위 개소당 접속손실 여부(광 Connector당: 0.2~0.3dB)
   ③ 광케이블 구간 중 단선(끊김) 측정
   ④ 전체 광케이블 구간에 대한 총 손실 측정
3) 후방산란법(Back Scattering Method), Cutback 방식, 투과측정법

문제 ❷

광섬유 분산을 이용해서 산란을 측정하는 장비는? (5점) (2022-4회)

문제 ❷ 정답

OTDR(Optical Time Domain Reflector)

문제 ❸

OTDR의 용도 및 측정은 어떤 방법을 사용하는가? (6점) (기출응용)

문제 ❸ 정답

① OTDR 용도: 광섬유의 장애점(고장점) 또는 손상 등의 이상 유무를 측정하는 데 사용하는 계측장비이다.
② 측정 방법: 후방산란법(Back Scattering Method)

보충설명

OTDR 측정 지점	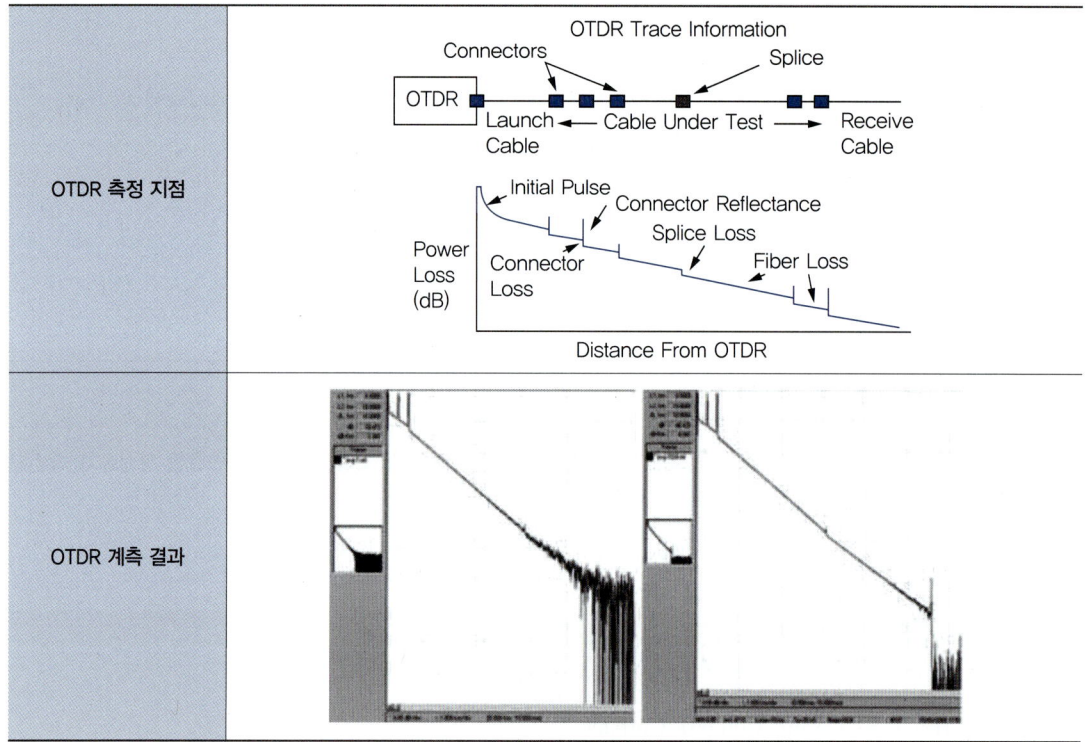
OTDR 계측 결과	

OTDR 기술의 원리는 광섬유 내에 존재하는 작은 결함들 및 불순물들에 의해 후방 산란되는 빛(레일라이 후방 산란(Rayleigh Back Scattering)으로 알려진 현상)과 광섬유 내에서 반사되는 빛(커넥터, 접속부 상의 반사)을 시간의 함수로써 검출하고 분석하는 것이다.

OTDR은 케이블이 어디에서 종단되었는지를 보여주고 광섬유, 연결 및 접합부의 품질을 확인한다. 물론 OTDR 추적은 설치 시의 문서와 비교하여 광케이블의 고장점이 어디에 있는지를 보여줄 수 있기 때문에 문제 해결을 위해 사용된다.

문제 ❹

다음은 광케이블의 손실을 측정하는 방법이다. 아래 알맞은 용어를 쓰시오. (4점) (2020-2회)

> 광섬유 케이블의 손실을 측정하는 방법은 투과측정법과 후방산란법이 있다. 투과측정방법은 광파워미터를 이용하는 Cutback 방법과 (①)이 있고 후방산란법은 주로 (②) 장비를 이용해서 측정한다.

┃문제 ❹ 정답 ┃

① 삽입법
② OTDR

문제 ❺

광케이블의 접속지점에 대한 손실여부를 측정하는 방법 3가지를 쓰시오. (3점) (기출응용)

┃문제 ❺ 정답 ┃

① 삽입법(Insertion Method)
② 컷백법(Cutback Method)
③ 후방산란법(Back Scattering Method)

문제 ❻

광케이블 관련 주요 측정 방법 3가지를 쓰시오. (3점) (기출응용)

┃문제 ❻ 정답 ┃

① 투과측정법
② 후방산란법
③ 주파수영역법
(★ 이 문제는 광케이블의 전반적인 측정 방법을 묻는 것으로 손실측정과 다른 질문의 문제이다)

문제 ❼

아래 설명하고 있는 측정 방법은 무엇인지 쓰시오. (3점) (기출응용)

> 다중모드 광섬유 대역폭의 특성을 측정하는 방법의 하나로 RF신호로 변조된 광펄스를 광섬유 속에 전파시키고 그 진폭변화에서 대역을 측정하는 방법이다.

문제 ❼ 정답

주파수영역법(Frequency Domain Method)

문제 ❽

다음 설명하고 있는 측정 방법은 무엇인지 쓰시오. (3점) (기출응용)

> 이 방법은 광섬유 내를 전파하는 광의 일부가 프레넬 반사(Fresnel Reflecter)와 레일리 산란(Rayleigh Scattering)에 의해 입사단측으로 되돌아오는 현상(후방산란광)을 이용하여 광섬유의 손실특성을 측정하는 방법이다.

문제 ❽ 정답

후방산란법(Back Scattering Method)

보충설명

각종 광섬유의 측정항목에 따른 측정법

광섬유	측정항목 측정법		투과측정법		후방산란법	반사손실 측정법	주파수영역법
			컷백법	삽입법			
단일모드 다중모드	손실 (Loss)	단위구간손실[dB]	○				
		총손실[dB]		○			
		접속손실[dB/개소]			○		
다중모드	대역폭(Band Width)[dB]						○
광커넥터	반사손실(Return Loss)[dB]					○	
	삽입손실(Insertion Loss)[dB]		○	○			

문제 ❾

광통신에서 광섬유 케이블의 성능을 측정하는 원리를 아래 [보기]에서 고르시오. (6점) (2020-2회)(2024-4회)

> [보기]
> 컷백법(Cutback), 주파수영역법, 후방산란법, 투과측정법

1) 다중모드(Multi Mode) 광섬유의 대역폭 특성을 측정하는 방법으로 하나의 RF신호로 변조된 광펄스를 광섬유 내부에 전파시키고 그 펄스의 진폭변화에서 대역을 측정하는 방법이다.

2) 광섬유 내부로 전파하는 광신호의 일부가 프레넬 반사(Fresnel Reflection)와 레일리 산란(Rayleigh Scattering)에 의해 되돌아오는 특성을 이용해서 광섬유의 특성을 측정하는 방법이다.

문제 ❾ 정답

1) 주파수영역법
2) 후방산란법

보충설명

- 주파수영역법: 멀티모드 광섬유의 대역폭을 측정한다.
- 후방산란법: 접속손실을 측정할 때 사용한다.
- 파워미터법: 총손실을 측정할 때 사용한다.

문제 ⑩

아래 그림은 OTDR 장비를 이용해서 측정한 결과이다. 아래와 같이 A점, B점, C점, D점이 생기는 원인이 각각 무엇인지 보기를 참조해서 쓰시오. (4점) (기출응용)

[보기]
근단 프레넬 반사, 접속손실, 후방산란광의 파형, 고장점

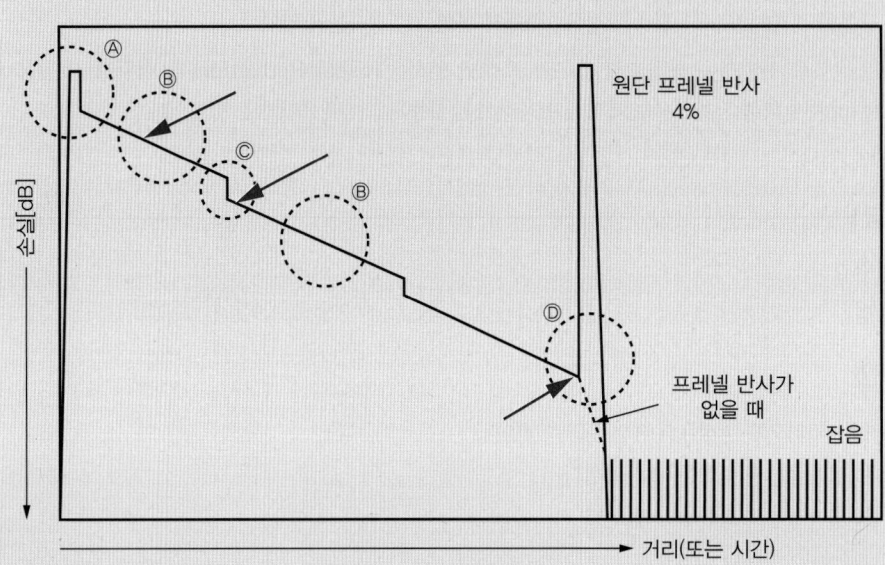

문제 ⑩ 정답

① A점: 근단 프레넬 반사
② B점: 후방산란광의 파형
③ C점: 접속손실(광커넥터(Connector)나 Splicing의 (영구)접속에 의한 접속손실)
④ D점: 고장점(광케이블이 끊어져서 종단되는 지점)

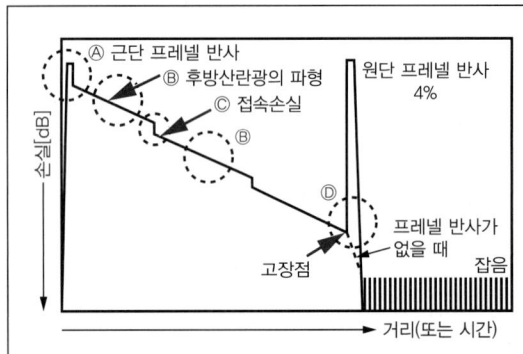
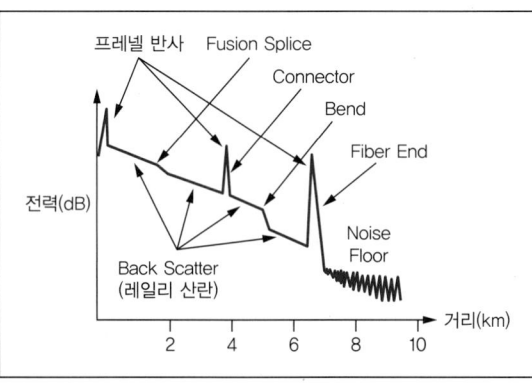

문제 ⑪

OTDR 계측장비에서 발생하는 데드존(Dead Zone)의 종류 3가지를 쓰시오. (6점) (2024-4회)

1) (　　　) Dead Zone
2) (　　　) Dead Zone
3) (　　　) Dead Zone

문제 ⑪ 정답

1) Initial
2) Event
3) Attenuation

보충설명

데드존(Dead Zone)은 포토다이오드가 회복되는 시간 동안은 다른 이벤트를 감지할 수 없게 되는 현상이 발생하는 구간으로, 프레넬 반사(Fresnel)의 영향으로 OTDR 곡선이 특정 거리 범위 내의 광섬유 라인의 상태를 반사할 수 없는 부분이 발생한다. 즉, 갑작스러운 신호 진폭변화가 일어날 때 발생하며 광케이블 시작점에서 발생되는 것을 Initial 데드존, 그 밖의 것들을 Event 데드존이라고 한다.

광통신에서 데드존 비교

구분	Initial Dead Zone(IDZ)	Event Dead Zone(EDZ)	Attenuation Dead Zone(ADZ)
발생 지점	반사광 발생지점	이벤트 피크 1.5[dB] 지점	OTDR 파형과 가상직선의 0.5[dB] 간격 지점
개념도	Initial Pulse, Reflectance, Dead Zone, Connector, Splice, End of Fiber	1.5dB Below Peak, EDZ	0.5dB Deviation, ADZ
영향	입사단에서 측정 불가	인접 Event 측정 불가	인접 Event 측정 불가
거리	작을수록 좋음	작을수록 좋음	작을수록 좋음
내용	OTDR의 입사단 광커넥터에서 발생하는 반사광 및 그 반사광에서 발생하는 수신 파형이 꼬리를 남김으로써 측정 불능하게 되는 입사 거리 범위이다.	이벤트 시작점부터 이벤트 피크지점에서 1.5dB 내려온 지점 사이의 거리로, 선형 영역에서의 반치전폭을 나타낸다. Event 데드존이 크면 인접한 Event를 잘 검출하지 못한다.	이벤트의 시작점부터 이벤트 후 선형화된 OTDR 직선을 가상으로 이벤트 구간까지 그려서 가상의 직선과 실제 OTDR 파형의 간격이 0.5dB되는 지점까지의 거리이다. 근접한 이벤트를 측정하지 못하는 거리이다.

CHAPTER 03 광전송 기술 (SDH, SONET, OTN 등)

학습방법

광전송은 SDH/SONET에서부터 현재의 OTN에 이르고 있습니다. 과거 기술의 SDH/SONET의 Frame 구성은 현재 OTN의 Frame 구성까지 유사하게 연계되고 있어 전체 개념은 상호 유사하다고 할 수 있습니다. 과거 기술뿐만 아니라 신규 출제에 대비하기 위한 SDH와 SONET뿐만 아니라 OTN 계위와 Frame 구조를 충분히 학습하기 바랍니다.

문제 ❶

SONET(Synchronous Optical Network)에서 STS(Synchronous Transport Signal) 프레임 내에 오버헤드 3가지를 쓰고 각각의 역할을 서술하시오. (6점) (2016-1회)

문제 ❶ 정답

① SOH(Section Overhead) : 다중화기나 재생기 구간의 운용 및 관리 기능
② LOH(Line Overhead) : 다중화 구간 내에서 오류 검출 및 회선관리 기능
③ POH(Path Overhead) : 종단 간 경로 감시 및 상태 정보 파악

보충설명

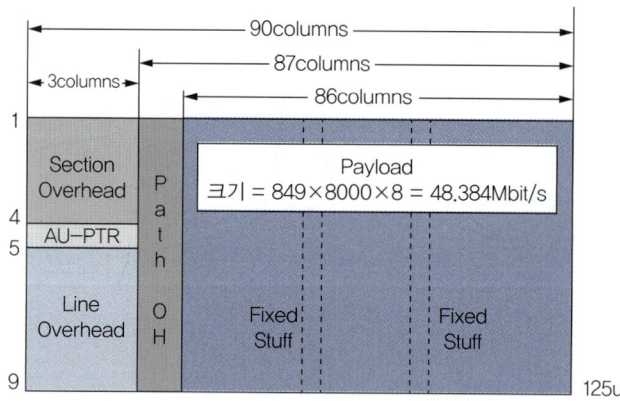

문제 ❷

다음은 PDH(Plesiochronous Digital Hierarchy)와 SDH(Synchronous Digital Hierarchy) 비교한 표이다. 아래 표를 완성하시오. (5점) (2016-2회)

구분	PDH	SDH
프레임 주기	일정하지 않음	일정함(125μs)
다중화 단계	(가)	일단계 다중화(1-Step)
동기 단위	비트	(나)
동기화 방법	(다)	Pointer
가시성	바로 아래 수준의 신호만 가시적	STM-1 내의 모든 하위 신호가 가시적
오버헤드 사용	매 단계별 신규 오버헤드 추가	STM-1 이후 오버헤드 제한적임
계층화 구조	(라)	계층화 구조 방식
적합성	PtP(Point to Point) 방식	PtMP(Point to Multi Point) 방식

문제 ❷ 정답

(가) 다단계 다중화(N Step)

(나) 바이트(Byte)

(다) Bit Stuffing

(라) 비계층화 구조 방식

문제 ❸

10기가비트 이더넷(10 - Gigabit Ethernet)의 3가지 형식과 각 형식별 전송 매체를 쓰시오. (9점)
(2013-4회) (2015-2회)

문제 ❸ 정답

① 10GBase - T: 꼬임선(UTP)

② 10GBase - SX(또는 LX): Fiber(광케이블)

③ 10GBase - CX: 동축(Coaxial) 케이블

문제 ④

장거리 광섬유 케이블 등에 사용되는 10Gigabit Ethernet(IEEE 표준 802.3ae 기준)은 다음 3가지 형식으로 분류된다. 아래 질문에 맞는 표준을 적으시오. (6점) (2023-4회)

1) 단파장인 850nm 다중모드(Multi Mode) 광섬유를 사용하며, 최대 거리가 300m인 10Gigabit Ethernet
2) 장파장인 1,310nm 단일모드(Single Mode) 광섬유를 사용하며, 최대 거리가 10km인 10Gigabit Ethernet
3) 장파장인 1,550nm 단일모드(Single Mode) 광섬유를 사용하며, 최대 거리가 40km인 10Gigabit Ethernet

문제 ④ 정답

1) 10GBase – S(10GBase – SR), Short Reach
2) 10GBase – L(10GBase – LR 또는 LX), Long Reach
3) 10GBase – ER(Extended Reach)

문제 ⑤

다음은 무엇에 대한 설명인가? (5점) (기출응용)

전기적 신호 단위가 아닌 광파장 단위로 데이터를 전달하는 기능적인 광네트워크로서 광케이블로 이루어진 물리 계층 관점에서 정의되는 광수송 네트워크이다. 주요 특징은 WDM 방식에 의한 DWDM 광네트워크로써 사용자 데이터(페이로드)를 광통신을 통해 운반하며 수송용 전달망(Transport Network) 구조를 지칭한다.

문제 ⑤ 정답

OTN(Optical Transport Network)

문제 ❻

다음 질문에 답하시오. (9점) (기출응용)

1) OTN 약어를 풀어쓰시오. (3점)
2) OTN 기술의 정의를 쓰시오. (3점)
3) 다음 계위의 지원 속도를 쓰시오. (3점)
   ① ODU0:
   ② ODU3:
   ③ ODU4:

문제 ❻ 정답

1) Optical Transport Network
2) 광섬유와 디지털 스위칭 기술을 결합한 차세대 네트워크 기술이다. SDH/SONET의 10G 한계를 넘어서 40G나 100G까지 지원하기 위한 차세대 광통신 기술이다.
3) ① ODU0: 1[Gbps], ② ODU3: 40[Gbps], ③ ODU4: 100[Gbps]

문제 ❼

캐리어 이더넷(Carrier Ethernet)의 주요 특징 4가지를 서술하시오. (4점) (2024-1회)

문제 ❼ 정답

① 표준화된 서비스(Standardization) : 매체와 인프라에 독립적인 표준화된 플랫폼을 통해 표준화된 서비스 제공
② 확장성(Scalability) : 음성, 영상, 데이터를 포함한 Application을 위한 네트워크 서비스 제공
③ 신뢰성(Reliability) : 링크 또는 노드의 장애 발생 시 자동 복구기능(50ms 이내 복구)
④ 서비스 품질(Quality of Service) : 다양하고 세분화된 대역폭 제공, 서비스 품질 옵션 지원
⑤ 서비스 관리(Service Management) : 표준에 기반한 네트워크 감시, 진단, 관리 기능 제공

CHAPTER 04 AON vs PON

✅ 학습방법

AON과 PON 방식은 현재 가입단의 초고속 인터넷 등 현장에서 사용하고 있는 통신 방식입니다. OLT(Optical Line Terminal)를 기준으로 AON과 PON이 연결된 구성을 이해하고 각각의 장점과 단점을 구분해서 정리해 두기 바랍니다. 특히 관련 용어는 다음 기출문제를 통해서 충분히 숙지하여 시험에 대비하기를 권장 드립니다.

문제 ❶

AON(Active Optical Network)과 PON(Passive Optical Network) 방식을 비교 설명하시오. (5점)

(2013-1회)

문제 ❶ 정답

AON과 PON의 구별은 광신호를 분기시키는 데 전원이 필요하냐, 필요하지 않으냐로 구분된다.

AON 방식	전원 공급 필요, 대규모 건물이나 아파트 집단시설 설치, 유지보수 비용 고려
PON 방식	전원 공급 불필요, AON 대비 소규모 연립이나 단독주택, 유지보수 비용 절감(용이)

AON 방식

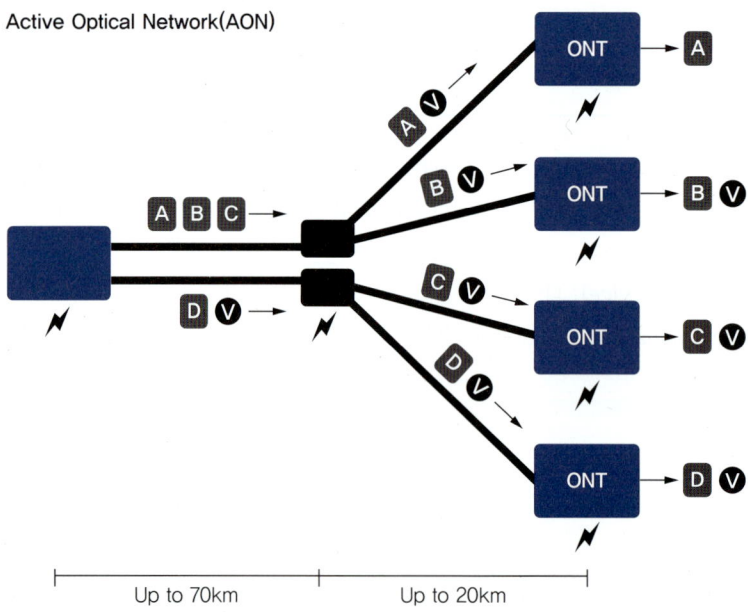

Key: A – Data or Voice for a single Customer   V – Video for Multiple Customers

광케이블	100Base-FX, 100/1000Base-LX
특징	• IEEE 802.3 이더넷 통신기술 • 이더넷 패킷 스위칭, 스위칭 노드 간 점대점 MAC 기능 수행 • 이더넷 통신기술로 별도 기술 개발 소요가 없음 • 저렴한 가격에 구축 가능 • RN(Remote Node)에 의해 전송신호가 재생
단점	• 외부환경에 장비가 설치되므로 관리적 측면에 어려움 • 장애 발생 시 즉각적인 조치가 어렵고 추가적인 관리 비용이 발생 • 별도 전원공급 필요

PON 방식

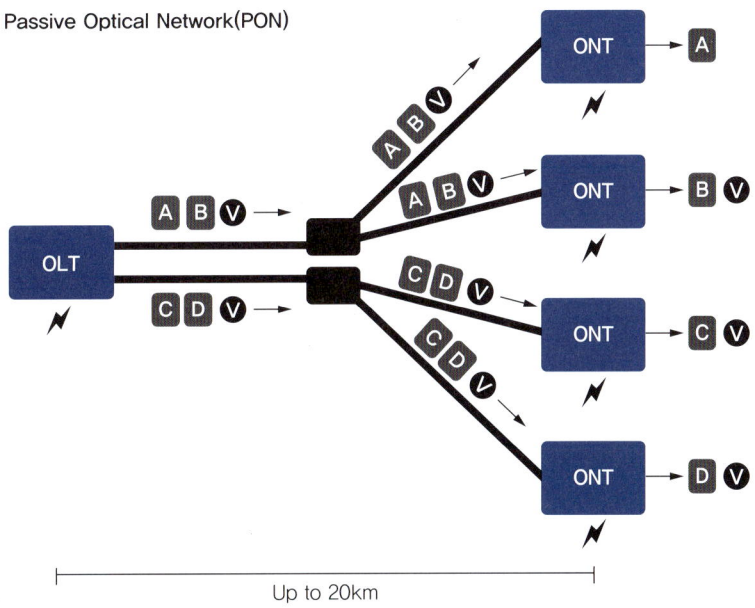

특징	• 하나의 OLT가 여러 ONU로 접속 • 광케이블 사용 최소화 • 외부환경 수동소자를 사용해서 능동소자가 필요 없음 • 속도 증속 용이
단점	• 분기가 많을 경우 RN을 추가해야 함 • 초기 구축 비용 높음

문제 ❷

다음은 AON과 PON 방식을 비교한 것이다. (가)~(라)를 채우시오. (6점) (기출응용)

구분	AON(Active Optical Network)	PON(Passive Optical Network)
정의	FTTH 구축에 필요한 기술로 능동소자 사용	수동소자(스플리터 등) 사용
전원	(가)	(나)
지역	대규모 거주지역에 유리	단독주택 등의 지역에 유리
유지보수 비용	(다)	(라)

문제 ❷ 정답

(가) 전원공급 필요
(나) 전원공급 불필요
(다) 유지보수 비용 증가
(라) 유지보수 비용 절감

문제 ❸

xDSL(x – Digital Subscriber Line)로 통칭되는 디지털 가입자망 접속 방식 중 3가지를 쓰시오. (3점)
(2013-2회) (2014-4회)

전화선을 이용한 초고속 통신을 지원하는 DSL의 종류를 3가지 쓰시오. (3점) (기출응용)

문제 ❸ 정답

① ADSL(Asymmetric Digital Subscriber Line) : 비대칭(Up/Down 1.3M/2M)
② SDSL(Single – line Digital Subscriber Line) : 대칭(Up/Down 2M)
③ HDSL(High – bit – rate Digital Subscriber Line) : 대칭(Up/Down 1.5M~2M)
④ VDSL(Very high – speed Digital Subscriber Line) : 대칭/비대칭(Up/Down 대칭 13M/26M, 비대칭 6.4M/52M)
⑤ RADSL(Rate – Adaptive Digital Subscriber Line) : 속도 적응 디지털 가입자 회선, 비대칭(Up/Down 1.5M/2M)

종류	HDSL	SDSL	ADSL	VDSL
속도 (Down/Up)	1.5~2Mbps	2Mbps/2Mbps	8Mbps/1Mbps	13Mbps/13Mbps 26Mbps/3.2Mbps 52Mbps/6.4Mbps
최대전송거리	4.6km	3km	5.5km	1.3~1.5km
장점	• 양방향 대역폭이 같다. • 무증폭 전송구간이 길다. • T1/E1 CSU 대용 가능하다.	• Twisted Pair 사용한다. • T1/E1 CSU 가능하다.	• Twisted Pair 사용한다. • 인터넷, VOD와 같은 비대칭형 서비스에 적합하며 전화/데이터 동시 사용 가능하다.	• ADSL의 8Mbps보다 높은 속도이다. • ADSL에 비해 양방향 동일 속도이다.
단점	• 저속 하향한다. • 전화/데이터가 동시에 불가하다.	• 저속 하향한다. • 전화지원이 불가하다.	영상전화, 회의와 같은 대칭적 서비스에 부적합하다.	• 전송 거리가 짧다. • 사용자 증가 시 전송 속도가 하락한다.

보충설명

xDSL

xDSL의 핵심 기술은 변복조 기술인데, 종류로는 CAP(Carrierless Amplitude Phase modulation) 방식, DMT(Discrete Multi − Tone modulation) 방식, 2B1Q(2 Binary 1 Quarternary) 방식, DWMT(Discrete Wavelet Multi − Tone modulation) 방식, QAM(Quadrature Amplitude Modulation) 방식 등이 있다. 이 가운데 DMT 방식과 CAP 방식이 많이 사용되고 있다.

문제 ❹

다음은 디지털 가입자 회선에 관련한 설명이다. 아래 빈칸을 채우시오. (3점) (2019-1회)

xDSL	구분[대칭(Sync)/비대칭(Async)]
ADSL	①
SDSL	대칭(Sync)
HDSL	②
VDSL	대칭(Sync)/비대칭(Async)
RADSL	③

문제 ❹ 정답

① 비대칭(Async)

② 대칭(Sync)

③ 비대칭(Async)

문제 ❺

인터넷에서 크기가 10[MB]인 데이터 파일을 xDSL로 Download하는 속도가 2[Mbps]인 경우 소요되는 시간을 계산하시오. (5점) (2020-2회)

I 문제 ❺ 정답 I

10[MB] = 10[Mega Byte]를 bit로 변환하면 80[Mega bit]이다.

$$소요시간 = \frac{전체 크기}{속도} = \frac{80[Megabit]}{2[Megabit/sec]} = 40[sec]$$

문제 ❻

광가입자망은 광통신 가입자측의 종단장치인 ONU(Optical Network Unit)의 위치에 따라 구분된다. 광가입자망의 종류 4가지를 쓰시오. (4점) (기출응용)

I 문제 ❻ 정답 I

① FTTO(Fiber To The Office)
② FTTC(Fiber To The Curb)
③ FTTH(Fiber To The Home)
④ FTTP(Fiber To The Pole)

보충설명

Fiber To The Pole은 광섬유(Fiber Optic Cable)를 전신주(Pole)까지 인입하는 구조이다. 이는 FTTx(Fiber To The x) 아키텍처의 한 형태이다.

문제 ❼

일반 공동주택에 광케이블을 공급하고 ONU부터 가입자까지는 기존의 동선 케이블로 연결하여 통신망을 구성하는 방식을 무엇이라 하는가? (4점) (기출응용)

I 문제 ❼ 정답 I

HFC(Hybrid Fiber Coaxial)

문제 ❽

다음은 광통신의 다양한 구성형태이다. 아래 그림을 참조해서 질문에 대한 적당한 용어를 쓰시오. (8점)

(2019-1회) (기출응용)

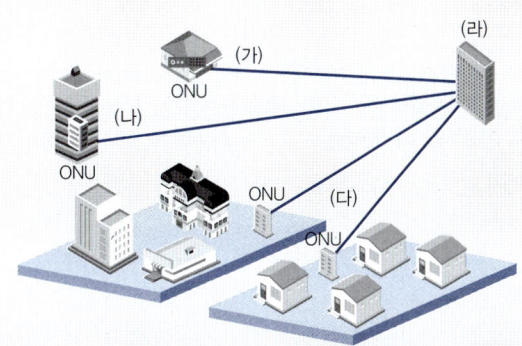

(가)은/는 일반 가입자 댁내까지 ONU를 공급하여 고속의 서비스를 하는 광가입자망 구축 단계로서 광케이블이 각 가정에까지 인입되는 수준이다. (가)은/는 가입자 단말까지를 광케이블로 구축하는 방안으로 (가)의 가장 큰 단점은 신규 ONU 구축과 광케이블의 종단까지 인입에 따른 구축비용의 증가가 예상된다.

(나)은/는 광케이블이 사용자 빌딩까지 인입되는 수준으로, 빌딩 내 비즈니스 사용자가 주된 사용자로 되는 범위를 최종 도달목표로 한다. 일반적으로 하나의 빌딩에 하나의 가입자용 광전송장비(RT – Remote Terminal)가 설치된다. 국내에서는 FLC – A, B형의 광 가입자 전송장치를 이용해 (나)을/를 구축하고 있다. 전화국 내의 COT(Central Office Terminal)와 빌딩 내의 RT 장비로 구성되어 있다. COT는 음성, 데이터, DS1, DS1E, DS3 신호를 STM – 1급 신호를 역다중화하여 서비스를 구성한다.

(다)은/는 어느 정도의 가입자를 집합시킨 수요 밀집 지역까지 광케이블화되는 수준을 말하며, 일반적으로 가입자 근처에 ONU(Optical Network Unit)를 설치하고 ONU로부터 가입자까지는 기존의 동선을 사용한다. 전화 음성 서비스뿐만 아니라 VOD(Video On Demand) 서비스와 같은 고속 서비스가 포함된다. 하나의 광장비와 다수의 ONU가 접속되고 하나의 ONU는 다수의 가입자를 대상으로 서비스를 제공하는 형태를 갖는다. 가입자까지 점대점(Point To Point) 형태로 기존의 동선을 활용함으로써 가입자환경에 가장 적합한 형태로 주목받고 있다.

(라)은/는 광회선 종단이라고도 하는 광회선 터미널이며 PON(Passive Optical Network, 수동 광네트워크)에서 끝점 하드웨어 장치 역할을 한다. (라)은/는 광섬유 백본을 연결하는 데 사용되며 기존 통신 네트워크에서 스위치 또는 라우터와 별개로 동작한다. 즉, 업스트림(가입자에서 통신사 방향) 및 다운스트림(네트워크에서 데이터, 음성 및 비디오 트래픽을 가져와서 모든 ONT로 전송)한다.

문제 ❽ 정답

(가) FTTH(Fiber To The Home)

(나) FTTO(Fiber To The Office)

(다) FTTC(Fiber To The Curb)

(라) OLT(Optical Line Terminal) 또는 L(Large, 대용량) – OLT

문제 ⑨

아래 보기를 참조해서 광가입자망 구성을 위해 PON(Passive Optical Network) 방식으로 통신망을 구성하고자 한다. 다음 질문에 답하시오. (6점) (2024-2회)

> **[보기]**
> OLT, Splitter, ONU, ONT

1) [보기] 장비를 활용한 전체 구성도를 그리시오.

2) 아래 제시한 항목을 설명하시오.
   ① OLT
   ② Splitter
   ③ ONU
   ④ ONT

| 문제 ⑨ 정답 |

1) 전체 구성도

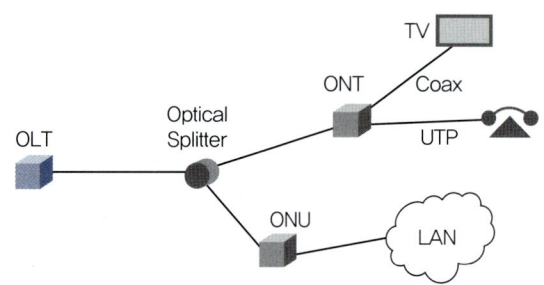

2) 아래 제시한 항목을 설명하시오.
   ① OLT(Optical Line Terminal): 통신사에 위치해서 ONT나 ONU에서 올라오는 데이터를 처리해 주는 장비이다. 주로 FTTC나 FTTH로 구성된 장비를 통합한다.
   ② Splitter: 특정 광신호를 특성에 맞게 분리해 주는 광부파기이다. 커플러와 비슷한 개념으로 1개의 광신호를 최소 3개에서 32개 이상으로 분리해 준다.
   ③ ONU(Optical Network Unit): 회선종단장치로 건물 등에 설치되어 가입자 인입을 위한 분배장치이다. (FTTC).
   ④ ONT(Optical Network Terminal): 가입자 종단장치로 댁내에 설치되어 노트북이나 TV 등을 연결하는 종단 셋탑박스 등에 해당한다(FTTH).

CHAPTER 05 광통신 계산문제

학습방법

2차 실기시험에서 광통신 계산문제는 자주 출제됩니다. dB와 dBm의 명확한 이해가 필요하며 전력(Watt)과 dBm의 변환을 정리한 문제를 이용해서 충분히 학습하기 바랍니다. 중계기 설치 간격은 광케이블이 km당 손실이 있어서 부득이 설치하는 것으로, 현장에서는 중계기의 최적화 설계가 요구되는 중요한 내용입니다.

문제 ①

다음과 같은 단위를 log 함수를 이용해서 표시하시오. (6점) (2018-2회) (2020-4회)

1) dBm
2) dBW
3) dBmV

문제 ① 정답

1) $\mathrm{dBm} = 10\log_{10}\dfrac{P_r[\mathrm{W}]}{1[\mathrm{mW}]}$

2) $\mathrm{dBW} = 10\log_{10}\dfrac{P_r[\mathrm{W}]}{1[\mathrm{W}]}$

3) $\mathrm{dBmV} = 20\log_{10}\dfrac{\mathrm{V}}{1[\mathrm{mV}]}$

보충설명

1) 1[mW]를 기준으로 한 측정신호 전력의 절대레벨 단위이다.
2) 1[W]를 기준으로 한 측정신호 전력의 절대레벨 단위이다.
3) 1[mV]를 기준으로 한 측정신호 전압의 절대레벨 단위이다.

문제 ❷

다음 레벨미터 관련해서 아래 질문에 답하시오. (6점) (2014-1회) (2015-1회) (2020-2회)

1) 600[Ω]계의 0[dBm]의 전류값은?
2) 5[W]는 몇 [dBm]인가? (소수점 셋째 자리 반올림)

문제 ❷ 정답

1) $0[\text{dBm}] = 10\log_{10}\dfrac{P[\text{mW}]}{1[\text{mW}]}$ 이므로 $P = 1[\text{mW}]$ 이다.

$P = VI = I^2R = \dfrac{V^2}{R},\ I = \dfrac{V}{R},\ V = \sqrt{RP}$ 이므로 $0[\text{dBm}] = 1[\text{mW}],\ R = 600[\Omega]$을 대입하면

$V = \sqrt{RP} = \sqrt{600 \times 10^{-3}} = 0.775[\text{V}]$

$I = \dfrac{V}{R} = \dfrac{0.775}{600} = 1.291[\text{mA}]$ 또는 $I = \sqrt{\dfrac{P}{R}} = \sqrt{\dfrac{1[\text{mW}]}{600[\Omega]}} = 1.291[\text{mA}]$

2) $X[\text{dBm}] = 10\log_{10}\dfrac{5[\text{W}]}{1[\text{mW}]} = 10\log_{10}5 + 10\log_{10}10^3 = 10\log_{10}\dfrac{10}{2} + 30 = 10 - \log_{10}2 + 30 = 40 - 3.010$
$= 36.99[\text{dBm}]$

보충설명

전력, 전압, 전류 관련 공식	0[dBm] 조건
(P=power, V=voltage, I=current, R=resistance 공식 휠 그림)	600[Ω]의 내부 저항을 가진 전원이 600[Ω]의 저항 회선에 1[mW]의 전력을 송출할 때 이를 0[dBm]이라 하며, 이때 부하 저항의 전압은 0.775[V] 부하 저항을 흐르는 전류는 1.291[mA]이다.

문제 ❸

AC Level Meter에서 0[dBm]을 아래 기준으로 설명하시오. (단, $\log_{10}2 = 0.3010$, $\log_{10}3 = 0.4771$, $\log_{10}5 = 0.6989$이다) (10점) (기출응용)

1) 0[dBm]을 정의하시오.
2) 0[dBm]을 전압, 전류, 전력 관점에서 설명하시오.
3) 10[W]는 몇 [dBm]인가?
4) 15[W]는 몇 [dBm]인가?
5) 20[W]는 몇 [dBm]인가?

문제 ❸ 정답

1) $0[\text{dBm}] = 10\log_{10}\dfrac{x[\text{W}]}{1[\text{mW}]}$ 에서 $x = 1[\text{mW}]$이다. 즉, 1[mW] 전력을 소비할 때 0[dBm]이 된다.

2) 0[dBm]은 전기통신에서 전력의 절대 측정 단위로 600[Ω]의 부하에 1[mW] 전력을 소비할 때 부하 양단에 전압이 $0.775\text{V}_{\text{rms}}$의 전압이 걸리는 것이라 할 수 있다.

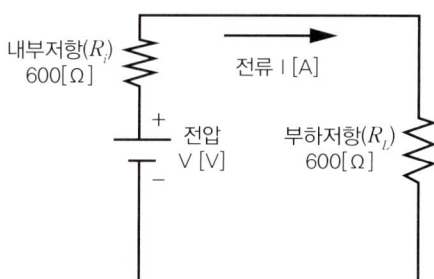

3) $X[\text{dBm}] = 10\log_{10}\dfrac{10[\text{W}]}{1[\text{mW}]} = 10\log_{10}10 + 10\log_{10}10^3 = 40[\text{dBm}]$

4) $X[\text{dBm}] = 10\log_{10}\dfrac{15[\text{W}]}{1[\text{mW}]} = 10\log_{10}3 + 10\log_{10}5 + 10\log_{10}10^3 = [4.771 + 6.989] + 30 = 11.76 + 30$
$= 41.76[\text{dBm}]$

5) $X[\text{dBm}] = 10\log_{10}\dfrac{20[\text{W}]}{1[\text{mW}]} = 10\log_{10}2 + 10\log_{10}10 + 10\log_{10}10^3 = 3.010 + 10 + 30 = 43.01[\text{dBm}]$

문제 ❹

1[Watt]를 [dBm]으로 변환하면 얼마의 값을 가지는가? (5점) (2023-2회)

┃문제 ❹ 정답┃

$$10\log_{10}\frac{1[\text{W}]}{1[\text{mW}]} = 10\log_{10}10^3 = 30[\text{dBm}]$$

문제 ❺

광섬유 코어의 굴절률 $n_1 = 2$이고, 클래드의 굴절률 $n_2 = 1.5$일 때 아래 질문에 답하시오. (6점) (2014-2회)

1) 코어의 임계각도(θ_c)는 얼마인가?
2) 비굴절률차(Δ)는 얼마인가?
3) 개구수(NA)는 얼마인가?

┃문제 ❺ 정답┃

1) 전반사가 가능한 임계각

$$\sin\theta_c = \frac{n_2}{n_1} \text{에서 } (\theta_c) = \sin^{-1}(\frac{n_2}{n_1}) = \sin^{-1}(\frac{1.5}{2}) \simeq 48.59°$$

2) 비굴절률차(Δ) $= \frac{n_1 - n_2}{n_1} = \frac{2 - 1.5}{2} = 0.25 = 25\%$

3) 개구수(NA) $= \sqrt{\text{코어의 굴절률}^2 - \text{클래드의 굴절률}^2} = \sqrt{n_1^2 - n_2^2} = \sqrt{2^2 - 1.5^2} \simeq 1.32$

  개구수(NA) $= n_1\sin\theta_c = \sqrt{n_1^2 - n_2^2} \simeq n_1\sqrt{2\Delta} = 2\sqrt{2 \times 0.25} = 2\sqrt{0.5} = 1.41$로 2개의 답이 다르다.

  $\sqrt{n_1^2 - n_2^2} \simeq n_1\sqrt{2\Delta}$에 근사값이 들어가서 결과에 오차가 발생한 것이다.

보충설명

광통신에서 개구수(NA, Numerical Aperture)는 광섬유가 빛을 수용할 수 있는 범위를 나타내는 파라미터로서, 외부에서 광섬유로 입사할 수 있는 최대 입사각이 된다.

문제 ❻

50/125[μm] 광케이블에서 코어의 굴절률이 1.49이고 비굴절률(Δ)이 1.5[%]일 때 아래 질문에 답하시오. (4점) (2023-3회)

1) 개구수(NA)를 구하시오.
2) 수광각은 얼마인가?

▎문제 ❻ 정답 ▎

1) 개구수(NA) = $n_1 \sin\theta_c = \sqrt{n_1^2 - n_2^2} = n_1\sqrt{2\Delta} = 1.49\sqrt{2 \times 0.015} = 1.49 \times 0.173 = 0.258$

2) 수광각(θ_c) = $\sin^{-1}\sqrt{n_1^2 - n_2^2} = \sin^{-1}\sqrt{1.45^2 - 1.4^2} = 22.1784 \simeq 22.178°$

문제 ❼

광섬유 케이블에서 코어(Core)의 굴절률(n_1)이 1.45이고 클래드(Clade)의 굴절률(n_2)은 1.4일 때 최대 수광각을 구하시오. (5점) (2017-2회) (2019-1회)

▎문제 ❼ 정답 ▎

개구수(NA) = $\sqrt{코어의 굴절률^2 - 클래드의 굴절률^2} = \sqrt{n_1^2 - n_2^2} = \sqrt{1.45^2 - 1.4^2} \approx 0.3775$

$NA = \sin\theta_{\max} = \sqrt{n_1^2 - n_2^2}$

$\theta_{\max} = \sin^{-1}\sqrt{n_1^2 - n_2^2} = \sin^{-1}\sqrt{1.45^2 - 1.4^2} \approx 22.18°$

최대 수광각 = $2\theta_{\max} \approx 44.36°$

보충설명 1

비굴절률차(Δ)	Core와 Clade 간의 상대적 굴절률차 $\Delta = \dfrac{n_1^2 - n_2^2}{2n_1^2} \approx \dfrac{n_1 - n_2}{n_1}$
개구수(NA)	Numerical Aperture, 입사광에 의해 받아들일 수 있는 최대 수광각이다. 보통 싱글(단일)모드 0.1, 멀티(다중)모드 0.2~0.3 정도이다.

> 보충설명 2

광학적 파라미터

광학적 파라미터는 주로 굴절률과 관계가 있다.

파라미터	개념도	내용
수광각 (Acceptance Angle, θ_c)	$\theta_c = \sin^{-1} NA = \sin^{-1}\sqrt{n_1^2 - n_2^2} = \sin^{-1}(n_1(\sqrt{2\Delta}))$	• 빛을 코어 내에서 전반사(Total Internal Reflection)시킬 수 있는 각 • 최대수광각(Full Acceptance Angle)은 $2\theta_c$
개구수 (Numerical Aperture, NA)	전반사가 가능한 임계각: $\theta_c = \cos^{-1}(n_2/n_1)$ 최대가능 입사각: $\theta_a = (n_2/n_1)\sin\theta_c$ $NA \equiv n_0\sin\theta_a = n_1\sin\theta_c = n_1\sqrt{1-\cos^2\theta_c} = \sqrt{n_1^2 - n_2^2}$	• 빛을 집광하여 최대 수광각 범위 내로 입사시키기 위한 렌즈의 척도 • 개구수가 큰 광섬유일수록 광원과의 결합이 용이함 • 개구수는 빛을 광섬유 내에 수광시킬 수 있는 능력
비굴절률차 Δ (Fractional Refractive Index Change, Refractive Index Difference)		• 코어의 굴절률에 대한 클래딩의 굴절률 차의 비 $$\text{비굴절률차}(\Delta) = \frac{n_1 - n_2}{n_1}$$ • 일반적으로 비굴절률차 Δ가 크면 클수록 광이 전반사되기가 쉽고 코어 속에 광을 가두어 두기가 쉬워짐
정규화주파수 (Normalized Frequency)	$V = (\frac{2\pi}{\lambda}) * a * NA$ λ는 광섬유에서 빛의 작동 파장, a는 광섬유의 코어 반경, NA는 광섬유의 개구수	• 광섬유 내에 빛의 경로(모드)의 개수를 정하는 광섬유 파라미터 • 광섬유에 얼마나 많은 전파 모드가 존재할 수 있는가를 나타냄(2.405 이상이면 다중모드 광섬유로, 2.405 이하이면 단일모드 광섬유로 구분)

문제 ❽

광통신에서 광섬유의 광학적 파라미터 중 굴절률에 기반한 비굴절률차의 공식을 쓰시오. (단, Core 굴절률은 n_1, Cladding 굴절률은 n_2이다) (5점) (2024-2회)

문제 ❽ 정답

$\Delta = \dfrac{n_1 - n_2}{n_1}$ (n_1 = Core 굴절률, n_2 = Cladding 굴절률)

문제 ❾

케이블 손실이 $-0.5[dB/km]$이고, 시작점의 전력은 $4[mW]$일 때 $40km$ 떨어진 지점에서 신호전력을 구하시오. (5점) (2013-2회)

문제 ❾ 정답

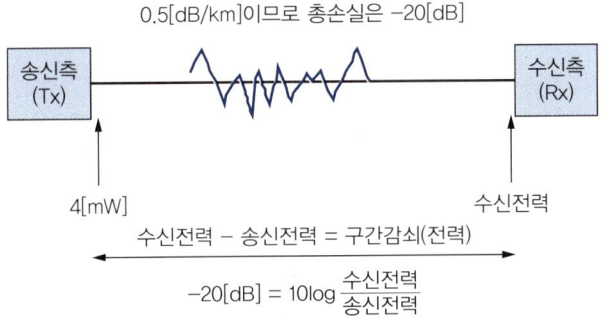

$-20[dB] = 10\log_{10} = \dfrac{수신전력}{4[mW]}$

$-2[dB] = \log_{10}\dfrac{수신전력}{4[mW]}$, $10^{-2} = \dfrac{수신전력}{4[mW]}$, 수신전력 $= 10^{-2} \times 4[mW] = 0.04[mW]$

문제 ⑩

10[mW]의 전력(Power)을 갖는 신호를 전송선로에 인가시켜 일정 거리 후에서 측정하였더니 10[dB]이 낮아졌다면 전력은 얼마인가? (3점) (2014-1회) (2020-4회)

문제 ⑩ 정답

$P_r[W] = 1[mW]$

- 송출전력($P_t[dBm]$): $10\log_{10}\dfrac{10[mW]}{1[mW]} = 10[dBm]$
- 전송손실($L_o[dB]$): $10[dB]$
- 수신감도($P_r[dBm]$): $P = P_t - P_o = 10[dBm] - 10[dB] = 0[dBm]$
- 수신감도($P_r[W]$): $P_r[dBm] = 10\log_{10}\dfrac{P_r[dBm]}{1[mW]} = 0[dBm]$

문제 ⑪

100[mW] 크기의 신호가 전송매체를 통과한 후 1[mW]의 크기로 신호가 측정되었다. 이에 따른 감쇠 이득을 구하시오. (5점) (2021-1회)

문제 ⑪ 정답

$X[dB] = 10\log_{10}\dfrac{수신전력}{송신전력} = 10\log_{10}\dfrac{1[mW]}{100[mW]} = -20[dB]$

문제 ⑫

입력전력이 10[mW], 반사전력이 1[mW]인 경우 감쇠 이득[dB]을 구하시오. (5점) (기출응용)

문제 ⑫ 정답

$X[dB] = 10\log_{10}\dfrac{수신전력}{송신전력} = 10\log_{10}\dfrac{1[mW]}{10[mW]} = -10[dB]$

문제 ⑬

10[mW] 크기의 신호가 전송매체를 통과한 후 10[mW]의 크기로 신호가 측정되었다. 이에 따른 감쇠 이득을 구하고 출력 결과를 설명하시오. (5점) (기출응용)

문제 ⑬ 정답

$$X[\text{dB}] = 10\log_{10}\frac{수신전력}{송신전력} = 10\log_{10}\frac{10[\text{mW}]}{10[\text{mW}]} = 0[\text{dB}]$$

즉, 입력전력 대비 출력신호 전력이 같다는 것은 감쇠가 없다는 것으로, 이상적인 선로로서 현실적으로는 구현이 불가능한 선로이다.

보충설명

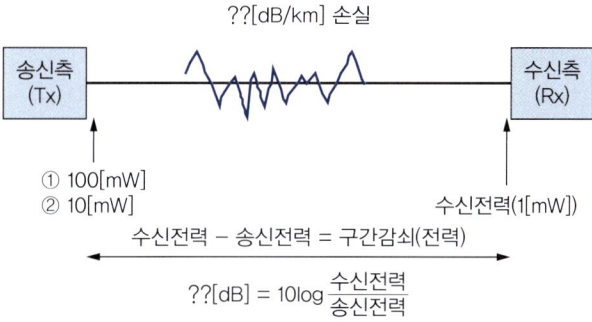

문제 ⑭

다음 주어진 파라미터를 이용해서 광중계기의 설치 간격을 구하는 식을 쓰시오. (4점) (2016-1회) (2019-4회)

[보기]
광원출력(P_s), 수신강도(P_r), 접속단 커넥터 수(n), km당 광파장손실(L_o), 광커넥터손실(L_c),
접속손실(L_s), 시스템마진(M_s), 환경마진(E_s)

문제 ⑭ 정답

$$L = \frac{P_s - P_r - (L_c + M_s)n + M_s + E_s}{L_o(n+1)}$$

문제 ⓖ

광통신 시스템에서 광출력 $P_s = 3.5[\text{dBm}]$, 수신강도 $R_s = -40[\text{dBm}]$인 광재생중계기를 1[km]당 광파장 손실 $L_o = 0.8[\text{dB/km}]$, 접속손실 $L_c = 4[\text{dB}]$, 시스템마진 $M_s = 6[\text{dB}]$인 광케이블 선로에 설치할 경우 중계기의 설치 간격을 구하시오. (5점) (기출응용)

문제 ⓖ 정답

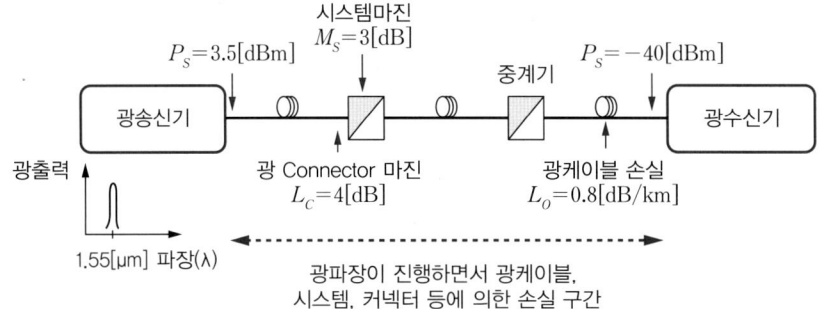

계산과정

$$L = \frac{P_s - P_r - (L_c + M_s)}{L_o} = \frac{-3.5 - (-40) - (4+6)}{0.8} = 33.125[\text{km}]$$ (★ 문제에서 제시한 수식을 기준으로 답을 써야 한다)

문제 ⓰

광통신 시스템에서 광출력 $P_s = 3.5[\text{dBm}]$, 수신강도 $P_r = -34[\text{dBm}]$인 광재생중계기를 1[km]당 광파장 손실 $L_o = 0.42[\text{dB/km}]$, 접속손실 $L_c = 4[\text{dB}]$, 시스템마진 $M_s = 3[\text{dB}]$인 광케이블 선로에 설치할 경우 아래 질문에 답하시오. (10점) (2021-4회)

1) 중계기의 설치 간격을 구하시오. (5점)

2) 광재생중계기를 70[km] 간격으로 설치할 경우 광재생중계기가 사용 가능한지 여부를 판단하고, 그 이유를 쓰시오. (5점)

　① 사용 가능 여부:

　② 이유:

문제 ⓰ 정답

1) $L[\text{km}] = \dfrac{P_s - P_r - (L_c + M_s)}{L_o} = \dfrac{-3.5-(-34)-(4+3)}{0.42} = 55.952[\text{km}]$

2) ① 사용 가능 여부: 불가능

　② 이유: 이론상 가능한 중계기 거리보다 설치 거리가 더 멀기 때문에 광전송이 불가능하다.

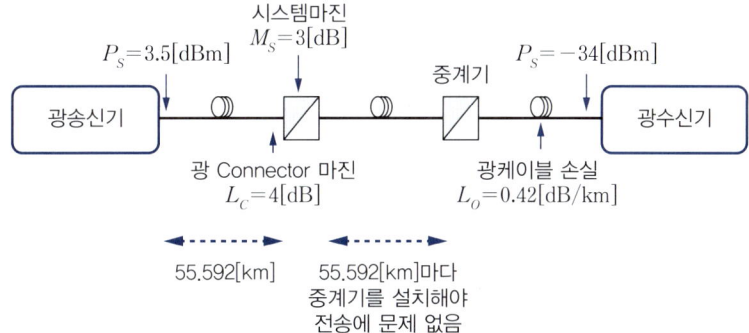

문제 ⑰

광통신 시스템에서 분산을 이용해서 시스템의 대역폭을 측정하는 수식은 다음과 같다.

$BW = \dfrac{1}{2 \times \Delta t}$ (여기서 Δt는 분산을 의미한다), 아래 질문에 답하시오. (9점) (2015-1회)(2020-1회)(기출응용)

1) 경사형 굴절률 분산이 1.5[nS/km]인 경우 광케이블이 8[km] 떨어진 지점에서의 광통신 시스템의 대역폭을 계산하시오. (3점)

2) 이 시스템에서 광케이블이 1[km]에서의 광대역폭과 전기대역폭을 구하시오. (3점)

3) 2)의 조건에 대한 광대역폭과 전기대역폭을 그리시오. (3점)

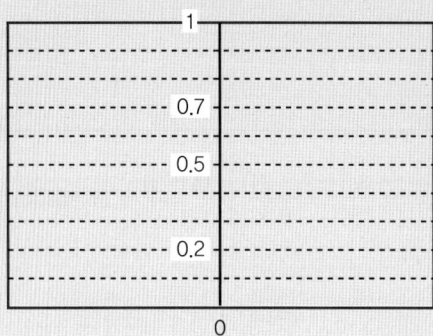

문제 ⑰ 정답

1) 광케이블이 8[km] 떨어져 있으므로 Δt = 1.5[nS/km] × 8[km] = 12[nS]이다. 이 값을 주어진 공식에 대입해서 풀면, $BW = \dfrac{1}{2 \times \Delta t} = \dfrac{1}{2 \times 12[\text{nS}]} = \dfrac{1}{24 \times 10^{-9}[\text{S}]} = 41.666[\text{MHz}] = 41.7[\text{MHz}]$

2) 광케이블이 1[km] 떨어져 있으므로 Δt = 1.5[nS/km] × 1[km] = 1.5[nS]이다. 이 값을 주어진 공식에 대입해서 풀면, $BW = \dfrac{1}{2 \times \Delta t} = \dfrac{1}{2 \times 1.5[\text{nS}]} = \dfrac{1}{3 \times 10^{-9}[\text{S}]} = 333.333[\text{MHz}] = 333[\text{MHz}]$

① 전기대역폭 = $\dfrac{1}{\sqrt{2}}$ (= 0.707)을 곱해 주면 333.33[MHz] × $\dfrac{1}{\sqrt{2}}$ (= 0.707) = 235[MHz]

② 광대역폭 = 0.5를 곱해 주면 333[MHz] × 0.5 = 166.5[MHz] = 167[MHz]

- 광대역폭: 최대치의 50% 감쇠하는 대역폭
- 전기대역폭: 최대치의 0.707배($\dfrac{1}{\sqrt{2}}$, 3[dB] 감쇠)가 되는 대역폭

3) 광대역폭과 전기대역폭을 그리면 다음과 같다.

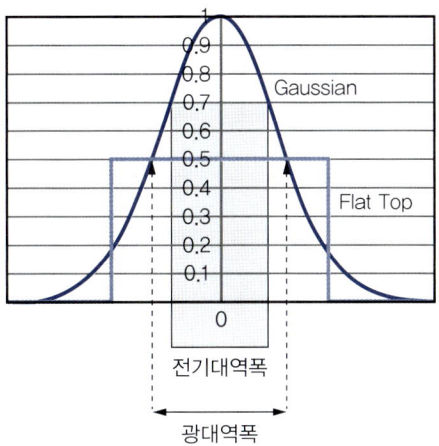

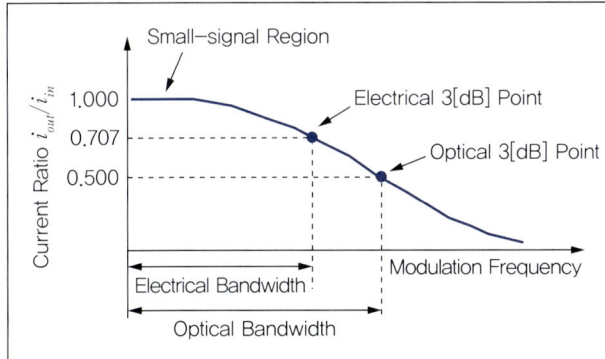

주파수 응답(Frequency Response) 곡선
전기신호의 3[dB] Point와 광신호의 3[dB] Point의 차이는 왼쪽 그림과 같다. 위 문제는 왼쪽과 같이 x축을 기준으로 Plus 영역이 실제 영향이 있는 대역이다.

문제 ⑱

데이터 통신 회선에서 측정 주파수 800[Hz]의 신호를 송신 전력 0[dBm]으로 송신할 때 전송로 손실이 30[dB]이고 수신측에서 잡음 전력이 10[dBrnc]으로 측정되었다. 이때, 신호대 잡음비는 몇 [dB]인가? (단, 0[dBrnc]는 −90[dBm]이다.) (6점) (2015-1회)

문제 ⑱ 정답

위 문제는 송신 전력이 주어졌으므로 수신 전력을 구해야 하고 전송로 손실이 30[dB]으로 주어졌으므로 이를 통해 선로 손실을 구해야 한다.

① 송신 전력 $0[dBm] = 10\log_{10}\dfrac{P_r[mW]}{1[mW]}$ 이므로 $P_r = 1[mW]$로 dB로 표현하면 0[dBm]이다.

② 수신 신호 전력 레벨 $Rx[dBm] = 송신전력 - 전송로 손실 = 0[dBm] - 30[dB] = -30[dBm]$

③ 정리하면 $P_r = 1[mW] = S_r$(수신 신호전력)

수신잡음(N_r)을 구하기 위해 $10[dBrnc] = 10\log_{10}\dfrac{N_r[pW]}{1[pW]}$ 에서 $(N_r) = 10[pW]$이다.

전송로 손실 30[dB]을 전력으로 바꾸면 $30[dB] = 10\log_{10}L_s$ 이므로 $L_s = 10^3[W]$이다.

$N = 수신잡음(N_r = 10[pW]) \times 선로손실(L_s = 10^3[W]) = 10 \times 10^{-12} \times 10^3 = 10^{-8}[W]$

④ 잡음 전력 레벨: $N[dBm] = -80[dBm]$, ($10[dBrnc] - 90[dBm] + 10[dB] = -80[dBm]$)

신호대 잡음비: $\dfrac{S}{N} = \dfrac{1[mW]}{10^{-8}} = 10^5$ 이며 이것을 dB로 변환하면 $10\log_{10}10^5$ 이므로 50[dB]이 된다.

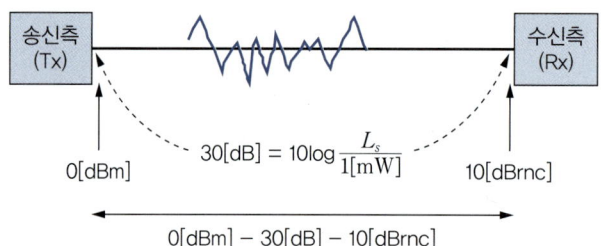

참조

다른 풀이 방법

- 풀이 방법 1

  잡음 전력 레벨: $N[dBm] = -80[dBm]$, $10[dBrnc] = 10\log_{10}\dfrac{N_r[pW]}{1[pW]}$, $N_r[pW] = 10[pW]$이므로

  이것을 [dB]로 변환하면 $10\log_{10}(10 \times 10^{-12}) = -110[dB]$

  잡음을 [dB]로 계산하면 수신전력 잡음 × 전송로 손실이며,

  [dB]에서는 덧셈/뺄셈으로 계산해서 $-110[dB] - 30[dBm] = -80[dBm]$

  즉, 신호대 잡음비: $S/N = -30[dBm] - 80[dBm] = 50[dB]$

• 풀이 방법 2

　송신전력 − 수신잡음 − 전송로 손실: 0[dBm] − 10[dBrnc] − 30[dB] = − 30[dB] − 110[dB] − 30[dB] = 50[dB]

문제 ⑲

다음 아래 질문에 답하시오. (6점) (2013−1회) (2021−4회)

1) 신호전력이 100[mW]이고 잡음 전력이 1[μW]일 때 신호대 잡음비를 [dB]로 계산하시오.
2) 잡음이 없는 이상적 채널의 경우 신호대 잡음비를 데시벨로 표현하시오.

문제 ⑲ 정답

1) 50[dB] (SNR = $10\log\dfrac{\text{신호전력}}{\text{잡음전력}}$)

　SNR[dB] = $10\log_{10}\dfrac{S}{N} = 10\log_{10}\dfrac{100[\text{mW}]}{1[\mu\text{W}]} = 10\log_{10}\dfrac{100\times 10^{-3}[\text{W}]}{10^{-6}[\text{W}]} = 10\log_{10}10^{5} = 50[\text{dB}]$

　SNR은 10^5이며 이것을 [dB]로 변환하면 50[dB]이 된다.

2) 60[dB] (SNR = $10\log\dfrac{\text{신호전력}}{\text{잡음전력}} = 10\log\dfrac{100[\text{mW}]}{0} = \infty$)

　잡음이 없다는 것은 잡음전력이 0에 가까운 것이다. 이것을 [dB]로 표현하면 ∞[dB]이 된다.

참조

정보통신에서 신호대 잡음의 비가 60[dB]이 넘게 되면 무잡음 상태라고 한다.

SNR[dB] = $10\log_{10}\dfrac{S}{N} = 10\log_{10}\dfrac{1[\text{W}]}{1[\mu\text{W}]} = 60[\text{dB}]$

문제 ⑳

임의의 전송선로에서 입력신호가 10[mW]일 때 임의의 거리에서 신호를 측정하였더니 10[dB]이 감소하였다. 이때 전력을 구하시오. (5점) (2014-4회) (2018-2회)

문제 ⑳ 정답

$-10[\text{dB}] = 10\log_{10}\dfrac{수신전력}{송신전력} = 10\log_{10}\dfrac{P}{10[\text{mW}]}$ 이므로 $P = 1[\text{mW}]$이 된다.

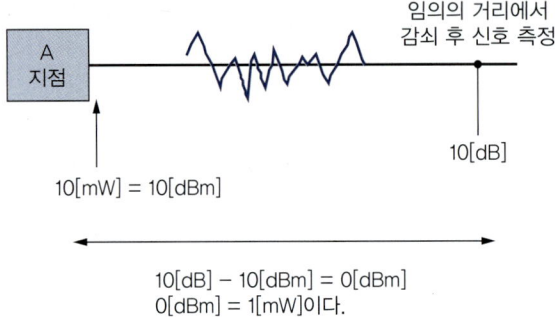

문제 ㉑

다음 전송로 구성도를 참조해서 전송로 구간에 손실(dB)을 계산하시오. (8점) (기출응용)

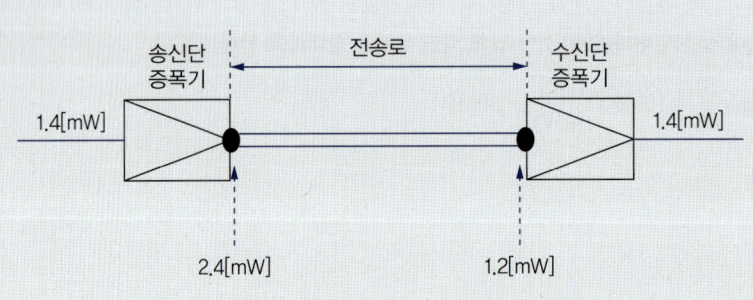

문제 ㉑ 정답

$X[\text{dB}] = 10\log_{10}\dfrac{수신전력}{송신전력} = 10\log_{10}\dfrac{1.2[\text{mW}]}{2.4[\text{mW}]} = 10\log_{10}\dfrac{1}{2} = -3.0102[\text{dB}] = -3.01[\text{dB}]$

문제 ㉒

다음 그림을 참조해서 아래 물음에 답하시오. (단, 소수점 둘째 자리에서 반올림한다) (9점) (2013-4회) (2022-2회)

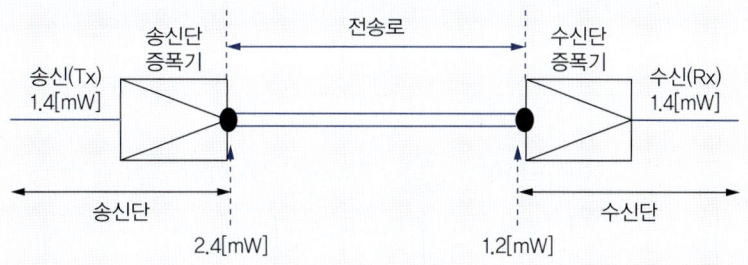

1) 전송로의 손실[dB]:
2) 송신단 증폭 이득[dB]:
3) 수신단 증폭 이득[dB]:

문제 ㉒ 정답

1) 송신단 출력 2.4[mW]가 수신단 입력 1.2[mW]이므로,

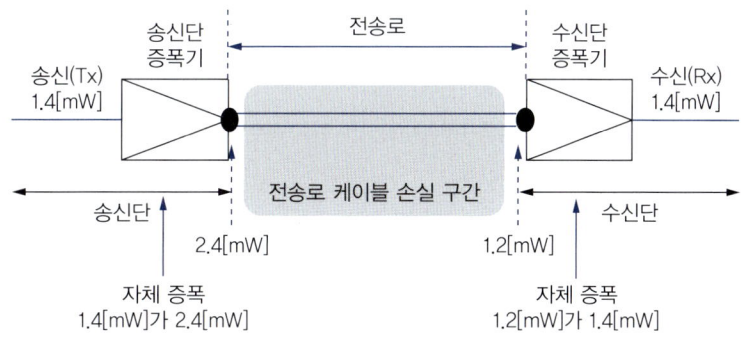

$$10\log_{10}\frac{P_{in}}{P_{out}} = 10\log_{10}\frac{1.2[\text{mW}]}{2.4[\text{mW}]} = 10\log_{10}0.5 = -3.01[\text{dB}] \text{ (손실이 3.01[dB])}$$

2) $10\log_{10}\dfrac{2.4[\text{mW}]}{1.4[\text{mW}]} = 2.34[\text{dB}]$

3) $10\log_{10}\dfrac{1.4[\text{mW}]}{1.2[\text{mW}]} = 0.67[\text{dB}]$

문제 ㉓

광케이블의 흡수 손실이 광섬유 내의 OH 이온에 의해서 10m마다 3%의 손실이 발생한다. 이와 같은 경우 km당 손실(dB/km)을 구하시오. (5점) (2016-4회)

｜문제㉓ 정답｜

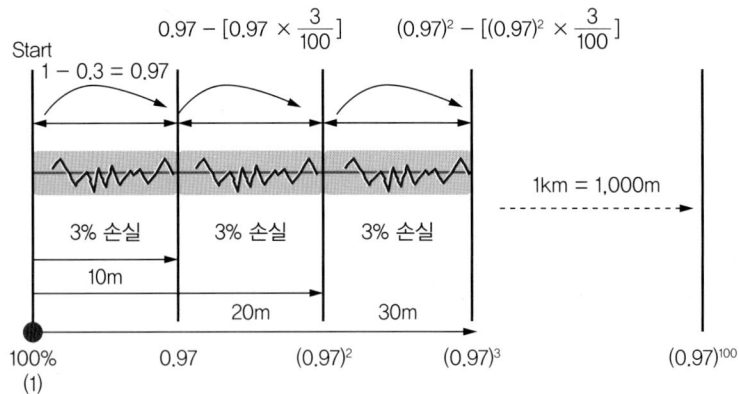

위 그림 설명에서 20[m]에서는 $0.97 - (0.97 \times \frac{3}{100}) = 0.97(1 - \frac{3}{100}) = (0.97)^2$, 30[m]에서는 $(0.97)^2 - [(0.97)^2 \times \frac{3}{100}] = (0.97)^2(1 - \frac{3}{100}) = (0.97)^3$처럼 1km에서의 손실은 $(0.97)^{100}$이다.

이것을 [dB]로 변환하면 $10\log_{10}(0.97)^{100}$이므로 $1,0000\log_{10}(0.97) = -13.228[dB/km]$이다. 그러므로 km당 손실은 $-13.23[dB/km]$이다.

PART 6
정보설비기준

CHAPTER 01 정보설비기준 용어
CHAPTER 02 정보통신공사
CHAPTER 03 정보통신 설계
CHAPTER 04 정보통신공사 감리
CHAPTER 05 정보통신공사의 공사비 계산
CHAPTER 06 접지(Ground Earth)
CHAPTER 07 접지시험 및 측정, 시공방법
CHAPTER 08 정보통신공사 문서 양식

CHAPTER 01 정보설비기준 용어

학습방법

정보설비기준 관련 용어는 현장에서 많이 사용하는 것으로 시험에도 자주 출제되는 분야입니다. 일부 법이 개정되는 부분을 제외하고는 기존 기출문제 위주로의 숙지가 필요하며 수치나 용어를 정확히 정리한 후 답을 쓰는 연습을 하기 바랍니다.

문제 ❶

다음 괄호 안에 들어갈 용어를 쓰시오. (3점) (2020-2회)

고압이란 직류(DC) 기준 1,500[V] 초과 (   ) 이하이며 교류(AC) 기준 1,000[V]를 초과하고 (   ) 이하인 전압이고 특고압이란 (   )을/를 초과하는 전압을 말한다.

문제 ❶ 정답

7,000[V]

보충설명

아래와 같이 법이 개정되었으니 참조 바랍니다.

전기설비기술기준의 판단기준   한국전기설비규정(KEC)
2021년 1월 1일

구분	개정(전)	개정(후)
저압	DC 750V 이하	DC 1500V 이하
	AC 600V 이하	AC 1000V 이하
고압	DC 750V 초과 7000V 이하	DC 1500V 초과 7000V 이하
	AC 600V 초과 7000V 이하	AC 1000V 초과 7000V 이하
특고압	7000V 초과	7000V 초과

문제 ❷

다음 (   ) 안에 들어갈 용어를 적으시오. (3점) (2020-2회)

> 벼락 또는 강전류전선과의 접촉 등으로부터 (①) 또는 이상전압이 유입될 우려가 있는 방송통신설비에 설치하여 과전류 또는 (②)을/를 방전시키거나 이를 제한 또는 차단하는 장치를 (③)(이)라 한다.

문제 ❷ 정답

① 이상전류
② 과전압
③ 보호기

보충설명

방송통신설비의 기술기준에 관한 규정 제7조(보호기 및 접지)
① 벼락 또는 강전류전선과의 접촉 등으로 이상전류 또는 이상전압이 유입될 우려가 있는 방송통신설비에는 과전류 또는 과전압을 방전시키거나 이를 제한 또는 차단하는 보호기가 설치되어야 한다.

문제 ❸

다음 괄호 안에 알맞은 용어를 쓰시오. (4점) (2019-1회) (2022-1회)

> 방송통신설비 기술기준에 관한 규정에 따라 선로설비의 회선 상호 간 및 회선의 심선 상호 간의 대지 간 절연저항은 직류 (①)볼트 절연저항계로 측정하여 (②)메가옴(MΩ) 이상이어야 한다.

문제 ❸ 정답

① 500
② 10

보충설명

방송통신설비의 기술기준에 관한 규정 제12조(절연저항)
선로설비의 회선 상호 간, 회선과 대지 간 및 회선의 심선 상호 간의 절연저항은 직류 500볼트 절연저항계로 측정하여 10메가옴(MΩ) 이상이어야 한다.

문제 ④

국내 전기통신사업자를 3가지로 구분해서 쓰시오. (3점) (2018-4회)

문제 ④ 정답

① 기간통신사업자
② 부가통신사업자
③ 별정통신사업자

문제 ⑤

정보통신 네트워크 기능에 따른 분류 중 회선을 보유한 통신사업자로부터 회선을 대여받아 고도의 통신처리 기능으로 가치를 높여 서비스를 제공하는 사업자를 쓰시오. (3점) (2014-1회)

문제 ⑤ 정답

부가통신사업자(또는 VAN 사업자)

문제 ⑥

기존에 설치되어 있는 공용 전송망을 임대 후 특별한 서비스를 제공하여 그 가치를 높여 제공하는 사업자를 무엇이라 하는가? (3점) (기출응용)

문제 ⑥ 정답

부가통신사업자(또는 VAN 사업자)

문제 ❼

다음은 무엇에 대한 설명인가? (3점) (2016-4회)

> 기간통신사업자로부터 전기통신회선 설비를 대여받아 기간통신역무 외에 전기통신역무를 제공하는 사업자로 해당 통신 역무를 제공하는 사업자는 신고의 의무가 있다.

| 문제 ❼ 정답 |

부가통신사업자(또는 VAN 사업자)

문제 ❽

가공통신선과 저압의 강전류절연전선과 접근 또는 교차 시의 이격거리는 몇 [cm]인가? (3점)
(2014-2회) (2015-2회)

| 문제 ❽ 정답 |

30[cm] 이상

문제 ❾

가공통신선의 지지물과 가공강전류전선 간의 이격거리는 사용전압이 특고압 강전류절연전선일 때 (   ) 이상으로 이격하는가? (3점) (기출응용)

| 문제 ❾ 정답 |

1[m]

문제 ⑩

가공통신선의 지지물과 가공강전류절연전선 간 이격거리 중 가공강전류전선의 사용전압이 고압인 경우 이격거리는 얼마인가? (3점) (기출응용)

문제 ⑩ 정답

60[cm] 이상

보충설명

강전류절연전선은 기타 강전류전선에 속하므로 60[cm]이다.

문제 ⑪

다음 괄호 안에 들어갈 내용을 쓰시오. (3점) (기출응용)

가공통신선의 지지물과 가공강전류전선 간의 이격거리는 사용전압이 특고압 강전류절연전설일 때는 (①)[m] 이상 이격해야 하며, 가공강전류전선의 사용전압이 저압인 경우 이격거리는 (②)[cm] 이상이며 가공강전류의 사용전압이 고압인 경우 이격거리는 (③)[cm] 이상이어야 한다.

문제 ⑪ 정답

① 1
② 30
③ 30

문제 ⑫

가공통신선의 지지물과 가공강전류 간 이격거리 중 가공강전류전선의 사용전압이 고압인 경우 이격거리는 얼마인가? (3점) (2021-4회)

│ 문제 ⑫ 정답 │

30[cm]

보충설명

접지설비·구내통신설비·선로설비 및 통신공동구 등에 대한 기술기준 제7조(가공통신선의 지지물과 가공강전류전선 간의 이격거리)

1. 가공강전류전선의 사용전압이 저압 또는 고압일 경우의 이격거리는 다음 표와 같다.

가공강전류전선의 사용전압 및 종별		이격거리
저압		30cm 이상
고압	강전류케이블	30cm 이상
	기타 강전류전선	60cm 이상

2. 가공강전류전선의 사용전압이 특고압일 경우의 이격거리는 다음 표와 같다.

가공강전류전선의 사용전압 및 종별		이격거리
35,000V 이하의 것	강전류케이블	50cm 이상
	특고압 강전류절연전선	1m 이상
	기타 강전류전선	2m 이상
35,000V를 초과하고 60,000V 이하의 것		2m 이상
60,000V를 초과하는 것		2m에 사용전압이 60,000V를 초과하는 10,000V마다 12cm를 더한 값 이상

문제 ⑬

"접지설비·구배설비·선로설비 및 통신공동구 등에 대한 기술기준"에서 가공통신선의 높이는 설치 장소의 여건에 따라 다르게 적용하고 있다. 다음 괄호 안에 들어갈 알맞은 숫자를 쓰시오. (6점) (2013-4회)

> 도로상에 설치되는 가공통신선의 높이는 노면으로부터 (①)m 이상으로 한다. 다만, 교통에 지장을 줄 우려가 없고 시공상 불가피한 경우 보도와 차도의 구별이 있는 도로의 보도 상에서는 (②)m 이상으로 한다.

문제 ⑬ 정답

① 4.5
② 3

보충설명

접지설비·구내통신설비·선로설비 및 통신공동구 등에 대한 기술기준 제11조(가공통신선의 높이)

1. 도로상에 설치되는 경우에는 노면으로부터 4.5m 이상으로 한다. 다만, 교통에 지장을 줄 우려가 없고 시공상 불가피할 경우 보도와 차도의 구별이 있는 도로의 보도상에서는 3m 이상으로 한다.
2. 철도 또는 궤도를 횡단하는 경우에는 그 철도 또는 궤조면으로 부터 6.5m 이상으로 한다. 다만, 차량의 통행에 지장을 줄 우려가 없는 경우에는 그러하지 아니하다.
3. 7,000V를 초과하는 전압의 가공강전류전선용 전주에 가설되는 경우에는 노면으로부터 5m 이상으로 한다.
4. 제1호 내지 제3호 및 제2항 이외의 기타지역은 지표상으로부터 4.5m 이상으로 한다. 다만, 교통에 지장을 줄 염려가 없고 시공상 불가피한 경우에는 지표상으로부터 3m 이상으로 할 수 있다.

문제 ⑭

방송통신설비에 피해를 줄 우려가 있을 때에는 접지 단자를 설치하여 접지하여야 하며 통신관련 시설의 접지저항은 ( )[Ω] 이하를 기준으로 한다. (3점) (2023-4회)

문제 ⑭ 정답

10

문제 ⑮

다음은 접지설비·구내통신설비·선로설비 및 통신공동구 등에 대한 기술기준의 내용이다. 괄호 안의 접지저항은 몇 [Ω]인가? (3점) (2012-2회)

> 통신관련 시설의 접지저항은 (　　)[Ω] 이하를 기준으로 한다.

문제 ⑮ 정답

10

문제 ⑯

다음은 무엇에 대한 설명인가? (5점) (2019-2회)

> 국선접속설비를 제외한 구내 상호 간 및 구내·외 간의 통신을 위하여 구내에 설치하는 케이블, 선조, 이상전압전류에 대한 보호장치 및 전주와 이를 수용하는 관로, 통신터널, 배관, 배선반, 단자 등과 그 부대설비를 말한다.

문제 ⑯ 정답

구내통신선로설비(MDF실)

문제 ⑰

다음은 무엇에 대한 설명인가? (5점) (2018-4회)

> 국선·국선단자함 또는 국선배선반과 초고속통신망장비, 이동통신망장비 등 각종 구내통신선로설비 및 구내용 이동통신설비를 설치하기 위한 공간으로서 건축물 내에 일정 규모의 전용면적을 제공하는 통신실이다.

문제 ⑰ 정답

집중구내통신실 또는 층구내통신실(IDF ; Intermediate Distribution Frame)

문제 ⑱

다음은 무엇에 대한 설명인가? (3점) (기출응용)

( )은/는 건축물에서 지상파 텔레비전방송, 위성방송, 종합유선방송 및 FM 라디오 방송을 공통으로 수신하기 위하여 설치하는 수신안테나, 선로, 관로, 증폭기 등 그 부속설비이다.

| 문제 ⑱ 정답 |

방송공동수신설비

문제 ⑲

다음은 무엇에 대한 설명인가? (3점) (기출응용)

( )(이)란 일정한 형태의 방송통신콘텐츠를 전송하기 위하여 사용하는 동선·광섬유 등의 전송매체로 제작된 선조·케이블 등과 이를 수용 또는 접속하기 위하여 제작된 전주·관로·통신터널·배관·맨홀(Manhole)·핸드홀(손이 들어갈 수 있는 구멍을 말한다)·배 선반 등과 그 부대설비를 말한다.

| 문제 ⑲ 정답 |

선로설비

문제 ⑳

다음 정보통신 설치공사에 대한 용어를 설명하시오. (6점) (2018-4회)

1) MDF
2) UPS
3) TM

문제 ⑳ 정답

1) 주배선반(Main Distribution Frame)
   외부, 내부 회선을 연결하는 배선반으로 옥외 외선을 옥내 장치로 인입하는 곳에 설치된다. 주로 내부 네트워크에 연결하기 위해 빌딩 내로 들어오는 공중 또는 사설 회선을 연결한다. 일반적으로 선로측의 단자 수는 교환기 측의 단자 수보다 많으므로 주배선반은 집선의 역할을 한다. 일반적으로 MDF는 통신 사업자와 가입자 간의 분계점 역할을 한다.

2) 무정전 전원장치(Uninterruptible Power Supply System)
   상용 전원에서 일어날 수 있는 전원 장애를 극복하여 좋은 품질의 안정된 교류 전력을 공급하는 장치이다. UPS 방식은 아래와 같다.
   - 오프라인(Off Line) 방식: 정전 시에만 Inverter를 동작하여 부하에 전원을 공급하는 방식
   - 온라인(On Line) 방식: 충전기와 Inverter에 DC를 공급하여 항상 Inverter로 동작하는 방식
   - Line Interactive 방식: 평상시 Full Bridge 정류방식으로 충전 기능을 하고 정전 시에는 Inverter로 동작하는 방식

3) Telecommunication Manhole
   이 문제는 논란의 여지가 있다.
   TM의 원어를 제시하지 않는 경우 다양한 답이 나올 수 있다. (★ 향후 문제 삭제로 출제 제외될 것)

CHAPTER 02 정보통신공사

학습방법

정보통신공사 파트는 현장 업무에 매우 중요합니다. 최근에 현장에서 사용하고 있는 문서나 법규의 괄호 넣기 등도 지속적으로 출제되고 있습니다. 법조문에 기반한 용어의 정확한 정의와 정보통신 현장에서 사용하는 문서 양식에 대한 이해가 필요합니다.

문제 ❶

다음은 무엇에 대한 설명인지 (　　) 안에 들어갈 용어를 쓰시오. (5점) (2023-4회)

> 공사를 시작하기 전에 설계도를 특별자치시장·특별자치도지사·시장·군수·구청장에게 제출하여 기술기준에 적합한지를 확인받아야 하며, 그 공사를 끝냈을 때에는 특별자치시장·특별자치도지사·시장·군수·구청장의 (　　)을/를 받고 정보통신설비를 사용하여야 한다.

┃문제 ❶ 정답┃

사용 전 검사

※ 정보통신공사업법 제36조(공사의 사용 전 검사 등)

문제 ❷

다음 (　　) 안에 들어갈 적당한 용어를 쓰시오. (3점) (기출응용)

> 정보통신공사업법 제36조, 규정에 의해 정보통신시설물의 시공품질을 확보하기 위하여 구내통신선로, 방송공동수신설비, 이동통신구내선로 공사에 대하여 착공 전 설계도서 및 공사완료 후의 시공상태가 동법 제6조의 규정에 따른 기술기준에 적합하게 되었는지 여부를 검사하는 것을 (　　)(이)라 한다.

┃문제 ❷ 정답┃

사용 전 검사

문제 ❸

정보통신공사업법에 근거한 정보통신기술자 등급 4가지를 쓰시오. (4점) (2013-2회) (2017-1회)

문제 ❸ 정답

① 특급 정보통신기술자
② 고급 정보통신기술자
③ 중급 정보통신기술자
④ 초급 정보통신기술자

문제 ❹

정보통신공사업법 시행령에 따른 감리원의 등급 4가지를 쓰시오. (4점) (기출응용)

문제 ❹ 정답

① 특급감리원
② 고급감리원
③ 중급감리원
④ 초급감리원

문제 ⑤

다음은 정보통신공사의 착공에서부터 준공단계에 이르기까지 작업 일정, 작업량, 공사명 및 계약금액 등에 대하여 정리된 관리 도표이다. 아래와 같은 것은 어떠한 경우에 사용되는 것인가? (3점) (2019-4회) (2021-2회)

○ ○ ○ 정보통신공사

1. 공사개요
   공사명: 초고속 ○○망 개선을 위한 정보통신공사
   발주자: 홍길동
   계약금액: 100억원

2. 공사 예정 일정
   2024년 10월 일 ~ 2025년 11월 30일

3. 현장 관리 방침

4. 공정 관리

공정 관리 일지

관리기간				○○월 ○○일		○○월 ○○일		관리자 ○○월 ○○일		○○월 ○○일		○○월 ○○일		○○월 ○○일	
품명	관리항목	관리기준		오전	오후	오전	오후	오전	오후	오전	오후	오전	오후	오전	오후

| 문제 ⑤ 정답 |

(정보통신공사) 시공계획서

문제 ❻

정보통신공사 착공계에 들어가야 할 주요 항목 5가지를 서술하시오. (5점) ^(기출응용)

┃문제 ❻ 정답┃

공사명, 계약번호, 계약금액, 계약년월일, 착공년월일, 준공년월일

문제 ❼

정보통신공사 착공계의 구비서류 5가지를 쓰시오. (5점) ^(기출응용)

┃문제 ❼ 정답┃

경력증명서, 공사내역서, 예정공정표, 품질계획서, 현장대리인계

> **참조**
>
> **착공계**
> 공사현장의 안전관리자, 현장대리인 등 관련자들과의 계약내용을 기록한 문서

문제 ❽

착공계 제출 시 현장대리인의 적합성 증빙 첨부서류 3가지를 쓰시오. (3점) ^(기출응용)

┃문제 ❽ 정답┃

① 자격증 사본
② 현장대리인 경력증명서
③ 현장대리인 재직증명서

문제 ❾

아래의 그림은 착공계에 대한 주요 내용이다. (가)와 (나)에 들어갈 용어를 쓰시오. (4점) ^(기출응용)

착 공 계

1. 공 사 명 :
2. 계 약 번 호 :
3. 계 약 금 액 : 일금   원(₩)
4. 계약연월일 :   년   월   일
5. **(가)**연월일 :   년   월   일
6. **(나)**연월일 :   년   월   일

위와 같이 착공계를 제출합니다.

년   월   일

상   호 :
주   소 :
대 표 이 사 :   인

귀하

문제 ❾ 정답

(가) 착공
(나) 준공

문제 ⑩

공사의 시작에서부터 완료까지 작업 순서(순위)에 따라 효과적인 공사 운영을 위해 공사 기간을 공정별로 세분화한 표를 무엇이라 하는가? (5점) (2022-2회)

문제 ⑩ 정답

공사예정공정표

보충설명

정보통신공사 공사예정공정표 샘플

공 사 예 정 공 정 표

공사명 : 수.재.비 정보통신망 공사　　　　공사기간 2025년 3월 29일 ~ 2025년 12월 30일

공종	수량	단위	3월	4월	5월	6월	7월	8월	9월	10월	11월	12월
공통가설공사	1	식	▬	▬	▬	▬	▬	▬	▬	▬	▬	▬
구내 LAN 케이블 포설	1	식			▬	▬	▬					▬
현장실사	1	식		▬								
광케이블 인입공사	1	식		▬	▬	▬	▬	▬				
장비 반입	1	식						▬				
통신 랙 구축	1	식						▬				
보안장비 연동	1	식								▬		
장비 실장	1	식								▬	▬	
장비 연동시험	1	식									▬	
인터넷 연동	1	식							▬	▬		
절체시험	1	식							▬			
EMS 시험	1	식									▬	
NMS 구축	1	식								▬	▬	
네트워크 장비 연동시험	1	식								▬	▬	
인수시험	1	식					▬	▬	▬	▬	▬	
전기공사	1	식			▬	▬	▬					
소방공사	1	식					▬	▬	▬	▬	▬	

공사예정공정표

공 사 명 :
공 사 위 치 :
계 약 금 액 : 오천칠백팔십사만일천육백삼십원 (₩57,841,630원)
계 약 년 월 일 : 2025년 월 일 ~ 2025년 월 일
착 공 년 월 일 :
준 공 기 한 :

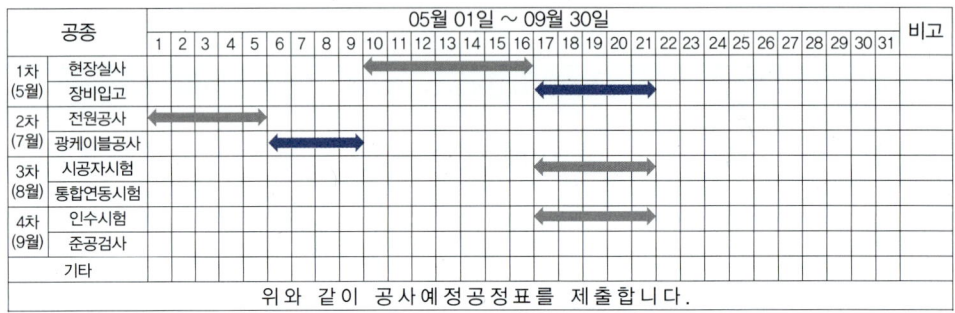

위와 같이 공사예정공정표를 제출합니다.

2025년   월   일

주   소 :
상   호 :
대 표 이 사 : 수.재.비

문제 ⑪

다음은 공사예정공정표이다. 다음 빈칸에 적합한 용어를 쓰시오. (6점) (2016-4회) (2024-1회)

공사예정공정표		
①	수량	②
통신케이블 설치 공정	1	식
전기케이블 설치 공정	1	식

문제 ⑪ 정답

① 공종(공사종류)
② 단위

문제 ⑫

다음은 무엇에 대한 설명인가? (3점) (기출응용)

> 공사가 진행되는 상황을 효율적으로 파악하기 위하여 세부 공사 상황을 기록하고 작성하는 문서이다. 공사의 기간에 어떤 공사에 대한 현재까지의 공정률도 파악이 가능하다. 공사명과 현장명 그리고 현장책임자에 대한 정보를 기록하고 전체 공사 기간에 대한 플로어 차트를 구성하는 것이다.

문제 ⑫ 정답

공사예정공정표

문제 ⑬

다음은 공사예정공정표이다. (가)에 들어갈 적당한 용어를 쓰시오. (3점) (기출응용)

Logo	공 사 예 정 공 정 표	문서구분	
		페이지	1/1페이지
		작성자	수.재.비
		작성일자	

공 사 명 : ○○○○기업 정보통신망 구축 공사   수.재.비 ○○정보통신

(가)	날짜	10월						11월						12월						비고
		5	10	15	20	25	30	5	10	15	20	25	31	5	10	15	20	25	30	
계약, 현장조사, 도면 검토																				
통합배선작업	자재 발주 및 검수																			
	배관 배선 및 포설																			
	배선 확인 및 조정																			
자동제어시스템	도면 검토 자재승인																			
	자재입고 확인																			
	장비 설치 조정																			
CATV 전관방송	발주 자재 검수																			
	배관 배선 포설																			
	장비설치 조정																			
통합 SI	시스템 분석 및 설계																			
	시스템 구현																			
데이터베이스 시스템 분석 및 설계																				

문제 ⑬ 정답

(가) 공종(공사종류)

문제 ⑭

공사예정공정표에 대해서 설명하시오. (5점) (기출응용)

문제 ⑭ 정답

공사의 착공부터 완성까지의 일정, 작업량, 공사명, 계약금액 등 시공계획을 관리하는 도표 서식이다.

문제 ⓕ

아래 그림은 공사계획서의 안전관리조직도 예시이다. 공사현장에 상주하며 공사에 따른 위험 및 장애발생 예방업무를 주로 수행하는 인력으로 (   ) 안에 들어갈 관리책임자를 쓰시오. (6점) (2015-1회)(2017-1회)

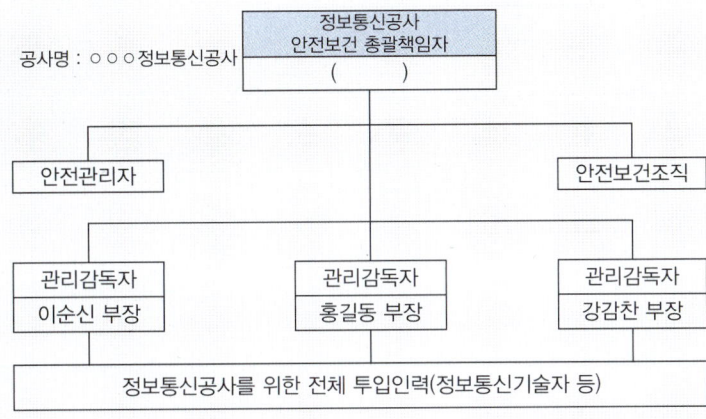

문제 ⓕ 정답

현장 대리인(현장소장, 현장책임자, 정보통신기술자)

보충설명

정보통신공사에서 안전보건조직도 기준 총괄책임자는 정보통신기술자인 현장소장이어야 한다.

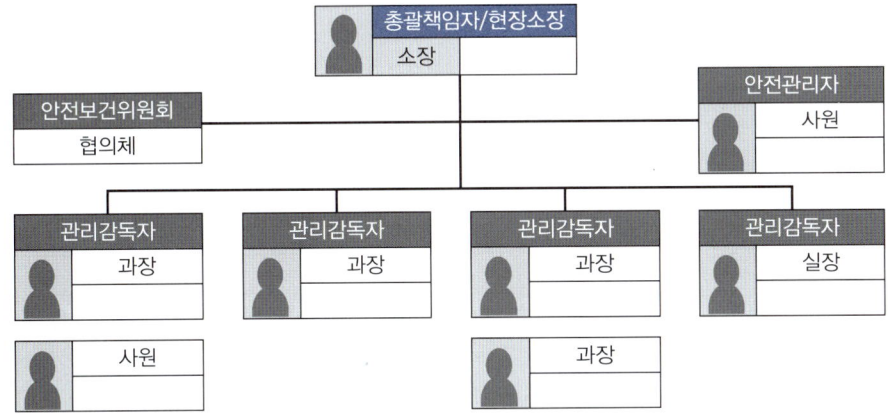

문제 ⑯

아래 그림은 안전관리조직도의 예시이다. 현장소장보다 상위에 위치하는 안전관리책임자를 (   )(이)라 한다. (5점) (2010 이전)

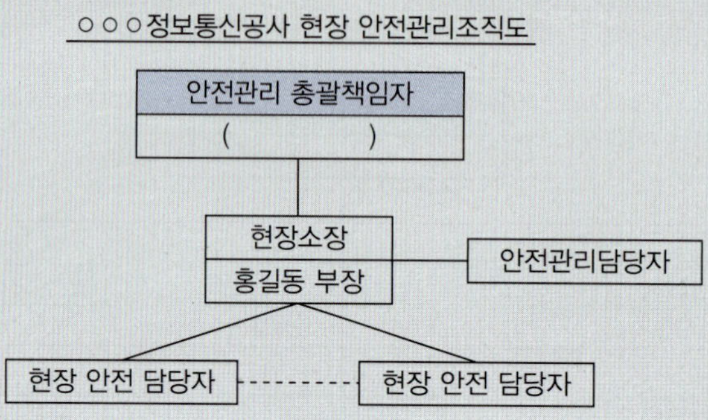

○○○정보통신공사 현장 안전관리조직도

```
        안전관리 총괄책임자
        (            )
              │
       ┌──────┴──────┐
    현장소장         안전관리담당자
    홍길동 부장
       │
   ┌───┴───┐
현장 안전 담당자 ---- 현장 안전 담당자
```

문제 ⑯ 정답

현장 대리인(현장책임자, 정보통신기술자)

문제 ⑰

정보통신공사에서 안전관리책임자는 누가 하는가? (3점) (기출응용)

문제 ⑰ 정답

정보통신기술자(현장 대리인)

문제 ⑱

건축물 내에서 이동통신 전화 역무를 제공하기 위한 급전선의 인입 배관 등에 대해 구내용 이동통신설비 기술기준의 설치 조건 2가지를 적으시오. (4점) (2021-1회)

문제 ⑱ 정답

① 급전선 3공 이상
② 광케이블 2공 이상

보충설명

접지설비·구내통신설비·선로설비 및 통신공동구 등에 대한 기술기준 제35조(급전선의 인입 배관 등)

1. 옥외 안테나에서 기지국의 송수신장치 또는 중계장치까지 급전선 또는 광케이블을 설치하기 위한 시설은 배관, 덕트 또는 트레이로 설치한다.
2. 옥외 안테나에서 중계장치 등까지 설치하는 배관은 다음 각 목에 적합하여야 하며, 건물 내 통신배관실을 이용하여 설치하는 경우에는 그러하지 아니하다.
   가. 급전선을 수용하는 배관의 내경은 36mm 이상 또는 급전선 외경(다조인 경우에는 그 전체의 외경)의 2배 이상이 되어야 하며, 3공 이상을 설치하여야 한다.
   나. 광케이블을 수용하는 배관의 내경은 22mm 이상이어야 하며, 예비공 1공 이상을 포함하여 2공 이상을 설치하여야 한다.
3. 제1호 및 제2호의 규정에도 불구하고 도시철도시설에서 배관의 설치 구간은 관로의 분계점에 가까운 맨홀에서 중계장치 등까지로 한다.

구분	배관 내경		배관 공수
급전선	36mm 이상	급전선 외경(다조인 경우에는 그 전체의 외경의 2배 이상	3공 이상
광케이블	22mm 이상		2공 이상 (예비공 1공 이상 포함)

문제 ⑲

공사 착공계(착공신고서) 작성 시 현장 대리인 선임을 위한 현장 대리인 선임계를 작성하고자 한다. 현장 대리인의 적합성을 증빙하기 위해 기본적으로 첨부해야 하는 서류 3가지를 쓰시오. (6점) (2014-2회)

문제 ⑲ 정답

① 자격증사본
② (현장 대리인) 경력증명서
③ (현장 대리인) 재직증명서

문제 ⑳

정보통신공사 대리인 증명 서류 2가지를 쓰시오. (6점) (2018-1회)

문제 ⑳ 정답

① (현장 대리인) 경력 수첩
② (현장 대리인) 발주자 승인서

문제 ㉑

착공계를 제출하는 경우 현장 대리인의 적정성을 증빙하기 위하여 제출하는 서류 3가지를 적으시오. (6점)
(기출응용)

문제 ㉑ 정답

① 자격증사본
② (현장 대리인) 경력증명서
③ (현장 대리인) 재직증명서

문제 ㉒

착공계를 제출하는 경우 관련 구비서류 4가지를 서술하시오. (6점) (2015-2회)

문제 ㉒ 정답

경력증명서, 공사내역서, 품질계획서, 예정공정표, 현장 대리인계, 공사예정공정표, 현장 대리인 선임계, 책임감리원 자격 수첩, 안전관리자 선임계 등

보충설명

관련서류	내용
착공신고서	공사명, 공사금액, 계약년월일, 착공년원일, 준공년월일
공사계약서	공사계약서 관련 서류
현장 대리인계	정보통신기술자 수첩, 정보통신 경력확인서, 재직증명서
시공사 관련 서류	정보통신공사업 면허, 정보통신기술자 보유 확인서
시공관련 서류	직접시공계획서, 현장조직도, 예정공정표, 공사내역서, 안전관리계획서

문제 ㉓

시공사가 발주자에게 제공하는 서류 4가지를 쓰시오. (6점) (2015-1회)

문제 ㉓ 정답

착공계, 준공계, 준공도면, 시험성적서

문제 ㉔

정보통신 설비에 대한 준공단계에서 시공사는 발주자에게 관련 서류를 제출해야 한다. 준공관련된 서류 4가지를 서술하시오. (6점) (기출응용)

문제 ㉔ 정답

준공계, 준공도면, 준공사진, 시험성적서

문제 ㉕

정보통신 설비 구성을 위해 현장 대리인에게 요구하는 기본적인 서류 3가지를 쓰시오. (3점) (기출응용)

문제 ㉕ 정답

정보통신기술자 수첩, 정보통신 경력확인서, 재직증명서

문제 ㉖

통신구의 설치 기준에 따라 통신공동구를 설치하는 때에는 통신케이블의 유지관리를 위해서 필요한 부대설비를 설치하여야 하는데 이에 필요한 것 5가지를 설명하시오. (5점) (2016-4회) (2018-2회) (2019-4회) (2022-4회)

문제 ㉖ 정답

급·배수설비, 환기, 조명, 전원, 중앙통제설비, 방재, 배수, 상황표지판 등 통신케이블의 유지·관리에 필요한 부대설비를 설치하여야 한다.

보충설명

접지설비·구내통신설비·선로설비 및 통신공동구 등에 대한 기술기준 제46조(통신공동구의 설치기준)
① 통신공동구는 통신케이블의 수용에 필요한 공간과 통신케이블의 설치 및 유지·보수 등의 작업 시 필요한 공간을 충분히 확보할 수 있는 구조로 설계하여야 한다.
② 통신공동구를 설치하는 때에는 조명·배수·소방·환기 및 접지시설 등 통신케이블의 유지·관리에 필요한 부대설비를 설치하여야 한다.
③ 통신공동구와 관로가 접속되는 지점에는 통신케이블의 분기를 위한 분기구를 설치하여야 하며, 한 지점에서 여러 개의 관로로 분기될 경우에는 작업이 용이하도록 분기구간에는 일정 거리 이상의 간격을 유지하여야 한다.

문제 ㉗

정보통신공사업법에서 규정하는 공사의 구분 중 2가지(4가지)를 쓰시오. (4점) (2014-4회) (2018-2회)

문제 ㉗ 정답

통신설비공사, 방송설비공사, 정보설비공사, 기타설비공사

보충설명

정보통신용 전기시설 설비공사(단, 정보통신전용의 설비로서 수전 설비는 제외)

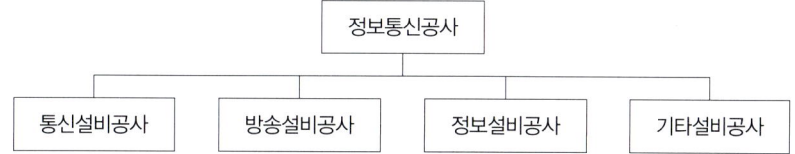

정보통신 예외 공사 범위

시행령 제6조 제1항	경미한 공사, 천재지변, 비상재해, 긴급복구공사 및 부대공사, 설계도면 대개체 공사
시행령 제8조	총 공사금액 1억 미만, 철도, 도시철도, 항만 등 1억 미만 공사, 6층 이하 연면적 5천m² 미만 공사

※ 정보통신공사업법 시행령 제6조는 설계대상인 공사의 범위를 정의하는 것이며, 제8조는 감리대상 공사의 범위를 정의하는 것이다.

문제 ㉘

다음 보기를 참조해서 정보통신공사업법에서 규정한 통신설비공사 4가지를 쓰시오. (4점) (2022-1회) (2022-2회)

[보기]
통신선로설비공사, 방송설비공사, 전송설비공사, 정보설비공사, 정보망설비공사,
정보매체설비공사, 수전설비공사, 방송국설비공사, 교환설비공사, 이동통신설비공사

문제 ㉘ 정답

통신선로설비공사, 전송설비공사, 교환설비공사, 이동통신설비공사

보충설명

정보통신공사의 종류

- 통신설비공사

통신선로 설비공사	통신구설비, 통신관로설비, 통신케이블(광섬유 및 동축케이블·전주·지지철물·케이블방재·철탑·배관·단자함 등을 포함)설비 등의 공사
교환 설비공사	전자식교환(ISDN 및 전전자를 포함)설비, 자동식교환설비, 비동기식교환(ATM)설비, 가입자선료집중운용보전시스템설비, 집단전화교환설비, 자동호분배장치설비, 중앙과금장치설비, 신호망설비, 지능망설비, 통신처리장치설비, 사설교환(PAB X)설비 등의 공사
전송 설비공사	전송단국설비, 송·수신설비, 중계설비, 다중화설비, 분배설비, 전력선반송설비, 종합유선방송(CATV)전송설비 등의 공사
구내통신 설비공사	구내통신선로 이동통신구내선로 방송공동수신설비, 전화설비, 방범설비, 방송설비, 방재설비중 정보통신설비, 수직·수평배관 및 배선설비, 주방비실설비, 층장비실설비, 장애자용 음향통신설비, 키폰전화설비 등의 공사
이동통신 설비공사	개인이동통신(PCS)설비, 휴대용이동전화(셀룰러)설비, 주파수공용통신(TRS)설비, 무선데이터통신설비, 무선호출설비, 아이엠티2000(MT-2000)설비, 위성이동휴대전화(GMPCS)설비, 시티폰설비 등의 공사
위성통신 설비공사	위성송·수신국설비, 위성체설비, 지상관제소설비, 발사체설비, 위성측위시스템(GPS)설비, 소형위성지구국(VSAT)설비, 위성뉴스중계(SNG)설비 등의 공사
고정무선통신 설비공사	무선CATV(MMDS·LMDS)설비, 방송통신융합시스템(LMCS)설비, 무선가입자망(WLL) 설비, 마이크로웨이브(M/W)설비, 무선적외선설비 등의 공사

- 방송설비공사

방송국 설비공사	영상·음향설비, 송출설비, 방송관리시스템설비 등의 공사
방송전송선로 설비공사	방송관로설비, 방송케이블(전주·철탑·배관·단자함 등을 포함)설비, 전송단국설비, 송·수신설비, 중계설비, 다중화설비, 분배설비, 구내전송선로설비, 위성방송수신설비 등의 공사

- 정보설비공사

정보제어보안 설비공사	인공지능빌딩시스템(BS)설비, 관제(항공·교통·기상·주차)설비, 원격조정·자동제어(SCADA, TM/TC, 공장자동화 등의 정보통신설비를 포함)설비, 정보시스템관리설비, 방향탐지설비, 위치측정설비, 전자신호제어설비, 폐쇄회로텔레 비전(CCTV)설비, 경비보안설비, 터널군관리(TGMS)설비, 수계통합자동제어설비, 수문제어설비, 홍수예경보설비, 민방공경보설비, 수도시설제어설비, 재해방지설비, 수처리(상수·하수 및 폐수 등을 포함)계측제어설비, 긴급구조시스템설비, 텔레메틱스(Telematics)설비 등의 공사
정보망 설비공사	근거리통신망설비, 부가가치통신망(VAN)설비, 광역통신망(WAN)설비, 정보시스템망관리(TMN)설비, 무선통신망설비, 전산시스템설비, 인터넷(인트라넷·엑스트라넷·방화벽 등을 포함)설비, 멀티미디어설비, 컴퓨터·통신통합(CTI)설비, 종합정보통신망(ISDN)설비, 초고속정보망(XDSL: 케이블모뎀 등을 포함)설비, 판매시점관리시스템(POS), 유비쿼터스설비 등의 공사
정보매체 설비공사	화상(영상)회의시스템설비, 홈뱅킹시스템설비, 원격의료시스템설비, 원격교육 시스템설비, 주문대응형비디오시스템(VCD)설비, 홈오토메이션시스템설비, 전자식전광판설비, 지리정보시스템(GIS)설비, 원격자동검침(AMR)설비, 홈네트워크(디지털홈)시스템설비, 동시통역시스템설비, 도시정보체계(UIS)설비, 공간영상정보시스템(SIIS)설비, 객실관리시스템설비 등의 공사
항공·항만통신 설비공사	무지향표식(NDB)설비, 전방향표식(VOR)설비, 거리측정(DME)설비, 계기착륙(ILS)설비, 로란 및 레이더설비, 항공운항정보(FIS)설비, 저고도돌풍경보장치(LLWAS), 소음측정시스템, 셀프이용안내(KIOSK)설비, 이동지역관리시스템(MAMS)설비, 종합정보통신시스템설비, 일반공중통신시스템설비, 통신자동화시스템설비, 통합경비보안시스템설비, 해안무선(VTS 및 해안지역 각종 통신시설)설비 등의 공사
선박의 통신·항해어로 설비공사	선박통신설비(GMDSS, 조난구조장치, MF·HF·VHF SSB의 송수신기, 전파수신기, 위성통신기, SSAS, 선내지령장치 등), 선박항해설비(RADAR, 기상수신기, GPS, 전자해도장치, RDF, 측심기, NAVTEX, AIS, VDR, 풍속계, 선속계, 콤파스, 자동조타장치 등), 선박어로설비(어군탐지장치, 어망감시장치, 수온측정장치, 조류계 등) 등의 공사
철도통신신호 설비공사	역무자동화(AFC)설비, 토크백설비, 연선전화설비, 열차무선설비, 사령전화설비, 자동안내방송설비, 전자시계설비, 복합통신설비, 행선안내게시기설비, 도관전선관(HP)설비, 통신 및 신호용 트로프설비, 자동열차정지장치설비, 열차집중제어장치설비, 전자식신호제어설비, 열차내이동무선공중전화설비, 여객자동안내장치설비 등의 공사

- 기타설비공사

정보통신 전용전기시설 설비공사	정보통신전기공급설비, 전기부식방지설비, 전력·전철유도방지설비, 무정전전원장치(UPS)설비, 충방전·전압조정설비, 전동발전기설비, 접지설비, 서지설비, 낙뢰방지설비, 잡음·전자파(EMI·EMC·EMS 등을 포함)방지설비 등의 공사

문제 ㉙

초고속정보통신건물인증 관련 아래 사항에 답하시오. (6점) (2019-1회)

1) 초고속통신망건물인증 등급 3가지:
2) 홈네트워크건물인증 등급 3가지:

문제 ㉙ 정답

1) 특등급, 1등급, 2등급
2) AAA등급, AA등급, A등급

문제 ㉚

홈네트워크건물인증제도와 관련하여 인증등급 3가지를 적으시오. (3점) (기출응용)

문제 ㉚ 정답

① AAA등급
② AA등급
③ A등급

문제 ㉛

초고속정보통신건물의 공사를 진행할 때 준공검사 단계에서 사용 전 검사를 진행한다. 이를 위한 사용 전 검사 대상 공사 3가지를 서술하시오. (6점) (2023-1회)

문제 ㉛ 정답

① 구내통신선로 설비공사
② 이동통신구내선로 설비공사
③ 방송공동수신 설비공사

문제 ㉜

다음 용어를 설명하시오. (10점) (2022-2회)

1) 구내간선계:

2) 건물간선계:

문제㉜ 정답

1) 동일구내에 있는 건물들 간의 배선체계(동단자함에서 동단자함까지 등)
2) 동일 건물 내에 있는 동단자함에서 층단자함까지 등의 배선체계

보충설명

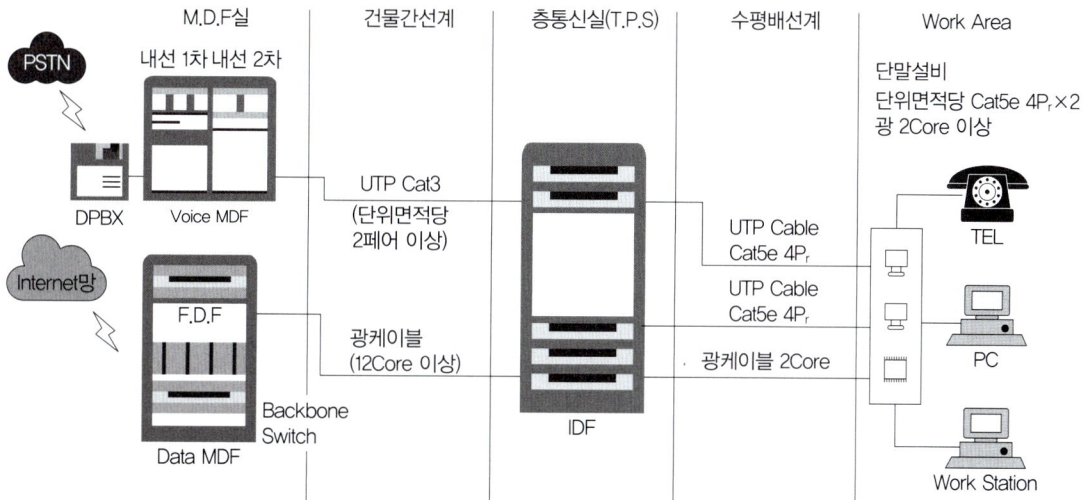

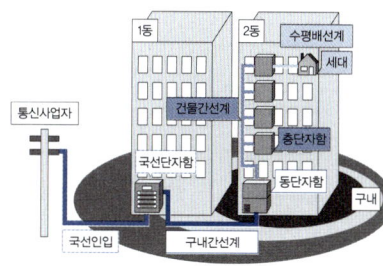

① 간선배선계: MDF~IDF
② 건물간선배선계: IDF~층단자함
③ 수평배선계 1: 층단자함~세대단자함
④ 수평배선계 2: 세대단자함~인출구
⑤ 수평배선계: 층단자함에서 통신인출구까지의 건물 내 수평 구간을 연결하는 배선체계
⑥ 세대단자함은 중간배선반 등(또는 건물배선반 등)에 대하여 동등 접속조건을 유지하여야 함

문제 ㉝

정보통신공사에서 선로 배선 시 수직배선과 수평배선할 때 고려사항 3가지를 적으시오. (6점) (2014-1회)

문제 ㉝ 정답

① 배선방식: 성형(Star형)배선
② 수직배선: 건물간선계 규격 준수(세대당 광코어수 및 Cat5e 코어수)
③ 수평배선: 구내 통신설로설비 기술기준 준수
④ 기타: 공동주택의 경우 세대수를 고려한 배선 기준 준수, MDF와 IDF에 대한 중간 배선 접속 확인 등

보충설명

[별표 1] 초고속정보통신건물인증 심사기준

공동주택(아파트), 준주택오피스텔 – 특등급(2023.06.07. 기준)

심사항목				요건	심사방법
배선설비	배선방식(세대 내)			성형배선	설계도서 대조심사
	케이블	구내간선계		광케이블(SMF) 12코어 이상 + 세대당 Cat3 4페어 이상	배선설비 성능등급 대조심사 (구내간선/ 건물간선/ 수평배선의 구분방법은 별표 5 참조)
		건물간선계		세대당 광케이블(SMF) 4코어 이상 + 세대당 Cat5e 4페어 이상	
		수평배선계	세대인입	세대당 광케이블(SMF) 4코어 이상 + 세대당 Cat5e 4페어 이상	
			댁내배선	실별 인출구 2구당 Cat6 4페어 + Cat5e 4페어 이상, 거실 인출구 광1구(SMF 1코어 이상)	
	접속자재			배선케이블 성능등급과 동등 이상으로 설치	
	세대단자함			광선로종단장치(FDF), 디지털방송용 광수신기, 접지형 전원시설이 있는 세대단자함 설치, 무선 AP 수용 시 전원콘센트 4구 이상 설치	
	인출구	설치대상		침실, 거실, 주방(식당)	설계도서 대조심사 및 현장 확인
		설치개수	침실 및 거실	실별 4구 이상[2구(Cat6 1구, Cat5e 1구)씩 2개소로 분리 설치], 거실 광인출구 1구 이상. 단, 무선 AP 수용 시 거실을 제외한 실별 2구(Cat6 1구, Cat5e 1구) 이상	
			주방(식당)	2구(Cat6 1구, Cat5e 1구) 이상	
		형태 및 성능		케이블 성능등급과 동등 이상의 8핀 모듈러잭(RJ45) 또는 광케이블용 커넥터	
	무선 AP	단지공용부(필수)		단지 내(주민공동시설, 놀이터 등) 1개소 이상, 무선 AP까지 광케이블 또는 Cat6 4페어 이상	
		세대 내(선택)		1개소 이상, 세대단자함에서 무선 AP까지 Cat6 4페어 이상	

문제 34

초고속정보통신건물로 인증을 받기 위한 집중구내통신관련 심사기준에 대해 서술하시오.(4점) (2024-4회)

문제 34 정답

① 위치: 지상
② 면적: 현장 실측으로 유효면적 확인(아래 세대당 면적 참조)
③ 출입문: 유효너비 0.9m, 유효높이 2m 이상의 잠금장치가 있는 방화문 설치 및 관계자 외 출입통제 표시 부착
④ 환경·관리: 통신장비 및 상온/상습 장치 설치, 전용의 전원설비 설치

보충설명

집중구내통신실

구내 상호 간 및 구내·외간의 방송 또는 통신을 위한 케이블, 교환설비, 전송설비, 방송 및 통신을 위한 전원설비, 배선반 등과 그 부대설비를 설치할 수 있는 장소를 말한다. 집중구내통신실에는 방송 및 통신용도 이외의 장비를 설치하지 말아야 한다.

심사항목			요건	심사방법
집중구내통신실	위치		지상	현장실측으로 유효면적 확인 (집중구내통신실의 한쪽 벽면이 지표보다 높고 침수의 우려가 없으면 "지상 설치"로 인정)
	면적	~ 300세대	12m² 이상	
		~ 500세대	18m² 이상	
		~ 1,000세대	22m² 이상	
		~ 1,500세대	28m² 이상	
		1,501세대 ~	34m² 이상	
		디지털방송설비 설치 시	3m² 추가 (단, 방재실에 설치할 경우 제외)	
	출입문		유효너비 0.9m, 유효높이 2m 이상의 잠금장치가 있는 방화문 설치 및 관계자 외 출입통제 표시 부착	
	환경·관리		• 통신장비 및 상온/상습 장치 설치 • 전용의 전원설비 설치	

CHAPTER 03 정보통신 설계

✅ 학습방법

정보통신공사 분야에서 설계는 초기에 전체 구도를 잡는 중요한 단계입니다. 설계를 기반으로 시공(구축) 후 사용자 검사(검수)를 통한 운용 및 유지보수까지 이어지는 정보통신공사의 기반을 구성하는 단계로서 각 단계별 요구사항과 산출물에 대한 이해를 위해 기출문제를 기반으로 정리해서 시험에 대비하기 바랍니다.

문제 ❶

정보통신공사업 기준 설계의 정의를 쓰시오. (5점) (2023-2회) (기출응용)

1) 설계란? 무엇인지 정의하시오.
2) 기본설계를 정의하시오.
3) 실시설계를 정의하시오.

| 문제 ❶ 정답 |

1) 설계: 공사에 관한 계획서, 설계도면, 설계설명서, 공사비명세서, 기술계산서 및 이와 관련된 서류를 작성하는 행위를 말한다.
2) 기본설계: 예비타당성조사, 타당성조사 및 기본계획을 감안하여 시설물의 규모, 배치, 형태, 개략공사방법 및 기간, 개략 공사비 등에 관한 조사, 분석, 비교·검토를 거쳐 최적안을 선정하고 이를 설계도서로 표현하여 제시하는 설계 업무이다. 각종 사업의 인·허가를 위한 설계를 포함하며, 설계기준 및 조건 등 실시설계용역에 필요한 기술자료를 작성하는 것을 말한다.
3) 실시설계: 기본설계의 결과를 토대로 시설물의 규모, 배치, 형태, 공사방법과 기간, 공사비, 유지관리 등에 관하여 세부조사 및 분석, 비교·검토를 통하여 최적안을 선정하여 시공 및 유지관리에 필요한 설계도서, 도면, 시방서, 내역서, 구조 및 수리계산서 등을 작성하는 것을 말한다.

문제 ❷

정보통신공사에서 기본설계에 포함되는 사항 5가지를 서술하시오. (5점) ^(2019-4회)

| 문제 ❷ 정답 |

개략공사비, 주요 자재·장비 설계기준 검토, 예비타당성조사, 시설물의 기능별 배치 검토 등을 포함한다.

문제 ❸

정보통신공사에서 실시설계에 포함되는 사항 5가지를 서술하시오. (5점) ^(기출응용)

| 문제 ❸ 정답 |

① 설계 개요 및 법령 등 제기준 검토
② 기본설계 결과의 검토
③ 구조물 형식 결정 및 설계
④ 구조물별 적용 공법 결정 및 설계
⑤ 시설물의 기능별 배치 결정
⑥ 공사비 및 공사기간 산정
⑦ 품질시험 및 자재공급계획

보충설명

정보통신공사 설계업무 수행기준(2021.01.)

1. 기본설계 내용
    1) 설계 개요 및 법령 등 제기준의 검토
    2) 예비타당성조사, 타당성조사 및 기본계획 결과의 검토
    3) 기술적 대안 비교·검토
    4) 대안별 시설물의 규모의 검토
    5) 대안별 시설물의 경제성 및 현장적용타당성 검토
    6) 시설물의 기능별 배치 검토
    7) 개략 공사비 및 공기 산정
    8) 주요 자재·장비 설계기준 검토 및 자재공급계획검토
    9) 설계도서 및 개략 공사설계설명서(공사시방서) 작성
    10) 설계설명서 및 계산서 작성
    11) 관계법령 등의 규정에 따라 기본설계 시 검토하여야 할 사항
    12) 기타 발주자가 계약서 또는 과업지시서에서 정하는 사항

2. 기본설계 결과물
    1) 발주자는 기본설계를 검토하여 조정, 수정, 보완이 필요한 사항을 확인하고 정보통신공사업의 개요, 목적, 타당성 조사결과 검토, 사업성 검토, 공법 적합성 검토, 주요 자재 및 부위별 마감재 적합성 검토 등의 업무를 수행한다. 발주자가 수행해야 할 설계용역 성과검토업무는 다음 각 호와 같다.
        가) 주요 설계용역 업무에 대한 기술자문
        나) 시공성 및 유지관리의 용이성 검토
        다) 설계도서의 누락, 오류, 불명확한 부분에 대한 추가 및 정정 지시·확인
        라) 도면작성의 적정성 검토
    2) 발주자는 설계기준 및 용역성과 검토와 사용자의 요구사항 반영, 관련법규 검토, 주요 구조물 및 시설물의 기능, 설계심의자문 사전검토 자료 작성 등의 업무를 수행한다. 발주자가 수행해야 할 설계용역 성과검토업무는 다음 각 호와 같다.
        가) 사업기획 및 타당성조사 등 전 단계 용역 수행 내용의 검토
        나) 현장조사(측량, 현지여건, 지반상태, 재료 등) 내용의 타당성 및 조사결과에 대한 설계적용의 적정성 검토
        다) 관련계획 및 계산기준(설계설명서(시방서), 지침, 법규 등) 적용의 적합성 검토
        라) 각종 위원회 심의결과 및 관계기관 협의내용에 대한 반영여부 검토
        마) 전산용 프로그램을 관련법에 따라 도입, 등록 절차를 이행하고 사용하는지와 사용프로그램의 검증 후 사용여부 검토
        바) 설계자의 실제 참여 여부 확인
        사) 적정 설계조직과 인력 운영 여부 확인
        아) 설계 공정의 검토
        자) 설계설명서(일반 및 특별설계설명서) 작성의 적정성 검토
3. 실시설계
    가. 실시설계는 기본설계 결과를 바탕으로 정보통신공사 및 시설물의 설치·관리 등 관계법령 및 기준 등에 적합하게 정보통신공사업자가 시공에 필요한 설계도면 및 설계설명서(시방서) 등 설계도서를 작성하는 것으로 다음 각 호의 업무를 수행하는 것을 말한다.
        1) 설계 개요 및 법령 등 제기준 검토
        2) 기본설계 결과의 검토
        3) 구조물 형식 결정 및 설계
        4) 구조물별 적용 공법 결정 및 설계
        5) 시설물의 기능별 배치 결정
        6) 공사비 및 공사기간 산정
        7) 품질시험 및 자재공급계획
        8) 측량·지반·지장물·수리·수문·지질·기상·기후·용지조사
        9) 기본공정표 및 상세공정표의 작성
        10) 설계설명서(시방서), 물량내역서, 구조 및 수리계산서 작성
        11) 기타 발주자가 계약서 및 과업지시서에서 정하는 사항

문제 ❹

아래 정보통신공사의 단계별 업무를 쓰시오. (6점) (2012-2회)

1) 착수단계:
2) 준비단계:
3) 설계단계:

문제 ❹ 정답

1) 목표 설정, 발주자의 의견 수렴
2) 발주자의 제시를 만족시키기 위한 목표와 계획을 수렴하고 설계 수행에 정보조사 및 분석과정
3) 기본설계 + 실시설계 동시 시행 가능

보충설명

- 기본설계: 예비타당성조사, 타당성조사 및 기본계획를 감안하여 시설물의 규모, 배치, 형태, 개략공사방법 및 기간, 개략 공사비 등에 관한 조사, 분석, 비교·검토를 거쳐 최적안을 선정하는 것
- 실시설계: 시설물의 규모, 배치, 형태, 공사방법과 기간, 공사비, 유지관리 등에 관하여 세부조사 및 분석, 비교·검토를 통해 최적안을 선정하여 시공 및 유지관리에 필요한 설계도서, 도면, 시방서, 내역서, 구조 및 수리계산서 등을 작성하는 것

문제 ❺

정보통신공사 설계를 위한 3단계를 쓰시오. (3점) (2015-4회) (2017-4회)

문제 ❺ 정답

기본계획(계획설계) → 기본설계 → 실시설계

문제 ❻

정보통신망 구축을 위해 아래와 같이 단계별로 진행하는 경우 빈칸을 채우시오. (3점) (2023-2회)

> 기본설계 → 현장조사 → (　　　) → 물리망 구축 → 논리망 구축

문제 ❻ 정답

실시설계(또는 상세설계)

문제 ❼

정보통신공사 설계의 3단계를 쓰시오. (6점) (2013-1회)

문제 ❼ 정답

착수단계 - 준비단계 - 설계단계(또는 계획설계 - 기본설계 - 실시설계)

문제 ❽

정보통신공사의 설계를 위한 주요 3단계를 쓰시오. (3점) (2024-2회)

1단계	
2단계	
3단계	

문제 ❽ 정답

1단계	(기본)계획설계
2단계	기본설계
3단계	실시설계

문제 ⑨

정보통신공사의 기본설계와 실시설계에 포함하는 사항 5가지를 각각 적으시오. (5점) (기출응용)

기본설계 포함 5가지 사항	실시설계 포함 5가지 사항

문제 ⑨ 정답

기본설계 포함 5가지 사항	실시설계 포함 5가지 사항
① 주요 구조물의 형식	① 기본설계 결과의 검토
② 지반	② 구조물 형식 결정 및 설계
③ 토질	③ 구조물별 적용공법 결정 및 설계
④ 개략적인 공사비	④ 공사비 및 공사기간 산정
⑤ 실시설계의 방침	⑤ 시설물의 기능별 배치 결정

문제 ⑩

정보통신시설 공사를 위한 설계도서(정보통신공사 착수단계에서 검토되어야 할 설계도서)의 종류 5가지를 쓰시오. (6점) (2019-2회)

문제 ⑩ 정답

① 계획서
② 기술계산서
③ 시방서
④ 설계도면
⑤ 공사비명세서

문제 ⑪

정보통신 설계 시 기본요소 3가지를 쓰시오. (3점) (2017-1회)

문제 ⑪ 정답

① 신뢰성
② 가용성
③ 보편성

문제 ⑫

다음은 설계서에 관한 내용이다. (   ) 안에 들어갈 용어를 쓰시오. (3점) (2020-1회)

> 이것은 입찰참가자가 입찰가격의 결정 및 시공에 필요한 정보를 제공하고 서면으로 설명하는 자료이다. (   )은/는 입찰하기 전에 공사의 진행사항 및 현장에서 현장 상황, 도면과 시방서에 표시하기 어려운 사항을 나타내는 것이다.

문제 ⑫ 정답

현장설명서

보충설명

(계약예규) 공사계약일반조건 제2조(정의)

7. "현장설명서"라 함은 현장설명 시 교부하는 도서로서 시공에 필요한 현장상태 등에 관한 정보 또는 단가에 관한 설명서 등을 포함한 입찰가격 결정에 필요한 사항을 제공하는 도서를 말한다.

문제 ⑬

정보통신공사 착수단계에서 검토되어야 할 설계도서 3가지를 쓰시오. (6점) (2015-1회)

문제 ⑬ 정답

계획서, 설계도면, 시방서, 기술계산서, 공사비명세서

문제 ⑭

정보통신공사의 계약을 체결한 이후 시공사에서 발주자의 공사 착공계를 작성하고 제출하고자 한다. 이를 위해 착공단계에서 기본적으로 요구되는 서류 4가지를 쓰시오. (4점) (2021-1회)

문제 ⑭ 정답

공사예정공정표, (현장 대리인) 선임계, 안전관리자 선임계, 각종 자격증 사본

문제 ⑮

정보통신시설 공사를 위한 설계도서 종류 5가지는 무엇인가? (5점) (2012-1회)

문제 ⑮ 정답

① 배치도(배관도)
② (건물)단면도
③ (단선)접속도
④ 계통도
⑤ 배선도

문제 ⑯

정보통신공사를 위한 설계도면 4가지를 쓰시오. (4점) (기출응용)

문제 ⑯ 정답

① 배관도
② 배선도
③ 배치도
④ 접속도
⑤ 단면도

문제 ⑰

정보통신공사에서 착수단계에서 검토해야 할 설계도서 3가지(4가지)를 적으시오. (3점) (2013-1회) (2018-4회)

문제 ⑰ 정답

설계도면, 시방서, 공사설계계산서, 공사내역서, 설계도면, 기술계산서, 공사비명세서

문제 ⑱

정보통신시설 공사를 위한 설계도서의 종류 3가지를 쓰시오. (6점) (2013-4회) (2018-1회)

문제 ⑱ 정답

① 계획서
② 시방서
③ 기술계산서(설계도면, 공사비명세서)

문제 ⑲

아래 보기를 참조해서 공사계획서 작성 시 기본적으로 들어가야 하는 내용으로 적합한 것 5개를 골라서 쓰시오. (5점) (2020-1회) (2022-1회)

[보기]
공사개요, 설계변경계획, 감리수행계획, 공정관리계획, 하자보수계획, 안전관리계획, 공사비조달계획, 공사예정공정표, 환경·관리계획, 유지보수계획

문제 ⑲ 정답

공사개요, 공정관리계획, 안전관리계획, 공사예정공정표, 환경·관리계획

문제 ⑳

정보통신시스템 설계 시 주요 고려 사항 3가지를 쓰시오. (3점) (2014-4회)

문제 ⑳ 정답

① 기능성: 정보통신설계 목적물의 규모나 용도에 맞게 설계한다.
② 적합성: 기술 기준에 적합하게 설계한다.
③ 편리성: 정보통신시스템이 사용자에게 사용이 편리하도록 설계한다.

보충설명

정보통신설계

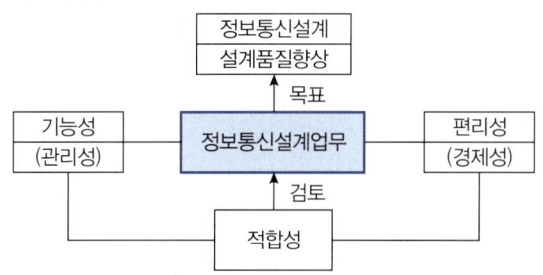

기능성	• 설계대상물의 규모, 용도, 목적, 사용의 기능 및 관리에 부합 • 통신시스템의 원활한 운영의 설계
적합성	• 기술기준과의 적합성 • 기자재의 형식승인, 형식검정, 기술기준의 적합성
편리성	• 건물의 기능에 따른 사용자 생활에 편리성 추구 • 사용자 활동에 장애가 없는 통신시스템의 편리성 추구

문제 ㉑

인텔리전트 빌딩(Intelligent Building)의 정보통신 기반시설 설계 항목 중 수직배선과 수평배선 설계 시 고려해야 할 사항에 대하여 3가지를 쓰시오. (6점) (2014-1회)

문제 ㉑ 정답

다양한 답이 나올 수 있으나 정보통신기술과 정보통신공사 및 공법관련 접근이 필요하다.

정보통신공사 측면 접근	• 건물 규모와 바닥의 하중 • 향후 환경 변화의 빈도와 통신, 전기, 소방관련 배선처리 방법 • 장래 확장성에 대한 여유공간 확보 • 타 시설과 연계한 인텔리전트화의 경제성
정보통신기술 관련 접근	• 손실 측정: 광케이블인 경우 케이블의 손실 특성 확인(Single Mode, Multi Mode) • 케이블의 꺾임이나 굴곡 확인 • 온도, 습도에 따른 통신환경 변화 요인 및 안정적인 운용방안 확보 • 향후 Upgrade를 위한 유연성 확보 • 전자기파 간섭(EMI) 대비 차폐(Shield) 확보 • 접지방법 및 타 기기와 접지 시설 공유 여부 고려

문제 ㉒

정보통신공사 중 착수단계 관련 아래 질문에 답하시오. (6점) (기출응용)

1) 착수단계에 검토해야 할 설계도서 3가지를 쓰시오. (3점)

2) 관련 근거(법)을 쓰시오. (3점)

▮ 문제 ㉒ 정답 ▮

1) 계획서, 설계도면, 시방서, 공사비명세서, 기술계산서
2) 정보통신공사업법

문제 ㉓

정보통신공사에서 다음 사항을 설명하시오. (9점) (2022-4회)

1) '설계란?' 무엇인지 정의하시오. (3점)

2) (　　) 안에 들어갈 용어를 쓰시오. (3점)
 (　　)란 예비타당성조사, 타당성조사 및 기본계획을 감안하여 시설물의 규모, 배치, 형태, 개략 공사방법 및 기간, 개략 공사비 등에 관한 조사, 분석, 비교·검토를 거쳐 최적안을 선정하고 이를 설계도서로 표현하여 제시하는 설계업무로서 각종사업의 인·허가를 위한 설계를 포함하며, 설계기준 및 조건 등 실시설계용역에 필요한 기술자료를 작성하는 것을 말한다.

3) (　　) 안에 들어갈 용어를 쓰시오. (3점)
 (　　)란 시설물의 규모, 배치, 형태, 공사방법과 기간, 공사비, 유지관리 등에 관하여 세부조사 및 분석, 비교·검토를 통하여 최적안을 선정하여 시공 및 유지관리에 필요한 설계도서, 도면, 시방서, 내역서, 구조 및 수리계산서 등을 작성하는 것을 말한다.

▮ 문제 ㉓ 정답 ▮

1) '설계'란 공사에 관한 계획서, 설계도면, 설계설명서, 공사비명세서, 기술계산서 및 이와 관련된 서류를 작성하는 행위를 말한다.
2) 기본설계
3) 실시설계

CHAPTER 04 정보통신공사 감리

✓ 학습방법

정보통신공사 감리는 시험에 자주 출제되는 분야입니다. 감리의 역할과 감리 업무의 범위뿐만 아니라 감리원 배치 기준 등에 대한 정확한 정리가 필요합니다. 감리는 2차 실기시험에 출제 빈도가 매우 높으므로 다른 CHAPTER보다 2배 이상의 시간 투자를 통한 완벽한 이해와 학습을 권장 드립니다.

문제 ❶

다음 괄호 안에 들어갈 알맞은 용어를 쓰시오. (3점) (2012-2회) (2015-4회) (2020-4회)

감리란 공사에 대하여 발주자의 위탁을 받은 용역업자가 (①) 및 (②)의 내용대로 시공되는지를 감독하고 (③)관리, (④)관리 및 (⑤)관리에 대한 지도 등에 관한 (⑥)의 권한을 대행하는 것을 말한다.

문제 ❶ 정답

① 설계도서
② 관련 규정
③ 품질
④ 시공
⑤ 안전
⑥ 발주자

문제 ❷

다음 괄호 안에 들어갈 알맞은 용어를 쓰시오. (3점) (2013-1회)(2016-1회)

> 감리란 공사에 대하여 발주자의 위탁을 받은 용역업자가 설계도서 및 관련 규정의 내용대로 시공되는지를 (①)하고 품질관리, 시공관리 및 안전관리에 대한 (②) 등에 관한 발주자의 권한을 대행하는 것을 말한다.

문제 ❷ 정답

① 감독
② 지도

보충설명

정보통신공사업법 제2조(정의)

9. "감리"란 공사에 대하여 발주자의 위탁을 받은 용역업자가 설계도서 및 관련 규정의 내용대로 시공되는지를 감독하고, 품질관리 · 시공관리 및 안전관리에 대한 지도 등에 관한 발주자의 권한을 대행하는 것을 말한다.

문제 ❸

다음 ( ) 안에 적당한 용어를 쓰시오. (4점) (2024-4회)

> 감리란 공사에 대하여 발주자의 위탁을 받은 용역업자가 (①) 및 (②)의 내용대로 시공되는지를 감독하고 품질관리, 시공관리 및 안전관리에 대한 지도 등에 관한 발주자의 권한을 대행하는 것을 말한다.

문제 ❸ 정답

① 설계도서
② 관련 규정

문제 ❹

다음 설명하고 있는 것에 대한 용어를 쓰시오. (6점) (2024-1회)

- "(①)"란 공사에 관한 계획서, 설계도면, 설계설명서, 공사비명세서 기술계산서 및 이와 관련된 서류(이하 "설계도서"라 한다)를 작성하는 행위를 말한다.
- "(②)"란 공사에 대하여 발주자의 위탁을 받은 용역업자가 설계도서 및 관련 규정의 내용대로 시공되는지를 감독하고 품질관리·시공관리 및 안전관리에 대한 지도 등에 관한 발주자의 권한을 대행하는 것을 말한다.

문제 ❹ 정답

① 설계
② 감리

문제 ❺

다음 감리원의 배치기준에 적합하게 관련 등급을 쓰시오. (4점) (2023-4회)

1. 총공사금액 100억원 이상 공사: 특급감리원(기술사 자격을 가진 자로 한정한다)
2. 총공사금액 70억원 이상 100억원 미만인 공사: (①)
3. 총공사금액 30억원 이상 70억원 미만인 공사: 고급감리원 이상의 감리원
4. 총공사금액 5억원 이상 30억원 미만인 공사: (②)
5. 총공사금액 5억원 미만의 공사: 초급감리원 이상의 감리원

문제 ❺ 정답

① 특급감리원
② 중급감리원

문제 ⑥

정보통신공사업법 시행령 제10조 '감리원의 자격기준'에 의거 감리원의 등급을 정하고 있다. 감리원의 등급을 4가지로 분류해서 쓰시오. (8점) (2013-4회)

문제 ⑥ 정답

① 특급감리원
② 고급감리원
③ 중급감리원
④ 초급감리원

보충설명

감리원의 배치기준

1. 총공사금액 100억원 이상 공사: 특급감리원(기술사 자격을 가진 자로 한정한다)
2. 총공사금액 70억원 이상 100억원 미만인 공사: 특급감리원
3. 총공사금액 30억원 이상 70억원 미만인 공사: 고급감리원 이상의 감리원
4. 총공사금액 5억원 이상 30억원 미만인 공사: 중급감리원 이상의 감리원
5. 총공사금액 5억원 미만의 공사: 초급감리원 이상의 감리원

문제 ⑦

용역업자는 정보통신공사 완료 후 감리결과보고서를 7일 이내에 발주자에게 제공해야 한다. 이와 관련해서 감리결과보고서에 들어가야 할 항목 3(또는 5)가지를 쓰시오. (5점) (2013-2회) (2022-4회) (2024-4회)

문제 ⑦ 정답

① 착공일 및 완공일
② 공사업자 성명
③ 시공 상태의 평가결과
④ 사용자재의 규격 및 적합성 평가결과
⑤ 정보통신기술자배치의 적정성 평가결과

> **보충설명**

정보통신공사업법 시행령 제14조(감리결과의 통보)

용역업자는 법 제11조에 따라 공사에 대한 감리를 완료한 때에는 공사가 완료된 날부터 7일 이내에 다음 각 호의 사항이 포함된 감리결과를 발주자에게 통보하여야 한다.
1. 착공일 및 완공일
2. 공사업자의 성명
3. 시공 상태의 평가결과
4. 사용자재의 규격 및 적합성 평가결과
5. 정보통신기술자배치의 적정성 평가결과

> **참조**

시공 상태의 평가결과 대상

구내통신선로설비, 이동통신구내설비, 방송공동수신설비, 지능형 홈네트워크에 대한 시공 상태 등을 점검한다.

문제 ❽

정보통신공사업에서 규정하는 감리원의 주요 업무 5가지(3가지)를 서술하시오. (5점)
(2012-1회) (2014-1회) (2015-2회) (2017-2회) (2018-2회) (2018-4회) (2019-2회) (2020-2회) (2023-4회)

문제 ❽ 정답

① 공사계획 및 공정표 검토
② 공사업자가 작성한 시공상세도면의 검토·확인
③ 설계도서와 시공도면의 내용이 현장조건에 적합한지 여부와 시공가능성 등에 관한 사전검토
④ 공사가 설계도서 및 관련규정에 적합하게 행하여지고 있는지에 대한 확인
⑤ 공사 진척부분에 대한 조사 및 검사
⑥ 사용자재의 규격 및 적합성에 관한 검토·확인
⑦ 재해예방 대책 및 안전관리의 확인
⑧ 설계변경에 관한 사항의 검토·확인
⑨ 하도급에 대한 타당성 검토
⑩ 준공도서의 검토 및 준공확인

※ 근거: 「정보통신공사업법」 제6조 및 제8조, 「정보통신공사업법 시행령」 제8조 및 제12조

문제 ❾

정보통신공사의 감리업무를 수행 시 아래 내용을 확인하고 빈칸에 알맞은 내용을 쓰시오. (9점) (2023-1회)

> 공사시공단계의 감리업무 중 품질관리업무에서 감리원은 시공자가 품질관리계획 요건의 이행을 위해 제출하는 문서를 (①)일 이내에 검토·확인 후 발주청에 승인을 요청하여야 하며, 발주청은 (②)일 이내에 승인하여야 한다. 또한 감리원은 시공자가 작성한 (③)에 따라 품질관리업무(시험 및 검사)를 적정하게 수행하였는지 여부를 검사하여야 한다.

문제 ❾ 정답

① 7
② 7
③ 품질관리 계획서(시험 계획서)

보충설명

업무내용	정보통신 품질관리 (품질시험) 계획서	→	정보통신 품질관리 (품질시험) 계획서 감리원 검토·확인	→	정보통신 품질관리 (품질시험) 계획서 제출	→	정보통신 품질관리 (품질시험) 계획서 승인
업무주체	정보통신 시공사		정보통신공사 시공사에서 감리원에 요청		공사시행자 ↓ 발주자		발주자 ↓ 공사시행자

　　　　　　　　　　　7일 이내　　　　　　　　　　7일 이내

품질관리업무
- 정보통신 품질관리(품질시험) 계획서: 감리원 7일 이내 검토
- 정보통신 품질관리(품질시험) 계획서 승인: 발주청은 7일 이내 승인

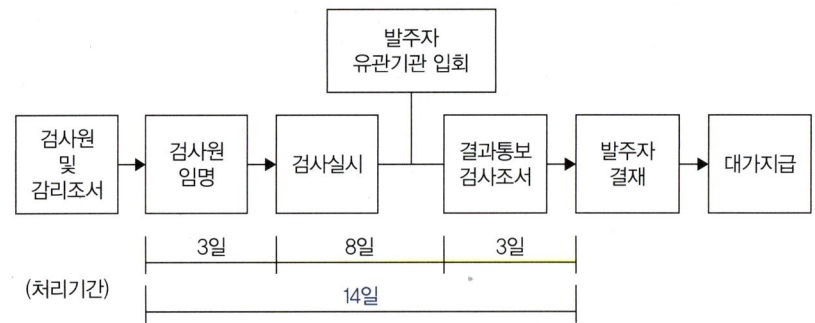

정보통신공사감리업무 수행기준 제69조(시설물 인계·인수)

① 감리원은 공사업자에게 해당 공사의 예비준공검사(부분 준공, 발주자의 필요에 따른 기성부분 포함) 완료 후 14일 이내에 시설물의 인계·인수를 위한 계획을 수립하도록 하고 이를 검토하여야 한다.

감리원 승인 업무 절차

발주자는 감리원으로부터 보고 및 승인 요청이 있을 경우 특별한 사유가 없는 한 다음 각 호에 정해진 기한 내에 처리될 수 있도록 협조하여야 한다.

1. 실정보고, 설계변경 방침변경: 요청일로부터 단순한 경우 7일 이내, 그 외의 사항은 14일 이내
2. 시설물 인수·인계: 준공검사 시정 완료일로부터 14일 이내
3. 현장문서 및 유지관리지침서: 공사준공 후 14일 이내

시공계획서 및 공정관리 검토

- 시공계획서 기준검토: 30일 이전 제출, 7일 이내 검토
- 공정관리 기준검토: 30일 이전 제출, 14일 이내 검토

문제 ⑩

다음 (　　) 안에 들어갈 숫자를 쓰시오. (6점) (2024-1회)

> 공사진도 관리 관련 감리원은 시공자로부터 전체 실시공정표에 의거한 월간 주간 상세공정표를 사전에 제출받아 검토 확인하여야 한다. 공사업자는 감리원에게 월간 상세공정표는 작업착수 (①)일 전에 제출해야 하고, 주간 상세공정표는 작업착수 (②)일 전에 제출하여야 한다.

문제 ⑩ 정답

① 7(월간 상세공정표는 작업착수 1주일 전 제출)
② 2(주간 상세공정표는 작업착수 2일 전 제출)

문제 ⑪

감리원은 안전계획 내용에 따라 안전조치, 점검 등을 이행했는지의 여부를 확인하기 위해 안전점검을 해야 한다. 안전점검의 종류 3가지를 쓰시오. (6점) (2021-4회)

문제 ⑪ 정답

① 수시점검(일상점검)
② 정기점검(계획점검)
③ 특별점검(정밀점검)

문제 ⑫

감리원은 안전계획 내용을 바탕으로, 안전점검(안전조치·점검이행 확인)을 실시해야 한다. 이와 관련한 안전점검의 종류 3가지를 서술하시오. (6점) (기출응용)

문제 ⑫ 정답

① 자체안전점검
② 정기안전점검
③ 정밀안전점검
④ 정기점검
⑤ 일상점검
⑥ 긴급점검 등

보충설명 1

산업안전보건법		건설기술진흥법	시설물의 안전 및 유지관리에 관한 특별법
근로자의 안전보건 유지증진		시공 중 시설물의 안전관리 및 주변안전확보	시설물의 안전점검과 적정한 유지관리로 재해와 재난을 예방하고 시설물의 효용을 증진
작업장순회점검		자체안전점검	정기안전점검
합동안전보건점검		정기안전점검	정밀안전점검
안전보건진단		정밀안전점검	정밀안전진단
유해위험 기계기구 및 설비의 안전점검	일상점검	초기점검	긴급점검
	정기점검	공사재개 전 안전점검	
	특별점검		
	임시점검		

보충설명 2

안전점검의 종류

- 점검시기에 의한 분류

일상점검 (수시점검)	매일 작업 전, 작업 중 또는 작업 후에 일상적으로 실시하는 점검으로 작업책임자, 관리감독자가 실시한다. 사업주의 안전순찰도 이에 해당한다.
정기점검 (계획점검)	법적 기준 또는 사내 안전규정에 따라 해당 책임자가 점검한다.
임시점검	기계, 기구 또는 설비의 이상 발견 시 임시로 점검한다.
특별점검	기계, 기구 또는 설비의 신설, 변경 또는 고장수리 등으로 비정기적인 특정점검으로 기술책임자가 실시한다.

- 감리원의 역할
  - 감리원은 공사업자가 자체 안전점검을 매일 실시하였는지 여부를 확인하여야 하며, 안전점검 전문기관에 의뢰하여 정기 및 정밀안전점검을 하는 때에는 입회하여 적정한 안전점검이 이루어지는지를 확인하여야 한다.
  - 감리원은 정기 및 정밀안전점검 결과를 공사업자로부터 제출받아 검토하여 발주자에게 보고하고, 발주자의 지시에 따라 공사업자에게 필요한 조치를 하여야 한다.

문제 ⓑ

다음 아래 사항에 답하시오. (5점) (기출응용)

1) 용역업자는 공사에 대한 감리를 완료한 때에는 공사가 완료된 날부터 (   ) 이내에 다음 각 호의 사항이 포함된 감리결과를 발주자에게 통보하여야 한다. (2점)
2) 감리결과 보고에 들어가야 할 내용 3가지를 쓰시오. (3점)

문제 ⓑ 정답

1) 7일
2) 착공일 및 완공일, 공사업자의 성명, 시공 상태의 평가결과, 사용자재의 규격 및 적합성 평가결과, 정보통신기술자 배치의 적정성 평가결과

보충설명

정보통신공사업법 시행령 제14조(감리결과의 통보)

용역업자는 공사에 대한 감리를 완료한 때에는 공사가 완료된 날부터 7일 이내에 다음 각 호의 사항이 포함된 감리결과를 발주자에게 통보하여야 한다.

1. 착공일 및 완공일
2. 공사업자의 성명
3. 시공 상태의 평가결과
4. 사용자재의 규격 및 적합성 평가결과
5. 정보통신기술자배치의 적정성 평가결과

문제 ⑭

정보통신공사의 설계단계에서 감리원의 주요 업무 3가지를 쓰시오. (9점) (2024-2회)

문제 ⑭ 정답

① 설계용역 성과검토 및 기술자문(보고)
  - 계획설계, 기본설계, 실시설계 단계별 설계사 산출물
  - 설계도서(도면, 내역서, 시방서, 계산서 등) 검토
② 관련 법령 및 시공기준 등 규정 준수, 적합성 검토
③ 사업기획 및 타당성 조사 등 전 단계 용역수행 내용의 검토
④ 설계 경제성 검토(VE; Value Engineering)
⑤ 설계 이슈사항에 대한 검토보고서(설계도서의 누락, 오류, 불명확한 부분에 대한 추가 및 정정 지시)
⑥ 시공성 및 유지관리의 용이성 검토
⑦ 설계 업무의 공정 및 기성관리의 검토 확인
⑧ 설계감리 결과보고서의 작성

보충설명

감리원 주요 업무 근거	• 정보통신공사업법 시행령 제8조의2 • 정보통신공사 감리업무 수행기준 근거 • 설계감리업무 수행지침(산업통상자원부 고시, 전력기술관리법) • 건설공사업관리방식 검토기준 및 업무수행지침(국토부고시)
감리원의 주요 업무	• 설계도서가 관련 법령 및 설계 기준에 적합한지 적정성 검토 • 목적(구조)물의 공법 선정, 사용자재 선정, 공사비의 적정성 검토 • 설계도면의 적정성 검토 • 설계의 경제성 검토 • 설계안 및 공사 시방서 등 작성의 적정성 검토(시방서는 설계설명서로 변경됨)

문제 ⓕ

다음은 감리원 등급에 따른 공사금액이다. (가)~(아)에 알맞은 내용을 쓰시오. (8점) (2024-2회)

「정보통신공사업법 시행령」 제8조의3(감리원의 배치기준 등)
용역업자는 법 제8조 제2항 후단에 따라 다음 각 호의 기준에 따른 감리원을 공사가 시작하기 전에 1명 배치해야 한다. 이 경우 용역업자는 전체 공사기간 중 발주자와 합의한 기간(공사가 중단된 기간은 제외한다)에는 해당 감리원을 공사 현장에 상주하도록 배치해야 한다.
1. 총공사금액 (가)억원 이상 공사: 특급감리원(기술사 자격을 가진 자로 한정)
2. 총공사금액 (나)억원 이상 (다)억원 미만인 공사: 특급감리원
3. 총공사금액 (라)억원 이상 (마)억원 미만인 공사: 고급감리원 이상의 감리원
4. 총공사금액 (바)억원 이상 (사)억원 미만인 공사: 중급감리원 이상의 감리원
5. 총공사금액 (아)억원 미만의 공사: 초급감리원 이상의 감리원

문제 ⓕ 정답

(가) 100

(나) 70

(다) 100

(라) 30

(마) 70

(바) 5

(사) 30

(아) 5

CHAPTER 05 정보통신공사의 공사비 계산

✓ 학습방법

정보통신공사 후 공사비 대가 지급 방법은 현장에서 매우 중요합니다. 이와 관련된 문제가 출제될 경우 최소 5~10점이 배정될 것이므로 관련 문제를 푼다면 합격권에 다가갈 것입니다. 이를 위해 아래 기본적인 공사비 관련 공식을 숙지하고 기존 기출문제를 통한 철저한 학습이 필요합니다.

문제 ❶

정보통신공사 설계 시 공사 총 원가를 구성하는 항목 5가지를 쓰시오. (5점) (2012-2회)

| 문제 ❶ 정답 |

① 재료비
② 노무비
③ 경비
④ 일반관리비
⑤ 이윤

문제 ❷

정보통신공사를 위한 공사금액을 구성하는 공사비 중 공사원가를 구하는 공식과 총원가를 구하는 내역을 쓰시오. (6점) (2015-1회) (2015-4회) (2017-2회)

1) 공사원가(순 공사원가) 구하는 공식:
2) 총원가:

| 문제 ❷ 정답 |

1) 재료비 + 노무비 + 경비
2) 재료비 + 노무비 + 경비 + 일반관리비 + 이윤

문제 ❸

정보통신 공사비의 공사원가 산정방식인 아래 2가지를 설명하시오. (6점) (2020-4회)

1) 표준품셈(공사원가):
   (동일문제) 표준품셈 기반 공사원가 기준으로 총공사원가는?
2) 표준시장 단가 방식:

┃문제 ❸ 정답 ┃

1) 시설공사의 대표적이고 보편적인 공종, 공법을 기준으로 작업당 소요되는 노무량, 장비사용시간 등을 수치로 표시한 표준적인 기준으로 표준품셈 산정조건은 가장 대표적이고 타당성 있는 공종으로 경제성을 고려한 합리적인 표준공법과 설계기준에 의하여, 지역 및 기타 여건에 맞는 조건으로 명확한 근거에 의해 작업여건 등을 감안하여 기계화 시공과 노동력을 적정하게 산정하여 공평성과 신뢰성을 확보하여야 한다.

   - 공사원가 = 재료비 + 노무비 + 경비(직접공사비 산출에서 표준품셈은 재료비, 노무비, 경비 분리)
     즉, 공사 시공과정에서 발생한 재료비, 노무비, 경비의 합계 금액으로 한다.
   - 간접공사비 = 비목(노무비 등)별 기준

2) 과거 수행된 공사(계약단가, 입찰단가, 시공단가)로부터 축적된 공종별 단가를 기초로 매년의 인건비, 물가상승률 그리고 시간, 규모, 지역차 등에 대한 보정을 실시하여 차기 공사의 예정가격 산출에 활용하는 방식이다(요약: 과거 수행한 공사 단가를 기초로 한다. 이외에 물가상승 사항을 보정하여 공사 예정가액을 산출).

   - 직접공사비 = 재료비 + 직접노무비 + 직접경비 포함
   - 간접공사비 = 직접공사비 기준

문제 ❹

정보통신공사 시공 시 적용되는 원가는 (   ), (   ), (   )로 구성된다. (3점) (2020-2회) (2022-1회)

┃문제 ❹ 정답 ┃

재료비, 노무비, 경비

문제 ⑤

공사원가를 구하는 원가 비목을 3가지를 적고 비목에 대해 정의하시오. (3점) (2014-1회) (기출응용)

1) 비목 3가지:

2) 비목 정의:

문제 ⑤ 정답

1) 재료비, 노무비, 경비

2) '비목'이란 용역사업비를 구성하는 인건비, 경비, 일반관리비를 말한다.

문제 ⑥

정보통신 공사원가에서 재료비, 노무비, 경비 비목을 총괄해서 무엇이라 하는가? (3점) (기출응용)

문제 ⑥ 정답

(순)공사원가

보충설명

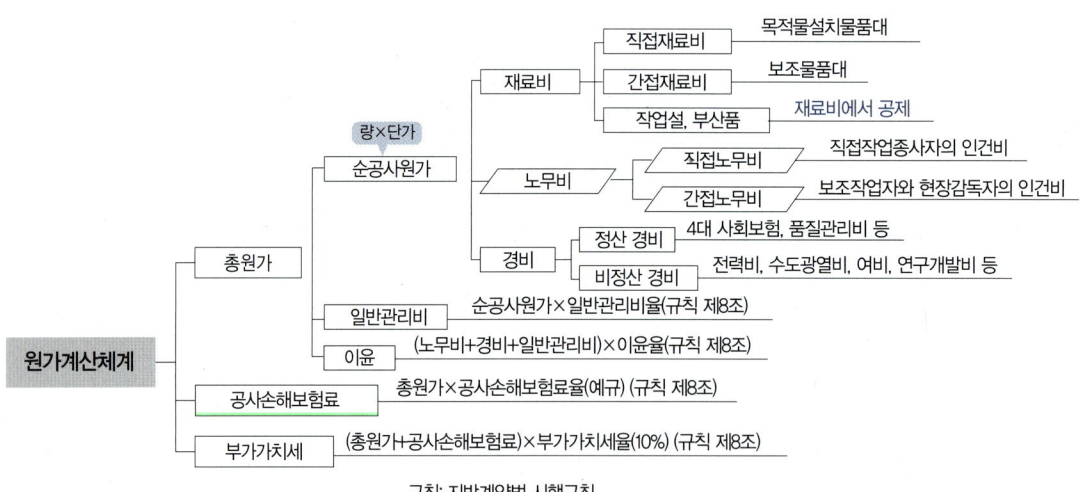

문제 ❼

다음은 무엇에 대한 내역서인지 아래 표를 보고 답하시오. (3점) (기출응용)

	구분		금액	적용요율(%)	산출근거	비고
	\multicolumn{6}{c	}{ O O O O O }	
	\multicolumn{6}{c	}{ (부가가치세를 포함한 총공사금액) }	
순공사원가	재료비	직접재료비	46,000			
		간접재료비	1,380	3.00	직접재료비 × 적용요율(%)	
		소계	47,380			
	노무비	직접노무비	547,360			
		간접노무비	71,157	13.00	직접노무비 × 적용요율(%)	
		소계	618,517			
	경비	산재보험료	22,885	3.70	노무비 × 적용요율(%)	
		고용보험료	6,247	1.01	노무비 × 적용요율(%)	
		건강보험료	19,130	3.495	직접노무비 × 적용요율(%)	
		연금보험료	24,631	4.5	직접노무비 × 적용요율(%)	
		노인장기요양보험료	2,347	12.27	건강보험료 × 적용요율(%)	
		산업안전보건관리비	0	0.00	(재료비 + 직접노무비) × 적용요율(%)	
		퇴직공제부금비	0	0.00	직접노무비 × 적용요율(%)	
		기타경비	38,622	5.80	(재료비 + 노무비) × 적용요율(%)	
		기계경비	331,430			
		폐기물처리비	1,000,000			
		소계				
	일반관리비		126,671	6	(재료비 + 노무비 + 경비) × 적용요율(%)	
	이윤		328,572	15	(노무비 + 경비 + 일반관리비) × 적용요율(%)	
	총원가		2,566,432		(순공사원가 + 일반관리비 + 이윤)	
	부가가치세		256,643	10	총원가 × 적용요율(%)	
	총공사금액		2,823,075		총원가 + 부가가치세	

문제 ❼ 정답

공사원가계산서

문제 ❽

정보통신공사를 위한 공사원가계산서 작성 시 경비에 해당하는 항목 5가지를 쓰시오. (5점)

(2016-2회) (2018-1회) (2019-4회)

| 문제 ❽ 정답 |

전력비, 수도광열비, 운반비, 기계장비, 품질관리비, 산업안전보건관리비(안전관리비), 환경 보전비, 4대 보험(보험료), 가설비, 지급임차료

보충설명

(계약예규) 예정가격작성기준 제19조(경비)

① 경비는 공사의 시공을 위하여 소요되는 공사원가 중 재료비, 노무비를 제외한 원가를 말하며, 기업의 유지를 위한 관리활동부문에서 발생하는 일반관리비와 구분된다.

문제 ❾

직접재료비와 간접재료비에 대해 서술하시오. (8점) (2023-1회)

1) 직접재료비:
2) 간접재료비:

| 문제 ❾ 정답 |

1) 목적물 설치 물품대로 계약목적물의 실체를 형성하는 물품의 가치이다. 주요 재료비(기본적 구성품)와 부분품비(계약목적물 원형대로 부착)로 구성된다.
2) 목적물 외에 보조물품대로 계약목적물의 실체를 형성하지는 않으나 제조에 보조적으로 소비되는 물품의 가치이다 (예 소모재료비, 소모공구, 기구, 비품비, 포장재료비 등).

문제 ⑩

아래 사항에 대해서 공식, 정의 등을 이용하여 설명하시오. (5점) (기출응용)

총원가	
(순)공사원가	
경비	
공사원가산정방식	
표준시장단가방식	

문제 ⑩ 정답

총원가	노무비 + 재료비 + 경비 + 일반관리비 + 이윤
(순)공사원가	노무비 + 재료비 + 경비
경비	가설비/지급임차료/운반비/안전관리비/보험료
공사원가산정방식	공사시공과정에서 발생한 재료비/노무비/경비 등의 합계액을 산출하는 방식
표준시장단가방식	과거 수행된 공사단가를 기초로 물가상승률 등에 대한 보정을 실시하여 차기 공사예정가격을 산출

문제 ⑪

아래 사항을 기반으로 공사예정가격을 산정하고자 한다. 노무비를 계산하시오. (6점) (2022-2회)

- 순공사비용: 35,000,000원
- 재료비: 12,000,000원
- 경비: 3,000,000원

문제 ⑪ 정답

순공사원가 = 재료비 + 노무비 + 경비 = 재료비(직접 + 간접) + 노무비(직접 + 간접) + 경비

35,000,000원 = 12,000,000원 + 노무비 + 3,000,000원

∴ 노무비 = 20,000,000원

문제 ⑫

다음 정보통신공사의 표준품셈을 기반으로 재료비를 산출하시오. (6점) (2024-4회)

- 순공사비용: 4,000,000원
- 노무비: 1,500,000원
- 경비: 5,000,000원

문제 ⑫ 정답

총원가 = 순공사원가 + 일반관리비 + 이윤

순공사원가 = 재료비 + 노무비 + 경비 = 재료비(직접 + 간접) + 노무비(직접 + 간접) + 경비

공사원가 = 재료비 + 노무비 + 경비

40,000,000원 = 재료비 + 15,000,000원 + 5,000,000원

∴ 재료비 = 20,000,000원

문제 ⑬

아래 표를 참조해서 각각의 질문에 답하시오. (9점) (2022-4회)

구분	세부비목	금액	비고
재료비	직접재료비	20,000,000	
	간접재료비	1,000,000	직접재료비의 5% 적용
노무비	직접노무비	40,000,000	
	간접노무비	3,200,000	직접노무비의 8% 적용
경비		10,000,000	제경비 포함
일반관리비		( )	일반관리비율 6% 적용
이윤		5,765,200	이윤 10%

1) 순공사비용(원가) 계산

2) 일반관리비 계산

3) 총공사비 계산

문제 ⑬ 정답

1) 순공사원가 = 재료비 + 노무비 + 경비 = 재료비(직접 + 간접) + 노무비(직접 + 간접) + 경비
   = 20,000,000원 + 1,000,000원 + 40,000,000원 + 3,200,000원 + 10,000,000원
   = 74,200,000원

2) 일반관리비 = 순공사원가 × 관리비율(6%)
   = 74,200,000원 × 0.06
   = 4,452,000원

3) 총공사비 = 순공사원가 + 일반관리비 + 이윤
   = 74,200,000원 + 4,452,000원 + 5,765,200원
   = 84,417,200원

문제 ⑭

아래 표를 보고 (가)와 (나)를 구하고 (다) 총공사원가를 구하시오. (8점) (2023-4회)

구분	금액	비고
재료비	(가)	직접재료비 + 간접재료비
노무비	53,000,000원	직접노무비 + 간접노무비
경비	12,000,000원	제경비 포함
일반관리비	(나)	일반관리비율 6% 적용
이윤	7,058,000원	10% 적용

문제 ⑭ 정답

(가) 28,000,000원, (나) 5,580,000원, (다) 105,638,000원

보충설명

(가) 일반관리비 = 순공사원가 × 일반관리 비율

  5,580,000원 = 순공사원가 × 6%, 순공사원가 = 93,000,000원

  순공사원가 = 재료비 + 노무비 + 경비 = 재료비 + 53,000,000원 + 12,000,000원 = 93,000,000원

  ∴ 재료비 = 28,000,000원

(나) 이윤 = (노무비 + 경비 + 일반관리비) × 이윤율

  7,058,000원 = (53,000,000 + 12,000,000 + (나) 일반관리비) × 10%이므로

  일반관리비 = 70,580,000원 − 65,000,000원 = 5,580,000원

(다) 총공사원가 = 순공사원가 + 일반관리비 + 이윤

    = 93,000,000원 + 5,580,000원 + 7,058,000원 = 105,638,000원

문제 ⑮

다음 괄호 안에 알맞은 공사원가 비목을 쓰시오. (3점) (2022-1회)

( )은/는 직접 제조작업에 종사하지는 않으나 작업현장에서 보조작업에 종사하는 노무자, 종업원과 현장감독자 등의 기본급과 제수당, 상여금, 퇴직 급여 충당금을 말한다.

문제 ⑮ 정답

간접노무비

CHAPTER 06 접지(Ground Earth)

학습방법

접지공사는 정보통신공사 현장에서 매우 중요한 요소로서 접지에 대한 법규 항목을 꼼꼼히 확인해야 합니다. 출제 빈도가 높은 문제부터 학습하고 법조문 기준 '숫자'나 Key Word 기반으로 학습하기 바랍니다.

문제 ❶

다음 지문에 해당하는 접지를 적으시오. (3점) (2014-1회)

1. 독립접지에 비해 시설비(구축비)가 절감된다.
2. 접지극에 대한 신뢰도가 향상된다.
3. 접지가 단순화 되고 접지극의 수량이 감소한다.
4. 건물의 철근이나 철 구조물을 접지극으로 사용할 수 있다.
5. 구조체 접지를 하는 경우에는 추가적으로 다음과 같은 장점이 있다.
    가) 인공 접지에서는 얻기 어려운 양호한 접지 저항값을 용이하게 얻을 수 있다.
    나) 별도의 접지 계통이 불필요하므로 설비가 간단하고 보수 점검이 용이하다.
    다) 높은 신뢰도의 접지계통을 상시 유지할 수 있다.
    라) 뇌 서지(Lightning Surge) 등에 의한 재해를 줄일 수 있다.
    마) 접지 공사비가 절감된다.

문제 ❶ 정답

공통접지

보충설명

개정된 접지기준(2021년, 국제표준에 부합)

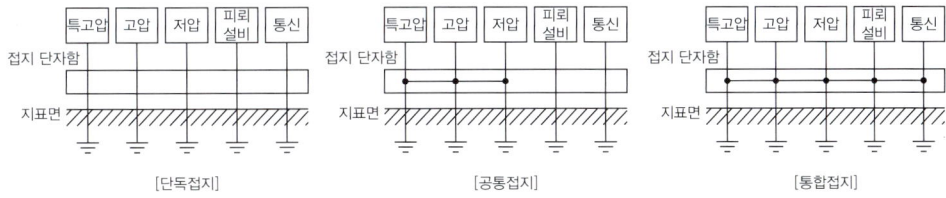

[단독접지]   [공통접지]   [통합접지]

- 구분: 계통 접지, 피뢰시스템 접지
- 시설 종류: 단독접지, 공통접지, 통합접지
- 구성요소: 접지극, 접지 도체, 보호 도체, 기타 설비

문제 ❷

다음 보기를 참조해서 아래 빈칸을 채우시오. (4점) (2018-2회) (2018-4회) (2023-2회) (기출응용)

[보기]
10[Ω], 30[Ω], 50[Ω], 0.6mm, 1.6mm, 2.0mm

접지선은 접지 저항값이 (①) 이하인 경우에는 2.6mm 이상, 접지저항값이 100[Ω] 이하인 경우에는 지름 (②) 이상의 PVC 피복 동선 또는 그 이상의 절연효과가 있는 전선을 사용하고 접지극은 부식이나 토양오염 방지를 고려한 도전성 재료를 사용한다. 단, 외부에 노출되지 않는 접지선의 경우에는 피복을 아니할 수 있다.

문제 ❷ 정답

① 10[Ω]

② 1.6mm

문제 ❸

다음 ( ) 안에 알맞은 용어를 쓰시오. (4점) (2020-1회) (기출응용)

접지선은 접지 저항값이 (①) 이하인 경우에는 2.6mm 이상, 접지 저항값이 100[Ω] 이하인 경우에는 지름 (②) 이상의 PVC 피복 동선 또는 그 이상의 절연효과가 있는 전선을 사용하고 접지극은 부식이나 토양오염 방지를 고려한 도전성 재료를 사용한다. 단, 외부에 노출되지 않는 접지선의 경우에는 피복을 아니할 수 있다.

문제 ❸ 정답

① 10[Ω]

② 1.6mm

보충설명

접지설비·구내통신설비·선로설비 및 통신공동구 등에 대한 기술기준 제5조(접지저항 등)

④ 접지선은 접지 저항값이 10[Ω] 이하인 경우에는 2.6mm 이상, 접지 저항값이 100[Ω] 이하인 경우에는 지름 1.6mm 이상의 피·브이·씨(PVC) 피복 동선 또는 그 이상의 절연효과가 있는 전선을 사용하고 접지극은 부식이나 토양오염 방지를 고려한 도전성 재료를 사용한다. 단, 외부에 노출되지 않는 접지선의 경우에는 피복을 아니할 수 있다.

⑤ 접지체는 가스, 산 등에 의한 부식의 우려가 없는 곳에 매설하여야 하며, 접지체 상단이 지표로부터 수직 깊이 75cm 이상 되도록 매설하되 동결심도보다 깊도록 하여야 한다.

문제 ④

아래 (   ) 안에 들어갈 용어를 쓰시오. (6점) (2024-2회)

접지선은 접지 저항값이 10[Ω] 이하인 경우에는 (①) 이상, 접지 저항값이 100[Ω] 이하인 경우에는 지름 (②) 이상의 PVC 피복동선 또는 그 이상의 절연효과가 있는 전선을 사용하고 접지극은 부식이나 토양 오염방지를 고려한 도전성 재료를 사용한다. 단, 외부에 노출되지 않는 접지선의 경우에는 피복을 아니할 수 있다.

문제 ④ 정답

① 2.6mm

② 1.6mm

문제 ⑤

다음은 통신관련 시설의 접지에 대한 내용이다. 문장의 빈칸을 채우시오. (6점) (2023-1회)

[접지설비·구내통신설비·선로설비 및 통신공동구 등에 대한 기술기준]
통신관련 시설의 접지저항은 (①) 이하로 한다. 다만 다음 각 호의 경우는 (②) 이하로 할 수 있다.
1. 선로설비 중 선조·케이블에 대하여 일정간격으로 시설하는 접지
2. 국선 수용 회선이 100회선 이하인 주 배선반
3. 보호기를 설치하지 않는 구내통신단자함
4. 구내통신선로설비에 있어서 전송 또는 제어신호용 케이블 쉴드 접지
5. 철탑 이외 전주 등에 시설되는 이동통신용 중계기
6. 암반지역 또는 산악지역에서 암반 지층을 포함하는 경우 등 특수 지형에의 시설이 불가피한 경우로서 기준 저항값 10[Ω]을 얻기 곤란한 경우

문제 ⑤ 정답

① 10[Ω]

② 100[Ω]

문제 ❻

다음은 접지설비 · 구내통신설비 · 선로설비 및 통신공동구 등에 대한 기술기준의 내용이다. 괄호 안의 접지저항은 몇 [Ω]인가? (3점) (2014-2회) (2016-2회) (2017-4회) (2019-4회)

> 통신관련 시설의 접지저항은 (   ) 이하를 기준으로 한다.

[유사문제]
정보통신설비의 기술기준에서 통신관련 시설의 접지저항은 (   ) 이하를 기준으로 한다.
방송통신용 접지저항은 (   )이다.
방송통신설비의 기술기준에서 통신관련 시설의 접지저항은 (   ) 이하를 기준으로 한다.

| 문제 ❻ 정답 |

10[Ω]

문제 ❼

다음 아래 밑줄 친 내용 중 틀린 것을 골라 수정하시오. (4점) (기출응용)

> 통신관련 시설 접지저항은 10[Ω] 이하로 한다. 다만 다음 각 호의 경우는 100[Ω] 이하로 할 수 있다.
> 1. 선로설비 중 선조 · 케이블에 대하여 일정간격으로 시설하는 접지
> 2. 국선 수용 회선이 100회선 초과인 주 배선반
> 3. 보호기를 설치하지 않는 구내통신단자함

| 문제 ❼ 정답 |

국선 수용 회선이 100회선 초과인 주 배선반 → 국선 수용 회선이 100회선 이하인 주 배선반

문제 ⑧

"접지설비·구배설비·선로설비 및 통신공동구 등에 대한 기술기준"에서 가공 통신선의 높이는 설치 장소의 여건에 따라 다르게 적용하고 있다. 다음 괄호 안에 들어갈 알맞은 숫자를 (   ) 안의 답란에 쓰시오. (6점)

(기출응용)

> 도로상에 설치되는 경우에는 노면으로부터 (①)으로 한다. 다만, 교통에 지장을 줄 우려가 없고 시공상 불가피한 경우 보도와 차도의 주변에 있는 도로의 보도상에서는 (②)으로 한다. 철도 또는 궤도를 횡단하는 경우에는 그 철도 또는 궤도면으로부터 (③)으로 한다.

문제 ⑧ 정답

① 4.5m 이상, ② 3m 이상, ③ 6.5m 이상

보충설명

접지설비·구내통신설비·선로설비 및 통신공동구 등에 대한 기술기준 제11조(가공통신선의 높이)

1. 도로상에 설치되는 경우에는 노면으로부터 **4.5m 이상**으로 한다. 다만, 교통에 지장을 줄 우려가 없고 시공상 불가피할 경우 보도와 차도의 구별이 있는 도로의 보도상에서는 **3m 이상**으로 한다.
2. 철도 또는 궤도를 횡단하는 경우에는 그 철도 또는 궤도면으로부터 **6.5m 이상**으로 한다. 다만, 차량의 통행에 지장을 줄 우려가 없는 경우에는 그러하지 아니하다.

문제 ⑨

접지는 기능을 위한 접지와 안전(보안)을 위한 접지로 구분된다. 다음 보기에서 기능을 위한 접지 2개를 고르시오. (4점) (2018-1회)

> [보기]
> 외함접지, 안테나 접지, 피뢰침 접지, 변압기 2차측 단대단 접지, 전원트랜스 중성점 접지

1) 기능용 접지:

2) 기능용 접지 의미:

문제 ⑨ 정답

1) 안테나 접지, 전원트랜스 중성점 접지(전원 중성점 접지)
2) 전기·전자기기의 안정적인 동작을 확보하기 위한 접지이다. 접지계에 유입되는 미약한 전위변동도 오동작의 원인이 된다. 낮은 임피던스의 경우에는 이들에 본딩하여 접지선으로 대용할 수 있다.

문제 ⑩

접지는 기능을 위한 접지와 안전(보안)을 위한 접지로 구분된다. 안전(보안)을 위한 대표적인 접지 방법 2가지를 쓰시오. (4점) (기출응용)

문제 ⑩ 정답

피뢰침 접지, 외함접지, 변압기 2차측 1선 또는 중앙선 접지, 절연재 바닥의 고저항 접지, 보안기 접지

보충설명

- 접지의 개요

  접지는 전기설비를 도체를 이용하여 전기적으로 대지와 결합하는 것으로 전기설비 간의 전위차를 0Volt가 되도록 한다. 그러나 실제적으로 전기선에 저항이 있기 때문에 아무리 굵은 전기선을 연결하여도 0Volt의 전위차를 만드는 것은 불가능하다. 접지는 정보통신 설비를 낙뢰, 잡음, 과도전압전류의 유입 및 정전기로부터 보호하고, 나아가서 전기적 충격으로부터 인명을 보호하는 것을 목적으로 한다. 아래와 같이 크게 안전접지와 기능접지로 구분한다.

종류	목적 및 용도	적용 예
안전접지	누전 또는 접촉에 의한 감전 방지	기기의 외함접지
	혼촉에 의한 감전방지	변압기의 2차축 1선 또는 중앙선 접지
	정전기 장애 방지	절연재 바닥의 고저항 접지, 보안기 접지
	낙뢰 사고 방지	피뢰침, 피뢰기 접지
기능접지	보호계전기 동작 확보	전원 계통의 중성점 접지, 지락검출용 접지
	기준 전위 확보	증폭기, 컴퓨터, 전자회로 및 외함 접지
	금전귀로로 이용	직류 급전용 접지, 전기철도 접지
	유도 잡음 방지	차폐선 접지, 필터 접지

- 접지 시스템의 구분

계통접지	전력계통에서 돌발적으로 발생하는 이상 현상에 대비하여 대지와 계통을 연결하는 것으로 변압기의 중성점(저압측의 1단자 시행 접지계통 포함)을 대지에 접속하는 것을 말한다. 일반적으로 중성점 접지라고도 한다.
보호접지	고장 시 감전에 대한 보호를 목적으로 기기의 한점 또는 여러 점을 접지하는 것을 말한다.
피뢰시스템 접지	보호하고자 하는 대상물에 근접하는 뇌격을 확실하게 흡입해서 뇌격전류를 대지로 안전하게 방류함으로써 건축물 등을 보호하는 것이다. 피뢰시스템 접지는 그러한 피뢰설비에 흐르는 뇌격전류를 안전하게 대지로 흘려보내기 위해 접지극을 대지에 접속하는 설비를 말한다.

문제 ⑪

아래 빈칸을 채우시오. (4점) (2016-2회)

제7조(보호기 및 접지) 벼락 또는 강전류전선과의 접촉 등으로 (①) 또는 이상전압이 유입될 우려가 있는 방송통신 설비에는 (②) 또는 과전압을 방전시키거나 이를 제한 또는 차단하는 보호기가 설치되어야 한다.

문제 ⑪ 정답

① 이상전류
② 과전류

문제 ⑫

다음 ( ) 안에 들어갈 용어를 쓰시오. (3점) (2018-2회)

벼락 또는 강전류전선과의 접촉 등으로 이상전류 또는 이상전압이 유입될 우려가 있는 방송통신설비에 과전류 또는 과전압을 방전시키거나 이를 제한 또는 차단하는 ( )이/가 설치되어야 한다.

문제 ⑫ 정답

(서지)보호기

문제 ⑬

다음은 접지저항에 대한 내용이다. 아래 밑줄 친 문장에서 틀린 내용을 찾아 수정하시오. (3점)

(2021-2회)(기출응용)

통신접지저항은 ① 10[Ω] 이하인 경우 ② 2.6mm 이상, 접지저항이 ③ 50[Ω] 이하인 경우에는 지름 ④ 1.6mm 이상의 PVC 피복 동선 또는 그 이상의 절연효과가 있는 전선을 사용한다.

문제 ⑬ 정답

③ 50[Ω] 이하 → 100[Ω] 이하

문제 ⑭

대지저항률에 영향을 주는 주요 요소 3가지를 쓰시오. (3점) (2019-1회)(2022-4회)

[유사문제]
대지저항률을 결정하는 요인 3가지를 쓰시오.

문제 ⑭ 정답

① 토양의 종류
② 온도
③ 습도(수분함유량)
④ 계절적 요인 등

문제 ⑮

접지저항 기술기준에 근거한 특3종 접지의 저항과 도선의 굵기를 쓰시오. (5점) (기출응용)

1) 접지저항:

2) 도선의 굵기:

문제 ⑮ 정답

1) 10[Ω]

2) 2.5mm² 이상의 연동선

보충설명

과거 접지기준(일본식 접지기준)

종류	접지 저항값의 상한	접지선의 최소 굵기
제1종	10[Ω]	6mm²
제2종	$\dfrac{150}{1선지락전류}[\Omega]$	16mm²
제3종	100[Ω]	2.5mm²
특별 제3종	10[Ω]	2.5mm²

- 제1종 접지공사: 특별고압 계기용 변성기의 2차 측 전로, 고압 및 특고압의 기계 기구의 외함에 접지 사고가 생겼을 경우, 고압이나 특별고압 전압이 침입할 가능성이 있어서 위험도가 높은 경우에 행한다.
- 제2종 접지공사: 고압 및 특고압이 저압과 혼촉 사고를 일으킬 우려가 있는 곳에 저압 선로 보호를 위하여 제2종 접지공사를 한다. 또한 저압 기기의 절연파괴나 감전사를 방지한다.
- 제3종 접지공사: 400[V] 미만의 저압 기계 기구에서 누전이 일어났을 때 감전사고를 방지한다.
- 특별 제3종 접지공사: 400[V] 이상의 저압 기계 기구의 외함 접지를 말한다.

문제 ⓰

현장에 특화된 접지시스템 3가지를 쓰시오. (3점) (기출응용)

문제 ⓰ 정답

① 계통접지
② 보호접지
③ 피뢰시스템(침)접지

문제 ⓱

아래 접지관련 사항을 서술하시오. (3점) (기출응용)

기능과 관련된 접지	(가)
보안(안전)과 관련된 접지	(나)

문제 ⓱ 정답

기능과 관련된 접지	(가) 안테나 접지/전원 중성점 접지
보안(안전)과 관련된 접지	(나) 피뢰시스템(침) 접지/외함 접지

문제 ⓘ

다음 보기를 참조해서 아래 빈칸을 채우시오. (5점) (2014-1회) (2015-2회) (2023-2회)

[보기]
30cm, 60cm, 90cm, 1.2m, 옹벽, 격벽, 부식, 누전, 개폐기, 스위치

지중통신선을 지중강전류전선으로부터 (①)(지중강전류전선이 특고압일 경우에는 (②)) 이내의 거리에 설치하는 경우에는 지중통신선과 지중강전류전선 간에는 설치장소에서 발생할 수 있는 화염에 견딜 수 있는 (③)을 설치하여야 한다. 다만, 전기용품 및 생활용품 안전관리법에 의한 전기용품안전기준 중 수직트레이 불꽃시험에 적합한 보호피복을 사용하고 상호 접촉되지 아니하도록 설치하는 경우로서 지중강전류전선 설치자의 승낙을 얻은 경우에는 예외로 할 수 있다.

지중통신선의 금속체의 피복 또는 관로는 지중강전류전선의 금속체의 피복 또는 관로와 전기적 접촉이 있어서는 아니된다. 다만, 전기철도 또는 전기궤도의 귀선으로부터 누출되는 직류전선에 의한 (④) 또는 강전류설비로부터 방송통신설비에 유입되는 위험전류를 방지하거나 제한하기 위하여 퓨즈 · (⑤) 또는 이와 유사한 보안장치를 통하여 접속하는 경우에는 예외로 할 수 있다.

문제 ⓘ 정답

① 30cm

② 60cm

③ 격벽

④ 부식

⑤ 개폐기

보충설명

접지설비 · 구내통신설비 · 선로설비 및 통신공동구 등에 대한 기술기준 제21조(지중통신선)

① 지중통신선을 지중강전류전선으로부터 30cm(지중강전류전선이 특고압일 경우에는 60cm) 이내의 거리에 설치하는 경우에는 지중통신선과 지중강전류전선 간에는 설치장소에서 발생할 수 있는 화염에 견딜 수 있는 격벽을 설치하여야 한다. 다만, 전기용품 및 생활용품 안전관리법에 의한 전기용품안전기준 중 수직트레이 불꽃시험에 적합한 보호피복을 사용하고 상호 접촉되지 아니하도록 설치하는 경우로서 지중강전류전선 설치자의 승낙을 얻은 경우에는 예외로 할 수 있다.

② 지중통신선의 금속체의 피복 또는 관로는 지중강전류전선의 금속체의 피복 또는 관로와 전기적 접촉이 있어서는 아니된다. 다만, 전기철도 또는 전기궤도의 귀선으로부터 누출되는 직류전선에 의한 부식 또는 강전류 설비로부터 방송통신설비에 유입되는 위험전류를 방지하거나 제한하기 위하여 퓨즈 · 개폐기 또는 이와 유사한 보안장치를 통하여 접속하는 경우에는 예외로 할 수 있다.

CHAPTER 07 접지시험 및 측정, 시공방법

> **학습방법**
>
> 접지 기본개념 및 측정 방법은 정보통신기사 실기 시험에 자주 출제되는 분야입니다. 기본적인 일반접지봉 방식과 3점 전위강하법 등을 충분히 숙지해서 시험에 대비하기 바랍니다.

문제 ❶

다음은 접지저항을 측정하는 방법이다. ( ) 안의 내용을 쓰시오. (9점) (2021-1회) (2024-1회)

(①)점 전위강하법

(②)% 법

(③)극 측정법

문제 ❶ 정답

① 3

② 61.8

③ 2

보충설명

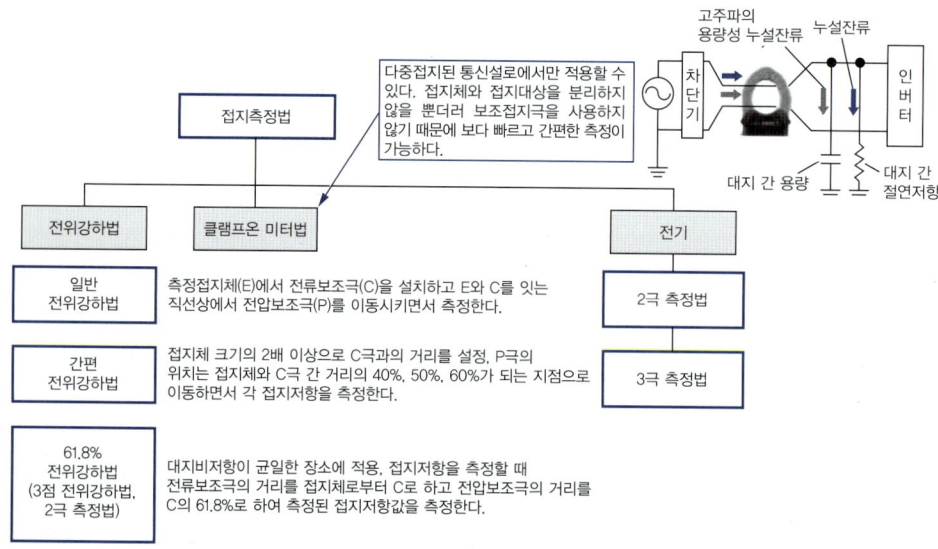

문제 ❷

접지저항을 측정하기 위하여 사용되는 측정법 3가지를 쓰시오. (6점) (2014-2회) (2022-2회) (2024-4회)

┃문제 ❷ 정답 ┃

① 3점 전위강하법
② 2극 측정법(N상과 접지를 측정)
③ 클램프 온 미터법(클램프 측정법)
④ 후크온 측정법
⑤ 61.8% 법 또는 접지 저항계법(전위강하법 or 전위차계법)

문제 ❸

접지측정을 위해 측정용 보조전극의 사용이 곤란한 경우 3극 전위강하법을 대체하는 접지 측정 방법은 무엇인가? (3점) (2018-1회)

┃문제 ❸ 정답 ┃

2극 측정법

문제 ❹

방송통신설비의 기술기준에 관한 규정에 근거해서 방송통신설비의 접지저항 측정은 일반적으로 3점 전위강하법으로 측정하여야 한다. 그러나 기술기준 적합 조사 시 측정용 보조전극의 설치가 어려운 지역에서 3점 전위강하법 대신 적용 가능한 측정법은 무엇인지 쓰시오. (3점) (2015-4회)

문제 ❹ 정답

2극 측정법

보충설명

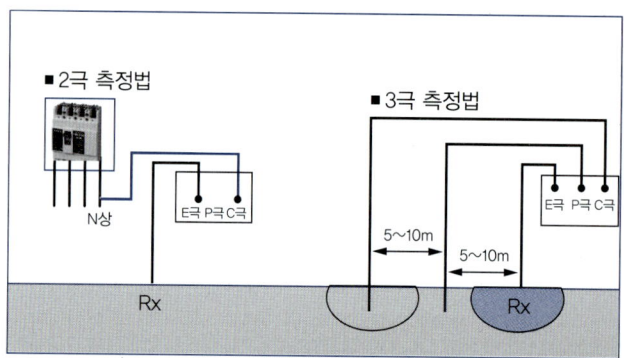

접지저항 측정법

접지저항을 측정하는 방법은 H(C) 전극을 가장 멀리, S(P) 전극을 다음으로 넣고 측정하고자 하는 접지극에 (E) 전극을 대고 측정하면 된다(접지극의 이격거리는 5~10m). 하지만 허허벌판 같은 곳에서는 전극을 어디에 연결한 후 측정해야 할지 모를 때가 있는데 이때는 가로등이나 바닥에 지지하고 있는 가대에 전극을 대고 접지를 측정하면 된다. 여기서 중요한 것은 접지저항 구역이 틀려야 되는데 똑같은 접지저항 구역에 전극을 연결한다면 잘못된 측정 방법이다.

문제 ❺

다음 아래 (   )의 내용으로 알맞은 것은? (3점) (기출응용)

'(   )의 법칙'은 접지전극(E)과 임시전극(C) 사이의 거리를 충분히 멀리하여 전위 강하 곡선의 평평한 구간의 겉보기 저항을 접지저항으로 산정하는데, 접지전극(E)이 크거나 현장 여건상 측정선을 길게 펼치기 어려운 경우가 많을 때에 주로 사용하는 방법이다.

문제 ❺ 정답

61.8%

보충설명

61.8% 법(3점 전위강하법, 2극 측정법)

전위전극의 위치는 접지전극으로부터 61.8% 떨어진 지점에서 측정한다.

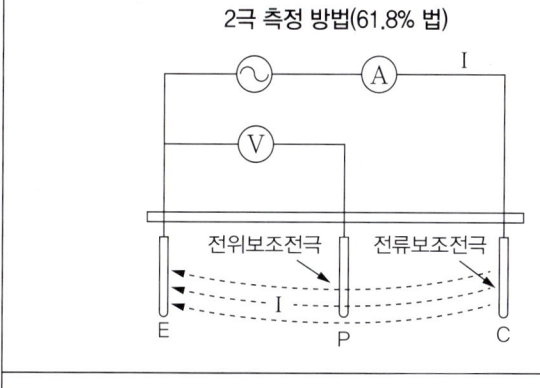

2극 측정 방법(61.8% 법)

- 전위강하법을 이용해 접지저항을 측정하는 방법으로, 대지비저항이 균일한 장소에서 사용할 수 있음
- 전류보조전극의 거리를 접지체로부터 C로 함
- E – P 간의 거리는 E – C 간 거리의 61.8%임

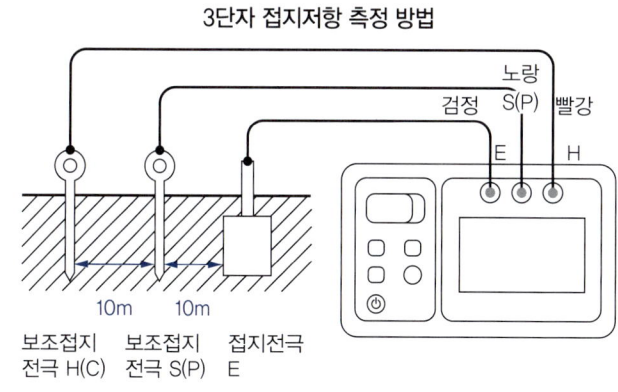

3단자 접지저항 측정 방법

3단자 접지저항 측정 방법
1) 주 접지전극에 E단자 리드선을 연결
2) 2개의 보조접지전극은 주 접지전극과 5~10m 정도 이격하여 한쪽 방향으로 대지에 꽂음
3) 첫 번째 보조접지전극에 P단자 리드선을 연결하고 마지막 보조접지극에 C단자 리드선을 연결
4) 접지저항 측정 전 대지전압을 측정

참조

H 전류극(C), E 접지극, S 전위극(P)

문제 ❻

3점 전위강하법에서 접지저항을 측정하고자 한다. 아래 보기를 참조해서 접지저항을 측정할 수 있는 구성도를 그리시오. (6점) (2019-4회) (2024-2회)

> [보기]
> 전원, 전류(I), 접지전극(E), 전류계(A), 전위보조전극(P), 전류보조전극(C), 전압계(V)

문제 ❻ 정답

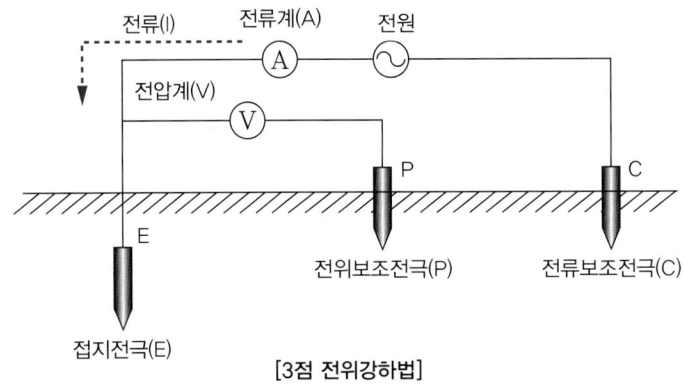

[3점 전위강하법]

문제 ❼

다음 (　) 안에 들어갈 용어를 쓰시오. (5점) (2016-4회)

> 3점 전위강하법을 사용해서 접지저항을 측정하고자 한다. 전류전극 사이의 토양이 균일한 경우 접지전극(E)과 전류보조전극(C)을 일정한 위치에 고정하고 측정하는 방법으로 전위보조전극(P)의 위치는 접지전극(E)과 전류보조전극(C) 거리 중 접지전극(E)으로부터 (　)% 정도 떨어진 지점에서 측정한다.

문제 ❼ 정답

61.8

보충설명

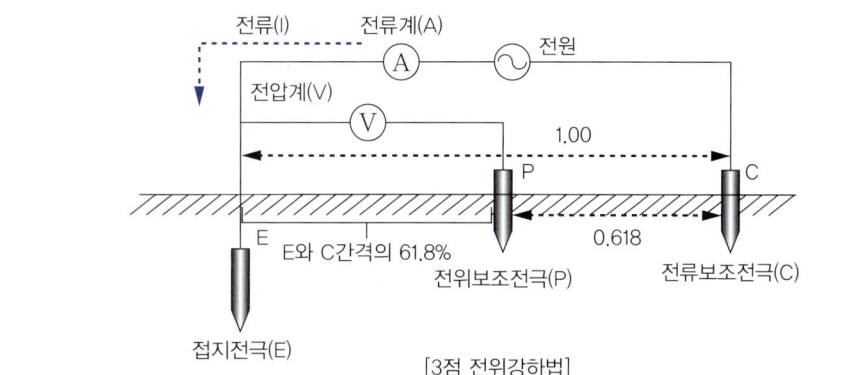

[3점 전위강하법]

3점 전위강하법은 오옴의 법칙에 따라 접지저항을 측정하는 방법으로 가장 널리 사용되는 접지저항 측정 방법이다. 이 방법은 접지전극(E)에서 일정한 거리에 전류보조전극(C)을 설치한 후 접지전극(E)과 전류보조전극(C) 사이에 전위보조전극(P)를 설치하여 접지저항을 측정하는 방법이다.

접지전극(E)과 전위보조극(P)의 간격은 접지전극(E)과 전류보조전극(C)과의 간격의 61.8%(0.618배)가 접지저항 측정에 최적의 위치가 된다.

문제 ❽

3점 전위강하법의 접지저항 측정 절차를 쓰시오. (5점) (2017-2회)

│ 문제 ❽ 정답 │

① 접지전극(E), 전위보조전극(P), 전류보조전극(C)을 나란히 배열한다.
② E와 C 사이에 전류를 인가한다.
③ 전위 측정할 경우 평탄 지점을 확인한다.
④ 61.8% 지점에서 접지저항을 측정한다.

보충설명

접지저항 세부 측정 절차

① 전류보조전극(C)의 설치 위치는 접지전극(E)에 영향이 미치지 않도록 최대한 충분한 이격거리(단일 봉 접지인 경우 최소 50m 이상)를 두어 전류보조전극(C)을 설치한다.
② 접지전극(E)과 전류보조전극(C) 사이에 시험(Test) 전류를 인가한 후 전류계의 전류값을 측정한다.
③ 전위보조전극(P)을 접지전극(E)으로부터 전류보조전극(C) 방향으로 일정한 간격을 이동하며 측정했을 때, 전압계로 측정된 전압의 상승곡선이 거리에 대해 평탄한 지점을 확인하고 측정한다.
④ 일반적으로 토양이 균일한 경우 별도의 평탄한 지점을 확인할 필요 없이 접지전극(E)와 전류보조전극(C)의 61.8% 지점(X = 0.618D)에서 측정한다.
⑤ 위 측정에 대해서 전위보조전극(P)을 접지전극(C)의 61.8% 지점의 전압(V)과 전류(I)에 기반한 접지저항(R)을 측정하거나 V = IR에 기반에서 저항(R) = $\dfrac{\text{전압(V)}}{\text{전류(I)}}$[Ω]으로 계산한다.

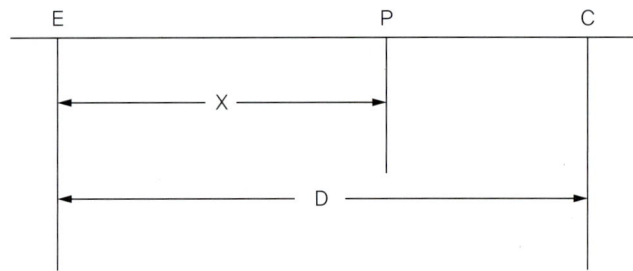

문제 ⑨

다음은 각각 무슨 접지방법을 서술한 것인지 쓰시오. (6점) (2021-1회)

1) 단순 강봉에 동피막을 입히고 나동선을 슬리브에 접속하는 접지방식:
2) 그물 모양 구조로 접지 나동선을 일정한 간격으로 포설하여 접지전극으로 이용하는 접지방식:

문제 ⑨ 정답

1) 일반접지봉 방식
2) 메시(Mesh) 접지 방식(망상 접지 방식)

문제 ⑩

아래 빈칸을 채우시오. (3점) (2016-1회)

- ( )란 다수의 매설지선을 격자형으로 접속하여 대형 접지극을 구성하는 것으로서 교차되는 부분의 접속을 화학반응을 이용한 용접방법으로 접속하며 필요에 따라 접지도선 주위를 접지저감제로 채우기도 한다.
- ( )은/는 매설 후 접지도선과 저감제가 하나의 전극을 형성하여 대지저항율이 높고 부지가 넓은 곳에 시공하기 적합하다.

문제 ⑩ 정답

메시(Mesh, 망상) 접지

보충설명

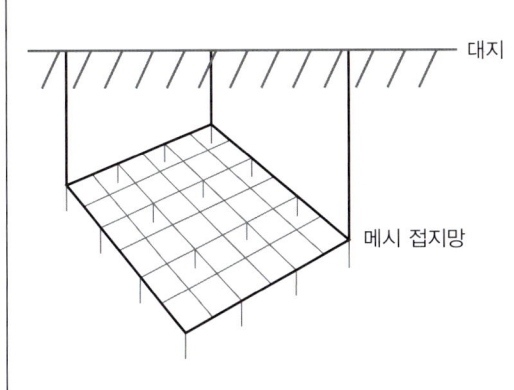

메시(Mesh, 망상) 접지 시공방법
- 시공지역 전체를 1m 깊이의 설계된 면적으로 구덩이를 파고 나동선을 정해진 간격으로 그물망을 깐다.
- 접지봉을 박는다.
- 접지저감제(탄소저감제, 하이퍼어스 등)를 투입한다. 접지를 웰딩한다. 웰딩은 반드시 철근과 하며, 웰딩하는 층은 메시 > 잡석 > 무근 그 위의 철근 순으로 한다. 그래야 각 부가 연결되어 병렬접지로 인한 저항값 감소가 이루어진다.

문제 ⑪

접지전극의 시공방법으로는 봉접지, 메시(망상) 접지, 동판접지, 화학 저감제 접지 등이 있다. 다음의 설명은 위 시공방법 중 어떤 시공방법을 설명한 것인지 쓰시오. (4점) (2014-4회)

- 시공지역 전체를 1[m] 깊이의 설계된 면적으로 구덩이를 판다.
- 나동선을 일정한(정해진) 간격으로 그물 형태로 포설한다.
- 그물 모양의 각 연결점을 압착 슬라브 접합 또는 발열 용접으로 접속한다.
- 외부 접지 도선을 연결하여 인출한다.
- 시공지역의 전체를 메우고 마무리한다.
- 이 방법은 대지 저항률이 높고 부지가 넓은 곳에 적합한 시공방법이다.

문제 ⑪ 정답

메시(Mesh, 망상) 접지

문제 ⑫

다음 설명하고 있는 접지전극 시공방법이 무엇인지 쓰시오. (5점) (2019-4회)

- 현재 접지 분야에서 가장 많이 시공되고 있는 접지전극 시공방식은 (　　)이다.
- 장점은 다양한 크기와 재료의 모델이 있으며, 재료비의 가격도 비교적 저렴한 편이다. (　　)은/는 시공 면적이 넓고, 대지저항률이 낮은 지역에서 매우 좋은 성능을 발휘하며, 접지봉의 추가 시공이 용이하고 타 접지 시스템과의 연계성이 좋은 장점이 있다.
- 단점은 대지저항률이 높은 지역이나 암반 지역에서는 시공 시 접지봉이 부러지거나 구부러져 시공이 매우 어렵고, 아주 많은 수의 접지봉이 사용되며, 접지 성능도 크게 저하된다. 또한 뇌 서지와 같은 강한 전류에 대해 접지봉이 쉽게 파괴되며, 부식에 의한 접지봉의 손상이 빠르게 진행되므로 접지의 수명이 매우 짧다. 그리고 계절적 기후적 영향과 같은 외부 환경요인에 의해 접지저항의 변화가 심한 단점이 있다.

문제 ⑫ 정답

일반봉 접지(일반접지봉 접지)

문제 ⑬

다음의 설명에 해당하는 접지전극의 시공방법은 무엇인가? (5점) (2014-1회) (2017-1회) (2017-4회) (2018-2회)

- 현재 접지 분야에서 가장 많이 시공되고 있는 방법이다.
- 시공 면적이 넓고 대지 저항률이 낮은 지역에서 우수한 성능을 발휘한다.
- 재료비가 비교적 저렴한 편이다.
- 추가 시공이 용이하며 다른 접지 시스템과의 연계성이 매우 좋다.
- 부식에 의한 접지전극 손상이 빠르게 진행되어 수명이 짧은 것이 단점이다.
- 접지봉의 구조가 단순하며 시공이 간단하다.

문제 ⑬ 정답

일반봉 접지(일반접지봉 접지)

보충설명

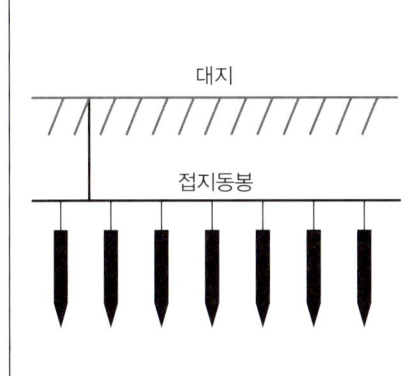

일반접지봉의 시공방법

- 시공 위치를 폭 40cm, 깊이 75cm 이상으로 터를 판다.
- 터 판 위치에 일반봉을 해머로 때려 박는다.
- 접지봉 간의 간격은 최소 2배 이상 이격하여 설치한다.
- 봉과 봉을 나동선(Bare Copper)을 이용하여 압착 슬리브로 접속한다.
- 외부 접지선(GV 선)을 나동선과 접속한다.
- 시공 위치를 되메우고 마무리한다.
- 접지저항을 측정·기록한다.

문제 ⑭

KEC 접지 기준에 따른 접지 설계방식으로 현장에 특화된 접지방식 3가지를 쓰시오. (3점) (기출응용)

문제 ⑭ 정답

① 계통접지
② 보호접지
③ 피뢰시스템(침) 접지

보충설명

- KEC 변경내용(기존 종별 접지방식인 1종, 2종, 3종 접지는 아래와 같이 변경됨)

과거	변경	접지의 방법 및 목적
제1종	계통접지, 보호접지, 피뢰시스템(침) 접지	• 전력계통의 중성점 접지: 대지전압 저하, 이상전압 억제 • 기기의 노출도전부 접지: 감전방지 • 뇌 서지 저감
제3종		
특3종		
제2종	'변압기 중성점 접지'	고저압, 고특고압 등 변압기 1, 2차측 혼촉방지

- 접지 개념 정리

접지 구분	• 계통접지: 전력계통에서 돌발적으로 발생하는 이상 현상에 대비하여 대지와 계통을 연결하는 것으로 변압기의 중성점(저압측의 1단자 시행 접지계통 포함)을 대지에 접속하는 것이며 일반적으로 중성점 접지라고도 한다. • 보호접지: 고장 시 감전에 대한 보호를 목적으로 기기의 한 점 또는 여러 점을 접지하는 것이다. • 피뢰시스템(침) 접지: 보호하고자 하는 대상물에 근접하는 뇌격을 확실하게 흡입해서 뇌격전류를 대지로 안전하게 방류함으로써 건축물 등을 보호하는 것이다. 피뢰시스템(침) 접지는 피뢰설비에 흐르는 뇌격전류를 안전하게 대지로 흘려보내기 위해 접지극을 대지에 접속하는 설비를 의미한다.
접지 종류	단독접지, 공통접지, 통합접지
접지시스템 구성요소	접지극, 접지도체, 보호도체, 기타설비

- 접지시스템의 시설 종류

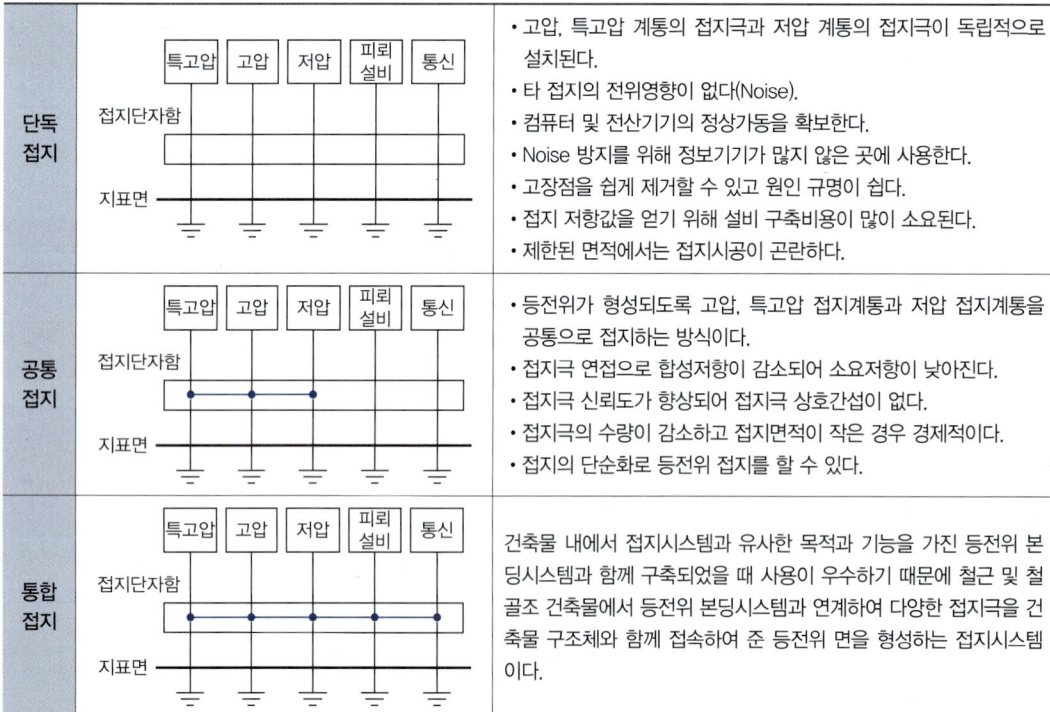

문제 ⑮

다음은 어떠한 접지방식인가? (3점) (2020-1회)

> 땅속에 일정한 깊이로 구멍을 뚫고, 그곳에 나연 동선을 망상으로 포설하고, 망코가 교차하는 장소를 전기적으로 접속해서 접지극으로 하는 방식이다. 시공 전체를 1m 깊이로 파며 그물 모양의 각 연결점을 압착 글리브로 접합·발열·용접한다.

문제 ⑮ 정답

메시(Mesh, 망상) 접지

문제 ⑯

A 전화국에서 B 방면으로 포설된 0.4mm 1800p 케이블에 고장이 발생했고 길이는 1,250[m]이다. A 전화국 실험실에서 L3 시험기로 바레이법에 의해 측정할 때 고장위치를 구하시오. (바레이 3법 저항 325[Ω], 바레이 2법 저항 245[Ω], 바레이 1법 저항 142[Ω]) (7점) (2024-1회)

문제 ⑯ 정답

고장위치 $= \dfrac{R_2 - R_2}{R_3 - R_1} \times L$ (L: 케이블의 길이)

고장위치 $= \dfrac{325 - 245}{325 - 142} \times 1{,}250 \approx 546.45[\text{m}]$

문제 ⑰

A 전화국에서 B 방면으로 포설된 0.4mm 1800p 케이블에 고장이 발생했고 길이는 1,250[m]이다. A 전화국 실험실에서 L3 시험기로 바레이법에 의해 측정할 때 고장위치를 구하시오. (바레이 3법 저항 335[Ω], 바레이 2법 저항 245[Ω], 바레이 1법 저항 142[Ω]) (5점) (2019-2회)

문제 ⑰ 정답

모두 동일하고 바레이 3법 저항이 335[Ω]인 경우,

고장위치 $= \dfrac{335 - 245}{335 - 142} \times 1,250 \approx 582.90[\text{m}]$

문제 ⑱

통신케이블 공사에서 포설장력이란 무엇인지 서술하시오. (4점) (2024-4회)

문제 ⑱ 정답

포설장력이란 케이블을 전선관을 이용하여 포설할 때 케이블에 가해지는 압력이다. 지하에 케이블을 포설할 때 맨홀과 맨홀 간의 간격을 얼마로 할지 모를 때 포설장력 계산을 이용해서 최대 길이를 계산해야 한다.

보충설명

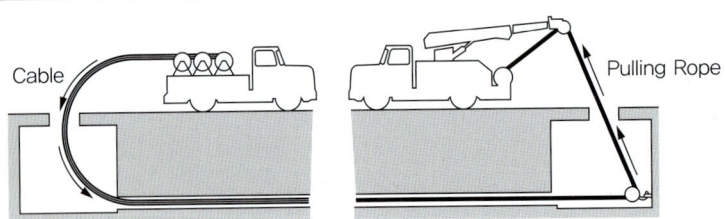

케이블을 전선관을 이용하여 포설할 때 케이블에 가해지는 압력을 포설장력(Pulling Tension)이라고 하며 이 압력은 케이블이 견딜 수 있는 최대 압력을 초과하면 안 된다.
- 포설장력은 허용장력 이내로 유지되어야 한다.
- 포설장력 < 허용장력(케이블 무게, 마찰계수 등)

CHAPTER 08 정보통신공사 문서 양식

> 참조

정보통신공사 관련 각종 문서 양식

┃공사 기성부분 검사원┃

【 별지 제23호서식 】

공사 기성부분 검사원

감리원경유   (인)

1. 공 사 명 :
2. 위   치 :
3. 계 약 금 액 :
4. 계약년월일 :
5. 착공년월일 :
6. 준 공 기 한 :
7. 현 재 공 정 :   . . .   현재   %
8. 첨 부 서 류 : 기성공정내역서, 기성부분사진

  위 공사의 도급시행에 있어서 공사전반에 걸쳐 공사설계도서, 품질관리기준 및 기타 약정대로 어김없이 기성되었음을 확인하오며 만약 공사의 시공, 감리 및 검사에 관하여 하자가 발견될 시는 즉시 변상 또는 재시공할 것을 서약하고 이에 기성검사원을 제출하오니 검사하여 주시기 바랍니다.

년   월   일

주 소
상 호
성 명   (인)

귀 하

| 정보통신공사 감리결과 보고서 |

■ 정보통신공사업법 시행에 관한 규정 [별지 제7호서식]

정보통신공사 감리결과 보고서

감리자	상 호		엔지니어링사업자 신고번호 (기술사사무소 등록번호)		제 호
	감 리 원	(서명 또는 인)	전 화 번 호 (이동전화번호)		
	주 소				

시공사	상 호		정보통신공사업 등 록 번 호	제 호
	대 표 자		전 화 번 호	
	주 소			

감리현장 명칭	
감리현장 주소	
공사의 종류	
구조 및 용도	
건축면적	제곱미터	연 면 적	제곱미터/지상 층, 지하 층
착공일	. . .	완 공 일	. . .

「정보통신공사업법」 제11조 및 같은 법 시행령 제14조에 따라 정보통신공사 감리결과를 보고합니다.

년 월 일

상 호 :

대 표 자 : (서명 또는 인)

(발주자) 귀하

제출서류	1. 시공상태의 평가결과서 1부. 2. 사용자재의 규격 및 적합성 평가결과서 1부. 3. 정보통신기술자배치의 적정성 평가결과서 1부. 4. 정보통신공사 도급 및 (재)하도급 계약서 사본 1부. 5. 감리원 자격증

210mm×297mm[백상지(80g/㎡)]

┃시공상태의 평가결과서┃

■ 정보통신공사업법 시행에 관한 규정 [별지 제8호서식]

시공상태의 평가결과서

착 공 일	. .	완 공 일	. .
감리자 상 호		엔지니어링사업자 신 고 번 호 (기술사무소등록번호)	제 호
감 리 원	(서명 또는 인)	전 화 번 호 (이동전화번호)	

검 사 항 목 및 내 용(해당공사만 기재)	검사결과	검 사 자
1. 구내통신선로설비공사에 대한 검사		
1) 전기통신 기자재의 형식승인제품 사용여부		
2) 국선수용 및 구내회선의 충분한 예비 회선 수 확보여부		
3) 구내통신실 위치 및 면적 확보의 적정여부		
4) 국선 인입관로 적정여부		
5) 국선 예비 인입배관 확보 및 굵기의 적합여부		
6) 국내 건물간선계, 수평배선계 및 옥내배관의 적정여부		
7) 국선/중간/세대 등 통신단자함 설치 및 요건 충족여부		
8) 구내 배선방식(성형배선)의 적정여부		
9) 예비전원 설비 확보 및 접지설비 적정여부		
2. 방송공동수신설비(지상파 TV, 위성방송, FM 라디오, 종합유선방송)공사에 대한 검사		
가. 공통사항		
1) 배관, 배선, 증폭기, 분배기의 외부 교체 용이성 여부		
2) 옥내배관 및 배선의 적정여부		
3) 장치함 설치장소 및 공간확보의 적정여부		
나. 지상파 TV, 위성방송, FM 라디오방송설비		
1) 방송통신기자재의 형식승인 또는 해당 성능기준 제품사용여부		
2) 수신안테나 설치방법의 적정성여부		
3) 수신안테나의 레벨조정 및 출력레벨의 적정성 사용여부		
다. 종합유선방송설비		
1) 전기통신기자재의 형식승인 제품사용여부		
2) 인입설비(지하/가공/맨홀/핸드홀/인입배관)의 적정여부		
3) 지상파 TV 및 종합유선방송설비 분리 설치방식의 적정여부		
4) 신호분배 및 신호레벨의 적정여부		
3. 이동통신구내선로설비공사에 대한 검사		
1) 급전선 인입표준도 등에 의한 적정 설치 여부		
2) 옥외안테나와 중계장치 간 배관 또는 닥트의 적정 설치 여부		
3) 접속함의 적정 설치 여부		
4) 전원단자 및 접지설비의 적정 설치 여부		
5) 중계장치, 송수신용 안테나 설치장소 개소 수 및 설치면적의 확보 여부		
6) 중계장치 설치장소의 적정 수용 여부		
4. 지능형 홈네트워크 설비 등 기타 정보통신공사에 대한 검사		
:		
:		
:		

210mm×297mm[백상지(80g/㎡)]

❙ 사용자재의 규격 및 적합성 평가결과서 ❙

■ 정보통신공사업법 시행에 관한 규정 [별지 제9호서식]

사용자재의 규격 및 적합성 평가결과서

착 공 일		. . .	완 공 일	. . .
감리자	상 호		엔지니어링사업자 신 고 번 호 (기술사무소등록번호)	제 호
	감 리 원	(서명 또는 인)	전 화 번 호 (이동전화번호)	

연번	품 명	규 격	단위	설계량	반입량	반입일	합격량	불 합 격		검수자
								불합격량	사 유	
1										
2										
3										
4										
5										
6										
7										
8										
9										
10										
11										
12										
13										
14										
15										
16										
17										
18										
19										
20										

210㎜×297㎜[백상지(80g/㎡)]

❚ 정보통신기술자 배치의 적정성 평가결과서 ❚

■ 정보통신공사업법 시행에 관한 규정 [별지 제10호서식]

정보통신기술자 배치의 적정성 평가결과서

시공사	상 호		전 화 번 호		제 호
	대 표 자		정보통신공사업 등 록 번 호		
	주 소				

성 명	자 격 등 급	자격발급번호	업 무 배 치 구 분

　　상기 정보통신기술자는 통신공사 현장에 「정보통신공사업법」 제33조 및 같은 법 시행령 제34조에 따라 적절하게 배치되었으며, 공사전반에 걸쳐 설계도, 시방서 및 기타 도급계약 등 관계법령에 따라 그 업무를 성실히 수행하였음을 확인합니다.

년　　　월　　　일

상 호 명 :

감 리 원 :　　　　　　　　　　　　　　　(서명 또는 인)

(발주자)　　　　　　귀하

210㎜×297㎜[백상지(80g/㎡)]

┃착공계┃

착 공 계

1. 공 사 명 :
2. 계 약 번 호 :
3. 계 약 금 액 : 일금   원(₩)
4. 계약연월일 :   년   월   일
5. 착공연월일 :   년   월   일
6. 준공연월일 :   년   월   일

위와 같이 착공계를 제출합니다.

                                    년   월   일

                상   호 :
                주   소 :
                대 표 이 사 :   인

            귀하

| 준공계 |

준 공 계

감독관 경유	
소속	
직급	
성명	(인)

○ 공 사 명 :

○ 계 약 금 액 : 금(금원)

○ 준 공 금 액 : 금(금원)

○ 정산준공금액 : 금(금원)

○ 계 약 일 자 :   년 월 일

○ 착 공 일 자 :   년 월 일

○ 준 공 기 한 :   년 월 일

○ 준 공 일 자 :   년 월 일

상기와 같이 준공되었기에 준공신고서를 제출합니다.

년   월   일

회 사 명 :

주   소 :

대   표 :   (인)

귀하

| 준공검사원 |

준공검사원

감리원 경유　　　　　(인)

1. 공　사　명 :

2. 공사　위치 :

3. 계약　금액 :

4. 계　약　일 :

5. 착　공　일 :

6. 준공　기한 :

7. 실제준공일 :

8. 첨부　서류 : 준공사진

　위 공사의 도급 시행에 있어서 공사전반에 걸쳐 공사설계도서, 품질관리 기준 및 그 밖의 약정대로 어김없이 준공되었음을 확인하오며, 만약 공사의 시공, 감리 및 검사에 관하여 하자가 발견될 시는 즉시 실액변상 또는 재시공할 것을 서약하고 이에 준공검사원을 제출합니다.

년　월　일

주　소 :

상　호 :

성　명 :　　　　　(서명)

귀　하

❙ 접지 시공 점검표 ❙

접지 시공 점검표

설치장소 :

구 분	점 검 주 요 내 용	비 고
접지공사 시공상태	1) 사용자재의 규격과 치수는 도면과 시방에 따른 것인가? 2) 접지봉의 매설위치 및 매설깊이는 적정한가? 3) 접지봉과 전선은 크램프로 완전하게 접속하였는가? 4) 접지선의 굵기는 설계대로 시공되었는가? 5) 접지종별 이격거리는 적정한가? 6) 접지저항 측정결과 규정치 이상인가? 7) 노출되는 접지계통의 경우 적절한 보호가 됐는가? 8) 본딩되는 곳은 연속 접지 저항치가 나오는가? 9) 접지계통 접속이 접속재 제조자의 지시서에 따라 양호한 접속이 됐는가? 10) 매립되는 접지계통이 실용적인 접지가 될 수 있게 적정하게 시공하였는가? 11) 접지극은 페인트 구리스 등이 묻지 않았으며 깊게 박았는가? 12) 시공도면에 접지종별 시공위치, 시공 연월일 표기여부?	

※ 시공과정 및 접지저항 측정값을 사진 촬영하여 첨부

❚ 케이블 배선 시공 점검표 ❚

케이블 배선 시공 점검표

구 분	점 검 주 요 내 용	비 고
케이블 배선 시공상태	1) 케이블, 전선은 KS제품으로 정해진 규격으로 시공하였는지? 2) 한전주~부하 간 MCCB 계통은 양호한가? 3) 용도별 전선의 종류는 적합한가? 4) 배관, 배선 시 피복이 벗겨지지 않도록 유도하였는가? 5) 케이블, 전선은 적정규격의 동관단자, 압착단자 등을 사용하였는지? 6) 케이블, 전선의 상별 색상은 적정하게 하였는지? 7) 소선을 감선하여 단말접속한 부분은 없는가? 8) 배관, DUCT 내에서 전선, 케이블 접속은 없는가? 9) 각종 배선은 점검이 용이하도록 회선별로 정리하여 배선하였는가? 10) 회로별로 적절한 장소에 표찰을 부착하였는가? 11) 회로별 양 끝단에 간선명 및 기기명칭은 부착하였는가? 12) 회로별로 절연저항 측정결과 및 기록표 비치 13) 전선은 도면 전선을 사용하였는가? 14) 입선하기 전에 전선관의 청소상태를 확인하였는가? 15) 케이블 굴곡반경의 규정치 만족여부를 확인하였나? 16) 전선은 규정공구를 사용해 피복 및 도체의 손상이 없도록 피복을 제거 결선되었는가? 17) 전선의 접속용 콘넥타는 그 사용장소에 적합한 난연성의 것으로 적정한 사이즈로 행해졌나? 18) 전선의 허용전류, 전압강하, 인장강도 등이 허용치를 만족하는가? 19) 시공과 측정이 완료된 후 전선피복과 도체가 손상되지 않도록 적절한 보호조치를 하였는가? 20) 고압케이블, 저압케이블 또는 약전용 케이블 간의 이격거리는 적정한가?	

❚ 감리단 구성 및 배치 계획 ❚

[별표 1] 감리단 구성 및 배치계획

□ 감리단 구성

사업 책임감리원
정보통신
고급감리원 1명

기술지원감리원(5명) – 평가 3명	
정보통신(평가)	특급감리원
교통(평가)	교통기술사 또는 교통공학박사
정보시스템(평가)	기술사 또는 수석감리원
전기	중급
토목	감리사

보 조 감 리 원				
정보통신	교통	토목	전기	정보시스템
중급 : 1명	고급 : 1명	감리사보 : 1명	초급 : 1명	감리원 : 1명

□ 상주감리원 배치계획(안)

구분	분야	등급	10개월									
			1	2	3	4	5	6	7	8	9	10
책임감리원	총괄	고급	1.0	1.0	1.0	1.0	1.0	1.0	1.0	1.0	1.0	1.0
보조감리원	정보통신	중급		0.5		1.0	0.5				1.0	
	교통	고급		0.5	0.5						0.5	
	토목	중급				1.0	0.5				0.5	
	전기	초급				1.0	0.5				0.5	
	정보시스템	고급	0.5	0.5		0.5	0.5			0.5	0.5	

┃ 감리업무일지 ┃

[제7호서식]

제4장 감리업무일지

년　월　일(　요일), 누계공정　　%

날씨 :　　　(기온　℃)

책임감리원 업무일지

사업명 :

	공종	단위	설계량	금 일		누계 작업량	공정(%)	특이사항
주요작업상황				작업위치	작업량			

	성명	서명	주 요 업 무 수 행 내 용 (상세내용은 개인별 감리업무일지에 작성)	책임감리원 지시사항
감리원별 업무수행내용	(책임감리원)			
	(보조감리원1)			

| 검측요청서 |

[제9호서식]

검 측 요 청 서

번 호 :					20 . . .

받 음 : ○○사업 책임감리원 ○○○

　　　다음과 같은 세부공종에 대하여 검측요청 하오니 검사 후 승인하여 주시기 바랍니다.

위 치 및 공 종	
검 측 부 위	
검 측 요 구 일 시	
검 측 사 항	

붙 임 : 사업시행자의 검측 체크리스트, 시험성과, 사업S시행자의 시방, 제안요청서, 제안서,
　　　 설계도면, 사업 참여자(기능공 포함) 실명부

　　　　　　　　　　　　　　　　　　　　　　사업시행자 점 검 직 원 　　　(인)
　　　　　　　　　　　　　　　　　　　　　　현장대리인　　　　　　　　　(인)

검 측 결 과 통 보

번 호 :					20 . . .

받 음 : ○○사업 책임감리원 ○○○

　　　문서번호 ○○로 검측요청 한 건에 대하여 20   .   .   . 검측한 결과를 다음과 같이 통보합니다.

　　　1. 검측결과
　　　2. 지시사항

붙 임 : 감리원의 검측 체크리스트

　　　　　　　　　　　　　　　　　　　　　　검측감리원　　　　　　　　　(인)
　　　　　　　　　　　　　　　　　　　　　　책임감리원　　　　　　　　　(인)

주) ① 재검측시에는 붉은 글씨로 "(재)"를 우측 상단에 작성함
　　② 시공자가 재검측 요청할 때에는 잘못 시공한 기능공의 성명을 받아 그 명단을 첨부하여야 함
　　③ 2부 작성하여 사업시행자, 감리원 각 1부를 보관

┃검측 체크리스트┃

검측 체크리스트

주 공정		위 치	
공정(세부공정)		작업량	

검사항목	검사 기 준 (시방서 또는 도면 등)	검 사 결 과		조치사항
		합 격	불 합 격	

사업시행자 점검일자	년 월 일	점검직원	(인)
감리원 검측일자	년 월 일	검측감리원	(인)

주) ① 검사결과 상단은 사업시행자 점검직원이, 하단은 검측감리원이 검사한 결과를 수치로 기록하고, 검사기준도 검사결과와 비교 될 수 있도록 시방서 또는 도면 등에 있는 수치를 작성하며, 수치가 없는 검사항목은 시방서 또는 설계도서에 있는 내용과 검사한 내용으로 작성함
② 사진 첨부
③ 검사항목 및 검사기준은 각 공종별로 감리원과 협의하여 작성할 것

주요자재 검사 및 수불부

품명 :

설계량	단위	규격	반입일	반입량	합격량		불합격		출고일	출고량	잔량	검수자	서명
					금회	누계	불합격량	사유					

주) ① 상단은 반입검수자 하단은 출고검수자
② 현장 반입 후 작업장 반출 시 까지는 감리원의 감독 하에 관리
  (매 출고 시마다 감리원이 확인하여 반출량 및 잔량을 확인할 것)

| 설계변경 현황 |

[제13호서식]

제5장 주요 처리사항

5.1 설계변경 현황

1. 변경회수 :
2. 변경일자 :
3. 주요변경내용

공종	수 량			공 사 비(백만원)			변경사유	비고
	단위	당초	변경	당초	변경	증·감		
계								

┃ 기성부분 검사원 ┃

[제26호서식]

기성부분 검사원

감리원 경유　　　　　(인)

1. 사　업　명 :

2. 위　　　치 :

3. 계 약 금 액 :

4. 계 약 년 월 일 :

5. 착 공 년 월 일 :

6. 준 공 기 한 :

7. 현 재 공 정 : 20　　.　.　　현재　　%

8. 첨 부 서 류 : 기성공정내역서, 기성부분사진

　위 사업의 도급시행에 있어서 사업전반에 걸쳐 제안요청서, 제안서, 각종 설계도서, 품질관리기준 및 기타 약정대로 어김없이 기성되었음을 확인하오며 만약 사업시행, 감리 및 검사에 관하여 하자가 발견될 시 즉시 변상 또는 재시공할 것을 서약하고 이에 기성검사원을 제출하오니 검사하여 주시기 바랍니다.

　　　　　　　　　　　20　년　월　일

주 소 :

상 호 :

성 명 :

　　　　　　　　　　　　　　　　　　　　　　　귀　하

| 감리조서 |

기 성 부 분
감 리 원 (   )감리조서
준   공

사 업 명 :

  위 사업의 감리원으로 임명받아 20 년 월 일부터 20 년 월 일까지 실지현장 감리한 결과 (제   회 기성부분 검사까지의) 사업전반에 걸쳐 제안요청서, 제안서, 사업 관련 설계도서, 품질관리기준 및 기타 약정대로 어김 없이 전 공정의 (% 가기성/준공) 되었음을 인정함.

20   년   월   일
책임감리원   (인)

귀   하

| 기성부분 내역서 |

[제28호서식]

기성부분 내역서

1. 도 급 액 :
2. 용 역 명 :
3. 기성부분금액 :   20   년   월   일 현재
4. 내   역 :

(갑)

용역 내역	규격	도 급 액			금회 기성액			전회까지의 기성액			적 용
		수량	단가	금액	수량	금액	비율(%)	수량	금액	비율(%)	

(을)

용역 내역	규격	도 급 액			금회 기성액			전회까지의 기성액			적 용
		수량	단가	금액	수량	금액	비율(%)	수량	금액	비율(%)	

| 기성부분 감리조서 |

기성부분 감리조서

공사명 :

                                    년   월   일

  위 공사의 감리원을 임명받아 년 월 일부터 년 월 일까지 현장 감리한 결과(제 회 기성부분검사까지의) 공사 전반에 걸쳐 공사설계도서·품질관리기준 및 그 밖의 약정대로 어김없이 전 공사의(%)가 기성되었음을 인정합니다.

                                    년   월   일

                            책임감리원   (서명)

귀   하

▌안전보건 관리체제 ▌

안전보건 관리체체

구 분	선임(전담)자	자 격 유 무	자 격 내 용
안전보건총괄책임자			
안 전 관 리 자			
보 건 관 리 자			
안 전 담 당 자			
안 전 보 건 위 원 회			노동부에서 각 공사업자로 기 시달, 구성 및 운영여부

안전교육 실적 기록부

공사명 :

구분	일자	시간	교육 강사	교육내용	참석자 및 서명	비고
교육 장소						

※ 작성요령
1. 교육은 정기와 비정기 교육으로 구분합니다.
2. 현장의 안전 확보를 위하여 작업 전에 매일 아침 일일교육(10분 정도)을 실시하는 것은 교육실적부에는 기록하지 아니합니다.

| 준공 검사조서 |

준공 검사조서

공사명 :

　　　　　　　　년　월　일　준공
　　　　　　　　년　월　일　　와　계약분

　위 공사의 준공검사의 명을 받아　년　월　일부터　년　월　일 까지 검사한 결과 공사 설계도서 및 그 밖의 약정대로 준공하였음을 인정합니다.

　다만, 수중·지하 및 구조물 내부 등 시공 후 매몰된 부분의 검사는 별지 감리조서에 따릅니다.

　　　　년　월　일

　　　　　　　　　　　준 공 검 사 자　　　　（서명）

　　　　　　　　　　　입　회　자　　　　　　（서명）

귀 하

❚ 접지 시공상태 점검 결과 ❚

[제33호서식]

접지 시공상태 점검 결과

○ 공 사 명 :

○ 점 검 일 :   .   .   .

○ 점 검 자 : 현장대리인　　　(인)

○ 확 인 자 : 전기감리원　　　(인)

○ 접지 시공상태 점검 결과

분전반 명	설치위치	접지종별	접지 선 굵기(mm^2)	점검결과	비고

※ 설치위치 및 대수가 많을 경우에는 개별장비별로 확인, 기록한다.

┃접지 저항 측정 상태┃

접지 저항 측정 상태

○ 기 기 명 :　　　　　　　○ 시 공 사 :
○ 측 정 일 :　　．　．
○ 측 정 자 : 현장대리인　　　(인)
○ 확 인 자 : 감 리 원　　　(인)
○ 접지 저항 측정기 현황

MODEL NO.		제 조 번 호	
측 정 범 위		제 작 사	

○ 측 정 결 과

회 수	측 정 개 소	접 지 종 별	측 정 값 (Ω)	접지봉 규격
1회				Φ × L
2회				
3회				

○ 측 정 장 면

"사 진 첨 부"

유튜브 선생님에게 배우는
유선배

PART 7
최신기출문제

CHAPTER 01 2022년 제1회 실기시험
CHAPTER 02 2022년 제2회 실기시험
CHAPTER 03 2022년 제4회 실기시험
CHAPTER 04 2023년 제1회 실기시험
CHAPTER 05 2023년 제2회 실기시험
CHAPTER 06 2023년 제4회 실기시험
CHAPTER 07 2024년 제1회 실기시험
CHAPTER 08 2024년 제2회 실기시험
CHAPTER 09 2024년 제4회 실기시험
CHAPTER 10 2025년 제1회 실기시험

2022년 제1회 실기시험 (22.4.23.)

문제 ❶
변조속도가 4,800[Baud]인 128QAM 모뎀의 신호속도[bps]를 구하시오. (5점)

정답

문제 ❷
주파수가 200[MHz]이고 주파수에 대한 수신 안테나가 4분의 람다($\frac{\lambda}{4}$)를 사용하는 경우 안테나 길이를 구하시오. (5점)

정답

문제 ❸
가동률이 0.92인 정보통신시스템에서 MTBF가 23시간일 경우 MTTR을 구하시오. (5점)

정답

문제 ❹
첨두전력 200[kW], 평균전력 120[W]인 측정 장비에서 펄스 반복 주파수가 1[kHz]일 때 펄스폭을 구하시오. (5점)

정답

문제 ❺
아래 보기를 참조해서 공사계획서 작성 시 기본적으로 들어가야 하는 내용으로 적합한 것을 5개를 골라서 쓰시오. (5점)

[보기]
공사개요, 설계변경계획, 감리수행계획, 공정관리계획, 하자보수계획, 안전관리계획, 공사비조달계획, 공사예정공정표, 환경·관리계획, 유지보수계획

정답

문제 ❻
정보통신공사 시공 시 적용되는 원가는 ( ), ( ), ( )로 구성된다. (3점)

정답

문제 ❼
다음 괄호 안에 알맞은 공사원가 비목을 쓰시오. (3점)

( )은/는 직접 제조작업에 종사하지는 않으나 작업현장에서 보조작업에 종사하는 노무자, 종업원과 현장감독자 등의 기본급과 제수당, 상여금, 퇴직 급여 충당금을 말한다.

정답

문제 ❽
다음 괄호 안에 알맞은 용어를 쓰시오. (4점)

방송통신설비의 기술기준에 관한 규정에 따라 선로설비의 회선 상호 간 회선과 대지 간 및 회선의 심선 상호 간의 절연저항은 직류 (①)볼트 절연저항계로 측정하여 (②)메가옴(MΩ) 이상이어야 한다.

정답

문제 ❾
다음 보기를 참조해서 정보통신공사업법에서 규정한 통신설비공사 4가지를 쓰시오. (4점)

[보기]
통신선로설비공사, 방송설비공사, 전송설비공사, 정보설비공사, 정보망설비공사, 정보매체설비공사, 수전설비공사, 방송국설비공사, 교환설비공사, 이동통신설비공사

정답

문제 ❿
다음 괄호 안에 들어갈 통신용어를 적으시오. (4점)

(①) 프로토콜은 IP 주소를 물리주소로 변환하는 프로토콜이고, 이의 반대기능을 수행하는 것은 (②) 프로토콜이다.

정답

문제 ⑪

통신망에서 사용하는 STM(Synchronous Transfer Mode)과 ATM(Asynchronous Transfer Mode)에 대해 정의하고 차이점을 간단히 쓰시오. (6점)

정답

문제 ⑫

아래 PCM – 24채널과 PCM – 32채널의 비교표를 완성하시오. (5점)

구분	PCM-24(T1, 북미)	PCM-32(E1, 유럽)
압신기법	①	A-Law
표본화 주파수	8[kHz]	8[kHz]
전송속도	1.544[Mbps]	②
프레임당 비트 수	③	④
프레임당 통화로 수	24/24	⑤

정답

문제 ⑬

북미(T1 계열) 방식의 멀티프레임 구성과 유럽(E1 계열) 방식의 멀티프레임(Multi-Frame) 구성을 비교 설명하시오. (6점)

구분	유럽 방식(E1)	북미 방식(T1)
Multiframe 당 Frame 수		
Frame 당 채널 수		
Frame 당 비트 수		

정답

문제 ⑭

데이터 전송시스템에서 전송제어장치인 DCE(Data Circuit Equipment)의 기능에 대해서 서술하시오. (5점)

정답

문제 ⑮

다음은 광케이블 연결에 대한 내용이다. 광섬유 절단 순서를 차례대로 나열하시오. (8점)

(가) 광섬유를 절단한다.
(나) 광섬유 절단기를 청소한다.
(다) 광섬유 코팅(피복)을 제거한다.
(라) 알코올로 광섬유를 청소한다.

정답

문제 ⑯

아래 리피터, 브리지, 라우터, 게이트웨이의 사용 목적을 쓰시오. (8점)

리피터(Repeater)	
브리지(Bridge)	
라우터(Router)	
게이트웨이(Gateway)	

정답

문제 ⑰
아래에서 설명하는 전송부호 방식을 쓰시오. (3점)

- LAN에서 주로 사용하는 부호로서 대역폭을 많이 차지하며 직류 신호가 전송되지 않는다.
- 전송부호가 1인 경우 전단 $\frac{T}{2}$ 구간에 음(-, Negative)의 펄스로 나타내며 후단 $\frac{T}{2}$ 구간에는 양(+, Positive)의 펄스로 나타나며, 전송부호 0인 경우엔 이와 반대로 전단 $\frac{T}{2}$ 구간에 양(+, Positive)의 펄스로 후단 $\frac{T}{2}$ 구간에는 음(-, Negative)의 펄스로 표현된다.

정답

문제 ⑱
다음 괄호 안에 알맞은 말을 넣어 완성하시오. (3점)

( )은/는 LAN 세그먼트 및 단위 노드에 대한 모니터링과 분석이 가능하고 ( ) 프로토콜을 사용하여 통신망 상태나 Traffic 모니터링을 지원한다.

정답

문제 ⑲
데이터 전송회선의 품질의 척도로 사용되는 것으로 데이터 전송의 정확도를 나타내는 3가지 오류율을 쓰고, 이 중 디지털 방식에서 통신품질의 평가척도로 사용하는 것을 쓰시오. (8점)

정답

문제 ⑳
정보보안 통합솔루션으로 하나의 장비에 여러 보안솔루션 기능을 통합적으로 제공하고 다양하고 복잡한 보안 위협에 대응할 수 있고, 관리 편의성과 비용절감이 가능한 보안시스템을 (　　)(이)라 한다. (5점)

정답

문제 ❶ 정답

$[bps] = [Baud] \times \log_2 M$
$[bps] = 4,800[Baud] \times \log_2 128 (= 2^7)$
$= 4,800 \times 7[bps] = 33,600[bps]$

문제 ❷ 정답

파장(λ)
$= \dfrac{c}{f} = \dfrac{3 \times 10^8}{200[MHz]} = \dfrac{3 \times 10^8 [m/s]}{200 \times 10^6 [Hz]} = 1.5[m]$

$\dfrac{\lambda}{4}$ 안테나를 사용하므로 $\dfrac{1.5}{4} = 0.375[m]$

문제 ❸ 정답

가용성(A)
$= \dfrac{MTBF}{MTBF + MTTR} = \dfrac{평균고장간격}{평균고장간격 + 평균수리시간}$
$= \dfrac{23}{23 + MTTR} = 0.92$,

$23 = 0.92(24 + MTTR)$이므로 $MTTR = 2$가 되어 2시간이 된다.

문제 ❹ 정답

주파수와 시간은 반비례한다. 주파수가 1[kHz]이므로 시간으로 변환하면 1[ms]가 된다.

펄스폭 $= \dfrac{펄스반복주기 \times 평균전력}{첨두전력}$
$= \dfrac{1[ms] \times 120[W]}{200[kW]} = 0.6[\mu sec]$

문제 ❺ 정답

공사개요, 공정관리계획, 안전관리계획, 공사예정공정표, 환경·관리계획

문제 ❻ 정답

재료비, 노무비, 경비

문제 ❼ 정답

간접노무비

문제 ❽ 정답

① 500
② 10

보충설명

방송통신설비의 기술기준에 관한 규정 제12조(절연저항)
선로설비의 회선 상호 간, 회선과 대지 간 및 회선의 심선 상호 간의 절연저항은 직류 500볼트 절연저항계로 측정하여 10메가옴($M\Omega$) 이상이어야 한다.

문제 ❾ 정답

통신선로설비공사, 전송설비공사, 교환설비공사, 이동통신설비공사

문제 ⑩ 정답

① ARP(Address Resolution Protocol)
② RARP(Reverse ARP)

보충설명

- ARP(Address Resolution Protocol): IP 주소를 MAC 주소(H/W 주소)로 매핑
- RARP(Reverse Address Resolution Protocol): MAC 주소(H/W 주소)에서 IP 주소를 찾음

문제 ⑪ 정답

① STM(Synchronous Transfer Mode): 주기적인 프레임상의 고정된 타임슬롯 위치에 특정 채널을 호의 설정으로부터 해제 시까지 할당하는 방식으로 시간을 할당해서 동작한다.
② ATM(Asynchronous Transfer Mode): 전송해야 할 정보를 고정길이인 53Byte의 패킷으로 나눈 Cell로 구성하고, 주기적으로 배열하여 모든 호들이 Cell 단위로 공유할 수 있도록 한다.
③ 차이점: STM은 동기식 전송방식, ATM은 비동기식 전송방식이다.

보충설명

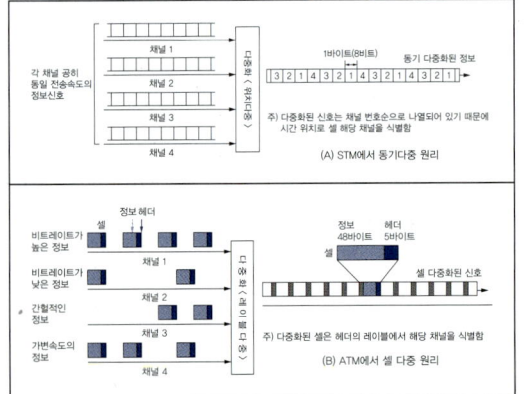

구분	ATM(비동기식)	STM(동기식)
신호 슬롯 할당	동적할당	정적할당
교환방식	Cell 기반 교환	시간분할 교환
다중화 방식	통계적 다중화	시분할 다중화
입출력 속도	입력 ≥ 출력	입력 = 출력
전송단위	Cell	Frame

문제 ⑫ 정답

① μ-Law
② 2.048[Mbps]
③ 193[bit]
④ 256[bit]
⑤ 32/32

문제 ⑬ 정답

구분	유럽 방식(E1)	북미 방식(T1)
Multiframe 당 Frame 수	16개	12개
Frame 당 채널 수	32Ch	24Ch
Frame 당 비트 수	256bit	193bit

문제 ⑭ 정답

회선 종단 장치(DCE; Data Circuit Equipment)
신호 변환 장치라고도 하며 회선의 상태에(Analog/Digital 전송 회선) 따라 실제적으로 데이터 전송을 담당하는 장치로 Analog 전송 회선일 경우 MODEM을 사용하고, Digital 전송 회선일 경우 DSU/CSU를 주로 사용한다.

보충설명

- DSU(Digital Service Unit): 64[kbps] 단위의 디지털 회선처리 장치로서 DTE(단말장치)를 데이터 교환망에 접속하기 위한 장비이다(DSU는 종단에 위치하여 단극성(Unipolar) 신호를 쌍극성(Bipolar) 신호로 변환한다).

- CSU(Channel Service Unit): T1 또는 E1 트렁크를 수용할 수 있는 장비로서 각각의 트렁크를 받아서 속도에 맞게 나누어 분할하여 쓸 수 있다.

문제 ⑮ 정답

(다) - (라) - (가) - (나)

보충설명 1

광섬유 절단 순서

① 광섬유 코팅(피복)을 제거한다.
② 알코올로 광섬유를 청소한다(제거 후 이물질 등이 있을 수 있음).
③ 광섬유를 절단한다.
④ 광섬유 절단기를 청소한다.

절단한 광섬유를 다시 연결하기 위해 광 융착을 해야 하며 상대측 광섬유 연결을 위해 위 ①~④를 반복한 후 상호 광케이블을 융착기를 이용해서 융착 접속하는 것이다.

보충설명 2

광 융착 순서

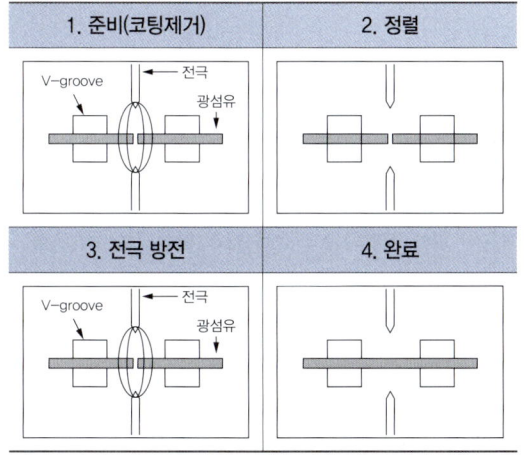

문제 ⑯ 정답

리피터 (Repeater)	물리계층에서 거리한계를 극복하기 위해 신호를 증폭하는 장치이다.
브리지 (Bridge)	데이터링크계층에서 프레임 단위로 전송하는 장치이다.
라우터 (Router)	네트워크계층에서 LAN을 인터넷과 같은 더 넓은 네트워크를 연결한다.
게이트웨이 (Gateway)	전송계층에서 서로 다른 통신망, 프로토콜을 사용하는 네트워크 간의 통신을 가능하게 하는 것으로 다른 네트워크로 들어가는 관문(입구)을 의미한다.

문제 ⑰ 정답

Manchester(Coding) 방식

문제 ⑱ 정답

SNMP(Simple Network Management Protocol)

문제 ⑲ 정답

- BER, FER, CER
- 이 중 디지털 방식에서 통신품질의 평가척도로 사용하는 것은 BER이다.

보충설명

- BER(Bit Error Rate): 전송 총비트 중 오류 비트 수의 비율
- FER(Frame Error Rate): 데이터 네트워크에서 프레임 단위로 전송될 때 총전송 프레임 수에 대한 오류 발생 비율
- BLER(BLock Error Rate): 디지털 회로에서 전송된 총 블록 수에 대한 오류 블록 수의 비율
- CER(Character Error Rate): 문자나 음성의 오류율

문제 ⑳ 정답

UTM(Unified Thread Management)

CHAPTER 02 2022년 제2회 실기시험 (22.8.31.)

문제 ❶

다음은 CCITT의 X 시리즈 인터페이스이다. 아래 사항을 설명하시오. (10점)

1) X.20

2) X.21

3) X.24

4) X.25

5) X.75

정답

문제 ❷

다음 (　　) 안에 들어갈 적당한 용어를 적으시오. (3점)

> HDLC, SDLC, CSU 등 송수신 속도가 대칭인 전송장비에 사용되는 선로부화 기술로 (　　)은/는 한 번에 2비트의 값을 4단계의 진폭으로 구현하여 전송하는 방식이다. 즉, 중복성이 없는 4레벨 펄스 진폭 변조 방식으로, 2비트를 하나의 4진 기호로 매핑한다.

정답

문제 ③

PCM 과정에서 필요한 정보를 취하기 위해 음성 또는 영상과 같은 연속적인 아날로그 신호를 불연속적인 디지털 신호로 바꾸는 과정이며, 원신호를 시간축상에서 일정한 주기로 추출하는 것으로 PCM 중 처음 진행하는 PAM (Pulse Amplitude Modulation)으로 변환하는 것을 무엇이라 하는가? (3점)

정답

문제 ④

다음 IEEE.802.11 표준에 해당하는 명칭을 쓰시오. (4점)

1) 무선 LAN 주파수(2.4GHz)에서, 최대 54[Mbps]의 전송속도가 가능하며 2003년 6월에 승인된 표준이다. 변조 방식은 주로 DSSS/OFDM을 사용한다.

2) 2.4[GHz], 5[GHz] 두 대역 모두에서 MIMO 기술을 이용하여 최대 600[Mbps]까지 고속 전송이 가능한 무선랜 표준이다.

정답

문제 ❺

다음 통신 용어의 원어를 쓰시오. (3점)

EMI	
DNS	
LTE	

정답

문제 ❻

통신망에서 토큰(Token) Ring 구성을 위해 Token을 사용한다. Token 방식의 장점 3가지와 단점 2가지를 쓰시오. (5점)

정답

문제 ❼

인터넷에서 무결성, 인증, 기밀성을 지원하기 위해 VPN(Virtual Private Network)에서 사용하는 주요 보안 프로토콜을 쓰시오. (5점)

정답

문제 ❽

통신망 보안을 위해 사용하는 IPS에 대한 질문에 답하시오. (9점)

1) IPS 원어를 쓰시오.

2) IPS 탐지 방법 3가지를 쓰시오.

3) IPS 탐지 종류 2가지를 쓰시오.

정답

문제 ❾
아래 사항을 기반으로 공사예정가격을 산정하고자 한다. 노무비를 계산하시오. (6점)

- 순공사비용: 35,000,000원
- 재료비: 12,000,000원
- 경비: 3,000,000원

정답

문제 ❿
다음 용어를 설명하시오. (10점)

1) 구내간선계:

2) 건물간선계:

정답

문제 ⑪

다음 보기를 참조해서 정보통신공사업법에서 규정한 통신설비공사 4가지를 쓰시오. (4점)

[보기]
통신선로설비공사, 방송설비공사, 전송설비공사, 정보설비공사, 정보망설비공사,
정보매체설비공사, 수전설비공사, 방송국설비공사, 교환설비공사, 이동통신설비공사

정답

문제 ⑫

다음 그림을 참조해서 아래 물음에 답하시오. (단, 소수점 둘째 자리에서 반올림한다) (9점)

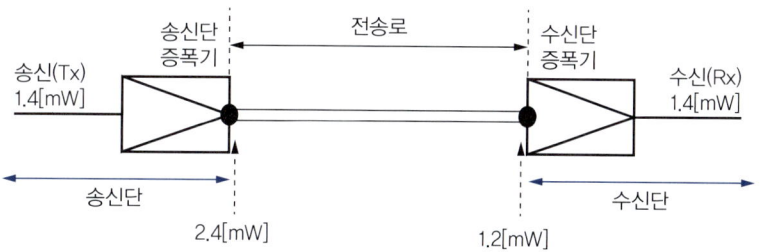

1) 전송로의 손실[dB]:

2) 송신단 증폭 이득[dB]:

3) 수신단 증폭 이득[dB]:

정답

문제 ⑬

광통신에서 주로 사용하는 OTDR의 원어와 용도를 각각 쓰시오. (4점)

1) OTDR 원어:

2) OTDR 용도:

> **정답**

문제 ⑭

아래 질문에 답하시오. (8점)

1) 잡음이 없는 20[MHz]의 대역폭을 이용해서 280,000[kbps]의 속도로 데이터를 전송하는 경우 신호 준위 개수 M을 구하시오.

2) 2[MHz] 대역폭을 갖는 채널의 신호대 잡음비($\frac{S}{N}$)가 63일 때 채널용량(C)를 구하시오.

> **정답**

문제 ⑮

프로토콜 분석기에서 BERT(Bit Error Ratio Test)의 시험을 진행한다. 송신단 신호발생기를 사용하고 수신단에서 프로토콜 분석기를 사용할 때 주요 모드 3가지에 대한 종류와 의미를 쓰시오. (6점)

정답

문제 ⑯

NMS(Network Management System)의 5대 주요 기능에 대해서 서술하시오. (5점)

정답

문제 ⑰

접지저항을 측정하기 위하여 사용되는 측정법 3가지를 쓰시오. (6점)

정답

정답 및 해설

▍문제 ❶ 정답 ▍

1) X.20: 비동기전송을 위한 DTE와 DCE의 접속 규격
2) X.21: 동기전송을 위한 DTE와 DCE의 접속규격
3) X.24: DTE와 DCE 사이의 인터체인지 회로에 대한 정의
4) X.25: 공중패킷망에서 패킷형 단말기를 위한 DTE와 DCE 사이의 접속규격
5) X.75: 공중패킷망에서 네트워크 상호 간의 접속을 위한 노드 사이의 프로토콜

▍문제 ❷ 정답 ▍

2B1Q(2 Binary 1 Quartenary)

▍문제 ❸ 정답 ▍

표본화(Sampling)

▍문제 ❹ 정답 ▍

1) 802.11g
2) 802.11n

보충설명

WiFi 표준	IEEE 표준	최대 속도	주파수 (GHz)	대역폭 (MHz)	특징
–	IEEE 802.11	2 [Mbps]	2.4	20	최초 표준
WiFi 1	IEEE 802.11b	11 [Mbps]	2.4	20	저속
WiFi 2	IEEE 802.11a	54 [Mbps]	5	20	전파 간섭 낮음
WiFi 3	IEEE 802.11g	54 [Mbps]	2.4	20	전파 간섭 높음
WiFi 4	IEEE 802.11n	600 [Mbps]	2.4/5	20/40	다중 안테나 기술과 채널 본딩 지원
WiFi 5	IEEE 802.11ac	2.6 [Gbps]	5	20/40/ 80/160	기가비트 무선랜 지원
WiFi 6	IEEE 802.11ax	10 [Gbps]	2.4/5	20/40/ 80/160	10기가 무선랜 지원
WiFi 7	IEEE 802.11be	30 [Gbps]	2.4/5/6	20/40/80/ 160/320	초저지연, 전이중통신

802.11b는 DSSS 방식이고 나머지는 대부분 OFDM 방식으로 전송한다.

▍문제 ❺ 정답 ▍

EMI	Electro Magnetic Interference
DNS	Domain Name System
LTE	Long Term Evolution

문제 ❻ 정답

Token 방식의 장점
① 노드 간 충돌발생 없음
② 트래픽이 많을 때에도 안정적으로 동작
③ 단말(Station)에서 고장이 발생할 경우 다른 단말(Station)로 우회하여 통신 가능

Token 방식의 단점
① 기술구현의 복잡성
② 토큰 분실 가능성 있음
③ 노드가 증가할수록 성능이 떨어짐

보충설명

구분	CSMA/CD	Token Passing
주요 사용	일반 LAN 구성 (비실시간 일부 충돌 가능)	과거 공장 자동화 구성 (실시간 무장애 우선)
성능	평상시 무장애나 노드 증가 시 충돌 확률 증가	충돌 가능성 없음
구성 방식	간단	복잡
장애 영향	단일 노드 장애	시스템 전체 장애 확대
적용	Bus형 구성	Ring형 구성

문제 ❼ 정답

IPSec(Internet Protocol Security)

보충설명

IPSec는 네트워크에서의 안전한 연결을 설정하기 위한 통신 프로토콜이다. 인터넷 프로토콜(IP)은 데이터가 인터넷에서 전송되는 방식을 결정하는 공통 표준이며 보안을 강화하기 위한 IPSec는 암호화와 인증을 추가하여 프로토콜을 더욱 안전하게 만든다. TCP/IP 5계층에서 보안 관련된 프로토콜은 많이 존재하며 대표적인 예는 아래와 같다.

- Application Layer: HTTPS, SSH, PGP, S/MIME
- Transport Layer: SSL/TLS
- Network Layer: IPSec, VPN
- Datalink Layer: L2TP

문제 ❽ 정답

1) Intrusion Prevention System
2) 시그니처 기반 탐지, 이상 징후 기반 탐지, 정책 기반 탐지
3) 네트워크 기반 침입 방지 시스템(NIPS), 호스트 기반 침입 방지 시스템(HIPS), 네트워크 행동 분석(NBA), 무선 침입 방지 시스템(WIPS)

문제 ❾ 정답

순공사원가 = 재료비 + 노무비 + 경비 = 재료비(직접 + 간접) + 노무비(직접 + 간접) + 경비
35,000,000원 = 12,000,000원 + 노무비 + 3,000,000원
∴ 노무비 = 20,000,000원

문제 ❿ 정답

1) 동일구내에 있는 건물들 간의 배선체계(동단자함에서 동단자함까지 등)
2) 동일 건물 내에 있는 동단자함에서 층단자함까지 등의 배선체계

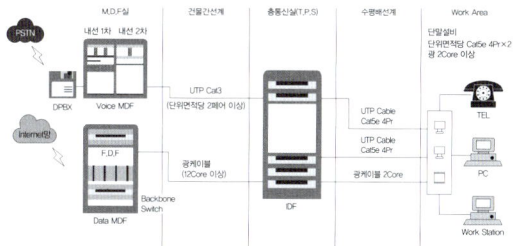

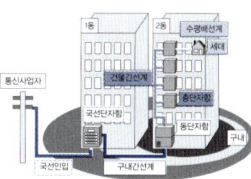

- 간선배선계: MDF~IDF
- 건물간선 배선계: IDF~층단자함
- 수평배선계 1: 층단자함~세대단자함
- 수평배선계 2: 세대단자함~인출구
- 수평배선계: 층단자함에서 통신인출구까지의 건물 내 수평 구간을 연결하는 배선계
- 세대단자함은 중간배선반 등(또는 건물배선반 등)에 대하여 동등 접속조건을 유지하여야 함

문제 ⓫ 정답

통신선로설비공사, 전송설비공사, 교환설비공사, 이동통신설비공사

문제⑫ 정답

1) 송신단 출력 2.4[mW]가 수신단 입력 1.2[mW]이므로

$$10\log_{10}\frac{P_{in}}{P_{out}} = 10\log_{10}\frac{1.2[mW]}{2.4[mW]} = 10\log_{10}0.5$$
$$= -3.01[dB] \text{ (손실이 3.01[dB])}$$

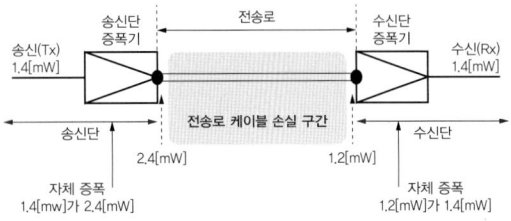

2) $10\log_{10}\frac{2.4[mW]}{1.4[mW]} = 2.34[dB]$

3) $10\log_{10}\frac{1.4[mW]}{1.2[mW]} = 0.67[dB]$

문제⑬ 정답

1) Optical Time Domain Reflector
2) 광섬유의 장애점 또는 손상 등의 이상유무를 측정하는 데 사용

문제⑭ 정답

1) $C = 2B\log_2 M$이고 280,000[kbps]는 280[Mbps]이므로, $280[Mbps] = 2B\log_2 M = 2 \times 20[MHz] \log_2 M$

   $7 = \log_2 M$이므로 $M = 2^7 = 128$이다.
   (★ 문제 단위에 신경써야 합니다)

2) $C = B\log_2(1 + \frac{S}{N})$이므로,

   $C = 2[MHz]\log_2(1 + 63)$
   $= 2[MHz]\log_2(2^6)$
   $= 12[Mbps]$

문제⑮ 정답

① Continue: 연속 측정
② R-bit: 지정한 유효 수신비트까지 측정
③ Run-time: 지정한 측정시간까지 측정

문제⑯ 정답

① 구성관리
② 장애관리
③ 성능관리
④ 보안관리
⑤ 계정관리

보충설명

- 구성관리: 네트워크 구성 요소의 환경설정 및 관리
- 장애관리: 네트워크 장애 알림 및 이력 관리
- 성능관리: 네트워크 시스템 성능 감시 및 제어
- 보안관리: 네트워크 접속권한 검사 및 할당
- 계정관리: 서비스 사용 및 통계 관리

문제⑰ 정답

① 3점 전위강하법
② 2극 측정법
③ 클램프 온 미터법(클램프 측정법)
④ 후크온 측정법
⑤ 61.8% 법 또는 접지 저항계법(전위강하법 or 전위차계법)

CHAPTER 03

2022년 제4회 실기시험 (22.11.26.)

문제 ❶
알파벳 26개가 있다. 2진 코드를 이용해서 표현하고자 하는 경우 필요한 bit 수를 구하고 10진 코드를 사용할 때와의 효율성을 비교하시오. (10점)

정답

문제 ❷
교환방식 중 초기 한 번의 경로배정 후 그 경로를 따라가는 방식이다. 반송파 프로토콜에서 데이터링크의 논리적인 회선으로 사용하는 전용회선의 용어를 쓰시오. (3점)

정답

문제 ❸
시분할 다중화기법(TDM, Time Division Multiplexing)에 대하여 설명하시오. (5점)

정답

문제 ❹

IDS(Intrution Detection System)에서 NIDS와 HIDS 방식을 비교 설명하시오. (6점)

네트워크 기반(NIDS)	호스트 기반(HIDS)

정답

문제 ❺

메시형 Topology에서 노드가 60개일 경우 회선수를 계산하시오. (3점)

정답

문제 ❻

다음 보기를 참조해서 빈칸을 채우시오. (3점)

[보기]
Hop(홉), 링크, 거리벡터, 라우팅(Routing), 시간 · 스패닝트리, MAC, IP, 주파수

RIP(Routing Information Protocol)는 (①)을/를 이용하는 대표적인 라우팅 프로토콜로 (①)(이)라는 것은 (②)수를 모아놓은 정보를 근거로 (③) 테이블을 작성하는 것이다.

정답

문제 ❼

아래 질문에 대해서 설명하시오. (6점)

1) VPN 약어의 원어를 쓰시오. (2점)

2) VPN 구현을 위해 OSI 7 Layer 기준 어느 계층에서 어떠한 기술로 구현하는가? (2점)

3) 보안의 3요소를 쓰고 VPN은 보안의 3요소 중 어떠한 요소를 구현할 수 있는가? (2점)

정답

문제 ❽

다음 원어를 쓰고 설명하시오. (5점)

약어	원어	설명
FEC		
ARQ		

정답

문제 ❾

다음 정보통신 관련 용어를 설명하시오. (10점)

프로토콜	
논리채널	
전용회선	
데이터링크	
반송파	

정답

문제 ⑩
전자파 적합성을 확인하는 EMC(Electro Magnetic Compatibility) 시험 방법 중 EMS(Electro Magnetic Susceptibility)에서 주로 시험하는 항목 3가지를 쓰시오. (3점)

정답

문제 ⑪
정보통신공사에서 다음 사항을 설명하시오. (9점)

1) '설계란?' 무엇인지 정의하시오. (3점)

2) (　　) 안에 들어갈 용어를 쓰시오. (3점)
　　(　　)란 예비타당성조사, 타당성조사 및 기본계획을 감안하여 시설물의 규모, 배치, 형태, 개략 공사방법 및 기간, 개략 공사비 등에 관한 조사, 분석, 비교·검토를 거쳐 최적안을 선정하고 이를 설계도서로 표현하여 제시하는 설계 업무로서 각종 사업의 인·허가를 위한 설계를 포함하며, 설계기준 및 조건 등 실시설계용역에 필요한 기술자료를 작성하는 것을 말한다.

3) (　　) 안에 들어갈 용어를 쓰시오. (3점)
　　(　　)란 시설물의 규모, 배치, 형태, 공사방법과 기간, 공사비, 유지관리 등에 관하여 세부조사 및 분석, 비교·검토를 통하여 최적안을 선정하여 시공 및 유지관리에 필요한 설계도서, 도면, 시방서, 내역서, 구조 및 수리계산서 등을 작성하는 것을 말한다.

정답

문제 ⑫
프로토콜 분석기의 주요 기능 3가지를 쓰시오. (10점)

정답

문제 ⑬
대지저항률에 영향을 주는 주요 요소 3가지를 쓰시오. (3점)

정답

문제 ⑭
광섬유 분산을 이용해서 산란을 측정하는 장비는? (5점)

정답

문제 ⑮
용역업자는 정보통신공사 완료 후 감리결과 보고서를 7일 이내에 발주자에게 제공해야 한다. 이와 관련해서 감리결과 보고서에 들어가야 할 항목 3가지를 쓰시오. (5점)

정답

문제 ⑯
통신구의 설치기준에 따라 통신공동구를 설치하는 때에는 통신케이블의 유지관리를 위해서 필요한 부대설비를 설치하여야 하는데 이에 필요한 것 5가지를 설명하시오. (5점)

정답

문제 ⑰

아래 표를 참조해서 각각의 질문에 답하시오. (9점)

구분	세부비목	금액	비고
재료비	직접재료비	20,000,000	
	간접재료비	1,000,000	직접재료비의 5% 적용
노무비	직접노무비	40,000,000	
	간접노무비	3,200,000	직접노무비의 8% 적용
경비		10,000,000	제경비 포함
일반관리비		( )	일반관리비율 6% 적용
이윤		5,765,200	이윤 10%

1) 순공사비용(원가) 계산

2) 일반관리비 계산

3) 총공사비 계산

정답 및 해설

▮문제❶ 정답▮

알파벳 26개이므로 이진수로 만족하기 위한 bit 수는 2^N에서 N은 최소 5가 되어야 한다.

$N=4$이면 16, $N=5$이면 32이므로 필요한 bit수는 5[bit]이다. 이진시스템을 사용하는 경우 10진 코드에 비해서 효율성이 향상될 수 있다.

▮문제❷ 정답▮

가상회선(Virtual Circuit) (패킷 교환)방식

보충설명

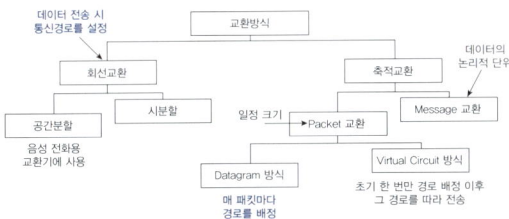

▮문제❸ 정답▮

시분할 다중화기법이란 전송로를 점유하는 시간을 분할하여 1개의 전송로에 여러 개의 가상 경로를 구성하는 통신 방식이다.

▮문제❹ 정답▮

네트워크 기반 (NIDS)	• 설치 용이(구축비용 저렴) • 네트워크를 통해 침입여부 판단 • 관리 용이 • Promiscuous Mode에서 동작
호스트 기반 (HIDS)	• 네트워크 환경과 무관 • 호스트 시스템 기반 자료를 침입탐지에 사용 • 다양한 OS(Operation System) 지원 필요

보충설명

네트워크 기반(NIDS) 장단점

장점	• 네트워크 세그먼트당 하나의 감지기만 설치하면 되므로 설치 용이 • 네트워크를 통해 전송되는 정보(패킷 헤더, 데이터 및 트래픽 양, 응용프로그램 로그)를 분석하여 침입여부 판단 • NIDS는 감지기가 Promiscuous Mode에서 동작하는 네트워크 인터페이스에 설치됨 • 운영체제에 독립적 운용 및 관리 용이 • 네트워크 기반 다양한 유형 침입 탐지 • 네트워크 개별 실행으로 서버의 성능 저하 없음
단점	• 암호화 패킷 분석 불가 • 고속 네트워크 환경에서 패킷 손실율 많아 탐지율 저하 • 호스상 수행하는 세부 사항 탐지 불가 • 오탐율 높음

호스트 기반(HIDS) 장단점

장점	• 서버에 직접 설치하므로 네트워크 환경과 무관 • 호스트 시스템으로부터 생성되고 수집된 감사 자료(시스템 이벤트)를 침입 탐지에 사용하는 시스템 • 암호화 및 스위칭 환경에 적합 • 추가적인 하드웨어 필요 없음 • 트로이목마, 백도어 등 내부 사용자에 의한 공격 탐지 가능
단점	• 다양한 OS지원의 한계 • DoS 공격에 의한 IDS 무력화 가능 • 구현이 어려움 • 호스트 성능에 의존적이며 리소스 사용으로 서버 부하 발생

▮문제❺ 정답▮

$$\frac{n(n-1)}{2} = \frac{60(60-1)}{2} = 1{,}770\text{회선}$$

문제 ❻ 정답

① 거리벡터
② Hop
③ 라우팅(Routing)

문제 ❼ 정답

1) Virtual Private Network
2) Network Layer(Layer 3), IPSec 기술을 통한 VPN을 구성한다.
3) 보안의 3요소는 기밀성, 무결성, 가용성이다. 이 중 기밀성과 무결성으로 구현된다.

문제 ❽ 정답

FEC	Forward Error Correction(전진 에러 수정), 순방향 오류 정정 방식이다.
ARQ	Automatic Repeat reQuest, 오류 발생 시 추가 데이터를 요청하여 오류 데이터와 추가 데이터를 비교함으로써 오류 유무를 점검하고 복구하는 방법이다.

문제 ❾ 정답

프로토콜 (Protocol)	• 컴퓨터 간 정보를 교환할 때 통신방법에 관한 규약 • 컴퓨터 내부나 컴퓨터 간 데이터의 교환 방식을 정의하는 규칙 체계 • 기기 간 통신은 교환되는 데이터의 형식에 대해 상호 합의가 필요하며 이런 형식을 정의하는 규칙의 집합
논리채널	• 데이터 송수신 장치 간에 확립되는 논리적인 통신회선 • 하나의 물리적인 선로를 통하여 다수의 상대방과 통신할 수 있는 여러 개의 채널을 구성하는 각각의 채널
전용회선	일반회선(불특정 사용자 공유)과 달리 특정 사용자 또는 기업에게 전용으로 할당되는 통신회선으로, 본점과 지점 간 케이블을 직접 연결함으로써 속도, 보안성이 우수

데이터링크	• 데이터 송·수신 시스템 간에 정보의 전송을 위한 통신회선 • 디지털 데이터(디지털 정보)의 송·수신(데이터 통신)을 위해 사용하는 통신회선
반송파 (Carrier Signal)	• 보내고자 하는 신호를 장거리 전송 위해 높은 주파수에 실어서 보내는 변조 과정 • 통신에서 정보의 전달을 위해 사용하는 고주파 • 정보의 전달을 위해 입력 신호를 변조한 전자기파로서 입력 신호보다 훨씬 높은 주파수(고주파)를 가짐

문제 ❿ 정답

① CS(Conduction Susceptibility), 전도내성시험
② RS(Radiated Susceptibility), 방사내성시험
③ ESD(Electro Static Discharge), 정전기방전시험

참조

EMC에는 크게 EMI, EMS가 있으며 EMI에는 RE와 CE, EMS에는 RS, CS가 있다.
EMI는 전자파 간섭으로 대상기기가 다른 기기에 영향을 주는 정도를 의미하고, EMS는 전자파 내성으로 대상기기가 다른 기기로부터 영향을 받는 정도를 의미한다. EMI에는 RE(Radiated Emission), CE(Conducted Emission)가 있고 EMS에는 RS(Radiated Susceptibility), CS(Conducted Susceptibility) 있다. R(Radiated)과 C(Conducted)의 의미는 Radiated는 자유공간을 경유하여 대상기기에 영향을 주는 것이고 Conducted는 전도성, 즉 외부 케이블을 통해 전자기파가 유입되어 영향을 주는 것이다.

- EMI(Electro Magnetic Interference): 전자파 간섭 또는 전자파장애
  방사 또는 전도되는 전자파가 다른 기기의 기능에 장애를 주는 것으로 영향은 전자회로의 기능을 악화시키고 동작을 불량하게 할 수 있다.

- EMS(Electro Magnetic Susceptibility): 전자파에 대한 내성, 즉 어떤기기에 대해 전자파방사 또는 전자파
  전도에 의한 영향으로부터 정상적으로 동작할 수 있는 능력이다(EMI와는 반대로 전자파로부터의 보호).

- EMC(Electro Magnetic Compatibility): 전자파 적합, 양립성
  전자파를 주는 측과 받는 측 양쪽에 적용하여 성능을 확보할 수 있는 기기의 능력이다. EMC는 EMS와 EMI를 모두 포함하는 포괄적인 용어로서 어떤 기기가 동작 중에 발생하는 전자파를 최소한으로 하여 타 기기에 간섭을 최소화해야 하며 EMI 또한 외부로부터 들어오는 각종 전자파를 대해서도 충분히 영향을 받지 않고 견딜 수 있는 능력을 갖추어야 한다.

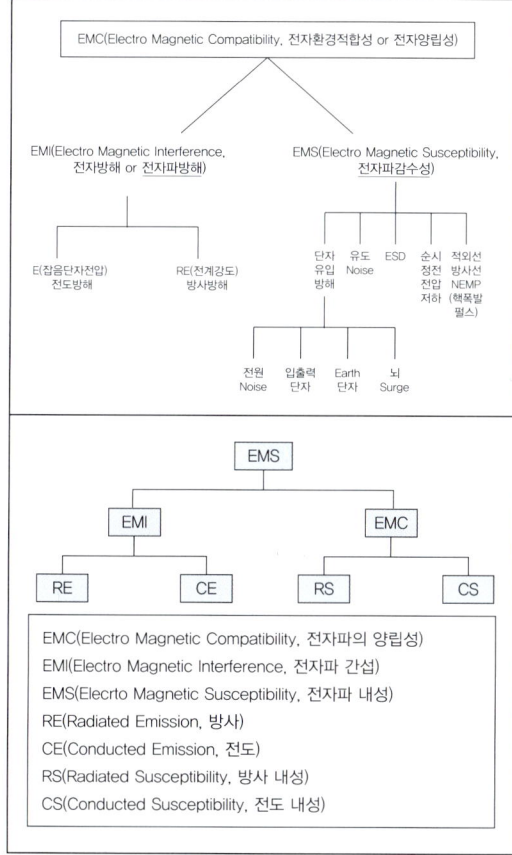

문제⑪ 정답

1) '설계'란 공사에 관한 계획서, 설계도면, 설계설명서, 공사비명세서, 기술계산서 및 이와 관련된 서류를 작성하는 행위를 말한다.
2) 기본설계
3) 실시설계

보충설명

정보통신공사업법 제2조(정의)

8. "설계"란 공사에 관한 계획서, 설계도면, 시방서, 공사비명세서, 기술계산서 및 이와 관련된 서류를 작성하는 행위를 말한다.

문제⑫ 정답

BER(Bit Error Test) 시험, 데이터 Capture 및 저장, 회선 성능(Performance) 측정, Jitter 측정, 네트워크 모니터링, Capture된 Protocol Decoding(분석) 등

보충설명

프로토콜 분석기의 주요 기능

- 데이터 패킷 캡처 및 저장기능(Data Packet Frame Capture & Saving)
- 데이터 패킷 디코딩 및 분석/변환(Data Packet Frame Decoding & Analysis/Transaction)
- 네트워크 모니터링 및 분석(Network Montoring & Audit)
- 장애처리 및 관련 자료 수집
- Traffic 분석 및 통계 자료 작성
- Protocol 유형분류 및 분석
- 네트워크 연계 구성 파악 및 성능, 에러 등에 대한 정보 제공
- 응용프로그램 오류 분석
- 프로그램 설정 오류 분석
- 네트워크 카드 충돌 분석

문제⑬ 정답

① 토양의 종류
② 온도
③ 습도(수분함유량)
④ 계절적 요인

문제 ⓛ 정답

OTDR(Opitical Time Domain Reflector)

문제 ⑮ 정답

① 착공일 및 완공일
② 공사업자 성명
③ 시공 상태의 평가결과
④ 사용자재의 규격 및 적합성 평가결과
⑤ 정보통신기술자 배치의 적정성 평가결과

> **보충설명**

정보통신공사업법 시행령 제14조(감리결과의 통보)
용역업자는 법 제11조에 따라 공사에 대한 감리를 완료한 때에는 공사가 완료된 날부터 7일 이내에 다음 각 호의 사항이 포함된 감리결과를 발주자에게 통보하여야 한다.
1. 착공일 및 완공일
2. 공사업자의 성명
3. 시공 상태의 평가결과
4. 사용자재의 규격 및 적합성 평가결과
5. 정보통신기술자배치의 적정성 평가결과

문제 ⑯ 정답

<u>급·배수설비, 환기, 조명, 전원, 중앙통제설비, 방재, 배수, 상황표지판</u> 등 통신케이블의 유지·관리에 필요한 부대 설비를 설치하여야 한다.

> **보충설명**

접지설비·구내통신설비·선로설비 및 통신공동구 등에 대한 기술기준 제46조(통신공동구의 설치기준)
① 통신공동구는 통신케이블의 수용에 필요한 공간과 통신케이블의 설치 및 유지·보수 등의 작업 시 필요한 공간을 충분히 확보할 수 있는 구조로 설계하여야 한다.
② 통신공동구를 설치하는 때에는 조명·배수·소방·환기 및 접지시설 등 통신케이블의 유지·관리에 필요한 부대설비를 설치하여야 한다.
③ 통신공동구와 관로가 접속되는 지점에는 통신케이블의 분기를 위한 분기구를 설치하여야 하며, 한 지점에서 여러 개의 관로로 분기될 경우에는 작업이 용이하도록 분기구 간에는 일정거리 이상의 간격을 유지하여야 한다.

문제 ⑰ 정답

1) 순공사비용(원가) = 재료비 + 노무비 + 경비
   = 재료비(직접 + 간접)
   + 노무비(직접 + 간접) + 경비
   = 20,000,000원 + 1,000,000원
   + 40,000,000원 + 3,200,000원
   + 10,000,000원
   = 74,200,000원

2) 일반관리비 = 순공사원가 × 관리비율(6%)
   = 74,200,000원 × 0.06 = 4,452,000원

3) 총공사비 = 순공사원가 + 일반관리비 + 이윤
   = 74,200,000원 + 4,452,000원
   + 5,765,200원
   = 84,417,200원

CHAPTER 04

2023년 제1회 실기시험 (23.4.22.)

문제 ❶
회선 교환방식의 논리적 연결 3단계를 서술하시오. (6점)

1) 1단계:

2) 2단계:

3) 3단계:

정답

문제 ❷
매체접근제어(MAC) 방식 중 경쟁방식과 비경쟁방식으로 구분하여 보기에서 골라 쓰시오. (6점)

[보기]
Token Ring, ALOHA, Token Bus, CDMA/CD, CSMA/CA

1) 경쟁방식:

2) 비경쟁방식:

정답

문제 ❸

정보통신 네트워크가 대형화 및 복잡화되면서 네트워크 관리의 중요성이 증가하고 있다. 아래 빈칸을 채우시오. (4점)

> 통신망을 구성하는 기능요소 또는 개별장비를 (①)(이)라 한다. 여러 장비로부터 정보를 수집, 제어, 관리 등을 통해 네트워크 운송을 지원하는 시스템을 (②)(이)라 한다. 네트워크 운영지원 및 시스템 총괄 감시/관리 시스템을 (③)(이)라 한다.

문제 ❹

TCP/IP 계층을 하위계층부터 순서대로 4가지를 쓰시오. (단, 물리계층은 제외한다) (4점)

문제 ❺

초고속정보통신건물의 공사를 진행할 때 준공검사 단계에서 사용 전 검사를 진행한다. 이를 위한 사용 전 검사 대상 공사 3가지를 서술하시오. (6점)

문제 ❻
다음은 통신관련 시설의 접지에 대한 내용이다. 문장의 빈칸을 채우시오. (6점)

[접지설비·구내통신설비·선로설비 및 통신공동구 등에 대한 기술기준]
통신관련 시설의 접지저항은 (①) 이하로 한다. 다만 다음 각 호의 경우는 (②) 이하로 할 수 있다.
1. 선로설비 중 선조 케이블에 대하여 일정간격으로 시설하는 접지
2. 국선수용 회선이 100회선 이하인 주 배선반
3. 보호기를 설치하지 않는 구내통신단자함
4. 구내통신선로설비에 있어서 전송 또는 제어신호용 케이블 쉴드 접지
5. 철탑 이외 전주 등에 시설되는 이동통신용 중계기
6. 암반지역 또는 산악지역에서 암반의 지층을 포함하는 경우 등 특수 지형에의 시설이 불가피한 경우로서 기준 저항값 10[Ω]을 얻기 곤란한 경우

정답

문제 ❼
직접재료비와 간접재료비에 대해 서술하시오. (8점)

1) 직접재료비:

2) 간접재료비:

정답

문제 ❽
정보통신공사의 감리업무 수행 시 아래 내용을 확인하고 빈칸에 알맞은 내용을 쓰시오. (9점)

> 공사시공단계의 감리업무 중 품질관리업무에서 감리원은 시공자가 품질관리계획 요건의 이행을 위해 제출하는 문서를 (①)일 이내에 검토 · 확인 후 발주청에 승인을 요청하여야 하며, 발주청은 (②)일 이내에 승인하여야 한다. 또한 감리원은 시공자가 작성한 (③)에 따라 품질관리업무(시험 및 검사)를 적정하게 수행하였는지 여부를 검사하여야 한다.

정답

문제 ❾
아래 PCM 중 적응형 양자화 방식을 모두 선택하시오. (3점)

[보기]
PCM, DPCM, ADPCM, DM, ADM

정답

문제 ⑩
프로토콜의 주요 기능 5가지를 쓰고 각각의 기능을 설명하시오. (6점)

정답

문제 ⑪
잡음이 있는 환경에서 통신시스템의 대역폭이 3,400[Hz]이고 신호대 잡음비($\frac{S}{N}$)가 30[dB]일 때 채널의 전송용량을 구하시오. (5점)

정답

문제 ⑫

다음과 같이 오실로스코프를 이용하여 측정할 때, 측정 가능 항목 3가지를 서술하시오. (3점)

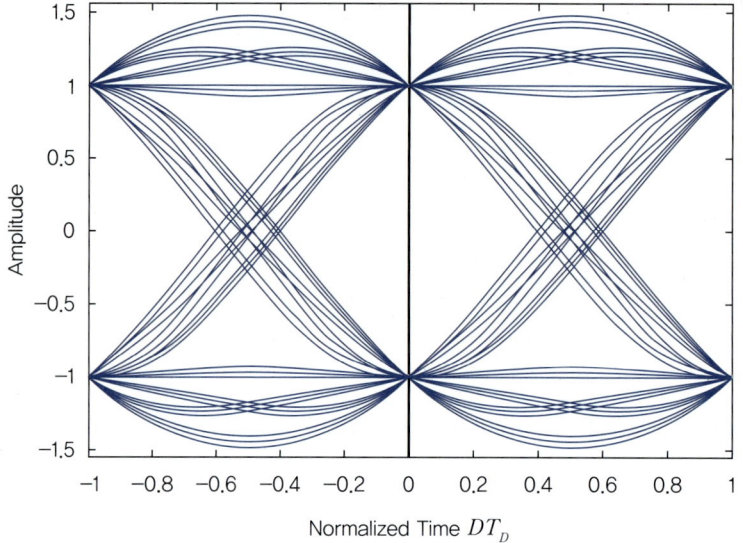

정답

문제 ⑬

다음은 SNMP의 명령어이다. 해당 항목의 빈칸을 알맞게 채우시오. (6점)

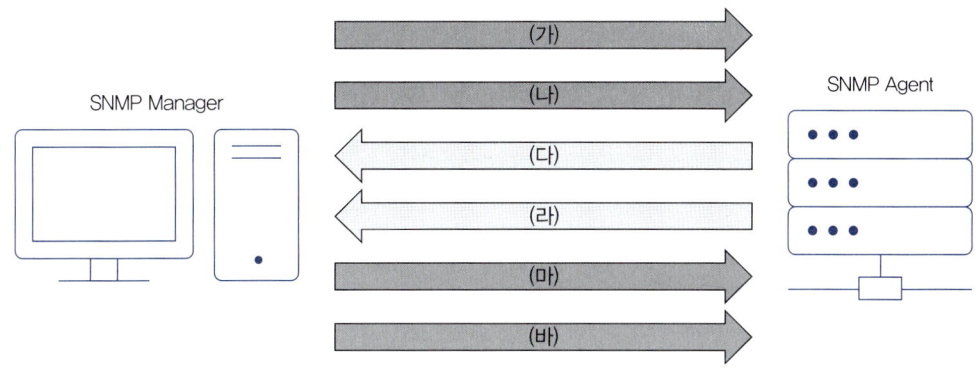

[보기]
(SNMP) Get Request, (SNMP) Get Next Request, (SNMP) Set Request, (SNMP) Get Response,
(SNMP) Inform, (SNMP) Trap, (SNMP) Bulk, SNMP GETNEXT

정답

문제 ⓮

다음은 와이어샤크를 이용한 ARP 명령어 패킷분석 결과이다. 아래 물음에 답하시오. (6점)

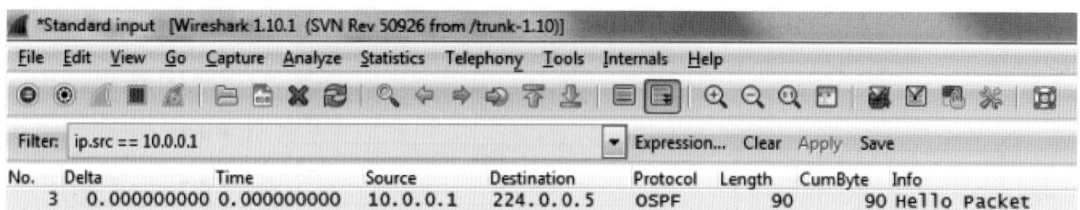

As expected, it's a **type 1 Hello** packet from R1. Starting with the IP header we can see that OSPF is IP protocol ID 89, and view the Src and Dst IP addresses:

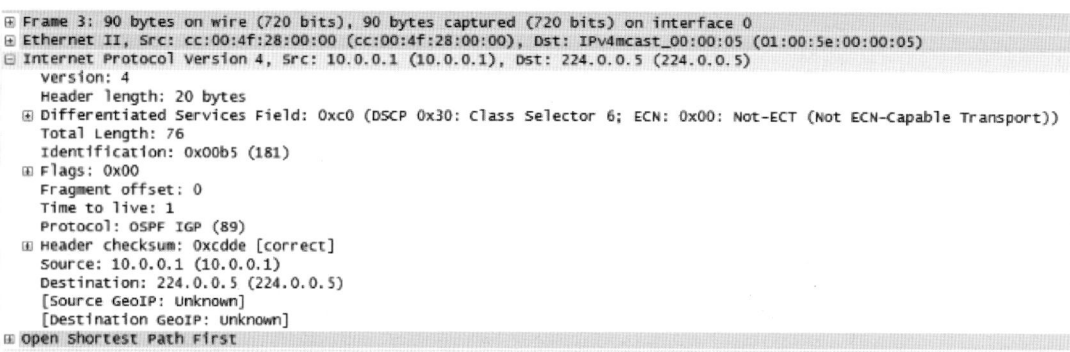

1) Source MAC 주소는?

2) 라우팅 프로토콜은?

정답

문제 ⑮

통신망에 노드가 6개 있다는 가정하에 다음 질문에 답하시오. (8점)

1) 메시망(Mesh Topology)으로 구성 시 전체 회선수와 전체 포트수를 쓰시오. (2점)

2) 링 망(Ring Topology) 기준 회선수와 포트수를 쓰시오. (2점)

3) 링 망(Ring Topology) 기준 단일링의 문제점을 개선하기 위한 방법과 이를 개선할 경우 장점을 쓰시오. (4점)

정답

문제 ⑯

특성 임피던스 50[Ω]인 케이블과 75[Ω]인 케이블 접속하였을 때 아래 질문에 답하시오. (6점)

1) 반사계수(Γ):

2) VSWR:

3) 반사전력 대 입사전력(%) (반사전력은 입사전력의 몇 %인가?)

정답

문제 ⑰

다음과 같은 문자 메시지(Symbol, 신호) A, B, C, D, E에 대한 발생 확률이 $A = \frac{1}{2}$, $B = \frac{1}{4}$, $C = \frac{1}{8}$, $D = \frac{1}{16}$, $E = \frac{1}{16}$일 때 아래 질문에 답하시오. (단, 조건은 Symbol, 평균 지속시간을 1[msec]로 하고 평균 정보량, 정보율은 단위를 포함해서 답안을 쓰시오) (8점)

1) 각 문자의 평균 정보량(Entropy):

문자	확률	정보량
A	$\frac{1}{2}$	
B	$\frac{1}{4}$	
C	$\frac{1}{8}$	
D	$\frac{1}{16}$	
E	$\frac{1}{16}$	

2) 평균 정보량(Entropy):

3) 정보율(Entropy율):

정답

정답 및 해설

문제❶ 정답

1) 1단계: 회선 연결(Circuit Establishment)
2) 2단계: 데이터전송(Data Transfer)
3) 3단계: 회선설정 해제(Circuit Disconnect)

문제❷ 정답

1) ALOHA, CDMA/CD, CSMA/CA
2) Token Ring, Token Bus

문제❸ 정답

① NE(Network Element)
② EMS(Element Management System)
③ NMS(Network Management System)

문제❹ 정답

① 네트워크접속(NIC)계층
② 인터넷(IP) 계층
③ 전송(TCP/UDP)계층
④ 응용(Application)계층

문제❺ 정답

① 구내통신선로 설비공사
② 이동통신구내선로 설비공사
③ 방송공동수신 설비공사

문제❻ 정답

① 10[Ω]
② 100[Ω]

문제❼ 정답

1) 목적물 설치 물품대로 계약목적물의 실체를 형성하는 물품의 가치. 주요 재료비(기본적 구성품)와 부분품비(계약목적물 원형대로 부착)로 구성된다.
2) 목적물 외에 보조물품대로 계약목적물의 실체를 형성하지는 않으나 제조에 보조적으로 소비되는 물품의 가치이다(예 소모재료비, 소모공구, 기구, 비품비, 포장재료비 등).

문제❽ 정답

① 7
② 7
③ 품질관리 계획서(시험 계획서)

보충설명

- 시공계획서 기준검토: 30일 이전 제출, 7일 이내 검토
- 공정관리 기준검토: 30일 이전 제출, 14일 이내 검토

문제❾ 정답

ADPCM(Adaptive Differential Pulse Code Modulation, 적응 차분 펄스 부호변조), ADM(Adaptive Delta Modulation, 적응형 델타 변조)

문제⑩ 정답

① 분리와 재합성(Fragmentation and Reassembly)
   데이터 작은 패킷(Packet)이나 프레임으로 나누는 과정과 재결합을 위해 모으는 기능
② 캡슐화(Encapsulation)
   계층별 이동 시 헤더(Header)를 부착하여 상위계층의 정보를 Data로 처리하는 기능
③ 연결제어(Connection Control)
   송수신 간 연결 설정, 데이터 전송, 연결 해제 기능
④ 흐름제어(Flow Control)
   송수신 간에 데이터의 양이 많은 경우 양측간에 전송 속도를 조절하는 기능
⑤ 오류제어(Error Control)
   전송 중 발생 가능한 오류를 검출하거나 복원하는 기능
⑥ 동기화(Synchronization)
   송수신 간 전송 시작과 종료 수행 시 같은 상태를 유지하는 기능
⑦ 순서결정(Sequencing)
   송신데이터가 수신 시 보내진 데이터 순서대로 수신측에 전달하는 기능
⑧ 주소지정(Addressing)
   송수신 주소를 표기해서 데이터를 전달하는 기능으로 IP나 MAC 주소를 부여하는 기능
⑨ 다중화(Multiplexing)
   하나의 통신회선을 통해 다수의 송신데이터가 동시에 회선을 공유해서 사용할 수 있는 기능

문제⑪ 정답

잡음이 있는 환경이므로 $C = B\log_2(1 + \frac{S}{N})$ 공식을 기준으로 푼다.

[dB] 값을 변환하기 위해 $30[dB] = 10\log_{10}\frac{S}{N}$ 이므로 $\frac{S}{N} = 1,000$이 된다.

$$C = B\log_2(1 + \frac{S}{N}) = 3,400\log_2(1 + 1,000)$$
$$= 3,400 \times \frac{\log_{10}1001}{\log_{10}2} = 3,400 \times \frac{3.00043}{0.3010}$$
$$= 33,935[bps]$$

문제⑫ 정답

① 심벌 간 간섭(ISI)
② Sampling Time
③ Sensitivity to Timing Error
④ 잡음의 여유도(Noise Margin)
⑤ Maximum Distortion
⑥ 타이밍 지터(Timing Jitter)
⑦ 눈열림의 폭(Opening Width)
⑧ 왜곡(Distortion)

문제⑬ 정답

(가) (SNMP) Get Request
(나) (SNMP) Set Request
(다) (SNMP) Trap
(라) (SNMP) Inform
(마) SNMP GETNEXT
(바) (SNMP) Bulk

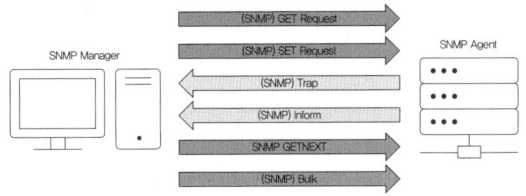

문제⑭ 정답

1) cc:00:4f:28:00:00
2) OSPF(Open Shortest Path First)

문제 ⑮ 정답

1) 회선수: 전체 15회선, 포트수: 전체 30포트

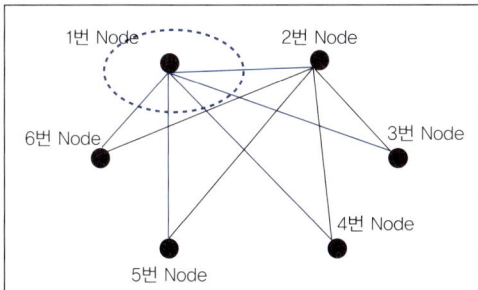

- Link(회선수) 계산
  1번 Node 기준 5개 Link 형성, 2번 Node는 기준 1번 구성 이외에 4개 Link가 필요하고, 3번은 3개, 2번은 2개, 1번 Node는 1개 Link가 필요하다.
  이것을 공식으로 표현하면 $\frac{n(n-1)}{2}$ 이다.
  $\therefore \frac{n(n-1)}{2} = \frac{6(6-1)}{2} = 15$회선

- Port 계산
  각각의 노드당 5개의 Port가 필요하고 총 6개의 노드가 있으므로 $5\text{Port} \times 6\text{Node} = 30$ Port가 필요하다.

2) 회선수: 6회선, 포트수: 12, 각 노드당 각각 2개의 Port

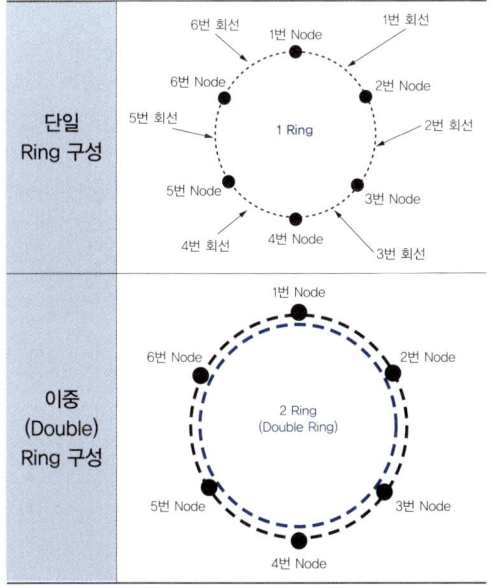

※ 문제가 Double Ring인 경우
회선수: 6회선 × 2 = 12회선, 포트수: 12 × 2 = 24Port, 각 노드당 각각 4개의 Port

3) 이중링(Double Ring) 구현
- 장점: Fail-Over, 50[msec] 이내 절체, 신뢰성 제공
- 이중링 구성 시, 회선수: 12회선, 포트수: 24, 각 노드당 각각 4개의 Port가 필요하여 안정성은 우수해지지만 투자비가 증가하여 경제성은 나빠짐

문제 ⑯ 정답

1) 반사계수(Γ)
$$= |\frac{Z_l - Z_o}{Z_l + Z_o}| = \frac{\text{부하 임피던스} - \text{특성 임피던스}}{\text{부하 임피던스} + \text{특성 임피던스}}$$
$$= \frac{75[\Omega] - 50[\Omega]}{75[\Omega] + 50[\Omega]} = 0.2$$

2) VSWR = 정재파비(S)
$$= \frac{1 + |\Gamma|}{1 - |\Gamma|} = \frac{1 + |\text{반사계수}|}{1 - |\text{반사계수}|} = \frac{1 + |0.2|}{1 - |0.2|} = 1.5$$

3) 반사전력 대 입사전력(%)
반사계수(Γ) = $\sqrt{\frac{\text{반사전력}}{\text{입사전력}}} = 0.2$,
$\frac{\text{반사전력}}{\text{입사전력}} = 0.04 = \frac{4}{100}$ 이므로 4[%]이다.

참조

반사전력은 입사전력의 몇 %인지를 풀기 위해 입사전력(P_i), 반사전력(P_r), 투과전력(P_t) = $P_i(1 - \Gamma^2)$을 계산하여 풀거나 반사계수 = $\sqrt{\frac{P_r(\text{반사전력})}{P_i(\text{입사전력})}}$ = 반사계수(Γ)식의 양변을 제곱하여 푼다.

두 번째 식을 사용하여 계산하면, $\frac{P_r}{P_i} = (0.2)^2 = 0.04$ 에서 $P_r = 0.04 P_i \times 100\% = 4 P_i [\%]$이다.

문제 ⑰ 정답

1) A = 1, B = 2, C = 3, D = 4, E = 4

문자	확률	정보량
A	$\frac{1}{2}$	$I_1 = 10\log_2(\frac{1}{p_1}) = \log_2(\frac{1}{\frac{1}{2}}) = 1[bit]$
B	$\frac{1}{4}$	$I_2 = 10\log_2(\frac{1}{p_2}) = \log_2(\frac{1}{\frac{1}{4}}) = 2[bit]$
C	$\frac{1}{8}$	$I_3 = 10\log_2(\frac{1}{p_3}) = \log_2(\frac{1}{\frac{1}{8}}) = 3[bit]$
D	$\frac{1}{16}$	$I_4 = 10\log_2(\frac{1}{p_4}) = \log_2(\frac{1}{\frac{1}{16}}) = 4[bit]$
E	$\frac{1}{16}$	$I_5 = 10\log_2(\frac{1}{p_5}) = \log_2(\frac{1}{\frac{1}{16}}) = 4[bit]$

2) 1.875[bit/Symbol]

$$H(X) = -\sum_{i=1}^{n} p(x_i)\log_2 p(x_i)$$

$$H(X) = \frac{1}{2}\log_2\frac{1}{\frac{1}{2}} + \frac{1}{4}\log_2\frac{1}{\frac{1}{4}} + \frac{1}{8}\log_2\frac{1}{\frac{1}{8}}$$

$$+ \frac{1}{16}\log_2\frac{1}{\frac{1}{16}} + \frac{1}{16}\log_2\frac{1}{\frac{1}{16}}$$

$$= \frac{1}{2} + \frac{1}{4}(2) + \frac{1}{8}(3) + \frac{1}{16}(4) + \frac{1}{16}(4)$$

$$= \frac{8+8+6+4+4}{16} = \frac{30}{16}$$

$$= 1.875[bit/Symbol]$$

3) 정보율(Entropy율)은 평균 정보량의 전송속도로서 Symbol의 속도와 Entropy를 곱하면 된다.
   평균 지속시간이 1[msec]이므로 1[msec]마다 전송하는 것으로 초당 1,000개의 Symbol을 보내는 것이다. 즉, 1,000[Symbol/sec] × 1.875[bit/Symbol] = 1,875[bps]가 된다.

CHAPTER 05
2023년 제2회 실기시험 (23.7.29.)

문제 ❶
아래 광섬유에 대한 설명을 참조해서 전송모드 2가지를 쓰시오. (4점)

> 광섬유는 재료구성이나 제조방법, 굴절률 분포나 전파모드에 따라 분류된다. 석영계 광섬유에서 계단형 굴절률(SI형)과 언덕형 굴절률(GI형)은 (①) 광섬유이다. 그리고 (②) 광섬유가 제품화되어 현장에서 많이 사용되고 있으며, 코어의 굴절률 분포, 코어 지름, 코어와 클래딩의 비굴절률차가 다르다. 각 광섬유는 코어 내에 있어서 광의 전반사 모양이 다르고, 광섬유모드에 따라 전송대역에 큰 차이가 있다.

정답

문제 ❷
통신방식 중 Baseband와 Broadband 방식에 대해서 설명하시오. (6점)

Baseband 방식	
Broadband 방식	

정답

문제 ❸

통신망 구성을 위해 OSI – 7계층을 기준으로 1계층의 물리계층에서 DCE와 DTE 간 인터페이스 역할에 대한 물리적 특징 4가지를 쓰시오. (4점)

정답

문제 ❹

ARQ(Automatic Repeat reQuest) 통신을 위한 3가지 방식에 대해 서술하시오. (5점)

정답

문제 ❺

정보보호 관리체계에서 인증심사에 대해 서술하시오. (5점)

정답

문제 ❻
정보통신공사업 기준 설계의 정의를 쓰시오. (5점)

정답

문제 ❼
기지국에서 무선통신의 용량을 높이기 위한 스마트 안테나 기술로 기지국과 단말기에 여러 안테나를 사용하여 안테나 수에 비례해서 통신 용량을 높인 기술을 무엇이라 하는가? (5점)

정답

문제 ❽
아이패턴에서 눈 열림 최상위와 최하위 간격을 무엇이라 하는가? (6점)

정답

문제 ❾
1[Watt]를 [dBm]으로 변환하면 얼마의 값을 가지는가? (5점)

정답

문제 ❿
다음은 회선 접속을 위한 5단계이다. 아래 (가), (나), (다) 단계를 쓰시오. (3점)

회선 접속 - (가) - (나) - (다) - 회선 절단

정답

문제 ⓫
PCM 전송을 위해 사용하는 재생중계기의 핵심기능 3가지를 쓰고 설명하시오. (6점)

정답

문제 ⑫
프로토콜 분석기의 주요 기능 3가지를 서술하시오. (6점)

정답

문제 ⑬
L2 스위치 기능 동작을 위하여 다음 항목에 적합한 용어를 서술하시오. (6점)

(①)은/는 출발지 주소가 MAC Table에 없으면 MAC 주소와 Port를 저장하는 기능이다.
(②)은/는 목적지 주소를 모를 때(MAC Table에 없으면) 전체 포트에 전파하는 기능이다.
(③)은/는 일정 시간이 지나면 MAC Table의 주소를 삭제하는 기능이다.

정답

문제 ⑭
상대방의 MAC(Media Access Control) 주소를 알고 IP(Internet Protocol) 주소는 모르는 경우 사용하는 Protocol은 무엇인가? (3점)

정답

문제 ⑮
정보통신망 구축을 위해 아래와 같이 단계별로 진행하는 경우 빈칸을 채우시오. (3점)

> 기본설계 → 현장조사 → ( ) → 물리망 구축 → 논리망 구축

정답

문제 ⑯
2,400[Baud] 속도이고 QPSK 변조일 때 신호속도를 구하시오. (5점)

정답

문제 ⑰
속도가 1,000[bps], 변조방식이 16QAM일 때 변조속도를 구하시오. (5점)

정답

문제 ⑱

통신속도가 1[Gbps]인 통신 네트워크에서 25[kbyte] 크기의 데이터를 전송하는 경우 아래 물음에 답하시오. (단, 송신지점에서 수신지점까지의 거리는 14,000[km], 두 지점 간의 전파속도는 2.8×10^8[m/sec]이다) (10점)

1) 전파시간(Propagation Time):

2) 전송시간(Transmission Time):

정답

문제 ⑲

잡음이 있는 환경에서 통신시스템의 대역폭이 3,100[Hz]이고 신호대 잡음비($\frac{S}{N}$)가 20[dB]일 때 채널용량을 구하시오. (단, 소수점 버림하여 계산한다) (8점)

정답

정답 및 해설

문제 ❶ 정답

① 다중모드(Multi Mode)
② 단일모드(Single Mode)

문제 ❷ 정답

Baseband 방식	주로 구내 LAN 등에 사용하는 방식으로 Digital화된 정보나 Data를 변조 없이 그대로 전송하는 방법이다. 주로 Line Coding인 AMI, Manchester Coding 방식 등으로 처리하는 방식이다.
Broadband 방식	Digital화된 신호를 반송파(Carrier)인 주파수, 진폭, 위상 등을 변화시켜 전송하는 방식이다. 주로 Analog 무선 통신, CATV, xDSL 등에서 주로 활용되고 있다.

문제 ❸ 정답

① 기능적 특성: 물리적인 역할을 정의한다.
② 기계적 특성: 물리적인 위치, 거리, 간격 등을 정의한다.
③ 전기적 특성: 전기신호의 송신, 수신 출력값 등을 정의한다.
④ 절차적 특성: 핀 배열, 신호방식 등을 정의한다.

문제 ❹ 정답

① Stop and Wait(정지 – 대기) ARQ
② Continuous(연속적) ARQ
③ Adaptive(적응적) ARQ

> **참조**
> ARQ(Automatic Repeat reQuest)는 통신시스템에서 발생할 수 있는 오류를 검출하고 복구하는 데 사용되는 기술이다.

문제 ❺ 정답

① ISMS(Information Security Management System)
정보보호 관리체계 인증, 정보보호를 위한 일련의 조치와 활동이 인증기준에 적합함을 한국인터넷진흥원 또는 인증기관이 증명하는 제도이다.
② ISMS-P(Information Security Management System-Personal information)
정보보호 및 개인정보보호 관리체계에 대한 인증이다.

문제 ❻ 정답

'설계'란 공사에 관한 계획서, 설계도면, 설계설명서, 공사비명세서, 기술계산서 및 이와 관련된 서류를 작성하는 행위를 말한다.

> **보충설명**
> - 기본설계: 예비타당성조사, 타당성조사 및 기본계획을 감안하여 시설물의 규모, 배치, 형태, 개략 공사방법 및 기간, 개략 공사비 등에 관한 조사, 분석, 비교·검토를 거쳐 최적안을 선정하고 이를 설계도서로 표현하여 제시하는 설계업무이다. 각종 사업의 인·허가를 위한 설계를 포함하며, 설계기준 및 조건 등 실시설계용역에 필요한 기술자료를 작성하는 것을 말한다.
> - 실시설계: 기본설계의 결과를 토대로 시설물의 규모, 배치, 형태, 공사방법과 기간, 공사비, 유지관리 등에 관하여 세부조사 및 분석, 비교·검토를 통하여 최적안을 선정하여 시공 및 유지관리에 필요한 설계도서, 도면, 시방서, 내역서, 구조 및 수리계산서 등을 작성하는 것을 말한다.

문제 ❼ 정답

MIMO(Multiple Input Multiple Output)

> **보충설명**

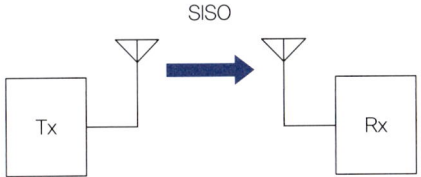

[Single-Input Single-Output]

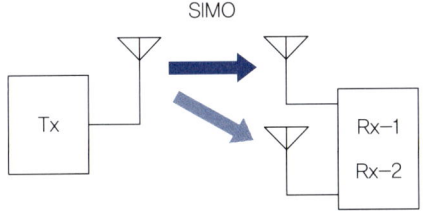

[Single-Input Multiple-Output]

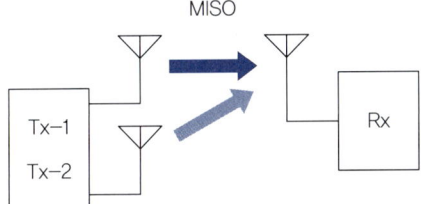

[Multiple-Input Single-Output]

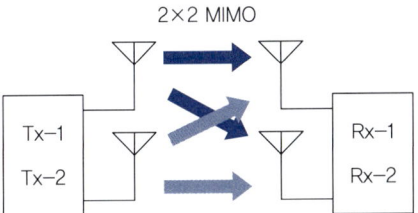

[Multiple-Input Multiple-Output]

문제 ❽ 정답

잡음의 여유도(Noise Margin)

> **보충설명**

- 눈을 뜬 상하의 폭: 잡음의 여유도
- 눈을 뜬 좌우의 폭: ISI(Inter Symbol Interference: 심벌 간 간섭) 간섭 없이 신호를 표본화함
- 눈이 감기는 율: 시스템 감도
- 눈이 완전 감김: ISI가 아주 심함

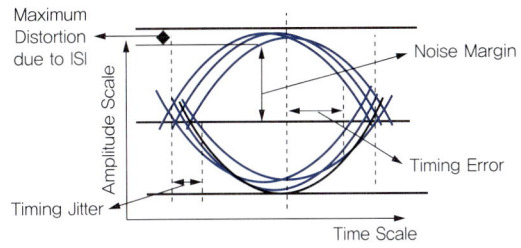

문제 ❾ 정답

$$10\log_{10}\frac{1[\text{W}]}{1[\text{mW}]} = 10\log_{10}10^3 = 30[\text{dBm}]$$

문제 ❿ 정답

(가) 회선 설정(Circuit Establihment)
(나) 데이터 전송(Data Transfer)
(다) 회선 해제(Circuit Disconnect)

문제 ⓫ 정답

Regenerating	주기적 형태 재생(식별재생, Regeneration)
Reshaping	진폭 형태 재생(등화 증폭)
Retiming	시간/위상 관계 재생

문제 ⑫ 정답

① BER(Bit Error Test) 시험
② 데이터 Capture 및 저장
③ 회선 성능(Performance) 측정
④ Jitter 측정
⑤ 네트워크 모니터링
⑥ Capture된 Protocol Decoding(분석) 등

문제 ⑬ 정답

① Learning
② Flooding
③ Aging

참조

Learning	배운다. 누가 옆에 있는지 알기 위함이다.
Flooding	뿌린다. 어디에 보낼지 모르면 일단 다 보낸다.
Forwarding	전달한다. 해당 포트(목적지)로 전달한다.
Filtering	막는다. 해당 여부를 확인/검사한다.
Aging	시간이 간다. 일정시간 데이터 프레임이 없으면 테이블에서 삭제한다.

문제 ⑭ 정답

RARP(Reverse Address Resolution Protocol)

보충설명

- ARP(Address Resolution Protocol) : IP 주소를 MAC 주소(H/W 주소)로 매핑
- RARP(Reverse Address Resolution Protocol) : MAC 주소(H/W 주소)에서 IP 주소를 찾음

문제 ⑮ 정답

실시설계(또는 상세설계)

문제 ⑯ 정답

$[bps] = [Baud] \times \log_2 M$
$n = \log_2 M$에서 QPSK는 M이 4, $\log_2 4 = 2$이므로
$2,400[Baud] \times 2 = 4,800[bps]$

문제 ⑰ 정답

$[bps] = [Baud] \times \log_2 M$
16QAM은 2^4이므로 4bit로 처리가 가능하다.
$1,000[bps] = Baud \times 4$이므로 Baud 치환하면 $250[Baud]$이다.

보충설명

bps(bit per second)	초당 전송되는 비트 수, bps = 변조속도(Baud) × 변조 시 상태 변화 수($\log_2 M$)
변조속도 (Baud)	1초에 전송하는 신호(Symbol) 단위의 수 [Baud], 1초에 변하는 횟수 $Baud = \frac{1}{T}$ (T는 신호 요소의 시간), $T = \frac{1}{Baud}$, $Baud \times \log_2 M = [bps]$
데이터 전송속도	단위 시간당 전송하는 비트 수, 문자 수, 패킷 수
Bearer 속도	동기비트+데이터+상태 신호비트의 합

문제 ⑱ 정답

1) 전파시간(Propagation Time)
   데이터가 송신지에서 수신지까지 전송하는데 걸리는 시간이다. $S = V \cdot T$ 공식 기반하에 단위를 일치해서 풀면 아래와 같다.

   $$시간(T) = \frac{S}{V} = \frac{14,000 \times 10^3}{2.8 \times 10^8} = 0.05[\text{sec}]$$
   $$= 50[\text{msec}]$$

2) 전송시간(Transmission Time)
   전송(Transmission)은 라우터나 통신장비가 패킷이나 블록을 Link로 밀어내는 과정에서 발생하는 시간이다.

   $$시간(T) = \frac{S}{V} = \frac{5[\text{kbyte}]}{1[\text{Gbps}]} = \frac{25 \times 10^3 \times 8}{1 \times 10^9}$$
   $$= 0.002[\text{sec}] = 2[\text{msec}]$$

문제 ⑲ 정답

잡음이 있는 환경이므로 $C = B\log_2(1 + \frac{S}{N})$ 공식을 기준으로 푼다.

[dB] 값을 변환하기 위해 $20[\text{dB}] = 10\log_{10}\frac{S}{N}$ 이므로 $\frac{S}{N} = 100$ 이 된다.

$$C = B\log_2(1 + \frac{S}{N}) = 3,100\log_2(1 + 100)$$
$$= 3,100 \times \frac{\log_{10}101}{\log_{10}2} = 3,100 \times \frac{2.00432}{0.3010}$$
$$= 20,640.45[\text{bps}]$$

소수점을 버리면 정답은 20,640[bps]

CHAPTER 06

2023년 제4회 실기시험 (23.11.25.)

문제 ❶

장거리 광섬유 케이블 등에 사용되는 10Gigabit Ethernet(IEEE 표준 802.3ae 기준)은 다음 3가지 형식으로 분류된다. 아래 질문에 맞는 표준을 적으시오. (6점)

1) 단파장인 850nm 다중모드(Multi Mode) 광섬유를 사용하며, 최대 거리가 300m인 10Gigabit Ethernet

2) 장파장인 1,310nm 단일모드(Single Mode) 광섬유를 사용하며, 최대 거리가 10km인 10Gigabit Ethernet

3) 장파장인 1,550nm 단일모드(Single Mode) 광섬유를 사용하며, 최대 거리가 40km인 10Gigabit Ethernet

정답

문제 ❷

홈네트워크를 구성하는 네트워크 주요 기술 4가지를 서술하시오. (8점)

정답

문제 ❸
다음 괄호 안에 들어갈 알맞은 용어를 적으시오. (5점)

> 자신에게 연결되어 있는 소규모 회선 또는 네트워크로부터 데이터를 모아 고속의 대용량으로 전송할 수 있는 대규모 전송회선 및 통신망을 지칭하여 (　　)(이)라 한다. 즉, 소규모의 LAN 등 데이터망으로부터 생성되는 트래픽을 운반하기 위해 WAN(Wide Area Network)에서 주요 교환노드를 직접 연결하는 고속의 전용회선을 의미한다.

정답

문제 ❹
정보보안 통합솔루션으로 하나의 장비에 여러 보안솔루션 기능을 통합적으로 제공하고, 다양하고 복잡한 보안 위협에 대응할 수 있고, 관리 편의성과 비용절감이 가능한 보안시스템을 (　　)(이)라 한다. (5점)

정답

문제 ❺
다음은 무엇에 대한 설명인지 ( ) 안에 들어갈 용어를 쓰시오. (5점)

> 공사를 시작하기 전에 설계도를 특별자치시장 · 특별자치도지사 · 시장 · 군수 · 구청장에게 제출하여 기술기준에 적합한지를 확인받아야 하며, 그 공사를 끝냈을 때에는 특별자치시장 · 특별자치도지사 · 시장 · 군수 · 구청장의 ( )을/를 받고 정보통신설비를 사용하여야 한다.

정답

문제 ❻
방송통신설비에 피해를 줄 우려가 있을 때에는 접지 단자를 설치하여 접지하여야 하며 통신관련 시설의 접지저항은 ( )[Ω] 이하를 기준으로 한다. (3점)

정답

문제 ❼

다음 감리원의 배치기준에 적합하게 관련 등급을 쓰시오. (4점)

1. 총공사금액 100억원 이상 공사: 특급감리원(기술사 자격을 가진 자로 한정한다)
2. 총공사금액 70억원 이상 100억원 미만인 공사: (①)
3. 총공사금액 30억원 이상 70억원 미만인 공사: 고급감리원 이상의 감리원
4. 총공사금액 5억원 이상 30억원 미만인 공사: (②)
5. 총공사금액 5억원 미만의 공사: 초급감리원 이상의 감리원

정답

문제 ❽

광케이블 측정장비 OTDR에 대해서 아래 질문에 답하시오. (10점)

1) OTDR 원어를 쓰시오. (2점)

2) OTDR의 측정용도 4가지를 쓰시오. (4점)

3) 광섬유 케이블의 접속지점에 대한 결과를 측정하는 방법 2가지를 쓰시오. (4점)

정답

문제 ❾
ASK와 PSK를 혼합한 디지털 변조 방식을 쓰시오. (3점)

문제 ❿
다음 사항에 대해 답하시오. (5점)

1) 물리계층과 LLC 계층 사이에 있는 계층에 대해 쓰시오. (2점)

2) 물리계층과 LLC 계층 사이에 있는 계층의 역할에 대해 서술하시오. (3점)

문제 ⑪

정보통신공사업에서 규정하는 감리원의 주요 업무 5가지를 서술하시오. (5점)

정답

문제 ⑫

다음 Command(명령어)에 대해 어떤 동작을 하는지 설명하시오. (9점)

1) netstat :

2) ping :

3) route print :

정답

문제 ⓭

다음 ( ) 안에 들어갈 알맞은 답을 쓰시오. (3점)

구내 정보통신망 구축을 위해 LAN 공사를 하는 경우 TTA 기준에 의거해서 EIA-568A 또는 EIA-568B 형태의 케이블을 아래와 같이 구성하려 한다. 수평 케이블과 장비 코드, 통신 인출구/커넥터, 선택적 변환 접속점, 층 장비실 교차 접속 등을 감안하여 (①)과 (②)의 거리를 쓰시오.

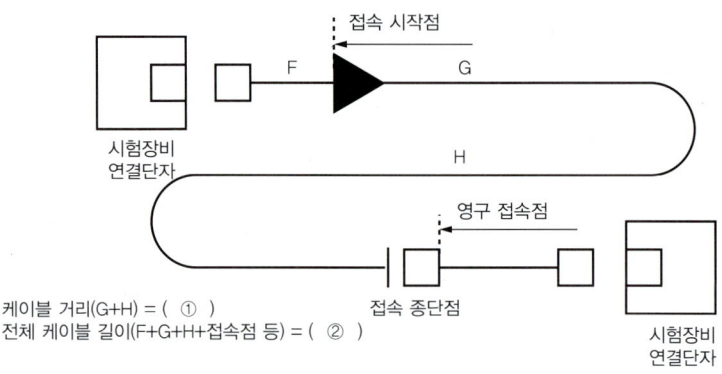

문제 ⓮

다음 항목에 대해 해당 OSI 7계층 RM(Reference Model)으로 구분하여 해당 계층을 쓰시오. (8점)

TCP, UDP	①
RS-232C	②
HDLC	③
IP	④

문제 ⑮

Client가 traceroute(리눅스 기준)의 명령어를 사용한다는 것은 해당 라우터로부터 ICMP Time Exceeded 메시지를 받으면 (   ) 값이 '0'에 도달했다는 의미로 경로를 추적 및 확인하는 것이다. (5점)

정답

문제 ⑯

아래 표를 보고 (가)와 (나)를 구하고 (다) 총공사원가를 구하시오. (8점)

구분	금액	비고
재료비	(가)	직접재료비 + 간접재료비
노무비	53,000,000원	직접노무비 + 간접노무비
경비	12,000,000원	제경비 포함
일반관리비	(나)	일반관리비율 6% 적용
이윤	7,058,000원	10% 적용

정답

문제 ⑰

통신망 구성을 위해 네트워크 내에서 아래와 같이 100개의 노드를 Full Mesh로 구성하려 한다. 아래 질문에 답하시오. (8점)

1) 관련 공식:

2) 수식 계산:

3) 그물형(Full Mesh) 방식의 장점:

4) 그물형(Full Mesh) 방식의 단점:

정답

정답 및 해설

문제 ❶ 정답

1) 10GBase-S(10GBase-SR), Short Reach
2) 10GBase-L(10GBase-LR 또는 LX), Long Reach
3) 10GBase-ER(Extended Reach)

문제 ❷ 정답

- 유선기술: Ethernet, PLC(Power Line Communication), Home PNA(Phoneline Networking Alliance), RS-485, HDMI 등
- 무선기술: WiFi(802.11 계열), WPAN(Wireless Personal Area Network) 계열(802.15.x), Zigbee, Z-wave, UWB(Ultra Wideband), USB(Universal Serial Bus) 등

※ 무선과 유선기술을 임의로 적으면 된다.

문제 ❸ 정답

백본(Backbone), 기간망(전달망), 백본망(Backbone Network)

문제 ❹ 정답

UTM(Unified Thread Management)

보충설명

UTM은 IDS, IPS, Firewall 장비 등이 하나의 통합 장비로 제공되는 것이다. 즉, UTM은 여러 가지 보안 기능 또는 서비스가 네트워크 내의 단일 장치로 통합되는 것으로 UTM을 사용하면 바이러스 방지, 콘텐츠 필터링, 이메일 및 웹 필터링, 스팸 방지 기능 등 여러 가지 기능을 통해 네트워크 사용자를 보호한다. 단점으로 모든 기능이 하나의 장치에 포함되어 있어 UTM 장비에 장애가 발생하는 경우 전체적인 보안기능이 마비될 수 있다.

문제 ❺ 정답

사용 전 검사

참조

유사문제

정보통신공사업법 제36조, 규정에 의해 정보통신시설물의 시공품질을 확보하기 위하여 구내통신선로, 방송공동수신설비, 이동통신구내선로 공사에 대하여 착공 전 설계도서 및 공사완료 후의 시공상태가 동법 제6조의 규정에 따른 기술기준에 적합하게 되었는지 여부를 검사하는 것을 (사용 전 검사)(이)라 한다.

문제 ❻ 정답

10

문제 ❼ 정답

① 특급감리원
② 중급감리원

참조

감리원의 배치기준

1. 총공사금액 100억원 이상 공사: 특급감리원(기술사 자격을 가진 자로 한정한다)
2. 총공사금액 70억원 이상 100억원 미만인 공사: 특급감리원
3. 총공사금액 30억원 이상 70억원 미만인 공사: 고급감리원 이상의 감리원
4. 총공사금액 5억원 이상 30억원 미만인 공사: 중급감리원
5. 총공사금액 5억원 미만의 공사: 초급감리원 이상의 감리원

문제 ❽ 정답

1) Optical Time Domain Reflecter(광펄스 측정기, 시간영역 광반사 측정기)
2) OTDR의 주요 용도는 광섬유의 손실 접속점까지의 거리와 접속손실 및 접속점으로부터 반사된 광섬유가 파손된 경우의 파손점까지의 거리나 고장점 등을 측정하는 장비이다.
   ① 광(섬유)케이블에 대한 케이블 전송손실인 감쇠 정도(Single Mode: 0.3~0.4dB/km)
   ② 단위 개소당 접속손실 여부(광 Connector당: 0.2~0.3dB)
   ③ 광케이블 구간 중 단선(끊김) 측정
   ④ 전체 광케이블구간에 대한 총 손실 측정
3) 후방산란법(Back Scattering Method), Cutback 방식, 투과측정법

문제 ❾ 정답

QAM(Quadrature Amplitude Modulation, 직교 진폭 변조)
QAM = PSK + ASK

문제 ❿ 정답

1) MAC 계층
2) 전송매체에 대한 접속 기능(Media Access Control 기능), IEEE 802.3은 MAC 계층으로 CSMA/CD 방식으로 전송매체의 접속을 제어(Control)한다.

문제 ⓫ 정답

① 공사계획 및 공정표 검토
② 공사업자가 작성한 시공상세도면의 검토 · 확인
③ 설계도서와 시공도면의 내용이 현장조건에 적합한지 여부와 시공가능성 등에 관한 사전검토
④ 공사가 설계도서 및 관련규정에 적합하게 행하여지고 있는지에 대한 확인
⑤ 공사 진척부분에 대한 조사 및 검사
⑥ 사용자재의 규격 및 적합성에 관한 검토 · 확인
⑦ 재해예방 대책 킹 안전관리의 확인
⑧ 설계변경에 관한 사항의 검토 · 확인
⑨ 하도급에 대한 타당성 검토
⑩ 준공도서의 검토 및 준공확인

문제 ⓬ 정답

1) 프로토콜별 네트워크 연결상태, 라우팅 테이블, 인터페이스 상태 등 확인
2) 해당 IP별 네트워크 연결상태 확인
3) 라우팅 테이블의 Route별 네트워크 마스크 인터페이스 등 확인

보충설명

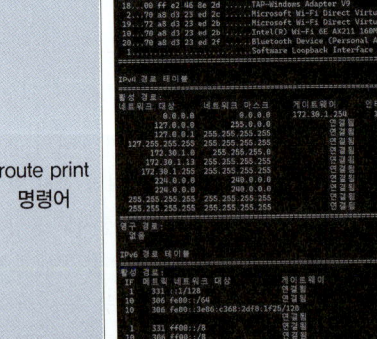

netstat 명령어

route print 명령어

문제 ⑬ 정답

① 90m
② 100m(UTP 기준 최대 100m 가능, 실제 적용은 90m 기준 시공)

보충설명

UTP 케이블의 특성상 사용 거리는 최대 100m로 제한된다(일반적으로 수평 선로 구간은 90m 이내로 설치하고 접속점 등을 감안하여 최대 100m를 확보한다).

문제 ⑭ 정답

TCP, UDP	① 4계층
RS-232C	② 1계층
HDLC	③ 2계층
IP	④ 3계층

문제 ⑮ 정답

TTL(Time To Live)

보충설명

traceroute

리눅스 환경에서 쓰는 명령어로 UDP로 Packet을 전송하지만 −T Option을 사용하여 TCP로 전송할 수 있다. traceroute 100.100.100.100 −T처럼 −T 옵션을 주게 되면 TCP 프로토콜을 사용한다. TTL을 하나씩 증가시키는 것은 UDP나 ICMP 프로토콜을 이용하는 것과 동일하고 TCP Flag는 SYN 플래그를 사용하여 응답 여부를 기록하는 것이다.

문제 ⑯ 정답

(가) 28,000,000원
(나) 5,580,000원
(다) 105,638,000원

보충설명

(가) 일반관리비 = 순공사원가 × 일반관리 비율
   5,580,000원 = 순공사원가 × 6%
   순공사원가 = 93,000,000원
   순공사원가 = 재료비 + 노무비 + 경비
      = 재료비 + 53,000,000원 + 12,000,000원
      = 93,000,000원
   ∴ 재료비 = 28,000,000원

(나) 이윤 = (노무비 + 경비 + 일반관리비) × 이윤율
   7,058,000원 = (53,000,000 + 12,000,000 + (나) 일반관리비) × 10%이므로
   일반관리비 = 70,580,000원 − 65,000,000원
      = 5,580,000원

(다) 총공사원가
   = 순공사원가 + 일반관리비 + 이윤
   = 93,000,000원 + 5,580,000원 + 7,058,000원
   = 105,638,000원

문제 ⑰ 정답

1) $\dfrac{n(n-1)}{2}$

2) $\dfrac{100(100-1)}{2} = 4,950$

3) Network(망)가 장애 대비 안정적으로 운용이 가능하다(안정성 향상).

4) 초기 통신망 구축을 위한 설비 투자비가 높다(경제성 부족).

CHAPTER 07

2024년 제1회 실기시험 (24.4.27.)

문제 ❶
인터넷에서 사용자가 입력하는 URL(Uniform Resource Locator) 기반의 도메인(Domain) 주소를 IP 주소로 변환해 주는 역할을 하는 시스템(서버)을 무엇이라 하는가? (3점)

정답

문제 ❷
네트워크 구축 후 가입자 통신망의 원활한 통신을 확인하기 위해 통신망을 최초로 구축한 곳에서 통신소나 헤드엔드를 통해 최초로 통신망을 사용하기 전에 회선을 테스트하여 성능을 확인하는 것을 무엇이라 하는가? (4점)

정답

문제 ❸

IP 주소가 45.123.21.8이고 Subnet Mask가 255.192.0.0이다. 다음 물음에 답하시오. (4점)

1) IP 주소 Class를 쓰시오.

2) Subnet의 네트워크 주소를 쓰시오.

정답

문제 ❹

다음 보기에서 설명하고 있는 것에 대한 용어를 쓰시오. (6점)

- "(①)"란 공사에 관한 계획서, 설계도면, 설계설명서, 공사비명세서 기술계산서 및 이와 관련된 서류(이하 "설계도서"라 한다)를 작성하는 행위를 말한다.
- "(②)"란 공사에 대하여 발주자의 위탁을 받은 용역업자가 설계도서 및 관련 규정의 내용대로 시공되는지를 감독하고 품질관리·시공관리 및 안전관리에 대한 지도 등에 관한 발주자의 권한을 대행하는 것을 말한다.

정답

문제 ❺
통신망의 신뢰도를 확인하기 위해 고려되어야 할 사항 3가지를 쓰시오. (6점)

문제 ❻
다음은 접지저항을 측정하는 방법이다. (　　) 안에 알맞은 내용을 쓰시오. (9점)

1) (　①　)점 전위강하법

2) (　②　)% 법

3) (　③　)극 측정법

문제 ❼
데이터 전송회선의 품질의 척도로 사용되는 것으로 데이터 전송의 정확도를 나타내는 3가지 오류율을 쓰고, 이 중 디지털 방식에서 통신품질의 평가척도로 사용하는 것을 쓰시오. (8점)

문제 ❽
다음 아래 질문의 ( ) 안에 들어갈 용어 및 원어를 쓰시오. (3점)

( )은/는 IP 네트워크에서 통신망에 위치한 장치들로부터 정보를 수집 및 관리하는 것으로 메시지를 Manager-Agent 기반으로 동작하는 프로토콜이다. IETF에서 표준화했으며 UDP/IP 상에서 동작하는 비교적 단순한 형태의 메시지 교환형의 네트워크 관리 프로토콜로서 라우터나 허브 등 네트워크 기기의 정보를 망관리 시스템에 보내는 데 사용되는 통신규약이다.

정답

문제 ❾
다음 그림을 보고 네트워크 동작에 대한 관리 명령어 중에서 Request, Response, Trap의 전송 방향(A 또는 B)을 선택하시오. (6점)

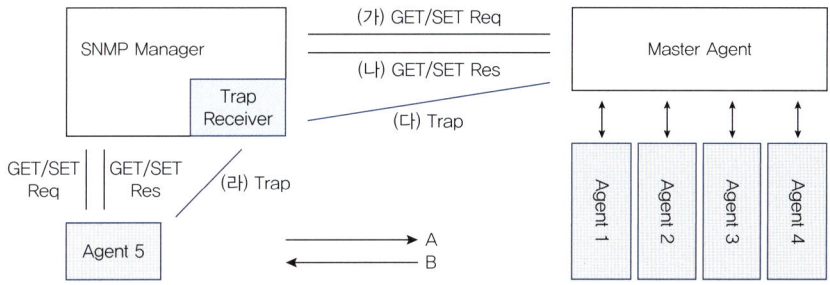

(가) GET/SET Request:

(나) GET/SET Response:

(다) Trap:

(라) Trap:

정답

문제 ⑩

TMN(Telecommunication Management Network)은 전기통신망과 통신 서비스를 체계적으로 관리하기 위한 망관리 구조이다. TMN을 위한 망관리의 5대 주요 기능 중 4가지를 서술하시오. (8점)

문제 ⑪

다음 (   ) 안에 들어갈 숫자를 쓰시오. (6점)

공사진도 관리 관련 감리원은 시공자로부터 전체 실시공정표에 의거한 월간 주간 상세공정표를 사전에 제출받아 검토·확인하여야 한다. 공사업자는 감리원에게 월간 상세공정표는 작업착수 (①)일 전에 제출해야 하고, 주간 상세공정표는 작업착수 (②)일 전에 제출하여야 한다.

문제 ⑫

L2 스위치 기능 동작을 위하여 다음 항목에 적합한 용어를 서술하시오. (6점)

(①)은/는 출발지 주소가 MAC Table에 없으면 MAC 주소와 Port를 저장하는 기능이다.
(②)은/는 목적지 주소를 모를 때(MAC Table에 없으면) 전체 포트에 전파하는 기능이다.
(③)은/는 일정 시간이 지나면 MAC Table의 주소를 삭제하는 기능이다.

정답

문제 ⑬

캐리어 이더넷(Carrier Ethernet)의 주요 특징 4가지를 서술하시오. (4점)

정답

문제 ⓮
다음은 공사예정공정표이다. 다음 빈칸에 적합한 용어를 쓰시오. (6점)

공사예정공정표		
①	수량	②
통신케이블 설치 공정	1	식
전기케이블 설치 공정	1	식

문제 ⓯
VHF(Very High Frequency) 대역의 주파수를 쓰고 파장 범위의 계산과정을 서술하시오. (8점)

1) 계산식:

2) 정답:

문제 ⑯

통신망 네트워크 내에서 다음과 같이 방화벽을 설정하려 한다. ( ) 안에 알맞은 내용을 넣으시오. (6점)

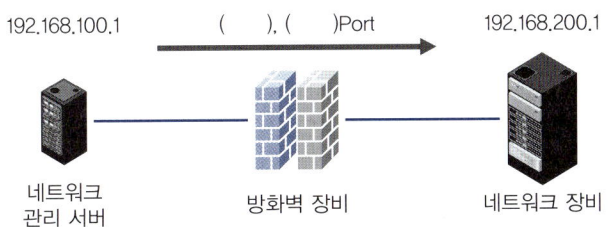

네트워크 관리 서버 IP	송신지 주소	192.168.100.1
네트워크 관리 장비 IP	목적지 주소	192.168.200.1
통신방식	TCP/UDP	( ), ( )Port
방화벽 정책	Admit/Deny	Admit(허용)

정답

문제 ⑰

A 전화국에서 B 방면으로 포설된 0.4mm 1,800p 케이블에 고장이 발생했고 길이는 1,250[m]이다. A 전화국 실험실에서 L3 시험기로 바레이법에 의해 측정할 때 고장위치를 구하시오. (바레이 3법 저항 325[Ω], 바레이 2법 저항 245[Ω], 바레이 1법 저항 142[Ω]) (7점)

정답

문제 ❶ 정답

DNS 서버, Domain Name System Server

참조
ARP는 IP 주소를 MAC 주소로 변환하고, RARP는 MAC 주소를 IP 주소로 변환한다.

문제 ❷ 정답

개통시험, 회선개통시험

보충설명 1
장비를 구성한 후 24시간이나 72시간을 기준으로 Bit Error Ratio(비트 오류율)/Bit Error Rate(비트 오류 시간율) 시험을 해서 통신망의 이상 유무를 점검한다.

보충설명 2
사용 전 검사
정보통신공사업법 제36조, 규정에 의해 정보통신시설물의 시공품질을 확보하기 위하여 구내통신선로, 방송공동수신설비, 이동통신구내선로 공사에 대하여 착공 전 설계도서 및 공사완료 후의 시공상태가 동법 제6조의 규정에 따른 기술기준에 적합하게 되었는지 여부를 검사하는 것을 사용 전 검사라 한다.

문제 ❸ 정답

45.123.21.8	00101101.	01111011.	00010101.	00000000
255.192.0.0	11111111.	11000000.	00000000.	00000000
	00101101.	01000000.	00000000.	00000000
	45.	64.	0.	0

1) A Class
2) 45.64.0.0

보충설명
- 45로 시작하므로 A Class이다.
- Subnet Mask 255.192.0.0에서 192는 11000000이므로 앞에 이진수 11을 기반으로 4개의 Subnet이 형성된다.
- 4개의 Subnet 구성은 아래와 같다.
  - 첫 번째 Subnet: 45.0.0.0 ~ 45.63.255.255
  - 두 번째 Subnet: 45.64.0.0 ~ 45.127.255.255
  - 세 번째 Subnet: 45.128.0.0 ~ 45.191.255.255
  - 네 번째 Subnet: 45.192.0.0 ~ 45.255.255.255

문제에서 IP 45.123.21.8은 두 번째 Subnet에 해당하므로 네트워크는 45.64.0.0, Broadcast는 45.127.255.255가 된다.

문제 ❹ 정답

① 설계
② 감리

문제 ❺ 정답

① 신뢰성(Reliability) 향상: 통신망의 정상적 동작여부로 장애 발생에도 지속 서비스 가능 정도를 말한다.
② 가용성(Availability) 향상: 통신망이 안정적으로 운용 가능하도록 가동율 지표인 MTBF(Mean Time Between Failure), MTTR(Mean Time Between Repair) 등을 통한 통신망을 지속 점검한다.
③ 보전성(Serviceability): 사용 중 장애가 발생할 경우 복구의 간편성으로 통신 트래픽의 분산이나 장비의 이중화, 통신 국사의 이중화 구성 등 장애 시 자동 복구하는 기능이다.
④ 망관리 강화: NMS를 통한 A, P, S, C, F 관리 기능을 강화한다(Accounting, Performance, Security, Configuration, Fault).
⑤ 통신망 구성을 안정적으로 설계한다(Dual Ring이나 Mesh Topology, 장비, 경로 이원화 구성 적용).
⑥ 장애 시 Down Time을 최소화하기 위해 DR(Disaster Recovery) 경로를 확보한다.
⑦ 외부 공격에 대비하기 위한 가용성, 무결성, 기밀성을 확보한다.
⑧ 내/외부 보안 강화를 위한 IDS, IPS, Firewall 외에 Honey Pot이나 APT 공격 대응 방안을 수립한다.

참조

이 외에 ① 장애 검출, ② 오류 정정, ③ 오류 시 재시행, ④ 확장성 설계, ⑤ 장애 처리 및 재구성 강화, ⑥ 시스템 복구, ⑦ 빠른 진단 ⑧ 유지보수 등도 답이 될 수 있다.

문제 ❻ 정답

① 3
② 61.8
③ 2

문제 ❼ 정답

- BER, FER, CER
- 이 중 디지털 방식에서 통신품질의 평가척도로 사용하는 것은 BER이다.

보충설명

- BER(Bit Error Rate): 전송 총 비트 중 오류 비트 수의 비율
- FER(Frame Error Rate): 데이터 네트워크에서 프레임 단위로 전송될 때 총전송 프레임 수에 대한 오류 발생 비율
- BLER(BLock Error Rate): 디지털 회로에서 전송된 총 블록 수에 대한 오류 블록 수의 비율
- CER(Character Error Rate): 문자나 음성의 오류율

문제 ❽ 정답

SNMP(Simple Network Management Protocol)

문제 ❾ 정답

(가) GET/SET Request: A
(나) GET/SET Response: B
(다) Trap: B
(라) Trap: A

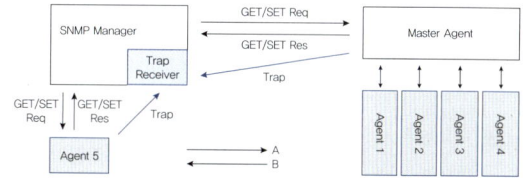

문제 ⑩ 정답

① 구성관리
② 장애관리
③ 성능관리
④ 보안관리
⑤ 계정관리

보충설명

F, C, A, P, S Management
F(Fault), C(Configuration), A(Accounting), P(Performance), S(Security)

문제 ⑪ 정답

① 7(월간 상세공정표는 작업착수 1주일 전 제출)
② 2(주간 상세공정표는 작업착수 2일 전 제출)

문제 ⑫ 정답

① Learning
② Flooding
③ Aging

참조

Learning	배운다. 누가 옆에 있는지 알기 위함이다.
Flooding	뿌린다. 어디에 보낼지 모르면 일단 다 보낸다.
Forwarding	전달한다. 해당 포트(목적지)로 전달한다.
Filtering	막는다. 해당 여부를 확인/검사한다.
Aging	시간이 간다. 일정시간 데이터 프레임이 없으면 테이블에서 삭제한다.

문제 ⑬ 정답

① 표준화된 서비스(Standardization) : 매체와 인프라에 독립적인 표준화된 플랫폼을 통해 표준화된 서비스 제공
② 확장성(Scalability) : 음성, 영상, 데이터를 포함한 Application을 위한 네트워크 서비스 제공
③ 신뢰성(Reliability) : 링크 또는 노드의 장애 발생 시 자동 복구기능(50ms 이내 복구)
④ 서비스 품질(Quality of Service) : 다양하고 세분화된 대역폭 제공, 서비스 품질 옵션 지원
⑤ 서비스 관리(Service Management) : 표준에 기반한 네트워크 감시, 진단, 관리 기능 제공

문제 ⑭ 정답

① 공종(공사종류)
② 단위

문제 ⑮ 정답

1) VHF 대역: 30~300[MHz]
   30[MHz] 주파수의 파장(λ)
   $= \dfrac{c}{f} = \dfrac{3 \times 10^8 [\text{m/s}]}{30 \times 10^6 [\text{Hz}]} = 10[\text{m}]$
   300[MHz] 주파수의 파장(λ)
   $= \dfrac{c}{f} = \dfrac{3 \times 10^8 [\text{m/s}]}{300 \times 10^6 [\text{Hz}]} = 1[\text{m}]$

2) 1~10[m]

문제 ⑯ 정답

161, 162

문제 ⑰ 정답

• 고장위치 $= \dfrac{R_3 - R_2}{R_3 - R_1} \times \text{L}$ (L: 케이블의 길이)

• 고장위치 $= \dfrac{325 - 245}{325 - 142} \times 1{,}250 \approx 546.45[\text{m}]$

CHAPTER 08

2024년 제2회 실기시험 (24.8.10.)

문제 ❶
무선(Wireless) LAN 규약인 IEEE 802.11에서 사용하는 단말 간에 충돌 회피를 위한 MAC 계층의 프로토콜을 쓰시오. (4점)

정답

문제 ❷
IPv4 주소 기반에서 C Class로 사용하는 IP의 주소 범위를 쓰시오. (4점)

[예시: 0.0.0.0 ~ 255.255.255.255]

정답

문제 ❸

OSI(Open System Interconnection) 프로토콜 스택에서 동작하는 대규모 통신망 관리를 위한 통신망 관리 프로토콜을 쓰시오. (5점)

정답

문제 ❹

다음 ( ) 안에 들어갈 용어를 쓰시오. (4점)

> Unix나 Linux 기반의 방화벽(Firewall)에서 구성하는 것으로 외부(Outbounding)로 전송되는 패킷은 허용하고 내부(Inbounding)로 전송되는 패킷은 차단(Deny)하는 Zone에 대한 정책을 ( ) Zone이라 한다.

정답

문제 ❺

정보통신공사의 설계를 위한 주요 3단계를 쓰시오. (3점)

1단계	
2단계	
3단계	

정답

문제 ❻

다음은 감리원 등급에 따른 공사금액이다. (가)~(아)에 알맞은 내용을 쓰시오. (8점)

> 「정보통신공사업법 시행령」 제8조의3(감리원의 배치기준 등)
> 용역업자는 법 제8조 제2항 후단에 따라 다음 각 호의 기준에 따른 감리원을 공사가 시작하기 전에 1명 배치해야 한다. 이 경우 용역업자는 전체 공사기간 중 발주자와 합의한 기간(공사가 중단된 기간은 제외한다)에는 해당 감리원을 공사 현장에 상주하도록 배치해야 한다.
> 1. 총공사금액 (가)억원 이상 공사: 특급감리원(기술사 자격을 가진 자로 한정)
> 2. 총공사금액 (나)억원 이상 (다)억원 미만인 공사: 특급감리원
> 3. 총공사금액 (라)억원 이상 (마)억원 미만인 공사: 고급감리원 이상의 감리원
> 4. 총공사금액 (바)억원 이상 (사)억원 미만인 공사: 중급감리원 이상의 감리원
> 5. 총공사금액 (아)억원 미만의 공사: 초급감리원 이상의 감리원

정답

문제 ❼

네트워크에서 패킷을 캡처해서 상세하게 분석하는 소프트웨어나 하드웨어 단독 장비를 프로토콜 분석기라 한다. 프로토콜 분석기의 주요 기능 3가지를 쓰시오. (6점)

정답

문제 ❽

광통신에서 광섬유의 광학적 파라미터 중 굴절률에 기반한 비굴절률차의 공식을 쓰시오. (단, Core 굴절률은 n_1, Cladding 굴절률은 n_2이다) (5점)

정답

문제 ❾

다음 무엇에 대한 설명인지 각각 쓰시오. (4점)

① TCP/IP 통신망에서 특정한 호스트가 도달할 수 있는지의 동작여부나 응답시간이 얼마나 걸리는지를 확인하기 위한 테스트를 할 때 사용하는 ICMP 유틸리티 프로그램 명령어로서 ICMP(Internet Control Message Protocol) 에코 요청을 다른 호스트/장치에 보낸 후 대상 목적지에 도달할 수 있으면 응답 메시지가 반환된다. 응답시간이 빠르면 대기 시간이 줄어든다고 볼 수 있다.

② 목적지까지 경로를 추적하기 위한 유틸리티 프로그램 명령어로서 지정된 호스트에 도달할 때까지 통과하는 경로의 정보와 각 경로에서의 지연 시간을 추적하는 명령이다. 일반적으로 경로 추적 툴이라고 볼 수 있으며 주로 ICMP를 사용한다.

정답

문제 ⑩

아래 보기를 참조해서 광가입자망 구성을 위해 PON(Passive Optical Network) 방식으로 통신망을 구성하고자 한다. 다음 질문에 답하시오. (6점)

[보기]
OLT, Splitter, ONU, ONT

1) [보기] 장비를 활용한 전체 구성도를 그리시오.

2) 아래 제시한 항목을 설명시오.

　① OLT

　② Splitter

　③ ONU

　④ ONT

정답

문제 ⑪

아래 (　　) 안에 들어갈 용어를 쓰시오. (6점)

> 접지선은 접지저항값이 10[Ω] 이하인 경우에는 (　①　) 이상, 접지저항값이 100[Ω] 이하인 경우에는 지름 (　②　) 이상의 PVC 피복동선 또는 그 이상의 절연효과가 있는 전선을 사용하고 접지극은 부식이나 토양 오염방지를 고려한 도전성 재료를 사용한다. 단, 외부에 노출되지 않는 접지선의 경우에는 피복을 아니할 수 있다.

정답

문제 ⑫

정보통신망(시스템)의 신뢰도를 향상시키기 위한 주요 방법 4가지를 쓰시오. (8점)

문제 ⑬

3점 전위강하법에서 접지저항을 측정하고자 한다. 아래 보기를 참조해서 접지저항을 측정할 수 있는 구성도를 그리시오. (6점)

[보기]
전원, 전류(I), 접지전극(E), 전류계(A), 전위보조전극(P), 전류보조전극(C), 전압계(V)

문제 ⑭

정보통신공사의 설계단계에서 감리원의 주요 업무 3가지를 쓰시오. (9점)

문제 ⑮
통신망 관리를 위한 망관리 시스템의 주요 구성인 MIB(Management Information Base)에 대해 설명하시오. (6점)

정답

문제 ⑯
오실로스코프를 이용해서 정현파 신호를 측정하였다. V_{PP}는 4[mV]이고 수평 시간은 한 칸당 1[μsec]이며 수평 2칸이 한 주기이고, 전압이 한 칸당 1[mV]이며 전압의 높이가 4칸일 때 아래 질문에 답하시오. (단, VOLT/DIV = 1[mV], TIME/DIV = 1[μsec]이다) (8점)

1) 신호의 주파수

2) 신호의 피크 전압을 구하시오.

정답

문제 ⑰
BER(Bit Error Rate)이 5×10^{-5}인 전송회선에서 2,400[bps]의 전송속도로 10분 동안 데이터를 전송하는 경우 최대 블록 에러율을 구하시오. (단, 한 블록의 크기는 511[bit]이고 소수점 이하는 버린다) (8점)

정답

문제 ❶ 정답

CSMA/CA(Carrier Sense Mulitple Access/Collision Avoidance)

> 보충설명
> - 유선: 802.3(CSMA/CD 사용)
> - 무선: 802.11(CSMA/CA 사용)

문제 ❷ 정답

192.0.0.0~223.255.255.255

> 보충설명

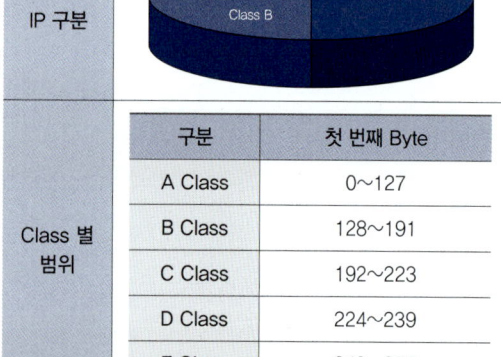

구분	첫 번째 Byte
A Class	0~127
B Class	128~191
C Class	192~223
D Class	224~239
E Class	240~255

(IP 구분 / Class 별 범위)

문제 ❸ 정답

CMIP(Common Management Information Protocol), 공통관리 정보 프로토콜

> 보충설명 1
> - CMIP는 OSI 7 Layer 기반으로 동작하고 TCP를 사용하며 ISO 단체에서 표준화했다.
> - SNMP는 TCP/IP 기반에서 동작하는 Protocol로서 UDP를 사용하고 IEEE에서 규정한다.

- NMS(Network Management System)는 통신 네트워크 관리(APSCF – Accounting, Performance, Security, Configuration, Fault 중심)에 중점을 두고 있다.

구분	SNMP	CMIP
Protocol 그룹	TCP/IP	OSI 7 Layer
목표	Simplicity(단순)	Flexibility(유연)
데이터 교환	데이터그램 내에 명령(Command)과 응답(Response) 활용	ROSE(Remote Operations Service Element) 이용 장비 연결 관리
사용 예	NMS 관리	TMS 관리

> 보충설명 2

RMON(Remote Network Monitoring)

RMON은 SNMP의 확장형태로, 네트워크 곳곳에 설치된 장비로부터 오가는 트래픽을 분석하고 감시할 수 있다. RMON MIB(Management Information Base)는 RFC 1757에 정의되어 있으며, SNMP Management Station과 RMON Monitoring Agent의 상호작용에 관해 기술되어 있다.

Protocol Analyzer와 RMON Probe들은 모니터되는 LAN의 패킷 데이터를 수집함으로써 RMON 에이전트의 향상된 모니터링 기능을 제공한다. Probe는 SNMP를 통해 수집된 데이터를 NMS 장비에 보낸다. 또한, NMS 장비는 NetScout Managers, Optivity LAN, HP Openview 같은 응용 프로그램을 이용하여 수집된 데이터를 가공 처리하고, 완성된 리포트 형태로 보여준다.

문제 ❹ 정답

Drop

보충설명

Drop Zone은 수신되는 모든 패킷을 무시하고 응답도 하지 않기 때문에, 외부에서는 내부 네트워크가 존재하지 않는 것처럼 보이나, 내부에서 외부로 나가는 트래픽은 허용된다. 내부에서 외부로 나가는 것(Trust)은 의미가 없다.

개념도	Inbound-outbound Firewall 개념도

	구분	Inbound	Outbound
동작 설명	방향	외부에서 서버 내부로 들어옴	내부 서버에서 외부로 나감
	Window 방화벽 설정	모든 접속 차단	모든 접속 허용
	연결	Client → 서버	서버 → Client

아래는 다양한 Zone에 대한 설명이다.

Public	기본적인 최소한의 허용만 사용하는 규칙으로 공개 영역에서 사용하기 위해 선택된 들어오는 연결만 허용된다.
Block	들어오는 패킷 연결(Inbound)을 모두 거부하는 규칙(ICMP는 허용)이다. IPv4의 경우 icmp-host-prohibited 메시지, IPv6의 경우 icmp6-adm-prohibited 메시지로 거부된다. 이 시스템에서 시작된 네트워크 연결만 가능하다.
Drop	들어오는 패킷(Inbound)을 모두 거부하는 규칙으로 들어오는 연결을 응답 없이 삭제한다.
DMZ	DMZ 인터페이스에 적용하는 규칙이다. 외부 비무장 지대에 있는 컴퓨터로 내부 네트워크에 제한적인 접근을 허용하며 공개적으로 접근 가능하다. 선택되어 들어오는 연결만 허용한다.
Trusted	모든 통신을 허용하는 규칙이다.
Internal	내부 네트워크 인터페이스를 설정하는 규칙이다.
External	외부 네트워크에서 사용하기 위해 마스커레이딩(Masquerade-NAT 기능)이 활성화로 선택되어 들어오는 연결만 허용한다.
Work	동일 회사 내 내부 네트워크를 위해 사용되는 규칙으로 작업 영역의 컴퓨터를 위해 선택되어 들어오는 연결만 허용한다.
Home	홈 영역에서 사용하기 위해 선택되어 들어오는 연결만 허용한다.
Internal	내부 네트워크 기기 접근을 위해 선택되어 들어오는 연결만 허용한다.
Trusted	모든 네트워크 연결이 허용한다.

문제 ❺ 정답

1단계	(기본)계획설계
2단계	기본설계
3단계	실시설계

보충설명

설계란 공사에 관한 계획서, 설계도면, 시방서, 공사비 명세서, 기술계산서 및 이와 관련된 서류를 작성하는 행위를 말한다.

- 기본설계: 예비타당성조사, 타당성조사 및 기본계획를 감안하여 시설물의 규모, 배치, 형태, 개략공사방법 및 기간, 개략 공사비 등에 관한 조사, 분석, 비교·검토를 거쳐 최적안을 선정하고 이를 설계도서로 표현하여 제시하는 설계업무이다. 각종사업의 인·허가를 위한 설계를 포함하며, 설계기준 및 조건 등 실시설계용역에 필요한 기술자료를 작성하는 것을 말한다.
- 실시설계: 기본설계의 결과를 토대로 시설물의 규모, 배치, 형태, 공사방법과 기간, 공사비, 유지관리 등에 관하여 세부조사 및 분석, 비교·검토를 통하여 최적안을 선정하여 시공 및 유지관리에 필요한 설계도서, 도면, 시방서, 내역서, 구조 및 수리계산서 등을 작성하는 것을 말한다.

문제 ❻ 정답

(가) 100
(나) 70
(다) 100
(라) 30
(마) 70
(바) 5
(사) 30
(아) 5

문제 ❼ 정답

① 데이터 패킷 캡처 및 저장기능(Data Packet Frame Capture & Saving)
② 데이터 패킷 디코딩 및 분석/변환(Data Packet Frame Decoding & Analysis/Transaction)
③ 네트워크 모니터링 및 분석(Network Montoring & Audit)
④ 장애처리 및 관련 자료 수집
⑤ Traffic 분석 및 통계 자료 작성
⑥ Protocol 유형분류 및 분석
⑦ 네트워크 연계 구성 파악 및 성능, 에러 등에 대한 정보 제공
⑧ 응용프로그램 오류 분석
⑨ 프로그램 설정 오류 분석
⑩ 네트워크 카드 충돌 분석

문제 ❽ 정답

$\Delta = \dfrac{n_1 - n_2}{n_1}$ (n_1 = Core 굴절률, n_2 = Cladding 굴절률)

문제 ❾ 정답

① ping
② tracert(윈도우), traceroute(리눅스, 유닉스)

문제 ❿ 정답

1) 전체 구성도

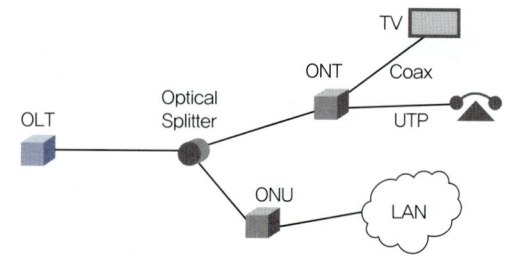

2) 아래 제시한 항목을 설명하시오.
① OLT(Optical Line Terminal): 통신사에 위치해서 ONT나 ONU에서 올라오는 데이터를 처리해 주는 장비이다. 주로 FTTC나 FTTH로 구성된 장비를 통합한다.
② Splitter: 특정 광신호를 특성에 맞게 분리해 주는 광부파기이다. 커플러와 비슷한 개념으로 1개의 광신호를 최소 3개에서 32개 이상으로 분리해 준다.
③ ONU(Optical Network Unit): 회선종단장치로 건물 등에 설치되어 가입자 인입을 위한 분배장치이다.(FTTC).
④ ONT(Optical Network Terminal): 가입자 종단장치로 댁내에 설치되어 노트북이나 TV 등을 연결하는 종단 셋탑 박스 등에 해당한다.(FTTH).

문제 ⓫ 정답

① 2.6mm
② 1.6mm

문제 ⑫ 정답

대분류	내용	비고 (통신사)
이원화 구성	국사 이원화 구성	동일
	통신사 이원화 구성	다른
	통신센터의 이원화 구성	동일/다른
생존성 강화 구성	Full Mesh형 망 설계	동일
	전송로의 경로 최적화(다원화) 구성	
	자동 복구형 Ring(망) 구성 (UPSR, BLSR 등 자동 복구망 구성)	
	우회경로 확보	
통신망 관리 강화	네트워크관리시스템(NMS) 구축 및 Monitoring	
	AI 기반 NMS 도입으로 장애 사전예측	
	통신망 과부하나 장애 발생 시 문자나 알람 등으로 운용자에게 통보하는 기능	
기타 기능	장애 대비 예비품 사전확보, 회선의 분선 수용을 위한 사전 설계반영	
	사전에 하드웨어 고장 점검 및 소프트웨어 진단	
	방화벽 등 보안 기능 강화	

문제 ⑬ 정답

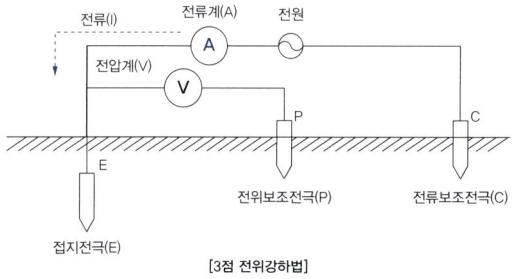

[3점 전위강하법]

문제 ⑭ 정답

① 설계용역 성과검토 및 기술자문(보고)
   - 계획설계, 기본설계, 실시설계 단계별 설계사 산출물
   - 설계도서(도면, 내역서, 시방서, 계산서 등) 검토
② 관련법령 및 시공기준 등 규정 준수, 적합성 검토
③ 사업기획 및 타당성 조사 등 전단계 용역수행 내용의 검토
④ 설계 경제성 검토(VE; Value Engineering)
⑤ 설계 이슈사항에 대한 검토보고서(설계도서의 누락, 오류, 불명확한 부분에 대한 추가 및 정정 지시)
⑥ 시공성 및 유지관리의 용이성 검토
⑦ 설계업무의 공정 및 기성관리의 검토 확인
⑧ 설계감리 결과보고서의 작성

보충설명

감리원 주요 업무 근거	• 정보통신공사업법 시행령 제8조의2 • 정보통신공사 감리업무 수행기준 근거 • 설계감리업무 수행지침(산업통상자원부 고시, 전력기술관리법) • 건설공사업관리방식 검토기준 및 업무수행지침(국토부고시)
감리원의 주요 업무	• 설계도서가 관련 법령 및 설계 기준에 적합한지 적정성 검토 • 목적(구조)물의 공법 선정, 사용자재 선정, 공사비의 적정성 검토 • 설계도면의 적정성 검토 • 설계의 경제성 검토 • 설계안 및 공사 시방서 등 작성의 적정성 검토(시방서는 설계설명서로 변경됨)

문제⑮ 정답

NMS는 SNMP(Simple Network Management Protocol)를 이용하여 네트워크상의 관리 대상 장비들과 통신함으로써 관리 대상 장비의 MIB(Management Information Base) 정보를 모을 수 있다. 즉, MIB는 망관리 자원 정보를 구조화하고 각각의 정보를 Object로 하여 계층적으로 구성된 정보의 집합이다.

문제⑯ 정답

1) 주파수 = 500[kHz]
   - 주기는 2칸이며, 한 칸당 $1[\mu sec] \times 2 = 2[\mu sec]$
   - 즉, 주파수 $= \dfrac{1}{주기} = 500[kHz]$

2) 신호의 피크 전압은 신호 최대치 전압으로 2[mV]

위 문제를 오실로스코프로 표현하면 아래와 같다.

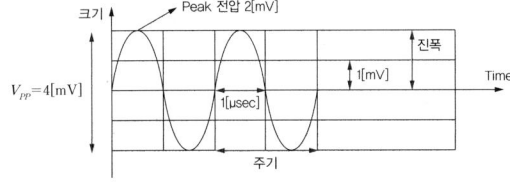

문제⑰ 정답

- 총 전송 비트 수 $= 2,400[bps] \times 600[sec]$
  $= 1,440,000[bit]$

- 총 블록 수 $= \dfrac{전체 전송 비트 수}{1개 블록의 크기} = \dfrac{1,440,000[bit]}{511}$
  $= 2,818.003913 = 2,819[Block]$

  2,818블록이 넘어가므로 2,819블록으로 계산되어야 한다.

- 총 에러 비트 수 = 총 전송 비트 수 × 비트 에러율
  $= 1,440,000[bit] \times 5 \times 10^{-5}$
  $= 72[bit]$

  즉, 전체 1,440,000[bit]를 보내는 경우 72[bit]는 Error가 발생한다는 의미이다.

- 최대 블록 에러율은 매 블록마다 하나의 에러 비트가 있는 경우로, 전송된 블록 수(2,819Block)당 에러가 발생된 블록 수(Block)의 비이다.

  즉, $\dfrac{총 에러 비트 수}{전체 블록 수} = \dfrac{72[bit]}{2,819[Block]}$
  $= 0.02554 = 2.55 \times 10^{-2}$

참조

최소 블록 에러율

72개의 비트 에러가 연집 형태로 발생된 경우로서, 전송된 총 블록 수(2,819Block)당 1개의 에러 블록 수(1Block)의 비이다($BER_{Min} = \dfrac{1}{2819}$).

CHAPTER 09

2024년 제4회 실기시험 (24.11.23.)

문제 ❶

아래 표는 무선랜(Wireless LAN) 규격인 802.11에 기준한 표이다. 아래 (가), (나), (다)에 들어갈 적당한 용어를 쓰시오. (6점)

구분	주파수 대역	최대 전송속도
(가)	5[GHz]	54[Mbps]
802.11g	(나)	(다)

정답

문제 ❷

다음 (   ) 안에 공통으로 들어갈 용어를 쓰시오. (4점)

(   )은/는 외부 네트워크와 내부 네트워크 사이에서 외부 네트워크 서비스를 제공하면서 내부 네트워크를 보호하는 서브넷, 즉 외부에 오픈된 서버영역을 말한다. (   )의 앞뒤로 방화벽이 설치된다. 하나는 내부 네트워크와 다른 하나는 외부 네트워크와 연결되는 것으로 인터넷에서 방화벽의 내부와 외부의 완충 역할을 하는 구간이다.

정답

문제 ③

다음 (   ) 안에 적당한 용어를 쓰시오. (4점)

> 감리란 공사에 대하여 발주자의 위탁을 받은 용역업자가 (①) 및 (②)의 내용대로 시공되는지를 감독하고 품질관리, 시공관리 및 안전관리에 대한 지도 등에 관한 발주자의 권한을 대행하는 것을 말한다.

정답

문제 ④

광통신에서 광섬유 케이블의 성능을 측정하는 원리를 아래 [보기]에서 고르시오. (6점)

> **[보기]**
> 컷백법(Cutback), 주파수영역법, 후방산란법, 투과측정법

1) 다중모드(Multi Mode) 광섬유의 대역폭 특성을 측정하는 방법으로 하나의 RF 신호로 변조된 광펄스를 광섬유 내부에 전파시키고 그 펄스의 진폭변화에서 대역을 측정하는 방법이다.

2) 광섬유 내부로 전파하는 광신호의 일부가 프레넬 반사(Fresnel Reflection)와 레일리 산란(Rayleigh Scattering)에 의해 되돌아오는 특성을 이용해서 광섬유의 손실 특성을 측정하는 방법이다.

정답

문제 ❺
OTDR 계측장비에서 발생하는 데드존(Dead Zone)의 종류 3가지를 쓰시오. (6점)

1) (   ) Dead Zone

2) (   ) Dead Zone

3) (   ) Dead Zone

정답

문제 ❻
다음 오류검출코드의 다항식을 적으시오. (4점)

1) CRC – 12:

2) CRC – 16 IBM:

정답

문제 ❼
다음 설명하는 (가)와 (나)의 용어에 대한 명칭을 각각 쓰시오. (6점)

(가) (　　)은/는 ITU-T에서 1970년대 중반에 도입한 이기종 통신용 인터페이스 사양이다. (　　)은/는 통신 사업자와 고객 장비 간의 통신을 위한 디지털 신호 인터페이스를 제공하는 수단으로 처음 도입되었다.
(나) (　　)은/는 근거리통신망(Local Area Network)에서 라우팅 및 스위칭 장비들을 WAN(Wide Area Network)과의 고속 회선과 서로 연결하는 데 주로 사용되는 단거리용 인터페이스이다.

정답

문제 ❽
다음 (　　) 안에 들어갈 용어를 쓰시오. (4점)

네트워크 장비에서 전송 거리를 확장하는 장비로 주로 물리계층에서 동작하며, 약해진 전송신호를 증폭/재생해 주는 장치는 (　①　)이고 네트워크 세그먼트 간에 경로를 설정하는 장비로 서로 다른 네트워크를 중계해 주는 장치는 (　②　)이라 한다.

정답

문제 ❾
정보통신망에서 오류를 검출하는 방식 3가지를 쓰시오. (6점)

정답

문제 ❿
통신케이블 공사에서 포설장력이란 무엇인지 서술하시오. (4점)

정답

문제 ⑪
매체접속제어(Media Access Control)방식 중 CSMA/CD(Carrier Sense Multiple Access/Collision Detection) 방식과 비교해서 토큰패싱(Token Passing) 방식의 장점 3가지와 단점 2가지를 서술하시오. (5점)

정답

문제 ⑫
초고속정보통신건물로 인증을 받기 위한 집중구내통신관련 심사기준에 대해 서술하시오. (4점)

정답

문제 ⓭
용역업자는 정보통신공사 완료 후 감리결과보고서를 7일 이내에 발주자에게 제공해야 한다. 이와 관련해서 감리결과보고서에 들어가야 할 항목 5가지를 쓰시오. (12점)

정답

문제 ⓮
접지저항을 측정하기 위하여 사용되는 측정법 3가지를 쓰시오. (9점)

정답

문제 ⓯
수신 부호의 최소 해밍 거리(d_{min}) = 5인 경우 아래 질문에 답하시오. (8점)

1) 검출 가능한 최대 오류 개수를 구하시오.

2) 정정 가능한 최대 오류 개수를 계산식과 함께 쓰시오.

정답

문제 ⑯
전송된 데이터가 100,000[bit]이고, 이 중에 에러가 10[bit] 발생할 경우 BER(Bit Error Rate)을 구하시오. (단, 소수점 이하를 기재한다) (6점)

정답

문제 ⑰
다음 정보통신공사의 표준품셈을 기반으로 재료비를 산출하시오. (6점)

- 순공사비용: 4,000,000원
- 노무비: 1,500,000원
- 경비: 5,000,000원

정답

정답 및 해설

문제 ❶ 정답

구분	주파수 대역	최대 전송 속도
(가) 802.11a	5[GHz]	54[Mbps]
802.11g	(나) 2.4[GHz]	(다) 54[Mbps]

보충설명

WiFi 표준	IEEE 표준	최대 속도	주파수 (GHz)	대역폭 (MHz)	특징
–	IEEE 802.11	2 [Mbps]	2.4	20	최초 표준
WiFi 1	IEEE 802.11b	11 [Mbps]	2.4	20	저속
WiFi 2	IEEE 802.11a	54 [Mbps]	5	20	전파 간섭 낮음
WiFi 3	IEEE 802.11g	54 [Mbps]	2.4	20	전파 간섭 높음
WiFi 4	IEEE 802.11n	600 [Mbps]	2.4/5	20/40	다중 안테나 기술과 채널 본딩 지원
WiFi 5	IEEE 802.11ac	2.6 [Gbps]	5	20/40/80/160	기가비트 무선랜 지원
WiFi 6	IEEE 802.11ax	10 [Gbps]	2.4/5	20/40/80/160	10기가 무선랜 지원
WiFi 7	IEEE 802.11be	30 [Gbps]	2.4/5/6	20/40/80/160/320	초저지연, 전이중통신

802.11b는 DSSS 방식이고 나머지 대부분은 OFDM 방식으로 전송한다.

문제 ❷ 정답

DMZ(DeMilitarized Zone)

보충설명

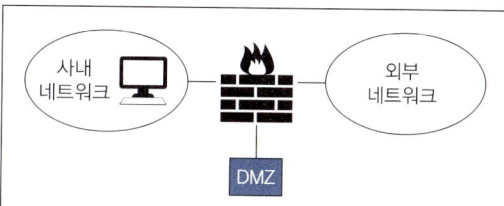

DMZ 구간은 사내 네트워크와 외부 네트워크의 분계점으로 데이터의 입출력 제어를 한다. 방화벽은 사내 네트워크, 외부 네트워크, DMZ의 3가지 경계를 가진다.

문제 ❸ 정답

① 설계도서
② 관련 규정

문제 ❹ 정답

1) 주파수영역법
2) 후방산란법

참조

- 주파수영역법: 멀티모드 광섬유의 대역폭을 측정한다.
- 후방산란법: 접속손실 측정에 사용된다.
- 파워미터법: 총 손실을 측정할 때 사용한다.

문제 ⑤ 정답

1) Initial
2) Event
3) Attenuation

보충설명

데드존(Dead Zone)은 포토다이오드가 회복되는 시간 동안은 다른 이벤트를 감지할 수 없게 되는 현상이 발생하는 구간으로, 프레넬 반사(Fresnel)의 영향으로 OTDR 곡선이 특정 거리 범위 내의 광섬유 라인의 상태를 반사할 수 없는 부분이 발생한다. 즉, 갑작스러운 신호 진폭변화가 일어날 때 발생하며, 광케이블 시작점에서 발생되는 것을 Initial 데드존, 그 밖의 것들을 Event 데드존이라고 한다.

광통신에서 데드존 비교

구분	Initial Dead Zone (IDZ)	Event Dead Zone (EDZ)	Attenuation Dead Zone (ADZ)
발생지점	반사광 발생지점	이벤트 피크 1.5[dB] 지점	OTDR 파형과 가상직선의 0.5[dB] 간격 지점
개념도	(Initial Pulse, Reflectance, Dead Zone, Connector, Splice, End of Fiber)	1.5dB Below Peak, EDZ	0.5dB Deviation, ADZ
영향	입사단에서 측정 불가	인접 Event 측정 불가	인접 Event 측정 불가
거리	작을수록 좋음	작을수록 좋음	작을수록 좋음
내용	OTDR의 입사단 광커넥터에서 발생하는 반사광 및 그 반사광에서 발생하는 수신 파형이 꼬리를 남김으로써 측정 불능하게 되는 입사 거리의 범위이다.	이벤트 시작점부터 이벤트 피크 지점에서 1.5dB 내려온 지점 사이의 거리로 선형 영역에서 반치전폭을 나타낸다. Event 데드존이 크면 인접한 Event를 잘 검출하지 못한다.	이벤트의 시작점부터 이벤트 후 선형화된 OTDR 직선을 가상으로 이벤트 구간까지 그려서 가상의 직선과 실제 OTDR 파형의 간격이 0.5dB 되는 지점까지의 거리이다. 근접한 이벤트를 측정하지 못하는 거리이다.

문제 ⑥ 정답

1) CRC − 12 : $X^{12} + X^{11} + X^3 + X^2 + X + 1$
2) CRC − 16 − IBM(ANSI) : $X^{16} + X^{12} + X^5 + 1$

보충설명

Cyclic Redundancy Checking

- CRC − 12 기준
  $G(x) = X^{12} + X^{11} + X^3 + X^2 + X + 1$
- CRC − 16 기준
  $G(x) = X^{16} + X^{15} + X^2 + 1$
- CRC − 16 CCITT(현재 ITU) 기준
  $G(x) = X^{16} + X^{12} + X^5 + 1$ (HDLC에서 사용함)

CRC − 16 IBM = ANSI = CCITT(ITU로 변경)로 접근해야 한다.

문제 ⑦ 정답

(가) X.21
(나) HSSI(High Speed Serial Interface)

문제 ⑧ 정답

① 리피터(Repeater)
② 라우터(Router)

문제 ⑨ 정답

해밍코드(Hamming Code), 패리티검사(Parity Check), CRC(Cyclic Redundancy Check) 방식, 정마크(정 스페이스) 방식, 블록합체크(Block Checksum), 군계수 체크방식

보충설명

오류제어방식		ARQ, FEC(Forward Error Correction), BEC(Backward Error Correction)
오류정정방식	블록합 코드	해밍코드, BCH코드
	비블록 코드	콘벌루션코드, 터보코드 등
블록합체크		오류 검출만 하고 정정은 불가능하다.

문제⑩ 정답

케이블을 전선관을 이용하여 포설할 때 케이블에 가해지는 압력을 포설장력(Pulling Tension)이라고 하며 이 압력은 케이블이 견딜 수 있는 최대 압력을 초과하면 안 된다. 포설장력은 허용장력 이내로 유지되어야 한다(포설장력 < 허용장력(케이블 무게, 마찰계수 등)).

문제⑪ 정답

장점	단점
• 경쟁방식이 아니므로 노드 간에 데이터 충돌이 없다. • 네트워크 내에서 모든 노드는 균등한 전송기회를 갖는다. • Token을 사용해서 우선순위 부여가 가능하다. • Token 사용에 따른 데이터 전송시간 측정(예측)이 가능하다. • 노드 간에 충돌이 없고 Traffic 증가 시에도 안정적인 통신이 보장된다.	• 노드 증가 시 토큰 수신하는 대기시간이 길어져서 효율이 떨어진다(전송로 낭비). • 토큰 사용에 따른 토큰 분실 가능성이 있다. • 토큰 수신 대기 시간동안 채널이 낭비된다(전송데이터가 없을 때는 전송로 낭비). • Token 사용을 위한 대기시간이 증가될 수 있다. • 장애 검출과 복구가 CSMA/CD 대비 어렵다. • CSMA/CD 대비 시스템이 복잡하다.

문제⑫ 정답

① 위치: 지상
② 면적: 현장 실측으로 유효면적 확인(아래 세대당 면적 참조)
③ 출입문: 유효너비 0.9m, 유효높이 2m 이상의 잠금장치가 있는 방화문 설치 및 관계자 외 출입통제 표시 부착
④ 환경·관리: 통신장비 및 상온/상습 장치 설치, 전용의 전원설비 설치

보충설명

집중구내통신실

구내 상호 간 및 구내외 간의 방송 또는 통신을 위한 케이블, 교환설비, 전송설비, 방송 및 통신을 위한 전원설비, 배선반 등과 그 부대설비를 설치할 수 있는 장소를 말한다. 집중구내통신실에는 방송 및 통신용도 이외의 장비를 설치하지 말아야 한다.

	위치	지상	
집중구내통신실	면적	~ 300세대	$12m^2$ 이상	현장실측으로 유효면적 확인 (집중구내통신실의 한쪽 벽면이 지표보다 높고 침수의 우려가 없으면 "지상설치"로 인정)
		~ 500세대	$18m^2$ 이상	
		~ 1,000세대	$22m^2$ 이상	
		~ 1,500세대	$28m^2$ 이상	
		1,501세대 ~	$34m^2$ 이상	
		디지털 방송설비 설치 시	$3m^2$ 추가 (단, 방재실에 설치할 경우 제외)	
	출입문		유효너비 $0.9m^2$, 유효높이 $2m^2$ 이상의 잠금장치가 있는 방화문 설치 및 관계자 외 출입통제 표시 부착	
	환경·관리		• 통신장비 및 상온/상습 장치 설치 • 전용의 전원설비 설치	

문제 ⓭ 정답

① 착공일 및 완공일
② 공사업자 성명
③ 시공상태의 평가결과
④ 사용자재의 규격 및 적합성 평가결과
⑤ 정보통신기술자 배치의 적정성 평가결과

보충설명

정보통신공사업법 시행령 제14조(감리결과의 통보)
용역업자는 법 제11조에 따라 공사에 대한 감리를 완료한 때에는 공사가 완료된 날부터 7일 이내에 다음 각 호의 사항이 포함된 감리결과를 발주자에게 통보하여야 한다.
1. 착공일 및 완공일
2. 공사업자의 성명
3. 시공상태의 평가결과
4. 사용자재의 규격 및 적합성 평가결과
5. 정보통신기술자배치의 적정성 평가결과

참조

시공상태의 평가결과 대상
구내통신선로설비, 이동통신구내설비, 방송공동수신설비, 지능형 홈네트워크에 대한 시공상태 등을 점검한다.

문제 ⓮ 정답

① 3점 전위강하법
② 2극 측정법(N상과 접지를 측정)
③ 클램프 온 미터법(클램프 측정법)
④ 후크온 측정법
⑤ 61.8% 법, 또는 접지 저항계법(전위강하법 or 전위차계법)

문제 ⓯ 정답

1) 검출 가능한 최대 오류 개수는 해밍거리에서 1을 뺀 값이다.
   $T(\text{Total}) = d_{min} - 1$이므로 $5 - 1 = 4$가 된다.
2) 정정할 수 있는 오류개수는

   해밍거리가 짝수인 경우 $\dfrac{d_{min} - 2}{2}$,

   해밍거리가 홀수인 경우 $\dfrac{d_{min} - 1}{2}$이다.

   위 문제는 $d_{min} = 5$이므로 $\dfrac{5-1}{2} = 2$가 된다.

참조

해밍거리가 많을수록(클수록) 오류를 검출하고 정정할 수 있는 능력이 커지는 것이다.

문제 ⓰ 정답

$$\text{BER} = \frac{\text{에러 발생 비트 수}}{\text{전송한 전체 비트 수}} = \frac{10}{100,000}$$
$$= 1 \times 10^{-4} = 0.0001$$

문제 ⓱ 정답

- 총원가 = 순공사원가 + 일반관리비 + 이윤
- 순공사원가 = 재료비 + 노무비 + 경비
  = 재료비(직접 + 간접) + 노무비(직접 + 간접) + 경비
- 공사원가 = 재료비 + 노무비 + 경비

즉, 40,000,000원 = 재료비 + 15,000,000원 + 5,000,000원

∴ 재료비 = 20,000,000원

CHAPTER 10

2025년 제1회 실기시험 (25.4.12.)

문제 ❶
다음은 무엇에 대한 설명인가? (3점)

> 클라이언트가 자신을 통해서 다른 네트워크 서비스에 간접적으로 접속할 수 있게 해주는 컴퓨터 시스템이나 응용 프로그램을 가리킨다. 서버와 클라이언트 사이에 중계기로 중간에 대리로 통신을 수행하는 것을 의미하며 그 중계 기능을 하는 것이다.

정답

문제 ❷
다음 ( ) 안에 들어갈 내용을 쓰시오. (3점)

> 초고속정보통신건물인증 관련 등급은 ( ), 1등급, 2등급으로 구분한다.

정답

문제 ❸
초고속정보통신건물인증 관련 아래 사항에 답하시오. (4점)

> 초고속정보통신건물인증 대상은 「건축법」 제2조 제2항 제2호의 공동주택 또는 같은 항 제14호의 업무시설을 대상으로 한다. 인증심사 처리 기간은 신청서 접수 후 (   ) 이내로 한다.

정답

문제 ❹
다음 (   ) 안에 들어갈 등급을 쓰시오. (3점)

> 정보통신공사업법 시행령
> 제34조(정보통신기술자의 현장배치기준 등) ① 법 제33조 제1항에 따라 공사의 현장에 배치하여야 하는 정보통신기술자는 해당 공사의 종류에 상응하는 정보통신기술자이어야 한다.
> 1. 도급금액이 5억원 이상의 공사: (   )기술자 이상인 정보통신기술자

정답

문제 ❺
디지털 변조 기법에서 각 문항에 해당하는 것을 [보기]에서 고르시오. (4점)

[보기]
CPFSK, QPSK, 8PSK, 4FSK, GMSK, 16QAM, BASK

1) 데이터를 반송파 주파수 차이로 전송하는 방식, 심볼당 2비트 전송

2) 데이터를 반송파 위상 차이로 전송하는 방식, 심볼당 3비트 전송

3) 데이터를 반송파 진폭 차이로 전송하는 방식, 심볼당 1비트 전송

4) 데이터를 반송파 위상과 진폭 차이로 전송하는 방식, 심볼당 4비트 전송

정답

문제 ❻
다음의 설명에 해당하는 접지전극의 시공방법은 무엇인가? (4점)

- 현재 접지 분야에서 가장 많이 시공되고 있는 방법이다.
- 시공 면적이 넓고 대지 저항률이 낮은 지역에서 우수한 성능을 발휘한다.
- 재료비가 비교적 저렴한 편이다.
- 추가 시공이 용이하며 다른 접지 시스템과의 연계성이 매우 좋다.
- 부식에 의한 접지전극 손상이 빠르게 진행되어 수명이 짧은 것이 단점이다.
- 접지봉의 구조가 단순하며 시공이 간단하다.

정답

문제 ❼
정보통신망의 유지 보수 및 관리를 위한 NMS(Network Management System)의 5대 기능을 작성하시오. (5점)

정답

문제 ❽
다음은 광케이블의 손실을 측정하는 방법이다. 아래 알맞은 용어를 쓰시오. (6점)

(①) 기술의 원리는 광섬유 내에 존재하는 작은 결함 등 및 불순물들에 의해 (②)되는 빛으로 알려진 현상과 광섬유 내에서 반사되는 빛(커넥터, 접속부 상의 반사)을 시간의 함수로서 검출하고 분석하는 것이다.

정답

문제 ❾
기지국에서 무선통신의 용량을 높이기 위한 스마트 안테나 기술로 기지국과 단말기에 여러 안테나를 사용하여 안테나 수에 비례해서 통신 용량을 높인 기술을 무엇이라 하는가? (4점)

정답

문제 ⑩

아래 보기를 참조해서 알맞은 용어를 적으시오. (4점)

[보기]
정전압회로, 정전원회로, 바이어스회로, 변압기, 평활회로, 정류회로, 인버터

구성	설명
(가)	교류 전기의 전압(V)을 바꿔 주는 장치이다. 현장에서 도란스, 영문으로 트랜스포머이다. 가정에서 220V를 받아서 12V나 22V로 변환해서 사용하는 것이다.
(나)	교류를 직류로 바꾸는 회로이다. 정류회로에 교류전압을 입력하면 출력이 직류전압으로 바꿔준다.
(다)	교류(AC)를 직류(DC)로 바꾸는 여러 과정 가운데 맥류를 완전한 직류로 바꾸어주는 전원공급장치 회로이다.
(라)	부하에 흐르는 전류가 변화하더라도 부하 양단 전압을 일정하게 유지해주는 회로이다.

정답

문제 ⑪

통신망 내에 네트워크(Network)에서 루핑(Looping)이 발생하는 경우 다음 물음에 답하시오. (12점)

1) 루핑(Looping) 정의:

2) 루핑(Looping) 원인:

3) 루핑(Looping) 해결방안:

정답

문제 ⑫

데이터링크의 시스템 효율 측정을 위해 미국 표준 협회(ANSI)에서 제정한 TRIB(Transfer Rate of Information Bits)에 대해 서술하시오. (8점)

정답

문제 ⑬

다음 (   ) 안에 알맞은 내용을 쓰시오. (8점)

> 가공통신선의 지지물과 가공강전류전선 간의 이격거리는 사용전압이 특고압 강전류절연전선일 때는 1m 이상 이격해야 하며, 가공강전류전선의 사용전압이 고압인 경우 이격거리는 (   )[cm] 이상이어야 한다.

정답

문제 ⑭

인터넷 프로토콜 중 ICMP(Internet Control Message Protocol) 에러메시지 중 Destination Unreacheable 기능에 대해서 설명하시오. (8점)

정답

문제 ⑮
오실로스코프를 이용해서 정현파 신호를 측정하였다. V_{PP}는 20[V]이다. 이 전압의 실효값을 구하시오. (8점)

정답

문제 ⑯
다음과 같이 IP 주소가 주어졌을 때 아래 질문에 답하시오. (8점)

> IP 주소: 192.168.2.100/26

사용 가능한 Host 수를 구하시오.

정답

문제 ⑰
8위상 2진폭의 디지털 변조에서 변조속도가 9,600[Baud]일 때 변조속도인 [bps]를 구하시오. (8점)

정답

정답 및 해설

| 문제 ❶ 정답 |

Proxy Server(프록시 서버)

| 문제 ❷ 정답 |

특등급

> **보충설명**
>
> - 초고속정보통신건물인증 등급: 특등급, 1등급, 2등급
> - 홈네트워크인증 등급: AAA등급, AA등급, A등급 건물

| 문제 ❸ 정답 |

20일

> **보충설명**
>
> **초고속정보통신건물인증 업무처리 지침**
>
> 초고속정보통신건물인증 대상은 「건축법」 제2조 제2항 제2호의 공동주택 또는 같은 항 제14호의 업무시설을 대상으로 한다.
> 홈네트워크건물인증 대상은 「건축법」 제2조 제2항 제2호의 공동주택 또는 「방송통신설비의 기술기준에 관한 규정」 제3조 제1항 제16호의 준주택오피스텔을 대상으로 한다.
>
> 1. 등급 구분
>   1) 초고속정보통신건물: 특등급, 1등급, 2등급
>   2) 홈네트워크건물: AAA(홈 IoT), AA, A
> 2. 등급 표시
>   해당 등급의 엠블럼(인증마크) 및 인증명판 부착
> 3. 인증심사
>   1) 처리 기간: 신청서 접수 후 20일 이내(신청접수는 신청서 및 관련 서류 제출, 수수료 입금 완료 기준)
>   2) 심사 기준: 배선·배관설비, 통신실 환경 등 구내 정보통신 기반시설
> 4. 심사합격 시
>   1) 해당 등급의 엠블럼(인증마크) 부착 허용
>   ※ 인증명판 제작비용 및 엠블럼 부착비용은 신청인 부담으로 함
>   2) 인증기관(전파관리소)에서 인증서 교부
>
> ※ 세부사항은 초고속정보통신건물인증 업무처리 지침 참조

| 문제 ❹ 정답 |

중급

> **보충설명**
>
> **정보통신공사업법 시행령 제34조(정보통신기술자의 현장 배치기준 등)**
>
> ① 법 제33조 제1항에 따라 공사의 현장에 배치하여야 하는 정보통신기술자는 해당 공사의 종류에 상응하는 정보통신기술자이어야 한다.
> ② 공사업자는 공사가 시공 중인 때에는 다음 각 호의 구분에 따라 정보통신기술자를 현장에 상주하게 하여 공사관리를 하여야 한다. 다만, 공사가 중단된 기간은 그러하지 아니하다.
>   1. 도급금액이 5억원 이상의 공사: 중급기술자 이상인 정보통신기술자
>   2. 도급금액이 5천만원 이상 5억원 미만인 공사: 초급기술자 이상인 정보통신기술자
> ③ 공사현장에 배치된 정보통신기술자는 공사에 따른 위험 및 장해가 발생하지 아니하도록 모든 안전조치를 강구하여야 하며, 관계법령에 따라 그 업무를 성실히 수행하여야 한다.
> ④ 공사업자는 다음 각 호의 어느 하나에 해당하는 경우에는 발주자의 승낙을 얻어 1명의 정보통신기술자에게 2개의 공사를 관리하게 할 수 있다.
>   1. 도급금액이 1억원 미만의 공사로서 동일한 시(특별시·광역시 및 특별자치시를 포함한다)·군에서 행하여지는 동일한 종류의 공사
>   2. 이미 시공 중에 있는 공사의 현장에서 새로이 행하여지는 동일한 종류의 공사

문제 ❺ 정답

1) 4FSK
2) 8PSK
3) BASK
4) 16QAM

보충설명

디지털 변조 기법

- BASK(Binary Amplitude Shift Keying): 진폭이 0이냐 아니냐로 비트를 구분(0 = 없음, 1 = 있음)
- QPSK(Quadrature Phase Shift Keying): 위상을 4가지로 나눠서 두 비트를 동시에 전송(00, 01, 10, 11)
- 8PSK: QPSK보다 더 많은 위상 구간(3비트 = 8개 상태)
- 16QAM: 진폭과 위상을 모두 조합해서 더 많은 정보 전송 가능(4비트)
- 4FSK: 4개의 서로 다른 주파수 사용, 한 번에 2비트 전송
- CPFSK(Continuous Phase Frequency Shift Keying): FSK이지만 위상이 끊기지 않고 부드럽게 바뀜(무선에서 효율적)
- GMSK(Gaussian Minimum Shift Keying): CPFSK를 Gaussian 필터로 더 부드럽게 한 것으로 GSM 등에서 사용

변조 방식	분류	심볼당 비트 수	주요 특징
BASK	진폭변조	1	신호의 진폭으로 0/1 표현 (단순하지만 노이즈에 약함)
QPSK	위상변조	2	4개의 위상 (0°, 90°, 180°, 270°)
8PSK	위상변조	3	QSK보다 더 많은 비트, 하지만 더 민감
16QAM	진폭+위상변조	4	진폭과 위상 모두 이용 (고속, 고복잡도)
4FSK	주파수 변조	2	4개의 주파수로 2비트 표현
CPFSK	주파수 변조	보통 1~2	위상 연속성 유지하는 FSK(스펙트럼 효율 ↑)
GMSK	주파수 변조	1	GSM에서 쓰임, CPFSK보다 더 스펙트럼 효율 높음

문제 ❻ 정답

일반봉 접지(일반접지봉 접지)

보충설명

일반접지봉의 시공 방법

- 시공 위치를 폭 40cm, 깊이 75cm 이상으로 터를 판다.
- 터 판 위치에 일반봉을 해머로 때려 박는다.
- 접지봉 간의 간격은 최소 2배 이상 이격하여 설치한다.
- 봉과 봉을 나동선(Bare Copper)을 이용하여 압착 슬리브로 접속한다.
- 외부 접지선(GV 선)을 나동선과 접속한다.
- 시공 위치를 되메우고 마무리한다.
- 접지 저항을 측정 및 기록한다.

문제 ❼ 정답

① 구성관리
② 장애관리
③ 성능관리
④ 보안관리
⑤ 계정관리

보충설명

F, C, A, P, S Management

F(Fault), C(Configuration), A(Accounting), P(Performance), S(Security)

문제 ❽ 정답

① OTDR
② 후방 산란

문제 9 정답

MIMO(Multiple Input Multiple Output)

> 보충설명

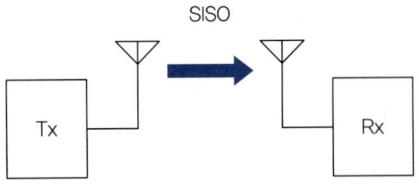

[Single-Input Single-Output]

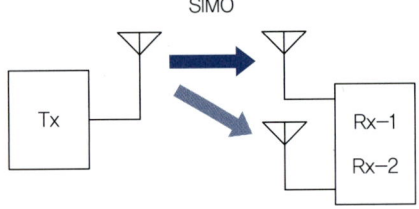

[Single-Input Multiple-Output]

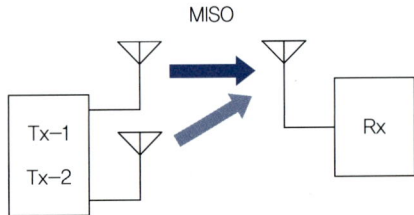

[Multiple-Input Single-Output]

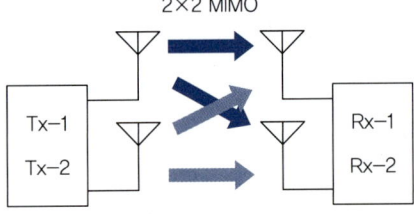

[Multiple-Input Multiple-Output]

문제 10 정답

(가) 변압기, (나) 정류회로, (다) 평활회로, (라) 정전압회로

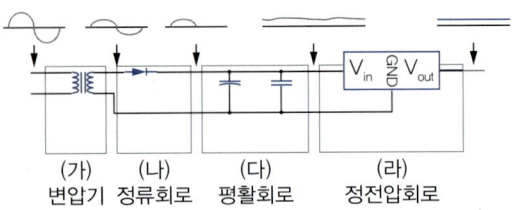

(가) 변압기 (나) 정류회로 (다) 평활회로 (라) 정전압회로

> 보충설명

변압기 (Transformer)	교류 전기의 전압(V)을 바꿔 주는 장치이다. 현장에서 도란스, 영문으로 트랜스포머이다. 가정에서 220V를 받아서 12V나 22V로 변환해서 사용하는 것이다.
정류회로 (Rectification Circuits)	교류를 직류로 바꾸는 회로이다. 정류회로에 교류전압을 입력하면 출력이 직류전압으로 바뀌는데 다이오드(Diodes)를 통해 간단히 구성할 수 있다.
평활회로 (Smoothing Circuit)	교류(AC)를 직류(DC)로 바꾸는 여러 과정 가운데 맥류를 완전한 직류로 바꾸어주는 전원공급장치이다.
정전압회로 (Basic Electronic Circuit)	부하에 흐르는 전류가 변화하더라도 부하 양단 전압을 일정하게 유지해주는 회로이다. 정전압을 구성하는 방법에는 제너 다이오드 또는 트랜지스터를 사용하거나, 정전압 Regulator I.C를 사용하는 방법 등이 있다.

문제 ⑪ 정답

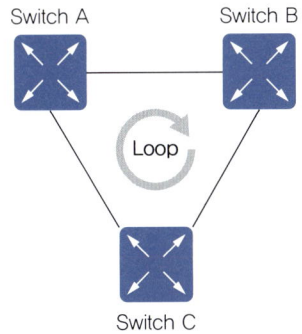

1) 루핑(Looping) 정의
   네트워크 루핑(Network Looping)은 네트워크 패킷이 끝없이 순환(Loop)하면서 돌아다니는 현상으로 이러한 현상이 발생하면 네트워크가 과부하 상태가 되어 통신이 먹통이 되는 것이다.

2) 루핑(Looping) 원인
   보통 스위치(Switch)가 여러 개 연결되어 있고, 이중화나 경로 Redundancy를 위해 물리적으로 고리형(Loop 형태)으로 연결했을 때 발생한다. 스위치는 기본적으로 MAC 주소 테이블을 가지고 어디로 데이터를 보낼지 결정하는데, 루프가 생기면 같은 프레임이 계속 돌아다니면서 브로드캐스트(Broadcast)를 일으켜서 루핑이 발생한다.

3) 루핑(Looping) 해결방안
   - Spanning Tree Protocol(STP) 사용
     → 스위치 간 루프가 생기지 않게 일부 포트를 차단(Block)해서 트리 형태로 연결 유지
   - Loop Detection 기능(일부 스위치에서 제공)
   - 포트 보안(Port Security) 설정
   - 물리적 이중화 연결 시 설계 주의
   - RSTP/MSTP 사용(고속 STP 변형)
     - RSTP(Rapid STP): 빠른 수렴 시간
     - MSTP(Multiple Spanning Tree): VLAN 별로 STP 인스턴스를 다르게 적용 가능
       → 대규모 네트워크에 효과적

보충설명

구분	해결방안	설명
1	Spanning Tree Protocol(STP)	스위치 간 루프를 감지하여 일부 포트를 차단
2	Rapid STP(RSTP), MSTP	STP의 향상 버전, 빠른 수렴 속도(RSTP), VLAN별 트리 설정 가능(MSTP)
3	Loop Detection 기능	루프 발생 시 자동으로 포트 차단 또는 알림
4	BPDU Guard/ Root Guard	BPDU 수신 시 포트 차단 (BPDU Guard), 루트 스위치 변경 방지 (Root Guard)
5	포트 보안 (Port Security)	특정 MAC만 통신 허용, 임의 스위치 연결 차단
6	물리적 구조 점검	스위치 간 물리적 이중연결 제거 또는 재설계
7	네트워크 모니터링/ 로그 분석	트래픽 이상 감지 및 빠른 장애 대응

BPDU(Bridge Protocol Data Uni)는 스위치들이 서로 STP 정보를 주고받기 위해 사용하는 제어 메시지로서 스위치들끼리 관련 정보를 주고받는 패킷이다.

참조 1

BPDU의 주요 목적

BPDU는 네트워크에서 루프를 방지하기 위해 누가 Root Bridge(최상위 스위치)인지 판단하고 각 포트가 Root Port, Designated Port, Blocked Port 중 어떤 역할을 가질지 결정해서 최단 경로 비용(Cost)을 계산하고 토폴로지의 변경 및 탐지를 한다.

참조 2

BPDU Guard

BPDU Guard는 STP에서 보안이나 안정성을 강화하기 위한 기능 중 하나이다. 간단히 말해서 이상한 BPDU가 오면 "이상하다" 싶어서 그 포트를 꺼버리는 보호 기능이다. 네트워크의 엣지 포트(Access Port) 즉, 일반 PC나 프린터 같은 엔드 유저 장비가 연결되는 포트에는 절대 BPDU가 들어오면 안 되는데 해커 또는 실수로 스위치(또는 가상 스위치)를 이런 포트에 연결해

서 BPDU를 보내면 기존 STP 구조를 교란시켜서, 네트워크 전체에 루프나 지연, 심지어 마비를 일으킬 수 있으므로 이것을 방지해 주는 역할을 한다.

참조 3
루핑 발생 시 증상
- 네트워크 속도 저하 또는 전체 다운
- Ping이 안 되거나 엄청 느려짐
- 스위치의 CPU 사용률 급등
- 브로드캐스트 트래픽 급증

문제 ⑫ 정답

TRIB(Transfer Rate of Information Bits)는 데이터 통신이나 네트워크 분야에서 '유효 정보 전송률', 즉 실제로 전송되는 순수한 정보 비트의 속도를 나타내는 개념이다. 단순한 전송 속도(bps)와는 다르게, 오버헤드나 오류 재전송을 제외한 실제 정보 비트만을 기준으로 측정한다.

보충설명 1
TRIB(Transfer Rate of Information Bits)

정의	단위 시간당 전송되는 유효 정보 비트의 양
단위	bps(bits per second)
계산식	• TRIB = (정보 전송량)/(전송 시간) • TRIB = 유효 전송률 × 평균 정보 길이
중요성	실제로 사용자에게 전달되는 순수한 정보 전송 성능을 평가할 수 있음
영향요소	전송 오류율, 재전송 여부, 프로토콜 오버헤드, 채널 효율, 패킷/프레임 구조

보충설명 2
예제
한 프레임에 100비트 중 실제 데이터가 80비트, 나머지 20비트는 헤더/오버헤드라고 하면,
초당 10개의 프레임이 전송되어 TRIB = 80비트 × 10 = 800[bps]이다.
즉, 물리적 속도는 1000[bps]이지만 유효 속도는 800[bps]가 된다.

문제 ⑬ 정답

30

보충설명

접지설비·구내통신설비·선로설비 및 통신공동구 등에 대한 기술기준 제7조(가공통신선의 지지물과 가공강전류전선 간의 이격거리)

1. 가공강전류전선의 사용전압이 저압 또는 고압일 경우의 이격거리는 다음 표와 같다.

가공강전류전선의 사용전압 및 종별		이격거리
저압		30cm 이상
고압	강전류케이블	30cm 이상
	기타 강전류전선	60cm 이상

2. 가공강전류전선의 사용전압이 저압 또는 고압일 경우의 이격거리는 다음 표와 같다.

가공강전류전선의 사용전압 및 종별		이격거리
35,000V 이하의 것	강전류케이블	50cm 이상
	특고압 강전류절연전선	1m 이상
	기타 강전류전선	2m 이상
35,000V를 초과하고 60,000V 이하의 것		2m 이상
60,000V 초과하는 것		2m에 사용전압이 60,000V를 초과하는 10,000V마다 12cm를 더한 값 이상

문제 ⑭ 정답

도달할 수 없는 목적지에 계속하여 패킷을 보내지 않도록 송신측에 주의를 주는 역할을 하는 에러메시지이다.

보충설명

ICMP(Internet Control Message Protocol) 에러 메시지는 네트워크 문제를 진단하거나 알릴 때 사용되는 메시지이다. 각 에러 메시지는 Type과 Code로 세부 분류되며, 특히 에러 메시지는 Type 값이 3, 4, 5, 11, 12번일 때 주로 나타난다. 다음은 Type별 세부사항이다.

[Type 3] Destination Unreacheable

Code	세부 설명
0	Network unreachable(네트워크 도달 불가)
1	Host unreachable(호스트 도달 불가)
2	Protocol unreachable(프로토콜 도달 불가)
3	Port unreachable(포트 도달 불가)
4	Fragmentation needed and DF set(조각화 필요하지만 DF 비트 설정됨)
5	Source route failed(소스 경로 실패)
6	Destination network unknown(목적지 네트워크 미상)
7	Destination host unknown(목적지 호스트 미상)
8	Source host isolated(소스 호스트 고립됨)
9	Communication with dest network is administratively prohibited(관리자 설정으로 네트워크 차단됨)
10	Communication with dest host is administratively prohibited(관리자 설정으로 호스트 차단됨)
11	Network unreachable for ToS (서비스 유형에 따라 네트워크 도달 불가)
12	Host unreachable for ToS(서비스 유형에 따라 호스트 도달 불가)
13	Communication administratively prohibited(통신이 관리적으로 금지됨)
14	Host precedence violation(호스트 우선순위 위반)
15	Precedence cutoff in effect(우선순위 차단 적용됨)

- ping 보냈는데 "host unreachable"이 나오면 = Code 1
- UDP 포트로 데이터 보냈는데 응답이 없고 ICMP 포트 오류가 오면 = Code 3
- 방화벽에서 차단돼서 ICMP "Administratively Prohibited"이 오면 = Code 13

[Type 4] Source Quench(혼잡 제어 – 더 이상 보내지 말라는 요청)

Code	세부 설명
0	일반적인 혼잡 제어 메시지(현재는 폐기됨)

[Type 5] Redirect (라우팅 경로 변경 지시)

Code	세부 설명
0	Redirect for Network(네트워크 경로 변경 지시)
1	Redirect for Host(호스트 경로 변경 지시)
2	Redirect for ToS and Network
3	Redirect for ToS and Host

[Type 11] Time Exceeded(시간 초과)

Code	세부 설명
0	TTL expired in transit(패킷 전송 중 TTL 만료)
1	Fragment reassembly time exceeded(조각 재조합 시간 초과)

[Type 12] Parameter Problem(헤더 문제)

Code	세부 설명
0	Pointer indicates error(헤더 내 잘못된 위치 지정)
1	Missing a required option(필수 옵션 누락)
2	Bad length(길이 오류)

문제 ⑮ 정답

신호의 피크 전압은 신호 최대치 전압으로 10[V]

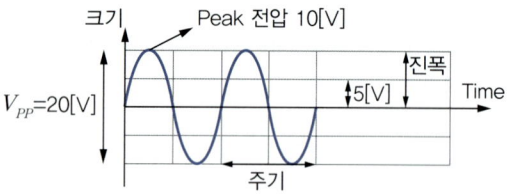

V_{PP}는 20[V]이므로 Peak 전압의 최대치는 위 그림에서와 같이 10[V]이다.

V_{rms}는 $\dfrac{V_m}{\sqrt{2}} = \dfrac{10}{\sqrt{2}} \approx 7.071[V]$

보충설명 1

파형 종류	평균값		실효값
정현파	$\dfrac{2}{\pi} \times E_m(I_m)$	크기 사인파	$\dfrac{1}{\sqrt{2}} \times E_m(I_m)$
반파 정현파	$\dfrac{1}{\pi} \times E_m(I_m)$	크기 반파 Time	$\dfrac{1}{2} \times E_m(I_m)$
구형파	$1 \times E_m(I_m)$	구형파형	$1 \times E_m(I_m)$
반파 구형파	$\dfrac{1}{2} \times E_m(I_m)$	반파구형파형	$\dfrac{1}{\sqrt{2}} \times E_m(I_m)$
삼각파	$\dfrac{1}{2} \times E_m(I_m)$	삼각파형	$\dfrac{1}{\sqrt{3}} \times E_m(I_m)$

보충설명 2

구분	실효값 (rms)	평균값 (AVE)	파고율	파형율
정현파	$\dfrac{V_m}{\sqrt{2}}$	$\dfrac{2}{\pi}V_m$	$\sqrt{2}$	$\dfrac{\text{실효}}{\text{평균}} = \dfrac{1}{\sqrt{2}} / \dfrac{2}{\pi} = \dfrac{\pi}{2\sqrt{2}} = 1.11$
반파 정현파	$\dfrac{V_m}{2}$	$\dfrac{1}{\pi}V_m$	2	$\dfrac{1}{2} / \dfrac{1}{\pi} = \dfrac{\pi}{2} = 1.57$
구형파	V_m	V_m	1	$\dfrac{1}{1} = 1$
반파 구형파	$\dfrac{V_m}{\sqrt{2}}$	$\dfrac{V_m}{2}$	$\sqrt{2}$	$\dfrac{1}{\sqrt{2}} / \dfrac{1}{2} = \sqrt{2} = 1.414$
삼각파 (톱니파)	$\dfrac{V_m}{\sqrt{3}}$	$\dfrac{V_m}{2}$	$\sqrt{3}$	$\dfrac{1}{\sqrt{3}} / \dfrac{1}{2} = \dfrac{2}{\sqrt{3}} = 1.15$

실효값이므로 $\times \dfrac{1}{\sqrt{2}}$ / 평균값은 면적이므로 $\times \dfrac{1}{2}$

문제 ⑯ 정답

서브넷 마스크가 255.255.255.192이므로 이진수로 192를 표현하면 11000000이다. 네트워크가 2개 bit이고 Host는 나머지 6개 bit에서 사용가능하며 네트워크 주소와 Broadcast 주소를 빼 주면 $2^6 - 2 = 62$개가 된다.

문제 ⑰ 정답

$[\text{bps}] = [\text{Baud}] \times \log_2 M$

8위상 2진폭 = $2^3 2^1$이므로 2^4

$n = \log_2 M$에서 M이 2^4, $\log_2 2^4 = 4$이므로

$9{,}600[\text{Baud}] \times 4 = 38{,}400[\text{bps}]$

교육은 많은 책을 필요로 하고,
지혜는 많은 시간을 필요로 한다.

- 레프 톨스토이 -

교육이란 사람이 학교에서 배운 것을
잊어버린 후에 남은 것을 말한다.

- 알버트 아인슈타인 -

좋은 책을 만드는 길, 독자님과 함께 하겠습니다.

유선배 정보통신기사 실기 합격노트

초 판 발 행	2025년 09월 15일 (인쇄 2025년 07월 08일)
발 행 인	박영일
책 임 편 집	이해욱
저　　　자	손대호 · 수.재.비
편 집 진 행	노윤재 · 한주승
표지디자인	김도연
편집디자인	박지은 · 고현준
발 행 처	(주)시대교육
공 급 처	(주)시대고시기획
출 판 등 록	제 10-1521호
주　　　소	서울시 마포구 큰우물로 75 [도화동 538 성지 B/D] 9F
전　　　화	1600-3600
팩　　　스	02-701-8823
홈 페 이 지	www.sdedu.co.kr
I S B N	979-11-383-9486-4 (13560)
정　　　가	30,000원

※ 이 책은 저작권법의 보호를 받는 저작물이므로 동영상 제작 및 무단전재와 배포를 금합니다.
※ 잘못된 책은 구입하신 서점에서 바꾸어 드립니다.

유선배 과외!

자격증
다 덤벼!
나랑 한판 붙자

- ✓ 혼자 하기 어려운 공부, 도움이 필요한 학생들!
- ✓ 체계적인 커리큘럼으로 공부하고 싶은 학생들!
- ✓ 열심히는 하는데 성적이 오르지 않는 학생들!

유튜브 무료 강의 제공
핵심 내용만 쏙쏙! 개념 이해 수업

[자격증 합격은 유선배와 함께!]

맡겨주시면 결과로 보여드리겠습니다.

| SQL개발자 (SQLD) | 데이터분석 준전문가 ADsP | 웹디자인 개발기능사 | 컴퓨터그래픽 기능사 | 정보통신기사 | 경영정보시각화 능력 |

유튜브 선생님에게 배우는
유·선·배 시리즈!

▶ **유튜브** 동영상 강의 무료 제공

체계적인 커리큘럼의 온라인 강의를 무료로 듣고 싶어!

혼자 하기는 좀 어려운데... 이해하기 쉽게 설명해줄 선생님이 없을까?

문제에 적응이 잘 안 되는데 머리에 때려 박아주는 친절한 문제집은 없을까?

그래서 시대에듀가 준비했습니다!

유튜브 선생님에게 배우는

정보통신
기출 Summary

기출유형 및 출제예상 용어정리

기출유형 및 출제예상 용어정리

A ~ C(기출유형 #1)

※ 하(下)는 향후 출제 가능이 매우 희박하다는 의미

약어	풀이 및 내용	비고
ADSL	Asymmetric Digital Subscriber Line	下
ACK	Acknowledge, 수신한 정보 메시지에 대한 긍정 응답	
AP	Access Point, 노트북이나 핸드폰 등의 단말이 무선 연결을 위한 접속점	BSS, ESS 참조
ATSC	Advanced Television System Committee, 미국 Digital TV 표준 	구분	ATSC 1.0	ATSC 3.0	 	전송방식	8VSB	OFDM	 	영상처리	MPEG-2	HEVC	 	음성 처리	Dolby AC-3	MPEG-H		
ARQ (자동반복요구) 종류	• Stop-and-Wait ARQ(정지대기), 한 번에 한 개의 프레임 전송 후 수신측 ACK/NAK를 대기 • Go-Back-N ARQ(연속적), 프레임 전송 후 오류 발생 시, 오류 발생 프레임부터 재전송 • Selective-Repeat(선택적), 프레임 전송 후 오류 발생 시, 오류 발생 프레임만 재전송 • Adaptive ARQ(적응적), 프레임 길이를 동적으로 변경	
ARP	Address Resolution Protocol, IP 주소를 알고 MAC 주소를 찾음	RARP와 구분
BcN	Broadband convergence Network	下
BPSK	Binary Phase Shift Keying, 2진 위상 천이변조	
Bluetooth	2.4[GHz] 사용, 10m 안팎의 근거리 무선통신기술	下
BSS	Basic Service Set, 무선장치들로 구성된 환경으로 가장 기본적인 구성단위(Topology)	ESS와 구분

약어	풀이 및 내용	비고
CAS	Conditional Access System, 서비스 수신 자격 가입자에게만 서비스를 제공, 키 생성 전달	CATV, IPTV에 사용 중
CLR	Cell Loss Ratio, ATM의 QoS 3대 파라미터	下
CTD	Cell Transfer Delay	
CDV	Cell Delay Variation	
CDMA	Code Division Multiple Access, 코드분할 다중 접속	
CSMA/CA	Carrier Sense Multiple Access/Collision Avoidance	무선
CSMA/CD	Carrier Sense Multiple Access/Collision Detection	유선
CSU	Channel Service Unit, T1/E1(2.048Mbps) 처리	DSU와 구분
CMIP	Common Management Information Protocol, OSI 기반 동작하는 대규모 망관리 프로토콜, SNMP는 TCP/IP 기반 소형 관리	

D ~ J (기출유형 #1)

약어	풀이 및 내용	비고
DLE	Data Link Escape, 둘 이상의 문자의 의미를 변경하거나 전송 제어 기능을 추가할 때 사용하는 것으로 데이터 투명성 보장하는 제어문자	BSC 제어문자
DNS	Domain Name System, 문자 주소를 IP 주소로 변환 (예) www.naver.com ↔ 211.218.150.200)	
DSSS	Direct Sequence Spread Spectrum	직접 확산방식
DSU	Digital Service Unit, 단극성 신호를 쌍극성 신호로 변환, 64Kbps 단위	CSU와 구분
DMB	Digital Multimedia Broadcasting	下
DCE	• Data Communication Equipment, 데이터 통신 장치 • Data Circuit terminal Equipment, 데이터 회선 종단 장치	
DTE	Data Terminal Equipment, 데이터 단말 장치	

약어	설명	비고
ESS	Extended Service Set, 유선랜과 무선랜으로 구성된 네트워크이고 BSS보다 규모가 큰 랜 환경을 구성	BSS와 구분
EMI	Electro Magnetic Interference, 전자파 장애	
EMS	Electro Magnetic Susceptibility, 전자파 내성	
ETX	End of Text, 본문 텍스트의 종료	BSC 제어문자
ETB	End of Transmission Block, 전송 블럭의 종료를 표시	
EOT	End of Transmission, 정보 전송의 종료 및 데이터 링크의 초기화	
ENQ	Enquire, 데이터링크의 설정 및 응답 요청	
FDMA	Frequency Division Multiple Access, 주파수분할 다중접속	
FTP	File Transfer Protocol(21번 제어, 20번 데이터)	
FHSS	Frequency Hopping Spread Spectrum, 주파수 도약 확산 스펙트럼	
FWHM	Full Width at Half Maximum, 반치전폭, 스펙트럼에 대한 첨두값의 절반인 지점에서의 폭	
FDDI	Fiber Distributed Data Interface(ANSI 표준)	下
GMPCS	Global Mobile Personal Communications by Satellite, 글로벌 위성 휴대통신서비스	
GEO	Geostationary Earth Orbit, 정지위성궤도	
HTTP	Hyper Text Transfer Protocol(80번 포트 사용)	下
HLR	Home Location Register	VLR 참조
HSSI	High Speed Serial Interface, LAN에서 라우팅 및 스위칭 장비들을 WAN과 서로 연결하는 인터페이스	
ICMP	Internet Control Message Protocol, IP 패킷 처리 중 문제 진단 기능 제공	
IGMP	Internet Group Message Protocol, 멀티캐스팅 그룹 관리 프로토콜	
ISDN 사용 채널	D(신호 전송용, 16K/64K), B(정보 전송용, 64K), H(B보다 빠른 속도, 384K/1536K/1920K)	下
IETF	Internet Engineering Task Force	

약어	풀이 및 내용	비고
IoE	Internet of Everything	
IoT	Internet of Things	
ISM	• Industrial Scientific and Medical • ISM 주파수: 13.56[MHz], 433[MHz], 915[MHz], 2.4[GHz], 5.8[GHz] 등	
JPEG	Joint Photographic Experts Group, 정지화상 압축표준	下

L ~ R (기출유형 #1)

약어	풀이 및 내용	비고
LD	Lazer Diode, 발광소자, 전기적신호 → 광에너지로 변환	
LED	Lazer Emitting Diode	
LTE	Long Term Evolution	下
MPEG	Moving Picture Experts Group, 동영상 전문가 그룹	
MDF	Main Distributing Frame	FDF와 구분
MTBF	Mean Time Between Failure	
MTTR	Mean Time To Repair	
NRZ (NRZ-L)	Non Return Zero-Level, 0은 양의 전압, 1은 음의 전압 표현	
NAT	Network Address Translation, 사설 IP 주소와 공인 IP 주소를 상호 변환해 주는 기능	
NAK	Negative Acknowledge, 수신한 정보 메시지에 대한 부정 응답	
OTDR	Optical Time Domain Reflectometer, 광섬유시험기	
OFDMA	Orthogonal Frequency Division Multiple Access, 직교 주파수분할 다중접속	
PON	Passive Optical Network	
Ping	특정한 IP 주소 통신장비의 접속성을 확인하는 명령어	

약어	풀이 및 내용	비고
RZ	• Return Zero, 1은 양의 전압, 0은 음의 전압 표현 • 신호정보간격의 반이 지나면 반드시 0V 상태	
PD	Photo Diode, 수광소자, 광에너지 → 전기적신호	APD (Avalanche Photo Diode)
PDU	Protocol Data Unit, 프로토콜 데이터 단위, 동일계층 (Peer to Peer), 2계층 PDU(Frame), 3계층 PDU(Packet)	SDU와 구분
Polling	단말에서 제어국(Master)으로 정보전송	Selection과 구분
QAM	Quadrature Amplitude Modulation, 직교진폭변조, 반송파의 진폭 · 위상을 이용하여 데이터를 전송하는 변조방식	
RFID	Radio Frequency Identification, 무선주파수를 이용해 물건/사람 등의 정보를 식별하게 해주는 인식기술	
RARP	Reverse Address Resolution Protocol, MAC 주소를 알고 IP 주소를 찾음	ARP와 구분

S ~ U(기출유형 #1)

약어	풀이 및 내용	비고
SDH	Synchronous Digital Hierarchy	유럽표준
SDU	Service Data Unit, 서비스 데이터 단위, 상하향 계층 간에 전달되는 정보(Payload)	PDU와 구분
SONET	Synchronous Optical NETwork	북미표준
SNMP	Simple Network Management Protocol	NMS와 연계
Selection	주국(Master)이 종국(단말)으로 데이터 전송	Polling과 구분
STM	Synchronous Transfer Module, 동기식 전송모듈	
SMTP	Simple Mail Transfer Protocol	전자메일 프로토콜
STP	Signal Transfer Point, 신호망에서 신호점 간의 신호메시지 및 정보전달 판별 지점(Point)	下

Snell' Law	광선 또는 전파가 서로 다른 매질의 경계면에 비스듬히 입사할 때, 입사각, 반사각, 굴절각과의 관계를 나타내는 법칙으로 매질 1의 파장과 굴절율의 곱은 매질 2의 파장과 굴절율의 곱과 같다. 즉, 파동이 하나의 매질에서 다른 종류의 매질로 진행할 때, 입사각의 사인값과 굴절각의 사인값의 비가 항상 일정하다.	스넬의 법칙은 페르마의 원리로부터 유도함
SOH	Start of Header, 헤더 정보의 시작	
STX	Start of Text, 프레임의 데이터 부분의 시작을 나타내기 위해 사용	BSC 제어문자
SYN	SYNchronous Idle, 회선이 유휴 상태이고 데이터가 전송되지 않음을 나타내기 위해 사용	
TDMA	Time Division Multiple Access, 시분할 다중접속	
TCP/IP	Transmission Control Protocol/Internet Protocol	
TTA	Telecommunications Technology Association	
TM	Telecommunication Manhole	
tracert	지정된 호스트까지 거치는 경로의 정보 및 각 경로에서의 지연시간을 추적하는 Window 명령어	
traceroute	리눅스나 맥에서 사용하는 경로 추적 명령어	
UDP	User Datagram Protocol, 4계층, 비연결, 실시간 서비스	8Byte (64bit) Header
USB	• Universal Serial Bus • 장점: Plug & Play, Hot Swapping 기능 지원 • 단점: 하나의 컨트롤러에 과다한 장치연결은 데이터 전송속도를 느려지게 만듦	下
UPS	Uninterruptible Power Supply	

V ~ Z(기출유형 #1)

약어	풀이 및 내용	비고
VLR	Visitor Location Register	HLR 참조
WDS	Wireless Distribution System, AP의 한 부분은 연결, 한 부분은 끊긴 상태에서 N/W 확장 역할을 하는 시스템	下
xDSL	x Digital Subscriber Line, 전화선을 이용해 초고속통신을 가능하게 하는 DSL의 종류를 총칭함	
	ADSL, RADSL(비대칭)	下
	VDSL(대칭/비대칭)	下
	SDSL, HDSL(대칭)	下
Zigbee	IEEE 802.15.4 기반의 저속/저비용/저전력의 무선 네트워크 기술로 250[kbps] 속도 지원	
	RFD(Reduced Function Device): Zigbee에서 사용하는 디바이스에 대해서 많은 부분이 간소화되어 일부 기능만 구현된 것	
2B1Q	2 Binary 1 Quaternary, 2bit를 4단계의 진폭으로 구현 · 전송	

기출유형 #2

문제	풀이 및 내용	비고
고스트 현상	• 75[Ω]과 200[Ω] 동축케이블 연결 시 발생하는 현상 • 임피던스의 매칭이 맞지 않아, 주파수에서 감쇠가 심해지고, 반사파가 발생하는 현상	
논리 채널	• 데이터 송·수신 장치 간에 확립되는 논리적인 통신회선 • 하나의 물리적인 선로를 통하여 다수의 상대방과 통신할 수 있는 여러 개의 채널을 구성하는 각각의 채널	
네트워크 확장 장비 2가지	라우터(Layer 3)/스위치(Layer 2)	
네트워크 백업	• 네트워크를 이용하여 중요 자료를 다른 컴퓨터에 저장 • 구축 시 고려사항 3가지: 백업공간의 안정성/백업 유지기간 설정/백업 시 충분한 여유공간	
데이터 링크	• 데이터 송·수신 시스템 간 정보 전송을 위한 통신회선 • 디지털 데이터(디지털 정보)의 송·수신(데이터 통신)을 위해 사용하는 통신회선	
데드존		

	Initial	반사광 발생지점	
데드존	Event	이벤트 피크 1.5[dB]지점	
	Attenuation	OTDR 파형과 가상 직선의 0.5[dB] 간격 지점	

문제	풀이 및 내용	비고
단일전송로를 통한 전이중 통신방식 3가지	• TDD, 시분할 이중화 • FDD, 주파수분할 이중화 • Echo Canceler, 반향 제거기	
반송파 (Carrier Signal)	• 보내고자 하는 신호를 장거리로 전송하기 위해 높은 주파수에 실어서 보내는 변조 과정 • 통신에서 정보의 전달을 위해 사용하는 고주파 • 정보의 전달을 위해 입력 신호를 변조한 전자기파로서 입력 신호보다 훨씬 높은 주파수(고주파)를 갖음	
멀티모달 인터페이스	인간과 컴퓨터, 또는 단말기기 사이의 인터페이스를 음성뿐만 아니라 키보드, 펜, 그래픽 등 다양한 수단을 활용하여 정보를 입력하며, 음성·그래픽·음악·3차원 영상 등을 출력하는 인터페이스	

무선 홈 네트워크	• Zigbee/UWB/블루투스/WiFi/802.15.x 계열 • 블, 코, 유, 지, 메, 바, 브, 피	
유선 홈 네트워크	이더넷/PLC/IEEE 1394	
전용 회선	일반회선(불특정 사용자 공유)과 달리 특정 사용자 또는 기업에게 전용으로 할당되는 통신회선으로, 본점과 지점 간 케이블을 직접 연결함으로써 속도, 보안성이 우수함	
정보통신망의 3대 동작 기능	• 신호기능: 접속의 설정/제어/관리에 대한 정보교환기능 • 전달기능: 데이터/음성 등의 정보를 실제로 전송 및 교환하는 기능 • 제어기능: 교환설비/단말기 간의 네트워크 접속에 필요한 수단을 제어하는 기능	
정보통신망의 신뢰도 향상 위한 5가지 방안	• NMS(Network Management System) 구현 • 장애 시 다운 타임(Down Time) 줄이기(최소화) • Full-Mesh 토폴로지 구성(단, 경제성 고려) • 정보의 기밀성/무결성/가용성 확보 • 방화벽, IDS, IPS 등의 보안장비 도입 (기존 장비 최적화 및 Update/Patch)	

기출유형 #2

문제	풀이 및 내용	비고
전자파 장애시험(EMI) 항목 2가지	• 방사성 방출 시험(RE; Radiated Emission) • 전도성 방출 시험(CE; Conducted Emission)	
주요 통신방식 3가지	단방향(Simplex) 통신방식	下
	반이중(Half Duplex) 통신방식	
	전이중(Full Duplex) 통신방식	단일 전송로
회선 교환망	전용 전송로를 이용한 회선의 독점적 데이터 전송	

핸드오버
종류
	• Hard Handover: 현재 채널 끊고 다른 채널 연결
	• Soft Handover: 인접 기지국 2개 동시 운용
	• Softer Handover: 동일 기지국 다른 섹터 간 이동
	• Vertical Handover: 다른 종류의 네트워크
	  예 Wi-Fi ↔ LTE
	• Horizontal Handover: 동일 종류 네트워크
	  예 LTE ↔ LTE	

패킷 교환망	데이터를 일정 크기로 분할하여 패킷 단위로 경로 라우팅을 통한 데이터 전송	
프로토콜	• 컴퓨터 간 정보를 교환할 때 통신방법에 관한 규약 • 컴퓨터 내부나 컴퓨터 간에 데이터의 교환 방식을 정의하는 규칙 체계 • 기기 간 통신은 교환되는 데이터의 형식에 대해 상호 합의가 필요하며 이런 형식을 정의하는 규칙의 집합을 프로토콜이라고 함	
프로토콜 기본 구성요소	• 구문(Syntax): 데이터 형식, 부호화, 신호레벨 • 의미(Semantics): 오류, 흐름제어를 위한 명령 • 순서(Timing): 통신속도, 전송시간	
평활회로	교류를 직류로 바꿀 때 완전한 직류를 얻고자 사용하는 회로	
포설장력	포설할 때 케이블에 가해지는 압력	
통신제어장치의 기능 5가지	전송제어/흐름제어/회선제어/오류검출/동기제어	
채널용량	오류 없이 채널을 통해 최대로 전송할 수 있는 정보량	
캡슐화	전송하는 데이터에 여러 가지 제어정보를 추가하는 기능	

출제예상 - 1. 보안

구분	약어	풀이 및 내용	비고
양자 암호 분야	QKD	Quantum Key Distribution, 양자 키 분배 방식	H/W 방식
	PQC	Post-Quantum Cryptography, 양자 내성 암호화	S/W 방식, ↓
	QRNG	Quantum Random Number Generator, 양자난수생성기	↓
	양자 특성	• 중첩성: 상태값(0과 1)이 동시에 존재 • 비가역성(복제불가): 상태값이 확정되면 이전으로 되돌릴 수 없음 • 불확실성: 양자 상태 값이 확정적이지 않고 확률적으로만 존재 • 얽힘: 거리무관하게 두 양자 쌍에 특수한 상관관계가 존재	
암호화 비교	IPSec	Internet Protocol Security, Network Layer에서 IP 패킷을 암호화하고 인증하는 표준	
	TLS	Transport Layer Security, 전송계층에서 보안 기능 제공	
SDN 관련	IP-SDN	Internet Protocol Software Defined Network	
	T-SDN	Transport Software Defined Network	
MPLS 관련	MPLS-TP	MPLS Transport Profile, 전송기능 및 OAM 기능 제공	
	IP-MPLS	Internet Protocol Multi Protocol Label Switching	
기타	O-RAN	Open Radio Access Network, 이동통신 기지국의 특정 사업자 한계를 탈피한 기술 공유	
	QUIC	Quick UDP Internet Connections	

보안	무결성	Integrity, 인가된 당사자가 인가된 방법으로만 변경 가능	
	기밀성	Confidentiality, 인가된 당사자만 접근 가능(일기)	사회공학적 공격
	가용성	Availability, 적합한 시간에 인가된 당사자만 접근 가능	DoS/DDoS 위협
IPSec 모드	AH 모드	Authentication Header, 인증기반 데이터 무결성 확보	
	ESP 모드	Encapsulation Security Payload, 데이터의 기밀성, 무결성 확보	
VPN 모드	Tunnel 모드	패킷 보호 위해 새로운 IP 헤더 추가	
	Transport 모드	기존 IP 헤더 유지하고 Payload 부분만 암호화	
보안 영역 관리 용어	DMZ	DeMilitarized Zone, 내부 네트워크와 외부 네트워크의 분계점	
	Firewall	내부 네트워크, 외부 네트워크, DMZ 세 가지 경계를 가짐	
	Drop Zone	외부(Outbounding)로 전송되는 패킷은 허용하고 내부(Inbounding)로 전송되는 패킷은 차단(Deny)하는 Zone	
	UTM	Unified Threat Management, 다양한 보안솔루션(IDS, IPS, Firewall, VPN 등)을 하나의 장비인 UTM에서 통합하여 위협 관리를 제공	
	ESM	Enterprise Security Management, 중앙 통합관리, 침입 종합대응, 통합 모니터링 목적의 지능형 통합 보안 관리 시스템	
	허니팟 (Honeypot)	침입자를 속이는 최신 침입 탐지기법으로 마치 실제로 공격을 당하는 것처럼 보이게 하여 크래커를 추적하고 정보를 수집하는 역할을 함	

출제예상 - 2. 용어

약어	풀이 및 내용	비고
AAC	Advanced Audio Coding, 향상된 오디오 부호화	▼
AES	Advanced Encryption Standard, 향상된 암호화 표준	
AGC	Auto Gain Controller, 자동 이득 제어장치	
ANSI	American National Standards Institute, 미국 국립 표준 협회	▼
ASCII	American Standard Code for Information Interchange, 아스키코드	
BPSK	Binary Phase Shift Keying, 2진 위상 편이 방식	
CCK	Complementary Code Keying, 보수 코드 방식	▼
CCTV	Closed Circuit Television, 폐쇄회로 텔레비전	▼
DCF	Dispersion Compensated Fiber, 분산 보상 광케이블	
DDoS	Distributed Denial of Service, 분산 서비스 거부 공격	
DGPS	Differential Global Positioning System, 정밀 위성 위치 확인 시스템	
DRM	Digital Rights Management, 디지털 저작권 관리	
EPG	Electronic Program Guide, 전자 프로그램 안내	▼
FHSS	Frequency Hopping Spread Spectrum	
FIFO	First In First Out, 선입 선출	
IEEE	Institute of Electrical and Electronic Engineers	
IPTV	Internet Protocol Television	
IrDA	Infrared Data Association, 850~900nm의 적외선 이용	▼
ISO	International Organization for Standardization, 국제표준화기구	
ITS	Intelligent Transport System, 지능형 교통 시스템	C-ITS와 구분
ITU	International Telecommunication Union, 국제 전기통신 연합	

MD5	Message Digest 5, 입력 길이에 상관없이 128비트 고정 길이 해시값을 생성	下
MIPv4/6	Mobile IPv4/6, 이동 IPv4/6	
MFN	Multi Frequency Network, 다중 주파수 방송	SFN과 구분
NFC	Near Field Communication, 근거리 자기장 통신	
NMS	Network Management System, 망관리 시스템	
OAM	Operation, Administration, and Maintenance	
O&M	Operation & Management, 운용관리	下
OCR	Optical Character Reader, 광학 문자 판독기	下
OSPF	Open Shortest Path First, 최단 경로 우선	
OTN	Optical Transport Network, 차세대 광전송망	
POTS	Plain Old Telephone Service, 기존 아날로그 전화 서비스	
QPSK	Quadrature Phase Shift Keying, 직교위상 편이 변조	
RFID	Radio Frequency IDentification, 무선 주파수 식별	
SDU	Service Data Unit, 서비스 데이터 단위	
SFN	Single Frequency Network, 단일 주파수 방송	MFN과 구분
SIP	Session Initiation Protocol, IETF 표준	인터넷전화 (VOIP)
SMATV	Satellite Master Antenna Television, 공시청 안테나	
TRS	Trunked Radio System, 주파수 공용 통신 시스템	下
UHDTV	Ultra High Definition Television, 초고선명 텔레비전	
UWB	Ultra Wide Band, 초광대역 무선	
WDM	Wavelength Division Multiplexing, 파장분할 다중화	
3A	Authentication(인증), Authorization(권한부여), Accounting(계정관리)	
3R	Reshaping, Retiming, Regeneration	
8PSK	Octal Phase Shift Keying, 8위상 편이 방식	

출제예상 - 3. IEEE 802.X Series

약어	풀이 및 내용	비고
802.1	LAN/MAN Bridging & Management로 802 네트워크 간의 상호연동, 보안, 망관리	下
802.1D	STP(Spanning Tree Protocol), 루프방지	
802.1Q	이더넷에서 VLAN 지원하는 표준	
802.1s	MSTP(Multiple Spanning Tree Protocol), VLAN별 부하분산, PVST+와 802.1Q 장점 활용	
802.1w	RSTP(Rapid Spanning Tree Protocol, 빠른 수렴	
802.1x	포트 기반 인증, 접근제어	
802.2	데이터링크계층 내의 부 계층인 Logical Link Control에 대한 규정	
802.3	CSMA/CD, Ethernet 경쟁 방식을 기초로 하는 LAN 표준들을 총칭	
802.3ae	10 Gigabit Ethernet, 10GbE를 정의하는 국제 표준 • 10GBASE-SR: 멀티모드(Short Range) • 10GBASE-LR: 싱글모드(Extended Range) • 10GBASE-ER: 싱글모드(Extended Range) • 10GBASE-T: 구리 케이블(UTP) 기반 10GbE, 100m	
802.3az	에너지 효율 이더넷(Energy Efficient Ethernet)	
802.4	토큰 버스(Token Bus), '버스형의 토폴로지'에 '토큰 제어 방식' 결합	
802.5	토큰 링 방식에 대한 표준	
802.6	FDDI 개선한 DQDB(Distributed Queue Dual Bus), 도시 등 공중영역(MAN)에 사용	下
802.11	Wireless LAN & Mesh(Wi-Fi Certification) 무선 LAN 방식에 대한 표준	
802.11b	WiFi 1, 최대속도 2[Mbps], 주파수 2.4[GHz], 대역폭 20[MHz] 사용	下
802.11g	WiFi 3, 최대속도 54[Mbps], 주파수 2.4[GHz], 대역폭 20[MHz] 사용	下

802.11a	WiFi 2, 최대속도 54[Mbps], 주파수 5[GHz], 대역폭 20[MHz] 사용	
802.11n	WiFi 4, 최대속도 600[Mbps], 주파수 2.4/5[GHz], 대역폭 20/40[MHz] 사용	
802.11ac	WiFi 5, 최대속도 2.6[Gbps], 주파수 5[GHz], 대역폭 20/40/80/160[MHz] 사용	
802.11ax	WiFi 6, 최대속도 10[Gbps], 주파수 2.4/5[GHz], 대역폭 20/40/80/160[MHz] 사용	
802.11be	WiFi 7, 최대속도 30[Gbps], 주파수 2.4/5/6[GHz], 대역폭 20/40/80/160/320[MHz] 사용	
802.11p	무선랜 기반의 차량 환경용 무선 접속(WAVE-Wireless Access in Vehicular Environments)	
802.11mc	WiFi 측위기술 RTT-Round Trip Time(WiFi 5 기반), 거리 측정	
802.11az	WiFi 측위기술 NGP-Next Generation Positioning(WiFi 6 기반), 고정밀	
802.15	Wireless PAN	
802.15.1	Bluetooth Certification	
802.15.2	공존(Coexistence)	下
802.15.3a	UWB certification(Ultra Wide Band/HR-WPAN)	
802.15.4	Zigbee certification(LR-WPAN)	
802.15.5	Mesh Network	
802.15.6	BAN(Body Area Network)	
802.15.7	VLC(Visible Light Communication)	
802.15.8	PAC(Peer Aware Communication)	
802.16	Broadband Wireless Access(WiMAX Certification) (사업종료)	下
802.16e	(Mobile) Broadband Wireless Access	下
802.17	Resilient Packet Ring	下

출제예상 - 4. MPEG Series

약어	풀이 및 내용	비고
MPEG	• Moving Picture Experts Group, 공식 명칭은 ISO/IEC JTC1/SC29/WG11 • MPEG는 ISO 및 IEC 산하에서 비디오와 오디오 등 멀티미디어의 표준 개발을 담당하는 소규모의 그룹	
MPEG-1	1991년, ISO(국제 표준화 기구) 11172로 규격화된 영상 압축 기술, CD와 같은 저장 매체에 저장을 목표로 한 동영상 압축의 표준	☞
MPEG-2	1994년/1996년, ISO/IEC 13818로 규격화된 영상 압축 기술, HDTV와 같은 디지털 TV 방송에 필요한 고화질 영상 압축의 표준	
MPEG-3	MPEG-3은 MPEG-2에 흡수되어 더 이상 규격으로 존재하지 않음	☞
MPEG-4	1998년 Ver.1, 1999년 Ver.2, 멀티미디어 통신을 위한 영상 압축, 낮은 전송률로 통신상에서 동화상을 보낼 수 있음	
MPEG-7	• 2001년, 디지털 멀티미디어 데이터의 내용 표현 방식을 목표로 함 • 인터넷상에 있는 음성이나 이미지 자료를 검색할 수 있는 기능을 제공	☞
MPEG-21	멀티미디어 콘텐츠를 이용한 전자상거래 등에서 멀티미디어 콘텐츠 제작, 배급, 사용 시의 보호에 대한 표준	
MPEG-V	가상세계와 가상세계, 가상세계와 현실 세계 간 소통을 위한 인터페이스 규격 정의	
MPEG-V Part 1	MPEG-V 시스템 전반에 대한 개요 및 구조 기술	
MPEG-V Part 2	디바이스를 제어하는 데 있어 상호 호환성 보장을 위한 디바이스 성능 정보와 사용자 맞춤형 디바이스 제어를 위한 사용자의 선호도 정보 기술 방식을 정의	☞
MPEG-V Part 3	가상세계 또는 현실 세계에서 표현 가능한 실감 효과들에 대한 정의	☞
MPEG-V Part 4	아바타 또는 가상 오브젝트들에 대한 표준화된 타입들을 정의	☞

MPEG-V Part 5	가상세계와 디바이스 연동을 위한 제어 신호 및 센서 정보들에 대한 포맷 정의	下
MPEG-V Part 6	MPEG-V 전 파트들에서 공통적으로 사용될 수 있는 데이터 타입들을 정의	下
MPEG-V Part 7	Reference Software를 제공	下

출제예상 - 5. 기타

※ 아래 약어는 출제 예상 하(下)이다.

약어	풀이 및 내용
H.261	1988년에 비준된 ITU-T 영상 부호화 표준이다. ITU-T 영상 부호화 전문가 그룹 H.26x 영상 부호화 표준 중에서 첫 번째 구성원이며, 첫 번째 영상 코덱
H.262	MPEG-2 Part 2는 ITU-T 영상 부호화 전문가 그룹과 ISO/IEC 동화상 전문가 그룹이 공동으로 개발하였고, 유지/보수하는 디지털 비디오 압축, 인코딩 표준
H.263	아날로그 전화망을 통한 TV 전화회의(영상회의) 등에서 동영상을 64[Kbps]로 부호화하는 영상 부호화 방식에 관한 표준
H.264	Advanced Video Coding(AVC)로 가장 널리 사용되는 동영상 압축표준, ISO/IEC는 MPEG-4 Part 10이라 함 • 필요성: 기존 MPEG의 압축율 증강 • 구성: Baseline Profile(휴대용 단말기를 위한 압축기술표준), Main Profile(STB, TV, DVD용 규격), 확장 Profile(Streaming용)
H.265	MPEG-H Part 2 규격으로 기존보다 압축 효율이 높아서 HEVC(High Efficiency Video Coding)라 함
Haptics	• 개념: 가상환경 혹은 조종기나 로봇 등을 이용하여 원격으로 물체를 만지는 환경(Teletaction)에서 사용자에게 촉각 정보(Haptic Information)를 전달하는 방법과 관련된 연구의 총칭 • 응용분야: 차세대 컴퓨터용 HCI 인터페이스, NW 기반 상호작용, 체험형 시뮬레이터, 멀티모달 인터페이스

WAP (Wireless Application Protocol)	• 개념: 대역폭이 적고 속도가 느린 무선 환경에 알맞은 무선 전용 프로토콜 • 구성요소: Client(WAP User Agent, WAP Protocol Stack) ← WAP → WAP GW(Encoders & Decoders, Protocol Conversion) ← HTTP → Origin Server(CGI Scripts etc, WML/WML Script) • WAP GW(인터넷과 무선망과의 프로토콜 변환 통한 망간 연동지원), WAP Browser(WAP 프로토콜 통해 WAP GW와 통신수행)
Web Casting	• 개념: 인터넷상에서 멀티미디어 데이터를 스트리밍 기술로 서비스하는 기술 • 인터넷방송의 개념: Web Casting 개념 중 기존 방송미디어 형식을 인터넷에 적용한 부분 • 주요 기술: 압축/복원기술(MPEG-1, 2, 4) • 기존방송과 비교: 전송매체(전파 vs 인터넷), 수신기(TV vs PC), 서비스 형태(단방향 vs 양방향), 장점(전파통한 불특정 다수 콘텐츠 공유 vs 주문형 VOD), 단점(일방적 송신 vs 인터넷 트래픽) • 기대효과: 방송통신 융합, BcN 발전 • 전망: CDN, IPTV, TPS

출제예상 - 6. 명령어

※ 최근 출제 빈도가 높아지고 있다.

명령어	풀이 및 내용
arp	사용하는 IP 주소를 물리적 주소(MAC 주소)로 변환/수정
cd mydir	change directory, 원하는 디렉토리로 이동
cat	텍스트 파일 출력, 짧은 내용 볼 때 cat, 내용이 많으면 more 사용 [예제] cat test.txt #cat는 concatenate의 약어로 파일 내용 출력임
cp(copy)	파일 복사
chmod	change mode: 퍼미션(파일 접근 권한) 변경
chown	change owner: 소유자 변경 [예제 1] chown user:group script.sh script.sh의 소유자를 user, 그룹을 group으로 변경 [예제 2] chown -R user:group /home/user/documents /home/user/documents 디렉토리와 그 안의 모든 파일과 하위 디렉토리의 소유자/그룹을 변경
chgrp	change group: 그룹 변경
chmod	사용권 변경, ls -l한 후 rwx/rwx/rwx 3개 그룹, 처음 rwx는 파일 소유자(User), 두 번째는 그룹(Group), 세 번째는 그 외 사용자(Others)임 chmod 777 test.txt 7(111): 읽기(O), 쓰기(O), 실행(O) 6(110): 읽기(O), 쓰기(O), 실행(X) 5(101): 읽기(O), 쓰기(X), 실행(O) 4(100): 읽기(O), 쓰기(X), 실행(X) 3(011): 읽기(X), 쓰기(O), 실행(O) 2(010): 읽기(X), 쓰기(O), 실행(X) 1(001): 읽기(X), 쓰기(X), 실행(O) 0(000): 읽기(X), 쓰기(X), 실행(X)
df	사용 가능한 파일시스템의 디스크 공간이 확인 [예제] df -h, df -k
du	특정 디렉토리 Disk 사용량 확인 [예제] du -sh/home

명령어	설명
finger	로컬 및 네트워크상의 원격지 시스템의 사용자들에 대한 정보를 보여줌
ftp	FTP 서버 서비스를 실행하는 컴퓨터로 파일을 전송
find	파일을 검색 find ./great -name 'sujabi*' -size 0 great 디렉토리에 파일명이 sujabi이고, 확장자는 무엇이든 되며 size가 0인 파일을 찾아라
free	메모리 할당 상태 확인 [예제] free -h
grep	파일에 포함된 특정 단어 검색 -i: 대소문자 구분 안 함 -n: 라인 번호 출력 -v: 검색어가 없는 Line을 보여달라 -c: 라인의 개수 출력 [예제] grep "great" file.txt
gzip	파일을 압축함 [예제] gzip file.txt
gunzip	gzip으로 압축된 파일을 해제함 [예제] gunzip file.txt, gz
hostname	현재 호스트의 이름을 출력
ipconfig	네트워크 정보 확인
ifconfig	• 네트워크 인터페이스 구성을 보여줌 • ifconfig(유닉스/리눅스), ipconfig(윈도우즈)
iwconfig	무선 네트워크(WiFi) 인터페이스 구성을 보여줌 [예제] iwconfig wlan0

출제예상 - 7. 명령어

명령어	풀이 및 내용
ls	파일이나 디렉토리를 보는 명령어(ls -al) • -a: 전부 보여달라(숨김, 디렉토리) • -l: 상세정보(소유자, 크기, 수정시간 등) • -s: 크기별 정렬 • -h: 단위 표현 변경(사람이 보기 편한 단위 KB, GB 등으로 보임)
man	명령어 도움말
mv	파일 이름 변경 및 이동
mkdir	신규 디렉토리 생성
nslookup	NS(Name Server)에게 특정 호스트 정보 질의를 주고, 그에 대한 정보(IP 주소 및 도메인)를 얻는 명령어로 특정 사이트의 IP 주소를 검색함
nbtstat	NBT(NetBIOS over TCP/IP)를 사용하여 프로토콜 통계와 현재 TCP/IP 연결을 표시(즉, 특정 IP를 통해 누구의 컴퓨터 인지를 확인할 때)
netstat	네트워크 연결 현황(통계) [예제] netstat -tunl
ping	인터넷 등의 통신 상태를 점검
ps	프로세스 확인
pwd	현재 디렉토리 경로 확인
route	네트워크 라우팅 테이블을 조작
rm	파일이나 디렉토리 삭제
rmdir	디렉토리 삭제. 삭제 시 디렉토리 안에 파일이 없어야 함
su	일반 유저가 수퍼유저(root)로 역할 변경. root 유저의 암호를 알고 있어야 함
tracert	네트워크 경로 추적하는 윈도우즈에서의 명령어. UDP 대신 ICMP 사용
traceroute	목적지까지의 라우팅 경로를 추적하기 위해 사용되는 TCP/IP 프로토콜로서 UDP 패킷의 TTL 필드 사용
touch	용량 0의 파일 생성

tar	파일을 묶어줌 • c: 파일을 묶어줌 • v: 작업 과정 확인 • f: 저장될 파일명 지정 • x: 묶은 파일을 풀어줌 • z: tar+gzip • j: tar+bzip2 [예제] tar -xvf archive.tar
tcpdump	tcpdump(유닉스용)/windump(윈도우즈용) CLI 기반의 네트워크 트래픽을 캡쳐하고 표시 [예제] tcpdump -i eth0
uname	운영체제 정보 확인
vi 편집기 명령	• wq: 저장 후 종료(또는 zz) • q: open 한 뒤에 바로 종료(저장 없음) • q!: 편집한 내용 있을 때 저장 없이 종료(강제종료) • w: 편집한 내용 저장(현재 파일명으로 저장) • wq: 저장 후 종료 • wq!: 강제 저장 후 종료(! 있으면 강제로 수행) • x: 커서 위치한 글자 1개 삭제 • dd: 커서 위치한 곳의 한 줄 삭제 • dw: 커서 위치한 곳으로부터 단어 삭제 • u: 방금 한 명령 취소
vmstat	시스템의 가상 메모리, 프로세스, CPU 활동 등을 보여줌
whomi	자신의 계정을 알아내려 함(user, root 등)
who am I	조금 더 자세한 정보 표시(login 시간 등)

출제예상 - 8. Well-known 포트

※ 프로그램들이 쓰는 포트 번호이다(Port 번호: 0~1024).

Port	TCP	UDP	풀이 및 내용
0		●	예약됨, 미사용
1	●		TCPMUX(TCP 서비스 멀티플렉서)
7	●	●	ECHO 프로토콜
20	●		FTP, 데이터 전송
21	●		FTP, 전송 제어 및 인증
22	●		SSH(Secure Shell), 원격 로그인(보안)
23	●		TELNET, 암호화 없음, 원격 로그인
24			개인 메일 시스템
25	●		SMTP(Simple Mail Transfer Protocol), 전자메일(송신)
53	●	●	DNS(도메인 주소를 IP 주소로 변경)
67		●	DHCP 서버
68		●	DHCP 클라이언트
69		●	TFTP
80	●	●	HTTP, 웹 페이지 접속
110	●	●	POP3, 전자메일(수신)
111	●	●	RPC(Remote Procedure Call)
123		●	NTP, 시간 동기화(323) • 123: Client Access • 323: Remote System
139	●		NETBIOS
143	●		IMPA4, 이메일 가져오기
161		●	SNMP, Agent 포트
162		●	SNMP, Manger
179	●		BGP(Border Gateway Protocol)
389	●		LDAP(Lightweight Directory Access Protocol)
443	●		HTTPS, SSL 위의 HTTP

514		●	Syslog, 시스템 로그 전송
990	●		SSL over FTP
992	●		SSL over TELNET
993	●		SSL over IMPA4
995	●		SSL over POP3

Dynamic 포트
포트번호는 0~65535번(2^{16}=65,536)까지 사용할 수 있다. 여기서 Well Known Port는 0~1023번(2^{10}=1,024)이며 Registered Port는 1,024~49,151, Dynamic Port는 49,152~65,535이다.

출제예상 - 9. 기초 부품 단위

※ 자주 사용되는 단위

종류		저항	콘덴서	코일	전압	전류	전력
기본단위		옴[Ω]	패럿[F]	헨리[H]	볼트[V]	암페어[A]	와트[W]
테라 (10^{12})	T						[TW]
기가 (10^{9})	G						[GW]
메가 (10^{6})	M	[MΩ]					
킬로 (10^{3})	K	[kΩ]			[kV]		
밀리 (10^{-3})	m			[mH]	[mV]	[mA]	[mW]
마이크로 (10^{-6})	μ		[μF]	[μH]	[μV]	[μA]	[μW]
나노 (10^{-9})	n		[nF]	[nH]			
피코 (10^{-12})	p		[pF]				

출제예상 – 10. 콘덴서 허용오차

1) 허용오차

문자	B	C	D	F	G
허용오차[%]	±0.1	±0.25	±0.5	±1	±2
[pF]	±0.1	±0.5	±0.5	±1	±2

문자	J	K	M	N	V	X	Z	P
허용오차[%]	±5	±10	±20	±30	+20 / −10	+40 / −20	+80 / −20	+100 / 0
[pF]	−	−	−	−	−	−	−	−

2) 오차

F	J	K	M
±1%	±5%	±10%	±20%

3) 정격전압

1A	2A	2A
10[V]	100[V]	1000[V]

1B	2B	3B	1E	1H
12.5[V]	125[V]	1250[V]	25[V]	50[V]

4) 콘덴서 읽는 법(예제)

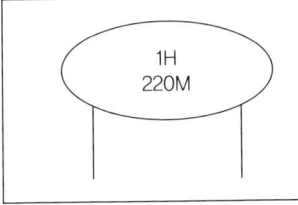

1) 용량: $22 \times 10^0 = 22pF$
2) 정전전압(1H): 50[V]
3) 허용오차 ±20%(M 기준)
※ 220K이면 ±10% 오차

출제예상 - 11. 국제 표준화 기구

※ 전기통신 및 정보통신 관련 표준화 기구

ITU-T	International Telecommunication Union, 국제 전기 통신 연합 위원회
ISO	International Organization for Standardization, 국제 표준화 기구(OSI 모델을 설계)
ANSI	American National Standards Institute, 미국 국립 표준화 연구소
EIA	Electronic Industries Alliance, 미국 전자 산업 연합, 전자 공업 협회(RS-232C의 접속 규격을 개발)
CCITT	Consultative Committee on International Telegraphy and Telephony, 국제 전신 전화 자문위원회 • CCITT X: 공중 데이터 통신망(디지털) • X.25: 공중 패킷 교환망 표준화(물리레벨 프로토콜, 프레임레벨 프로토콜, 패킷레벨 프로토콜) • CCITT V: 전화망 데이터 통신(아날로그)
IEC	International Electrotechnical Commission, 국제전기기술위원회
IEEE	Institute of Electrical and Electronics Engineers, 전기 전자 공학회

출제예상 - 12. 국내 표준화 기구

한국정보통신 기술협회(TTA)	Telecommunication Technology Association, 1988년에 설립된 국내 유일의 정보통신 단체표준 제정기관이며 표준화 활동 및 표준 제품의 시험인증을 위해 만들어진 단체
방송통신위원회	방송과 통신에 관한 규제와 이용자 보호 등의 업무를 수행하기 위한 대통령 소속기관
한국지능정보 사회진흥원(NIA)	국가 정보화 추진, 정보격차 해소 등의 사업을 하는 기관으로, 과학기술정보통신부와 행정안전부가 공동으로 관리하는 준정부기관(과거의 명칭은 한국전산원, 한국정보사회진흥원)
한국정보통신 공사협회	정보통신공사업의 건전한 발전과 회원의 권익증진을 위하여 관련 법령 및 제도의 개선, 수급영역 확대, 신기술 및 신공법의 전파, 표준품셈 및 시중노임의 현실화, 정보통신기술자 및 감리원의 경력관리, 각종 정보통신공사업 신고업무와 공사업에 관한 경영정보제공, 정보통신공사 및 전기공사 현장의 재해예방 기술지도 등 제반업무의 처리를 위하여 1971년 설립된 대한민국 과학기술정보통신부 산하 비영리 법정법인

[참조] 정보통신기술자 개정 사항(시행 24년 11월 1일)

(정보통신기술자 특급 인정)
기술자격자 및 학·경력자 특급기술자 인정(별표 6)
(국가기술자격자) 기술사, 기능장(5년), 기사(8년), 산업기사(11년)
(학·경력자) 박사(3년), 석사(9년), 학사(12년), 전문대학(15년)

개정(전)			개정(후)		
등급	기술자격자	학·경력자	등급	기술자격자	학·경력자
특급	기술사		특급	1. 기술사 2. 기능장+5년 3. 기사+8년 4. 산업기사+11년	1. 박사+3년 2. 석사+9년 3. 학사+12년 4. 전문대학+15년 (3년제 전문대학+14년)
고급	1. 기사(기능장)+5년 2. 산업기사+8년 3. 기능사+13년		고급	1. 기능장+3년 2. 기사(삭제)+5년 2. 산업기사+8년 3. 기능사+13년	1. 박사 2. 석사+6년 3. 학사+9년 4. 전문대학+12년 (3년제 전문대학+11년)
중급	1.~3. (생략)	(생략)	중급	1. 기능장 2.~4. (개정(전)과 같음)	(개정(전)과 같음)
초급	(생략)	(생략)	초급	(개정(전)과 같음)	(개정(전)과 같음)

(감리원 특급 인정)
기술자격자 및 학·경력자 특급감리원 인정(별표 2)
(국가기술자격자) 기술사, 기능장(6년), 기사(9년), 산업기사(12년)
(학·경력자) 박사(4년), 석사(10년), 학사(13년), 전문대학(16년)

	개정(전)		개정(후)		
등급	기술자격자	학·경력자	등급	기술자격자	학·경력자
특급	기술사		특급	1. 기술사 2. 기능장+6년 3. 기사+9년 4. 산업기사+12년	1. 박사+4년 2. 석사+10년 3. 학사+13년 4. 전문대학+16년 (3년제 전문대학+15년)
고급	1. 기사(기능장)+6년 2. 산업기사+9년 3. 기능사+14년		고급	1. 기능장+4년 2. 기사(삭제)+6년 3. 산업기사+9년 3. 기능사+14년	1. 박사+1년 2. 석사+7년 3. 학사+10년 4. 전문대학+13년 (3년제 전문대학+12년)
중급	1.~3. (생략)	(생략)	중급	1. 기능장+1년 2.~4. (개성(선)과 같음)	(개정(전)과 같음)
초급	(생략)	(생략)	초급	(개정(전)과 같음)	(개정(전)과 같음)

유·선·배 시리즈로
그래픽 자격증도 정복!

▶ **유튜브** 동영상 강의 무료 제공

비전공자라 막막했는데
무료 동영상 강의가 있어서 걱정 없겠어!

다음 자격증 시험도
유선배 시리즈로 공부할 거야!

시대에듀가 안내하는 IT 자격증 합격의 지름길!

유·선·배와 함께라면
합격은 문제없지!

▶ 유튜브 동영상 강의 무료 제공

다양한 수험서가 있어서 걱정 없어!

유선배와 한 번에 합격하자

자격증 취득은 시대에듀와 함께해요!